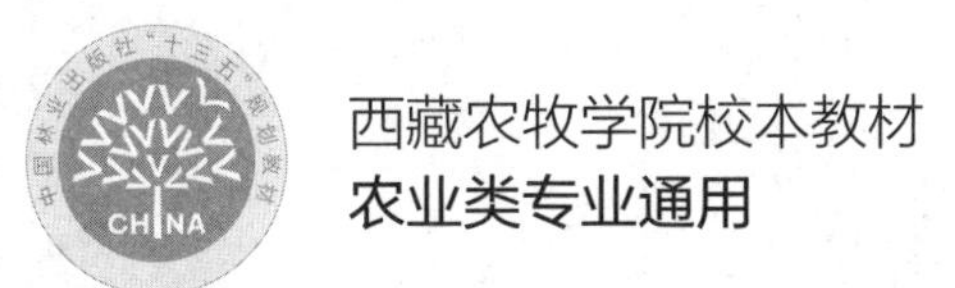

西藏农牧学院校本教材

农业类专业通用

西藏东南部主要种子植物检索表

邢　震　郑维列　主编

IST OF MAJOR SEED PLANTS IN SOUTHEASTERN TIBET

中国林业出版社
CFPH China Forestry Publishing House

图书在版编目（CIP）数据

西藏东南部主要种子植物检索表/邢震，郑维列主编．—北京：中国林业出版社，2018.7（2020.7重印）

西藏农牧学院校本教材　农林类专业通用

ISBN 978-7-5038-9487-9

Ⅰ.①西…　Ⅱ.①邢…②郑…　Ⅲ.①种子植物－生物检索表－西藏－农业院校－教材　Ⅳ.①Q949.408

中国版本图书馆CIP数据核字(2018)第067672号

国家林业和草原局生态文明教材及林业高校教材建设项目

中国林业出版社·教育出版分社

策划、责任编辑：康红梅

电话：(010) 83143551　　**传真**：(010) 83143516

出版发行　中国林业出版社(100009　北京市西城区德内大街刘海胡同7号)
E-mail：jiaocaipublic@163.com　电话：(010)83143500
http://www.forestry.gov.cn/lycb.html

经　　销　新华书店
印　　刷　北京中科印刷有限公司
版　　次　2018年7月第1版
印　　次　2020年7月第2次印刷
开　　本　787mm×1092mm　1/16
印　　张　21.5
字　　数　760千字
定　　价　54.00元

前　言

林芝地处祖国西南边陲，位于东经28°～29°、北纬94°～97°之间，素有“西藏江南”美称，是雪域高原的一片绿色圣地。这里山川秀丽，景色壮观迷人，蕴藏着极其丰富的生物资源，已被人们识别的植物种类达4000余种，为我们进行教学实习和从事科学研究提供了一个得天独厚的自然环境。

西藏农牧学院是西藏自治区唯一一所集农、工、理、管学科于一体的高等农业院校。多年来，西藏农牧学院农业类专业开设的“植物学”“植物分类学”“树木学”“观赏植物学”“植物资源学”“西藏药用植物栽培学”“水土保持植物资源开发利用”“西藏野生观赏植物”等课程的野外实习和课堂教学，就是在这有利的环境中进行的，通过理论与实践的紧密结合收到了良好的效果。

但以往的实习仅是教师介绍学生记忆，缺乏方便而适用的植物识别类实习指导书，使得实习工作遇到一定困难。为切实提高实践教学质量，培养学生独立思考的能力，培养出符合西藏经济发展需求的复合应用型农业技术人才，西藏农牧学院从事西藏植物资源保护与利用方面的教师和科技工作者，从实际教学需要出发，结合项目研究、林芝高山森林生态定位站建设、学校标本馆建设以及教学实习等工作，采集了大量的植物标本，参考《中国植物志》(英文版)《西藏植物志》等工具书，认真研究了相关植物的形态特征，编写了这本《西藏东南部主要种子植物检索表》。

书中共收录西藏东南部种子植物167科836属2562种(含亚种、变种、变型)。收录总原则：一是立足西藏植物区系特点，从植物系统发育角度出发，主体收录分布于林芝县(现为巴宜区)、米林县、波密县、工布江达县、朗县的种子植物，以便于学生们在野外实习时，能够按照课堂上讲授的分类知识，快速识别出采集的植物标本；二是立足高原生态安全屏障构筑需要，从生态西藏、美丽西藏、幸福西藏建设的角度出发，收集西藏常见栽培的作物、药用植物和已经在林业建设、城镇绿化中大量应用的林木花卉，为广大农业类专业学生在开展进一步的栽培技术学习时，奠定植物学基础知识；三是立足西藏特有植物资源物种多、蕴藏量小的普遍现象，从资源保护和利用角度出发，选择收录了分布于察隅、墨脱、吉隆、错那的珍稀濒危经济植物，以便于学生在接受西藏植物资源利用和保护方面的特色课程教学中，能够快速了解、掌握其基本形态特征，为以后的具体工作奠定基础。

《西藏东南部主要种子植物检索表》的编撰是西藏农牧学院建校之初就已经确立的基础工作。40 年来，学院相关专业教师付出了辛勤的汗水，一代代的农院人为这项基本工作呕心沥血，孜孜不倦地在西藏东南部的崇山峻岭中前赴后继采集了大量的植物标本，主要植物标本采集和鉴定者有：徐凤翔、汤庚国(南京林业大学援藏教师)、姚淦(江苏植物研究所援藏教师)、任宪威(北京林业大学援藏教师)、陈舜礼(中国林业科学研究院援藏教师)、索朗旺堆(西藏自治区林业厅)、边巴多吉(西藏自治区林业勘察设计研究院)、普布次仁(西藏自治区林木科学研究院)、郑维列、周进、鲍隆友、徐阿生、罗建、刘灏、兰小中、多穷、潘刚、普穷、邢震、汪书丽、王伟、扎西列珠、张华、王芳、罗安荣以及其他在职或曾任职于高原生态研究所、林芝高山森林生态定位站、植物学教研室、林学教研室、园林教研室的各位教师们，也有历年来林学专业、生态专业、园林专业以及西藏农牧学院资源与环境学院西藏植物标本采集大学生兴趣活动小组的广大同学们，他们身上闪耀的农院"筹建精神"和"老西藏精神"是西藏农牧学院一笔宝贵的精神财富。书稿撰写分工情况如下：裸子植物门由周进编撰初稿，普穷、扎西列珠负责审订和补充；被子植物门中，双子叶植物纲中的原始花被亚纲部分由鲍隆友、郑维列、周进、邢震编撰初稿，由潘刚、邢震负责审订和补充；合瓣花亚纲由郑维列、鲍隆友、赵剑锋编撰初稿，由邢震、王伟负责审订和补充；单子叶植物纲由鲍隆友、郑维列、邢震编撰初稿，由罗建、郑维列负责审订和补充；总稿由邢震、郑维列统编完成。此外，园林植物与观赏园艺硕士研究生陈学达、万路生、王匡、安俊丽、游煜辉也参与了编写工作。

本书的编写得到了西藏农牧学院教务处、科研处和研究生处，西藏自治区林业厅，西藏自治区林业调查规划研究院，西藏自治区林木科学研究院以及各区县林业局、林管站的大力支持，在此致谢！

限于编者水平，遗漏和错误之处在所难免，敬请读者批评指正，以供我们修订提高。

编 者

2017 年 10 月

目　录

前言

裸子植物门 Gymnospermae

一、苏铁科 Cycadaceae …… (2)
二、银杏科 Ginkgoaceae …… (2)
三、南洋杉科 Araucariaceae …… (2)
四、松科 Pinaceae …… (3)
五、杉科 Taxodiaceae …… (6)
六、柏科 Cupressaceae …… (6)
七、罗汉松科 Podocarpaceae …… (8)
八、三尖杉科 Cephalotaxaceae …… (8)
九、红豆杉科 Taxaceae …… (8)
十、麻黄科 Ephedraceae …… (9)
十一、买麻藤科 Gnetaceae …… (9)

被子植物门 Angiospermae

Ⅰ 双子叶植物纲 Dicotyledoneae …… (10)
一、三白草科 Saururaceae …… (25)
二、胡椒科 Piperaceae …… (26)
三、杨柳科 Salicaceae …… (26)
四、杨梅科 Myricaceae …… (29)
五、胡桃科 Juglandaceae …… (29)
六、桦木科 Betulaceae …… (30)
七、壳斗科 Fagaceae …… (31)
八、榆科 Ulmaceae …… (33)
九、桑科 Moraceae …… (34)
十、荨麻科 Urticaceae …… (36)
十一、檀香科 Santalaceae …… (39)
十二、桑寄生科 Loranthaceae …… (40)
十三、马兜铃科 Aristolochiaceae …… (41)
十四、大花草科 Rafflesiaceae …… (42)
十五、蛇菰科 Balanophoraceae …… (42)
十六、蓼科 Polygonaceae …… (42)
十七、藜科 Chenopodiaceae …… (46)
十八、苋科 Amaranthaceae …… (47)
十九、紫茉莉科 Nyctaginaceae …… (48)
二十、商陆科 Phytolaccaceae …… (49)
二十一、番杏科 Aizoaceae …… (49)
二十二、粟米草科 Molluginaceae …… (49)
二十三、马齿苋科 Portulacaceae …… (50)
二十四、落葵科 Basellaceae …… (50)
二十五、石竹科 Caryophyllaceae …… (50)
二十六、睡莲科 Nymphaeaceae …… (54)
二十七、金鱼藻科 Ceratophyllaceae …… (54)
二十八、领春木科 Eupteleaceae …… (54)
二十九、芍药科 Paeoniaceae …… (54)
三十、毛茛科 Ranunculaceae …… (55)
三十一、木通科 Lardizabalaceae …… (62)
三十二、小檗科 Berberidaceae …… (63)

三十三、防己科 Menispermaceae …………（65）
三十四、五味子科 Schisandraceae …………（65）
三十五、木兰科 Magnoliaceae ……………（66）
三十六、水青树科 Tetracentraceae …………（68）
三十七、八角科 Illiciaceae ……………………（69）
三十八、蜡梅科 Calycanthaceae ……………（69）
三十九、樟科 Lauraceae ………………………（69）
四十、罂粟科 Papaveraceae …………………（71）
四十一、十字花科 Brassicaceae ……………（74）
四十二、茅膏菜科 Droseraceae ……………（80）
四十三、景天科 Crassulaceae ………………（80）
四十四、海桐花科 Pittosporaceae …………（83）
四十五、金缕梅科 Hamamelidaceae ………（83）
四十六、虎耳草科 Saxifragaceae …………（85）
四十七、悬铃木科 Platanaceae ……………（91）
四十八、蔷薇科 Rosaceae ……………………（91）
四十九、豆科 Fabaceae ……………………（106）
五十、酢浆草科 Oxalidaceae ………………（118）
五十一、牻牛儿苗科 Geraniaceae …………（119）
五十二、旱金莲科 Tropaeolaceae …………（120）
五十三、亚麻科 Linaceae …………………（120）
五十四、蒺藜科 Zygophyllaceae …………（121）
五十五、芸香科 Rutaceae …………………（121）
五十六、苦木科 Simaroubaceae …………（124）
五十七、楝科 Meliaceae …………………（124）
五十八、远志科 Polygalaceae ……………（125）
五十九、大戟科 Euphorbiaceae …………（125）
六十、水马齿科 Callitrichaceae …………（127）
六十一、黄杨科 Buxaceae …………………（127）
六十二、马桑科 Coriariaceae ……………（128）
六十三、漆树科 Anacardiaceae …………（128）
六十四、冬青科 Aquifoliaceae …………（129）
六十五、卫矛科 Celastraceae ……………（130）
六十六、省沽油科 Staphyleaceae ………（132）
六十七、槭树科 Aceraceae ………………（132）
六十八、无患子科 Sapindaceae …………（133）
六十九、清风藤科 Sabiaceae ……………（134）
七十、凤仙花科 Balsaminaceae …………（135）
七十一、鼠李科 Rhamnaceae ……………（136）
七十二、葡萄科 Vitaceae …………………（137）
七十三、锦葵科 Malvaceae ………………（138）
七十四、木棉科 Bombacaceae ……………（139）
七十五、梧桐科 Sterculiaceae ……………（139）
七十六、猕猴桃科 Actinidiaceae …………（140）
七十七、山茶科 Theaceae …………………（141）
七十八、藤黄科 Clusiaceae ………………（141）
七十九、柽柳科 Tamaricaceae ……………（141）
八十、堇菜科 Violaceae ……………………（142）
八十一、旌节花科 Stachyuraceae …………（142）
八十二、秋海棠科 Begoniaceae …………（142）
八十三、仙人掌科 Cactaceae ……………（143）
八十四、瑞香科 Thymelaeaceae …………（145）
八十五、胡颓子科 Elaeagnaceae …………（145）
八十六、千屈菜科 Lythraceae ……………（146）
八十七、石榴科 Punicaceae ………………（146）
八十八、八角枫科 Alangiaceae …………（146）
八十九、野牡丹科 Melastomataceae ……（146）
九十、柳叶菜科 Onagraceae ………………（147）
九十一、小二仙草科 Haloragaceae ………（149）
九十二、杉叶藻科 Hippuridaceae …………（149）
九十三、五加科 Araliaceae ………………（149）
九十四、伞形科 Apiaceae …………………（152）
九十五、青荚叶科 Helwingiaceae …………（161）
九十六、山茱萸科 Cornaceae ……………（161）
九十七、岩梅科 Diapensiaceae …………（162）
九十八、杜鹃花科 Ericaceae ……………（162）
九十九、紫金牛科 Myrsinaceae …………（168）
一百、报春花科 Primulaceae ……………（169）
一百零一、白花丹科 Plumbaginaceae ……（172）
一百零二、柿树科 Ebenaceae ……………（172）
一百零三、山矾科 Symplocaceae …………（173）
一百零四、安息香科 Styracaceae …………（173）

一百零五、木犀科 Oleaceae …………………… (173)
一百零六、马钱科 Loganiaceae ……………… (176)
一百零七、龙胆科 Gentianaceae ………… (177)
一百零八、夹竹桃科 Apocynaceae ……… (181)
一百零九、萝藦科 Asclepiadaceae ……… (181)
一百一十、旋花科 Convolvulaceae ……… (182)
一百一十一、花荵科 Polemoniaceae ……… (183)
一百一十二、紫草科 Boraginaceae ……… (184)
一百一十三、马鞭草科 Verbenaceae …… (186)
一百一十四、唇形科 Lamiaceae ………… (186)
一百一十五、茄科 Solanaceae …………… (193)
一百一十六、玄参科 Scrophulariaceae …… (196)
一百一十七、紫葳科 Bignoniaceae ……… (201)
一百一十八、列当科 Orobanchaceae …… (202)
一百一十九、苦苣苔科 Gesneriaceae …… (203)
一百二十、狸藻科 Lentibulariaceae ……… (205)
一百二十一、爵床科 Acanthaceae ………… (205)
一百二十二、车前科 Plantaginaceae ……… (205)
一百二十三、茜草科 Rubiaceae ………… (206)
一百二十四、忍冬科 Caprifoliaceae ……… (208)
一百二十五、五福花科 Adoxaceae ……… (211)
一百二十六、败酱科 Valerianaceae ……… (212)
一百二十七、刺参科 Morinaceae ………… (212)
一百二十八、川续断科 Dipsacaceae ……… (213)
一百二十九、葫芦科 Cucurbitaceae ……… (214)
一百三十、桔梗科 Campanulaceae ……… (217)
一百三十一、菊科 Asteraceae …………… (220)
Ⅱ 单子叶植物纲 Monocotyledoneae …… …………………………………… (241)
一、香蒲科 Typhaceae ………………………… (242)
二、黑三棱科 Sparganiaceae ………………… (242)
三、眼子菜科 Potamogetonaceae ………… (243)
四、水麦冬科 Juncaginaceae ……………… (243)
五、水鳖科 Hydrocharitaceae ……………… (243)
六、禾本科 Gramineae ……………………… (243)
七、莎草科 Cyperaceae ……………………… (257)
八、棕榈科 Arecaceae ……………………… (261)
九、天南星科 Araceae ……………………… (262)
十、浮萍科 Lemnaceae ……………………… (265)
十一、凤梨科 Bromeliaceae ……………… (265)
十二、鸭跖草科 Commelinaceae ………… (265)
十三、灯心草科 Juncaceae ……………… (266)
十四、百合科 Liliaceae …………………… (267)
十五、石蒜科 Amaryllidaceae …………… (276)
十六、蒟蒻薯科 Taccaceae ……………… (277)
十七、薯蓣科 Dioscoreaceae ……………… (277)
十八、鸢尾科 Iridaceae …………………… (277)
十九、芭蕉科 Musaceae …………………… (279)
二十、姜科 Zingiberaceae ………………… (279)
二十一、美人蕉科 Cannaceae …………… (281)
二十二、竹芋科 Marantaceae …………… (281)
二十三、兰科 Orchidaceae ……………… (282)

参考文献 …………………………………… (294)
中文名称索引 …………………………… (295)
拉丁学名索引 …………………………… (312)
后记 ………………………………………… (332)

西藏东南部主要种子植物分门检索表

1. 胚珠裸露，心皮并不形成子房来包被胚珠；木本植物(只有麻黄科植物可为草本状灌木) ……………………………………………………………………………………………………… **裸子植物门 Gymnospermae**
1. 胚珠隐藏在大孢子叶封闭形成的心皮或子房之内；植株体有各种习性 ……… **被子植物门 Angiospermae**

裸子植物门 Gymnospermae

乔木，少为灌木，稀木质藤本。茎的维管束排成一环，具形成层，次生木质部的全部由管胞组成，稀具导管。叶多为线形、鳞形或针形。花单性，雄蕊(小孢子叶)疏松或紧密排列，组成雄球花(小孢子叶球)，具多数至2(稀1)个花药(小孢子囊)，无柄或有柄，花粉胚珠(大孢子囊)裸生，多数至1个生于发育良好或不发育的大孢子叶，即珠鳞、套被、珠托或珠座1上，大孢子叶从不形成密闭的子房，无柱头，成组成束着生，不形成雌球花，或多数或少数生于花轴之上而形成雌球花，或大孢子叶生于花轴顶端，其上着生1枚胚珠。胚珠直立或倒生，珠被一层，稀两层，顶端有珠孔，胚珠内发育着雌配子体，雌配子体的卵细胞受精后发育成胚，配子体其他部分发育成围绕胚的胚乳，珠被发育成种皮，整体胚珠就发育成种子；胚具两枚或多数子叶，胚乳丰富。

分 科 检 索 表

1. 花无假花被；胚珠无细长的珠被管；次生木质部无导管。
 2. 茎不分支；大型羽状复叶；雌雄异株(栽培) ………………………………………… **1. 苏铁科 Cycadaceae**
 2. 茎常分支；单叶，有时单叶排列成羽状复叶状。
  3. 叶扇形，短枝顶叶片簇生；落叶乔木，雌雄异株(栽培) ………………………… **2. 银杏科 Ginkgoaceae**
  3. 叶非扇形，常呈鳞形、刺形、线形或针形；雌雄同株或异株。
   4. 果实为球果。
    5. 雌雄异株，稀同株；雄花雄蕊具4～20个悬垂的花药，排成内外两行；球果的苞鳞腹面仅有1粒种子；花粉无气囊(栽培) ……………………………………………………… **3. 南洋杉科 Araucariaceae**
    5. 雌雄同株，稀异株；雄花雄蕊具2～9个背腹面排列的花药；球果苞鳞腹面有1至多粒种子；花粉有或无气囊。
     6. 叶及果鳞螺旋状排列，或叶簇生；珠鳞和苞鳞分离，每珠鳞上着生2个倒生胚珠 …………………………………………………………………………………………………… **4. 松科 Pinaceae**
     6. 叶及果鳞对生或轮生。
      7. 叶线形，交互对生，扭转成假二列状；落叶性(栽培) ………………………… **5. 杉科 Taxodiaceae**
      7. 叶鳞片状或针状；常绿性 ……………………………………………………… **6. 柏科 Cupressaceae**
   4. 果实不为球果；种子核果状或坚果状，多少具明显的肉质假果皮。
    8. 雄蕊具2花药，花粉常有气囊；肉质果托与果实间缢缩(栽培) ………… **7. 罗汉松科 Podocarpaceae**
    8. 雄蕊具3～9花药，花粉无气囊；肉质果托与果实间不缢缩。
     9. 雌球果有柄，生于小枝基部的苞片腋间，稀顶生；种子被肉质假种皮完全包被，呈核果状 ……………………………………………………………………………………… **8. 三尖杉科 Cephalotaxaceae**

9. 雌球果无柄或近无柄，单生或成对生于叶腋或腋间；种子被肉质假种皮部分包被，至少种子顶端尖头露出；种子坚果状 ………………………………………………………… **9. 红豆杉科 Taxaceae**

1. 花有假花被；胚珠的珠被向上延伸成为细长的珠被管；次生木质部具导管。

10. 灌木；叶退化为膜质的鳞片状，在茎上交互对生或轮生，其基部合生成鞘，先端三角状齿裂，外形似木贼………………………………………………………………… **10. 麻黄科 Ephedraceae**

10. 常绿木质藤本；单叶对生，较大，具中脉、侧脉和细脉，有叶柄 ………… **11. 买麻藤科 Gnetaceae**

一、苏铁科 Cycadaceae

1. 苏铁属 *Cycas*

苏铁 *C. revoluta*

常绿木本植物，高可达20m。茎干圆柱状，不分支。仅在生长点破坏后，才能在伤口下萌发出丛生的枝芽，呈多头状。茎部密被宿存的叶基和叶痕，并呈鳞片状。叶螺旋状排列，叶从茎顶部生出；叶有营养叶和鳞叶2种：营养叶羽状，呈"V"字形，大型，厚革质，坚硬，有光泽，先端锐尖；鳞叶短而小。雌雄异株。雄球花圆柱形，黄色，密被黄褐色茸毛，直立于茎顶；雌球花扁球形，上部羽状分裂，其下方两侧着生有2~4个裸露的胚珠。种子10月成熟，种子大，熟时红褐色或橘红色。花期6~8月，果期9~10月。苏铁俗称铁树、凤尾蕉、避火蕉、凤尾松等，植物活化石之一，其树形古雅，主干粗壮，坚硬如铁；羽叶光亮，四季常青，为珍贵观赏树种。西藏有栽培，常作室内大型盆栽。

二、银杏科 Ginkgoaceae

1. 银杏属 *Ginkgo*

银杏 *G. biloba*

落叶乔木。树干端直，有长枝和短枝。雌雄异株。叶扇形，叶脉叉状(原始特征)，叶上部宽5~8cm，成两裂状，基部楔形，淡绿色或绿色；秋季落叶前变黄色，有长梗；短枝之叶3~5(8)枚簇生。种子椭圆形、倒卵圆形或近球形，长2.5~3.5cm，径约2cm，熟时黄色或橙黄色，被白粉，种皮有外、中、内之分。本种在拉萨至西藏东南部各地有栽培。

三、南洋杉科 Araucariaceae

1. 南洋杉属 *Araucaria*

南洋杉 *A. cunninghamii*

常绿乔木。树皮灰褐色或暗灰色，粗糙，横裂。大枝平展或斜生，侧生小枝密集下垂，近羽状排列。幼树树冠尖塔形，老树则为平顶。叶二型。幼树的叶排列疏松，开展，锥形、针形、镰形或三角形，长7~17cm，微具四棱；老树和花果枝上的叶排列紧密，卵形或三角状卵形，上下扁，背面微凸，长6~10mm。南洋杉原产大洋洲东南沿海地区，为近年来西藏东南部引进栽培的优良室内盆栽观叶植物，与雪松(*Cedrus deodara*)、日本金松(*Sciadopitys verticillata*)、巨杉(*Sequoiadendron giganteum*)、金钱松(*Pseudolarix amabilis*)，同称为世界五大园林树种。

四、松科 Pinaceae

分属检索表

1. 叶针形，常 2、3、5 针一束，生于苞片状鳞叶的腋部和退化短枝顶端；常绿；球果翌年成熟，种鳞宿存，背面上方具鳞盾和鳞脐(松亚科) ………………………………………………………… **松属 *Pinus*** *
1. 叶线形、扁平或棱形，均不成束，螺旋状着生，散生或二列状，或在短枝上端簇生；球果当年成熟或翌年成熟。
 2. 小枝仅一种类型，叶常绿；球果当年成熟。(冷杉亚科)
  3. 叶线形扁平，上面中脉凹下，下面沿中脉两侧有气孔带。
   4. 球果单生叶腋，直立，成熟后种鳞脱落；冬芽被树脂，小枝对生 ……………………… **冷杉属 *Abies*** *
   4. 球果单生枝顶，下垂，成熟后种鳞宿存；冬芽无树脂，小枝不规则互生。
    5. 球果大，苞鳞伸出于种鳞之外；花粉无气囊……………………………………………… **黄杉属 *Pseudotsuge***
    5. 球果小，苞鳞短，不露出；花粉具退化的气囊 ……………………………………………… **铁杉属 *Tsugo***
  3. 叶四棱形或扁棱状条形，或线状扁平而具隆起的中脉，四边有气孔线或仅上面有气孔线；球果单生枝顶，下垂，成熟后种鳞宿存；苞鳞极小，不露出；花粉具气囊 ………………………… **云杉属 *Picea*** *
 2. 小枝分长、短二型，扁平柔软或针形，坚硬。(落叶松亚科)
  6. 落叶；叶线形，扁平柔软；球果当年成熟 ……………………………………………… **落叶松属 *Larix*** *
  6. 常绿；叶针形，坚硬；球果翌年成熟 ………………………………………………………… **雪松属 *Cedrus*** *

1. 松属 *Pinus*

分种检索表

1. 叶鞘早落，针叶基部的鳞叶不下延生长，叶内具 1 条维管束；鳞脐顶生或背生。(单维管束松亚属)
 2. 针叶 5 针一束；鳞脐顶生。
  3. 种子无翅或有极短的翅状凸起；球果果梗长 1～2(3) cm，鳞脐不凸出……………… **华山松 *P. armandii***
  3. 种子具结合而生的长翅；球果果梗长达 4cm，鳞脐凸出。
   4. 一年生小枝光滑；树脂道 1，中生 …………………………………………………… **乔松 *P. wallichiana***
   4. 一年生小枝显著被白粉；树脂道 1 或 2，非中生 …………………………………… **不丹松 *P. bhutanica***
 2. 针叶 3 针一束；鳞脐背生。
  5. 球果长 12～20cm；鳞脐钝而无刺，种子圆柱形，长约 2.5cm(原产札达，藏东南已引种栽培)……………………………………………………………………………… **西藏白皮松 *P. gerardiana***
  5. 球果长 5～7cm；鳞脐有刺，种子卵圆形，长约 1cm(栽培) ………………………… **白皮松 *P. bungeana***
1. 叶鞘宿存，针叶基部的鳞叶下延生长，叶内具 2 条维管束；鳞脐背生，种子具长翅。(双维管束松亚属)
 6. 种翅基部无关节，翅与种子结合而生，难分离；针叶 3 针一束；小枝上鳞叶的下延部分脱落(原产吉隆，藏东南已引种栽培) ………………………………………………… **喜马拉雅长叶松 *P. roxburghii***
 6. 种翅基部有关节，翅与种子易分离；针叶 2 针或 3 针一束，或 2 针与 3 针兼有；小枝上的鳞叶下延部分不脱落。
  7. 叶短，长 10cm 以下；一年生球果生于小枝侧面；针叶 2 针一束，通常扭曲，边缘全缘；鳞脐无刺(栽培) ………………………………………………………………… **北美短叶松 *P. banksiana***
  7. 叶长，超过 10cm；一年生球果生于小枝近顶端，针叶 2 针一束或 3 针一束或并存，通常不扭曲，边缘有细齿；鳞脐有刺。
   8. 针叶细长，通常 3 针一束，稀 2 针或 2 针与 3 针并存，长达 30cm；球果长 7～11cm，鳞盾通常稍肥厚而隆起，着生鳞脐之处通常微凹，鳞脐微凸起 …………………………… **云南松 *P. yunnanensis***

8. 针叶粗壮，2针一束，或以2针一束为主。
9. 针叶2针一束；球果基部不歪斜(栽培) …… **油松 *P. tabuliformis***
9. 针叶通常2针一束，稀3针，或2针与3针并存；球果基部歪斜 …… **高山松 *P. densata***

2. 冷杉属 *Abies*

分种检索表

1. 叶内的树脂道边生。
2. 球果的苞鳞多少外露；小枝色深，呈红褐色或锈褐色，稀色较浅(亚东冷杉)；球果色深，成熟前后紫黑色、黑色、暗褐紫色或褐黑色。
3. 苞鳞长于种鳞，明显外露，先端具渐尖或近渐尖的尖头(产于察隅) …… **长苞冷杉 *A. georgei***
3. 苞鳞稍短于种鳞或近于等长，或稍较种鳞为长，先端具急尖的尖头。
4. 小枝色浅，淡褐色、灰黄至灰色；叶较长，通常长2.5～4cm，边缘反卷向下；种鳞近扇状四边形或肾状四边形，宽过于长，苞鳞上部宽为种鳞的1/3(产于亚东) …… **锡金冷杉 *A. densa***
4. 小枝色深，红褐色或锈褐色；叶较短，通常长1～2cm；种鳞楔状四边形，长过于宽，苞鳞上部宽为种鳞的1/2～2/5。
5. 叶的边缘不反卷或微反卷。
6. 小枝密被锈褐色或黑褐色柔毛 …… **急尖长苞冷杉 *A. georgei* var. *smithii***
6. 小枝无毛或叶枕之间的凹槽有疏毛 …… **川滇冷杉 *A. forrestii***
5. 叶的边缘向下反卷(尤以干叶及老叶显著；产于墨脱)。
7. 叶较短，通常长1～2cm，排列紧密，小枝无毛或仅嫩枝被毛 …… **苍山冷杉 *A. delavayi***
7. 叶较长，通常长2～3cm，排列较疏，小枝密被柔毛 …… **墨脱冷杉 *A. delavayi* var. *motuoensis***
2. 球果的苞鳞不外露；小枝色浅，黄色、淡黄色、淡褐黄色、淡黄灰色、灰色或灰褐色。
8. 球果成熟前绿色或淡黄绿色，成熟时淡褐黄色或淡褐色，稀成熟前后呈紫褐黑色；小枝无毛；叶下面气孔带淡绿色或灰白色。
9. 叶质地较薄，较窄短，果枝上的叶长1～3cm，宽2～2.5mm；上面中脉不凹下或微凹；球果达5～10cm，直径达3～3.5cm(产于芒康) …… **黄果冷杉 *A. ernestii***
9. 叶质地较厚，较宽长，果枝上的叶长4～7cm，宽3～3.5mm；上面中脉凹下；球果达10～14cm，直径达5cm(产于察隅) …… **云南黄果冷杉 *A. ernestii* var. *salouenensis***
8. 球果成熟前深蓝紫色，成熟时淡蓝褐色、淡紫褐色或黑褐色；小枝叶枕之间的凹槽中常密生柔毛，叶下面孔带被白粉(产于吉隆、聂拉木、定日、定结) …… **西藏冷杉 *A. spectabilis***
1. 叶内的树脂道中生，或幼树的叶内的树脂道近边生(鳞皮冷杉)。
10. 四年生以上的小枝枝皮裂成不规则鳞片状脱落，当年生枝褐色；叶宽约2mm，先端通常尖或钝尖，上面靠近先端有时具数条气孔线，边缘不反卷；幼果短圆柱形(产于芒康) …… **鳞皮冷杉 *A. squamata***
10. 小枝枝皮不裂成鳞片脱落，当年生枝淡褐色；叶宽约3mm，先端钝或微凹，上面先端无气孔线，边缘向下反卷；幼果窄长，圆柱形；苞鳞先端具尾状长尖(产于察隅) …… **察隅冷杉 *A. chayuensis***

3. 黄杉属 *Pseudotsuga*

澜沧黄杉(湄公黄杉)*P. forrestii*

乔木；树皮纵裂，粗糙。大枝平展，通常主枝无毛，侧枝多少有短柔毛。叶二列，2.5～5.5cm，宽1.2～2mm；先端凹缺，基部楔形，扭转，近无柄，下面有两条灰白色或灰绿色气孔带。球果大，长5～8cm，径4～4.5cm，苞鳞外露部分反曲，先端3裂，中裂片长6～12mm。种子连翅长约为种鳞的1/2或稍长，种翅长约为种子的2倍。产于察隅。

4. 铁杉属 *Tsuga*

云南铁杉 *T. dumosa*

乔木；树皮粗糙，纵裂成片状脱落。大枝平展或微下垂，一年生枝多少被毛。叶不规则二列，叶 1 ~2.4(长 ~3.5)cm，先端钝尖或钝无凹缺，叶缘中上部或上部常有细锯齿，下面具两条白色气孔带。球果小，长 1.5 ~3cm，径 1 ~2cm，苞鳞外露部分不反曲，先端 2 裂。种子下面有油点，连翅长 8 ~12mm。拉月至察隅、墨脱一带有分布。

5. 云杉属 *Picea*

分种检索表

1. 叶四边有气孔线，上(腹)面两边的气孔线与下(背)面两边相等或较多，极少数叶的下面无气孔线。
 2. 小枝下垂，节间细长，无毛；叶长 3 ~5cm，微内曲，先端渐尖，横切面四方形或近方形，高宽相等或近相等，或两侧略扁而高过于宽，每边具 3 ~5 条气孔线；球果长 12 ~18cm，直径约 5cm，成熟前为绿色，种鳞较厚，坚硬，长约 3cm(产于吉隆)……………………………………………… **长叶云杉 *P. smithiana***
 2. 小枝不下垂，节间较粗短，被密毛；叶长 2cm 以下，直或微曲，先端钝尖或骤凸，横切面近方形、菱形或近扁形，宽过于高，上面两边有 4 ~7 条气孔线，下面两边常有 2 ~4 条不完整的气孔线，极少数叶的下面两边无气孔线。
  3. 球果成熟前后色深，呈紫红色、红紫色、黑紫色或稍带褐色(产于察隅至昌都一带)……………………………………………………………………………………………… **川西云杉 *P. likiangensis* var. *rubescens***
  3. 球果色浅，成熟前绿黄色或淡绿色，成熟时黄色至淡褐黄色(仅产于类乌齐)…………………………………………………………………………………………………… **黄果云杉 *P. likiangensis* var. *hirtella***
1. 叶上(腹)面两边各有 4 条气孔线，下(背)面边无气孔线，极少数叶的下面两边或一边有 1 ~2 条不完整的气孔线。
  4. 小枝不下垂，一年生枝密生柔毛与腺状毛；叶较厚，横切面菱形或近扁平，下面两边无气孔线，或偶尔有少数叶具 1 ~2 条不完整的气孔线……………………………… **林芝云杉 *P. likiangensis* var. *linzhiensis***
  4. 小枝下垂，一年生枝无毛或多少有毛，但绝无腺状毛；叶较窄扁，横切面扁平或近扁平，下面两边无气孔线。
   5. 叶长 1.5 ~3.5cm；种子(含翅)长 1.6 ~2cm；小枝近无毛(产于亚东) … **喜马拉雅云杉 *P. spinulosa***
   5. 叶长 1 ~2.3(2.5)cm；种子(含翅)长 1.2 ~1.6cm；小枝多少被毛。
    6. 球果成熟前种鳞绿色；树皮纵向开裂成厚方块状…………………………………… **麦吊云杉 *P. brachytyla***
    6. 球果成熟前种鳞红色或紫棕色；树皮不规则剥落 ……… **油麦吊云杉 *P. brachytyla* var. *complanata***

6. 落叶松属 *Larix*

分种检索表

1. 球果卵圆形；苞鳞短于种鳞，不露出或球果基部苞鳞微露出；小枝不下垂。(落叶松组)种鳞上部边缘显著向外反曲，卵状长圆形或卵方形，背面有褐色细小疣状凸起和短粗毛；1 年生长枝红褐色；有白粉(藏东南栽培 1 种)……………………………………………………………………………… **日本落叶松 *L. kaempferi***
1. 球果圆柱形或卵状圆柱形；苞鳞长于种鳞，显著露出；小枝下垂。(红杉组)
 2. 苞鳞向后反折或弯曲，球果长 4.5 ~11cm。
  3. 雄球花卵形，长 6 ~8mm；球果长 4.5 ~5cm，苞鳞强烈反折，先端骤狭成上翘小尖……………………………………………………………………………………………… **贡布红杉 *L. kongboensis***

3. 雄球花卵状锥形或圆柱形，长10~22mm。
4. 球果苞鳞最宽处5~7mm，倒卵状披针形或卵状披针形，强烈反折，先端急尖；种鳞长宽几相等；短枝留有极短的芽鳞残基，顶端叶枕之间有毛或无毛 ………………………………… **藏红杉 *L. griffithii***
4. 球果苞鳞最宽处3.5~4.5mm，披针形，向后弯曲，先端渐尖或微急尖；种鳞长大于宽；短枝宿存历年的反卷芽鳞，顶端叶枕之间无毛（产于波密、察隅、墨脱） …………………… **怒江红杉 *L. speciosa***
2. 苞鳞直伸或上端微向外反曲，球果长2~7.5cm；短枝顶端叶枕之间无毛或近无毛。
5. 球果细长，长5~7.5cm；种鳞圆方形或近方形，上端圆截形或截形，背后有细小瘤状凸起及短毛；苞鳞先端渐尖或近渐尖（产于察隅、芒康） ……………………… **大果红杉 *L. potaninii* var. *australis***
5. 球果粗短，长2~6.5cm；种鳞矩圆形或方圆形，上端圆，背面中下部初被短柔毛，其后平滑无毛；苞鳞先端急尖或微急尖（产于吉隆、定日） ………………………………… **喜马拉雅红杉 *L. himalaica***

7. 雪松属 *Cedrus*

雪松 *C. deodara*

常绿乔木。枝有长短枝，大枝顶部与小枝通常微下垂。叶线形，坚硬，具棱，叶长2.5~5cm。大型球果直立，长7~12cm；径5~9cm，翌年成熟；种鳞木质，宽大扇状倒三角形，排列紧密，熟时自轴脱落。本种在拉萨至西藏东南部各地有栽培。

五、杉科 Taxodiaceae

1. 水杉属 *Metasequoia*

水杉 *M. glyptostroboides*

落叶乔木。树皮灰褐色。小枝对生，下垂，具长枝与脱落性短枝。叶交互对生，两列，羽状，条形，扁平柔软，几无柄，长1~1.7cm，宽约2mm，上面中脉凹下，下面两侧有4~8条气孔线。雌雄同株，球花单生叶腋或枝顶，雄球花在枝上排成总状或圆锥花序状，雄蕊交互对生；雌球花具22~28片交互对生的珠鳞，各有5~9个胚珠。球果下垂，近球形，微具四棱，长1.8~2.5cm，有长柄；种鳞木质，盾形，顶部宽有凹陷，两端尖，熟后深褐色，宿存；种子倒卵形，扁平，周围有窄翅，先端有凹陷。中国特有孑遗珍贵树种，有植物王国“活化石”之称；西藏东南部有栽培。

六、柏科 Cupressaceae

分属检索表

1. 球果种鳞木质或近革质，成熟时张开；种子通常有翅，或近无翅。
2. 球果当年成熟；种鳞扁平，覆瓦状排列，种鳞背面有一多少向外弯曲的尖头，发育种鳞各具1~2粒种子；种子无翅，锥状倒卵圆形；生鳞叶的小枝扁平，排成一平面 …………………… **侧柏属 *Platycladus*** *
2. 球果翌年成熟；种鳞盾形，交叉对生，种鳞顶部中央有凸起的尖头，发育种鳞各具多粒种子；种子两侧具窄翅，微扁，有棱；生鳞叶的小枝圆柱形，不排成一平面 ………………………… **柏木属 *Cupressus*** *
1. 球果由近肉质的种鳞结合而成，成熟时不张开，内有1~6粒种子；种子无翅。
3. 叶全为鳞叶或刺叶，若同株上兼有刺叶与鳞时，刺叶基部下延生长；冬芽不显著；球果单生枝顶；雌球花具4~8枚交叉对生或3枚轮生的珠鳞，胚珠生于珠鳞腹面的基部 ……………… **圆柏属 *Sabina*** *
3. 叶全为刺叶（刺叶或长或短，直或微曲，扁平或锥状），基部有关节，不下延生长；冬芽显著；球果单生叶腋；雌球花具3枚轮生的珠鳞，胚珠生于珠鳞之间 ………………………………… **刺柏属 *Juniperus***

1. 侧柏属 *Platycladus*

侧柏 *P. orientalis*

乔木。生鳞形叶的小枝直展或斜展，排成一平面，扁平，两侧同型，均匀绿色。鳞片叶交叉对生，排成四行，两侧之叶折成船形，瓦覆着上下之叶的下部。雌雄同株，球花单生小枝顶端。球果当年成熟，宽圆卵形；种鳞4对，扁平，较厚，覆瓦状排列，成熟前近肉质，熟时近木质，张开，鳞背上方有一反折的尖头，中部种鳞各有1~2粒种子。种子无翅，种脐大而明显。子叶2枚。西藏东南部习见栽培，品种较多。在西藏下察隅巴安通有野生，生于海拔1700~2100m的山坡针阔叶混交林内。

2. 柏木属 *Cupressus*

分种检索表

1. 生鳞叶的小枝常四棱形，粗壮，分支较多，排列较密；种鳞6对(西藏特有)…………… **巨柏 *C. gigantea***
1. 生鳞叶的小枝圆柱形或四棱形，细长，分支较少，排列紧密。
  2. 鳞叶绿色，无白粉；球果小，径2cm以下；种鳞5~6对 ……………………………… **西藏柏木 *C. torulosa***
  2. 鳞叶蓝绿色，被白粉；球果大，径达3cm；种鳞3~4对或4~5对。
    3. 树皮灰褐色；鳞叶无明显的腺点；球果圆球形，径1.6~3cm；种鳞4~5对；种子两侧具窄翅(栽培) ……………………………………………………………………………… **干香柏 *C. duclouxiana***
    3. 树皮红褐色；鳞叶中部具明显的圆形腺体；球果圆球形或矩圆球形，长1.5~3cm；种鳞3~4对；种子上部微有窄翅(栽培) ……………………………………………………… **绿干柏 *C. arizonica***

3. 圆柏属 *Sabina*

分种检索表

1. 叶全为刺形，3叶交叉轮生，开展，斜展或覆瓦状；球果仅有1粒种子。
  2. 叶背拱圆或具钝脊，中央或沿脊有细纵槽，或中下部有纵槽。
    3. 常为乔木；小枝细，通常较长而下垂；叶常呈覆瓦状排列，稀微斜展，长3~6mm，背面拱圆，仅中下部有纵槽 ……………………………………………………………… **垂枝柏 *S. recurva***
    3. 常为灌木或匍匐状；小枝较短，常不下垂；叶斜展至平展，长达10mm，背具钝脊，沿脊有纵槽或仅下部纵槽明显 ……………………………………………………………… **高山柏 *S. squamata***
  2. 叶背常具明显的棱脊，沿脊无纵槽；叶在枝上交叉轮生而彼此瓦覆，使小枝的轮廓呈六棱柱状，小枝斜展或直伸，枝端常俯垂；多为匍匐灌丛，或为灌木，稀为小乔木 …………… **香柏 *S. pingii* var. *wilsonii***
1. 叶全为鳞形，或兼有鳞叶与刺叶，或仅幼龄植株全为刺叶，但随树增大而鳞叶增多，后全为鳞叶。
    4. 球果具1~4(5)粒种子；雌雄异株，稀同株；鳞叶背面的腺点位于中部 …………… **圆柏 *S. chinensis***
    4. 球果仅有1粒种子。
      5. 雌雄同株；雌雄球花生于小枝的不同分支上；鳞叶背面的腺体位于中下部或近基部；球果小，长5~8mm，种子长4~6mm；生鳞叶的小枝呈明显的四棱形 ……………………… **方枝柏 *S. saltuaria***
      5. 雌雄异株，稀同株；鳞叶背面的腺点位于中部或中上部。
        6. 球果小，被白粉，长约5mm；种子长约4mm；生鳞叶的小枝圆柱形 ……………………………………………………………… **小子圆柏 *S. convallium* var. *microsperma***
        6. 球果较大，长9~16mm；种子长7~11mm；生鳞叶的小枝圆柱形或四棱形 … **大果圆柏 *S. tibetica***

4. 刺柏属 *Juniperus*

分 种 检 索 表

1. 叶较窄长，线状披针形，长 8 ~ 15mm，宽约 1.5mm，直，上面绿色中脉明显，有两条白色的气孔带，先端渐尖；球果成熟时淡红褐色；乔木 ………………………………………………………… **刺柏 *J. formosana***
1. 叶较宽短，披针状椭圆形或披针状短线形，长 5 ~ 10mm，宽 2 ~ 2.5mm，通常镰状弯曲，上面无绿色中脉；有 1 条粉白色气孔带，先端急尖或近急尖；球果成熟时褐黑色；匍匐灌木(产于定日）……………… ………………………………………………………………………………… **西伯利亚刺柏 *J. sibirica***

七、罗汉松科 Podocarpaceae

1. 罗汉松属 *Podocarpus*

百日青 *P. neriifolius*

乔木，高达 30m，胸径 40cm。枝条开展或斜展。叶螺旋状排列，披针形或线状披针形，常微弯，长 9 ~ 20cm，宽 10 ~ 21mm，上面中脉隆起，无气孔线，下面中脉平或微隆起，从中脉至边缘具多数细微的气孔线，上部渐窄，先端渐尖，基部宽楔形；有短柄。雄球花穗状，单生或 2 ~ 3 穗簇生。种子卵圆形，长 8 ~ 16mm，熟时肉质假种皮紫红色；种托肉质，橙红色；梗长 9 ~ 22mm。产于墨脱，生于海拔 800 ~ 1000m 的杂木林中。

八、三尖杉科 Cephalotaxaceae

1. 三尖杉属 *Cephalotaxus*

海南粗榧 *C. mannii*

乔木，高达 20m 以上，胸径 30 ~ 50cm，稀达 1m。树皮通常带褐色，稀红紫色，片状脱落。叶线形，两列，向上微弯或直，长 2 ~ 4cm，宽 2.5 ~ 3.5mm，基部圆截形，稀圆形，先端微急尖，上面中脉隆起，下面有 2 条白色气孔带。种子倒卵状椭圆形，微扁，长 2.5 ~ 2.8cm，顶端有凸起的小尖头，成熟前假种皮绿色，成熟时呈红色。产于墨脱，生于海拔 850 ~ 1200m 的杂木林中。

九、红豆杉科 Taxaceae

分属检索表

1. 叶螺旋状着生，形较窄短，叶内无树脂道；雌雄球花单生叶腋，雌球花有短梗或几无梗；种子生于杯状肉质红色假种皮中，上端露出 ……………………………………………………… **红豆杉属 *Taxus*** *
1. 叶交叉对生，形较宽长，叶内维管束下方有 1 树脂道；雄球花多数，排成穗状花序，2 ~ 6 穗生于近枝顶的苞腋；雄球花生于苞腋或叶腋，有长梗；种子除顶端尖头露出外，几乎全部为囊状肉质红色假种皮所包 ………………………………………………………………………… **穗花杉属 *Amentotaxus***

1. 红豆杉属 *Taxus*

分种检索表

1. 叶较密，列成彼此重叠的不规则两列，线形，直，基部两侧对称，上下几相等宽，先端急尖，质地较厚；种子柱状矩圆形，长约6.5mm，顶端有凸起的钝尖(产于吉隆) ……… **密叶红豆杉(西藏红豆杉) *T. fuana***
1. 叶较疏，规则两列，线状披针形，通常微呈镰状，基部两侧偏斜，先端渐尖，质地较薄；种子卵圆形，长约5mm，先端骤凸(产于通麦、墨脱、察隅、亚东) ………… **须弥红豆杉(云南红豆杉) *T. wallichiana***

2. 穗花杉属 *Amentotaxus*

穗花杉 *A. argotaenia*

灌木或小乔木。树皮裂成片状，大枝斜展至平展；一二年生枝绿色或灰黄绿色，干后有光泽。叶两列，线状披针形，直或微弯，长5~9cm，宽8~11mm，上部渐窄，先端渐尖，基部楔形，微偏斜，边缘微反曲，下面白色气孔带与绿色边带等宽或近等宽。种子椭圆形，假种皮成熟时红色，长约2.5cm，径约1.3cm，顶端尖头露出，基部宿存的苞片具背脊，梗长约1.3cm，扁四棱形。产于墨脱，生于海拔1600m的山坡阔叶林中。

十、麻黄科 Ephedraceae

1. 麻黄属 *Ephedra*

分种检索表

1. 灌木，高25~80cm；节间长2~4cm；苞片内有2~3粒种子，不外露(产于波密) ……………………………… **中麻黄 *E. intermedia***
1. 草本状矮小灌木，高5~15cm；木质茎短小，多分支，节间长1~2cm；苞片内有1粒种子，外露(产于米林至昌都一带) ……………………………… **单子麻黄 *E. monosperma***

十一、买麻藤科 Gnetaceae

1. 买麻藤属 *Gnetum*

垂子买麻藤 *G. pendulum*

常绿藤本。叶椭圆形或长椭圆形，革质，长10~15cm，宽3.5~5.5cm，先端短尾尖或渐尖，基部楔形，边全缘，两面光滑无毛，干后常有光泽，侧脉7~10对，斜展；叶柄长1.2~1.8cm。种子倒卵状长矩圆形或长椭圆形，长约3.5cm，径约1.8cm，先端有微凸的钝尖，基部窄缩成柄，柄长6~8cm。产于墨脱，生于海拔约800m的阔叶林中。

被子植物门 Angiospermae

乔木、灌木和草本，或为缠绕和攀缘的藤本，多年生，二年生或一年生。大多数为自养，有少数半寄生、寄生，或为食虫植物。孢子体世代通常分化成营养器官和生殖器官，营养器官包括根、茎、叶，在次生木质部中有导管，生殖器官是花。花通常由花被(包括花萼或花冠)，雌蕊群和雄蕊群组成。在有些分类群中，花冠不存在，或花萼和花冠都不存在，或只有雌蕊群，或只有雄蕊群。花萼用萼片组成，花冠由花瓣组成，萼片或花瓣通常 3、4、5 或 6 枚，有时较多或较少，分生或合生。雌蕊群有 1 到多数分生或合生的雄蕊(小孢子叶)，雄蕊通常有花药和花丝两部分，在花药里形成花粉(小孢子)，雌蕊通常有子房、花柱和柱头三部分，子房上位、下位或同位，在内产生胚珠(大孢子囊)。花粉发芽后形成构造简单的雄配子体，具 1 个粉管细胞，2 个精子。雌配子体叫作胚囊(大孢子)，在胚珠中形成，通常构造也极简单，包含 8 个细胞、1 个卵细胞、2 个助细胞、3 个反足细胞、2 个极核。在受精过程中，1 个精子核与卵融合，以后发育成种子的胚(2n)，另 1 个精子和 2 个极核融合形成胚乳(3n)，这种过程叫双受精作用，是被子植物门的重要特征之一。在受精过程后，胚珠发育成种子，整个子房(有时连同花萼、花托以及花序轴)发育成果实，种子被包围在密被的果实之中，果实各式各样。

分纲检索表

1. 子叶 2 枚，稀 1 或多枚；植株常具中央髓部，若为木本植物则具年轮；叶通常具羽状脉；花通常 4 或 5 数 ………………………………………… **双子叶植物纲 Dicotyledoneae**

1. 子叶 1 枚；植株通常不具中央髓部，也无年轮；叶多具平行脉；花 3 数，有时为 4 数，但极少 5 数 …… ………………………………………… **单子叶植物纲 Monocotyledoneae**

I 双子叶植物纲 Dicotyledoneae

分科检索表

1. 花无花瓣，即无真正的花冠(花被片逐渐变化，呈覆瓦状排列成 2 至数层的，也可在此检查)；花萼有或无，若有花萼，花萼可能呈花瓣状，并使花萼组合呈花冠状。
 2. 花单性，雌雄同株或异株；其中雄花，或雌花和雄花均可成柔荑花序或类似柔荑状的花序。
  3. 无花萼，或仅雄花具花萼。
   4. 雌花以花梗着生于椭圆形膜质苞片的中脉上；心皮 1(九子母属) ………… **63. 漆树科 Anacardiaceae**
   4. 雌花情形非如上述；心皮 2 或更多数。
    5. 木质藤本；单叶具掌状脉；花序与叶对生；叶揉搓有香气；浆果(胡椒属) …… **2. 胡椒科 Piperaceae**
    5. 乔木或灌木；叶可呈各种型式，但常为羽状脉；果实不为浆果。
     6. 果实为具多数种子的蒴果，2 裂；种子有丝状茸毛；雌雄异株 ………………… **3. 杨柳科 Salicaceae**
     6. 果实为仅具 1 种子的小坚果、核果或核果状的坚果。
      7. 叶为羽状复叶；雄花无花萼；雌雄同株(山核桃属) ………………………… **5. 胡桃科 Juglandaceae**
      7. 叶为单叶。
       8. 果实为肉质球状核果；雄花无花萼；雌雄异株(产于察隅) ………………… **4. 杨梅科 Myricaceae**

8. 果实为具翅小坚果；雄花有花萼；雌雄同株(桦木族) ………………………… **6. 桦木科 Betulaceae**

3. 有花萼，或在雄花中不存在。

9. 子房下位或半下位；叶互生；雌雄同株。

10. 羽状复叶；果序穗状或由柔荑花序发育而成的下垂长果序 ………………… **5. 胡桃科 Juglandaceae**

10. 单叶；果单生或为直立或斜伸的柔荑花序发育而成的球果状、总状或穗状果序。

11. 果实为蒴果(枫香树亚科) ………………………………………………… **45. 金缕梅科 Hamamelidaceae**

11. 果实为坚果。

12. 雄花无花萼；果藏于叶状总苞(鹅耳枥属)或多刺总苞(榛属)中 …………… **6. 桦木科 Betulaceae**

12. 雄花具花萼；坚果具壳斗下托，或藏于多刺的总苞中 ………………………… **7. 壳斗科 Fagaceae**

9. 子房上位。

13. 植株具白色乳汁。

14. 子房 1 室；聚花果(桑属) ……………………………………………………… **9. 桑科 Moraceae**

14. 子房常 3 室；蒴果 ………………………………………………………… **59. 大戟科 Euphorbiaceae**

13. 植株无乳汁。

15. 子房为单心皮所组成；雄蕊的花丝在花蕾中向内屈曲……………………… **10. 荨麻科 Urticaceae**

15. 子房由 2 枚以上的心皮连合组成；雄蕊在花蕾中常直立。

16. 果为 3 个离果爿组成的蒴果；成熟后再 2 裂(叶下珠亚科) …………… **59. 大戟科 Euphorbiaceae**

16. 果实为其他形式。

17. 雌雄同株的乔木或灌木；子房 1 室，翅果或核果 …………………………… **8. 榆科 Ulmaceae**

17. 雌雄异株的草本植物；叶掌状分裂；瘦果(大麻属) ……………………… **9. 桑科 Moraceae**

2. 花两性，或单性但非柔荑花序或类似柔荑状的花序。

18. 子房每室具多数胚珠。

19. 寄生性草本；无绿色叶片…………………………………………………… **14. 大花草科 Rafflesiaceae**

19. 非寄生性植物；有正常绿叶或叶退化而以绿色茎代行叶的功用。

20. 子房下位或半下位。

21. 花单性；雌雄同株。

22. 草本；叶片肥厚；聚伞花序；叶基常歪斜(秋海棠属) ……………… **82. 秋海棠科 Begoniaceae**

22. 木本；头状花序；子房 2 室(马蹄荷属) ………………………… **45. 金缕梅科 Hamamelidaceae**

21. 花两性。

23. 子房 4～6 室，中轴胎座；雄蕊 6 或 12，着生在子房上 …………… **13. 马兜铃科 Aristolochiaceae**

23. 子房 1 室；雄蕊着生于花萼上；侧膜胎座或特立中央胎座。

24. 茎肥厚绿色，常具棘针；叶常退化；花被片和雄蕊均多数；浆果……… **83. 仙人掌科 Cactaceae**

24. 茎、叶正常；花被片和雄蕊均为 5 或 4 基数，或雄蕊为前者的 2 倍；蒴果 ……………………………………………………………………………… **46. 虎耳草科 Saxifragaceae**

20. 子房上位。

25. 雌蕊或子房 2 至多个，分离。

26. 草本；复叶或多少分裂，稀为单叶(驴蹄草属)，全缘或齿裂 ………… **30. 毛茛科 Ranunculaceae**

26. 木本。

27. 攀缘灌木；花的各部为整齐的 3 基数 ………………………………… **31. 木通科 Lardizabalaceae**

27. 直立乔木；花 5 基数；雄蕊连合成单体(苹婆属) ………………… **75. 梧桐科 Sterculiaceae**

25. 雌蕊或子房单独 1 个；雄蕊下位，即着生于扁平或凸起的花托上。

28. 木质藤本；雄蕊 5(4)，基部连合成杯状；胚珠基生(浆果苋属) ………… **18. 苋科 Amaranthacae**

28. 草本或亚灌木。

29. 子房 3～5 室；叶对生或轮生 ……………………………………… **22. 粟米草科 Molluginaceae**

29. 子房1~2室。
30. 叶为复叶或多少有些分裂 ………………………………………… **30. 毛茛科 Ranunculaceae**
30. 叶为单叶。
31. 侧膜胎座。
32. 花无花被，具花瓣状总苞片4枚；雄蕊着生在子房上 ……………… **1. 三白草科 Saururaceae**
32. 花具1枚离生萼片；总苞片不为花瓣状 …………………………… **41. 十字花科 Brassicaceae**
31. 特立中央胎座。
33. 花序为穗状、头状或圆锥状；萼片多少为干膜质 ……………… **18. 苋科 Amaranthacae**
33. 花序呈聚伞状；萼片草质……………………………………………… **25. 石竹科 Caryophyllaceae**
18. 子房或其子房室内仅有1至数枚胚珠。
34. 叶片具透明微点；羽状复叶(花椒属的部分种) ……………………………… **55. 芸香科 Rutaceae**
34. 叶片无透明微点。
35. 雄蕊连为单体，至少在雄花中存在这种现象；花丝互相连合成筒状或一个中柱。
36. 肉质寄生草本植物；具退化呈鳞片状的叶片，无叶绿素 ……………… **15. 蛇菰科 Balanophoraceae**
36. 非寄生植物，有绿叶。
37. 雌雄同株；雄花成球形头状花序，雌花以2个同生于1个有2室且具钩状芒刺的果壳中(苍耳属) …………………………………………………………………………………………… **131. 菊科 Asteraceae**
37. 花两性，若为单性则雄花及雌花均无上述情形。
38. 草本；花两性。
39. 叶互生；无退化雄蕊………………………………………………………… **17. 藜科 Chenopodiaceae**
39. 叶对生；退化雄蕊有或无。
40. 花显著，有连成花萼状的总苞；无退化雄蕊 ……………… **19. 紫茉莉科 Nyctaginaceae**
40. 花微小，无上述情形的总苞；具退化雄蕊 ……………………………… **18. 苋科 Amaranthacae**
38. 乔木或灌木，稀草本；花单性或杂性；叶互生。
41. 萼片覆瓦状排列，至少在雄花中如此 ………………………………… **59. 大戟科 Euphorbiaceae**
41. 萼片呈镊合状排列(苹婆属) …………………………………………… **75. 梧桐科 Sterculiaceae**
35. 雄蕊各自分离，有时仅为1枚。
42. 每花有雌蕊2个至多数，近于或完全分离；或花的界限不明显时，则雄蕊多数，成1球形头状花序。
43. 花托下陷，呈杯状或坛状。
44. 灌木；叶对生；花被片在坛状花托的外侧排成数层 ……………………… **38. 蜡梅科 Calycanthaceae**
44. 草本或灌木；叶互生；花被片在杯状或坛状花托的边缘排列成1轮 ……… **48. 蔷薇科 Rosaceae**
43. 花托扁平或隆起，有时延长。
45. 乔木、灌木或木质藤本。
46. 花有花被；叶片常全缘。
47. 木质藤本；花单性；聚合果长穗状，果实浆果状…………………… **34. 五味子科 Schisandraceae**
47. 乔木或灌木；花两性；成熟心皮为木质蓇葖。
48. 芽被2枚镊合状排列、合成盔帽状托叶包围；小枝具环状托叶痕；雄蕊和雌蕊排列在显著伸长的花托上；花大，美丽 ………………………………………………… **35. 木兰科 Magnoliaceae**
48. 无托叶，或托叶与叶柄合生但小枝上绝无托叶痕；花小。
49. 托叶与叶柄合生，有距状短枝；穗状花序下垂，花被片4；蒴果4深裂，内含蓇葖果4 …… ……………………………………………………………………… **36. 水青树科 Tetracentraceae**
49. 无托叶；雄蕊和雌蕊轮状排列于平顶隆起的花托上；花被片20以上，蓇葖果数至10枚，排成1轮 ………………………………………………………………………… **37. 八角科 Illiciaceae**

46. 花无花被。
50. 叶卵形，具羽状脉和锯齿缘；无托叶；花两性或杂性，在叶腋中丛生；翅果无毛，有柄 …… …………………………………………………………………………… **28. 领春木科 Eupteleaceae**
50. 叶广阔，掌状分裂，叶缘有缺刻或大锯齿；有托叶围茎成鞘，易脱落；花单性，雌雄同株，分别聚成球形头状花序(栽培) ………………………………………… **47. 悬铃木科 Platanaceae**
45. 草本，稀为亚灌木，有时攀缘性。
51. 胚珠常弯生；叶全缘，互生；直立草本 ………………………… **20. 商陆科 Phytolaccaceae**
51. 胚珠倒生或直立。
52. 叶片分裂或为复叶；无托叶或极微小；有花萼；胚珠倒生 ………… **30. 毛茛科 Ranunculaceae**
52. 叶全缘；有托叶；无花被；胚珠直立 ………………………… **1. 三白草科 Saururaceae**
42. 每花仅有1个复合或单雌蕊，心皮有时于成熟后各自分离。
53. 子房下位或半下位。
54. 草本。
55. 水生或小型沼生植物。
56. 花柱2个或更多；叶片(尤其沉水的)常成羽状细裂或为复叶 … **91. 小二仙草科 Haloragaceae**
56. 花柱1；叶为线形全缘单叶 ………………………………… **92. 杉叶藻科 Hippuridaceae**
55. 陆生草本。
57. 寄生性肉质草本；无绿叶 …………………………………… **15. 蛇菰科 Balanophoraceae**
57. 半寄生性直立草本；有窄而细长的绿叶(百蕊草属) ……………… **11. 檀香科 Santalaceae**
54. 灌木或乔木；子房1或2室。
58. 花柱2。
59. 果实核果状或为不开裂的蒴果状瘦果 ………………………… **71. 鼠李科 Rhamnaceae**
59. 蒴果，2瓣裂开 …………………………………………… **45. 金缕梅科 Hamamelidacea**
58. 花柱1个或无花柱。
60. 叶片下面多少被皮屑状或鳞片状的附属物 ………………… **85. 胡颓子科 Elaeagnaceae**
60. 叶片下面无皮屑状或鳞片状的附属物。
61. 叶缘有锯齿或圆锯齿；叶互生，常具基生三出脉 ……………… **10. 荨麻科 Urticaceae**
61. 叶全缘，互生或对生；植株常寄生在乔木的树干或枝条上。
62. 果实浆果状；花两性或单性；特立中央胎座或基生胎座，无胚珠 ………………………… …………………………………………………………………… **12. 桑寄生科 Loranthaceae**
62. 果实呈坚果状或核果状；花多为单性；胚珠垂悬于基底胎座上 …… **11. 檀香科 Santalaceae**
53. 子房上位，如有花萼则和它们分离；或在胡颓子科、紫茉莉科中，当果实成熟时，子房被宿存的萼筒所包围。
63. 托叶鞘围抱茎各节；草本，稀为灌木 ………………………… **16. 蓼科 Polygonaceae**
63. 无托叶鞘，在悬铃木科虽有托叶鞘但易脱落。
64. 草本，仅在藜科中存在亚灌木。
65. 无花被；花单性。
66. 子房1室，内仅有1个基生胚珠；穗状花序顶生或腋生，但常和叶相对生(草胡椒属) …… ………………………………………………………………………… **2. 胡椒科 Piperaceae**
66. 子房3或2室。
67. 水生植物，无乳汁；子房2室，每室2枚胚珠 ……………… **60. 水马齿科 Callitrichaceae**
67. 陆生植物，有乳汁；子房3室，每室1枚胚珠 ………………… **59. 大戟科 Euphorbiaceae**
65. 有花被。
68. 花萼管状花状；花有总苞，常类似花萼。

69. 雄蕊 2～6；瘦果状掺花果包在宿存花萼内 ………………………… **19. 紫茉莉科 Nyctaginaceae**
69. 雄蕊 8；坚果仅基部在宿存花萼内(狼毒属) ……………………… **84. 瑞香科 Thymelaeaceae**
68. 花萼非上述情况。
70. 雄蕊周围，即位于花被上。
71. 叶互生，羽状复叶而有草质托叶；花无膜质苞片；瘦果(地榆属) … **48. 蔷薇科 Rosaceae**
71. 叶对生，单叶，无草质托叶；花有膜质苞片；蓼科冰岛蓼属叶为互生。
72. 花被片和雄蕊为 5 或 4，对生；囊果；托叶膜质 …………… **25. 石竹科 Caryophyllaceae**
72. 花被片和雄蕊各为 3，互生；坚果；无托叶(冰岛蓼属) ………… **16. 蓼科 Polygonaceae**
70. 雄蕊下位，即位于子房下。
73. 花柱或其分支为 2 或数个，内侧常为柱头面。
74. 子房为数个至多个心皮连合而成 ………………………………… **20. 商陆科 Phytolaccaceae**
74. 子房为 2 或 3(5)个心皮连合而成。
75. 子房 3 室，稀 2 或 4 室 ……………………………………… **59. 大戟科 Euphorbiaceae**
75. 子房 1 或 2 室。
76. 叶掌状分裂(大麻属) ………………………………………………… **9. 桑科 Moraceae**
76. 叶具羽状脉，稀掌状脉。
77. 花有草质而带绿色或灰绿色的花被片及苞片 ……………… **17. 藜科 Chenopodiaceae**
77. 花有干膜质而常有色泽的花被及苞片 ………………………… **18. 苋科 Amaranthaceae**
73. 花柱 1 个，常顶端有柱头，也可无花柱。
78. 花两性。
79. 雌蕊单心皮；花萼由 2 枚膜质且宿存的萼片组成；雄蕊 2(星叶草属) ……………………
………………………………………………………………………… **30. 毛茛科 Ranunculaceae**
79. 雌蕊由 2 枚合生心皮组成；萼片 4 枚；雄蕊 2 或 4(独行菜属) ……………………………
………………………………………………………………………… **41. 十字花科 Brassicaceae**
78. 花单性。
80. 沉水植物；叶细裂丝状(金鱼藻属) ………………………… **27. 金鱼藻科 Ceratophyllaceae**
80. 陆生植物；叶片非细裂丝状 ………………………………………… **10. 荨麻科 Urticaceae**
64. 木本植物或亚灌木。
81. 叶片微小，细长或呈鳞片状，有时肉质的圆筒形或半圆筒形；耐寒旱性的灌木。
82. 花无膜质苞片；雄蕊下位；无托叶；枝条常有关节 ………………… **17. 藜科 Chenopodiaceae**
82. 花有膜质苞片；雄蕊周位；托叶膜质；枝条无关节………………… **25. 石竹科 Caryophyllaceae**
81. 叶片较大，矩圆形或披针形，或宽广至卵形；非耐寒旱性的灌木。
83. 果实及子房均为 2 至数室。
84. 花常为两性。
85. 萼片 4，覆瓦状排列；雄蕊 4；蒴果 4 室 …………………… **36. 水青树科 Tetracentraceae**
85. 萼片多为 5，镊合状排列；核果 ……………………………………… **71. 鼠李科 Rhamnaceae**
84. 花单性(雌雄同株或异株)或杂性。
86. 果实各种；种子无胚乳或有少量胚乳。
87. 雄蕊常 8 枚；蒴果膨胀成囊状；羽状复叶 ……………………… **68. 无患子科 Sapindaceae**
87. 雄蕊 5 或 4 枚，与萼片互生；核果有 2～4 小核；单叶(鼠李属) ………………………
…………………………………………………………………………… **71. 鼠李科 Rhamnaceae**
86. 果实多呈蒴果状，无翅；种子常有胚乳。
88. 蒴果 2 室，有木质或革质的外种皮及角质的内果皮 ……… **45. 金缕梅科 Hamamelidaceae**
88. 果实纵然为蒴果时，也不像上述情形。
89. 胚珠具腹脊；蒴果，多为胞间裂开 ……………………………… **59. 大戟科 Euphorbiaceae**

89. 胚珠具背脊；蒴果，多为胞背裂开，稀核果状…………………………… **61. 黄杨科 Buxaceae**
83. 果实及子房均为 1 或 2 室。
90. 花萼具明显的萼筒，且常花瓣状。
91. 叶无毛或下面有柔毛；萼筒整个脱落 ………………………… **84. 瑞香科 Thymelaeaceae**
91. 叶下面被银白色或棕色的鳞片；萼筒或下部永久宿存，当果实成熟时，变为肉质而紧密包被子房 …………………………………………………………… **85. 胡颓子科 Elaeagnaceae**
90. 花萼不是上述情形，或无花被。
92. 花药以 2 或 4 舌瓣裂开 ………………………………………………………… **39. 樟科 Lauraceae**
92. 花药不以舌瓣裂开。
93. 叶对生。
94. 果实为有双翅或呈圆形的翅果 ………………………………………… **67. 槭树科 Aceraceae**
94. 果实为有单翅而细长形兼矩圆形的翅果 ………………………… **105. 木犀科 Oleaceae**
93. 叶互生。
95. 单回羽状复叶，小叶全缘；果实无翅。
96. 花两性或杂性 ………………………………………………………… **68. 无患子科 Sapindaceae**
96. 雌雄异株(黄连木属) …………………………………………… **63. 漆树科 Anacardiaceae**
95. 叶为单叶。
97. 花均无花被。
98. 木质藤本；叶全缘；花两性或杂性，成紧密的穗状花序(胡椒属) …………………… …………………………………………………………………………………… **2. 胡椒科 Piperaceae**
98. 乔木；叶掌状分裂，叶缘有锯齿或缺刻；花单性，球形头状花序(悬铃木属，栽培)… ……………………………………………………………………………… **47. 悬铃木科 Platanaceae**
97. 花常有花萼，尤其是雄花。
99. 植株有乳汁；榕果(榕属)或球形肉质聚花果(柘属) ……………… **9. 桑科 Moraceae**
99. 植株无乳汁。
100. 花柱或其分支 2 或数个；雄蕊 10 个或较少。
101. 子房 2 室，每室有 1 个至数个胚珠；果实为木质蒴果(金缕梅亚科) ……………… …………………………………………………………… **45. 金缕梅科 Hammnelidaceae**
101. 子房 1 室，含 1 胚珠；翅果或核果 ……………………………… **8. 榆科 Ulmaceae**
100. 花柱 1 个，子房为 1 心皮而成，也可有时(如荨麻属)不存，而柱头呈画笔状。
102. 花生于当年新枝上；雄蕊多数(臭樱属) ………………………… **48. 蔷薇科 Rosaceae**
102. 柱头画笔状；花生于老枝上；雄蕊和萼片均 4 数(荨麻属) ………………………… …………………………………………………………………………… **10. 荨麻科 Urticaceae**
1. 花具花萼和花冠，或有 2 层以上花被片，有时花冠被蜜腺叶代替。
103. 花冠常为离生的花瓣的组成。
104. 成熟雄蕊(或单体雄蕊的花药)多在 10 枚以上，通常多数，或其数超过花瓣的 2 倍。
105. 子房下位或半下位，即花萼和 1 枚或更多的雌蕊多少有些互相愈合。
106. 水生植物；子房多室(睡莲亚科) ……………………………………… **26. 睡莲科 Nymphaeaceae**
106. 陆生植物；子房 1 至数室，也可心皮为 1 至数个。
107. 植株具肥厚的肉质茎，多有刺，常无真正叶片 ………………………… **83. 仙人掌科 Cactaceae**
107. 植株为普通形态，不呈仙人掌状，有真正的叶片。
108. 草本植物，稀可为亚灌木。
109. 花单性，鲜艳，多成腋生聚伞花序(秋海棠属) ……………………… **82. 秋海棠科 Begoniaceae**
109. 花常两性。
110. 叶基生或茎生，心形；花为 3 数(细辛属) ……………………… **13. 马兜铃科 Aristolochiaceae**

110. 叶茎生，不呈心形，多少有些肉质，或为圆柱形；花非 3 数。
111. 花萼多 5 裂，叶状；蒴果 4～5 室，顶端星状裂开(栽培) ………………… **21. 番杏科 Aizoaceae**
111. 花萼裂片 2；蒴果 1 室，盖裂(马齿苋属) ……………………………… **23. 马齿苋科 Portulacaceae**
108. 乔木或灌木(但在虎耳草科草绣球属中为亚灌木)；有时以气生小根攀缘。
112. 叶通常对生，或在石榴科的石榴属中有时可为互生。
113. 叶缘有锯齿或全缘；花序常有不孕的边缘花 ………………………… **46. 虎耳草科 Saxifragaceae**
113. 叶全缘；花序无不孕花；花萼朱红色(石榴属，栽培) …………………… **87. 石榴科 Punicaceae**
112. 叶互生。
114. 花瓣细长形兼长方形，然后向后翻卷(八角枫属) ……………………… **88. 八角枫科 Alangiaceae**
114. 花瓣不呈细长形，或纵为细长形时，也不向外翻卷；具托叶。
115. 果实不埋藏于果序内 ……………………………………………………………… **48. 蔷薇科 Rosaceae**
115. 蒴果半藏在头状果序内(马蹄荷亚科) …………………………… **45. 金缕梅科 Hamamelidaceae**
105. 子房上位，即花萼和 1 枚或更多的雌蕊互相分离。
116. 花为周位花；萼片和花瓣有分化，在萼筒或花托的边缘排列成 2 层。
117. 木本，叶对生或互生；花瓣常 6 枚，边缘显著皱褶且基部具长爪；蒴果(紫薇属，栽培) ………
……………………………………………………………………………………………… **86. 千屈菜科 Lythraceae**
117. 草本或木本；叶互生；花瓣不显著皱褶。
118. 草本；花 2 基数；萼片 2，早落；花瓣 4(花菱草属，栽培) …………… **40. 罂粟科 Papaveraceae**
118. 木本或草本；花 5 或 4 基数。
119. 花瓣镊合状排列；荚果；通常二回羽状复叶，有时叶片退化，而叶柄发育为叶状柄；心皮 1 个(含羞草亚科) ………………………………………………………………………… **49. 豆科 Fabaceae**
119. 花瓣覆瓦状排列；核果、蓇葖果或瘦果；单叶或复叶；心皮 1 至多数 …… **48. 蔷薇科 Rosaceae**
116. 花为下位花，或至少在果实时花托扁平或隆起。
120. 雌蕊少数至多数，相互分离或微有连合。
121. 水生植物；叶片多少分裂或为复叶 …………………………………… **30. 毛茛科 Ranunculaceae**
121. 陆生植物。
122. 茎为攀缘性。
123. 花两性；宿存花柱呈羽毛状或喙状(铁线莲属)………………………… **30. 毛茛科 Ranunculaceae**
123. 花单性；雌雄异株，少有同株。
124. 心皮多数，浆果散布于极长的果托上 …………………………… **34. 五味子科 Schisandraceae**
124. 心皮 1，核果，果序伞房状 ……………………………………… **33. 防己科 Menispermaceae**
122. 茎直立，不为攀缘性。
125. 雄蕊的花丝连合成单体………………………………………………………… **73. 锦葵科 Malvaceae**
125. 雄蕊的花丝互相分离。
126. 木本；叶常全缘；花 3 基数。
127. 芽被 2 枚镊合状排列、合成盔帽状托叶包围，小枝具环状托叶痕；雄蕊和雌蕊排列在显著伸长的花托上 ………………………………………………………………… **35. 木兰科 Magnoliaceae**
127. 无托叶，或托叶与叶柄合生但小枝上绝无托叶痕；花小。
128. 托叶与叶柄合生，有矩状短枝；穗状花序下垂，花被片 4；蒴果 4 深裂，内含蓇葖果 4……
……………………………………………………………………………… **36. 水青树科 Tetracentraceae**
128. 无托叶，芽具多枚覆瓦状排列的芽鳞；雄蕊和雌蕊轮状排列于平顶隆起的花托上 ………
………………………………………………………………………………………………… **37. 八角科 Illiciaceae**
126. 草本，稀为亚灌木；叶片多少有些分裂或为复叶；花 5 或 4 基数。
129. 叶无托叶；种子有胚乳。
130. 心皮被肉质花盘所包围或近覆盖；雄蕊离心发育；种子具假种皮；蓇葖果显著分离；花大而美丽 ………………………………………………………………… **29. 芍药科 Paeoniaceae**

130. 无花盘；雄蕊向心发育；种子无假种皮；聚合瘦果，极稀浆果 …………………………………………………………………………………………………… **30. 毛茛科 Ranunculaceae**

129. 叶多少有托叶；种子无胚乳 …………………………………………………… **48. 蔷薇科 Rosaceae**

120. 雌蕊 1 枚，但花柱或柱头有 1 至多数。

131. 叶片中具透明微点。

132. 叶互生，羽状复叶或退化为仅有 1 顶生小叶 ………………………………… **55. 芸香科 Rutaceae**

132. 叶对生，单叶 ………………………………………………………………… **78. 藤黄科 Clusiaceae**

131. 叶片中无透明微点。

133. 子房单心皮，仅具 1 室。

134. 乔木或灌木；花瓣镊合状排列；荚果(含羞草亚科) ………………………… **49. 豆科 Fabaceae**

134. 草本；花瓣覆瓦状排列；果实不为荚果。

135. 花 5 基数；蓇葖果 …………………………………………………… **30. 毛茛科 Ranunculaceae**

135. 花 3 基数；浆果……………………………………………………… **32. 小檗科 Berberidaceae**

133. 子房为复合性，具 2 枚以上心皮。

136. 子房 1 室，侧膜胎座；植株含乳汁，萼片 2 ~ 3 ……………………… **40. 罂粟科 Papaveraceae**

136. 子房 2 至多室，或为不完全的 2 至多室。

137. 萼片在花蕾中呈镊合状排列。

138. 雄蕊下部连合成管，上部连成数束；掌状复叶，全缘，具羽状脉(瓜栗属，栽培) …………………………………………………………………………………………………… **74. 木棉科 Bombacaceae**

138. 雄蕊连为单体，至少内层者如此，并且多少有些连成管状。

139. 花单性；萼片 2 或 3 枚(油桐属) ………………………………… **59. 大戟科 Euphorbiaceae**

139. 花两性；萼片多 5 枚，稀较少。

140. 花药 2 室，退化雄蕊 5；花粉粒光滑 ………………………… **75. 梧桐科 Sterculiaceae**

140. 花药 1 室，退化雄蕊无；花粉粒表面有刺…………………………… **73. 锦葵科 Malvaceae**

137. 萼片在花蕾中呈覆瓦状或螺旋状排列。

141. 雌雄同株，稀异株；蒴果，由 2 ~ 4 个各自裂为 2 爿的离果组成 …… **59. 大戟科 Euphorbiaceae**

141. 花常两性，或在猕猴桃科猕猴桃属为杂性或雌雄异株；果实为其他情形。

142. 草本；花 4 数；植株体内有乳汁 ………………………………… **40. 罂粟科 Papaveraceae**

142. 木本；花 5 数；植株体内无乳汁。

143. 藤本或直立乔木；花药丁字形着生；浆果 ……………………… **76. 猕猴桃科 Actinidiaceae**

143. 直立乔木；花药背生或基生(栽培) …………………………………… **77. 山茶科 Cyperaceae**

104. 成熟雄蕊 10 枚或较少，如多于 10 枚其数不超过花瓣的 2 倍。

144. 成熟雄蕊和雌蕊同数，且和它对生。

145. 雌蕊 3 枚，离生；果为肉质的蓇葖果；木质藤本；花单性 ……………… **31. 木通科 Lardizabalaceae**

145. 雌蕊 1 枚。

146. 子房 2 至数室。

147. 花萼裂齿不明显或微小；灌木或草本，具卷须 ……………………………… **72. 葡萄科 Vitaceae**

147. 花萼具明显的 1 ~ 5 裂片；乔木、灌木或草本，无卷须。

148. 无托叶；萼片各不相等，覆瓦状排列；花瓣不相等 ………………………… **69. 清风藤科 Sabiaceae**

148. 有托叶；萼片等大，镊合状排列；花瓣大小相等 …………………………… **71. 鼠李科 Rhamnaceae**

146. 子房 1 室。

149. 子房下位；叶多对生或轮生，全缘；浆果或核果 ………………………… **12. 桑寄生科 Loranthaceae**

149. 子房上位。

150. 花药以舌瓣裂开……………………………………………………… **32. 小檗科 Berberidaceae**

150. 花药不以舌瓣裂开。
151. 缠绕草本；胚珠 1 枚；叶肥厚，肉质(落葵属，栽培) …………………… **24. 落葵科 Basellaceae**
151. 直立草本；雄蕊互相分离，胚珠 1 至多枚。
152. 花瓣 6 ~ 9 枚；单心皮雌蕊 ………………………………………………… **32. 小檗科 Berberidaceae**
152. 花瓣 4 ~ 8 枚；合心皮雌蕊
153. 花瓣 4，侧膜胎座(角茴香属) ………………………………………… **40. 罂粟科 Papaveraceae**
153. 花瓣 5，基底胎座 ……………………………………………………… **23. 马齿苋科 Portulacaceae**
144. 成熟雄蕊和花瓣不同数，若同数时则雄蕊和花瓣互生。
154. 雌雄异株；雌花贴生于宽圆形的叶状苞片上(九子母属) ……………………… **63. 漆树科 Anacardiaceae**
154. 花两性或单性，即便为雌雄异株时，其雄花中也无上述情形的雄蕊。
155. 花萼或其筒部和子房多少有些相连合。
156. 每子房室内含胚珠或种子 2 至多数。
157. 花药以顶端孔裂开；草本或木本植物；叶对生或轮生，大都于叶片基部具 3 ~ 9 脉 ………………
……………………………………………………………………………… **89. 野牡丹科 Melastomataceae**
157. 花药纵长裂开。
158. 草本或亚灌木，有时为攀缘性。
159. 具卷须的攀缘草本；花单性 ……………………………………………… **129. 葫芦科 Cucurbitaceae**
159. 无卷须植物；花常两性。
160. 萼片或花萼裂片 2，植株常肉质而多水分(马齿苋属) …………………… **23. 马齿苋科 Portulacaceae**
160. 萼片或花萼裂片 4 ~ 5，植物不为肉质。
161. 花萼裂片覆瓦状或镊合状排列，花柱 2 或更多；种子有胚乳 …… **46. 虎耳草科 Saxifragaceae**
161. 花萼裂片镊合状排列，花柱 1 个，顶端 2 ~ 4 裂或为 1 头状柱头；种子无胚乳 ……………
…………………………………………………………………………………… **90. 柳叶菜科 Onagraceae**
158. 乔木或灌木，有时为攀缘性。
162. 叶常对生；胚珠多数，侧膜或中轴胎座；浆果或蒴果；叶缘有锯齿或为全缘，无托叶；种子含胚乳 …………………………………………………………………………… **46. 虎耳草科 Saxifragaceae**
162. 叶互生。
163. 花数朵至多数成头状花序；常绿乔木；叶革质，全缘或具浅裂 ………………………………
……………………………………………………………………………… **45. 金缕梅科 Hamamelidaceae**
163. 花成总状或圆锥花序；落叶灌木；叶为掌状分裂，基部具 3 ~ 5 脉；子房 1 室，有多数胚珠；浆果 ……………………………………………………………………… **46. 虎耳草科 Saxifragaceae**
156. 每子房室内含胚珠或种子 1 枚。
164. 果实裂开为 2 干燥的离果，并共同悬于一果梗上(双悬果)；花序常为伞形花序(变豆菜属为不规则的花序) ……………………………………………………………………… **94. 伞形科 Apiaceae**
164. 果实不裂开或裂开而不为上述情形；花序各式。
165. 草本植物。
166. 花柱或柱头 2 ~ 4 个；种子具胚乳；果实为小坚果或核果，具棱角或有翅 ……………………
……………………………………………………………………………… **91. 小二仙草科 Haloragaceae**
166. 花柱 1，叶对生；果为具钩状刺毛的坚果(露珠草属) ……………………… **90. 柳叶菜科 Onagraceae**
165. 木本植物。
167. 果实干燥或为蒴果状；子房 2 室；花柱 2 个 …………………… **45. 金缕梅科 Hamamelidaceae**
167. 果实核果状或浆果状。
168. 叶互生；花瓣覆瓦状或镊合状排列；花序常为伞形或头状 ……………… **93. 五加科 Araliaceae**
168. 叶互生或对生；花瓣镊合状排列；花序各式，但稀为伞形或头状，有时生于叶片上。

169. 花瓣 3～5，卵形至披针形；花药短。
170. 花单性，常生于叶面中脉上；子房 3～5 室……………………… **95. 青荚叶科 Helwingiaceae**
170. 花两性，不生于叶面中脉上；子房 2 室……………………………… **96. 山茱萸科 Cornaceae**
169. 花瓣 4～10，狭窄并外翻；花药细长(八角枫属)………………………… **88. 八角枫科 Alangiaceae**
155. 花萼和子房相分离。
171. 叶片中有透明微点。
172. 花整齐，稀为两侧对称；果实不为荚果 ……………………………………… **55. 芸香科 Rutaceae**
172. 花整齐或不整齐；果实为荚果 ……………………………………………………… **49. 豆科 Fabaceae**
171. 叶片中无透明微点。
173. 雌蕊 2 至多数，相互分离或仅有局部的连合；也有子房分离而花柱连合成 1 个。
174. 植株具肉质的茎叶；草本 ……………………………………………………… **43. 景天科 Crassulaceae**
174. 植株为其他情形。
175. 花为周位花。
176. 花各部螺旋状排列，萼片逐渐变为花瓣；雄蕊 5 或 6，雌蕊多数(蜡梅属)…………………………
………………………………………………………………………………………… **38. 蜡梅科 Calycanthaceae**
176. 花的各部分呈轮状排列，萼片和花瓣分化差异明显。
177. 雌蕊 2～4 个，各有多数胚珠；种子有胚乳；无托叶 ………………… **46. 虎耳草科 Saxifragaceae**
177. 雌蕊 2 至多数，各有 1 至数个胚珠；种子无胚乳；有或无托叶 …………… **48. 蔷薇科 Rosaceae**
175. 花为下位花，或在悬铃木科中微周位。
178. 草本或亚灌木；各子房的花柱互相分离。
179. 叶互生或基生，多少分裂；花瓣脱落性，较萼片大 ………………… **30. 毛茛科 Ranunculaceae**
179. 叶对生或轮生，全缘；花瓣宿存性，较萼片小(马桑属) ……………… **62. 马桑科 Coriariaceae**
178. 乔木、灌木或木本的攀缘植物。
180. 复叶。
181. 叶对生……………………………………………………………………… **66. 省沽油科 Staphyleaceae**
181. 叶互生。
182. 木质藤本；掌状复叶或 3 小叶复叶；浆果 ……………………… **31. 木通科 Lardizabalaceae**
182. 直立乔木；羽状复叶；核果或翅果………………………………… **56. 苦木科 Simaroubaceae**
180. 单叶。
183. 叶对生或轮生(马桑属) …………………………………………………… **62. 马桑科 Coriariaceae**
183. 叶互生。
184. 落叶性，掌状脉；叶柄基部扩大成帽状以覆盖腋芽(悬铃木属，栽培)…………………………
………………………………………………………………………………………… **47. 悬铃木科 Platanaceae**
184. 常绿或落叶性，羽状脉。
185. 木质藤本；花单性；成熟心皮浆果状 ……………………………… **34. 五味子科 Schisandraceae**
185. 乔木或灌木；花两性；成熟心皮木质蓇葖。
186. 芽被 2 枚镊合状排列、合成盔帽状托叶包围，小枝具环状托叶痕；花大，美丽 …………
……………………………………………………………………………………… **35. 木兰科 Magnoliaceae**
186. 无托叶，或托叶与叶柄合生但小枝上绝无托叶痕；花小。
187. 托叶与叶柄合生，有距状短枝；穗状花序下垂，花被片 4；蒴果 4 深裂，内含蓇葖果 4 …
………………………………………………………………………………… **36. 水青树科 Tetracentraceae**
187. 无托叶；雄蕊和雌蕊轮状排列于平顶隆起的花托上；蓇葖果数至 10 枚，排成 1 轮 ………
…………………………………………………………………………………………… **37. 八角科 Illiciaceae**
173. 雌蕊 1 个或至少其子房为 1 个。

188. 雌蕊或单心皮子房，仅1室。
189. 果实为核果或浆果状核果。
190. 花3数，稀2数，花药以舌瓣裂开；浆果状核果 ………… **39. 樟科 Lauraceae**
190. 花5数，花药纵长裂；核果；植株具棘刺(扁核木属) ………… **48. 蔷薇科 Rosaceae**
189. 果实为蓇葖果或荚果。
191. 果实为蓇葖果(绣线菊亚科) ………… **48. 蔷薇科 Rosaceae**
191. 果实为荚果 ………… **49. 豆科 Fabaceae**
188. 雌蕊或多心皮子房，有1个以上的子房室或花柱、柱头、胎座等部分。
192. 子房1室或因假隔膜发育而成2室，有时下部2~3室，上部1室。
193. 花下位，花瓣4片，稀可更多。
194. 萼片2片 ………… **40. 罂粟科 Papaveraceae**
194. 萼片4~8片；子房为2个心皮连合组成，常具2子房室及1假隔膜 ………… **41. 十字花科 Brassicaceae**
193. 花周位或下位，花瓣3~5片，稀可2片或更多。
195. 每子房室内仅有胚珠1枚。
196. 羽状复叶；无托叶及小托叶；核果 ………… **63. 漆树科 Anacardiaceae**
196. 单叶。
197. 乔木，无托叶；花药以舌瓣裂开；浆果状核果 ………… **39. 樟科 Lauraceae**
197. 草本或亚灌木，具膜质托叶；瘦果 ………… **16. 蓼科 Polygonaceae**
195. 每子房室内仅有胚珠2至数枚。
198. 乔木、灌木或木质藤本。
199. 花瓣及雄蕊生在花萼上；蒴果 ………… **86. 千屈菜科 Lythraceae**
199. 花瓣及雄蕊均着生在花托上；蒴果或浆果。
200. 花两侧对称；单叶全缘；雄蕊8 ………… **58. 远志科 Polygalaceae**
200. 花辐射对称；叶为单叶或掌状分裂。
201. 花瓣具有直立而常彼此衔接的瓣爪 ………… **44. 海桐花科 pittosporaceae**
201. 花瓣不具细长瓣爪；叶多鳞片状或细长 ………… **79. 柽柳科 Tamaricaceae**
198. 草本或亚灌木。
202. 中央胎座或基底胎座。
203. 萼片2，叶互生，稀对生 ………… **23. 马齿苋科 Portulacaceae**
203. 萼片5或4，叶对生 ………… **25. 石竹科 Caryophyllaceae**
202. 侧膜胎座。
204. 食虫植物，具生有腺体刚毛的叶片 ………… **42. 茅膏菜科 Droseraceae**
204. 非食虫植物，也无生有腺体刚毛的叶片。
205. 花两侧对称，有1枚位于前方的距；蒴果3裂 ………… **80. 堇菜科 Violaceae**
205. 花辐射对称 ………… **46. 虎耳草科 Saxifragaceae**
192. 子房2至多室。
206. 花瓣形状彼此极不相等。
207. 叶片盾状，子房3室(旱金莲属，栽培) ………… **52. 旱金莲科 Tropaeolaceae**
207. 叶片非盾状，子房2室或5室。
208. 子房5室，常有距 ………… **70. 凤仙花科 Balsaminaceae**
208. 子房2室，无距。
209. 每子房室内有数个至多数胚珠；雄蕊离生 ………… **46. 虎耳草科 Saxifragaceae**
209. 每子房室内仅有1个胚珠；雄蕊连合为单体 ………… **58. 远志科 Polygalaceae**

206. 花瓣形状彼此相等或稍不等，且有时两侧对称。
210. 雄蕊和花瓣数量不相等，也不为它的倍数。
211. 叶对生。
212. 果实为有双翅或呈圆形的翅果 ………………………………………………… **67. 槭树科 Aceraceae**
212. 果实为有单翅而细长形兼矩圆形的翅果，或核果、浆果、蒴果 ………… **105. 木犀科 Oleaceae**
211. 叶互生。
213. 单叶，多全缘，或3~7裂；花单性 …………………………………… **59. 大戟科 Euphorbiaceae**
213. 单叶或复叶；花两性或杂性。
214. 萼片镊合状排列；雄蕊连合成单体(栽培) ……………………………… **75. 梧桐科 Sterculiaceae**
214. 萼片覆瓦状排列；雄蕊离生。
215. 子房4或5室；种子具翅(香椿属) ……………………………………………… **57. 楝科 Meliaceae**
215. 子房常3室；种子无翅 ……………………………………………………… **68. 无患子科 Sapindaceae**
210. 雄蕊和花瓣数量相等，或为它的倍数。
216. 每子房室内有胚珠或种子3至多数。
217. 复叶。
218. 雄蕊连合为管状(阳桃属) …………………………………………………… **50. 酢浆草科 Oxalidaceae**
218. 雄蕊彼此分离。
219. 叶互生。
220. 叶为2~3回的三出叶，或为掌状叶 ………………………………… **46. 虎耳草科 Saxifragaceae**
220. 叶为单回羽状复叶(香椿属) …………………………………………………………… **57. 楝科 Meliaceae**
219. 叶对生。
221. 叶为双数羽状复叶 ……………………………………………………… **54. 蒺藜科 Zygophyllaceae**
221. 叶为单数羽状复叶……………………………………………………… **66. 省沽油科 Staphyleaceae**
217. 单叶。
222. 草本或亚灌木。
223. 花周位；雄蕊着生于杯状花托的边缘 ………………………………… **46. 虎耳草科 Saxifragaceae**
223. 花下位，花托扁平；无托叶。
224. 叶对生，常全缘…………………………………………………………… **25. 石竹科 Caryophyllaceae**
224. 叶互生或基生；稀可对生，边缘有锯齿，或叶退化为无绿色组织的鳞片；多年生常绿草本(鹿蹄草属) …………………………………………………………………… **98. 杜鹃花科 Ericaceae**
222. 乔木或灌木。
225. 花瓣常有彼此衔接或其边缘互相依附的柄状瓣爪(海桐花属) …… **44. 海桐花科 pittosporaceae**
225. 花瓣无瓣爪，或仅具互相分离的细长柄状瓣爪。
226. 花托空凹；萼片镊合状或覆瓦状排列。
227. 叶互生，边缘有锯齿；常绿(鼠刺属) ………………………… **46. 虎耳草科 Saxifragaceae**
227. 叶对生，全缘，脱落；子房仅1花柱 ………………………………… **86. 千屈菜科 Lythraceae**
226. 花托扁平或微凸起；萼片覆瓦状排列。
228. 花4基数，浆果；花药顶端纵长裂 ………………………… **81. 旌节花科 Stachyuraceae**
228. 花5基数，蒴果；花药顶端孔裂 ………………………………………… **98. 杜鹃花科 Ericaceae**
216. 每子房室内有胚珠或种子1或2枚。
229. 草本植物，有时基部灌木状。
230. 花单性；单叶 ……………………………………………………………… **59. 大戟科 Euphorbiaceae**
230. 花两性；萼片覆瓦状排列。
231. 雄蕊彼此分离；花柱互相联合 ……………………………………… **51. 牻牛儿苗科 Geraniaceae**

231. 雄蕊互相连合；花柱彼此分离 ………………………………………… **53. 亚麻科 Linaceae**

229. 木本植物。

232. 叶对生；果实为 2 个连合为 1 个的翅果 …………………………… **67. 槭树科 Aceraceae**

232. 叶互生；如为对生则果实不为翅果。

233. 复叶。

234. 雄蕊连为单体；萼片及花瓣为 4 ~ 6 基数 ……………………………… **57. 楝科 Meliaceae**

234. 雄蕊分离。

235. 花柱 3 ~ 5 ……………………………………………………………… **63. 漆树科 Anacardiaceae**

235. 花柱 1 ……………………………………………………………………… **68. 无患子科 Sapindaceae**

233. 单叶。

236. 雄蕊连合为单体。

237. 花单性；萼片或花萼裂片 2 ~ 6 ………………………………… **59. 大戟科 Euphorbiaceae**

237. 花两性；萼片 5，覆瓦状排列……………………………………………… **53. 亚麻科 Linaceae**

236. 雄蕊分离。

238. 果呈核果状；叶互生；花下位(冬青属) ………………………… **64. 冬青科 Aquifoliaceae**

238. 果呈蒴果状。

239. 叶互生稀对生；花下位 …………………………………………… **59. 大戟科 Euphorbiaceae**

239. 叶对生或互生；花周位 ……………………………………………… **65. 卫矛科 Celastraceae**

103. 花冠为多少有些连合的花瓣组成。

240. 成熟雄蕊或单体雄蕊的花药数多于花冠裂片。

241. 心皮 1 至数个，相互分离或大致分离。

242. 叶为单叶或有时羽状分裂，对生，肉质 ………………………………… **43. 景天科 Crassulaceae**

242. 叶为二回羽状复叶，互生，不呈肉质(含羞草亚科) ……………………………… **49. 豆科 Fabaceae**

241. 心皮 2 至多数，连合成一个复合性子房。

243. 花单性；雌雄同株，雄蕊分离；浆果……………………………………… **102. 柿树科 Ebenaceae**

243. 花两性。

244. 每子房室中有 3 至多个胚珠。

245. 雄蕊 5 ~ 10 枚或数量不超过花冠裂片的 2 倍。

246. 雄蕊连合成单体；花药纵裂；花粉粒单生。

247. 复叶 ……………………………………………………………………… **50. 酢浆草科 Oxalidaceae**

247. 单叶 ………………………………………………………………………… **104. 安息香科 Styracaceae**

246. 雄蕊各自分离；花药顶端孔裂；花粉粒为四合型；单叶 ………………… **98. 杜鹃花科 Ericaceae**

245. 雄蕊为不定数。

248. 萼片和花瓣多数，同形；子房下位；植株肉质，具棘针 ……………… **83. 仙人掌科 Cactaceae**

248. 萼片和花瓣各 5，差异显著；子房上位。

249. 萼片镊合状排列；雄蕊连成单体；蒴果 ……………………………… **73. 锦葵科 Malvaceae**

249. 萼片覆瓦状排列；雄蕊连成 5 束，每束生于 1 花瓣的基部；浆果(水东哥属) ……………………………………………………………………………………… **76. 猕猴桃科 Actinidiaceae**

244. 每子房室内只有 1 或 2 枚胚珠。

250. 子房下位或半下位；果实歪斜(山矾属) ……………………………… **103. 山矾科 Symplocaceae**

250. 子房上位；单体雄蕊 …………………………………………………………… **73. 锦葵科 Malvaceae**

240. 成熟雄蕊并不多于花冠裂片，但有时因花丝的分裂而过之。

251. 雄蕊与花冠裂片同数且对生。

252. 果实内有种子多枚。

253. 乔木或灌木；果实浆果状或核果状 ………………………………………… **99. 紫金牛科 Myrsinaceae**
253. 草本；果实呈蒴果状 ……………………………………………………… **100. 报春花科 Primulaceae**
252. 果实内有种子 1 枚。
254. 子房下位；叶对生或轮生 ……………………………………………… **12. 桑寄生科 Loranthaceae**
254. 子房上位；花两性；叶互生。
255. 攀缘性草本；萼片 2；果为肉质宿存花萼所包围(栽培) …………………… **24. 落葵科 Basellaceae**
255. 直立草本或亚灌木；萼片或萼裂片 5，果非花萼包围………………… **101. 白花丹科 Plumbaginaceae**
251. 雄蕊与花冠裂片同数且互生，或雄蕊数量少于花冠裂片。
256. 子房下位。
257. 植株具卷须；胚珠及种子皆水平生长于侧膜胎座上 ……………………… **129. 葫芦科 Cucurbitaceae**
257. 植株无卷须，直立或攀缘；胚珠及种子并不水平生长于侧膜胎座上。
258. 雄蕊相互连合。
259. 花整齐或两侧对称，常成头状花序；子房 1 室，内有 1 枚胚珠 …………… **131. 菊科 Asteraceae**
259. 花多两侧对称，单生或呈总状或伞房花序；子房 2 或 3 室，内有多数胚珠(半边莲亚科) ………
……………………………………………………………………………… **130. 桔梗科 Campanulaceae**
258. 雄蕊各自分离。
260. 雄蕊和花冠分离或近于分离。
261. 花药顶端孔裂；花粉粒为四合型；灌木或亚灌木 …………………………… **98. 杜鹃花科 Ericaceae**
261. 花药纵长裂；花粉粒不为四合型；草本 ………………………… **130. 桔梗科 Campanulaceae**
260. 雄蕊着生在花冠上。
262. 雄蕊 4 或 5，和花冠裂片同数。
263. 叶互生；每子房室内有多数胚珠 ……………………………… **130. 桔梗科 Campanulaceae**
263. 叶对生或轮生；每子房室内有 1 至多数胚珠。
264. 叶轮生，如对生，则有托叶 ………………………………………………… **123. 茜草科 Rubiaceae**
264. 叶对生，无托叶或稀有明显的托叶。
265. 花序多为聚伞花序 ……………………………………………… **124. 忍冬科 Caprifoliaceae**
265. 花序多为头状花序 ……………………………………………… **128. 川续断科 Dipsacaceae**
262. 雄蕊 1 ~ 4，其数量少于花冠裂片。
266. 子房 1 室。
267. 胚珠多数，生于侧膜胎座上…………………………………… **119. 苦苣苔科 Gesneriaceae**
267. 胚珠 1 枚，垂悬于子房的顶端 ……………………………………… **127. 刺参科 Morinaceae**
266. 子房 3 或 4 室，仅其中 1 或 2 室可成熟；中轴胎座。
268. 灌木；叶片常全缘或边缘有锯齿 ………………………………… **124. 忍冬科 Caprifoliaceae**
268. 草本；叶片常有很多的分裂 …………………………………… **126. 败酱科 Valerianaceae**
256. 子房上位。
269. 子房深裂为 2 ~ 4 部分；数花柱均自子房裂片之间伸出。
270. 花冠两侧对称，稀整齐；叶对生……………………………………………… **114. 唇形科 Lamiaceae**
270. 花冠整齐，辐射对称；叶互生 ……………………………………… **112. 紫草科 Boraginaceae**
269. 子房完整或微有分割，或为 2 个分离的心皮所组成；花柱自子房的顶端伸出。
271. 雄蕊的花丝分裂。
272. 雄蕊 2，各分为 3 裂(紫堇亚科) ……………………………………… **40. 罂粟科 Papaveraceae**
272. 雄蕊 5，各为 2 裂(五福花属) ……………………………………… **125. 五福花科 Adoxaceae**
271. 雄蕊的花丝单纯。
273. 花冠不整齐，多少二唇形。

274. 成熟雄蕊 5 枚。
275. 雄蕊和花冠离生 ………………………………………………………… **98. 杜鹃花科 Ericaceae**
275. 雄蕊着生在花冠上 …………………………………………………… **112. 紫草科 Boraginaceae**
274. 成熟雄蕊 2 或 4 枚，退化雄蕊有时存在。
276. 每子房室内含 1 或 2 胚珠。
277. 叶对生；胚珠直立；子房 4 室，果由 4 个分果核组成 …………… **113. 马鞭草科 Verbenaceae**
277. 叶互生或基生；胚珠垂悬；子房 2 室，每子房室 1 枚胚珠 …… **116. 玄参科 Scrophulariaceae**
276. 每子房有 2 至多数胚珠。
278. 子房 1 室，侧膜胎座或中央胎座；有时因侧膜胎座深入而成 2 室状。
279. 寄生或食虫植物。
280. 寄生植物，无绿叶；雄蕊 4；侧膜胎座 ……………………………… **118. 列当科 Orobanchaceae**
280. 食虫植物，有绿叶；雄蕊 2；特立中央胎座 ……………………… **120. 狸藻科 Lentibulariaceae**
279. 非寄生植物，有绿叶。
281. 木本；单叶或复叶；种子有翅，但无胚乳………………………… **117. 紫葳科 Bignoniaceae**
281. 草本；单叶；种子无翅，有或无胚乳………………………………… **119. 苦苣苔科 Gesneriaceae**
278. 子房 2 室，中轴胎座。
282. 种子无胚乳，位于胎座的钩状凸起上 ………………………………… **121. 爵床科 Acanthaceae**
282. 种子有胚乳，中轴胎座 ……………………………………………… **116. 玄参科 Scrophulariaceae**
273. 花冠整齐，或近于整齐。
283. 雄蕊数量少于花冠裂片数。
284. 子房 2～4 室，每室内仅含 1 或 2 胚珠；叶对生。
285. 雄蕊 2 ……………………………………………………………………… **105. 木犀科 Oleaceae**
285. 雄蕊 4 …………………………………………………………………… **113. 马鞭草科 Verbenaceae**
284. 子房 1 或 2 室，每室含数个至多数胚珠；叶互生或对生。
286. 雄蕊 2，每子房室内含 4～10 个垂悬于室顶端的胚珠(连翘属，栽培） … **105. 木犀科 Oleaceae**
286. 雄蕊 4，子房完全 2 室；每子房室内有多数胚珠着生在中轴胎座上。
287. 花冠在花蕾中常折叠；子房 2 心皮的位置偏斜 …………………………… **115. 茄科 Solanaceae**
287. 花冠在花蕾中覆瓦状排列，不折叠；子房 2 心皮位于前后方 …… **116. 玄参科 Scrophulariaceae**
283. 雄蕊和花冠裂片同数。
288. 子房 2，或为 1 个而成熟后呈双角果状。
289. 雄蕊分离，花粉粒彼此分离…………………………………………… **108. 夹竹桃科 Apocynaceae**
289. 雄蕊相互连合，花粉粒连合成块状 ………………………………… **109. 萝藦科 Asclepiadaceae**
288. 子房 1，成熟后不呈双角果状。
290. 子房 1 室，或因侧膜胎座深陷而成 2 室。
291. 子房为 1 心皮所成。
292. 花显著，呈漏斗形而簇生；果实为瘦果，有棱或有翅(紫茉莉属） ……………………
………………………………………………………………………………… **19. 紫茉莉科 Nyctaginaceae**
292. 花小型而形成球形的头状花序；果实为荚果，成熟后则裂为仅含 1 种子的节荚(含羞草属)
…………………………………………………………………………………………… **49. 豆科 Fabaceae**
291. 子房为 2 个以上连合心皮所成，果实蒴果状。
293. 花冠裂片覆瓦状排列，叶基生(苦苣苔属） ……………………… **119. 苦苣苔科 Gesneriaceae**
293. 花冠裂片螺旋状或内折的镊合状排列 ……………………………… **107. 龙胆科 Gentianaceae**
290. 子房 2～10 室。
294. 无绿叶的缠绕性寄生植物(菟丝子属） ……………………………… **110. 旋花科 Convolvulaceae**

294. 不为上述的无叶寄生植物。
295. 叶常对生，且多在两叶间具有托叶所成的连接线或附属物 ········· **106. 马钱科 Loganiaceae**
295. 叶常互生，或有时基生；若对生或轮生，则两叶间无托叶所成的连接线或附属物。
296. 雄蕊和花冠离生或近于离生。
297. 灌木或亚灌木；花药顶端孔裂，花粉粒为四合型；子房常 5 室········· **98. 杜鹃花科 Ericaceae**
297. 草本，常缠绕；花药纵长裂，花粉粒单纯；子房常 3 ~ 5 室 ······ **130. 桔梗科 Campanulaceae**
296. 雄蕊着生在花冠的筒部。
298. 雄蕊 4，稀在冬青科中为 3 或更多。
299. 无茎草本，基生花莛上生穗状花序 ································ **122. 车前科 Plantaginaceae**
299. 木本或有主茎草本。
300. 叶互生；多常绿(冬青属) ·· **64. 冬青科 Aquifoliaceae**
300. 叶对生或轮生。
301. 子房 2 室，每室有多数胚珠 ································· **116. 玄参科 Scrophulariaceae**
301. 子房 2 至多室，每室胚珠 1 或 2 枚 ····························· **113. 马鞭草科 Verbenaceae**
298. 雄蕊 5，稀更多。
302. 每室内 1 或 2 胚珠；胚珠在子房室基底或中轴基部直立或上举。
303. 核果；植株直立；花冠具 5 个附属物，并在蕾中呈覆瓦状或旋转状排列 ··············· ·· **112. 紫草科 Boraginaceae**
303. 蒴果；花冠无上述附属物；蕾中花冠呈旋转状排列。
304. 直立草本；萼片连合成钟形或筒状；花冠有明显的裂片 ··· **111. 花荵科 Polemoniaceae**
304. 植株攀缘；萼片多互相分离；花冠常完整而几无裂片 ······ **110. 旋花科 Convolvulaceae**
302. 每子房室内有多数胚珠。
305. 低矮密垫植物；无花盘，花单生或排成头状花序，花冠裂片覆瓦状排列；子房 3 室；花柱 1，柱头 3 裂；蒴果室背开裂 ·································· **97. 岩梅科 Diapensiaceae**
305. 非密垫植物；花多有花盘；子房 2 室或假 3 ~ 5 室，柱头完整或 2 裂。
306. 子房 3 室(稀 2 室)；花柱 1 个；柱头 3 裂；蒴果多室背开裂 ································ ·· **111. 花荵科 Polemoniaceae**
306. 子房 2 室；或在茄科中为假 3 室至假 5 室；花柱 1；柱头完整或 2 裂。
307. 浆果 ·· **115. 茄科 Solanaceae**
307. 蒴果室间开裂(毛蕊花属) ···································· **116. 玄参科 Scrophulariaceae**

一、三白草科 Saururaceae

1. 蕺菜属 *Houttuynia*

蕺菜(鱼腥草)*H. cordata*

多年生草本，全株揉搓有鱼腥气味。茎呈扁圆柱形，扭曲，表面棕黄色，具纵棱数条，节明显，下部节上有残存须根；质脆，易折断。单叶互生，叶片卷折皱缩，展平后呈心形，长 3 ~ 5cm，宽 3 ~ 4.5cm；先端渐尖，全缘，面绿背红；叶柄细长，基部与托叶合生成鞘状。穗状花序顶生，花小而密集，两性，无花被，雄蕊 3；大型总苞 4 枚，花瓣状，白色，顶端钝圆，长 10 ~ 15mm，宽 5 ~ 7mm。蒴果，长 2 ~ 3mm，种子多数。花期 4 ~ 7 月。产于排龙、通麦至墨脱、察隅一带，喜生于阴湿处。林芝习见蔬菜之一，俗称“侧耳根”。

二、胡椒科 Piperaceae

分属检索表

1. 匍匐草本至木质藤本；叶互生，具托叶；柱头(2)3～5；花序常与叶对生(产于墨脱)……… 胡椒属 ***Piper***
1. 矮小肉质草本；叶轮生或对生，稀互生，托叶早落；柱头1，稀2(产于察隅、墨脱)…………………………………………………………………………………… 草胡椒属 ***Peperomia***

1. 胡椒属 *Piper*

分种检索表

1. 果序球形或近球形，长不超过宽的2倍；花两性，苞片圆形…………………………… 短蒟 ***P. mullesua***
1. 果序圆柱形，长为宽的3倍以上。
 2. 苞片长圆形，腹面贴生于花序轴上，仅边缘和顶部分离；果表面皱缩 ……… 皱果胡椒 ***P. rhytidocarpum***
 2. 苞片圆形，中央具柄或无柄着生于花序轴上。
  3. 子房和果实与花序轴离生，之间具短柄 ……………………………………………… 长柄胡椒 ***P. sylvaticum***
  3. 子房和果实嵌生于花序轴中并与之合生。
   4. 常匍匐地面生长，能育枝直立 ………………………………………………………… 假蒟 ***P. sarmentosum***
   4. 常攀缘树干或岩壁生长，枝条下垂。
    5. 全株被长柔毛，常浓密 ……………………………………………………………… 沉果胡椒 ***P. macropodum***
    5. 植株仅花序轴和苞片外缘被毛，其余无毛 ……………… 落叶沉果胡椒 ***P. macropodum* var. *nudum***

2. 草胡椒属 *Peperomia*

分种检索表

1. 披散草本，具匍匐根；全株无毛；叶卵状长圆至倒楔形；穗状花序无毛 ……… 蒙自草胡椒 ***P. heyneana***
1. 直立草本，全株被柔毛；叶圆形至卵圆形，肉质干后具皱纹；穗状花序有毛 ……… 豆瓣绿 ***P. tetraphylla***

三、杨柳科 Salicaceae

分属检索表

1. 萌枝髓心五角状，有顶芽，芽鳞多数；雌、雄花序下垂；苞片先端分裂，花盘杯状……… 杨属 ***Populus****
1. 萌枝髓心圆形，无顶芽，芽鳞1枚；雌花序直立或斜展；苞片全缘，无杯状花盘 …………… 柳属 ***Salix****

1. 杨属 *Populus*

分种检索表

1. 叶缘有裂片或波状齿；苞片边缘有长柔毛；蒴果2爿裂。(白杨组)
 2. 长枝叶3～5掌状深裂，短枝叶缘具深波状牙齿，叶背密被白柔毛；树皮灰白色………… 银白杨 ***P. alba***
 2. 长枝叶不具掌状深裂，短枝叶具波状牙齿。
  3. 小枝暗褐色或灰绿色；叶近圆或三角状圆形，先端短渐尖，基部常为微心形 ………………………………………………………………………… 清溪杨 ***P. rotundifolia* var. *duclouxiana***
  3. 小枝赤褐色或发红色，有光泽；叶近圆形，先端急尖，基部常为圆形 ……………… 山杨 ***P. davidiana***

1. 叶缘具较整齐锯齿；苞片边缘无长柔毛。
 4. 叶缘有半透明的狭边。(栽培，黑杨组)
  5. 树冠卵形或广卵形；树皮灰绿色，光滑，但有密集的圆形或椭圆形皮孔；小枝灰绿色或呈红色；短枝叶缘有腺锯齿 …………………………………………………………………… **北京杨 *P.* × *beijingensis***
  5. 树冠圆柱形；树皮暗灰色，粗糙；小枝淡黄色；短枝叶缘无腺锯齿 …… **钻天杨 *P. nigra* var. *italica***
 4. 叶缘不具半透明的狭边。
  6. 树皮片状开裂；芽微有黏质，光滑；短枝与长枝叶同形，基部心形或深心形。(大叶杨组)一年生枝紫褐色，幼枝灰白色；芽紫色，有黏质；果序长达40cm；叶背、叶柄、幼枝、果序轴均被密被灰白色茸毛，蒴果3~4 爿裂(产于波密) ……………………………………………… **长序杨 *P. pseudoglauca***
  6. 树皮纵裂；芽富有粘质，有强烈的香味；长短枝叶异形，基部楔形、圆形至浅心形。(青杨组)
   7. 叶柄顶端有腺点；蒴果4 爿裂…………………………………………………… **亚东杨 *P. yatungensis***
   7. 叶柄顶端不具腺点。
    8. 幼枝无棱，密被茸毛；蒴果4 爿裂 ………………………………………… **米林杨 *P. mainlingensis***
    8. 幼枝有棱；蒴果3~4 爿裂 ………………………………… **藏川杨 *P. szechuanica* var. *tibetica***

注：1. 本检索表主要依据枝叶和果实的特征编写。
  2. 本属新引种品种'中华红叶'杨 *P. deltoids* 'Zhonghua hongye'，叶片红色，属黑杨组。

2. 柳属 *Salix*

分 种 检 索 表

1. 垫状或匍匐小灌木，高不超过15cm；叶长约1(2)cm。
 2. 叶长7mm 以内；叶全缘，前端偶有稀疏牙齿。
  3. 成熟叶背面被白绢毛，叶长5~7mm；枝不被叶全覆盖 ……………… **毛小叶垫柳 *S. pilosomicrophylla***
  3. 成熟叶背面无毛，叶长2~4mm；枝全被叶覆盖 ………………………… **卵小叶垫柳 *S. ovatomicrophylla***
 2. 叶长7mm 以上。
  4. 叶缘有齿。
   5. 叶不为上述形状；叶长圆形或倒卵形，背面浅绿色，先端有3~5(7)个粗齿 …………………………………………………………………………………………………… **尖齿叶垫柳 *S. oreophila***
   5. 叶椭圆形或倒卵状椭圆形，稀椭圆状匙形或卵形。
    6. 叶上部具圆齿或圆锯齿，背面侧脉不明显凸起 ……………………………… **圆齿垫柳 *S. anticecrenata***
    6. 叶上部具稀腺锯齿，背面侧脉明显凸起 …………………………………………… **小垫柳 *S. brachista***
  4. 叶全缘。
   7. 叶背面浅绿色或带浅灰色；子房有毛 ………………………………… **吉隆垫柳 *S. gyirongensis***
   7. 叶背面苍白色；子房无毛。
    8. 叶长圆状倒披针形，长12~16mm，下部往叶柄渐狭；叶柄约等于叶片的1/3 长；杆常生根 ……………………………………………………………………………………………… **青藏垫柳 *S. lindleyana***
    8. 叶长圆形或倒卵状长圆形，长8~13mm，基部近圆形至楔形；叶柄短于叶片的1/3；杆不生根……………………………………………………………………………………………… **黄花垫柳 *S. souliei***
1. 直根(稀斜升)灌木或乔木，高20cm 以上；叶长通常超过1cm。
 9. 叶椭圆状披针形，披针形，狭披针形，线形；先端锐尖至渐尖，长为宽的4 倍以上。
  10. 叶全缘(包括叶缘有不明显的疏腺锯齿)。
   11. 叶背面无毛或仅脉上有短柔毛，叶长15~20cm ……………………………… **长穗柳 *S. radinostachya***
   11. 叶背面被密绢毛，叶长4~8cm ……………………………………………… **裸柱头柳 *S. psilostigma***

10. 叶缘有齿。
12. 小枝细长，下垂 …………………………………………………………………………… 垂柳 *S. babylonica*
12. 小枝不下垂，或仅在树冠上端稍下垂。
13. 叶背面有疏绢毛。
14. 大乔木；叶披针形或椭圆状披针形，小枝上的叶都有整齐的细锯齿；小枝上部的叶背面被白绢毛，长7～12cm，宽1～3cm；小枝褐红色(栽培) ………………………………………… 白柳 *S. alba*
14. 灌木或小乔木；叶线形至倒披针形，长1.5～3.5(5)cm，宽3～7mm。
15. 灌木；雌花苞片长为子房的2/3；仅有腹腺 ……………………………………… 乌柳 *S. cheilophila*
15. 小乔木；雌花苞片与子房近等长；有腹腺和背腺(栽培) …………………………………………………………………………… 大红柳 *S. cheilophila* var. *microstachyoides*
13. 叶背面无毛。
16. 灌木；小枝带紫色或灰色；叶背面浅绿色或灰蓝色 ………………………… 川滇柳 *S. rehderiana*
16. 乔木；小枝褐色；叶背面发白色，叶倒披针形或椭圆倒披针形。
17. 叶下半部全缘，叶柄顶端无腺点，幼叶两面有绢毛 ………… 左旋柳 *S. paraplesia* var. *subintegra*
17. 叶边缘有明显的细腺锯齿，叶柄顶端有腺点 ……………………………… 康定柳 *S. paraplesia*
9. 叶较宽，长圆形至圆形，长比宽小于4倍。
18. 叶全缘(包括叶缘有不明显的疏腺锯齿)。
19. 叶背面有毛(不包括幼叶的长毛和仅脉上的短柔毛)。
20. 叶长5cm以内，叶椭圆形、长圆形至倒卵状长圆形、长圆状椭圆形。
21. 叶长2(3)cm；直立灌木；小枝多节 ……………………………………… 硬叶柳 *S. sclerophylla*
21. 叶长2(3)cm以上。
22. 叶椭圆形，两端钝圆；叶背面脉明显 ……………………………………………… 林柳 *S. driophila*
22. 叶狭椭圆形或长圆状披针形，基部圆楔形或圆形。
23. 小枝紫红色。
24. 叶背面浅绿色；叶脉明显凸起 ………………………………………………… 江达柳 *S. gyamdaensis*
24. 叶背密被白色绢质伏贴的柔毛 ……………………………………………… 锡金柳 *S. sikkimensis*
23. 小枝污黑色；叶背面近蓝灰色 ……………………………………………………… 毛坡柳 *S. obscura*
20. 叶通常(4)5～7cm。
25. 叶椭圆状长圆形，背面密被铅灰色绢毛 ………………………………………… 褐背柳 *S. daltoniana*
25. 叶椭圆形或椭圆状披针形，背面无铅灰色绢毛。
26. 叶背面或两面有散生的长柔毛；子房被密毛 ……………………………… 毛果柳 *S. trichocarpa*
26. 叶背面被茸毛；子房被密毛有长毛 ………………………………………………… 皂柳 *S. wallichiana*
19. 叶背面无毛。
27. 叶长3cm以内。
28. 叶宽椭圆形至近圆形，先端常有小尖；叶背灰色或稍苍白色 …………………… 山生柳 *S. oritrepha*
28. 叶长圆形或椭圆形，叶背发白色。
29. 叶长圆形，长约1.5(2)cm ……………………………………………………………… 丝毛柳 *S. luctuosa*
29. 叶椭圆形或狭椭圆形，长1.5～(3.5)cm ………………………………… 墨竹柳 *S. maizhokunggarensis*
27. 叶长4cm以上。
30. 叶长5cm以内。
31. 叶椭圆形或狭椭圆状披针形，两端锐尖 ……………………………………………… 异色柳 *S. dibapha*
31. 叶长圆形或狭卵状披针形，先端锐尖，基部圆形或圆钝 ……………………… 长花柳 *S. longiflora*
30. 叶长5～8cm。
32. 叶中部以上宽；植株全部无毛；叶柄红色 ……………………………………… 眉柳 *S. wangiana*

32. 叶中下部宽，有时脉上有短柔毛。
33. 叶先端圆或圆钝 ………………………………………………………… 类四腺柳 ***S. paratetradenia***
33. 叶先端锐尖。
34. 叶背面网脉明显，有时有残留散生柔毛……………………………………… 皂柳 ***S. wallichiana***
34. 叶背面网脉不明显或脉上有短柔毛 ……………………………………………… 腹毛柳 ***S. delavayana***
18. 叶缘有锯齿。
35. 植株斜升或直立小灌木，高 20 ~ 40(50)cm。
36. 叶柄长达 1cm 以上；叶宽倒卵形，长 3 ~ 4cm ………………………………… 环纹矮柳 ***S. annulifera***
36. 叶柄长达 5mm 左右；叶倒卵状椭圆形，长 2 ~ 3.5cm。
37. 叶缘有疏腺锯齿，侧脉明显……………………………………………………… 迟花柳 ***S. opsimantha***
37. 叶缘中部以上有疏腺锯齿或全缘，侧脉不明显，背面苍白色 ………………… 丛毛矮柳 ***S. floccosa***
35. 植株直立，高 50cm 以上的乔、灌木。
38. 叶通常为长圆状倒披针形或倒卵状长圆形，长 1.5cm；先端圆钝，向基部稍渐狭或钝，背面有伏生柔毛；叶柄短，边缘有粗锯齿 ……………………………………………………… 秋华柳 ***S. variegata***
38. 叶通常为狭椭圆形、倒卵状狭椭圆形或倒卵状椭圆形、倒卵形或椭圆形。
39. 叶背面有毛，叶长达 7cm，宽达 2.5cm ………………………………………………… 双柱柳 ***S. bistyla***
39. 叶背面无毛。
40. 叶背苍白色，叶边缘有明显的细腺锯齿，叶柄顶端有腺点……………………… 康定柳 ***S. paraplesia***
40. 叶背同色或稍浅。
41. 叶缘上部有圆锯齿；叶长 3 ~ 5cm，宽 1 ~ 3cm ……………………………… 吉拉柳 ***S. gilashanica***
41. 叶全缘；叶长 5 ~ 9cm，宽 2 ~ 4cm ………………………………………… 墨竹柳 ***S. maizhokunggarensis***

四、杨梅科 Myricaceae

1. 杨梅属 *Myrica*

分 种 检 索 表

1. 乔木；小枝和芽密被毡毛；穗状圆锥花序，雄花序长 6 ~ 8cm(产于察隅)…………… 毛杨梅 ***M. esculenta***
1. 灌木；小枝和芽无毛或被稀疏短柔毛；总状花序，雄花序长 1 ~ 1.5cm(产于察隅) … 云南杨梅 ***M. nana***

五、胡桃科 Juglandaceae

分 属 检 索 表

1. 果实较大，核果状，无翅。
2. 枝条髓部成薄片状分隔；雌花花被片 4；外果皮干后纤维质；小叶全缘…………………… 胡桃属 ***Juglans****
2. 枝条髓部实心；雌花无花被片；外果皮干后革质；小叶具锯齿 ……………………………… 山核桃属 ***Carya***
1. 果实较小，坚果状，具开裂的果翅；雌花花被片 4。
3. 枝髓部成薄片状分隔；果实具 2 裂的革质果翅；小叶边缘有细锯齿或细牙齿……… 枫杨属 ***Pterocarya****
3. 枝髓部实心；果实具 3 裂的膜质果翅；小叶全缘 ………………………………………… 黄杞属 ***Engelhardia***

1. 胡桃属 *Juglans*

分 种 检 索 表

1. 叶通常具 15 ~ 23 枚小叶；叶缘有不规则的锯齿(栽培)……………………………………… 黑核桃 ***J. nigra***

1. 叶通常具5~11枚小叶；小叶全缘。
  2. 小叶2.5~9枚，椭圆状卵形或长椭圆形，顶端钝圆或急尖，侧脉11~15对 ………………… **胡桃 *J. regia***
  2. 小叶9~11枚，卵状披针形或椭圆状披针形，顶端渐尖，侧脉17~23对 ………… **泡核桃 *J. sigillata***

2. 山核桃属 *Carya*

美国山核桃 *C. illinoensis*

大乔木，高可达50m，胸径可达2m。芽黄褐色，被柔毛，芽鳞镊合状排列。小枝被柔毛，后来变无毛，灰褐色，具稀疏皮孔。奇数羽状复叶长25~35cm，有11~17枚小叶。果实及果核矩圆状至长椭圆形；外果皮4瓣裂，革质，内果皮平滑，灰褐色，有暗褐色斑点，顶端有黑色条纹；基部不完全2室。5月开花，9~11月果成熟。2002年西藏农牧学院从美国引种，校内栽培。

3. 枫杨属 *Pterocarya*

湖北枫杨 *P. hupehensis*

乔木，高10~20m。小枝深灰褐色，皮孔显著。奇数羽状复叶，长20~25cm，叶轴无翅；小叶5~11枚，对生或近对生，叶缘具单锯齿。果实具2裂的革质果翅，翅宽阔，椭圆状卵形，伸向果实两侧，果序长30~45cm。林芝、波密、昌都、亚东有栽培。

4. 黄杞属 *Engelhardia*

云南黄杞 *E. spicata*

乔木，高15~20m。小枝暗褐色，无毛。偶数或稀奇数羽状复叶，小叶4~7对，对生或近对生，全缘。果实具3裂的膜质果翅，翅倒披针状矩圆形，果序长20~40cm。产于墨脱，生于海拔550~2100m的山坡杂木林中。

六、桦木科 Betulaceae

分属检索表

1. 雄花无花被，单生于苞鳞腋内；雌花序上的苞鳞纸质，早落；雌花具花被；果序为总状或头状；果为坚果或小坚果，无翅。(榛族)
  2. 果序呈头状；果为坚果，大部或全部为果苞所包；果苞钟状或管状 ……………………………… **榛属 *Corylus***
  2. 果序呈总状；果为小坚果，部分为果苞所包；果苞叶状 …………………………………… **鹅耳枥属 *Carpinus***
1. 雄花有花被，3枚生于苞鳞腋内；雌花序上的苞鳞不脱落，与雄花的苞片连合形成果苞；雌花无花被；果序为球果状或穗状；果为小坚果，具翅。(桦木族)
    3. 果苞木质，宿存，具5枚裂片，每果苞内有2枚小坚果；果序为球果状 …………………… **桤木属 *Alnus***
    3. 果苞革质，成熟后脱落，具3枚裂片，每果苞内具3枚小坚果；果序为穗状 ………… **桦木属 *Betula****

1. 榛属 *Corylus*

刺榛 *C. ferox*

乔木或小乔木，高5~10m，树皮灰黑色。枝条灰褐色，疏被长柔毛。叶厚纸质，矩圆形或卵状矩圆形，边缘具不规则的锐尖重锯齿，侧脉8~14对。雄花序1~5枚排成总状。坚果扁球形。产于察隅、墨脱、错那、定结、聂拉木，生于海拔2600~2800m的林中。

2. 鹅耳枥属 *Carpinus*

分种检索表

1. 果苞的外侧与内侧的基部均具裂片；叶的顶端尾状；小坚果几无树脂腺体 ……… **雷公鹅耳枥 *C. viminea***
1. 果苞外侧的基部无裂片，内侧的基部具内折的耳突；叶的顶端渐尖或锐尖；小坚果密生黄色树脂腺体（产于通麦） …………………………………………………………………… **云南鹅耳枥 *C. monbeigiana***

3. 桤木属 *Alnus*

尼泊尔桤木 *A. nepalensis*

乔木，高达15m，胸径达30cm。树皮暗灰色，光滑。枝条红褐色，具条棱，无毛。叶近革质，倒卵形、倒卵状矩圆形、矩圆形或宽椭圆形。顶端锐尖，基部楔形或圆形。雄花序多数，排成圆锥状。果序多数，呈圆锥状排列，果苞木质，小坚果矩圆具膜质翅。产于波密、墨脱、林芝、聂拉木，生于海拔780～2800m的林中或林缘。

4. 桦木属 *Betula*

分种检索表

1. 果苞细小，小坚果之翅较果宽，大部分露出果苞外，果序长圆柱形；叶的边缘具不规则的重锯齿，齿尖呈刺毛状 ………………………………………………………………………… **长穗桦 *B. cylindrostachya***
1. 果苞较大，小坚果之翅与果等宽，通常全部为果苞所遮盖，果序圆柱形或矩圆状圆柱形；叶缘具重锯齿，齿尖不呈刺毛状。
  2. 小坚果之翅与果等宽。
    3. 树皮白色，成层剥落；叶三角状卵形，三角状菱形 ………………………………… **白桦 *B. platyphylla***
    3. 树皮红褐色，呈薄层剥落；叶卵形、长卵形或椭圆形 ……………………………… **糙皮桦 *B. utilis***
  2. 小坚果之翅极狭或近无翅状。
    4. 乔木或小乔木，高3～15m；果序矩圆状圆柱形，长1.5～2.5cm ………………… **高山桦 *B. delavayi***
    4. 灌木，高约2m；果序矩圆形，长0.5～1.5cm …………… **细穗高山桦 *B. delavayi* var. *microstachya***

七、壳斗科 Fagaceae

分属检索表

1. 雄花序直立。
  2. 落叶；小枝无顶芽，芽鳞少；叶缘有锯齿；壳斗球形，全包坚果；子房6室……………… **栗属 *Castanea***
  2. 常绿；小枝有顶芽，芽鳞多数；叶全缘，稀有锯齿；壳斗杯形、碗形、盘形或球形，包着坚果下部至全部，壳斗外壁小苞片呈鳞片状、同心环状；子房3室。
    3. 叶常为两列互生；壳斗全包坚果，外壁小苞片常刺状，坚果1～3个（主产墨脱） … **锥栗属 *Castanopsis***
    3. 叶不为两列互生；壳斗仅包坚果下部，内有坚果1个，稀2～3个（主产墨脱） ……… **柯属 *Lithocarpus***
1. 雄花序下垂。
    4. 壳斗外壁的小苞片覆瓦状排列，钻状或鳞片状；落叶或常绿 ……………………… **栎属 *Quercus****
    4. 壳斗外壁的小苞片合生成同心环状；叶常绿（主产墨脱、察隅） ……………… **青冈属 *Cyclobalanopsis***

1. 栗属 *Castanea*

板栗 *C. mollissima*

乔木，高达20m。树皮灰褐色。叶宽披针形，叶背面无鳞片状腺毛，被黄灰色或灰白色短柔毛，叶缘有粗锯齿。壳斗外壁具长刺，全包坚果，直径 2 ~ 2.5cm。察隅、林芝等地有栽培。

2. 锥栗属 *Castanopsis*

分 种 检 索 表

1. 叶缘大部分有锯齿，叶片长椭圆形，长 8 ~ 20cm，支脉明显，叶背被柔毛；壳斗近球形，连刺直径达 4cm，小苞片针形，完全遮盖壳斗外壁，果有毛 …………………………………… **印度栲 *C. indica***
1. 叶全缘或仅顶端有数对锯齿。
 2. 叶背被红棕色或黄棕色粉状鳞秕或茸毛。
  3. 壳斗大，刺细长，紧密，遮盖壳斗外壁，无鳞秕；叶宽 2 ~ 3.5cm …………………… **刺栲 *C. hystrix***
  3. 壳斗小，刺粗壮，疏生，壳斗外壁明显可见，被红棕色鳞秕；叶宽 3.5 ~ 6.5cm ………………………………………………………………………………… **蒺藜栲 *C. tribuloides***
 2. 叶背淡棕色或银灰色，无粉状鳞秕和茸毛。
  4. 壳斗小，具短刺或瘤状凸起，连刺直径 1.3 ~ 2cm …………………………… **短刺锥 *C. echinocarpa***
  4. 壳斗较大，具粗壮锐刺，连刺直径 2 ~ 4cm ……………………………………… **变色锥 *C. wattii***

3. 柯属 *Lithocarpus*

分 种 检 索 表

1. 果脐凸起。
 2. 壳斗全包坚果或果序上有个别壳斗包着坚果绝大部分；果脐占坚果面积的 3/4 以上。
  3. 壳斗外壁的小苞片稀疏，不完全遮蔽壳壁 ………………………………………… **石柯 *L. pasania***
  3. 壳斗外壁的小苞片完全遮蔽壳壁。
   4. 壳斗小苞片粗刺状，常直伸；壳斗连刺横径 7 ~ 9cm；叶长 25 ~ 40cm ………… **西藏柯 *L. xizangensis***
   4. 壳斗小苞片非刺状，卷曲；壳斗横径不足 5cm；叶长不足 30cm。
    5. 壳斗近球形，小苞片长 2 ~ 3mm，果脐占坚果面积的 4/5 ~ 5/6 ………………… **木果柯 *L. xylocarpus***
    5. 壳斗球形，小苞片长 10mm，果脐占坚果面积的 2/3 ………………… **假西藏柯 *L. pseudoxizangensis***
 2. 壳斗不全包坚果或有时果序上有少数壳斗全包坚果。
    6. 果脐占坚果面积的 2/3 ~ 4/5，壳斗包被坚果大部分；壳斗高 3 ~ 3.5cm ……… **截果柯 *L. truncatus***
    6. 果脐最多约占坚果面积的 1/2，壳斗包着坚果的 1/3 ~ 3/4。
     7. 坚果无毛；叶片顶端尾状长渐尖；叶片正面无毛 ………………………… **厚叶柯 *L. pachyphyllus***
     7. 坚果被毛，至少柱座四周有粉状细毛；叶片两面均被毛。
      8. 坚果仅柱座四周有粉状细毛，柱座微凹陷 ……………………………………… **白柯 *L. dealbatus***
      8. 坚果除果脐外全面被毛 ………………………………………………………… **潞西柯 *L. thomsonii***
1. 果脐凹陷。
 9. 壳斗包被坚果 1/2 至全部；壳壁脆壳质，易折碎 ………………………………… **泥柯 *L. fenestratus***
 9. 壳斗包被坚果 1/2 以下；壳壁木质化增厚，不易折碎。
  10. 壳斗包被坚果约 1/2；叶基圆形或耳垂状 ……………………………………… **墨脱柯 *L. obscurus***
  10. 壳斗包被坚果基部，但不及 1/3；叶基楔形。
   11. 幼叶背面具各式短柔毛；侧脉与支脉间之叶肉常隆起；壳斗直径 2cm 左右 ……… **格林柯 *L. collettii***
   11. 幼叶背面无毛或具鳞片状腺体。
    12. 叶纸质；长 5 ~ 20cm，宽 2 ~ 8cm ……………………………………………… **小箱柯 *L. arcaulus***
    12. 叶革质；长 20 ~ 35cm，宽 8 ~ 12cm ………………………………………………… **谊柯 *L. listeri***

4. 栎属 *Quercus*

分 种 检 索 表

1. 落叶乔木。
2. 叶片常长椭圆状披针形，两面同色，叶缘有刺芒状锯齿；壳斗小苞片反卷 ………… **麻栎 *Q. acutissima***
2. 叶片常倒卵状椭圆形，叶背密生灰白色星状毛，叶缘具尖锯齿；壳斗小苞片直立 … **大叶栎 *Q. griffithii***
1. 常绿乔木或灌木状乔木。
3. 叶长为宽的2倍以上，先端尖，叶缘锯齿不呈硬刺状，稀全缘，中脉直伸。
4. 成叶背面被染黄色的星状毛；侧脉每边14~18条，叶缘除基部外有尖锯齿 ……… **西藏栎 *Q. lodicosa***
4. 成叶背面无毛或毛被易脱落；两面同色。
5. 叶长10~20cm，成叶具尖锐锯齿；侧脉每边14~17条 ………………………………… **通麦栎 *Q. lanata***
5. 叶长6~16cm，成叶全缘或中部以上有锯齿；侧脉每边10~13条……………… **巴东栎 *Q. engleriana***
3. 叶长为宽的2倍以下(灰背栎除外)，先端圆钝，全缘或具硬刺状锯齿，中脉上部“之”字形曲折。
6. 老叶背无毛或仅沿中脉有少数星状毛。
7. 老叶背面平坦，叶面中脉、侧脉不下凹(产于波密)……………………… **毛脉高山栎 *Q. rehderiana***
7. 叶片常皱褶不平，叶面中脉、侧脉下凹 ………………………… **刺叶栎(刺叶高山栎)*Q. spinosa***
6. 叶背被星状毛。
8. 叶背、小枝、壳斗被灰白色或灰黄色星状毛(产于错那)……………………… **灰背栎 *Q. senescens***
8. 叶背被褐色鳞秕及星状毛。
9. 坚果卵形，直径1~1.5cm，稀达2cm ……………………… **巴郎栎(川滇高山栎)*Q. aquifolioides***
9. 坚果近球形，直径2~3cm(产于吉隆、聂拉木、错那) ………………… **高山栎 *Q. semecarpifolia***

5. 青冈属 *Cyclobalanopsis*

分 种 检 索 表

1. 叶片全缘，无毛。
2. 叶长14~25cm，顶端渐尖或钝尖，侧脉9~12对；壳斗直径约2.5cm ………… **无齿青冈 *C. semiserrata***
2. 叶长7~10cm，顶端长尾尖，侧脉7~9条；壳斗直径约1.5cm ………………… **墨脱青冈 *C. motuoensis***
1. 叶缘有尖锐锯齿，至少叶片近顶端有锯齿。
3. 叶缘全部有锯齿，至少叶缘1/3以上有锯齿；叶长12cm以上。
4. 叶背无星状毛，叶背被灰白色或黄白色粉及平伏单毛和分叉毛 ……………………… **曼青冈 *C. oxyodon***
4. 叶背被黄褐色星状毛。
5. 壳斗扁球形，直径3~5cm，具7~10条同心环带……………………………………… **薄片青冈 *C. lamellosa***
5. 壳斗杯形，直径近2cm，具5~7条窄同心环带 ………………………………… **毛曼青冈 *C. gambleana***
3. 叶缘仅中部以上有锯齿，叶背灰白色。
6. 叶长6~13cm，叶背被平伏整齐单毛，常有白色鳞秕；壳斗具5~6条同心环带 …… **青冈 *C. glauca***
6. 叶长10~18cm，叶背被稀疏单毛；壳斗具6~9条同心环带 …………… **俅江青冈 *C. kiukiangensis***

八、榆科 Ulmaceae

分属检索表

1. 叶具羽状脉，侧脉7~30对，直，脉端伸入锯齿；果为翅果或核果。
2. 翅果；花两性，簇状聚伞花序，先花后叶；叶基多偏斜 ……………………………………… 榆属 *Ulmus* *

2. 核果；花杂性，雄花数朵簇生，雌花或两性花通常单生，花叶同放；叶基不偏斜 ……… **榉树属 *Zelkova***

1. 叶基部三出脉，稀基部五出脉，果为核果。

3. 花单性或杂性，具短梗，多数密集成聚伞花序，花被宿存；果较小；叶缘具细锯齿（产于墨脱） ……………………………………………………………………………………………… **山黄麻属 *Trema***

3. 花杂性，具长梗，少数至10余朵集成小聚伞花序，无宿存花被；果较大；叶全缘 ………… **朴属 *Celtis***

1. 榆属 *Ulmus*

分种检索表

1. 叶长8～17cm，宽4～8.5cm，先端骤凸尖或短尾尖。

2. 叶背密生弯曲柔毛；翅果长约13mm，宽9～11mm，果核部分位于翅果中部或稍偏下，上端不接近缺口 …………………………………………………………………… **蜀榆 *U. bergmanniana* var. *lasiophylla***

2. 叶背疏生短毛；翅果长约8mm，果核部分的上端接近缺口 ……………………… **小果榆 *U. microcarpa***

1. 叶长2～9cm，宽1～3cm，先端渐尖。

3. 一二年生小枝无毛；叶两面无毛；翅果成熟后果翅与果核部分同色 …………………… **榆树 *U. pumila***

3. 一二年生小枝密被柔毛；幼叶腹面有毛；翅果成熟后果核色深 ……………………………………………………………………………………………… **毛枝榆 *U. androssowii* var. *subhirsuta***

2. 榉树属 *Zelkova*

大叶榉树 *Z. schneideriana*

乔木。一年生枝密被伸展的灰色柔毛；冬芽常两个并生。叶卵形至椭圆状披针形，长3～10cm，宽1～4cm，先端渐尖、尾状渐尖或锐尖，侧脉8～15对，边缘具圆齿状锯齿。核果斜卵状圆锥形，花被宿存。产于察隅，生于海拔1800～2800m的山地林中。

3. 山黄麻属 *Trema*

异色山黄麻 *T. orientalis*

小乔木，小枝密被灰白色或灰褐色柔毛。叶卵状长圆形或卵形，长7～22cm，宽3～9cm，先端渐尖，基部稍偏斜。聚伞花序长过于叶柄。核果宽卵圆形或近球形，成熟时黑褐色或紫黑色；种子两侧有棱，直径2～3mm。产于墨脱，生于海拔800m的林中。

4. 朴属 *Celtis*

分种检索表

1. 叶基部的一对侧脉强壮，伸达叶片3/4以上，因而似具三出脉；果3～6个生于聚伞果序上，成熟时果端有宿存的花柱基（产于墨脱） ……………………………………………… **假玉桂 *C. timorensis***

1. 叶脉羽状；果1～2（稀3）个生于总梗上，成熟时果端无宿存的花柱基。

2. 果成熟时黄色（产于墨脱、吉隆） ……………………………………………… **四蕊朴 *C. tetrandra***

2. 果成熟时蓝黑色或黑色。

3. 果较大，直径1～1.3cm，果梗长2～4.5cm；叶较大，长8～15cm ……………… **小果朴 *C. cerasifera***

3. 果较小，直径0.6～0.8cm，果梗长1～2.5cm；叶较小，长4～7cm ……………… **黑弹树 *C. bungeana***

九、桑科 Moraceae

分属检索表

1. 草本；叶掌状全裂，裂片5～7；顶生圆锥花序，雄花花被片5，雄蕊5；无乳汁 ……… **大麻属 *Cannabis***

1. 木本；具乳汁。
2. 花为隐头花序，生于壶形花序托内壁，有雄花、瘿花、雌花和不育花；雄蕊 1～2 枚或更多，花药内向，花丝在蕾中直立（主产墨脱）…………………………………………………………………… **榕属 *Ficus***
2. 花不为隐头花序，而为穗状或头状花序，无瘿花和不育花；雄蕊 4，花药外向，花丝在蕾中内折，稀直立。
3. 雌雄花序均为穗状，花序轴纤细；宿存花被肉质多汁；聚合果圆柱形；无刺乔木 ……… **桑属 *Morus****
3. 雌雄花序多为头状花序，花序轴厚；花被片顶部厚，基部有腺体；聚合果球形头状；有刺直立或攀缘灌木（主产墨脱、察隅）…………………………………………………………………… **柘属 *Maclura***

1. 大麻属 *Cannabis*

大麻 *C. sativa*

一年生直立草本，高 1～3m。叶互生或下部叶对生，常掌状全裂，披针形至条状披针形，上面有糙毛，边缘具锯齿；托叶侧生，分离。花单性；雄花为疏散的圆锥花序，黄绿色，花被片和雄蕊各 5；雌花丛生叶腋，绿色，每朵花外有 1 卵形苞片。瘦果扁圆形，为宿存的黄褐色苞片所包被。花期 5～7 月，果期 9～10 月。林芝、拉萨等地有栽培或逸生。

2. 榕属 *Ficus*

分 种 检 索 表

1. 雌雄同株；花间具苞片；有板根或气生根；叶革质，全缘；榕果多腋生，稀老茎生。（榕亚属）
2. 叶厚革质，长 8～30cm，宽 7～10cm；叶脉两面不明显；托叶长，红色，早落；叶两面有钟乳体（室内盆栽）…………………………………………………………………… **印度榕（橡皮树）*F. elastica***
2. 叶薄革质，长 10～20cm，宽 3～7cm；叶脉两面稍凸起；托叶短，绿色，早落；叶背面有钟乳体（排龙至墨脱）…………………………………………………………………… **大叶水榕 *F. glaberrima***
1. 雌雄异株；花间无苞片；瘿花柱远比雌花柱头短；雌花柱头 2 裂或单 1。（无花果亚属）
3. 榕果生于老茎基部，梨形，直径 2～2.5cm；叶缘具不规则的锯齿 ………………… **苹果榕 *F. oligodon***
3. 榕果生于叶腋或已落叶的枝上叶腋。
4. 灌木或乔木或为匍匐状。
5. 叶基部两侧对称或略倾斜。
6. 叶有钟乳体。
7. 叶上部边缘有疏齿，叶两面均有钟乳体；榕果球形或椭圆形；顶端苞片直立…… **尖叶榕 *F. henryi***
7. 叶背面有钟乳体。
8. 直立乔木。
9. 叶广卵圆形，长宽近相等，通常 3～5 裂，厚纸质；榕果单生叶腋，梨形，直径 3～5cm，顶部下陷（察隅、墨脱栽培）…………………………………………………………………… **无花果 *F. carica***
9. 叶椭圆形，无裂片。
10. 叶椭圆形或卵状椭圆形，先端渐尖；榕果成对腋生，球形或棒状，直径 0.8～1cm，无柄或有柄（东久有分布）…………………………………………………………………… **森林榕 *F. neriifolia***
10. 叶长椭圆形，先端急尖而为线尾状，尾长 2～4cm。
11. 幼枝、叶柄、叶背面疏生小毛；榕果圆球形，柄长 4～5mm …………… **线尾榕 *F. filicauda***
11. 幼枝、叶柄及叶背无毛；榕果球形，柄长 2cm ……… **长柄线尾榕 *F. filicauda* var. *longipes***
8. 匍匐或爬行灌木，节生不定根；榕果生于匍匐枝上，球形，成熟时红色，通常埋于土中 ………
…………………………………………………………………… **地果 *F. tikoua***

6. 叶无钟乳体，广卵形或斜卵形，常分裂，边缘具细锯齿；榕果无柄，卵圆形，直径 2～3.5cm；叶及榕果密生黄褐色硬毛及柔毛 ………………………………………………………… **黄毛榕 *F. esquiroliana***

5. 叶基部两侧不对称。

12. 叶背面被毛，边缘全缘或有浅锯齿；榕果被毛。

13. 叶倒卵状矩圆，长 20～25cm，基部心形，一侧耳状；榕果生于下垂无叶枝上，常穿入土中 …… ……………………………………………………………………… **鸡嗉子榕 *F. semicordata***

13. 叶矩圆形，长 8～15cm，基部楔形，两侧不对称；榕果成对或簇生叶腋，卵圆形 …………………… ……………………………………………………………………… **歪叶榕 *F. cyrtophylla***

12. 叶背面无毛，边缘全缘或具角棱；榕果有或无侧生苞片。

14. 叶革质，菱状椭圆形，托叶钻形；榕果面疏生小瘤体 …………… **斜叶榕 *F. tinctoria* ssp. *gibbosa***

14. 叶纸质，长圆状披针形，托叶锥形；榕果球形，表面疏生苞片 …………… **假斜叶榕 *F. subulata***

4. 攀缘状灌木。

15. 叶背面被褐色茸毛和绵毛，细脉不为蜂窝状；榕果无柄 … **大果褐叶榕 *F. pubigera* var. *maliformis***

15. 叶背面细脉呈蜂窝状；榕果具柄。

16. 榕果球形至近球形，幼时被褐色柔毛，果柄长 5～15mm …………………… **匍茎榕 *F. sarmentosa***

16. 榕果近球形，幼时被毛，果柄长超过 5mm ……………… **白背爬藤榕 *F. sarmentosa* var. *nipponica***

3. 桑属 *Morus*

分 种 检 索 表

1. 雌花花柱无柄或近无柄。

2. 聚花果线状圆筒形，长 6～12cm；叶先端渐尖，边缘具细锯齿(产于波密、墨脱)…… **奶桑 *M. macroura***

2. 聚花果椭圆状圆筒形或卵圆形，长 1.5～2.5cm；叶先端钝，边缘具钝齿(栽培) …………… **桑 *M. alba***

1. 雌花花柱具明显的柄，聚花果长椭圆或椭圆形。

3. 叶缘锯齿整齐而深，齿尖具长刺芒；聚花果圆筒形 ……………………………………… **蒙桑 *M. Mongolica***

3. 叶缘锯齿浅而不整齐，齿尖不具刺芒；聚花果椭圆形或近球形………………………… **鸡桑 *M. australis***

4. 柘属 *Maclura*

构棘 *M. cochinchinensis*

直立或攀缘状灌木，具粗壮直或弯的锐刺，刺长约 1cm。叶长椭圆形或狭卵形，全缘，长 3～8cm，顶端钝或短渐尖，基部楔形，两面无毛。雄花序头状，雌花序球形。聚花果肉质，直径 1.5～5cm，表面具柔毛，成熟时橙红色。产于墨脱、察隅，生于海拔 1500～1700m 的山坡灌木林中。

十、荨麻科 Urticaceae

分属检索表

1. 植物有刺毛；雌花的花被大多为 4 片，无退化雄蕊。

2. 瘦果直立，无雌蕊柄；柱头画笔头状；叶对生；托叶侧生，叶状 ……………………… 荨麻属 *Urtica**

2. 瘦果偏斜，具雌蕊柄；柱头线形或舌形；叶互生；托叶柄内生，托叶鳞片状 ……………………………

3. 雌花花被片 4，常交互对生，彼此分离或合生至下部。

4. 草本；雌花被片极不等大，侧生二枚较大，背腹生二枚较小，果期花梗常膨大成翅；托叶膜质，较小，先端 2 裂………………………………………………………………… 艾麻属 *Laportea*

4. 木本；雌花被片近等大，果期花梗不膨大成翅；托叶革质，较大，全部合生 … **火麻树属 *Dendrocnide***
3. 雌花花被片3~4，背腹生，常2~3枚合生成佛焰苞状或盔状 ……………………… **蝎子草属 *Girardinia***
1. 植物无刺毛；雄花的花被片大多为3片，少为4~5片。
5. 子房无花柱，柱头画笔状；雌花花被片离生或基部合生，有退化雄蕊；钟乳体多为线形或纺锤形。
6. 叶互生；如为对生，则其中一侧退化成托叶状，叶片常偏斜 …………………… **楼梯草属 *Elatostema***
6. 叶对生；叶片常两侧对称，稀稍偏斜。
7. 聚伞花序常圆锥状、伞房状、穗状或头状；果边缘无凸起物 ……………………… **冷水花属 *Pilea*** *
7. 花序着生在盘状或近钟状的花序托上；果上有马蹄形或鸡冠状的棱 ……… **假楼梯草属 *Lecanthus***
5. 子房大多数有花柱，柱头多样，但一般不为画笔头状；雌花花被片常合生，稀不存在；钟乳体点状。
8. 柱头线形。
9. 柱头在果期宿存；团伞花序排成穗状或圆锥状，稀簇生于叶腋 ……………… **苎麻属 *Boehmeria***
9. 柱头在果期脱落；团伞花序簇生于叶腋 ……………………………………………… **雾水葛属 *Pouzolzia***
8. 柱头画笔头状。
10. 叶全缘；托叶无 ……………………………………………………………………… **墙草属 *Parietaria*** *
10. 叶缘有齿；托叶干膜质，柄内合生，2裂，脱落 ……………………………… **水麻属 *Debregeasia***

1. 荨麻属 *Urtica*

分 种 检 索 表

1. 托叶每节4枚，离生或茎上部托叶有时部分合生；至少雌花序穗状，下垂。
2. 雌雄异株，稀同株；雄花序圆锥状；中部叶较窄，侧脉3~5对，叶柄密生刺毛 …… **异株荨麻 *U. dioica***
2. 雌雄同株，稀异株；花序穗状；中部叶较宽，侧脉2~3对，叶柄疏生刺毛 …… **宽叶荨麻 *U. laetevirens***
1. 托叶每节2枚，合生；花序圆锥状，直立或斜出，常分支。
3. 雌雄同株；叶宽卵形或心形，宽5~11cm；茎密生或疏生刺毛………………………… **滇藏荨麻 *U. mairei***
3. 雌雄异株；叶披针形，宽2~6cm；茎近无刺毛或很稀少疏生刺毛 …………………… **须弥荨麻 *U. ardens***

2. 艾麻属 *Laportea*

分 种 检 索 表

1. 雌花花梗果时在两侧膨大成明显的膜质翅；雌花序穗状。
2. 叶卵形至披针形，先端渐尖；侧脉常伸达齿尖，齿尖无刺毛 ……………………… **珠芽艾麻 *L. bulbifera***
2. 叶宽卵形至心形，先端尾状；侧脉在近边缘网结，齿尖具刺毛 ………………… **墨脱艾麻 *L. medogensis***
1. 雌花花梗在果时无翅；雌花序长穗状；叶卵形至近圆形，先端尾状，齿尖无刺毛 …… **艾麻 *L. cuspidata***

3. 火麻树属 *Dendrocnide*

全缘火麻树 *D. sinuata*

常绿小乔木或灌木，高3~7m。小枝上部稍肉质，灰绿色，疏生刺毛。叶革质或坚纸质，形状多变，长10~45cm，宽5~20cm，边缘全缘、波状、波状圆齿或不整齐的浅牙齿，两面近无毛或在下面脉上疏生刺毛，羽状脉具侧脉8~15对，最下部1~2对近直出，伸达边缘，其他各对弧曲，在近边缘彼此网结；叶柄长2~10cm，疏生柔毛和刺毛；托叶近革质，卵状披针形，长1.5~2.5cm，褐色，外面被微毛。花序雌雄异株，圆锥状，分支较短，序轴与分支上被刺毛；雄花4基数。瘦果梨形。花期秋季至翌年春季，果期秋、冬季。产于西藏东南部，生于海拔300~800m的疏林中。

4. 蝎子草属 *Girardinia*

大蝎子草 *G. diversifolia*

一年生高大草本，全株有刺毛。茎秆高达2m，具5棱，多分支。叶片长和宽几等大，具(3)5~7深裂片，稀不裂，边缘有不规则的牙齿或重牙齿，基生脉3条；托叶大。花雌雄异株或同株，雌花序生上部叶腋，雄花序生下部叶腋，多次二叉状分支排成总状或近圆锥状；花被片大的一枚舟形，先端有3齿，小的一枚条形，较短；子房狭长圆状卵形。瘦果近心形，表面有粗疣点。花期9~10月，果期10~11月。排龙一带有分布，生于林下或林缘湿润处。

5. 楼梯草属 *Elatostema*

分种检索表

1. 叶长3cm以下，宽1cm以下；雄花序的花序托明显，呈盘状。
 2. 茎平卧，上部密被反曲的短毛；叶斜倒卵形，顶端圆或钝；无退化叶 ………… **钝叶楼梯草 *E. obtusum***
 2. 茎直立，近无毛；叶长椭圆形或狭卵形，顶端渐尖；有退化叶 ……………… **异叶楼梯草 *E. monandrum***
1. 叶长5cm以上，宽2cm以上；雄花序的花序托不明显，不呈盘状。
  3. 茎无毛；瘦果有8条纵肋 ……………………………………………………… **骤尖楼梯草 *E. cuspidatum***
  3. 茎上部及叶下面有毛；瘦果平滑，无纵肋 …………………………………… **楔苞楼梯草 *E. cuneiforme***

6. 冷水花属 *Pilea*

分种检索表

1. 株高20cm以下；具球状块茎；同对叶等大 …………………………………… **亚高山冷水花 *P. racemosa***
1. 株高20cm以上；无块茎；同对叶不等大，大小相差10倍以上。
 2. 叶缘有牙齿状锯齿或重锯齿 ……………………………………………………… **大叶冷水花 *P. martini***
 2. 叶缘近全缘。
  3. 叶片基底着生；雄花近无梗 ………………………………………………… **异叶冷水花 *P. anisophylla***
  3. 叶片盾状着生；雄花具明显的短梗 ……………………………………………… **盾基冷水花 *P. insolens***

7. 假楼梯草属 *Lecanthus*

分种检索表

1. 植株高25~60cm；叶先端常尾状渐尖；总花梗长3~20cm …………………… **假楼梯草 *L. peduncularis***
1. 小草本，高2~15cm；叶先端锐尖；总花梗长不过3cm ……… **角被假楼梯草 *L. petelotii* var. *corniculata***

8. 苎麻属 *Boehmeria*

阴地苎麻(双尖苎麻)*B. umbrosa*

多年生草本或亚灌木，茎高约40cm，有毛。叶对生，同一对叶不等大或近等大；叶片薄草质，顶端不等二裂(裂片顶端骤尖)，边缘在基部之上有粗牙齿，侧脉约3对。穗状花序腋生，雌雄异株，顶端常有2枚披针形叶。花期7月。产于易贡、察隅，生于海拔1650~2500m的山地林下或溪边。

9. 雾水葛属 *Pouzolzia*

分种检索表

1. 叶卵形，长2.6~11(17)cm，顶端渐尖；叶缘每侧8~14个牙齿 …………………… **红雾水葛 *P. sanguinea***
1. 叶菱形，长1~4(7)cm，顶端急尖；叶缘每侧3~8个牙齿 ……… **雅致雾水葛 *P. sanguinea* var. *elegans***

10. 墙草属 *Parietaria*

墙草 *P. micrantha*

一年生草本。茎肉质，纤细，常蔓生，长10~40cm，被微柔毛，多分支。叶膜质，卵形或卵状心形，先端钝尖，基部圆或浅心形，基出脉3，侧脉常1对。聚伞花序数朵，瘦果卵形。产于波密、林芝、米林、错那、拉萨、吉隆等地，生于海拔2000~4000m的山坡湿润草地或岩石下阴湿处。

11. 水麻属 *Debregeasia*

水麻 *D. orientalis*

灌木，高达1~4m。小枝纤细，暗红色。叶纸质，条状披针形，先端渐尖或短渐尖，边缘有不等的细锯齿或细牙齿，上面暗绿色，常有泡状隆起，钟乳体点状，基出脉3条，其侧出2条达中部边缘，二级脉3~5对；细脉结成细网，各级脉在背面凸起；叶柄短；托叶披针形，顶端浅2裂。花序雌雄异株，稀同株，腋生。瘦果小浆果状(似悬钩子果)，鲜时橙黄色，宿存花被肉质紧贴生于果实。花期3~4月，果期5~7月。排龙有分布，生于海拔2000m左右的林缘。

十一、檀香科 Santalaceae

分属检索表

1. 根寄生纤细草本；花被半上位，花被管贴生于子房基部，花托与花盘离生 …………… **百蕊草属 *Thesium***
1. 根寄生灌木或半灌木；花被上位，花被管贴生于子房上部，花托与花盘贴生。
 2. 药室分离，平行着生药隔上；果为梨形核果(产于墨脱) ……………………………… **檀梨属 *Pyrularia***
 2. 药室略岔开或会合；核果球形或卵形。
  3. 叶发育，具叶柄(产于墨脱) ……………………………………………………… **寄生藤属 *Dendrotrophe***
  3. 双重寄生植物；叶鳞片状，仅有从寄生植物茎内伸出的花序(产于墨脱) ………… **重寄生属 *Phacellaria***

1. 百蕊草属 *Thesium*

分种检索表

1. 花冠钟状至宽钟状，花5数；根茎具稀疏鳞片 ……………………………… **长花百蕊草 *T. longiflorum***
1. 花冠漏斗状至管状，花4或5数；根茎无鳞片。
 2. 总状花序，花4、5数并存，花冠裂片短；株高9~25cm ……………………… **藏东百蕊草 *T. tongolicum***
 2. 单花顶生，花5基数，花冠裂片长；株高20~40cm …………………………… **波密百蕊草 *T. bomiense***

2. 檀梨属 *Pyrularia*

檀梨 *P. edulis*

小乔木或灌木，高3~10m。树皮脆，黄绿色；小枝粗壮，圆柱状；芽被灰白色绢毛。叶互生，纸质或带肉质，通常光滑，卵状长圆形，长 7 ~ 15cm(连叶柄)，宽 3 ~ 6cm，顶端渐尖或短尖，基部阔楔形至近圆形，侧脉 4 ~ 6 对，被长柔毛。雄花：集成总状花序，长 1.3cm；花序长 2.5 ~ 5(7.5) cm，顶生或腋生；花梗无苞片；花被管长圆状倒卵形，花被裂片 5(6)，三角形，外被长柔毛；花盘 5(6) 裂；雌花或两性花：单生，子房棒状，被短柔毛；花柱短。核果梨形，长 3.8 ~ 5cm，基部骤狭与果柄相接，顶端近截形，有脐状凸起；外果皮肉质并有粘胶质；种子近球形，胚乳油质；果柄粗壮，长 1.2cm。果期 8 ~ 10 月。产于墨脱，生于海拔 2000 ~ 2500m 的常绿阔叶林内。

十二、桑寄生科 Loranthaceae

分属检索表

1. 茎和小枝不具关节状的节；叶片具羽状叶脉；花两性，少有单性，花被花瓣状，具副萼；黏液层位于果皮维管束的外皮；叶发育，不为鳞片状。(桑寄生亚科)
 2. 花瓣离生 …………………………………………………………………… 桑寄生属 *Loranthus**
 2. 花冠管状，顶部裂片分裂。
  3. 花托和果实的下半部或近基部明显地变狭；果实梨形或棒状 ……………………… 梨果寄生属 *Scurrula*
  3. 花托和果实的基部不变狭；果卵圆形或椭圆形，两端钝圆 ………………………… 钝果寄生属 *Taxillus*
1. 茎和小枝、节和节间明显；正常叶具直出脉或仅具鳞片叶；花单性，小，长不到 2mm；花被萼片状，不具副萼；黏液层位于果皮维管束内；叶退化为鳞片状，基部多少合生。(槲寄生亚科)
 4. 雌雄同株；小枝扁平；聚伞花序簇生于节上，花基部具毛，花药 2 室 …………… 栗寄生属 *Korthalsella*
 4. 雌雄异株；小枝的节不扁平；花通常单朵腋生，基部无毛，花药 1 室。
  5. 叶为鳞片状；节间短而呈细圆柱状，互不为垂直；花药 1 室 ……………… 油杉寄生属 *Arceuthobium**
  5. 叶不为鳞片状；节间长而阔圆形，相邻节间互为垂直；花药多室 …………………… 槲寄生属 *Viscum**

1. 桑寄生属 *Loranthus*

分 种 检 索 表

1. 花黄绿色，单性，6 数；花序腋生 ………………………………………………… 椆树桑寄生 *L. delavayi*
1. 花淡黄色，两性，5 数；花序顶生 ……………………………………………… 吉隆桑寄生 *L. lambertianus*

2. 梨果寄生属 *Scurrula*

分 种 检 索 表

1. 果下半部或近基部渐狭，但不呈柄状；成熟叶两面无毛 ……………………………… 高山寄生 *S. elata*
1. 果下半部骤狭呈柄状；成熟叶下面被柔毛 ……………………………………… 滇藏梨果寄生 *S. buddleioides*

3. 钝果寄生属 *Taxillus*

分 种 检 索 表

1. 全株无毛，枝条淡棕红色，略具光泽；伞形花序有花 3 ~ 4 朵 ………………………… 柳树寄生 *T. delavayi*
1. 幼嫩枝叶被茸毛。
 2. 全株被有星状或树枝状茸毛；成长叶下面被茸毛，叶片宽 3 ~ 4.5cm ……… 滇藏钝果寄生 *T. thibetensis*

2. 成长叶两面无毛；叶片宽4~12mm。
3. 叶长1~2cm，宽4~6mm；仅中脉明显 ………………………………………… **松柏钝果寄生 *T. caloreas***
3. 叶长3~4.5cm，宽7~12mm；中脉和侧脉均明显 ………………… **显脉松寄生 *T. caloreas* var. *fargesii***

4. 栗寄生属 *Korthalsella*

栗寄生 *K. japonica*

亚灌木，高5~15cm。小枝绿色、扁平，通常对生，节间长7~17mm。叶退化呈鳞片状，成对合生呈环状。聚伞花序，多朵簇生叶腋，花淡绿色，有具节的毛围绕于基部。果椭圆状或梨形，淡黄色。花果期几全年。产于波密，生于海拔2500m左右的山坡常绿阔叶林中。

5. 油杉寄生属 *Arceuthobium*

分种检索表

1. 果实具短柄，柄长1.5mm；植株淡黄绿色………………………………………… **油杉寄生 *A. chinense***
1. 果实近无柄；植株褐色。
2. 分支稠密，3~4回；茎节粗，直径2.5mm；果长圆形 ……………………………… **圆柏寄生 *A. oxycedri***
2. 分支稀少，1~2回；茎节细，直径1.5mm；果纺锤形 ……………………………… **高山松寄生 *A. pini***

6. 槲寄生属 *Viscum*

分种检索表

1. 植株仅具鳞片状叶片；聚伞花序腋生 ………………………………………… **枫香槲寄生 *V. articulatum***
1. 植株具肉质明显的叶片；聚伞花序顶生……………………………… **卵叶槲寄生 *V. album* ssp. *meridianum***

十三、马兜铃科 Aristolochiaceae

分属检索表

1. 花辐射对称，花被短，裂片3；草本 ……………………………………………………………… **细辛属 *Asarum***
1. 花两侧对称，花被具有1个局部膨胀的管；藤本 ………………………………………… **马兜铃属 *Aristolochia***

1. 细辛属 *Asarum*

苕叶细辛(石南七)*A. himalaicum*

根茎横走，淡黄色，有多数须根。顶端生有1~2叶。叶阔心形或肾形，长宽4~6cm，顶端锐尖，叶面被疏短柔毛或硬毛；叶柄长7~23cm。花单生叶腋，花梗长纤弱，具褐色柔毛；花被直径约1.4cm，质厚，外面有浅的皱纹，壶形，顶端3裂，裂片向外反折，深紫色，粗糙；雄蕊12枚，花丝长短不齐，着生在子房上部；花柱6裂。蒴果肉质，半球状。产于林芝、亚东、定结，生于海拔2500~3200m的阴湿山坡阔叶林下及路边石堆中。

2. 马兜铃属 *Aristolochia*

分种检索表

1. 果实直径达5cm，长13cm，粗圆柱形；叶长宽近20cm，叶柄长8~10cm ……………… **管兰香 *A. saccata***
1. 果实直径不超过3cm，长15~17cm，叶柄长达5cm ………………………………… **西藏马兜铃 *A. griffithii***

十四、大花草科 Rafflesiaceae

1. 寄生花属 *Sapria*

寄生花 *S. himalayana*

肉质寄生草本。花大肉质，具艳色，有腐败气味。花雌雄异株；花被檐部排成2列、10列，裂片内弯，覆瓦状，花被筒半球形，内面有20个龙骨凸起，喉部有中央穿孔的内向横隔膜，其上面有鳞片状凸起；雄花花药20，无柄，单列，位于垂直柱的杯状花盘下方，2室，顶端单孔开裂，垂直柱细长，上方扁平增大成一极宽的杯状花盘；雌蕊、雄蕊退化，子房1室，胚珠极多数，果大，圆球形，有宿存变硬的花被。产于察隅南部，寄生于海拔1000～1700m的葡萄属植物的根上。

十五、蛇菰科 Balanophoraceae

分属检索表

1. 茎具叶；花序无盾形苞片，花柱1 …………………………………… **蛇菰属 *Balanophora*** *
1. 茎无叶；花序有盾形苞片，花柱2 …………………………………… **盾片蛇菰属 *Rhopalocnemis***

1. 蛇菰属 *Balanophora*

红菌（筒鞘蛇菰）*B. involucrata*

雌雄同序或异序，黄白色至黄色或红色，长为(6)～10(20)cm。块状根茎多个聚成一团。叶2～4枚，在茎中部轮生一轮，多少合生。在两性花序中，雄花部分为一高约0.5cm的环状带，此环带位于雌花部下，有时在雌花顶部也有少数雄花，花序若为单性时，雌雄花序均为卵球形，雄花序长1～3.5cm，雌花序长1～2cm；雄花花被片3基数，偶有4～5基数，花药通常横向开裂。雌花只着生在花序轴上。产于墨脱、波密、林芝、米林、隆子、错那。生于海拔2500～3200m的山坡混交林、铁杉林及云杉林下，多寄生于杜鹃花科植物根部。

2. 盾片蛇菰属 *Rhopalocnemis*

盾片蛇菰 *R. phalloides*

草本，黄色，根寄生植物，无叶绿素及根。茎自基生的块状根茎生出，无叶，长2～10cm，粗壮，块状根茎具瘤，直径2～15cm。花单性，雌雄同序或异序，花序椭圆形，长6～20cm，宽5～7cm；雄花：花被呈钟形或漏斗形，基部与雄蕊柱合生，雄蕊3；雌花：花被与子房会合，椭圆形，扁平，檐部很短，2裂；花柱2；胚珠1，悬垂。果线形或卵状椭圆形。藏东南部有分布记载。

十六、蓼科 Polygonaceae

分属检索表

1. 一年生或多年生草本。
 2. 果实有翅。
  3. 花被片4；果实扁平，边缘具翅 …………………………………… **山蓼属 *Oxyria***
  3. 花被片6；果实具3棱，沿棱具翅 …………………………………… **大黄属 *Rheum*** *
 2. 果实无翅。

4. 花被片 3；雄蕊 3 ·· 冰岛蓼属 ***Koenigia***
4. 花被片(4)5~6；雄蕊 6~8，稀极少。
5. 花被片 6，内轮 3 片果期增大；柱头画笔状 ·· 酸模属 ***Rumex****
5. 花被片(4)5；柱头头状。
6. 茎缠绕；外轮 3 片果时增大，背部具翅或龙骨状凸起 ·· 首乌属 ***Fallopia****
6. 茎直立；花被果时不增大，稀增大呈肉质。
7. 瘦果具 3 棱或双凸镜状，比宿存花被短，稀较长 ·· 蓼属 ***Polygonum****
7. 瘦果具 3 棱，明显比宿存花被长，稀近等长 ·· 荞麦属 ***Fagopyrum****
1. 小灌木或半灌木。
8. 果实具翅 ·· 翅果蓼属 ***Parapteropyrum***
8. 果实无翅。
9. 花被片 6，内轮 3 片果期增大；柱头画笔状 ·· 酸模属 ***Rumex****
9. 花被片(4)5；柱头头状。
10. 茎缠绕；外轮 3 枚花被片果时增大，背部具翅或龙骨状凸起 ·· 首乌属 ***Fallopia***
10. 茎直立；花被果时不增大 ·· 蓼属 ***Polygonum****

1. 山蓼属 *Oxyria*

分 种 检 索 表

1. 茎通常无叶，无毛；花序分支稀疏；叶纸质，边缘全缘 ·· 山蓼 ***O. digyna***
1. 茎具叶，密生短硬毛；花序分支密集；叶肉质，边缘波状 ·· 中华山蓼 ***O. sinensis***

2. 大黄属 *Rheum*

分 种 检 索 表

1. 花序圆锥状；植株有茎，具基生叶及茎生叶，极少无茎生叶。
2. 叶 5~7 深裂 ·· 掌叶大黄 ***R. palmatum***
2. 叶不分裂。
3. 苞片大型，卵圆形，淡黄色 ·· 塔黄 ***R. nobile***
3. 苞片极小，钻形或线形，棕褐色。
4. 叶较小，长不超过 5cm ·· 小大黄 ***R. pumilum***
4. 叶大型，长 8cm 以上。
5. 茎无叶或具 1(2)小叶；叶革质。
6. 茎具硬毛；茎生叶 1(2)，基生叶卵形，内轮花被片果时增大 ·· 红脉大黄 ***R. inopinatum***
6. 茎无毛，无茎生叶，基部近心形，内轮花被果时不增大 ·· 西藏大黄 ***R. tibeticum***
5. 茎具叶；叶纸质或近革质。
7. 基生叶心形，顶端渐尖，边缘全缘，无皱波；花紫红色 ·· 心叶大黄 ***R. acuminatum***
7. 基生叶卵形或肾状心形，顶端圆钝或尖，叶缘皱波；花淡绿色，极少为紫色。
8. 基生叶三角状卵形或长卵形，顶端尖或钝 ·· 拉萨大黄 ***R. lhasaense***
8. 基生叶不为三角状卵形，顶端圆端。
9. 苞片线形，长 7~8mm ·· 丽江大黄 ***R. likiangense***
9. 苞片钻形，长不超过 6mm。
10. 基生叶宽卵形，花紫红色 ·· 藏边大黄 ***R. australe***

10. 基生叶宽卵形或肾状 …………………………………… **须弥大黄(喜马拉雅大黄)*R. webbianum***

1. 花序为穗状的总状花序，极少为头状；植物无茎；具1至数条花莛，只具基生叶。

11. 植株矮小，高2~7cm；叶肾状圆形；球形的头状花序 ………………………… **头序大黄 *R. globulosum***

11. 植株高15~30cm，叶不为肾状圆形；穗形的总状花序。

12. 叶菱形；花紫红色 ………………………………………………………………… **菱叶大黄 *R. rhomboideum***

12. 叶卵形；花淡绿色，花药黄色或紫红色。

13. 叶两面或下面密生小凸起；花药黄色；瘦果连翅成椭圆形 ………………… **穗序大黄 *R. spiciforme***

13. 叶两面无小凸起；花药紫红色；瘦果连翅成卵形 ………………………… **卵果大黄 *R. moorcroftianum***

3. 冰岛蓼属 *Koenigia*

冰岛蓼 *K. islandica*

一年生草本。茎矮小，细弱，高3~7cm，通常簇生，带红色，无毛，分支开展。叶宽椭圆形或倒卵形，长3~6mm，宽2~4mm，无毛，顶端通常圆钝，基部宽楔形。花期7~8月，果期8~9月。产于林芝、拉萨、昌都，生于海拔3000~3150m的林下草地上。

4. 酸模属 *Rumex*

分种检索表

1. 小灌木 ……………………………………………………………………………… **戟叶酸模 *R. hastatus***

1. 多年生草本。

2. 花单性，雌雄异株；基生叶基部箭形 ……………………………………………………… **酸模 *R. acetosa***

2. 花两性；基生叶基部心形，圆形或楔形。

3. 内轮花被片果时不具瘤状凸起；茎为紫色 ………………………………………… **紫茎酸模 *R. angulatus***

3. 内轮花被片果时部分或全部具瘤状凸起。

4. 基生叶基部心形；内轮花被片边缘具刺状齿，齿顶成钩状 ………………… **尼泊尔酸模 *R. nepalensis***

4. 基生叶圆形或宽楔形；内轮花被片边缘全缘 ……………………………………… **巴天酸模 *R. patientia***

5. 首乌属 *Fallopia*

分种检索表

1. 一年生草本；总状花序；外轮花被片背部具龙骨状凸起或狭翅(常见杂草) ……… **蔓首乌 *F. convolvulus***

1. 多年生草本或半灌木；圆锥状花序。

2. 半灌木；叶通常簇生，两面无毛；外轮花被片背部具翅(产于察隅) ……………… **木藤首乌 *F. aubertii***

2. 多年生草本；叶单生，背面常沿叶脉被短糙伏毛；花被片背部无翅(产于墨脱) ………………………………………………………………………… **光叶酱头 *F. cynanchoides* var. *glabriuscula***

6. 蓼属 *Polygonum*

分种检索表

1. 花单生或簇生于叶腋；叶柄有关节；一年生草本，瘦果黑褐色 ……………………… **萹蓄 *P. aviculare***

1. 花集成穗状的总状花序、圆锥花序或头状花序，或由数个头状花序再组成伞房状、圆锥状花序；叶柄无关节。

2. 茎具倒生钩小刺。

3. 叶三角形，叶柄盾状着生；花被果时增大呈肉质，花序梗无腺毛(产于墨脱) …… **杠板归** ***P. perfoliatum***
3. 叶为其他形状，叶柄非盾状着生；花被片果时不增大，花序梗具腺毛。
4. 叶戟形…………………………………………………………………………………… **戟叶蓼** ***P. thunbergii***
4. 叶披针形……………………………………………………………………… **长箭叶蓼** ***P. hastatosagittatum***
2. 茎无倒生钩刺。
5. 花序为穗状的总状花序。
6. 多年生草本或半灌木具肥厚的根状茎。
7. 半灌木；叶披针形或倒披针形 ………………………………………………… **密穗拳蓼** ***P. affine***
7. 具肥厚根状茎的多年生草本。
8. 托叶鞘顶端偏斜，无缘毛；根状茎粗壮。
9. 花序下部生珠芽 …………………………………………………… **珠芽拳蓼(珠芽蓼)** ***P. viviparum***
9. 花序下部无珠芽。
10. 叶卵形，基部心形，茎上部的叶抱茎。
11. 植株粗壮；花序紧密，花紫红色 ……………………………………… **抱茎拳蓼** ***P. amplexicaule***
11. 植株细弱；花序稀疏，下部间断，花白色或淡红色 ……………………………………………………………………………… **细穗支柱拳蓼** ***P. suffultum*** **var.** ***pergracile***
10. 叶披针形，椭圆形或长椭圆形，基部楔形或圆形，基生叶不抱茎。
12. 叶基部沿叶柄下延成狭翅 …………………………………………… **翅柄拳蓼** ***P. sinomontanum***
12. 叶基部不下延。
13. 花序松散，俯垂；小花梗中部具关节 …………………………………… **长梗拳蓼** ***P. griffithii***
13. 花序紧密，直立；小花梗顶端具关节。
14. 叶长圆形或披针形，宽披针形，宽 1 ~ 2cm ………………… **圆穗拳蓼** ***P. macrophyllum***
14. 叶线形，宽 1.5 ~ 2.5mm …………… **狭叶圆穗拳蓼** ***P. macrophyllum*** **var.** ***stenophyllum***
8. 托叶鞘顶端截形，具长缘毛；根状茎细长 ………………………………………… **蚕茧蓼** ***P. japonicum***
6. 一年生草本。
15. 花被具黄褐色腺点 ………………………………………………………… **辣蓼(水蓼)** ***P. hydropiper***
15. 花被无腺点。
16. 托叶鞘无缘毛或有短缘毛；花被常 4 深裂，花序梗具黄褐色腺体 …………………………………………………………………………………… **马蓼(酸模叶蓼)** ***P. lapathifolium***
16. 托叶鞘有缘毛；花被 5 深裂，花序梗无腺体 ……………………………… **柔茎蓼** ***P. kawagoeanum***
5. 花序为其他形状。
17. 花序头状或由数朵头状花序再组成伞房状、聚伞状、圆锥状花序。
18. 多年生草本，具根状茎；叶柄基部通常具叶耳。
19. 植株高不超过 60cm；花被果时不增大。
20. 茎匍匐状，根状茎木质；叶柄极短，叶卵形或椭圆形 ………………………… **头花蓼** ***P. capitatum***
20. 茎直立或外倾；根状茎草质；叶柄较长，具窄翅；叶片宽卵形或三角状卵形。
21. 花序梗无腺毛 ………………………………………………………………… **小头蓼** ***P. microcephalum***
21. 花序梗有腺毛 …………………………… **腺梗小头蓼** ***P. microcephalum*** **var.** ***sphaerocephalum***
19. 植株高达 1m；花被果时增大成肉质。
22. 叶卵形或长卵形，宽 2 ~ 4cm(产于察隅)……………………………………… **火炭母** ***P. chinense***
22. 叶长圆状卵形，宽 6 ~ 8cm(产于察隅、墨脱) ……… **宽叶火炭母** ***P. chinense*** **var.** ***ovalifolium***
18. 一年生草本；叶柄基部无叶耳。
23. 花序梗具腺毛。
24. 叶长 2 ~ 5cm，具黄色腺点，基部沿叶柄下延成翅 ……………… **尼泊尔蓼** ***P. nepalense***

24. 叶长0.8~2cm，无黄色腺点，基部不下延 ………………………………………… 冰川蓼 ***P. glaciale***
23. 花序梗无腺毛。
25. 叶披针状卵形，两面密生糙伏毛 ………………………………………………… 细茎蓼 ***P. filicaule***
25. 叶卵形，两面无毛或疏生柔毛。
26. 两面无毛，较小，基部心形；叶柄近无…………………………………… 小叶蓼 ***P. delicatulum***
26. 两面疏生柔毛，长1~2cm，基部楔形；叶柄较长；花药蓝色 ………… 蓝药蓼 ***P. cyanandrum***
17. 花序圆锥状。
27. 茎匍匐；叶圆形……………………………………………… **大铜钱叶神血宁(圆叶蓼)*P. forrestii***
27. 茎直立；叶不为圆形。
28. 半灌木。
29. 花被果时增大，肉质；茎下面贴生长硬毛………………………… **绢毛神血宁(绢毛蓼)*P. molle***
29. 花被果时不增大，非肉质；茎下面具柔毛。
30. 茎为叉状分支；叶卵形，基部圆形或近心形 …………………… **叉枝神血宁(叉枝蓼)*P. tortuosum***
30. 茎不为叉状分支；叶宽披针形，基部楔形 …………………… **多穗神血宁(多穗蓼)*P. polystachyum***
28. 多年生草本。
31. 植株无毛；叶基部常戟形；花淡绿色 ………………… **西伯利亚神血宁(西伯利亚蓼)*P. sibiricum***
31. 植株有毛；叶基部常楔形或近圆形；花红色 …………………………… **硬毛神血宁(硬毛蓼)*P. hookeri***

7. 荞麦属 *Fagopyrum*

分种检索表

1. 多年生草本，具木质化的块根 ………………………………………………………………… **金荞 *F. dibotrys***
1. 一年生草本，无块根。
2. 花被淡红色或白色，长3~4mm；瘦果平滑，棱角锐利(栽培或逸生) ……………… **荞麦 *F. esculentum***
2. 花被淡绿色，长约2mm；瘦果具3条纵沟，棱角下部圆钝或沿棱具波状齿(栽培) … **苦荞 *F. tataricum***

8. 翅果蓼属 *Parapteropyrum*

翅果蓼 *P. tibeticum*

小灌木，高20~50cm。树皮暗紫褐色，具浅纵裂，多分支。叶簇生，叶片卵状长圆形或长圆形；托叶鞘膜质，偏斜。花序总状顶生；花两性，花被5深裂，雄蕊8枚；子房卵形，花柱3，瘦果宽卵形，顶端急尖，具3棱。特产西藏东南部的米林、朗县、加查，生于海拔3000~3300m的河谷阶地与山坡、山坡灌丛。

十七、藜科 Chenopodiaceae

分属检索表

1. 果为盖果，成熟时盖裂；叶缘齿的顶端具刺状尖………………………………… **千针苋属** *Acroglochin*
1. 果为胞果，成熟时不开裂，或为不规则开裂；叶缘齿的顶端无刺状尖。
2. 雌雄异株；植株完全无粉(栽培蔬菜) ……………………………………………… **菠菜属** *Spinacia* *
2. 雌雄同株；植株多少有粉。
3. 叶卵形或长圆形，常有齿或裂片；有明显的叶柄；植物体常有粉粒状囊毛 ……… **藜属** *Chenopodium* *
3. 叶细条形或披针形，全缘；无明显的叶柄；植物体常无粉粒状囊毛(栽培) ……………… **地肤属** *Kochia*

1. 千针苋属 *Acroglochin*

千针苋 *A. persicarioides*

一年生草本。茎直立，无毛，高 30 ~ 80cm。叶卵形，长 2 ~ 6cm，宽 1.5 ~ 3cm，顶端尖，基部楔形，边缘有不整齐的齿，齿的顶端呈刺状；叶柄长 1 ~ 4cm。聚伞花序腋生，末回分支呈刺状。果实成熟时盖裂，种子黑色，光泽。产于波密、朗县、错那，生于海拔 2000 ~ 3100m 的山坡、路边。

2. 菠菜属 *Spinacia*

菠菜 *S. oleracea*

植物无粉。根圆锥状，带红色，较少为白色。茎直立，中空，脆弱多汁，不分支或有少数分支。叶戟形至卵形，鲜绿色，柔嫩多汁，稍有光泽，全缘或有少数牙齿状裂片。雄花集成球形团伞花序，再于枝和茎的上部排列成有间断的穗状圆锥花序；花被片通常 4，花丝丝形，扁平，花药不具附属物；雌花团集于叶腋；小苞片两侧稍扁，顶端残留 2 小齿，背面通常各具 1 棘状附属物；子房球形，柱头 4 或 5，外伸。胞果卵形或近圆形，直径约 2.5mm，两侧扁；果皮褐色。西藏东南部习见栽培蔬菜。

3. 藜属 *Chenopodium*

分种检索表

1. 植株体有颗粒状腺体，有强烈气味；叶似菊叶，边缘羽状浅裂或深裂 ………………… **菊叶香藜 *C. foetidum***
1. 植株体有泡状毛或近无毛，无气味；叶缘近全缘或有齿。
  2. 叶片宽卵形或三角形，有 1 ~ 4 对牙齿，基部心形或近截形 ………………………… **杂配藜 *C. hydridum***
  2. 叶片卵形或菱状卵形，有锯齿或近全缘，基部楔形 ………………………………………… **藜 *C. album***

4. 地肤属 *Kochia*

地肤 *K. scoparia*

一年生草本，高 40 ~ 50cm。茎直立，具条棱。叶披针形或线状披针形，叶柄极短，顶端尖。花通常 1 ~ 3 枚生于叶腋，成圆锥状花序；雄蕊 5 枚，伸出花被外；柱头 2，丝状，花柱极短。胞果扁球形，种子横生，黑褐色，稍有光泽。朗县有栽培。

十八、苋科 Amaranthaceae

分属检索表

1. 叶互生。
  2. 花两性，总状圆锥花序；浆果红色，具数个或多数种子；攀缘灌木 ………………… **浆果苋属 *Deeringia***
  2. 花单性，花密生，排成穗状或圆锥花序；胞果具 1 粒种子；草本(栽培) …………… **苋属 *Amaranthus*** *
1. 叶对性。
  3. 苞片腋部有 2 朵或更多朵花，其中可育两性花 1 至数朵，常有退化成钩状的不育花 … **杯苋属 *Cyathula***
  3. 苞片腋部有 1 朵花，无退化的不育花 ……………………………………………… **牛膝属 *Achyranthes*** *

1. 浆果苋属 *Deeringia*

浆果苋 *D. amaranthoides*

攀缘灌木，长 2 ~ 6cm。茎下垂，多分支，幼时有贴生柔毛，后变无毛。叶卵形或卵状披针形，长4～5cm，宽2～8cm，常不对称；叶柄长1～4cm。总状花序形成圆锥花序，花轴及分支有贴生柔毛；苞片窄三角形，花恶臭，花被片椭圆形，浅绿色或带黄色，果时带红色；柱头3，圆柱形。浆果近球形，红色，有3条纵沟。花期10月至次年3月。产于墨脱，生于海拔900m的山坡阔叶林中。

2. 苋属 *Amaranthus*

苋(苋菜、三色苋、雁来红)*A. tricolor*

一年生草本。茎粗壮，绿色或红色，幼时有毛或无毛。叶片卵形、菱状卵形或披针形，长4～10cm，绿色或常成红色，紫色或黄色，或部分绿色加杂其他颜色，顶端圆钝或尖凹，具凸尖，基部楔形，全缘或波状缘，无毛。花簇成下垂的穗状花序；花簇球形，直径5～15mm，雄花和雌花混生；苞片及小苞片卵状披针形，长2.5～3mm，透明，顶端有1长芒尖，背面具1绿色或红色隆起中脉；花被片矩圆形，顶端有1长芒尖，背面具1绿色或紫色隆起中脉。胞果卵状矩圆形，小，环状横裂，包裹在宿存花被片内。种子近圆形或倒卵形，直径约1mm，黑色或黑棕色，边缘钝。花期5～8月，果期7～9月。西藏东南部习见栽培，茎叶作为蔬菜食用，叶杂有各种颜色者供观赏；根、果实及全草入药，有明目、利大小便、去寒热的功效。

3. 杯苋属 *Cyathula*

分 种 检 索 表

1. 多年生草本；茎及枝疏生灰色长柔毛；叶宽卵形或倒卵状长圆形；花干后紫色 …… **头花杯苋 *C. capitata***
1. 小灌木；茎及枝密生茸毛；叶椭圆形，花干后呈麦秆黄色 ………………………… **茸毛杯苋 *C. tomentosa***

4. 牛膝属 *Achyranthes*

牛膝 *A. bidentata*

多年生草本，高70～120cm。根圆柱形，直径5～10mm，土黄色。茎有棱角或四方形，有白色贴生或开展柔毛，或近无毛。叶片椭圆形或椭圆状披针形，长4.5～12cm，宽2～7.5cm，顶端尾尖。穗状花序，花在花期后反折贴近总梗；苞片宽卵形，小苞片刺状。胞果长圆形，黄褐色，光滑。种子长圆形，黄褐色。花期7～9月，果期10月。产于墨脱、波密、林芝，生于海拔1000～2900m的山坡林下。

十九、紫茉莉科 Nyctaginaceae

分属检索表

1. 藤状灌木；叶互生；花3朵，簇生于3枚红色、紫色，或橘色叶状总苞内 …… **叶子花属 *Bougainvillea****
1. 多年生草本；叶对生；花1至数朵，簇生于一个5裂、萼状且花后不增大的总苞内。
  2. 总苞花后不增大或膜质；花大而美丽，午后开放；花被高脚碟状，长2～15cm，檐部直径约25mm，花梗短，仅1～2mm ……………………………………… **紫茉莉属 *Mirabilis****
  2. 总苞花后增大，果时膜质；花小而不显，早晨开放；花被种状或短漏斗状，长不及1cm，檐部直径约8mm，花梗长2～2.5cm ……………………………………… **山紫茉莉属 *Oxybaphus***

1. 叶子花属 *Bougainvillea*

叶子花 *B. spectabilis*

常绿攀缘状灌木。枝具刺(亦有无刺品种)、拱形下垂。单叶互生，卵形全缘或卵状披针形，密生茸毛，顶端圆钝。花顶生，细小，黄绿色，常3朵簇生于3枚较大的叶状总苞内；叶状苞片卵圆形，颜色有鲜红色、橙黄色、紫红色、乳白色等。西藏东南部常室内盆栽观赏，有单瓣、重瓣以及斑叶等品种。

2. 紫茉莉属 *Mirabilis*

紫茉莉 *M. jalapa*

草本，高可达1m。根肥粗，倒圆锥形。茎直立，多分支，节稍膨大。叶对生，叶片卵形或卵状三角形，长3~15cm，宽2~9cm，顶端渐尖，基部截形或心形，全缘，两面均无毛，叶脉隆起；叶柄长1~4cm，上部叶几无柄。花常数朵簇生；花梗长1~2mm；总苞钟形，长约1cm，5裂，裂片三角状卵形，顶端渐尖，无毛，具脉纹，果时宿存；花被紫红色、黄色、白色或杂色，高脚碟状，筒部长2~6cm，檐部直径2.5~3cm，5浅裂；花午后开放，有香气，次日午前凋萎；雄蕊5，花丝细长，常伸出花外，花药球形；花柱单生，线形，伸出花外，柱头头状。瘦果球形，革质，黑色，表面具皱纹；种子胚乳白粉质。花期6~10月，果期8~11月。露地栽培花卉，林芝、米林、朗县有逸生。

3. 山紫茉莉属 *Oxybaphus*

分种检索表

1. 雄蕊4；茎密生黏腺毛(昌都、八宿可能分布) …………………………………… **山紫茉莉 *O. himalaicus***
1. 雄蕊5；茎疏被腺毛至近无毛 ……………………………………… **中华山紫茉莉 *O. himalaicus* var. *chinensis***

二十、商陆科 Phytolaccaceae

1. 商陆属 *Phytolacca*

分种检索表

1. 花序粗壮，花多而密；果序直立；雄蕊8~10，心皮通常为8，分离或合生 ……………… **商陆 *P. acinosa***
1. 花序较纤细，花少而稀；果序下垂；雄蕊和心皮通常为10，合生(产于察隅) …… **垂序商陆 *P. americana***

二十一、番杏科 Aizoaceae

1. 龙须海棠属 *Mesembryanthemum*

露草(心叶日中花、牡丹吊兰) *M. cordifolium*

多年生常绿蔓性肉质草本。枝长20cm左右，叶对生，卵状心形，肉质肥厚、鲜亮青翠。枝条有棱角，伸长后呈半葡萄状。枝条顶端开花，花瓣多数，深玫瑰红色，中心淡黄，形似菊花，瓣狭小，具有光泽，自春至秋陆续开放。原产于非洲，林芝、拉萨有室内盆栽。

二十二、粟米草科 Molluginaceae

1. 粟米草属 *Mollugo*

粟米草 *M. stricta*

铺散一年生草本，高10~30cm。茎纤细，多分支，有棱角，无毛，老茎通常淡红褐色。叶3~5片假轮生或对生，叶片披针形或线状披针形，长1.54cm，宽27mm，顶端急尖或长渐尖，基部渐狭，全缘，中脉明显；叶柄短或近无柄。花极小，组成疏松聚伞花序，花序梗细长，顶生或与叶对生；花梗长1.5~6mm；花被片5，淡绿色，椭圆形或近圆形，长1.5~2mm，脉达花被片2/3，边缘膜质；雄蕊通常3，花丝基部稍宽；子房上位，宽椭圆形或近圆形，3室，花柱3，短，线形。蒴果近球形，与宿存花被等长，3瓣裂；种子多数，肾形，栗色，具多数颗粒状凸起。花期6~8月，果期8~10月。产于墨脱，生于海拔950~1100m的山坡草地中。

二十三、马齿苋科 Portulacaceae

1. 马齿苋属 *Portulaca*

马齿苋 *P. oleracea*

一年生草本。茎通常匍匐，肉质，无毛；茎带紫色。叶楔状长圆形或倒卵形，长1~2.5cm，宽0.5~1.5cm。花3~5朵生枝顶端，无梗，苞片4~5膜质；萼片2；花瓣5，黄色；子房半下位1室，柱头4~6裂。蒴果圆锥形，盖裂；种子多数，肾状卵形，黑色，有疣状凸起。产于西藏东南部，生于田间、地边、路旁等地。

二十四、落葵科 Basellaceae

1. 落葵属 *Basella*

落葵 *B. alba*

一年生缠绕草本。茎长可达数米，无毛，肉质，绿色或略带紫红色。叶片卵形或近圆形，肥厚而黏滑，顶端渐尖，基部微心形或圆形，下延成柄，全缘，背面叶脉微凸起。果实球形，直径5~6mm，红色至深红色或黑色，多汁液，外包宿存小苞片及花被。花期5~9月，果期7~10月。林芝、拉萨温室栽培绿叶类蔬菜之一。其叶片肥厚而黏滑，口感似木耳，且俗称“木耳菜”。

二十五、石竹科 Caryophyllaceae

分属检索表

1. 萼片离生，稀基部合生；花瓣近无爪，稀缺花瓣；雄蕊通常周位生，稀下位生。（繁缕亚科）
 2. 蒴果裂齿为花柱数的2倍。
  3. 花二型：顶生者为开花受精，通常花瓣大，不结实，下部腋生者闭花受精，缺花瓣，结实；植株有肉质根 ………… **孩儿参属 *pseudostellaria***
  3. 花同型，均为开花受精，均结实；植株通常无肉质根。
   4. 花柱5。
    5. 蒴果卵形，裂瓣深达中部，顶端2齿裂，裂齿外弯；花瓣深2裂达基部 ………… **鹅肠菜属 *Myosoton****
    5. 蒴果圆柱形或长圆形，裂齿等大；花瓣2裂达1/3或全缘 ………… **卷耳属 *Cerastium****
   4. 花柱2或3。
    6. 花柱3。
     7. 花瓣全缘，稀凹缺或具齿 ………… **无心菜属 *Arenaria***
     7. 花瓣深2裂，稀多裂(有时缺花瓣)。
      8. 蒴果卵形或圆球形；花瓣2深裂达中部或基部，稀缺花瓣 ………… **繁缕属 *Stellaria****
      8. 蒴果圆柱形或长圆形；花瓣分裂达1/3 ………… **卷耳属 *Cerastium****

6. 花柱 2；蒴果有多数种子。
9. 花瓣深 2 裂…………………………………………………………………………… **繁缕属 *Stellaria*** *
9. 花瓣全缘或缺 ………………………………………………………………………… **无心菜属 *Arenaria***
2. 蒴果裂齿与花柱同数；花柱 4~5；花瓣全缘，远比萼片短，稀缺花瓣 ……………… **漆姑草属 *Sagina*** *
1. 萼片合生；花瓣具明显爪；雄蕊下位生。(石竹亚科)
10. 花柱 3 或 5；花萼具连合纵脉。
11. 花柱 3；蒴果球形，浆果状，成熟后干燥，果皮薄壳质，不规则开裂 ……………… **蝇子草属 *Silene*** *
11. 蒴果不为球形，整齐 5、10 或 6 裂齿，裂齿长度远比萼筒短。
12. 蒴果室间开裂，5 齿；花柱 5，基部具隔膜，果期宿存(栽培花卉)…………………… **剪秋罗属 *Lychnis***
12. 蒴果室背开裂(也见室间开裂)，6 或 10 齿；花柱 3，不在果期宿存 ……………… **蝇子草属 *Silene*** *
10. 花柱 2 或 3；花萼无连合纵脉。
13. 花萼狭卵形，基部膨大，顶端窄，具 5 棱；蒴果不完全 4 室…………………………… **麦蓝菜属 *Vaccaria***
13. 花萼筒状或钟状，无棱；蒴果 1 室。
14. 花萼近革质，基部有苞片；花瓣齿裂或缝状；蒴果具多数盾形种子 ……………… **石竹属 *Dianthus*** *
14. 花萼基部无苞片；花瓣全缘；蒴果具 1 粒肾形种子 ……………………………… **金铁锁属 *Psammosilene***

1. 卷耳属 *Cerastium*

分 种 检 索 表

1. 花瓣与萼片等长或稍长。
2. 多年生草本，叶较厚，狭椭圆状长圆形至披针形；花梗密被腺毛；蒴果长为萼片的 2 倍(产于八宿)……
……………………………………………………………………………… **簇生泉卷耳 *C. fontanum* ssp. *vulgare***
2. 一年生草本；叶较薄，倒卵形或卵状长圆形；花梗被腺柔毛；蒴果长为萼片的 1.5 倍(产于亚东) ……
…………………………………………………………………………………………… **球序卷耳 *C. glomeratum***
1. 花瓣长为萼片的 1.5~2 倍。
3. 花瓣爪部与花丝多少具缘毛 …………………………………………………………… **缘毛卷耳 *C. furcatum***
3. 花瓣爪部与花丝不具缘毛。
4. 花少数，较密集，呈亚伞形聚伞花序；小花梗长 0.3~1.5cm …………………… **藏南卷耳 *C. thomsonii***
4. 花多数，成开展的聚伞花序；小花梗长 0.3~3cm。
5. 植株高 20~40cm；茎不分支；叶小，卵圆形，顶端钝圆；花瓣楔形，顶端 2 裂……………………
…………………………………………………… **大花泉卷耳(大花卷耳) *C. fontanum* ssp. *grandiflorum***
5. 植株高 40~60cm；茎自基部分支；叶大，卵形，顶端钝；花瓣倒卵形，2 裂至中部 …………………
………………………………………………………… **簇生泉卷耳(簇生卷耳) *C. fontanum* ssp. *vulgare***

2. 无心菜属 *Arenaria*

分 种 检 索 表

1. 多年生草本，密丛生或垫状；叶线形或钻形；花瓣全缘，稀微凹。
2. 茎密丛生，基部木质化或否；叶线形，具刺尖；萼片基部明显增厚 …………… **毛叶老牛筋 *A. capillaris***
2. 垫状草本；叶宿存，钻形或线形，边缘膜质；花柱 3。
3. 花单生，稀 2 朵。
4. 花具梗；花瓣白色或淡黄色。
5. 花梗无毛；茎高 10cm 以下。

6. 花梗长 2 ~ 4mm。
7. 花梗长约 4mm；萼片椭圆形，花瓣椭圆形，花药白色 ………………… **澜沧雪灵芝 *A. lancangensis***
7. 花梗长 2 ~ 4mm；萼片卵形，花瓣匙形，花药紫红色 …………………… **密生福禄草 *A. densissima***
6. 花梗长 1 ~ 2mm。
8. 叶钻形或卵状钻形；萼片卵形，花瓣匙形 ……………………………… **垫状雪灵芝 *A. pulvinata***
8. 叶窄线状钻形；萼片近圆形，花瓣狭倒卵状匙形 ……………………… **山生福禄草 *A. oreophila***
5. 花梗被柔毛、腺柔毛或腺毛；茎高 10 ~ 15cm ……………………………… **大花福禄草 *A. smithiana***
4. 花无梗；萼片淡紫色，花瓣粉红色，狭长圆形 ………………………… **粉花雪灵芝 *A. shannanensis***
3. 花 1 至数朵，呈聚伞花序 ……………………………………………………… **狐茅状雪灵芝 *A. festucoides***
1. 一、二年生草本或多年生草本，茎直立或铺散；叶较宽，长椭圆形、卵形；花瓣全缘或端齿裂至缝裂。
9. 花柱 2；花瓣顶端内凹或有缺裂；多年生草本。
10. 茎被硬毛；花瓣顶端细齿裂 ………………………………………………… **玉龙山无心菜 *A. fridericae***
10. 茎被硬毛、腺柔毛或腺毛；花瓣顶端缝裂、条裂或细齿裂。
11. 花药紫色或黄褐色 ……………………………………………………………… **髯毛无心菜 *A. barbata***
11. 花药黄色……………………………………………………………………… **缝瓣无心菜 *A. fimbriata***
9. 花柱 3；花瓣全缘或有缺裂；一、二年生草本。
12. 茎高 10 ~ 30cm；花萼外面被柔毛，花瓣顶端全缘……………………… **无心菜 *A. serpyllifolia***
12. 茎高 5 ~ 15cm；花萼外面被腺柔毛，花瓣顶端有缺裂 ………………… **滇藏无心菜 *A. napuligera***

3. 繁缕属 *Stellaria*

分 种 检 索 表

1. 亚攀缘状偃俯草本；雄蕊 5；子房 3 室；种子 1 ~ 2 枚；茎叶全部被短柔毛，叶两面粗糙 ……………………
……………………………………………………………………………… **锥花繁缕 *S. monosperma* var. *paniculata***
1. 直立或铺散草本；子房 1 室；种子几枚或多数，稀 1 枚。
2. 花柱 2 ~ 3；萼片干膜质；种子 1 枚；花极小，仅 1 ~ 2mm（产于错那） …………… **卵叶繁缕 *S. ovatifolia***
2. 花柱 3，稀 4；萼片革质；种子多数，稀 1 枚。
3. 萼片分离至基部；叶卵圆形或圆形 ……………………………………………………… **繁缕 *S. media***
3. 萼片在基部多少合生。
4. 稀疏簇生草本；花丝线形或钻形，在基部不突然膨大。
5. 茎无毛；叶线形或窄披针形，仅基部具缘毛 ……………………………… **禾叶繁缕 *S. graminea***
5. 茎多少被毛。
6. 叶无毛；矮小草本；叶长 5 ~ 11mm；茎全部被倒向短腺柔毛 …………… **米林繁缕 *S. mainlingensis***
6. 叶被毛。
7. 叶下面密被白色绵毛 ……………………………………………………………… **绵毛繁缕 *S. lanata***
7. 叶两面被丝状绵毛、柔毛或星状毛。
8. 叶两面被星状毛 ……………………………………………………………………… **箐姑草 *S. vestita***
8. 叶两面被丝状绵毛或柔毛。
9. 叶两面被丝状绵毛，萼片也密被白色丝状绵毛 ……………………………… **白毛繁缕 *S. patens***
9. 叶两面被柔毛，萼片无毛 ………………………………… **千针万线草（云南繁缕）*S. yunnanensis***
4. 密簇生草本；花丝基部膨大；叶片具缘毛。
10. 植株紧密呈垫状；茎无毛；叶片卵状披针形；花单生，花瓣 4 或 5，雄蕊 8 或 10 ……………………
…………………………………………………………………… **垫状偃卧繁缕 *S. decumbens* var. *pulvinata***

10. 茎纤细，被腺柔毛；叶片线状钻形；花瓣缺，雄蕊 5 …… **错那繁缕 *S. decumbens* var. *arenarioides***

4. 漆姑草属 *Sagina*

分种检索表

1. 多年生草本，植株无毛 …………………………………………………………… **无毛漆姑草 *S. saginoides***
1. 一、二年生草本，植株上部被柔毛 ……………………………………………………… **漆姑草 *S. japonica***

5. 蝇子草属 *Silene*

分种检索表

1. 花萼圆锥形，具 30 条平行脉，脉微凸，绿色；萼齿锥形，长为花萼 1/2 或更长 …… **麦瓶草 *S. conoidea***
1. 花萼非圆锥形，具 10 条平行脉，有时微网结状；萼齿短小，卵形或三角形，稀披针形。
2. 蒴果浆果状，成熟时薄壳质，黑色，具光泽，不规则开裂……………………………… **狗筋蔓 *S. baccifer***
2. 蒴果，齿裂。
3. 基生叶不呈莲座状，花期枯萎，茎生叶发达，通常叶腋生不育短枝；花萼草质(稀近革质)，紧贴果实；花瓣白色，顶端带红色，2 裂深达瓣片的 1/2 或更深 …………………………… **藏蝇子草 *S. subcretacea***
3. 基生叶莲座状，茎生叶少数，叶腋无不育短枝；花萼膜质或草质，不紧贴果实；花瓣紫色或红色。
4. 花多数组成花序；种子肾形，脊具小瘤……………………………………………… **尼泊尔蝇子草 *S. nepalensis***
4. 花单生或 2 ~ 3 朵；种子脊具翅或棘凸。
5. 花萼狭钟形，纵脉端不连接；花瓣微露出花萼；种子压扁，脊具翅 …… **隐瓣蝇子草 *S. gonosperma***
5. 花萼常膨大呈囊状；花瓣明显露出或微露出花萼；种子具翅或小瘤。
6. 花瓣浅 2 裂；副花冠裂片先端具圆齿；基生叶花期不枯萎…………………… **变黑蝇子草 *S. nigrescens***
6. 花瓣深 2 裂；副花冠裂片先端啮蚀状；基生叶花期枯萎 ………………………… **林芝蝇子草 *S. wardii***

6. 麦蓝菜属 *Vaccaria*

麦蓝菜 *V. hispanica*

一、二年生草本；高 20 ~ 60cm，无毛。根圆锥形，粗壮。茎上部分支。叶椭圆形或卵状披针形，长 2 ~ 6cm，宽 1 ~ 2cm，顶端尖，基部圆形或心形；无柄，抱茎。花多数，成圆锥状聚伞花序，花瓣 5；粉红色；雄蕊 10；子房长圆形，花柱 2。蒴果短于萼，顶端 4 裂，种子多数，暗黑色，球形，具瘤状凸起。产于米林、林芝、波密等地，为海拔 3000 ~ 3200m 一带田间的常见杂草。

7. 石竹属 *Dianthus*

分种检索表

1. 花簇生成头状，花梗极短或几无梗；苞片与花萼等长或稍长(栽培或逸生) ……… **须苞石竹 *D. barhatus***
1. 花单生或数花成疏聚伞花序，花梗长。
2. 花瓣缝状深裂成狭条或细丝；花小，粉红色(产于札达) ……………………… **缝裂石竹 *D. orientalis***
2. 花瓣顶缘浅裂成不规则牙齿；花大，多种颜色(栽培)。
3. 花瓣有髯毛；蒴果圆筒形；植株较低矮；叶长 3 ~ 5cm ……………………………… **石竹 *D. chinensis***
3. 花瓣无髯毛；蒴果卵球形；植株较高大；叶长 4 ~ 14cm ………………………… **香石竹 *D. caryophyllus***

8. 金铁锁属 *Psammosilene*

金铁锁 *P. tunicoides*

茎披散平卧或斜上升，高 15～25cm，黄色或紫色，被腺毛。叶卵形，稍肉质，长 0.7～2cm，宽 0.5～1.5cm，顶端钝，基部圆形，全缘，中脉隆起，无毛，仅下面沿中脉被短柔毛，无柄或具极短的柄。花多数，二歧聚伞花序；苞片卵状披针形；花梗细，长 2～5mm，被腺柔毛，萼棒状，上部膨大，具突出的 15 条脉，被腺毛，萼齿 5，三角形，具膜质边缘；花瓣 5，紫红色，倒披针形，雄蕊 5。产于林芝，生于海拔 3040～3100m 的山坡砾石地和草地上。

二十六、睡莲科 Nymphaeaceae

1. 睡莲属 *Nymphaea*

分 种 检 索 表

1. 叶近圆形，直径 10～25cm；花白色，直径 10～20cm；萼片脱落或腐烂(栽培)…………… **白睡莲 *N. alba***
1. 叶近卵形，长 5～12cm；花白色，直径 3～5cm；萼片宿存 ………………………………… **睡莲 *N. tetragona***

二十七、金鱼藻科 Ceratophyllaceae

1. 金鱼藻属 *Ceratophyllum*

金鱼藻 *C. demersum*

沉水草本，多分支，长可达 3m。茎大都为红色，节间长 1～3cm。叶每轮 7～12 枚，暗绿色，长 1～4cm，上表面基部沿中肋增厚。花被片 9～12，线形，绿白色，透明，具褐色短线纹；雄蕊 8 或更多。果实成熟后黑褐色。花期 4～7 月。产于西藏南部和东南部大部分地区，生于水环境中。

二十八、领春木科 Eupteleaceae

1. 领春木属 *Euptelea*

领春木 *E. pleiosperma*

落叶灌木或小乔木。小枝紫黑色或灰色。叶纸质，卵形或近圆形，长 5～14cm，宽 3～9cm，顶端长尾尖，长 1～1.5cm，边缘有锯齿，近基部全缘，侧脉 6～11 对；叶柄长 2～5cm。花丛生，花梗长 3～5mm；苞片早落；雄蕊 6～14，长 8～15mm；花药显著，红色，长于花丝。翅果长 5～10mm，棕色，有 1～3 粒种子。果期 8 月。产于波密(通麦)、察隅，生于海拔 2100m 的河谷杂木林中。

二十九、芍药科 Paeoniaceae

1. 芍药属 *Paeonia*

分 种 检 索 表

1. 灌木或亚灌木；花盘发达，革质或肉质，包裹心皮 1/3 以上。

2. 花枝着生1花，顶生，直立；花盘革质，完全包裹心皮；心皮5(7)(栽培) ……… 牡丹 *P. suffruticosa*
2. 花枝着生2或3花，顶生或腋生，多少下垂；花盘肉质，仅包裹心皮1/3。
3. 心皮1~2；托叶三角形；花黄色 ……… 大花黄牡丹 *P. ludlowii*
3. 心皮2(3)~5；托叶长披针形。
4. 花紫色、红色(产于扎囊) ……… 滇牡丹 *P. delavayi*
4. 花黄色，有时基部紫红色或边缘紫红色 ……… 黄牡丹 *P. delavayi* var. *lutea*
1. 多年生草本；花盘不发达，肉质，仅包裹心皮基部。
5. 基部叶的裂片或小叶达20以上，部分全缘；裂片或小叶宽达2cm。
6. 花枝常顶生3花；心皮1(2)，被淡黄色柔毛；花白色，单瓣(产于吉隆) ……… 多花芍药 *P. emodi*
6. 花枝顶生或腋生数花，稀1朵；心皮2~5；无毛；花色多种，常重瓣(栽培) ……… 芍药 *P. lactiflora*
5. 基部叶的裂片或小叶不足20，几全裂；裂片或小叶宽不足2cm。
7. 花枝花常顶生1花，白色；心皮无毛；果实成熟时果皮反卷(产于波密) ……… 白花芍药 *P. sterniana*
7. 花枝顶生或腋生数花，稀1朵，红色；心皮密生黄色茸毛(产于江达) ……… 川赤芍 *P. anomala* var. *veitchii*

三十、毛茛科 Ranunculaceae

分属检索表

1. 子房有数个或多数胚珠；蓇葖果(类叶升麻属为浆果)。
2. 花辐射对称；花梗无小苞片。
3. 叶为单叶。
4. 叶不分裂；花瓣不存在，花单或数朵组成聚伞花序；萼片花瓣状，黄色 ……… 驴蹄草属 *Caltha**
4. 叶掌状分裂；花瓣存在。
5. 花较大，萼片黄色；心皮无柄；叶基生或同时茎生，掌状深裂至全裂 ……… 金莲花属 *Trolius*
5. 花小，萼片黄绿色；心皮有细柄；叶基生，掌状全裂 ……… 黄连属 *Coptis*
3. 叶为2至数回复叶。
6. 花序总状；萼片白色或带黄绿色。
7. 基生叶正常发育，为2至数回复叶；复总状花序，退化雄蕊存在……… 升麻属 *Cimicifuga**
7. 基生叶鞘状，简单总状花序，花瓣存在，小。
8. 花较大，萼片长8~11mm；心皮1~3；蓇葖果 ……… 黄三七属 *Soulies*
8. 花较小，萼片长约4mm；心皮1；浆果……… 类叶升麻属 *Actaea*
6. 花序伞房状，花有长距，萼片蓝紫色；叶基生并茎生；退化雄蕊存在 ……… 耧斗菜属 *Aquilegia*
2. 花两侧对称，上萼片盔形或有距；总状花序，花梗有2小苞片；单叶，掌状深裂或全裂；花瓣2。
9. 上萼片船形、盔形，无距；花瓣有长爪；退化雄蕊常无；心皮3~5(13) ……… 乌头属 *Aconitum**
9. 上萼片有距；花瓣无爪，有距。
10. 花瓣离生；退化雄蕊2，心皮3~5(10)，多年生草本 ……… 翠雀属 *Delphinium**
10. 花瓣合生；无退化雄蕊；心皮1，一年生草本 ……… 飞燕草属 *Consolida*
1. 子房有1个胚珠；瘦果。
11. 叶脉两叉状分支；萼片2~3；雄蕊1~2(3) ……… 星叶草属 *Circaeaster*
11. 叶脉网状，非两叉状分支；萼片4或更多；雄蕊10或更多。
12. 花瓣不存在；萼片通常花瓣状。
13. 总苞不存在。
14. 瘦果两侧均有约3条纵肋，无羽毛状宿存花柱；叶互生，为2至数回三出或羽状复叶 ……… 唐松草属 *Thalictrum**

14. 瘦果两侧平，无纵肋，有伸长的羽毛状宿存花柱；单叶或复叶，对生 ………… **铁线莲属 *Clematis*** *
13. 总苞存在；宿存花柱不伸长呈羽毛状；叶均基生，单叶，稀为三出复叶 ……… **银莲花属 *Anemone*** *
12. 花瓣存在，黄色或白色；萼片通常比花瓣小，淡绿色。
15. 花瓣无蜜腺；单叶掌状全裂，裂片细裂 ………………………………………… **侧金盏花属 *Adonis***
15. 花瓣基部以上有蜜腺；单叶或三出复叶。
16. 瘦果有纵肋，花瓣黄色。
17. 无匍匐茎；萼片宿存，稀脱落；花瓣 10～15；瘦果每侧 1 条纵肋 ……………… **鸦跖花属 *Oxygraphis***
17. 有匍匐茎；萼片脱落；花瓣 5～10；瘦果每侧 2～3 具分支的纵肋 ………… **碱毛茛属 *Halerpestes*** *
16. 瘦果两侧平滑或横皱折。
18. 瘦果平滑；通常为陆生草本；花瓣黄色或带紫色 ……………………………… **毛茛属 *Ranunculus*** *
18. 瘦果有横皱折；水生草本；花瓣白色或黄色 ……………………………………… **水毛茛属 *Batrachium***

1. 驴蹄草属 *Caltha*

分 种 检 索 表

1. 叶基生并茎生，宽 4～7cm，边缘有密牙齿；花序通常有 3～5 朵或更多花；植株 20～35cm 或更高；萼片黄色，心皮无柄。
2. 花柱长约 1mm ……………………………………………………………………………… **驴蹄草 *C. palustris***
2. 花柱长 2～3mm ……………………………………………………………… **长柱驴蹄草 *C. palustris* var. *himalaica***
1. 叶全部基生或近全部基生，宽在 3.5cm 以下，花 1(2)朵生茎顶端，株高 15cm 以下。
3. 叶边缘有圆齿；心皮无柄；花 1 朵生于茎顶端；萼片黄色或红色…………… **细茎驴蹄草 *C. sinogracilis***
3. 叶全缘或边缘波状；心皮有柄；花 1～(2)朵生茎顶端，萼片黄色 ……………… **花莛驴蹄草 *C. scaposa***

2. 金莲花属 *Trolius*

分 种 检 索 表

1. 叶掌状深裂；花 2 朵形成单歧聚伞花序；萼片 5 ……………………………… **云南金莲花 *T. yunnanensis***
1. 叶掌状全裂，花单生茎顶。
2. 萼片 5～(8)，宽倒卵形，宿存………………………………………………… **毛茛状金莲花 *T. ranunculoides***
2. 萼片 5，狭椭圆形，脱落 ……………………………………………………………… **小花金莲花 *T. micranthus***

3. 黄连属 *Coptis*

云南黄连 *C. teeta*

根状茎横走，粗 3～7mm，密生须根。基生叶长 10～25cm，具长柄；叶片草质，3 全裂，全裂片有柄，中央全裂片菱状狭卵形，长达 11cm，长渐尖，羽状深裂，裂片边缘缺刻状，有尖锐的小锯齿，表面沿中脉有短伏毛，网脉明显，侧全裂片较短，长达 6cm，不等 2 深裂至基部；叶柄长 7～20cm，无毛。花小，淡黄绿色。产于察隅、墨脱、吉隆等地，生于山地林下。根状茎含小檗碱。

4. 升麻属 *Cimicifuga*

分 种 检 索 表

1. 退化雄蕊顶端 2 浅裂 ……………………………………………………………………… **升麻 *C. foetida***

1. 退化雄蕊 2 裂至中部………………………………………………………………… **两裂升麻 *C. foetida* var. *bifida***

5. 黄三七属 *Soulies*

黄三七 *S. vaginata*

根状茎粗壮，横走，分支，下面疏生纤维状的根。茎高 25 ~ 75cm，无毛或近无毛，在基部生 2 ~ 4 片膜质的宽鞘，在鞘之上约生 2 枚叶。叶 2 ~ 3 回三出全裂，边缘具不等的锯齿，无毛；叶片长达 24cm；叶柄长 5 ~ 34cm。总状花序有花 4 ~ 6；苞片卵形，膜质；花先叶开放，直径 1. 2 ~ 1. 4cm；萼片长 8 ~ 11mm，具 3 脉；花瓣具多条脉。蓇葖果 1 ~ 2(3)。5 ~ 6 月开花，7 ~ 9 月结果。产于林芝、米林、波密、工布江达等地，生于海拔 3500 ~ 3900m 的冷杉、云杉林下。

6. 类叶升麻属 *Actaea*

类叶升麻 *A. asiatica*

多年生草本。茎高约 60cm，不分支，茎顶部疏被短柔毛，其他部分近无毛或无毛。叶为 3 回三出复叶，长达 40cm；小叶革质。总状花序，花小，萼片 4，白色，花瓣状；雄蕊多数，心皮 1。浆果深紫色。产于察隅、易贡、林芝、米林，生于海拔 2200 ~ 3500m 的林下、溪边。

7. 耧斗菜属 *Aquilegia*

分 种 检 索 表

1. 花较小；花瓣无距或囊状，距长 1 ~ 1. 5mm，萼片紫红色 ……………………… **无距耧斗菜 *A. ecalcarata***
1. 花较大，萼片长 1. 4 ~ 2cm；花瓣有明显的距，距长 1 ~ 2cm。
  2. 茎及叶柄疏被短柔毛，叶长达 25cm；萼片紫红色，宽披针形；花药黑色 ………… **直距耧斗菜 *A. rockii***
  2. 茎及叶柄密被短柔毛，叶长达 11cm；萼片粉红色，卵形；花药黄色……… **腺毛耧斗菜 *A. moorcroftiana***

8. 乌头属 *Aconitum*

分 种 检 索 表

1. 茎缠绕；根由 2 块根组成；叶片掌状 5 深裂近基部；上萼片盔形；爪顶端膝曲 …… **长裂乌头 *A. longilobum***
1. 茎直立。
  2. 根为 1 年生直根；萼片有爪，雄蕊露出；花瓣的唇扇形；叶片掌状全裂 …… **露蕊乌头 *A. gymnandrum***
  2. 根为多年生直根或由 2 至数个块根组成；萼片无爪或有不明显的短爪，在花外看不见雄蕊，萼片蓝紫色。
    3. 根为多年生直根，喙长，平展或斜生；上萼片高盔形或筒形。
      4. 植株高约 80cm；花序长约 30cm；基生叶 5 全裂 ………………………………… **展喙乌头 *A. novoluridum***
      4. 植株高约 60cm；茎生叶等距排列，基生叶掌状 3 深裂至中部 ……………………………………………………………………………………………… **等叶花葶乌头 *A. scaposum* var. *hupehanum***
    3. 根由 2 至多个块根组成；萼片无爪或爪极短，在花外面看不到雄蕊；上萼片盔形、船形、镰刀形。
      5. 基生叶存在或茎最下部叶在开花时仍存在；花序有开展的毛，花蓝紫色或红紫色。
        6. 距向后弯曲，花序伞房状，花 1 ~ 3 朵，基生叶 3 全裂，上萼片船形盔状 ……………………………………………………………………………………… **美丽毛瓣乌头 *A. pulchellum* var. *hisidum***
        6. 距向前弯曲，基部叶 3 深裂；上萼片船形 ……………………………… **叉苞乌头 *A. creagromorphum***
      5. 基生叶不存在，或茎下部叶在开花时枯萎；花组成各式花序。
        7. 叶 3 深裂至基部 1cm 处；萼片蓝色或暗红色，上萼片船形 ……………… **短唇乌头 *A. brevilimbum***

7. 叶多数掌状3全裂，花多数，末回裂片线形或狭披针形。
8. 萼片白绿色，花序长达40cm，上萼片船状盔形或高盔形，有短爪，喙较大，长约5mm。
9. 茎，有时花序被开展的短柔毛 ························ **展毛工布乌头 *A. kongboense* var. *villosum***
9. 茎与花序被反曲的短柔毛 ·· **工布乌头 *A. kongboense***
8. 萼片紫色、深蓝色，但不为白绿色。
10. 花瓣外露；上萼片镰刀形，花序稀疏，萼片、花瓣、心皮均无毛 ······ **露瓣乌头 *A. prominens***
10. 花瓣内藏；萼片紫色或蓝紫色。
11. 花序长达35cm；上萼片高盔形；小苞片宽卵形或圆形 ·············· **宽苞乌头 *A. bracteolatum***
11. 花序长达60cm；上萼片船形；小苞片线形 ···················· **直序乌头 *A. richardsonianum***

9. 翠雀属 *Delphinium*

分 种 检 索 表

1. 叶掌状深裂；心皮3。
2. 退化雄蕊蓝色；花序总状，小苞片生花梗中部或稍上处，与花分离。
3. 小苞片狭披形或披针形，宽1.2~1.7mm；株高50~110cm ···················· **拉萨翠雀花 *D. gyalanum***
3. 小苞片狭线形，宽在0.5mm以下。
4. 复总状花序长达40cm，有多数花，只有黄色腺毛；萼距比萼片长；植株高1m以上 ····················· ··· **米林翠雀花 *D. sherriffii***
4. 顶生总状花序有6花，有黄色腺毛或和白色短伏毛；萼距比萼片短；植株高不及1m ···················· ··· **长梗翠雀花 *D. longipedicellatum***
2. 退化雄蕊褐色或黑褐色；花序伞房状，有少数花，或只有1花。
5. 子房只有腹缝线有毛；花1~2朵顶生，距钻形，萼片长约2cm ··················· **堆纳翠雀花 *D. wardii***
5. 子房密被柔毛。
6. 植株被毛开展，有黄色腺毛，萼片长2.5~3.5cm，距圆锥形或圆筒形，长1.5~2.4cm ··············· ·· **黄毛翠雀花 *D. chrysotrichum***
6. 植株被毛紧贴，无黄色腺毛，萼片长3.5~4cm，距囊形成圆锥形，长1.3~2.5cm ···················· ·· **察瓦龙翠雀花 *D. chrysotrichum* var. *tsarongense***
1. 叶掌状全裂；心皮3或5。
7. 退化雄蕊蓝色。
8. 心皮5；花单生茎或分支顶端，退化雄蕊不分裂；全裂片浅裂，小裂片狭卵形；植株高约10cm ········ ·· **粗裂宽距翠雀花 *D. beesianum* var. *latisectum***
8. 心皮3；顶生总状花序狭长，通常有10数花。
9. 小苞片与花紧邻，狭披针形；退化雄蕊2浅裂；叶宽达11cm ················· **澜沧翠雀花 *D. thibeticum***
9. 小苞片与花分开，钻形；退化雄蕊微凹；叶宽6cm ······ **展毛翠雀花 *D. kamaonense* var. *glabrescens***
7. 退化雄蕊褐色或黑褐色；心皮3；伞房花序有数朵花；小苞片线形或披针形。
10. 下萼片倒卵形或宽倒卵形，先端圆钝 ·································· **宽萼翠雀花 *D. pseudopulcherrimum***
10. 下萼片卵形，先端变狭 ·· **三果大通翠雀花 *D. pylzowii* var. *trigynum***

10. 飞燕草属 *Consolida*

飞燕草 *C. rugulosa*

茎高约达60cm，与花序均被多少弯曲的短柔毛，中部以上分支。茎下部叶有长柄，开花时多枯萎，中部以上叶具短柄；叶片长达3cm，掌状细裂，有短柔毛。花序生茎或分支顶端；

下部苞片叶状，上部苞片小，线形；小苞片生花梗中部附近，小，条形；萼片紫色、粉红色或白色，宽卵形，长约1.2cm，外面中央疏被短柔毛，距钻形，长约1.6cm；花瓣的瓣片3裂，中裂片长约5mm，先端浅2裂，侧裂片与中裂片成直角展出，卵形。蓇葖果直立，密被短柔毛，网脉稍隆起。西藏习见栽培花卉。

11. 星叶草属 *Circaeaster*

星叶草 *C. agrestis*

一年生小草本，高3～10cm。宿存的2子叶和叶簇生；叶菱状倒卵形、匙形或楔形，长0.35～2.3cm，宽1～11mm，基部渐狭，边缘上部有小牙齿，齿顶端有刺状短尖，无毛，背面粉绿色。花小，萼片2～3，狭卵形，长约0.5mm，无毛；雄蕊1～2(3)；心皮1～3，比雄蕊稍长，无毛，子房长圆形，花柱不存在，柱头近椭圆球形。瘦果狭长圆形或近纺锤形，长2.5～3.8mm，有密或疏的钩状毛，偶尔无毛。4～6月开花。产于波密、察隅、林芝、工布江达、朗县，生于海拔3400～4000m的山地石下、林缘或林中。

12. 唐松草属 *Thalictrum*

分种检索表

1. 植株有毛。
 2. 萼片紫色，长9～15mm；总状花序；小叶脉明显。
  3. 小叶长1～2.5cm，宽1.5～3cm，花序上的毛长约0.1mm ······················ **美丽唐松草 *T. reniforme***
  3. 小叶长0.4～1.2cm，宽0.3～1cm，花序上的毛长约0.05mm ·············· **堇花唐松草 *T. diffusiflorum***
 2. 萼片淡黄绿色或白色，长5mm以下；花序稀疏不等，近叉状分支；小叶脉不明显。
  4. 叶鞘有宽2.5～5mm的褐色膜质翅；花两性或单性 ································ **鞭柱唐松草 *T. smithii***
  4. 叶鞘有不明显窄翅或无翅。
   5. 柱头不明显，花柱钩状变曲 ·· **小喙唐松草 *T. rostellatum***
   5. 柱头明显，花柱直，不钩状弯曲。
    6. 柱头较长，狭线形；瘦果扁平，近新月形，8条纵肋明显隆起，细而锐 ······ **丽江唐松草 *T. wangii***
    6. 柱头较短，椭圆形；瘦果斜椭圆球形，稍两侧扁，纵肋不明显隆起，粗而钝 ·· **察瓦龙唐松草 *T. tsawarungense***
1. 植株无毛。
 7. 叶全部基生；总状花序；低矮小草本；花丝丝状，柱头正三角形。
  8. 花梗向下弧状弯曲；心皮无柄 ·· **高山唐松草 *T. alpinum***
  8. 花梗向斜上方直展 ·· **直梗高山唐松草 *T. alpinum* var. *elatum***
 7. 叶基生并茎生；复单歧伞花序；植株通常高30cm以上。
  9. 花柱长，钩状弯曲，柱头不明显。
   10. 花序多少叉状分支，近伞房状；花丝倒披针形；心皮8～10 ··················· **爪哇唐松草 *T. javanicum***
   10. 复单歧聚伞花序狭长；外形似总状花序。
    11. 花药椭圆形，花丝上部棒状；花柱向背面弯曲；瘦果扁椭圆球形 ················ **狭序唐松草 *T. atriplex***
    11. 花药狭矩圆形，花丝上部狭线形；花柱向腹面弯曲；瘦果扁平，近新月形 ·· **钩柱唐松草 *T. uncatum***
  9. 花柱不呈钩状弯曲，柱头明显。
   12. 萼片紫色或堇色；花丝近丝形；茎无珠芽 ·· **偏翅唐松草 *T. delavayi***
   12. 萼片淡黄色或白色。
    13. 花丝倒披针形；小叶长2～6cm ·· **贝加尔唐松草 *T. baicalense***

13. 花丝丝形或狭线形。
14. 小叶较小，长在8mm以下；瘦果扁平，花序圆锥形 ………………………… **小叶唐松草 *T. elegans***
14. 小叶草质，长3～8mm；瘦果椭圆球形，总状花序……………………… **芸香叶唐松草 *T. rutifolium***

13. 铁线莲属 *Clematis*

分 种 检 索 表

1. 雄蕊有毛；萼片直立或斜展，花萼管状或钟状。
2. 花丝密被柔毛。
3. 单叶；常绿 ……………………………………………………………………… **俞氏铁线莲 *C. yui***
3. 复叶；落叶。
4. 单花腋生；2～3回羽状复叶；萼片淡紫红色至紫褐色 ……………… **西南铁线莲 *C. pseudopogonandra***
4. 聚伞花序；单回羽状复叶；萼片淡黄色或淡黄绿色。
5. 叶柄基部扁平增宽，合生，无毛 …………………………………………… **合柄铁线莲 *C. connata***
5. 叶柄基部粗壮，不扁平增宽，被柔毛。
6. 茎圆柱形，被黄色柔毛；小叶长5～10cm；萼片长2～3cm ……………… **黄毛铁线莲 *C. grewiiflora***
6. 茎有六棱，微有柔毛；小叶长4～6cm；萼片长1.5cm ………………… **长花铁线莲 *C. rehderiana***
2. 花丝微被柔毛；萼片黄色、橙黄色、黄褐色至褐紫色。
7. 萼片纸质，先端尾状渐尖 ……………………………………… **中印铁线莲(西藏铁线莲) *C. tibetana***
7. 萼片革质，先端锐尖。
8. 小叶顶裂片披针形至长卵形 …………………………… **厚萼中印铁线莲 *C. tibetana* var. *vernayi***
8. 小叶顶裂片披针状线形至线形 ……………………… **狭裂中印铁线莲 *C. tibetana* var. *lineariloba***
1. 雄蕊无毛；萼片开展，花萼辐射状。
9. 花1～6朵与叶簇生。
10. 羽状复叶，小叶3～5片；小叶长0.5～4cm，宽0.3～2cm ………………… **薄叶铁线莲 *C. gracilifolia***
10. 三出复叶；小叶长2～9cm，宽1～5cm。
11. 子房与瘦果无毛。
12. 花直径3～5cm；萼片长1.5～2.5cm，宽0.8～1.5cm ……………………………… **绣球藤 *C. montana***
12. 花直径5～11cm；萼片长2.5～5.5cm，宽1.5～3.5cm ……… **大花绣球藤 *C. montana* var. *longipes***
11. 子房与瘦果密生伏贴柔毛 ……………………………… **毛果绣球藤 *C. montana* var. *glabrescens***
9. 花或花序腋生或顶生。
13. 单叶；萼片黄色；药隔顶端凸起长于花药一倍 ……………………… **墨脱铁线莲 *C. metuoensis***
13. 复叶；萼片白色或带淡黄色；药隔顶端不凸起。
14. 常绿；萼片长圆形或长椭圆形，长1～2.5cm ……………………………………… **小木通 *C. armandii***
14. 落叶；萼片狭倒卵形，长0.8～1cm ………………………………………… **短尾铁线莲 *C. brevicaudata***

14. 银莲花属 *Anemone*

分 种 检 索 表

1. 苞片有柄；萼片白色；花丝丝形。
2. 叶掌状浅裂，背面有白色茸毛；心皮约400，有密腺毛；植株高达100cm ……… **野棉花 *A. vitifolia***
2. 叶3全裂，背面顶端有密柔毛；心皮30～60，无毛；植株高15～65cm ……… **草玉梅 *A. rivularis***
1. 苞片无柄。

3. 叶常掌状3深裂或浅裂，或不分裂。
4. 叶心状五角形，3深裂几达基部，单歧聚伞花序，花2朵，白色 ……………… **西藏银莲花 *A. tibetica***
4. 叶披针形，不分裂，顶端有3锯齿；单花，白色、蓝色或黄色 ………………………………………………………………………………………… **条叶银莲花 *A. coelestina* var. *linearis***
3. 叶常掌状全裂。
5. 苞片2；基生叶3~4，具长柄，叶片心状五角形；花莛高6~20(30)cm，花1(2)朵，白色，心皮90~120，子房密被绵毛；聚合果下垂 …………………………………………………… **岩生银莲花 *A. rupicola***
5. 苞片3或更多，基生叶多数；心皮30以下。
6. 植株矮小，高10cm左右；叶较小，长2cm左右。
7. 叶片椭圆状长卵形，叶缘及背面密被长柔毛；萼片6~9 ………………… **叠裂银莲花 *A. imbricata***
7. 叶片心状宽卵形，多少密被柔毛；萼片5(8) ……………………………… **卵叶银莲花 *A. begoniifolia***
6. 植株较高，高于20cm；叶长达4cm；萼片5~6，蓝紫色，稀白色 ………… **展毛银莲花 *A. demissa***

15. 侧金盏花属 *Adonis*

短柱侧金盏花 *A. davidii*

多年生草本植物。植株高30~50cm，多数下部分支，丛径50~80cm。茎下部叶片有长柄。叶片五角形或三角形，长达10cm，3全裂，全裂片有柄，二回羽状全裂或深裂，裂片边缘有深锯齿；叶柄长达7cm。花直径2.5~4cm，常单朵着生小枝枝头；萼片5~8；花瓣7~10，白色；雄蕊与萼片近等长。花期5~6月。产于林芝、波密等地，生于海拔2900~3500m的灌丛、云杉林中。

16. 鸦跖花属 *Oxygraphis*

脱萼鸦跖花 *O. delavayi*

植株高5~15cm，无毛。基生叶多数，肾圆形、圆形至卵圆形，长为0.8~2cm，宽0.9~2.5cm，边缘有钝圆齿，基部心形，无毛；叶柄长2~5cm。花莛1~3条，上部有细曲柔毛，顶生1花或具分支而有2~3花；花直径1~2cm，萼片6~8，窄长圆形，长5~8mm，果期脱落。瘦果，果喙长约0.5mm。产于波密、林芝，生于海拔3600~4000m的高山草甸或岩石坡上。

17. 碱毛茛属 *Halerpestes*

分 种 检 索 表

1. 聚合果椭圆形，瘦果极多，喙短，呈点状；叶片近圆心形，纸质……… **碱毛茛(水葫芦苗) *H. sarmentosa***
1. 聚合果近球形，瘦果少，喙长0.5mm；叶片菱状楔形至宽卵形，厚纸质 …………… **三裂毛茛 *H. tricuspis***

18. 毛茛属 *Ranunculus*

分 种 检 索 表

1. 基生叶具不分裂或浅裂的单叶，有明显的柄(铺散毛茛有时具单叶)。
2. 叶片无毛。
3. 花瓣等长或稍长于萼片 ……………………………………… **长茎毛茛 *R. nephelogenes* var. *longicaulis***
3. 花瓣显著长于萼片，可达2倍 ……………………………………………………… **云生毛茛 *R. nephelogenes***
2. 叶片被毛。
4. 基生叶边缘密被伏贴短睫毛，下面无毛；茎生叶不分裂 ……………………… **睫毛毛茛 *R. densiciliatus***

4. 基生叶边缘无短睫毛，下面有柔毛；茎生叶3裂 …………… **柔毛茛 *R. membranaceus* var. *pubescens***
1. 基生叶为三出复叶，或掌状深裂或全裂。
5. 基生叶为三出复叶。
6. 瘦果两侧面多少鼓起，无边缘或翅；花瓣蜜槽无鳞片。
7. 须根在基部加粗，向下突然变细；花瓣椭圆状倒卵形，雄蕊7～14 ……… **米林毛茛 *R. mainlingensis***
7. 须根基部不加粗，向下渐细；花瓣倒卵形，雄蕊5 ………………………………… **姚氏毛茛 *R. yaoanus***
6. 瘦果扁平，沿缝线有狭边缘或翅；花瓣蜜槽有鳞片。
8. 茎倾斜上升，下部节着土生根，被开展白柔毛；萼片平展；聚合果球形 ……… **铺散毛茛 *R. diffusus***
8. 茎直立粗壮，密生开展的淡黄色糙毛；萼片反折；聚合果长圆形 ………………… **茴茴蒜 *R. chinensis***
5. 基生叶为掌状深裂或全裂。
9. 瘦果长约2.2mm，沿缝线有狭边缘或翅；花瓣蜜槽有鳞片；花托无毛 ……………… **黄毛茛 *R. distans***
9. 瘦果两侧面多少鼓起，无边缘或翅；花瓣蜜槽无鳞片。
10. 茎平卧，丝形，节上生根或叶；叶片小，长2～8mm ………………………………… **爬地毛茛 *R. pegaeus***
10. 茎直立；叶片较大，长2cm左右。
11. 花托有毛。
12. 基生叶基部心形，两面或下面贴生白柔毛 ……………………………………… **高原毛茛 *R. tanguticus***
12. 基生叶基部宽楔形 …………………………………………………………………… **叉裂毛茛 *R. furcatifidus***
11. 花托无毛。
13. 基生叶基部楔形，叶两面无毛 ……………………………………………………… **鸟足毛茛 *R. brotherusii***
13. 基生叶基部心形，明显3裂，两面被淡黄色糙毛……………… **三裂毛茛 *R. hirtellus* var. *orientalis***

19. 水毛茛属 *Batrachium*

扇叶水毛茛 *B. bungei*

多年生沉水草本。茎长30cm以上，无毛或节上有疏毛。叶有短或长柄；叶片轮廓半圆形，直径2～4cm，3～5回2～3裂，裂片丝形，近无毛；花梗长2～5cm，无毛；萼片反折，花瓣白色。瘦果20～40，斜狭倒卵形。花果期5～8月。产于波密、林芝、拉萨一带，生于海拔2700～5300m的水中。

三十一、木通科 Lardizabalaceae

分属检索表

1. 茎直立，小乔木状；冬芽大，具2鳞片；奇数羽状复叶；花杂性………………………… **猫儿屎属 *Decaisnea***
1. 攀缘灌木；冬芽具多数鳞片；指状复叶；花单性同株，萼片肉质而钝，雄蕊分离 ……… **鹰爪枫属 *Holboellia****

1. 猫儿屎属 *Decaisnea*

猫儿屎 *D. insignis*

茎直立，小乔木状灌木。叶簇生茎顶，奇数羽状复叶长60～100cm；小叶6～8对，小叶片卵形、卵状披针形或宽卵形，先端渐尖，基部宽楔形或圆形，上面暗紫绿色，下面苍白色，薄。总状花序长达30cm，簇生叶腋或与叶对生；花长2.5cm，黄绿色，下垂。果为肉质的蓇葖果，成熟时金黄色，果长7.5～8cm。产于墨脱，生于海拔2000～3000m的山坡阔叶林中。

2. 鹰爪枫属 *Holboellia*

八月瓜 *H. latifolia*

常绿攀缘灌木。指状复叶，小叶3~5个，革质，卵圆形至倒卵状长圆形或椭圆形。花为簇生叶腋的短伞房花序，极香，单性；雄花：萼片6，狭长圆形，长1.5~1.7cm，绿白色；雌花：较大；萼片长2.2cm，紫色；花瓣6，小。果实为长圆形腊肠状，长5~7cm，熟时红紫色，可食。产于亚东、错那、林芝、波密、察隅，生于海拔1620~2900m的山沟杂木林或山坡次生常绿林及林缘灌丛中。

三十二、小檗科 Berberidaceae

分属检索表

1. 灌木或小乔木。
 2. 叶为二至三回羽状复叶；小叶全缘；花药纵裂，侧膜胎座 ………………………………… **南天竹属 *Nandina***
 2. 叶为单叶或羽状复叶；小叶通常具齿；花药瓣裂，外卷，基生胎座。
  3. 单叶；枝通常具刺 ……………………………………………………………………………… **小檗属 *Berberis*** *
  3. 羽状复叶；枝通常无刺 ………………………………………………………………… **十大功劳属 *Mahonia***
1. 多年生草本。
  4. 叶为二回三出复叶；花具蜜腺，后叶开放；果膜质 ………………………………… **红毛七属 *Caulophyllum***
  4. 单叶；花单生，不具蜜腺；根状茎粗短；浆果。
   5. 花单生，先叶开放；雄蕊6~18；花药向外开裂；无花柱，柱头盾状 ………………………………
   ……………………………………………………………………………………………… **桃儿七属 *Sinopodophyllum*** *
   5. 伞形花序，花后叶开放；雄蕊4~6；花药向内开裂；有花柱，柱头球形 …………… **鬼臼属 *Dysosma***

1. 南天竹属 *Nandina*

南天竹 *N. domestica*

常绿小灌木。茎常丛生而少分支，高1~3m，光滑无毛，幼枝常为红色。叶互生，集生于茎的上部，3回羽状复叶，长30~50cm，2~3回羽片对生；小叶薄革质，椭圆形或椭圆状披针形，全缘，上面深绿色，冬季变红色，背面叶脉隆起，两面无毛；近无柄。圆锥花序直立，长20~35cm；花小，白色，芳香，萼片多轮；雄蕊6，子房1室，具1~3枚胚珠。浆果球形，直径5~8mm，熟时鲜红色，稀橙红色。花期3~6月，果期5~11月。常室内栽培，察隅、墨脱可露地越冬。

2. 桃儿七属 *Sinopodophyllum*

桃儿七 *S. hexandrum*

多年生草本。根状茎粗壮，横生。茎高14~30cm，上部有2叶，偶有3叶。叶心脏形，3裂或5裂达基部，裂片常再2(3)裂达近中部，小裂片先端渐尖。花单生，先叶开放；花瓣6，雄蕊6，子房内有多数胚珠。浆果大型，卵圆形。花期5月，果期7~8月。产于昌都、察隅、波密、林芝、米林、亚东等地，生于海拔2500~3500m的高山松林或云杉林下。

3. 鬼臼属 *Dysosma*

西藏八角莲 *D. tsayuensis*

多年生草本，根壮茎粗壮，横生。株高50~90cm，茎高35~55cm，无毛，基部被棕褐色大鳞片。茎生2叶，对生，纸质，圆形或近圆形，几为中心着生的盾状，直径约30cm，叶两面被毛；叶片5~7深裂，几达中部；裂片楔状矩圆形，长8~12cm，宽4~7cm，顶端锐尖，边缘有针刺状细齿。花白色，花瓣6。浆果椭圆形或卵形，2~4枚簇生于2叶柄交叉处，长约3cm，红色；果梗长3~8cm；果期7月。产于察隅、米林、林芝、易贡等地，生于海拔2500~3500m的高山松林或云杉林下。

4. 红毛七属 *Caulophyllum*

红毛七 *C. robustum*

多年生草本，高达80cm。根状茎横生，粗短，多须根。茎生2叶，互生，2~3回三出复叶；小叶片长椭圆形或宽披针形，长3.5~11.5cm，宽1.5~5cm，全缘，有时2~3裂，上面绿色，下面灰白色，两面无毛，具三出脉；顶生小叶有明显叶柄，侧生者无柄或有短柄。圆锥花序顶生；黄绿色，苞片3~4；萼片3~6，大型，花瓣状；花瓣6，很小；雄蕊6，雌蕊1，子房1室。花后子房开裂，露出2球形种子；种子熟时柄增粗，蓝色。果期9月。产于易贡，生密林下。

5. 小檗属 *Berberis*

分种检索表

1. 伞形花序、总状花序或圆锥花序。
 2. 伞形花序；小枝光滑无毛；叶长达5cm；花序无总梗(即总梗基部有数花簇生)；花瓣先端常缺裂。
  3. 叶厚纸质，网脉明显隆起，常有刺状锯齿；果弯曲，萼片3轮 ………………… **腰果小檗 *B. johannis***
  3. 叶薄纸质，网脉不明显，全缘；果不弯曲，萼片2轮 ……………………………… **阴生小檗 *B. umbratica***
 2. 圆锥花序或总状花序。
  4. 圆锥花序；落叶或常绿、半常绿灌木。
   5. 萼片3轮；枝及花序轴无毛；花瓣先端浅缺裂，苞片短于花梗；胚珠1~2 … **短苞小檗 *B. sherriffii***
   5. 萼片2轮。
    6. 枝及花序轴有柔毛；落叶性；花瓣先端缺裂，苞片常较花梗长；胚珠3~4 ……………………………………………………………………………………………… **波密小檗 *B. gyalaica***
    6. 枝及花序无毛；常绿或半常绿灌木；花瓣先端全缘；胚珠2 ………………… **刺黄花 *B. polyantha***
  4. 总状花序；落叶灌木。
   7. 近伞房状总状花序具总梗；萼片2轮；叶全缘；花瓣先端锐裂；胚珠1~2 ……………………………………………………………………………………………… **凸起小檗 *B. papillifera***
   7. 总状花序。
    8. 花序无总梗，具花3~9朵；萼片3轮，花瓣先端缺裂。
     9. 胚珠2；果期宿存花柱 ……………………………… **滇西北小檗(光梗小檗) *B. franchetiana***
     9. 胚珠3~4；果期无宿存花柱 ………………………………… **烦果小檗(黑果小檗) *B. ignorata***
    8. 总状花序具总梗，花常多于10朵；胚珠2或3。
     10. 叶具刺状锯齿，偶全缘；萼片2轮，花瓣先端浅缺裂；胚珠2 ………… **暗红小檗 *B. agricola***
     10. 叶全缘；萼片3轮，花瓣先端全缘；胚珠3，其中1枚无柄………… **工布小檗 *B. kongboensis***
1. 花单生或簇生。
 11. 花单生；落叶灌木(黄球小檗例外)；萼片2或3轮。
  12. 叶背密被白粉；萼片3轮；花瓣先端2裂，胚珠6~12。
   13. 花瓣先端浅缺裂；果卵形，黑色，顶端不弯曲 ………………………… **黄球小檗 *B. chrysosphaera***
   13. 花瓣先端浅锐裂；果长圆状卵形，红色，顶端弯曲 …………………………… **林芝小檗 *B. temolaica***
  12. 叶背面不被白粉或微被白粉；萼片2轮。

14. 叶缘具刺齿；茎刺 3～5～7～9 分叉；花瓣先端全缘 ························ **红枝小檗 *B. erythroclada***
14. 叶全缘兼具 1～6 刺齿。
15. 花瓣先端全缘，果卵形，茎刺 3～5 分叉 ·· **珠峰小檗 *B. everestiana***
15. 花瓣先端缺裂或锐裂，茎刺 1～3 分叉 ·· **小花小檗 *B. minutiflora***
11. 花 2 朵以上簇生；常绿灌木；萼片 2 轮；果实具白粉，顶端花柱宿存。
16. 茎具 3 分叉刺；花瓣先端全缘；胚珠 3，果红色 ······························ **独龙小檗 *B. taronensis***
16. 茎无刺；花瓣先端缺裂；胚珠 3～4，果紫黑色。
17. 叶绿色，背面不被白粉 ·· **错那小檗 *B. griffithiana***
17. 叶灰白色，背面被白粉 ··· **灰叶小檗 *B. griffithiana* var. *pallida***

6. 十大功劳属 *Mahonia*

分 种 检 索 表

1. 圆锥花序；花瓣先端锐裂；小叶 5～9 对，每边有 2～3 个刺锯齿 ··········· **门隅十大功劳 *M. monyulensis***
1. 总状花序。
2. 复总状花序；小叶 4～7 对，每边有 5～9 个刺锯齿··
·· **察隅十大功劳 *M. calamicaulis* subsp. *kindon-wardiana***
2. 简单总状花序，簇生；小叶 7～10 对，每边有粗锯齿或牙齿。
3. 花瓣先端全缘；小叶每边有 9～23 个粗锯齿 ·· **独龙十大功劳 *M. taronensis***
3. 花瓣先端缺裂，醇香；小叶每边有 3～10 个牙齿(产于通麦) ··········· **尼泊尔十大功劳 *M. napaulensis***

三十三、防己科 Menispermaceae

1. 千金藤属 *Stephania*

分 种 检 索 表

1. 雌花辐射对称；根条状，非肉质(产于通麦) ·· **纤细千金藤 *S. gracilenta***
1. 雌花两侧对称；硕大块根团块状，常露于地面；花序总梗长 4～8cm(产于墨脱) ··· **西藏地不容 *S. glabra***

三十四、五味子科 Schisandraceae

1. 五味子属 *Schisandra*

滇藏五味子 *S. neglecta*

落叶木质藤本，全株无毛。小枝紫红色，芽鳞倒卵形或近圆形，宿存新枝基部。叶纸质，椭圆状卵形，长 5～11cm，宽 2～4.5(6.5)cm，先端渐尖，基部楔形至阔楔形，边缘具细齿，侧脉每边 4～7 条。花白色、黄色、橙色或粉红色，单性，生于新枝叶腋；雄花花被片 6～10，雄蕊 12～40；雌花花被片与雄花相似，雌蕊群近球形，心皮 20～45 枚。果期雌蕊轴伸长为聚合果轴，长达 6.5～11.5cm，小浆果红色；种子椭圆状肾形。花期 5～6 月，果期 9～10 月。产于定结、米林(南伊沟)、波密(易贡、通麦)、林芝(排龙)等地，生于海拔 2000～3000m 的山坡灌丛或杂木林中，西藏也产大花五味子 *S. grandiflora*、合蕊五味子 *S. propinqua*。五味子属植物根及茎多为血红色，俗称鸡血藤。

三十五、木兰科 Magnoliaceae

分属检索表

1. 常绿乔木。
 2. 花生于短枝顶端，呈假腋生状；雌蕊群具显著的柄…………………………………… **含笑属 *Michelia***
 2. 花顶生；雌蕊群无柄或具柄。
  3. 雌蕊群不伸出于雄蕊群之上；叶柄上无托叶痕 ………………………………… **长蕊木兰属 *Alcimandra***
  3. 雌蕊群伸出于雄蕊群之上。
   4. 叶柄无托叶痕；小枝节间密而呈竹节状；芽内幼叶平展 …………………… **拟单性木兰属 *Parakmeria***
   4. 叶柄有托叶痕；小枝节间不呈竹节状；芽内幼叶对折。
    5. 每心皮具4~12胚珠，每蓇葖具4~12种子 ………………………………………… **木莲属 *Manglietia***
    5. 每心皮具2胚珠；每蓇葖具1~2种子。
     6. 心皮分离；成熟蓇葖沿背缝线开裂，宿存于果轴上(波密、林芝栽培) ………… **木兰属 *Magnolia****
     6. 心皮至少基部合生；成熟蓇葖周裂，仅下部蓇葖常与悬挂的种子宿存…………… **盖裂木属 *Talauma***
1. 落叶灌木或乔木；叶柄有托叶痕；芽内幼叶对折。
 7. 花生于短枝顶端，呈假腋生状，直立；叶呈假轮生状；蓇葖果先端具长喙……………… **厚朴属 *Houpoea***
 7. 花顶生；蓇葖果先端无喙或具短喙。
  8. 花梗纤细，花下垂；叶先期对生，后近螺旋状排列 …………………………………… **天女花属 *Oyama***
  8. 花梗粗壮，花直立或斜展；叶近螺旋状排列或簇生 …………………………………… **玉兰属 *Yulania****

1. 含笑属 *Michelia*

分种检索表

1. 幼嫩部分密被灰色长茸毛，叶上面中脉、小枝、果柄、果时的雌蕊群柄及蓇葖均残留稀疏长茸毛；花淡黄色，雄蕊的药隔伸出成短尖头，蓇葖具短梗(产于察隅、墨脱)……………………… **绒叶含笑 *M. velutina***
1. 幼嫩部分被柔毛；后残留有柔毛或平伏短毛或无毛，蓇葖无梗。
 2. 叶薄革质，网脉稀疏；蓇葖无毛；花极芳香。
  3. 花被黄色，15~20片；托叶痕占叶柄的1/2以上(产于亚东)………………………… **黄兰 *M. champaca***
  3. 花被白色，10片；托叶痕占叶柄的1/2以下(室内栽培) ……………………………………… **白兰 *M. alba***
 2. 叶革质；网脉纤细，密致，干时两面凸起。
  4. 托叶痕占叶柄的1/5；花白色，长5~7cm，宽约2.5cm(产于察隅、樟木)……… **南亚含笑 *M. doltsopa***
  4. 托叶痕直达叶柄顶部；花黄色，长2~2.2cm，宽0.9~1cm(产于墨脱、聂拉木) ……………………………………………………………………………………… **西藏含笑 *M. kisopa***

2. 长蕊木兰属 *Alcimandra*

长蕊木兰 *A. cathcartii*

常绿乔木，高达50m。幼枝被柔毛。顶芽长锥形，被白色长毛。幼叶在芽内对折，叶革质，卵形或椭圆状卵形，长8~14cm，先端渐尖或尾尖，基部楔形或稍圆，侧脉12~15对，全缘；叶柄长1.5~2cm，叶柄无托叶痕。花两性，单生枝顶。花梗长约1.5cm；花被片9，3轮，近相等，白色；雄蕊多数，花药内向纵裂，药隔舌状；雌蕊群窄长圆柱形，具柄，不伸出雄蕊群，心皮约30，离生，每心皮2~5胚珠。蓇葖果革质，扁球形，皮孔白色，背缝开裂；种子1~4枚。花期5月，果期8~9月。产于西藏东南部，生于海拔1800~2700m的常绿阔叶林中。

3. 拟单性木兰属 *Parakmeria*

分 种 检 索 表

1. 花两性，花被片顶端有突尖；叶革质，嫩叶红褐色 ………………………………… **光叶拟单性木兰 *P. nitida***
1. 雄花、两性花异株，花被片顶端圆或尖；叶薄革质，嫩叶紫红色 ……… **云南拟单性木兰 *P. yunnanensis***

4. 木莲属 *Manglietia*

分 种 检 索 表

1. 叶柄上的托叶痕为叶柄长的1/3~1/2；雌蕊群及聚合果被毛 ……………………… **西藏木莲 *M. microtricha***
1. 叶柄上的托叶痕为叶柄长的1/3以下；雌蕊群及聚合果无毛 ………………………… **红花木莲 *M. insignis***

5. 木兰属 *Magnolia*

荷花木兰 *M. grandiflora*

常绿乔木。小枝粗壮，具横隔的髓心。小枝、芽、叶下面，叶柄、均密被褐色或灰褐色短茸毛(幼树的叶下面无毛)。叶厚革质，椭圆形，长圆状椭圆形或倒卵状椭圆形，长10~20cm，宽4~7(10)cm，先端钝或短钝尖，基部楔形，叶面深绿色，有光泽；侧脉每边8~10条；叶柄长1.5~4cm；无托叶痕，具深沟。花白色，芳香，美丽，直径15~20cm；花被片9~12，厚肉质，倒卵形，长6~10cm，宽5~7cm；雌蕊群椭圆体形，密被长茸毛。聚合果圆柱状长圆形或卵圆形，长7~10cm，径4~5cm，密被褐色或淡灰黄色茸毛；蓇葖背裂，顶端外侧具长喙。花期5~6月，果期9~10月。波密、林芝城镇有栽培，但在八一镇露地栽培时常受冻害呈矮小灌木状。

6. 盖裂木属 *Talauma*

盖裂木 *T. hodgsoni*

常绿乔木，高达15m。小枝带苍白色，无毛。叶革质，倒卵状长圆形，长20~50cm，宽10~13cm，先端钝或渐尖，基部渐狭楔形，侧脉每边10~20条；叶柄长5~6cm，托叶痕几达叶柄顶端。花梗粗壮，长1.5~2cm，直径约1.5cm，具1~2个苞片脱落痕，佛焰苞状苞片紫色；花被片9，厚肉质，外轮3片卵形，长约9cm，背面草绿色，中轮与内轮乳白色，内轮较小。聚合果卵圆形，长13~15cm；成熟蓇葖40~80枚，狭椭圆体形或卵圆形，长2.5~4cm，顶端具长尖。花期4~5月，果期8月。产于墨脱，生于海拔850~1500m的常绿阔叶林中。

7. 厚朴属 *Houpoea*

长喙厚朴(长喙木兰)*H. rostrata*

落叶乔木，高达25m。芽、嫩枝被红褐色而皱曲的长柔毛，腋芽圆柱形，无毛。叶坚纸质，7~9片集生于枝端，倒卵形或宽倒卵形，长34~50cm，宽21~23cm，先端宽圆，具短急尖，或有时2浅裂，上面绿色，有光泽，下面苍白色，被红褐色而弯曲的长柔毛；侧脉每边28~30条；叶柄粗壮，长4~7cm，初被毛；托叶痕明显凸起，为叶柄长的1/3~2/3。花后叶开放，白色，芳香，直径8~9cm，花被片9~12，外轮3片背面绿而染粉红色，腹面粉红色，长圆状椭圆形，长8~13cm，宽约5.6cm，向外反卷；内两轮通常8片，纯白色，直立，倒卵状匙形，长 12 ~ 14cm，基部具爪；雄蕊群紫红色；雌蕊群圆柱形。聚合果圆柱形，直立，长 11 ~ 20cm，直径约 4cm；蓇葖具弯曲，长近 1cm 的喙。花期 5 ~ 7 月，果期 9 ~ 10 月。产于墨脱（格当），生于海拔 2300m 一带的常绿阔叶林中。

8. 天女花属 *Oyama*

毛叶天女花（毛叶玉兰）*O. globosa*

落叶小乔木，高达 10m。树皮黑色，平滑；嫩枝叶及花梗均被红褐色卷曲长柔毛。小枝红褐色或深紫红色。叶膜质，椭圆状卵形、宽卵形或椭圆形，长 10 ~ 24cm，宽 5 ~ 14cm，先端急尖或圆，基部圆或近心形，上面深绿色，侧脉每边 8 ~ 12 条；叶柄长 3 ~ 5. 5cm；托叶痕几达叶柄顶端。花叶同放，乳黄白色，芳香，杯状，直径 6 ~ 7. 6cm；花梗弯曲或平展，长 5 ~ 6. 5（7. 5）cm；花被片 9（10），大小形状近相似，倒卵形或椭圆形，长 4 ~ 7. 5cm，宽 2 ~ 3cm，顶端圆；雄蕊深红色，两药邻贴，顶端微凹；雌蕊群绿色，长约 3. 5cm。果梗粗壮，密被长柔毛；聚合果熟时红色，后变红褐色，长 6 ~ 8cm，顶端圆；蓇葖具弯曲的喙。花期 5 ~ 7 月，果期 8 ~ 9 月。产于墨脱、定结，生于海拔 2600 ~ 3000m 的山坡林地，常与铁杉混生，国外有引种栽培。

9. 玉兰属 *Yulania*

分 种 检 索 表

1. 灌木，花叶同放；花被片外轮与内轮不相等：外三轮萼片状，紫绿色，常早落；内两轮肉质，紫色或紫红色（栽培） ………………………………………………………… **紫玉兰 *Y. liliflora***
1. 乔木，先花后叶或花叶同放；花被片大小近相等，不分化为外轮萼片状和内轮为花瓣状。
  2. 先花后叶；叶侧脉 12 ~ 16 对；花直径达 25cm；花被片深红色或粉红色至白色，基部收狭成爪，最内轮直立靠合，包围雌雄蕊群，外轮花被近平展（产于樟木、错那） …………………… **滇藏木兰 *Y. campbellii***
  2. 先花后叶或花叶同放；侧脉 5 ~ 12 对；花直径 15 ~ 22cm，花被片白色或深红色，最内轮花被片不直立靠合，不包围雌雄蕊群。
    3. 先花后叶；托叶痕为叶柄长的 1/4 ~ 1/3；花被片 9，纯白色，有时基部外面带红色，外轮与内轮近等长；花谢后出叶（栽培） ……………………………………………… **玉兰 *Y. denudata***
    3. 花叶同放；托叶痕为叶柄长的 1/3；花被片 6 ~ 9，浅红色至深红色，外轮花被片稍短或为内轮长的 2/3；花期延至出叶（栽培）……………………………………………… **二乔木兰 *Y.* × *soulangeana***

三十六、水青树科 Tetracentraceae

1. 水青树属 *Tetracentron*

水青树 *T. sinense*

大乔木，高达 40m，胸径 1m，全株无毛。长枝细长，灰白至红褐色；短枝矩状，有连生环状的叶痕和芽鳞痕。叶纸质，心形、宽心形、卵形，长 5 ~ 11cm，先端渐尖或尾状渐尖，基部心形，边缘密生齿尖具腺的细锯齿，叶背苍白色，基出脉 5 ~ 7 条；叶柄长 1. 5 ~ 3. 5cm；基部与托叶合生而增粗，包围幼芽。穗状花序单生短枝顶端，下垂，长 8 ~ 20cm；萼片 4，绿色或黄绿色。蒴果褐色，具 4 蓇葖果，室背开裂，花柱宿存于基部，呈短距状；种子狭椭圆形。产于察隅、墨脱、易贡、波密、定结，生于海拔 2200 ~ 2800m 的阔叶林中。

三十七、八角科 Illiciaceae

1. 八角属 *Illicium*

分种检索表

1. 叶中脉不延伸成小凸尖头；蓇葖通常8，稀7或9，先端钝；无毒(调味香料) …………… **八角 *I. verum***
1. 叶中脉先端延伸成小凸尖头；蓇葖12～13，先端具钻形尖头；具毒(产于墨脱)…… **西藏八角 *I. griffithii***

三十八、蜡梅科 Calycanthaceae

1. 蜡梅属 *Chimonanthus*

蜡梅 *C. praecox*

落叶灌木，高可达4～5m，常丛生。枝条上皮孔明显。叶对生，纸质，椭圆状卵形至卵状披针形，先端渐尖，全缘，芽具多数覆瓦状鳞片。冬末先叶开花，花单生于翌年生枝条叶腋，有短柄及杯状花托；花被多片呈螺旋状排列，黄色，带蜡质；花期12月至翌年3月，有浓芳香。瘦果多数，6～7月成熟。

著名的园林绿化植物，花芳香美丽。同时，根、叶可药用，能理气止痛、散寒解毒，治跌打、腰痛、风湿麻木、风寒感冒，刀伤出血；花解暑生津，治心烦口渴、气郁胸闷；花蕾油治烫伤。林芝有栽培。

三十九、樟科 Lauraceae

分属检索表

1. 花序呈假伞形或簇状，稀为单花或总状至圆锥状，下有总苞；总苞片大而常为交互对生，常宿存。
 2. 花2基数；雌雄异株；雄花具6枚雄蕊，排成3轮，雌花具6枚雄蕊退化 ……… **新木姜子属 *Neolitsea*** *
 2. 花3基数。
  3. 花药4室…………………………………………………………… **木姜子属 *Litsea*** *
  3. 花药2室 ……………………………………………………………… **山胡椒属 *Lindera***
1. 花序通常为圆锥状，疏松，具梗，但也有成簇状的；均无明显的总苞；花药4室。
 4. 果着生于由花被筒发育而成的或浅或深的果托上，果托只是部分地包被果。
  5. 花序圆锥状；花药均上下各2室；叶具羽状脉、三出脉或离基三出脉 ………… **樟属 *Cinnamomum*** *
  5. 花序成簇状；花药药室几横排成1行：2室内向，2室外向；或上下各2室，上2室小、下2室大；叶具离基三出脉 ……………………………………………… **新樟属 *Neocinnamomum***
 4. 果着生于无宿存花被的果梗上，若花被宿存时但绝不成果托。
  6. 花被果时直立而坚硬，紧抱果上 ……………………………………… **楠属 *Phoede***
  6. 花被果时脱落，若宿存但绝不紧抱果上，反卷或展开 ………………………… **润楠属 *Machilus*** *

1. 新木姜子属 *Neolitsea*

分种检索表

1. 叶背被绢状微柔毛，叶椭圆形，先端近尾尖，长4.5～9.5cm(产于察隅) … **团花新木姜子 *N. homilantha***
1. 叶背无毛，叶椭圆形或卵状椭圆形，先端急尖，长7～20cm ………… **四川新木姜子 *N. sutchuanensis***

2. 木姜子属 *Litsea*

分 种 检 索 表

1. 小枝无毛；叶片下面无毛；每一伞形花序有花4～6朵 ………………………………… 山鸡椒 ***L. cubeba***
1. 小枝有毛，叶片下面被各种毛；每一伞形花序有花8朵以上，最多达20朵。
 2. 嫩叶、叶片下面被灰色绢状毛；幼枝黄绿色；叶片披针形或倒披针形 ……………… 木姜子 ***L. pungens***
 2. 嫩叶、叶片下面被黄褐色长绢状毛；幼枝绿色；叶片长圆状披针形 ……………… 绢毛木姜子 ***L. sericea***

3. 山胡椒属 *Lindera*

分 种 检 索 表

1. 常绿灌木或小乔木。
 2. 叶为羽状脉，果球形。
  3. 幼枝具棱角，无毛；叶长13cm以上；伞形花序具总梗…………………… 山柿子果 ***L. longipedunculata***
  3. 幼枝密被黄锈色长柔毛；叶长6～11cm；伞形花序总梗极短，着生花序的短枝通常不发育 ……………………………………………………………………………………………… 茸毛山胡椒 ***L. nacusua***
 2. 叶为三出脉，伞形花序总梗短或无，着生花序的短枝通常不发育；果椭圆形 ……………………………………………………………………………… 川钓樟 ***L. pulcherrima* var. *hemsleyana***
1. 落叶灌木或乔木。
  4. 叶全缘，长卵形，具三出脉或离基三出脉，长5cm以下；伞形花序有花7～9朵，单生或少数簇生于腋生短枝上，具4mm总梗，花绿黄或黄色 ……………………… 波密杓樟 ***L. fruticosa* var. *pomiensis***
  4. 叶先端常3裂(偶5裂)，近圆形或扁圆形，具三出脉或偶有五出脉；伞形花序有花5朵，簇生于腋生混合芽内，无总梗，花黄色…………………………………………… 三桠乌药 ***L. obtusiloba***

4. 樟属 *Cinnamomum*

聚花桂 *C. contractum*

常绿小乔木，高约5m。枝条圆柱形，无毛。叶卵圆至宽卵圆形，长9～14cm，宽3.5～7.5cm，先端渐尖，革质，光亮，无毛，叶背面初时明显被白色丝状短柔毛，后变无毛，离基三出脉，基生侧脉离叶基5～10mm处生出，向上弧曲至叶端渐消失，中脉上面明显，下面凸起；叶柄长1～2cm。圆锥花序腋生及顶生，密集多花，腋生者长4～8.5cm，顶生者伸长，长达12cm，为具短梗或无梗的2～11花的伞形花序所组成；总梗极短，花黄绿色。产于林芝（排龙）、波密，生于海拔2000～2300m的常绿阔叶林下。优良药用树种，提取物具有止血功效；也是城市绿化优良树种，国内外已有园林应用。

5. 新樟属 *Neocinnamomum*

沧江新樟 *N. mekongense*

灌木或小乔木，高1～5m。枝条无毛。叶卵圆形至卵状椭圆形，先端尾状渐尖，尖头纤细，长1.5～2cm，坚纸质或近革质，两面无毛，上面绿色，下面苍白色，三出脉。团伞花序腋生，被锈色细绢毛，花(1)2～5(6)；花小，绿黄色。果卵球形。产于察隅，生于海拔1600m的山坡次生常绿阔叶林中。

6. 楠属 *Phoede*

长毛楠(红楠木) *P. forrestii*

乔木，高3～15m。幼枝圆柱形，密被黄褐色柔毛。叶狭披针形或倒狭披针形，长8～14

(20)cm，宽1~3(3.5)cm，先端渐尖或尾状渐尖，基部渐狭，侧脉每边9~13条，与中脉在上面凹陷，少为平坦，下面凸起；叶柄长0.7~1.5cm，毛被同幼枝。花序腋生，长4~9cm，少花，密被黄褐色柔毛；花绿黄色，长约5mm；花梗长4~7mm；花被裂片两面被黄褐色柔毛。果近球形，长约1.3cm，直径约1cm，光亮，无毛。产于察隅，生于海拔2400m左右的常绿阔叶林中。

7. 润楠属 *Machilus*

分种检索表

1. 花被裂片外面无毛，花单性，艳红色；叶椭圆形，成叶长宽1:3 ………………… **察隅润楠 *M. chayuensis***
1. 花被裂片外面被绢毛，花两性，淡黄色或黄色；叶披针形，成叶长宽1:5以上 …… **绿叶润楠 *M. viridis***

四十、罂粟科 Papaveraceae

分属检索表

1. 雄蕊多数，分离；花冠辐射对称；花瓣无距；植株具乳汁。(罂粟亚科)
 2. 蒴果孔裂；无花柱，柱头盘状或拱状，盖于子房之上 ………………………………… **罂粟属 *Papaver***
 2. 蒴果纵裂；有花柱，柱头头状或棒状；圆锥花序；叶着生中部以下 ……………… **绿绒蒿属 *Meconopsis****
1. 雄蕊4或6；植株不具乳汁；花瓣4枚，2轮排列。
  3. 雄蕊4，分离，与花瓣对生；花冠辐射对称，花瓣无距；长荚果被横隔膜分成单种子的许多节(角茴香亚科) …………………………………………………………………… **角茴香属 *Hypecoum***
  3. 雄蕊6，合成两束；花冠两侧对称，外轮花瓣中的1枚或稀2枚的基部呈囊状或距状；蒴果通常2瓣裂。(荷包牡丹亚科)
   4. 外轮2花瓣基部囊状；花序与叶对生；藤本，先端小叶卷须状………………… **紫金龙属 *Dactylicapnos***
   4. 外轮花瓣仅1枚基部呈囊状或距状；花序顶生或腋生；草本，无卷须 ……………… **紫堇属 *Corydalis****

1. 罂粟属 *Papaver*

罂粟(鸦片、大烟)*P. somniferum*

一年生草本，高30~60cm，稀达180cm，无毛或稀在植株下部或总花梗上具极少的刚毛。主根发达。茎不分支。叶互生，心形，上部茎生叶抱茎，下部具短柄，叶片羽状深裂，或二回羽状分裂。花具长梗着生叶腋或茎顶。蒴果，表面被白粉，花盘扁平。林芝、米林等地稀见单株栽培供观赏。

2. 绿绒蒿属 *Meconopsis*

分种检索表

1. 花柱几无，基部突然扩大成一宽而无毛的盘，盖于子房之上，且突出于子房外，盘的边缘呈波状而具8棱；叶全缘，极稀浅圆裂、波状；花瓣外面具稀疏的刚毛………………………… **毛瓣绿绒蒿 *M. torquata***
1. 花柱上下等粗或基部膨大，绝不伸展成盘而盖于子房上。
 2. 花瓣白色。
  3. 花瓣4，花瓣长和宽均6cm左右；子房被紧贴的茸毛 ………………………… **高茎绿绒蒿 *M. superba***
  3. 花瓣6~8，花瓣长2.5cm，宽1.3cm；子房被皮刺 ……………………… **白花绿绒蒿 *M. argemonantha***
 2. 花瓣非白色。
   4. 植株密被具多短分支的刚毛；茎基部具密集成束的宿存叶基。

5. 叶均基生；花生于基生花莛上。
6. 花瓣红色；花丝宽线形 ………………………………………………………… **红花绿绒蒿 *M. punicea***
6. 花瓣蓝色、紫色；花丝宽状；植株高 10cm 以上；叶片较大；花瓣 4～8。
7. 蒴果被稀疏通常反曲的刚毛；子房圆形或长圆状椭圆形 ……………… **单叶绿绒蒿 *M. simplicifolia***
7. 蒴果密被紧贴刚毛；子房近球形、卵球形或长圆形 ………………… **五脉绿绒蒿 *M. quintuplinervia***
5. 叶基生及茎生；花生于上部的茎生叶腋内。
8. 花蓝色或紫色。
9. 最上部茎生叶成假轮伞状，花 3～6 朵自轮丛中生出 …………… **藿香叶绿绒蒿 *M. betonicifolia***
9. 茎生叶互生；花生于上部叶腋内，排成总状圆锥花序 ……………… **尼泊尔绿绒蒿 *M. wilsonii***
8. 花黄色；叶全缘，最上部茎生成假轮生状，花数朵自轮生丛中生出；茎不分支 …………………
……………………………………………………………………………… **全缘叶绿绒蒿 *M. integrifolia***
4. 植株无毛或密被不分支的刺毛或刚毛；茎基部通常无紧密成束的宿存叶基。
10. 叶均基生；花生于基生花莛上或无苞片的花序上；花紫色或蓝色。
11. 主根纺锤形；花生于无苞片的花莛上，常与基生花莛混生 ……………… **长叶绿绒蒿 *M. lancifolia***
11. 主根肥厚，延长或细；花生于基生花莛上。
12. 叶片两面无毛，极稀被稀疏的刚毛……………………………………… **拟秀丽绿绒蒿 *M. pseudovenusta***
12. 叶片密或疏被硬刺。
13. 植株矮小，高约 9cm；主根细长，粗约 0.5mm；叶片卵形或狭卵形，边缘羽状圆裂达中部 ……
…………………………………………………………………………… **拟多刺绿绒蒿 *M. pseudohorridula***
13. 植株高 15cm 以上；主根粗 1～1.5cm，叶片披针形。边缘全缘或波状。
14. 植株被刺毛；子房椭圆形、椭圆状长圆形或狭倒卵形 ……………… **滇西绿绒蒿 *M. impedita***
14. 植株全体密被坚硬尖刺，子房圆锥形。
15. 基生叶叶柄长 3～8cm，花柱长 2～4mm ……………………………… **总状绿绒蒿 *M. racemosa***
15. 基生叶叶柄长 0.5～3cm，花柱长 6～7mm ……………………………… **多刺绿绒蒿 *M. horridula***
10. 叶基生及茎生；花生于具苞片的花序上。
16. 花瓣黄色，花瓣 5～8，花茎不分支 ………………………………………… **西藏绿绒蒿 *M. florindae***
16. 花瓣紫色或蓝色，基生叶羽状分裂。
17. 植株被刺；花柱狭长，子房被金黄褐色的刺 …………………………… **皮刺绿绒蒿 *M. aculeata***
17. 植株不被刺；主根萝卜状；子房密被毛 ………………………………… **紫花绿绒蒿 *M. violacea***

3. 角茴香属 *Hypecoum*

分 种 检 索 表

1. 花瓣淡紫色；蒴果直立或近直立，狭线形 …………………………………… **细果角茴香 *H. leptocarpum***
1. 花瓣黄色；蒴果下垂，纺锤状圆柱形 ………………………………………… **小花角茴香 *H. parviflorum***

4. 紫金龙属 *Dactylicapnos*

分 种 检 索 表

1. 总状花序 7～10 朵；苞片全缘；萼片卵状披针形，全缘；蒴果浆果状，卵形或长圆状狭卵形；种子具光泽，外种皮具凸起(产于樟木) ……………………………………………………… **紫金龙 *D. scandens***
1. 总状花序 2～6 朵，聚伞状；苞片全缘流苏状；萼片线状披针形，边缘流苏状；蒴果线状长圆形。
2. 花大，长 1.7～2cm，蒴果宽 4～5mm；种子具光泽，外种皮具网纹 ………… **宽果紫金龙 *D. roylei***

2. 花小，长 1.1～1.4cm；蒴果宽 2～3mm；种子无光泽，外种皮具凸起 …… **丽江紫金龙 *D. lichiangensis***

5. 紫堇属 *Corydalis*

分种检索表

1. 块茎圆柱形，常下部分裂，并具鳞片状低出叶；子叶 1 枚；茎生叶 2(3)枚，近于对生，下部具 1～3 鳞片；总状花序密具 3～10 花，花紫色(可能分布) …………… **长轴唐古特延胡索 *C. tangutica* ssp. *bullata***
1. 无块茎，具簇生须根或具主根，或肉质膨大的贮藏须根；子叶 2 枚。
2. 具簇生的纺锤状肉质膨大的贮藏须根，根短缩。
3. 植株基部具鳞茎，鳞片多数，外部者膜质，内部者肉质，茎由鳞片腋内生出；花梗与苞片近等长；须根纺锤状增粗，无茎生叶；外花瓣无鸡冠状凸起 ……………………………… **波密紫堇 *C. pseudoadoxa***
3. 植株基部不具鳞茎。
4. 茎下部分支并具叶，基部不呈丝状，被淡黄色茸毛；基生叶片具鞘；花瓣蓝色或蓝紫色 …………………………………………………………………………………………………… **毛茎紫堇 *C. pubicaulis***
4. 茎下部分裸露，基部渐窄呈丝状，基生叶片不具鞘；植株通常无毛；花瓣蓝色或黄色。
5. 茎生叶单回掌状或羽状全裂。
6. 茎生叶单回奇数羽状分裂；花黄色或金黄色，距与花瓣近等长。
7. 裂片 2 对，似掌状 5 小叶；花金黄色，上花瓣长 1～1.4cm ………… **朗县黄堇 *C. quinquefoliolata***
7. 裂片 3 对；花黄色，上花瓣长 1.6～1.9cm ………………………………… **条裂黄堇 *C. linarioides***
6. 茎生叶单回掌状分裂；花蓝色或紫色，距短于瓣片或近等长。
8. 茎生叶 1 枚；总状花序 2～6 朵，近伞房状排列。
9. 茎生叶裂片卵形，常反折；苞片卵形，不分裂；距与瓣片近等长 ………… **三裂紫堇 *C. trifoliata***
9. 茎生叶裂片线形，不反折；苞片分裂，距明显短于瓣片 …………… **长苞紫堇 *C. longibracteata***
8. 茎生叶 2 枚以上；总状花序多花。
10. 茎生叶裂片宽线形或狭倒披针形；植株较粗壮，高 7～25(60)cm ……………………………………………………………………………………… **具爪曲花紫堇 *C. curviflora* var. *rosthornii***
10. 茎生叶裂片丝状；植株较纤细，高 25～30cm ……………………………… **丝叶紫堇 *C. filisecta***
5. 茎生叶 2～3 回分裂。
11. 下花瓣基部呈囊状；茎生叶 3 回三出分裂；总状花序多花，花序长达 10cm，下部苞片分裂，花蓝紫色 ……………………………………………………………………………… **米林紫堇 *C. lupinoides***
11. 下花瓣基部不呈囊状。
12. 苞片线形，不裂，上花瓣长 1.1～1.3cm；茎生叶 3 回三出分裂 ………… **细花紫堇 *C. napuligera***
12. 至少下部苞片分裂；上花瓣长 1.7～2cm；茎生叶 2 回羽状分裂。
13. 花黄色 …………………………………………………………………………… **密穗紫堇 *C. densispica***
13. 花暗紫色……………………………………………………………………………… **巴嘎紫堇 *C. sherriffii***
2. 具伸长的主根。
14. 主根肉质增粗，分支；叶圆形，全缘；花序顶生，3～6 朵近伞形排列；苞片 4～6，大而全缘，彼此靠近呈总苞状；上花瓣长约 2.4cm，花淡蓝色……………………………………… **单叶紫堇 *C. ludlowii***
14. 主根通常圆柱形，有时呈纤维状扭曲；叶 1～3 回羽状分裂。
15. 丛生无毛草本，高 2～5cm；叶 2 回三出羽状分裂，叶柄扁化；苞片叶状，2 回三出羽状分裂，具柄；柱头具 8 凸起；种子 6～8 粒，2 列；花冠黄绿色，顶端暗紫色 ………………… **矮黄堇 *C. pygmaea***
15. 高大草本，高 10cm 以上；叶柄不整体扁化，至多基部呈鞘状平展；苞片小，绝不包埋蒴果。
16. 距约与瓣片等长；3 回羽状分裂。

17. 茎粗壮；总状花序长4～6cm，密集多花 …………………………………… 皱波黄堇 *C. crispa*

17. 茎纤细；叶背无毛；总状花序长2～4cm，排列稀疏 ……………………… 纤细黄堇 *C. gracillima*

16. 距囊状，明显短于瓣片；2回羽状分裂。

18. 高18～40cm，叶卵形；蒴果长线形，直立；上花瓣长约1.4cm ……………… 灰绿黄堇 *C. adunca*

18. 高40～100cm，叶长圆形；蒴果线状蛇形弯曲，弧曲或下垂；上花瓣长0.8～1.1cm ……………………………………………………………………………………………… 蛇果黄堇 *C. ophiocarpa*

四十一、十字花科 Brassicaceae

分属检索表

1. 复叶。

2. 草本有根状茎、鳞茎或珠芽；花紫色或白色；种子1行 …………………………… 碎米荠属 *Cardamine**

2. 草本无根状茎、鳞茎或珠芽；花多为白色，种子1～2行 ………………………… 豆瓣菜属 *Nasturtium**

1. 单叶。

3. 叶羽状半裂、浅裂、深裂、全裂或大头羽裂。

4. 短角果。

5. 花瓣存在、退化或不存在；雄蕊6枚，或退化成4或2枚；短角果卵形、倒卵形、圆形或宽椭圆形，顶端常微缺，且呈翅状，2室，每室具1粒种子 ……………………………… 独行菜属 *Lepidium**

5. 花瓣存在；雄蕊6枚；短角果楔形，顶端圆形或微凹，不呈翅状，2室，每室有多数胚珠 ……………………………………………………………………………………………… 荠属 *Capsella**

4. 长角果。

6. 叶为2～3回羽状全裂；花黄色至乳黄色 ……………………………………… 播娘蒿属 *Descurainia**

6. 叶为大头羽状，单回羽状半裂、浅裂或深裂。

7. 叶为大头羽裂。

8. 花黄色或乳黄色，少有白色；内萼片基部呈囊状；角果线形或长圆形，果有喙，果爿具1脉(栽培) ……………………………………………………………………………… 芸薹属 *Brassica**

8. 花白色、淡红色、或紫色；内萼片基部呈囊状；全株无毛或有单毛。

9. 上部叶不抱茎；长角果肉质，圆筒状，中间缢缩，具假隔膜 ………………… 萝卜属 *Raphanus**

9. 上部叶抱茎；长角果干燥，线形，具4棱，2瓣裂(栽培) …………… 诸葛菜属 *Orychophragmus*

7. 叶为羽状深裂、浅裂或半裂；花黄色、白色、粉红色至紫色。

10. 叶为羽状深裂或浅裂；植株具单毛或无毛；角果线状圆柱形或椭圆形 ………… 蔊菜属 *Rorippa**

10. 叶为羽状半裂，有单毛及分叉毛；角果线形 ……………………………………… 涩荠属 *Malcolmia*

3. 叶全缘或有锯齿。

11. 无毛或有单毛。

12. 长角果；茎无毛或疏被毛；花瓣具短爪；种子无膜质翅 ………………………… 山萮菜属 *Eutrema*

12. 短角果。

13. 短角果有翅；茎显著，常被蓝粉霜；茎生叶抱茎 ……………………… 菥蓂属(遏蓝菜属) *Thlaspi**

13. 短角果无翅；茎不明显，无蓝粉霜。

14. 花莛单花，花瓣常有紫纹 ……………………………………………………… 单花荠属 *Pegaeophyton*

14. 总状花序有苞片，花瓣无紫纹 ………………………………………………… 沟子荠属 *Taphrospermum*

11. 有单毛及叉毛或星状毛。

15. 长角果。

16. 花黄色、橘黄色或紫色；种子1行 ………………………………………………………… 糖芥属 *Erysimum*

16. 花白色、粉红色或紫色。
17. 茎生叶常抱茎；长角果极侧扁，种子侧扁，有时边缘有翅；花大或中等大………… **南芥属 *Arabis***
17. 茎生叶不抱茎。
18. 角果线形，种子无翅；花小 ……………………………………………… **鼠耳芥属(拟南芥属) *Arabidopsis***
18. 角果圆柱形，种子有薄膜质翅；花大，茎密被灰白色毛(栽培) …………… **紫罗兰属 *Matthiola*** *
15. 短角果，开裂。
19. 茎有毛，但非丁字毛；短角果椭圆形，果爿压扁，种子每室数个至多数 ………… **葶苈属 *Draba*** *
19. 茎有丁字毛；短角果圆形或椭圆形，果爿不压扁；花序伞房状(栽培)………… **香雪球属 *Lobularia***

1. 碎米荠属 *Cardamine*

分种检索表

1. 长雄蕊花丝宽展呈翅状，上端膝状反折；根状茎具丛生白色鳞叶；花紫红色或白色 ………………………………………………………………………………………… **宽翅碎米荠(宽翅弯蕊芥) *C. franchetiana***
1. 长雄蕊花丝不呈翅状，上端直立；总状花序无苞片；根状茎块状或匍匐。
2. 植株高达95cm；大型羽状复叶，小叶长2~7cm，宽0.3~3.5cm；花浅紫色或紫红色，直径约1cm ………………………………………………………………………………………… **大叶碎米荠 *C. macrophylla***
2. 植株高15~40cm；小型羽状复叶，小叶长0.5~1cm；花白色或紫色，直径0.2~0.5cm。
3. 茎无毛。
4. 小叶3~5枚，圆形或椭圆状卵形；花白色 …………………………………… **三小叶碎米荠 *C. trifoliolata***
4. 小叶2~4对，近圆形，最下1对茎生叶耳状抱茎；花紫色或浅红色 ………… **山芥碎米荠 *C. griffithii***
3. 茎无毛或有时具少数短柔毛；茎生叶叶柄稍扩大抱茎或延伸成耳状；花白色。
5. 茎生叶叶柄稍扩大；小叶3~5枚，很少为单叶 ………………………………… **云南碎米荠 *C. yunnanensis***
5. 茎生叶叶柄基部两侧有线形弯曲抱茎的耳，小叶9~23枚 ………………… **弹裂碎米荠 *C. impatiens***

2. 豆瓣菜属 *Nasturtium*

豆瓣菜 *N. officinale*

多年生水生草本，高20~40cm，全体光滑无毛。茎匍匐或浮水生，多分支，节上生不定根。奇数羽状复叶，小叶片3~7(9)枚，宽卵形，近全缘或呈浅波状，侧生小叶减小，与顶生相似，基部不对称，叶柄基部呈耳状，略抱茎。总状花序顶生，花多数；萼片长卵形，边缘膜质，基部略呈囊状；花瓣白色，具脉纹，顶端圆，基部渐狭成细爪。长角果圆柱形而扁，种子每室2行。花期4~5月，果期6~7月。产于林芝、定日、亚东，生于海拔2900~4000m的水沟中或水边。

3. 独行菜属 *Lepidium*

分种检索表

1. 茎匍匐或直立，长达20cm；总状花序近头状，花瓣倒卵状楔形，雄蕊4；短角果卵形，长2.5~3mm ……………………………………………………………………………………………… **头花独行菜 *L. capitatum***
1. 茎直立，植株高5~30cm；总状花序非头状，花无花瓣或退化成丝状，雄蕊2或4；短角果近圆形或宽椭圆形，长2~3mm …………………………………………………………………………… **独行菜 *L. apetalum***

4. 荠属 *Capsella*

荠菜 *C. bursa - pastoris*

一、二年生草本，茎高 10～30cm，稍有分叉毛或单毛。基生叶大头羽状分裂，长达 12cm，顶裂片卵形至长圆形，长 5mm，侧裂片长圆形至卵形，长 5mm，浅裂或有不规则粗锯齿或近全缘；叶柄长 5mm；茎生叶窄披针形或披针形，长 0.5～6.5mm，基部箭形，边缘有缺刻或锯齿，两面有毛。总状花序顶生或腋生；萼片长圆形，花瓣白色，雄蕊 6 枚。短角果，楔形，顶端微凹；种子长椭圆形。花果期 4～6 月。野生蔬菜，西藏各地广布，生于海拔 2400～4500m 的田边、沟边、草地或灌丛中。

5. 播娘蒿属 *Descurainia*

分种检索表

1. 无腺毛；果爿有 2～3 条脉，长角果线状 ……………………………………… **播娘蒿 *D. sophia***
1. 有腺毛；果爿有 1 条脉，长角果念珠状 ……………………………… **腺毛播娘蒿 *D. sophioides***

6. 芸薹属 *Brassica*

分种检索表

1. 二年或多年生草本；叶厚，肉质，粉蓝色或蓝绿色；花大，直径 1.5～2.5cm，白色至浅黄色，有长爪。（甘蓝型）
 2. 花序在花期延长，顶端不呈伞房状；花瓣多乳黄色，长达 2.5cm；幼基生叶及心叶无毛；具 1 根颈（栽培蔬菜或花卉）。
  3. 叶较小且薄；茎生叶有细柄；茎在近地面处肥厚成实心长圆球体或扁球体，绿色，其上生叶 ………… ……………………………………… **擘蓝（球茎甘蓝、苤蓝）*B. oleracea* var. *gongylodes***
  3. 叶大且厚，肉质；部分或全部茎生叶无柄或抱茎，基生叶不规则；茎不肥厚成块茎。
   4. 叶层层包裹成球形或扁球形……………………… **甘蓝（包心菜、牛心白）*B. oleracea* var. *capitata***
   4. 叶不包裹成球形或扁球形。
    5. 花序正常；叶皱缩，呈白黄、黄绿、粉红或红紫色…… **羽衣甘蓝（叶牡丹）*B. oleracea* var. *acephala***
    5. 总花梗、花梗和未发育的花芽密集成白色、绿色肉质头状体。
     6. 肉质头状体白色 ……………………………………… **花椰菜 *B. oleracea* var. *botrytis***
     6. 肉质头状体绿色 ……………………………………… **绿花菜 *B. oleracea* var. *italica***
 2. 花序在花期短，顶端簇生或呈伞房状，长达 10cm；花较小，直径 1～1.5cm，淡黄色；幼基生叶或心叶有少数透明刺毛。
  7. 植株无块根，直根木质化；茎生叶长圆状披针形，有齿或缺刻，但无裂片，多数抱茎或具宽叶柄状基部（油菜类型之一，西藏重要油料作物）……………………………… **欧洲油菜 *B. napus***
  7. 植株有块根，块根肉质，无辣味，卵球形或纺锤形，一半在地上为青紫色，有 1 紫色长根颈，上有叶或叶痕，一半在地下，两侧各有 1 条纵沟，从此生出多数侧根；茎生叶具顶裂片及 1 或 2 对小侧裂片，抱茎，叶柄有小裂片（栽培蔬菜）……………… **蔓菁甘蓝（洋大头菜）*B. napus* var. *napobrassica***
1. 多为一年生草本，除芜青和芥菜疙瘩外，不形成肥厚块根；花小，直径 4～20mm，鲜黄色或浅黄色，花瓣具不明显爪。
 8. 种子不具显明窠孔；长角果不呈念珠状；植株无辛辣味。（白菜型）
  9. 茎生叶有柄，不抱茎，宽卵形、窄长圆形至披针形（栽培蔬菜）…… **青菜（菜薹）*B. rapa* var. *chinensis***
  9. 部分或全部茎生叶抱茎。

10. 块根实心肉质，无辣味，球形、扁圆形或长圆形，外皮白色、黄色或红色，内部白色或黄色，下部生根；二年生草本；茎生叶多具细齿，抱茎，但不呈耳状(西藏传统栽培蔬菜) …………………………………… **蔓菁(芜菁、圆根)*B. rapa***

10. 无块根。

11. 植物具粉霜；基生叶丛不太发育或长存；至少有些茎生叶基部呈耳状。

12. 茎、叶片、叶柄、花序轴及果爿均不带紫色(西藏油料作物，嫩茎叶和总花梗也作蔬菜) …………………………………… **芸苔(油菜)*B. rapa* var. *oleifera***

12. 茎、叶片、叶柄、花序轴及果爿均带紫色(栽培蔬菜) …………… **紫菜薹 *B. rapa* var. *purpuraria***

11. 植物绿色或稍具粉霜；基生叶丛发育，茎生叶抱茎但不成耳状。

13. 基生叶及下部茎生叶的叶柄很宽、扁平，边缘有具缺刻的翅；部分或全部茎生叶无柄或抱茎成椭圆形(栽培蔬菜) …………………………………… **白菜(大白菜)*B. rapa* var. *glabra***

13. 基生叶及下部茎生叶的叶柄厚，但无显明的翅；二年或一年生草本。

14. 茎生叶近圆形或长圆状卵形；长角果短粗，有短粗喙(栽培蔬菜) …………………………………… **塌棵菜(瓢儿菜、乌塌菜)*B. narinosa***

14. 茎生叶倒卵形或椭圆形，基部常扩展；长角果长，有长喙。

15. 基生叶有不明显圆齿或全缘，幼时无毛(栽培蔬菜) ………………… **小白菜(青菜)*B. chinensis***

15. 基生叶有不明显钝齿或全缘，幼时有单毛(白菜型油菜)……… **油白菜 *B. chinensis* var. *oleifera***

8. 种子具显明窠孔；长角果皱缩或具突出的果爿及很短的喙；植株有辛辣味。(芥菜型)

16. 具块茎；基生叶大头羽状浅裂，边缘有不整齐尖齿(腌制材料) ………………… **芥菜疙瘩 *B. napiformis***

16. 无块茎。

17. 基生叶不分裂，边缘有大小不等的牙齿或重锯齿；长角果宽 1～2mm(栽培蔬菜) …………………………………… **苦芥(苦菜、云南青菜)*B. integrifolia***

17. 基生叶大头羽裂，有 2～3 对裂片或不裂，二者边缘皆有缺刻或牙齿；长角果宽 2～3.5mm。

18. 块根肉质，膨大(酱渍蔬菜)…………………………………… **大头菜 *B. juncea* var. *megarrhiza***

18. 根不为肉质，也不膨大。

19. 下部叶的叶柄基部肉质；基生叶倒卵形或长圆形，大头羽状深裂(栽培蔬菜)。

20. 主茎上有密集的膨大芽块 ……………………………… **抱子芥(儿菜)*B. juncea* var. *gemmifera***

20. 主茎于叶柄处成拳状膨大…………………………………… **榨菜 *B. juncea* var. *tumida***

19. 下部叶的叶柄基部不为肉质，也不膨大。

21. 基生叶不分裂，倒披针形或长圆状倒披针形，边缘有不整齐锯齿或重锯齿(栽培蔬菜) …………………………………… **雪里蕻 *B. juncea* var. *multiceps***

21. 基生叶大头羽裂或不分裂，叶不皱缩，宽卵形至倒卵形，边缘有缺刻或裂齿(腌制蔬菜之一，种子磨粉即为芥末) …………………………………… **芥菜 *B. juncea***

7. 萝卜属 *Raphanus*

萝卜 *R. sativus*

二年生草本，高 20～100cm。直根肉质，长圆形、球形或圆锥形，绿色、白色或红色。基生叶及下部茎生叶大头羽状半裂，长 8～30cm，宽 3～5cm，顶端裂片卵形，侧裂片具紫纹，爪长 5mm。长角果圆柱形，长 3～6cm，喙长 1～1.5cm；果梗长 1～1.5cm。种子卵形，红棕色。西藏主要蔬菜之一，各地均有栽培。

8. 诸葛菜属 *Orychophragmus*

诸葛菜 *O. violaceus*

一、二年生草本，高 10～50cm，无毛。茎单一，直立，基部或上部稍有分支。基生叶及下部茎生叶大头羽状全裂，顶裂片近圆形或短卵形，有钝齿，侧裂片2~6对，卵形或三角状卵形，越向下越小，偶在叶轴上杂有极小裂片，全缘或有牙齿，叶柄疏生细柔毛；上部叶基部耳状，抱茎，边缘有不整齐牙齿。花紫色、浅红色或褪成白色，直径2~4cm。长角果线形。花期4~5月，果期5~6月。拉萨、林芝有栽培。

9. 蔊菜属 *Rorippa*

分种检索表

1. 植株高50~100cm；茎生叶基部耳状抱茎；果实椭圆形；花长1~1.5cm ………………… **高蔊菜 *R. elata***
1. 植株体高10~70cm；茎生叶有柄；果实长圆状椭圆形；花长0.5~1.5cm ………… **沼生蔊菜 *R. palustris***

10. 涩荠属 *Malcolmia*

涩荠 *M. africana*

一年生草本，茎高8~35cm，多分支。叶长圆形、倒披针形或近椭圆形，长1.5~8cm，宽0.5~1.8cm，边缘有波状齿或全缘。萼片长圆形，花瓣丁香色、紫色或粉红色。长角果线状圆柱形或近圆筒形，密生短或长分叉毛，或具刚毛，少数几无毛。种子长圆形。产于林芝、米林、隆子，生于海拔2700~3200m一带的田边杂草丛中。

11. 山萮菜属 *Eutrema*

川滇山萮菜 *E. himalaicum*

多年生草本，高40~50cm。茎直立，不分支或上部稍有分支，上部疏生短柔毛。基生叶长圆卵形，长2~4cm，宽1~1.5cm，顶端圆形，基部近心状平截，全缘，无毛；花白色，萼片领先形，花瓣倒卵形。长角果披针形，种子窄椭圆形。产于察隅、林芝、错那、吉隆，生于海拔3200~4100m的山坡灌丛、水沟边或大石砾上。

12. 单花荠属 *Pegaeophyton*

单花荠(无茎荠)*P. scapiflorum*

多年生草本，茎短缩，根多粗壮。叶多数，莲座状旋叠着生于基部，线状披针形或长匙形，全缘或具疏齿，光滑无毛，少有具白色扁刺毛。花大，多数，单生，花梗宽线形；萼片宽椭圆形，内轮2枚，基部呈囊状，无毛或具白色扁刺毛；花瓣白色或淡蓝色，宽倒卵形，顶端全缘或微凹，基部具短爪；雄蕊6，花丝分离，向下渐扩大，侧蜜腺半环形，向内开口，中蜜腺与侧蜜腺相连。短角果宽卵形或椭圆形，扁压，肉质，1室，不开裂，具狭翅状边缘，花柱短粗。种子2行。产于林芝、隆子以及藏北区域，生于海拔4900~5500m的高山草地、冰川砾石滩上。

13. 沟子荠属 *Taphrospermum*

分种检索表

1. 果实倒心形，非近念珠状，宽5~7mm；果爿无隔膜；子叶横卧 ……………………… **沟子荠 *T. altaicum***
1. 果实狭锥形，近念珠状，宽不及5mm；果爿具隔膜；子叶下垂 ………… **泉沟子荠(双脊荠)*T. fontanum***

14. 菥蓂属 *Thlaspi*

分种检索表

1. 茎单一；茎生叶长圆状披针形或倒披针形，长2.5~5cm，基部两侧箭形，边缘具疏齿；短角果倒卵形或近圆形，长1.3～1.6cm，全部有宽翅；种子有同心环条纹 ………………………… **菥蓂(遏蓝菜)*T. arvense***

1. 茎多数；短角果有窄翅或无翅；种子无同心环状条纹；基生叶卵状长圆形，长0.5～1cm；花白色或粉红色；短角果椭圆状长圆形，长6～8mm ………………………………………………… **西藏菥蓂 *T. andersonii***

15. 糖芥属 *Erysimum*

分 种 检 索 表

1. 二年或多年生草本，高30～60cm，具2～4叉毛；基生叶椭圆状长圆形至倒披针形；花鲜黄色，花瓣倒卵形，长角果线状圆筒形 ……………………………………………………… **山柳菊叶糖芥 *E. hieracifolium***
1. 多年生草本，高15～30cm，密生伏贴二叉丁字毛；基生叶窄倒披针形至线状长圆形；花黄色，花瓣宽倒卵形或近圆形；长角果线状长圆形 ………………………………………………………… **蒙古糖芥 *E. flavum***

16. 南芥属 *Arabis*

分 种 检 索 表

1. 植株具有单毛及星状毛；下部叶长圆状卵形，长6～8cm；角果长6～9cm，伸展且下垂 ……… **垂果南芥 *A. pendula***
1. 植株具单毛、分叉毛及星状毛；茎单一，常不分支；基生叶长圆形或匙形，长1～3cm；角果线形，直立或开展 ……………………………………………………………………………………… **硬毛南芥 *A. hirsuta***

17. 鼠耳芥属 *Arabidopsis*

分 种 检 索 表

1. 茎生叶基部具耳且抱茎，茎生叶密被柔毛；长角果近开展且略弯曲 ……… **喜马拉雅鼠耳芥 *A. himalaica***
1. 茎生叶基部渐狭，不呈耳状也不抱茎。
   2. 植株上部近无毛；长角果长1～2cm，基生叶有数节不明显 ………………… **鼠耳芥(拟南芥)*A. thaliana***
   2. 植株密生分叉毛；长角果长2～3cm，基生叶只有波状牙齿 ………………………… **西藏鼠耳芥 *A. tibetica***

18. 紫罗兰属 *Matthiola*

紫罗兰 *M. incana*

草本，高达60cm，全株密被灰白色具柄的分支柔毛。茎直立，多分支，基部稍木质化。叶片长圆形至倒披针形或匙形，全缘或呈微波状，基部渐狭成柄。总状花序顶生和腋生，花多数，花序轴果期伸长；萼片直立，内轮萼片基部呈囊状，边缘膜质，白色透明；花瓣紫红、淡红或白色，近卵形，长约12mm，顶端浅2裂或微凹，边缘波状，下部具长爪。长角果圆柱形，长7～8cm，直径约3mm，果爿中脉明显，顶端浅裂。种子近扁圆形，边缘有白色膜质的翅。花期4～5月。拉萨、林芝有栽培。

19. 葶苈属 *Draba*

分 种 检 索 表

1. 花茎无叶，花莛状或偶有1～3叶；短角果长卵形或宽卵形。
   2. 基生叶椭圆状披针形，被单毛、不规则星状分支毛；花序轴结实时略伸长；角果长卵形 ……………… …………………………………………………………………………………………… **高山葶苈 *D. alpine***

2. 基生叶倒披针形或长圆楔形；花序轴结实时不伸长；角果宽卵形……………………… **喜山葶苈 *D. oreades***

1. 花茎有叶。

3. 多年生草本；茎高3～6cm；基生叶匙形，茎生叶长圆卵形，两侧有4锯齿，叶被单毛或多状毛，短角果卵或近于披针形 ………………………………………………………………… **高茎葶苈 *D. elata***

3. 一、二年生草本；茎直立，高5～45cm；基生叶长倒卵形，茎生叶长卵形或卵形，两侧有细齿；总状花序密集成伞扇状；角果长圆形或椭圆形 ………………………………………………… **葶苈 *D. nemorosa***

20. 香雪球属 *Lobularia*

香雪球 *L. maritima*

多年生草本，高10～40cm，全株被银灰色丁字毛。茎自基部向上分支，常呈密丛。叶条形或披针形，长1.5～5cm，宽1.5～5mm，两端渐窄，全缘。花序伞房状，果期极伸长，花梗丝状；花瓣淡紫色或白色，长圆形，长约3mm，顶端钝圆，基部突然变窄成爪。短角果椭圆形，长3～3.5mm，无毛或在上半部有稀疏丁字毛；果爿扁压而稍膨胀，中脉清楚。种子每室1粒，悬垂于子房室顶，长圆形，长约1.5mm，淡红褐色。花期6～7月。拉萨、林芝有栽培。

四十二、茅膏菜科 Droseraceae

1. 茅膏菜属 *Drosera*

新月茅膏菜 *D. peltata* var. *lunata*

多年生草本。鳞茎状球茎紫色，直径达1cm。茎高达30cm，不分支或上部分支，具紫红色汁液。叶具长6～12mm的细柄，盾状着生；叶片半月形或半圆形，宽3～4mm，边缘具长腺毛，上面具短腺毛。花少数，呈蝎尾状聚伞花序，着生茎或分支顶端；萼片5，宽倒卵形，长约3mm，边缘啮蚀状，齿尖有腺体，背面有微腺毛；花瓣5，白色，雄蕊5，蒴果背开裂为3果爿。产于米林、林芝等地，生于海拔2300～3500m的林下或沼泽边缘草地上。

四十三、景天科 Crassulaceae

分属检索表

1. 花常为4～5基数；雄蕊1轮，与花瓣同数；花瓣多少合生。

2. 小草本，常近水而生；叶对生，线形或圆柱形 ………………………………………… **东爪草属 *Tillaea***

2. 亚灌木状草本，耐旱植物；叶对生或莲座状，匙形或阔卵形(栽培)。

3. 叶对生，无白粉，阔卵形；萼片非叶状，花瓣合生成筒状，聚伞花序 …………… **青锁龙属 *Crassula*** *

3. 叶莲座状，有白粉，匙形；萼片叶状，花瓣合生至中部，蝎尾状聚伞花序………… **莲花掌属 *Echeveria***

1. 雄蕊常为花瓣的2倍；如与花瓣同数，则有互生叶，或叶对生而有块茎状的根。

4. 花4基数，雄蕊2轮，萼片分离或多少合生，花瓣管状合生；叶对生 …………… **伽蓝菜属 *Kalanchoe***

4. 花常为5～6(12)基数，少有3～4基数，雄蕊常为2轮(有时1轮)，花瓣分离，或多少合生；叶各式，扁平或圆柱形，互生、对生或莲座状。

5. 雄蕊1轮，与花瓣同数，花5基数；幼枝常有莲座状叶丛；花常排成聚伞花序或疏散的总状花序，花瓣红色 ………………………………………………………………………… **石莲属 *Sinocrassula***

5. 雄蕊常为2轮，如为1轮时则不具莲座状叶。

6. 植株的主轴木质、强壮，有时分支，常直立，少数横走或斜上升(根状茎)；主轴上，尤以先端常被以短小、贴伏、鳞片状的叶；由鳞片状的叶腋中抽出不分支的花茎；花4～5基数，单性异株或为两

性花 …………………………………………………………………………… 红景天属 *Rhodiola* *

6. 植株无木质、强壮主轴，而有块茎状肥大的根，或有匍匐的根状茎，或有短的根状茎并有成束的细根，或一、二年生植株而有细根；地下部分常不具鳞片状叶；花 5 ~ 9 基数，少为 4 基数，更少有 10 基数，常为两性花。

7. 植株不具莲座状叶 ……………………………………………………………… 景天属 *Sedum* *

7. 植株有莲座状叶。

8. 花瓣分离，开展；花序穗状、总状，有多花，自莲座状叶丛中央伸出 ………… 瓦松属 *Orostachys*

8. 花瓣下部或基部合生，多少呈钟状，瓣片直立；花序伞房状或伞房圆锥状，有少许花，常自莲座叶的叶腋生出 ………………………………………………………………… 瓦莲属 *Rosularia*

1. 东爪草属 *Tillaea*

五蕊东爪草 *T. schimperi*

一年生小草本，高 2 ~ 7(10) cm。茎自基部分支。叶对生，线状披针形至长圆形，长 0.3 ~ 0.5cm，宽 0.1 ~ 0.2cm，基部合生，花单生于叶腋，无梗或有短花梗，花两性，5 基数，淡红色，雄蕊 5。花期 7 ~ 8 月，果期 9 月。产于日喀则、拉萨、米林、林芝，生于海拔 3000 ~ 4800m 的山坡草地石上或荒地中。

2. 青锁龙属 *Crassula*

玉树(景天树、豆瓣掌) *C. arborescens*

多浆肉质亚灌木。株高可达 3m。茎肉质，粗壮，干皮灰白，块状裂，分支多；小枝褐绿色。叶肉质，卵圆形，长 4cm 左右，宽 3cm，亮绿色。筒状花直径 2cm，白或淡粉色。室内盆栽观叶植物。

3. 莲花掌属 *Echeveria*

莲花掌 *E. pulidonis*

多浆肉质亚灌木，几乎无茎，光洁无毛，被白粉。茎部可分支。叶丛莲座状，直径 7 ~ 9cm；叶匙形或倒卵状椭圆形，顶端急缩成细短尖，长 3.5 ~ 5cm，宽 1.2 ~ 1.5cm，绿色，被白粉，栽培品种有时具明显的红边。蝎尾状聚伞花序，长达 18cm，花梗 6mm。原产热带美洲，室内盆栽观叶植物。

4. 伽蓝菜属 *Kalanchoe*

分 种 检 索 表

1. 叶匙状长圆形，基部不抱茎；花冠黄色(产于吉隆) …………………………… 匙叶伽蓝菜 *K. integra*

1. 叶阔卵形，基部不抱茎；花冠红色(室内盆栽) ……………………… 长寿花(矮生伽蓝菜) *K. blossfeldiana*

5. 石莲属 *Sinocrassula*

石莲 *S. indica*

二年生草本，花茎高 15 ~ 50cm，直立，有时被微乳头状凸起。基生叶莲座状丛生，匙状长圆形，长 3.5 ~ 6cm，宽 1 ~ 1.5cm；茎生叶互生，宽倒披针状线形至倒卵形。圆锥状或近伞房状花序，总梗 5 ~ 6cm，有叶状苞片；花两性，5 基数，花瓣红色，雄蕊 5 枚。蓇葖果的喙反曲。花期 7 ~ 10 月。产于错那、林芝(东久)、波密(易贡)、察隅、墨脱，生于海拔 800 ~ 2440m 的山坡岩石上。

6. 红景天属 *Rhodiola*

分 种 检 索 表

1. 基生叶发达，有时部分脱落；花药背生，花序为螺状聚伞状；鳞片状叶二型，大型的有一个线形或长圆形的顶生附属物长 1～1.5mm，宽 0.5mm；茎生叶狭倒披针形，宽 2～4.5mm。（背药红景天组） ………………………………………………………………………………… **背药红景天 *R. hobsonii***
1. 基生叶不发达，变为鳞片状；鳞片状叶不为二型，无顶生附属物。
 2. 地面上主轴不伸长，不具或有少数宿存老茎枝，叶边缘有齿或者缺刻，或者几全缘。
  3. 对瓣雄蕊通常着生在花瓣基部，叶常几全裂或者有浅裂。（红景天组）
   4. 心皮直立，先端不反卷。
    5. 心皮长圆形，基部粗。
     6. 心皮为长的长圆形，长为宽的 3 倍以上；雌雄异株。
      7. 叶密生，线形至线状披针形，边缘有锯齿；花瓣黄绿色 ……………………… **狭叶红景天 *R. kirilowii***
      7. 叶互生，椭圆形至几为圆形，全缘或者波状或有圆齿；花瓣红色 ……… **大花红景天 *R. crenulata***
     6. 心皮为短的长圆形，长为宽的 2 倍。
      8. 根颈斜升或近直立，叶下面略带苍白色 ………………………………… **异色红景天 *R. discolor***
      8. 根颈直立，叶下面不呈苍白色 ……………………………………………… **柴胡红景天 *R. bupleuroides***
    5. 心皮狭卵形，基部狭细；花两性，少有单性异株，花瓣淡红色或者绿白色；根茎横走 ……………………………………………………………………………… **粗茎红景天 *R. wallichiana***
   4. 心皮直立，先端反卷，叶常为 3 叶轮生；花序小花疏松 ……………………… **云南红景天 *R. yunnanensis***
  3. 对瓣雄蕊通常着生在花瓣中部；叶聚生，浅裂。（三裂红景天组）
   9. 六叶轮生在花茎中部 …………………………………………………………… **六叶红景天 *R. sexifolia***
   9. 叶聚生花茎顶端。
    10. 叶小，长 1～1.5cm ……………………………………………… **菊叶红景天 *R. chrysanthemifolia***
    10. 叶大，长 2～3cm ……………………………………………… **线萼红景天 *R. ovatisepala* var. *chingii***
 2. 地面上主轴多少伸长，被以大量或少量的残留老枝茎，一年生茎多数，叶常全缘。（四裂红景天组）
  11. 根颈多少伸长，上下稍同粗细，残留老枝茎稍少数；花稍大。
   12. 根茎少伸长，每年生新花茎处稍扩大。
    13. 叶长 17～27mm，宽 4～9mm …………………………………………… **喜玛红景天 *R. himalensis***
    13. 叶长 6～15cm，宽 2mm ……………………………………………………… **西川红景天 *R. alsia***
   12. 根茎鞭状，每年生新花茎处不扩大 …………………………………… **长鞭红景天 *R. fastigiata***
  11. 根颈短，有分支或稍伸长，着生新枝处常扩大，残留老枝茎多数；花小；叶线形至线状披针形 ……………………………………………………………………………… **四裂红景天 *R. quadrifida***

7. 景天属 *Sedum*

分 种 检 索 表

1. 叶轮生。
 2. 4 叶轮生，全缘、无距，两对不等大；花瓣白色 ……………………………………… **山飘风 *S. majus***
 2. 叶 3 数轮生，基部有钝距；花瓣黄色 ……………………………………………… **错那景天 *S. tsonanum***
1. 叶互生。
 3. 花瓣红色，倒铲形；具长 2～3mm 花梗；蓇葖果腹面不呈浅囊状 ……………… **铲瓣景天 *S. obtrullatum***
 3. 花瓣黄色，长圆状卵形或长圆形；花梗极短或无，蓇葖果腹面浅囊状。

4. 叶长10~15mm，无毛，有短距；聚伞花序有数个蝎尾状分支，分支中央有1花；萼片不等长，无毛，基部无距…………………………………………………………………………………… **多茎景天 *S. multicaule***
4. 叶长3~6mm，边缘有疏腺毛状缘毛，基部具钝或2浅裂至微3裂的距；聚伞花序无蝎尾状分支；萼片等长，缘有腺毛状缘毛，基部有宽距；不育茎形成密丛 ………………………… **道孚景天 *S. glaebosum***

8. 瓦松属 *Orostachys*

分 种 检 索 表

1. 花绿黄色，萼片卵状长圆形 ……………………………………………………………… **黄花瓦松 *O. spinosa***
1. 花白色或浅红色，萼片三角状卵形 ………………………………………………………… **小苞瓦松 *O. thyrsiflora***

9. 瓦莲属 *Rosularia*

长叶瓦莲 *R. alpestris*

多年生草本，花茎自莲座状叶腋抽出。高5~12cm，基生叶莲座状。长圆状披针形或狭长圆形，长1.5~2.5cm，宽3~6mm，莲座直径1.5~3cm。伞房状花序，花两性，6~8基数；萼片披针形，有3脉，花瓣白色或淡红色。产于普兰、定日，林芝可能分布，生于海拔3500~5000m的砾石山坡上。

四十四、海桐花科 Pittosporaceae

1. 海桐花属 *Pittosporum*

分 种 检 索 表

1. 侧膜胎座3~5，位于果片中部；叶革质，先端钝或微凹(栽培) ……………………………… **海桐 *P. tobira***
1. 侧膜胎座2，位于果片下部或基部，并在基部相连；叶片革质或薄革质，先端尖。(产于墨脱)
 2. 圆锥花序或复歧伞花序；叶常长于10cm，较宽大。
  3. 圆锥花序，有总花序柄；叶椭圆形，长8~20cm ………………………………… **滇藏海桐花 *P. napaulense***
  3. 复歧伞花序，无总花序柄；叶柄卵状长圆形，长6~12cm ………………………… **短萼海桐 *P. brevicalyx***
 2. 复歧伞花序具1~5朵花；叶狭披针形，长4~6cm，宽1~1.8cm …………… **异叶海桐 *P. heterophyllum***

四十五、金缕梅科 Hamamelidaceae

分 属 检 索 表

1. 胚珠及种子多枚；花序呈头状，多花；叶常具掌状脉，偶为羽状脉。
 2. 花两性或杂性；花瓣线形或不存在；托叶大，革质；叶全缘，具掌状脉，幼叶有时3浅裂；蒴果半藏在头状果序内；常绿性(马蹄荷亚科) ……………………………………………… **马蹄荷属 *Exbucklandia***
 2. 花单性；无花瓣，托叶线形；叶掌状裂或具羽状脉，蒴果全部藏在头状果序内。(枫香树亚科)
  3. 花柱脱落，无宿存萼齿；叶不分裂，羽状脉；常绿 ……………………………………… **蕈树属 *Altingia***
  3. 花柱宿存，萼齿宿存；叶掌状3~5裂，离基三出脉；落叶 ……………………………… **枫香树属 *Liquidambar***
1. 胚珠及种子1枚，花两性，具花瓣；总状或穗状花序；叶具羽状脉，不分裂；落叶。(金缕梅亚科)
 4. 花瓣长线形，4数；花序短穗状，果序近头状；退化雄蕊4；花柱不宿存(栽培) ……………………………………………………………………………………………… **檵木属 *Loropetalum***

4. 花瓣倒卵形，5 数；退化雄蕊 5；花序总状或穗状，常伸长；宿存花柱向外弯…… **蜡瓣花属 *Corylopsis***

1. 马蹄荷属 *Exbucklandia*

马蹄荷 *E. populnea*

乔木高 20m，嫩枝有柔毛，节膨大。叶革质，阔卵圆形，全缘，或嫩叶有掌状 3 浅裂，长 10 ~ 17cm，宽 9 ~ 13cm，先端渐尖，基部心形，基出脉 5 ~ 7 条；叶柄长 3 ~ 6cm；托叶椭圆形，长 2 ~ 3cm，宽 1 ~ 2cm。头状花序有花 8 ~ 12 朵，萼齿不明显，常为鳞片状；花瓣有或无；雄蕊与花柱等长。头状果序直径 2cm，蒴果长 7 ~ 9mm；种子有翅。产于察隅，生于海拔 2300m 的常绿林中。

2. 蕈树属 *Altingia*

细青皮 *A. excelsa*

常绿乔木，高 20m。叶薄，卵形或长卵形，长 8 ~ 14cm，宽 4 ~ 6.5cm，先端渐尖或尾状渐尖，基部圆形或近于微心形，脉腋间有柔毛；侧脉 6 ~ 8 对，网脉两面明显，靠近边缘处相结合；边缘有钝锯齿，托叶线形，早落。雄花头状花序常多个再排成总状花序，雄蕊多数，花丝无毛，花药比花丝略长；雌花头状花序生于当年枝顶的叶腋内，通常单生，有花 14 ~ 22 朵，萼筒完全与子房合生，藏在花序轴内，无萼齿。头状果序近圆球形，宽 1.5 ~ 2cm，蒴果完全藏于果序轴内，无萼齿，不具宿存花柱；种子多数，褐色。产于墨脱，生于海拔 720 ~ 1300m 的常绿阔叶林中。

3. 枫香树属 *Liquidambar*

枫香树 *L. formosana*

落叶乔木，高达 30m，胸径最大可达 1m。树皮灰褐色，方块状剥落。叶薄革质，阔卵形，掌状 3 裂，形似枫叶；叶掌状脉 3 ~ 5 条，在上下两面均显著，网脉明显可见；边缘有锯齿，齿尖有腺状突；叶柄长达 11cm，常有短柔毛；托叶线形，分离，或略与叶柄连生，红褐色，被毛，早落。雄性短穗状花序常多个排成总状，雄蕊多数，花丝不等长，花药比花丝略短。雌性头状花序有花 24 ~ 43 朵，花序柄长 3 ~ 6cm；萼齿 4 ~ 7 个，针形；子房下半部藏在头状花序轴内，上半部分离，有柔毛，花柱长 6 ~ 10mm，先端常卷曲。头状果序圆球形，木质，直径 3 ~ 4cm，有宿存花柱及针刺状萼齿；种子多数，褐色，多角形或有窄翅。产于墨脱（仁钦崩寺），生于海拔 1000 ~ 2000m 的密林中。

4. 檵木属 *Loropetalum*

红花檵木 *L. chinense* var. *rubrum*

多分支灌木，小枝有星状毛。叶革质，卵形，长 2 ~ 5cm，宽 1.5 ~ 2.5cm，先端尖锐，基部钝，不等侧，上面略有粗毛或秃净，下面被星状毛，稍带灰白色，侧脉约 5 对，在上面明显，在下面凸起，全缘；托叶膜质，早落。花 3 ~ 8 朵簇生，有短花梗，红色，比新叶先开放，或与嫩叶同时开放，短穗状花序柄长约 1cm，被毛；花瓣 4 枚，带状，长 1 ~ 2cm，先端圆或钝；雄蕊 4 枚，花丝极短，药隔突出呈角状；退化雄蕊 4 枚，鳞片状，与雄蕊互生；子房完全下位，被星毛；花柱极短，长约 1mm；胚珠 1 个，垂生于心皮内上角。蒴果卵圆形，先端圆，被褐色星状茸毛，萼筒长为蒴果的 2/3。花期 3 ~ 4 月。西藏东南部常在小环境或室内栽培观赏。

5. 蜡瓣花属 *Corylopsis*

滇蜡瓣花（西域蜡瓣花）*C. yunnanensis*

落叶灌木，高 1 ~ 4m；嫩枝被茸毛，老枝秃净，芽体无毛。叶椭圆形或卵圆形，边缘有锯齿，长5~9cm，宽3~5.5cm，先端略尖，基部微心形，不等侧，下面被褐色星状茸毛，脉上有长丝毛，侧脉8~9对，在上面陷下；托叶长圆形，长约2cm，外面无毛，内面有长丝毛。穗状花序基部有2~3枚叶片，花序柄长1cm，花序轴长2~3cm，均被丝状长茸毛；总状苞片近圆形，长0.7~1cm，苞片及小苞片均被毛；萼筒有茸毛，萼齿长1mm，无毛，花瓣长4mm，宽3.5mm，雄蕊长3mm，退化雄蕊2深裂；子房被茸毛，花柱长1.5mm。果序长4~5cm；蒴果长6~8mm，被茸毛，种子长4~5mm。花期5月，果期9~10月。产于墨脱，生于海拔2000~2600m的河谷疏林中。

四十六、虎耳草科 Saxifragaceae

分属检索表

1. 草本。
 2. 花通常为聚伞花序、总状花序、伞房花序或圆锥花序，稀单生；雄蕊4-5-8-10，无退化雄蕊；子房1~3室；通常为侧膜胎座或中轴胎座。
  3. 单叶。
   4. 子房1室，具2侧膜胎座或近于基生之侧膜胎座。
    5. 叶互生；花序圆锥状或总状，花被5基数，雄蕊10，侧膜胎座近于基生 ………… **黄水枝属 *Tiarella***
    5. 叶互生或互生；花单生或为小聚伞花序，萼片常为4，少为5，无花瓣；雄蕊8或4，稀为10；侧膜胎座 ………………………………………………………………………… **金腰属 *Chrysosplenium*** *
   4. 子房通常2室，中轴胎座。
    6. 花较大；花瓣宽；子房基部2室，具2基生的中轴胎座，顶部1室，有2顶生的侧膜胎座 ……………………………………………………………………………………… **岩白菜属 *Bergenia*** *
    6. 花小，稀无瓣；子房2室，具2中轴膜座 ……………………………………… **虎耳草属 *Saxifraga*** *
  3. 掌状复叶、羽状复叶或2~4回三出复叶，稀为单叶。
    7. 掌状复叶或羽状复叶；无花瓣，雄蕊10 …………………………………… **鬼灯檠属 *Rodgersia*** *
    7. 2~4回三出复叶，稀为心形单叶；花瓣3~5，有时更多，或无，雄蕊8~10或为5 …………………………………………………………………………… **落新妇属(红升麻属) *Astilbe***
 2. 花单生于茎顶；雄蕊5，与花瓣互生；退化雄蕊5，宽展呈片状，上部常分裂，与花瓣对生，子房1室，具3~4侧膜胎座 ……………………………………………………………… **梅花草属 *Parnassia***
1. 灌木或小乔木。
 8. 花瓣4~5，雄蕊8-10-20-40，通常为花瓣的倍数。
  9. 周边的花通常不育，大型；其萼片(2)3~4(5)，常增大呈花瓣状 ………………… **绣球属 *Hydrangea*** *
  9. 花全部可育；萼片从不增大呈花瓣状。
   10. 子房上部1室，下部有不连接的隔膜4~6片，为不完全的4~6室，浆果…………… **常山属 *Dichroa***
   10. 子房3~5室；蒴果。
    11. 叶通常被星状毛；花瓣5；雄蕊10(12~15)，花丝顶端通常具裂齿，蒴果3~5瓣裂 ……………………………………………………………………………………… **溲疏属 *Deutzia*** *
    11. 叶无星状毛；花瓣4(5~6)；雄蕊20~40，花丝线形；蒴果4裂 ………… **山梅花属 *Philadelphus*** *
 8. 花瓣4~5，稀缺；雄蕊通常与花瓣同数。
  12. 有小而早落的托叶；花瓣5；子房上位或半下位，2~3室；蒴果 ……………………… **鼠刺属 *Itea*** *
  12. 无托叶；花瓣4~5；子房下位，1室；浆果 ……………………………………… **茶藨子属 *Ribes*** *

1. 黄水枝属 *Tiarella*

黄水枝 *T. polyphylla*

多年生草本，高20~45cm。根茎横走，深褐色。茎不分支，密被腺毛，基生叶具长柄，叶片近心形，长2~8cm，宽2.5~10cm，先端急尖，基部心形，掌状3~5浅裂，边缘具不规则浅齿，两面密被腺毛；柄长2~12cm，基部扩大呈鞘状，密被腺毛；托叶褐色；茎生叶通常2~3，与基生叶同型，柄较短。总状花序长8~25cm，密被腺毛；花梗长达1cm；萼片直立。蒴果长0.7~1.2cm，种子椭圆球形，黑褐色。

2. 金腰属 *Chrysosplenium*

分 种 检 索 表

1. 叶对生，无毛，有时疏生褐色乳头凸起；雄蕊8；蒴果2裂，果爿不等长………… **山溪金腰 *C. nepalense***
1. 叶互生。
 2. 雄蕊短于萼片，子房半下位。
  3. 茎生叶通常1~2，肾形。
   4. 叶片浅裂，裂片椭圆形至卵形，通常具2~3圆齿；聚伞花序疏散 ……………… **肾叶金腰 *C. griffithii***
   4. 叶片具圆齿，圆齿先端微凹，齿尖开放；聚伞花序密集 ……………………… **裸茎金腰 *C. nudicaule***
  3. 茎生叶通常数枚，卵圆形至近圆形；或为倒阔卵形、扇形、披针形至条状长圆形。
   5. 基生叶卵圆形至近圆形，基部浅心形…………………………………………… **单花金腰 *C. uniflorum***
   5. 茎生叶倒阔卵形、扇形、披针形至条状长圆形，基部非浅心形。
    6. 除叶腋、苞腋具褐色乳头状凸起外，其他部分匀无毛；萼片腹面无乳头状凸起。
     7. 上部茎生叶倒阔卵形，基部楔形，渐狭成柄；萼片先端截状钝圆；成熟果爿露出萼外 ……………………………………………………………………………… **肉质金腰 *C. carnosum***
     7. 上部茎生叶披针形至条状长圆形，无柄；萼片先端微凹；果爿为萼片所蔽，不外露 ……………………………………………………………………………… **蔽果金腰 *C. absconditicapsulum***
    6. 体被柔毛；萼片腹面基部具一圈褐色乳状凸起；匍匐茎丝状 ……………… **绵毛金腰 *C. lanuginosum***
 2. 雄蕊长于萼片，常外露；子房近上位；低矮，仅高1.8~2.7cm；不育枝出自叶腋，极发达；叶片倒阔卵形，具5圆齿；苞片阔卵形，亦具5圆齿 ……………………… **鸦跖花金腰(朗县金腰) *C. oxygraphoides***

3. 岩白菜属 *Bergenia*

分 种 检 索 表

1. 叶片边缘无睫毛；萼片全缘，背面密被具长柄腺毛；花瓣深紫红色或亮粉红色 ……………………………………………………………………………… **岩白菜 *B. purpurascens***
1. 叶片边缘具硬睫毛；萼片先端有时具疏齿，无毛；花瓣通常为白色，稀粉红色 … **舌岩白菜 *B. pacumbis***

4. 虎耳草属 *Saxifraga*

分 种 检 索 表

1. 叶片表面无分泌钙质之窝孔。
 2. 叶片具圆齿，锯齿、齿牙，或为掌状浅裂。
  3. 叶片肾形，边缘具圆齿，或为掌状浅裂。
   4. 基生叶片边缘具7~9圆齿；基生叶腋部无珠芽(产于察隅) …………………… **球茎虎耳草 *S. sibirica***

4. 基生叶片边缘通常掌状浅裂；基生叶腋部具珠芽(产于米林、墨脱) …………… **零余虎耳草 *S. cernua***
3. 叶片非肾形。
5. 通常叶均基生，无毛或被柔毛；花梗被卷曲的柔毛；萼片反曲，花白色，基部具2个黄色斑点。
6. 花丝棒状；叶片腹面和叶缘有柔毛；聚伞花序具3~5花 ……………………… **多叶虎耳草 *S. pallida***
6. 花丝钻形；叶无毛；聚伞花序3~14花或单生；花药、雌蕊黑紫色 …… **黑蕊虎耳草 *S. melanocentra***
5. 叶均基生，被糙伏毛；花梗被黑褐色伸展腺毛，花黄色。
7. 叶(苞)腋部无芽。
8. 叶缘有5~6齿，多歧聚伞花序具花3~9朵，基部具4~6痂体 ………… **疏叶虎耳草 *S. substrigosa***
8. 叶片先端具3(4~5)齿，基部具(2)4~16痂体 ……………………………… **齿叶虎耳草 *S. hispidula***
7. 叶(苞)腋部无芽；茎上部叶密集，呈莲座状；萼片反曲 ……………………… **伏毛虎耳草 *S. strigosa***
2. 叶片全缘；非垫状植物；叶片和萼片无膜质流苏状边缘。
9. 具鞭匍枝，茎生叶无毛；萼片在花期开展，无毛；花瓣具2痂体 ……………… **须弥虎耳草 *S. brunonis***
9. 无鞭匐枝。
10. 叶片非肉质，基生叶发达且簇生，或极不发达以致不存在；聚伞花序或单花生于茎顶。
11. 基生叶甚少，于花期通常凋枯，或不存在；花黄色。
12. 无基生叶；叶腋无褐色卷曲柔毛，叶缘通常具软骨质硬睫毛；花瓣边缘有具腺睫毛，顶端微凹，无痂体 ……………………………………………………………………………… **腺瓣虎耳草 *S. wardii***
12. 叶腋和叶多少具褐色卷曲柔毛，通常有腺头。
13. 最上部茎生叶无柄，背面和边缘被毛；萼片直立但花期开展，其脉于先端从不汇合；聚伞花序具4~16花，先端圆钝，具6~7痂体 …………………………………… **散痂虎耳草 *S. diffusicallosa***
13. 茎生叶具柄，两面被毛；萼片直立，其脉于先端汇合与不汇合并存，或全不汇合；聚伞花序具4~16花，先端微凹，具4~8痂体，最下部1对痂体2分叉 ………………… **林芝虎耳草 *S. isophylla***
11. 基生叶发达，通常簇生；花黄色或紫色。
14. 花瓣近圆形、卵形、倒卵形、椭圆形至长圆状椭圆形，长一般不超过宽的3倍。
15. 茎生叶之叶片通常心状卵形至心形。
16. 茎生叶具柄、不抱茎，花瓣通常具4~8痂体。
17. 萼片之脉于先端不汇合 …………………………………………………… **优越虎耳草 *S. egregia***
17. 萼片之脉于先端汇合 …………………………………………………… **近优越虎耳草 *S. hookeri***
16. 茎生叶1~3枚，最上者无柄且抱茎，花瓣无痂体或具2~3痂体 …… **异叶虎耳草 *S. diversifolia***
15. 叶片卵形至条形，且基部决不心形。
18. 叶具褐色卷曲长柔毛；聚伞花序2~4花，萼片直立，花瓣无毛，具2痂体……………………………………………………………………………………… **山地虎耳草 *S. montana***
18. 叶具褐色腺毛；花梗被伸展短腺毛；叶片两面无毛。
19. 花瓣先端微凹；萼片直立状开展，脉先端汇合；花2痂体 …………… **岩梅虎耳草 *S. diapensia***
19. 花瓣先端钝圆，萼片直立，脉先端不汇合；无痂体…………… **异条叶虎耳草 *S. lepidostolonosa***
14. 花瓣长圆形、披针状长圆形、披针形，长为宽的3~5倍。
20. 植株被褐色卷曲柔毛；花瓣紫色，先端微凹，无痂体 …………………… **紫花虎耳草 *S. bergenioides***
20. 植株被腺柔毛；花瓣黄色，顶端圆钝或急尖，具2痂体 …………… **狭瓣虎耳草 *S. pseudohirculus***
10. 叶片多少肉质肥厚，基生叶通常密集，莲座状，叶互生。
21. 茎被褐色卷曲长柔毛。
22. 萼片在花期反曲，具黑褐色腺头之腺毛，聚伞花序伞状或复伞状，花瓣具6~7痂体 ……………………………………………………………………………………… **色季拉虎耳草 *S. sheqilaensis***
22. 萼片在花期开展，无毛，单花，花瓣具2痂体 ………………………… **藏南虎耳草 *S. engleriana***
21. 茎无褐色卷曲柔毛。

23. 花瓣提琴状长圆形至近提琴状；基生叶匙形；聚伞花序伞状或复伞状，花瓣具2痂体。
24. 基生叶叶缘无毛 ………………………………………………………… **小伞虎耳草 *S. umbellulata***
24. 基生叶叶缘具软骨质刚毛状睫毛 ………………………… **篦齿虎耳草 *S. umbellulata* var. *pectinata***
23. 花瓣非提琴状。
25. 花瓣基部心形或近箭形。
26. 基生叶匙形，茎生叶卵状椭圆形；聚伞花序5~8(14)花；萼片先端急尖，脉于先端汇合；花瓣卵状椭圆形，具2痂体 ………………………………………………… **景天虎耳草 *S. sediformis***
26. 基生叶条形，茎生叶长圆形；聚伞花序2~5花；萼片先端钝，脉于先端不汇合；花瓣具6~8痂体 ………………………………………………………………………… **加拉虎耳草 *S. gyalana***
25. 花瓣基部非心形，也非近箭形。
27. 莲座叶丛以上无明显的茎生叶和苞片；花单生，萼片边缘具腺睫毛 ……………………………………………………………………………………… **金星虎耳草 *S. stella-aurea***
27. 具明显的茎生叶和苞片。
28. 花瓣有3-5-7脉；茎微被白色柔毛；茎生叶边缘有刚毛，花瓣中部以下具黄褐色斑…………………………………………………………………………………… **白毛茎虎耳草 *S. miralana***
28. 花瓣全为3脉。
29. 叶片非条形；花瓣具4~6痂体。
30. 茎生叶两面被褐色腺毛；萼片背面被褐色腺毛，花瓣具4~6痂体 ……………………………………………………………………… **波密虎耳草 *S. heterotricha* var. *anadena***
30. 茎生叶两面无毛；萼片无毛；花瓣具4痂体 ……………………… **异毛虎耳草 *S. heterotricha***
29. 不育叶和茎生叶条形，有刚毛状睫毛；花2痂体 ………………… **线叶虎耳草 *S. taraktophylla***
1. 叶片表面具分泌钙质之窝孔；花单生。
31. 小茎轴之叶对生；莲座叶对生和轮生，具3~7分泌钙质之窝孔；花白色 ……………………………………………………………………………………… **对轮叶虎耳草 *S. subternata***
31. 小茎轴之叶通常互生；花黄色。
32. 小茎轴之叶具5个分泌钙质之窝孔 ……………………………………… **南布拉虎耳草 *S. nambulana***
32. 小茎轴之叶具7或9个分泌钙质之窝孔。
33. 小茎轴之叶具7个分泌钙质之窝孔 ……………………………………… **索白拉虎耳草 *S. elliotii***
33. 小茎轴之叶具9个分泌钙质之窝孔 ……………………………………… **九窝虎耳草 *S. kongboensis***

5. 鬼灯檠属 *Rodgersia*

分种检索表

1. 基生掌状复叶；花序密被褐色长腺毛；花期花丝长2~3.5mm ……… **七叶鬼灯檠(索骨丹) *R. aesculifolia***
1. 基生羽状复叶；花序被丛卷毛；花期花丝长5~8mm(可能分布) ………… **喜马拉雅鬼灯檠 *R. nepalensis***

6. 落新妇属 *Astilbe*

分种检索表

1. 花瓣5，条形，淡粉红色；萼片背面被腺毛；成熟之果爿近直立 ……… **腺萼落新妇(红落新妇) *A. rubra***
1. 无花瓣或有时具1(2~5)枚退化花瓣；萼片无毛；成熟之果爿外弯 ……………………………………………………………… **多花落新妇(多花红升麻) *A. rivularis* var. *myriantha***

7. 梅花草属 *Parnassia*

分 种 检 索 表

1. 退化雄蕊全缘；花瓣绿色；叶片薄 ………………………………………………………… **青铜钱 *P. tenella***
1. 退化雄蕊非全缘。
 2. 药隔向上延伸；花瓣白色，边缘之上部啮蚀状，中下部具流苏；花瓣脉约 12 … **突隔梅花草 *P. delavayi***
 2. 药隔不向上延伸；退化雄蕊 3 裂，或有 3 圆齿；花瓣脉 3～11。
  3. 退化雄蕊 3 裂，两侧裂片指状，岔开，中间裂片小齿状，比两侧裂片短 3～5 倍；花瓣淡黄绿色，边缘有长流苏，先端 2 浅裂；子房上位，柱头 3 裂，裂片平展至反曲 ……………… **指裂梅花草 *P. cooperi***
  3. 退化雄蕊和花瓣非上述情况；花瓣白色。
   4. 花瓣、萼片常具 3 脉；退化雄蕊常 3 浅裂；株高 5～31cm ……………………… **三脉梅花草 *P. trinervis***
   4. 花瓣通常 5 至多脉。
    5. 花瓣约具 11 脉；萼片脉于先端不汇合，基生叶卵形至狭卵形 ………………… **云梅花草 *P. nubicola***
    5. 花瓣通常 5～9 脉，白色常具褐色斑点；萼片于先端汇合，稀至脉不汇合；基生叶心状肾形、心形至卵状心形 …………………………………………………………………… **中国梅花草 *P. chinensis***

8. 绣球属 *Hydrangea*

分 种 检 索 表

1. 木质藤本；孕性花多数，花瓣连合成一冠盖状花冠，花后冠盖立即脱落…………… **冠盖绣球 *H. anomala***
1. 灌木或小乔木。
 2. 伞房状聚伞花序近球形，花多数为不孕花；叶先端骤尖(栽培) ………… **绣球(八仙花)*H. macrophylla***
 2. 伞房状聚伞花序非球形，花多数为孕性花；叶先端渐尖。
  3. 不育花之萼片全缘；子房半下位；花序不带紫色 ………………… **微绒绣球(毛叶绣球)*H. heteromalla***
  3. 不育花之萼片边缘有锯齿；子房下位；花序多少带紫色。
   4. 叶狭卵形至狭椭圆形，基部通常楔形，稀圆形；叶柄长 1～4.5cm ………………… **马桑绣球 *H. aspera***
   4. 叶阔卵形至近圆形，基部通常圆形、楔形至近心形；叶柄长 3～15cm ………… **粗枝绣球 *H. robusta***

9. 常山属 *Dichroa*

常山 *D. febrifuga*

落叶灌木，高 1～1.5m。枝粗达 1.5cm，断面为黄色，外面常呈紫红色，小枝稍具 4 钝棱，疏被黄色柔毛。叶对生，叶形变化极大，长 7～25cm，宽 2.6～8cm，先端短渐尖，边缘有锯齿，基部楔形，两面绿色或一到两面紫色，侧脉每边 8～10 条。伞房状圆锥花序常顶生，花序梗与花梗均被短柔毛；花两性，同型，蓝色或白色；萼倒圆锥形，裂齿 5～6，近三角形，花瓣在花后反曲；雄蕊 10～20，花丝扁平，常有斑点；花柱 5(4～6)，初时基部连合，棒状。浆果近下位，蓝色。产于墨脱，生于海拔 2100～2200m 的山坡林下。

10. 溲疏属 *Deutzia*

分 种 检 索 表

1. 蕾期花瓣内向镊合状排列；花萼紫红色；叶片腹面之星状毛具 4～9(10～11)射线；背面之星状毛具 5～7(8)射线；萼裂片稍长于萼筒；有的内轮花丝之齿明显高出花药 ……………… **紫花溲疏 *D. purpurascens***
1. 蕾期花瓣覆瓦状排列；花萼灰绿色。

2. 叶片腹面疏生具(3)4~6(7~9)射线之星状毛；背面密生具(7~8)9~10(11~13)射线之星状毛；内轮花丝之齿不高出花药……………………………………………………………… **波密溲疏 *D. bomiensis***
2. 叶片腹面疏生具(3)4~6(7)射线之星状毛，背面疏生具(5~6)7~8(9)射线之星状毛；内轮花丝之齿，有的明显高出花药 …………………………………………………………… **密序溲疏 *D. compacta***

11. 山梅花属 *Philadelphus*

分 种 检 索 表

1. 花柱上部约有1/3分裂，或仅基部合生；叶片上面无毛 ……………………… **茸毛山梅花 *P. tomentosus***
1. 花柱上端稍有分裂或连合至近柱头处；叶片上面被糙伏毛 ………… **云南山梅花(西南山梅花)*P. delavayi***

12. 鼠刺属 *Itea*

俅江鼠刺 *I. kiukiangensis*

乔木，高达10m。叶薄革质，长圆形，长10~13cm，宽2.8~6.8cm，基部圆状楔形，边缘有锯齿，先端短渐尖，两面无毛，侧脉5~8(10)对；叶柄长1~1.2cm。总状花序腋生，长9~17cm，花梗长2~3mm，与花序梗均疏被柔毛；萼裂片三角形，长约1.6mm，宽约1mm，直立而宿存；花小，花瓣三角状狭卵形，长约2mm，宽约0.9mm；雄蕊与花瓣近等长，花药近圆形；子房半下位，疏被柔毛。蒴果长约6.5mm，宽约2mm。花果期7~9月。产于墨脱、察隅，生于海拔1100~2300m的林中。

13. 茶藨子属 *Ribes*

分 种 检 索 表

1. 枝具3分叉之刺；花1~2朵，腋生 ……………………………………………… **长刺茶藨子 *R. alpestre***
1. 枝无刺；总状花序多花。
 2. 花两性。
  3. 萼裂片反曲，边缘无睫毛 ……………………………………………… **曲萼茶藨子 *R. griffithii***
  3. 萼片直立，边缘微具睫毛 ……………………………………………… **糖茶藨子 *R. himalense***
 2. 花单性；雌雄异株。
  4. 果或多或少被柔毛和腺毛。
   5. 叶片较大，通常为心形或阔卵形，长4.9~13cm，宽3.8~12.6cm，裂片先端渐尖 ………………………………………………………………… **束果茶藨子 *R. takare* var. *desmocarpum***
   5. 叶片较小，通常为圆状肾形，长1.5~5cm，宽1.4~6cm，裂片先端急尖或圆钝。
    6. 萼片内面或少被柔毛，或有时无毛而外面被柔毛，有时还杂有腺毛，边缘具睫毛；浆果被腺毛，有时杂有腺毛……………………………………………………… **东方茶藨子 *R. orientale***
    6. 萼片无毛；浆果具极少腺毛 ………………………………………… **紫花茶藨子 *R. luridum***
  4. 果无毛。
   7. 叶片较大，长3~4.5cm，宽3.4~4.2cm，边缘有圆齿状粗重锯齿；萼片近椭圆形，先端钝；花陀螺状或近盆状 ……………………………………………………… **冰川茶藨子 *R. glaciale***
   7. 叶片较小，长1.8~3.5cm，宽1.9~3.2cm，边缘有较细重锯齿；萼片卵状披针形，先端较锐；花轮状 ……………………………………………………………… **狭萼茶藨子 *R. laciniatum***

四十七、悬铃木科 Platanaceae

1. 悬铃木属 *Platanus*

分种检索表

1. 果枝有球状果序3个以上；叶深裂，托叶短于1cm；花4数(栽培)……… **三球悬铃木(法桐)*P. orientalis***
1. 果枝有球状果序1～2个，稀3个；叶深裂或浅裂，托叶长于1cm；花4～6数(栽培)。
 2. 托叶长约1.5cm，叶5～7掌状深裂；花4数；果序常为2，稀1或3个 ……………………………………………………………………………………… **二球悬铃木(英桐)*P.* × *acerifolia***
 2. 托叶长于2cm，喇叭形；叶多为3浅裂；花4～6数，果序常单生，稀2个 ……………………………………………………………………………………… **一球悬铃木(美桐)*P. occidentalis***

四十八、蔷薇科 Rosaceae

分属检索表

1. 果实为开裂的蓇葖果，稀蒴果；心皮1～5(12)；托叶有或无。(绣线菊亚科)
 2. 心皮1～2；单叶，有托叶，早落；花序总状或圆锥状 ……………………… **绣线梅属 *Neillia***
 2. 心皮5，稀罕(1)3～4。
  3. 单叶，无托叶。
   4. 花序伞形至伞房状或圆锥状；心皮离生；叶边缘常有锯齿或裂片，稀全缘 ……… **绣线菊属 *Spiraea****
   4. 花序穗状圆锥形；心皮基部合生；叶边全缘 ……………………… **鲜卑花属 *Sibiraea***
  3. 羽状复叶；大型圆锥花序。
   5. 多年生草本；1～3回羽状复叶，无托叶；心皮3～4(5～8)离生 ……………… **假升麻属 *Aruncus***
   5. 灌木；单回羽状复叶，有托叶；心皮5，基部合生 ……………………… **珍珠梅属 *Sorbaris****
1. 果实不开裂，全有托叶。
 6. 子房下位，稀上位，心皮(1)2～5，多数与杯状花托内壁连合；梨果或浆果状，稀小核果状。(苹果亚科)
  7. 心皮在成熟时变为坚硬骨质；果实内含1～5小核。
   8. 单叶。
    9. 叶边全缘；枝条无刺 ……………………… **栒子属 *Cotoneaster****
    9. 叶连有锯齿或裂片，稀全缘；枝条常有刺 ……………………… **火棘属 *Pyracantha****
   8. 羽状复叶，小叶全缘；心皮5，各含1胚珠 ……………………… **小石积属 *Osteomeles***
  7. 心皮在成熟时变为革质或纸质；梨果1～5室，每室1至数枚种子。
   10. 花多朵，形成复伞房花序或圆锥花序。
    11. 单叶或复叶，均凋落；总花梗无瘤状凸起；心皮2～5全部或一部分与萼筒合生，子房下位；果期萼片宿存或脱落 ……………………… **花楸属 *Sorbus****
    11. 单叶常绿，稀凋落。
     12. 心皮全部合生，子房下位；顶生圆锥花序，总花梗和花梗常密被毛(栽培) …… **枇杷属 *Eriobotrya***
     12. 心皮一部分离生，子房半下位；总花梗或花梗常有瘤状凸起，顶生伞形、伞房或复伞房花序 ……………………… **石楠属 *Photinia****
   10. 花较少，花序伞形或总状，有时花单生。
    13. 每心皮含3至多数种子；花柱基部合生；花单生或簇生 ……………………… **木瓜属 *Chaenomeles****
    13. 每心皮内含1～2种子。

14. 花柱基部合生；果实多无石细胞 …………………………………………………… 苹果属 ***Malus****
14. 花柱离生；果实常有多数石细胞………………………………………………………… 梨属 ***Pyrus****
6. 子房上位，少数下位。
15. 心皮常多数；瘦果，稀小核果；萼宿存；常具复叶，极稀单叶。（蔷薇亚科）
16. 瘦果和小核果着生在扁平或隆起的花托上。
17. 灌木常有刺，极稀多年生草本；心皮各含胚珠2枚；小核果相互连合成聚合果 …… 悬钩子属 ***Rubus****
17. 多年生草本，极稀灌木；心皮各含胚珠1枚；瘦果相互分离；花有副萼。
18. 花柱顶生，果期宿存，顶端多有钩；胚珠有子房基部直生，珠孔向下 …………… 路边青属 ***Geum***
18. 花柱侧生或基生，稀顶生；胚珠着生在子房壁上，珠孔向上。
19. 多年生草本；叶基生，小叶3～5片；花托在成熟时变为肉质。
20. 花瓣白色；副萼比萼片小 ……………………………………………………………… 草莓属 ***Fragaria****
20. 花瓣黄色；副萼比萼片大，顶端3～5裂 ……………………………………………… 蛇莓属 ***Duchesnea****
19. 草本或灌木；叶茎生和基生，掌状复叶或羽状复叶；花托在成熟时干燥。
21. 雄蕊20，至少多于10；雌蕊多数……………………………………………………… 委陵菜属 ***Potentilla****
21. 雄蕊4～5，稀10；雌蕊5～20；雄蕊与花瓣互生 ……………………………… 山莓草属 ***Sibbaldia***
16. 瘦果生在杯状或坛状花托里面。
22. 灌木，枝常有刺，稀无刺；羽状复叶，极稀单叶；心皮多数；花托成熟时肉质而有光泽 ………… ……… 蔷薇属 ***Rosa****
22. 草本，稀矮小灌木；心皮1～4；花托成熟时干燥坚硬。
23. 无花瓣；萼片覆瓦状排列，不具副萼；雄蕊4～15 ………………………………… 地榆属 ***Sanguisorba****
23. 花瓣黄色。
24. 萼筒有钩状刚毛，无副萼；雄蕊5～15 ………………………………………… 龙芽草属 ***Agrimonia****
24. 萼不具钩状刚毛，但有副萼；雄蕊35～40 ……………………………………… 马蹄黄属 ***Spenceria***
15. 心皮常1，少数2或5；核果；萼常脱落；单叶。（李亚科）
25. 花瓣和萼片多细小，通常不易分清，10～12(15)；乔木或灌木；单性花；心皮2；花柱顶生；胚珠下垂……………………………………………………………………………………………… 臭樱属 ***Maddenia***
25. 花瓣和萼片均大型，各5；心皮1。
26. 灌木，常有刺；枝条髓部呈薄皮状；花柱侧生；胚珠直立 ……………………… 扁核木属 ***Prinsepia***
26. 乔木或灌木；枝条髓部呈坚实；花柱顶生。
27. 幼叶多为席卷式，少数为对折式；果实有沟，外面被毛或被蜡粉。
28. 侧芽3，两侧为花芽，具顶芽；花1～2，常无柄，稀有柄；子房和果实常被短柔毛，极稀无毛；核常有孔穴，极稀光滑；叶片为对折式；先花后叶 …………………………………… 桃属 ***Amygdalus****
28. 侧芽单生，顶芽缺；核常光滑或有不明显孔穴。
29. 子房和果实常被短柔毛；花常无柄或有短柄，先花后叶……………………………… 杏属 ***Armeniaca****
29. 子房和果实均光滑无毛，常被蜡粉；花常有柄，花叶同放 ……………………………… 李属 ***Prunus****
27. 幼叶常为对折式；果实无沟，不被蜡粉；枝有顶芽。
30. 花单生或数朵着生在短总状或伞房状花序，基部常有明显苞片；子房光滑；核平滑，有沟，稀有孔穴 ……………………………………………………………………………………………… 樱属 ***Cerasus****
30. 花小形，10朵至多朵着生在总状花序上，苞片小形。
31. 叶冬季凋落；花序顶生，花序梗上常有叶片，稀无叶 ………………………………… 稠李属 ***Padus***
31. 叶常绿；花序腋生，花序梗上无叶片 ………………………………………………… 桂樱属 ***Laurocerasus***

1. 绣线梅属 *Neillia*

分 种 检 索 表

1. 顶生圆锥花序；萼筒钟状；花白色。
 2. 小枝及总花梗密被短黄褐色柔毛；子房无毛，内含成熟胚珠 3 ~ 4；叶片上下两面被柔毛，下面较密 …………………………………………………………………………………………………… **密花绣线梅 *N. densiflora***
 2. 小枝及总花梗微被柔毛或密被短柔毛。
  3. 小枝细弱有棱角，萼筒外面疏被短柔毛；子房无毛或在缝线上有少数柔毛，内含胚珠 8 ~ 12；叶脉下面有柔毛或近无毛 ……………………………………………………………………… **绣线梅 *N. thyrsiflora***
  3. 小枝细弱圆柱形，萼筒外面密被短柔毛；子房全部被柔毛，内含成熟胚珠 3 ~ 5；叶片两面被柔毛，下面较密 ……………………………………………………………………… **云南绣线梅 *N. serratisepala***
1. 顶生总状花序，萼筒钟状或筒状；花淡粉红色。
  4. 萼筒钟状至壶形钟状，长宽相等或宽大于长。
   5. 心皮 1，子房顶端有毛或全部有毛，内含胚珠 8 ~ 10 ……………………………… **粉花绣线梅 *N. rubiflora***
   5. 心皮 1 ~ 5，子房外面全部被柔毛，内含胚珠 4 ~ 6 ……………………………………… **川滇绣线梅 *N. affinis***
  4. 萼筒钟状，长大于宽，萼筒外面密被短柔毛；心皮 1，子房仅尖端具柔毛，内含胚珠 5 ~ 8 ………… …………………………………………………………………………………………… **西康绣线梅 *N. thibetica***

2. 绣线菊属 *Spiraea*

分 种 检 索 表

1. 花序着生在当年生具叶长枝的顶端，长枝自灌木基部或老枝上发生，或自去年生的枝上发生；复伞房花序宽广平顶。
 2. 复伞房花序顶生于当年生直立的新枝上；花序被短柔毛，花粉红色或紫红色，稀白色。
  3. 冬芽具数枚外露鳞片；叶长 2 ~ 8cm，柄长 1 ~ 3mm；果期萼片直立(栽培)…… **粉花绣线菊 *S. japonica***
  3. 冬芽具 2 枚外露鳞片；叶长 2 ~ 4cm，柄长 6 ~ 8mm；果期萼片反折 ……………… **藏南绣线菊 *S. bella***
 2. 复伞房花序发生在去年生枝上的侧生短枝上。
  4. 冬季顶端钝，具数枚外露鳞片；果期萼片直立，花白色或乳白色。
   5. 叶长椭圆形，长 1.5 ~ 3.5cm，宽 1 ~ 2cm；叶柄 3 ~ 5mm ……………………… **广椭绣线菊 *S. ovalis***
   5. 叶近卵形，长 0.8 ~ 1.5cm，宽 1cm 以下；叶柄 1 ~ 2mm ……………… **川滇绣线菊 *S. schneideriana***
  4. 冬芽顶端急尖至渐尖，具 2 枚外露鳞片。
   6. 叶缘有缺刻状重锯齿或单锯齿和浅裂。
    7. 叶长 4 ~ 7cm，叶柄长 6 ~ 10mm；果期萼片平展 ……………………………… **裂叶绣线菊 *S. lobulata***
    7. 叶长 2 ~ 4cm，叶柄长 2 ~ 5mm；果期萼片直立或反折…………………… **长芽绣线菊 *S. longigemmis***
   6. 叶片全缘或中部以上有少数锯齿。
    8. 花红色；果无毛；叶长 0.8 ~ 1.2cm，长椭圆形至倒卵形；果期萼片反折 … **拱枝绣线菊 *S. arcuata***
    8. 花白色或淡粉红色；果被柔毛；叶长 1 ~ 2cm，卵形至倒卵状披针形；萼片直立或平展。
     9. 叶背被短柔毛；萼筒具短柔毛 ……………………………………………… **楔叶绣线菊 *S. canescens***
     9. 叶背灰绿色；萼筒无毛或具稀疏柔毛 …………… **粉背楔叶绣线菊 *S. canescens* var. *glaucophylla***
1. 花序由去年生枝上的芽发生，着生在短枝顶端；花序为有总梗的伞形或伞形总状花序，基部常有叶片，花白色。
 10. 叶长 3 ~ 5cm，羽状叶脉明显；冬芽具数枚外露鳞片(栽培)……………………… **麻叶绣线菊 *S. cantoniensis***
 10. 叶长 2cm，叶脉不明显或基出三脉明显。

11. 冬芽具数枚外露鳞片；果无毛或仅腹缝线有疏短柔毛。
 12. 高0.5~1.2m；叶多数簇生，叶下面灰绿色，有粉霜；花序总梗不明显 ········ **高山绣线菊 *S. alpina***
 12. 高2~3m；叶多数不簇生，叶下疏生短柔毛或无；花序总梗明显 ··········· **细枝绣线菊 *S. myrtilloides***
11. 冬芽具2枚外露鳞片。
 13. 小枝、叶片及花序均具柔毛；果被短柔毛 ································ **毛叶绣线菊 *S. mollifolia***
 13. 小枝、叶片、果无毛或近无毛；花序疏生柔毛····················· **光秃绣线菊 *S. mollifolia* var. *glabrata***

3. 鲜卑花属 *Sibiraea*

分 种 检 索 表

1. 总花梗、花梗均无毛；叶片线状披针形、宽披针形或长圆倒披针形 ························ **鲜卑花 *S. laevigata***
1. 总花梗、花梗密被短柔毛；叶片窄披针形或倒披针形，稀长椭圆形 ··············· **窄叶鲜卑花 *S. angustata***

4. 假升麻属 *Aruncus*

假升麻 *A. sylvester*

多年生草本，基部木质化，高达1~3m。茎圆柱形，无毛，带暗紫色。大型羽状复叶，无托叶，小叶片3~9，边缘有不规则的尖锐重锯齿。大型穗状圆锥花序，长10~40cm，小花直径2~4mm；萼筒杯状，萼片三角形，全缘；花瓣倒卵形，先端圆钝，白色；雄花具雄蕊20，着生在萼筒边缘，花丝比花瓣长约1倍，有退化雌蕊；花盘盘状，边缘有10个圆形凸起；雌花心皮3~4，稀5~8，花柱顶生，微倾斜于背部，雄蕊短于花瓣。蓇葖果并立，无毛，果梗下垂；萼片宿存，开展稀直立。花期6月，果期8~9月。产于林芝、亚东、聂拉木、吉隆，生于海拔2600~4100m的山谷林下。

5. 珍珠梅属 *Sorbaris*

分 种 检 索 表

1. 小叶在幼嫩时下面具星状毛；雄蕊比花瓣长 ·· **高丛珍珠梅 *S. arborea***
1. 小叶下面具单毛，沿中脉较密；雄蕊与花瓣近等长(产于札达) ····················· **西藏珍珠梅 *S. tomentosa***

6. 栒子属 *Cotoneaster*

分 种 检 索 表

1. 稀疏的聚伞花序，花常3~15朵；叶片中形，长1~6(10)cm；落叶极稀半常绿灌木。(疏花组)
 2. 花瓣开花时平铺展开，白色；果实红色。
  3. 叶片下面无毛或稍具柔毛；无白霜。
   4. 花梗和萼筒外面有稀疏柔毛；叶片下面有短柔毛 ····························· **毛叶水栒子 *C. submultiflorus***
   4. 花梗和萼筒均无毛；叶片下面无毛 ·· **水栒子 *C. multiflorus***
  3. 叶片下面被长茸毛和白霜 ·· **钝叶栒子 *C. hebephyllus***
 2. 花瓣开花时直立；果实红色或者黑色。
  5. 落叶灌木；叶片草质；小核1~3，稀4~5。
   6. 叶片顶端渐尖，稀急尖；花瓣粉红色；果红色，2小核 ·························· **尖叶栒子 *C. acuminatus***
   6. 叶片顶端急尖，稀渐尖；花瓣白色外带红晕；果黑色，2~3小核 ··················· **灰栒子 *C. acutifolius***
  5. 落叶或半常绿灌木；叶片草质近革质；花瓣红色或白色，小核2~3，稀4~5。

7. 叶片长在 2.5cm 以下，顶端急尖，稀圆钝。
8. 花瓣浅红色；果实红色，3 ~ 5 小核 …………………………………………………… **木帚栒子 *C. dielsianus***
8. 花瓣白色外带红晕；果实黑色，1 ~ 2 小核………………………………………………… **细枝栒子 *C. tenuipes***
7. 叶片长在 2.5cm 以上。
9. 嫩枝被黄色糙伏毛；总花梗和花梗具柔毛，花染红色；果暗红色，3 小核 …… **暗红栒子 *C. obscurus***
9. 嫩枝及花梗密被白色茸毛；花瓣白色外带红晕；果橘红色，2 小核 ……………… **白毛栒子 *C. wardii***
1. 花单生，稀 2 ~ 3(7) 朵簇生；叶片小形，长不足 2cm；平铺或矮生灌木。(单花组)
10. 常绿灌木；叶下面密被柔毛或茸毛；花瓣白色，开花时平铺展开；果实红色，小核 2 ~ 3，稀 4 ~ 5。
11. 萼筒外被茸毛；叶片先端具短尖，下面密被茸毛；花 3 ~ 5 朵，少数单生 … **黄杨叶栒子 *C. buxifolius***
11. 萼筒外被疏柔毛；叶片先端圆钝，稀微凹或急尖，下面被疏柔毛。
12. 花 3 ~ 7 朵；叶片长圆倒卵形稀倒披针形，下面被平铺曲柔毛 ………………… **康巴栒子 *C. sherriffii***
12. 花单生，稀 2 ~ 3 朵。
13. 叶片倒卵形或长圆倒卵形，长 4 ~ 10mm；果实球形 ……………………… **小叶栒子 *C. microphyllus***
13. 叶片近圆形或广卵形，长 8 ~ 20mm；果实倒卵形 ………………………… **圆叶栒子 *C. rotundifolius***
10. 落叶或半常绿灌木；花瓣红色，在开花时直立；果实红色或黑色，小核 2 ~ 3，稀 4 或 1。
14. 叶片下面永密被黄色茸毛；花常单生；萼筒外被柔毛 ……………………………… **红花栒子 *C. rubens***
14. 叶片下面无毛或具极稀疏柔毛。
15. 萼筒无毛；直立灌木；茎多少呈二列分支状，果实下垂，花单生；雄蕊 20 …… **两列栒子 *C. nitidus***
15. 萼筒外面微具柔毛。
16. 茎丛生地上；叶片上面无毛；果实鲜红色，小核 2(3) ……………………… **匍匐栒子 *C. adpressus***
16. 直立灌木；叶片上下两面有长柔毛；果实黑色，小核 2 ~ 3 …………… **丹巴栒子 *C. harrysmithii***

7. 火棘属 *Pyracantha*

分 种 检 索 表

1. 叶片下面无毛，边缘有钝锯齿，尖端圆钝或微凹；花梗和萼筒均无毛(栽培)………… **火棘 *P. fortuneana***
1. 叶片下面密被茸毛，全缘或近全缘，尖端常有短尖；花梗和萼筒密被茸毛 …… **窄叶火棘 *P. angustifolia***

8. 小石积属 *Osteomeles*

华西小石积 *O. schwerinae*

落叶或半常绿灌木，高 1 ~ 3m。小枝细弱，圆柱形，微弯曲，幼时密被灰白色柔毛，逐渐脱落无毛，红褐色或紫褐色。冬芽小，扁平三角卵形，紫褐色，近无毛。奇数羽状复叶，具 7 ~ 15 对小叶，连叶柄长 2 ~ 4.5cm；小叶对生，椭圆形、椭圆状圆形或倒卵状长圆形，长 5 ~ 10mm，宽 2 ~ 4mm，先端急尖或突尖，基部宽楔形或近圆形，全缘，两面疏生柔毛。顶生花序伞房状，有 3 ~ 5 朵花，花瓣条圆形白色；雄蕊 20，花柱 5，柱头头状。果实卵形或近球形，蓝黑色，小核 5，骨质，褐色，椭圆形。产于察隅，生于河床干砂地上。

9. 花楸属 *Sorbus*

分 种 检 索 表

1. 单叶，叶边缘有不整齐浅重锯齿；果实上有宿存的萼片。
2. 侧脉 13 ~ 16 对；花柱 2，基部无毛；果实深红色 ……………………………………… **康藏花楸 *S. thibetica***
2. 侧脉 10 ~ 14 对；花柱 2 ~ 3，基部有毛；果实白色微带红晕 ……………………… **灰叶花楸 *S. pallescens***

1. 羽状复叶；果实上有宿存的萼片；心皮 2 ~ 4，稀 5，大部分与花托合生；花柱 2 ~ 4(5)，通常离生。
3. 小叶片 4 ~ 9 对，稀稍多；托叶早落。
4. 小叶片 4 ~ 6 对，常 5 对，厚如革质；顶端圆钝，边缘大部分有浅钝锯齿，明显反卷，下面具柔毛并密被乳头状凸起 …………………………………………………………………… **卷边花楸 *S. insignis***
4. 小叶片 4 ~ 9 对，稀稍多，椭圆形或长圆椭圆形，顶端圆钝或急尖，仅顶端有少数锯齿，不反卷。
5. 小叶片 5 ~ 6 对，稀 8 对，下面无乳头状凸起，无毛或仅中脉基部有少数柔毛；托叶膜质……………………………………………………………………………… **少齿花楸 *S. oligodonta***
5. 小叶片 4 ~ 6(9) 对，下面密被乳头状凸起，中脉上疏生锈褐色柔毛或近无毛；托叶草质 ……………………………………………………………………………… **尼泊尔花楸 *S. foliolosa***
3. 小叶片通常 9 ~ 12 对[维西花楸小叶片 6 ~ 8(10) 对]。
6. 小叶片长 2cm 以上，对数较少。
7. 叶边具齿较少，仅顶端或中部以上有锯齿；托叶草质。
8. 小叶 9 ~ 14 对，叶宽 6 ~ 8mm；托叶宽卵形，宿存，有锯齿 …………… **蕨叶花楸 *S. pteridophylla***
8. 小叶 4 ~ 6(9) 对，叶宽 8 ~ 14mm；托叶披针形，脱落，全缘 …………… **尼泊尔花楸 *S. foliolosa***
7. 叶边锯齿较多，全部有锯齿或仅基部全缘；托叶草质或膜质。
9. 果实浅红色至深红色。
10. 小枝肥厚；萼筒无毛；托叶草质。
11. 小叶 7 ~ 9 对，边缘自近基部 1/3 以上部有细锐锯齿；托叶披针形，花后脱落。
12. 冬芽、叶轴小叶片下面中脉和花序上无锈褐色柔毛 ………………… **西南花楸 *S. rehderiana***
12. 冬芽、叶轴小叶片下面中脉和花序上密被锈褐色柔毛 ……………………………………………………………… **锈毛西南花楸 *S. rehderiana* var. *cupreonitens***
11. 小叶片 9 ~ 12(15) 对，边缘仅顶端或中部以上部有锐锯齿，下面及叶轴有褐色短柔毛；托叶宽卵形或半圆形，宿存，具锯齿，稀全缘 ……………………………………… **美叶花楸 *S. ursina***
10. 小枝细瘦；萼筒被柔毛；托叶草质或膜质。
13. 小叶 9 ~ 13 对，叶边每侧有锯齿 4 ~ 8；托叶膜质，钻形，早落 ……… **川滇花楸 *S. vilmorinii***
13. 小叶 6 ~ 8(10) 对，边缘除基部全缘外均有锯齿(15 ~ 20)；托叶草质，大形，有锯齿或全缘，花后宿存 ……………………………………………………………… **维西花楸 *S. monbeigii***
9. 果实白色。
14. 小叶 9 ~ 13(17) 对，下面沿中脉有疏柔毛，边缘自中部以上有尖锐细锯齿；花序有疏柔毛……………………………………………………………………………… **西康花楸 *S. prattii***
14. 小叶 5 ~ 8 对，两面无毛，边缘除基部全缘外均有粗锐锯齿；花序无毛 ……………………………………………………………………………… **察隅花楸 *S. zayuensis***
6. 小叶长在 2cm 以下，对数较多。
15. 小叶每侧有齿 3 ~ 5；叶轴下面具稀疏褐柔毛；小叶片、花序和花萼常无毛。
16. 小叶 8 ~ 13 对，边缘为粗齿；果实深红色 ………………………………… **纤细花楸 *S. filipes***
16. 小叶 10 ~ 17 对，稀 9 对，边缘为尖齿；果实白里透蓝 ………………… **小叶花楸 *S. micorphylla***
15. 小叶每侧锯齿 5 ~ 10；小叶片、花序和花萼均有锈红色柔毛或白色柔毛；果实红色。
17. 小叶片常 8 ~ 14 对；花序具较少花(3 ~ 8 朵或稍多)；叶轴、叶片下面总花梗和花梗均被锈红色柔毛，花萼无毛 ……………………………………………………………… **红毛花楸 *S. rufopilosa***
17. 小叶片常 12 ~ 17 对；花序具较多花(10 朵以上)，叶轴、叶片两面、总花梗和花梗及花萼均被白色疏柔毛 ……………………………………………………………… **白毛花楸 *S. albopilosa***

10. 枇杷属 *Eriobotrya*

枇杷 *E. japonica*

常绿小乔木，高可达 10m。小枝粗壮，黄褐色，密生锈色或灰棕色茸毛。叶片革质，披针形、倒披针形、倒卵形或椭圆长圆形，长 12 ~ 30cm，宽 3 ~ 9cm，先端急尖或渐尖，基部楔形或渐狭成叶柄，上部边缘有疏锯齿，基部全缘，上面光亮，多皱，下面密生灰棕色茸毛，侧脉 11 ~ 21 对；叶柄短或几无柄，有灰棕色茸毛，具托叶。圆锥花序顶生，长 10 ~ 19cm，具多花；花瓣白色，长圆形或卵形。果实球形或长圆形，黄色或橘黄色；种子 1 ~ 5，球形或扁球形，褐色，光亮，种皮纸质。花期 10 ~ 12 月，果期 5 ~ 6 月。林芝八一镇有观赏栽培，察隅、墨脱可作果树栽培。

11. 石楠属 *Photinia*

分种检索表

1. 小枝、总花梗和花梗均无毛；叶片长圆形、披针形或倒披针形，长 6 ~ 12cm，宽 3 ~ 5cm，两面无毛。
 2. 叶全缘(产于察隅、墨脱、波密) ························ **全缘石楠 *P. integrifolia***
 2. 叶中上部有具腺细锯齿(栽培) ························ **石楠 *P. serrulata***
1. 小枝、总花梗的花梗密被褐黄色柔毛；叶片椭圆形至椭圆倒卵形，长 16 ~ 27cm，宽 10 ~ 12cm，叶边有不明显锯齿，下面密被褐黄色柔毛(产于墨脱) ························ **大叶石楠 *P. megaphylla***

12. 木瓜属 *Chaenomeles*

分种检索表

1. 叶边有锯齿；萼片直立。
 2. 叶片卵形至长椭圆形，幼时下面无毛或有短柔毛；叶边有尖锐锯齿；枝条初期直立，不久展开；花柱基部无毛或稍有毛(栽培) ························ **皱皮木瓜(贴梗海棠)*C. speciosa***
 2. 叶片椭圆形或披针形，幼时下面密被褐色茸毛，叶边有刺芒状锯齿；枝条坚硬，直立；花柱基部常被柔毛或绵毛 ························ **毛叶木瓜 *C. cathayesis***
1. 叶全缘；萼片反折；花柱基部被柔毛 ························ **西藏木瓜 *C. thibetica***

13. 苹果属 *Malus*

分种检索表

1. 叶片不分裂，芽中呈席卷状；果实内无石细胞。
 2. 萼片宿存；花柱 4 ~ 5；果实大型，直径在 2cm 以上(栽培)。
  3. 萼片先端急尖，比萼筒短或等长；果梗细长 ························ **西府海棠 *M.* × *micromalus***
  3. 萼片先端渐尖，比萼筒长；果梗粗短 ························ **苹果 *M. pumlia***
 2. 萼片脱落，花柱 3 ~ 5，果实较小，直径多在 1.5cm 以下。
  4. 萼片三角卵形，与萼筒等长或稍短；叶缘具钝细锯齿，基部楔形至近圆形，中脉有时具短柔毛，其余均无毛，叶上面常带紫晕；花粉色；果实梨形或倒卵形(栽培) ························ **垂丝海棠 *M. halliana***
  4. 萼片披针形，比萼筒长。
   5. 嫩枝无毛，叶缘具细锐锯齿，幼时下面稍有短柔毛或无毛，以后多数脱落近于无毛；花白色；果实近球形，直径 8 ~ 10cm ························ **山荆子 *M. baccata***
   5. 嫩枝和叶片下面密被短柔毛或茸毛。
    6. 叶缘具紧贴锯齿，基部圆形或宽楔形，下面密被短柔毛；花白色；果实卵形或近球形，萼洼微隆起，萼片脱落 ························ **丽江山荆子 *M. rockii***
    6. 叶缘具尖锐锯齿，基部楔形，下面幼时具短柔毛，老时脱落近于无毛；花粉色；果实近球形，萼洼下陷；萼片脱落，少数宿存(栽培) ………………………………………… **西府海棠 *M.* × *micromalus***

1. 叶片常分裂，稀不裂，在芽中呈对折状；果实内无石细胞或有少数石细胞。

7. 萼片宿存。

8. 叶片不分裂，有锐利重锯齿；花序近伞形，花柱 3~5 ………………………… **沧江海棠 *M. ombrophila***

8. 叶片有 3~6 浅裂片和重锯齿；花序近总状，花柱 5 ……… **川鄂滇池海棠 *M. yunnanensis* var. *veitchii***

7. 萼片脱落。

9. 嫩枝稍具茸毛，早落；叶片有时具深裂，两面均被茸毛；花直径 2~2.5cm ………………………………………………………………………………………… **变叶海棠 *M. toringoides***

9. 嫩枝被茸毛；叶片深裂，背面无毛；花直径 1.5~2cm ………………………………………………………………………… **少毛花叶海棠 *M. transitoria* var. *glabrescens***

14. 梨属 *Pyrus*

分 种 检 索 表

1. 果实上萼片宿存；花柱(4)5；雄蕊 20。

2. 叶缘具带刺长芒尖锐锯齿；果实近球形，黄色；果梗长 1~2cm(栽培) …………… **秋子梨 *P. ussuriensis***

2. 叶缘具不带刺芒的圆钝锯齿。

3. 果实近球形，褐色，黄绿色 ……………………………………………………… **木梨 *P. xerophila***

3. 果实倒卵形或近球形，黄绿色、绿色、黄色，稀带红晕(栽培) …………………… **西洋梨 *P. communis***

1. 果实上萼片多数脱落或仅部分宿存；花柱 2~5；雄蕊 20 或更多。

4. 叶缘具带刺芒的尖锐锯齿；雄蕊 20，花柱 4~5；果实扁球形，黄色，向阳面红色(栽培) ……………………………………………………………………………………… **白梨 *P. bretschneideri***

4. 叶缘具不带刺芒的尖锐锯齿或圆钝锯齿；花柱 2~5；果实近球形，褐色。

5. 叶缘具尖锐锯齿；雄蕊 20，花柱 2~3；幼枝、花序和叶片下面均被茸毛(栽培) ……………………………………………………………………………………… **杜梨 *P. betulifolia***

5. 叶缘具圆钝锯齿；雄蕊 25~30；花柱 3~5；幼枝、花序和叶片最初有毛，早落 …… **川梨 *P. pashia***

15. 悬钩子属 *Rubus*

分 种 检 索 表

1. 灌木，稀半灌木，具粗皮刺、针刺。

2. 托叶与叶柄合生，较狭窄，全缘，不分裂，宿存。

3. 羽状复叶。

4. 叶片下面密被茸毛。

5. 小叶 5~13 枚。

6. 圆锥花序或近总状花序；果实无毛或具稀疏柔毛。

7. 植株无腺毛；花瓣粉红色。

8. 小叶(5)7~9 枚；枝、叶柄和花梗无毛；花梗长 1~2cm；花萼外面无毛或仅萼片边缘具茸毛；萼片卵状披针形至披针形，顶端长渐尖 ………………………………… **华中悬钩子 *R. cockburnianus***

8. 小叶 5~7 枚；枝、叶柄和花梗均具柔毛；花梗长 5~8mm；花萼外面被茸毛；萼片卵形至长卵形，顶端急尖 ……………………………………………………………… **弓茎悬钩子 *R. flosculosus***

7. 植株具疏密不等的短柔毛；小叶 5~7 枚；枝、花梗和花萼被茸毛状柔毛；花梗长 7~12mm；萼片卵形，顶端急尖；花瓣紫红色……………………………………………… **拟覆盆子 *R. idaeopsis***

6. 伞房花序或圆锥花序；小叶(5)7～9(11)枚，果实外密被茸毛；花直径达1cm，红色，萼片顶端急尖；小叶片边缘具不整齐粗锯齿 ………………………………………………… 红泡刺藤 ***R. niveus***

5. 小叶3～5枚，枝、叶柄和叶片下面均无刺毛。

9. 枝、叶柄和叶片下面脉上均被紫红色刺毛；果实无毛或近无毛 …………… 椭圆悬钩子 ***R. ellipticus***

9. 枝、叶柄和叶片下面脉上均无刺毛；果实无毛、具柔毛或茸毛。

10. 果实无毛或具疏柔毛。

11. 果实黑色或蓝黑色。

12. 叶片菱状卵形、斜卵形或椭圆形；花白色或浅红色，数朵至20余朵呈伞房花序；花梗长0.6～1.2cm；花萼外具柔毛 ……………………………………………………… 喜阴悬钩子 ***R. mesogaeus***

12. 叶片卵形、稀卵状披针形；花粉红色，数朵呈伞房状花序；花梗序1.5～3.5cm；花萼外具柔毛，萼片边缘具茸毛 ………………………………………………… 密毛纤细悬钩子 ***R. pedunculosus***

11. 果实红色或黄色。

13. 果实红色。

14. 植株常无腺毛；小叶3枚；花6～10朵成伞房花序，稀1～3朵生；花萼仅具柔毛和茸毛……………………………………………………………………………… 美饰悬钩子 ***R. subornatus***

14. 植株具疏腺毛；小叶3～(5～7)枚；花2～3朵顶生或者单花腋生；花萼具柔毛，细长针刺和疏腺毛 ……………………………………………………………………… 华西悬钩子 ***R. stimulans***

13. 果实黄色。

15. 小枝、叶柄、花梗和花萼均无毛；萼片宽卵形，顶端急尖 ………………… 粉枝莓 ***R. biflorus***

15. 小枝、叶柄、花梗和花萼均具柔毛；萼片卵状披针形，顶端长渐尖或尾尖。

16. 花白色；花萼长达2cm，外面密被针刺 ……………………………… 刺萼悬钩子 ***R. alexeterius***

16. 粉红色；花萼长1.4cm，外面无针刺 ……………………… 密毛纤细悬钩子 ***R. pedunculosus***

10. 果实被茸毛。

17. 灌木；植株无腺毛；叶片宽卵形至卵形状披针形；花紫红色；果实长卵形，长1～1.5cm，红色 ……………………………………………………………………… 藏南悬钩子 ***R. austrotibetanus***

17. 矮小半灌木或近草本状；植株被腺毛；花萼带紫红色，花白色，单生或2～3朵生于枝顶……………………………………………………………………………… 紫色悬钩子 ***R. irritans***

4. 叶片下面被柔毛或几无毛。

18. 小叶(5)7～11枚。

19. 果实密被茸毛。

20. 小叶(5)7～11枚；花十几朵呈顶生短总状或伞房状花序，生花序具花3～5朵；花梗长0.7～1.5cm；花径1～1.5cm ……………………………………………… 紫红悬钩子 ***R. subinopertus***

20. 小叶(3)5～7枚；花常单生，花梗长4～6cm；花径达2cm ………… 柔毛悬钩子 ***R. gyamdaensis***

19. 果实无毛或具柔毛。

21. 匍匐灌木；枝和花萼外密被直立针刺；小叶5～7(9)枚；花2～3朵或单生，白色，直径1～2cm；果实红色，无毛或稍具毛 ……………………………………………… 针刺悬钩子 ***R. pungens***

21. 低矮半灌木；枝和花萼外具稀疏细皮刺；花单生，白色变黄色，直径2～3cm；果实背红色，密被细柔毛 ……………………………………………………………………… 黄色悬钩子 ***R. lutescens***

18. 小叶常3枚。

22. 小枝、叶柄和花萼外具柔毛和腺毛。

23. 叶片近圆形，长2～4cm；花瓣白色带紫色，子房疏生柔毛 ………………… 直立悬钩子 ***R. stans***

23. 叶片卵形，长4～8cm；花瓣紫红色，子房无毛 ……………………… 锡金悬钩子 ***R. sikkimensis***

22. 小枝、叶柄和花萼外疏生长柔毛，无腺毛；叶片披针形、卵状披针形，顶生小叶比侧生者长，边缘具不整齐锯齿；叶柄长0.8～1.5cm，花直径约1cm ………………… 细瘦悬钩子 ***R. macilentus***

3. 掌状复叶具3小叶；叶片菱状披针形，下面疏生柔毛；花2~3朵呈伞房状花序或单生；果实红色……………………………………………………………………………………… **掌叶悬钩子 *R. pentagonus***

2. 托叶着生叶柄基部和茎上，离生，较宽大，常分裂，宿存或脱落。

24. 复叶。

25. 掌状复叶具3~5小叶，羽状平行脉，下面密被银灰色或黄灰色绢毛………… **绢毛悬钩子 *R. lineatus***

25. 羽状复叶常具3小叶，网状脉，下面仅沿中脉的柔毛。

26. 植株具腺毛；花大，直径3~4cm；花梗长3~4cm；雄蕊多数 ……………… **大花悬钩子 *R. wardii***

26. 植株无腺毛；花小，直径1~1.5cm；花梗长约1cm；雄蕊较少…………… **墨脱悬钩子 *R. metoensis***

24. 单叶；攀缘灌木。

27. 叶基常圆形，叶片卵状长圆形或椭圆形，边缘不分裂或有时基部浅裂；叶柄长0.5~1cm；花常无花瓣 ………………………………………………………………………… **西南悬钩子 *R. assamensis***

27. 叶基心形，叶片宽卵形或近圆形，边缘常明显5浅裂；叶柄4~9cm；托叶宽大，近扇形，深裂；顶生圆锥花序狭窄 ……………………………………………………… **网脉悬钩子 *R. reticulatus***

1. 匍匐草本，稀半灌木，常无皮刺，稀具针状小皮刺或刺毛；托叶着生叶柄基部和茎上，离生。

28. 小叶3~5。

29. 小叶常3~5枚，边缘浅裂，具缺刻状或者锐裂粗锯齿；茎、叶柄和花梗仅具柔毛；雌蕊4~6 ……………………………………………………………………………… **莓叶悬钩子 *R. fragarioides***

29. 小叶常3枚，边缘常不分裂，具不整齐细锐锯齿或者重锯齿；茎、叶柄和花梗具刺毛；雌蕊4~20…………………………………………………………………………… **凉山悬钩子 *R. fockeanus*** *

28. 单叶。

30. 茎、叶柄、花梗和花萼外具柔毛和针刺；叶柄长5~10cm；花直径达3cm；萼片叶状，外萼片具缺刻状锯齿，内萼片较狭，全缘或有锯齿 ………………………………… **齿萼悬钩子 *R. calycinus***

30. 茎、叶柄、花梗和花萼外具柔毛和红褐色软刺毛；叶柄长2~5cm；花直径1.5~2.3cm；萼片卵状披针形，顶端常条裂，稀不裂 ……………………………………… **匍匐悬钩子 *R. pectinarioides***

16. 路边青属 *Geum*

分种检索表

1. 花柱顶端直，丝状，无关节，果期不脱落；茎生叶为单叶，微5~7浅裂 ……………………………………………………………………………………… **大萼路边青 *G. macrosepalum***

1. 花柱顶端扭曲，有钩，有关节，果期自关节处上部脱落。

2. 果托具短硬毛，毛长约1mm；茎生叶变化大，3~5小叶，有时重复羽裂，小叶披针形或菱状椭圆形，顶端通常渐尖，稀急尖 ……………………………………………… **路边青 *G. aleppicum***

2. 果托具长硬毛，毛长2~3mm；茎生叶通常单叶，不裂或3浅裂，小叶或顶端片卵形，顶端圆钝，稀急尖 ………………………………………………… **柔毛路边青 *G. japonicum* var. *chinense***

17. 草莓属 *Fragaria*

分种检索表

1. 茎、叶柄和花梗密被开展的毛；萼片在果期紧贴果实。

2. 小叶5，稀3，质地较薄；植株被银白色毛；果实白色或红色 ………………… **西南草莓 *F. moupinensis***

2. 小叶3，质地较厚，植株被棕黄色毛。

3. 果实直径1~1.5cm ……………………………………………………………… **黄毛草莓 *F. nilgerrensis***

3. 果实直径 3cm 以上(栽培) ………………………………………………………………… 草莓 *F.* × *ananassa*

1. 茎、叶柄和花梗被紧贴的毛；小叶 3，稀 5。

4. 萼片在果期紧贴果实；聚合果卵球形，副萼片披针形，全缘稀有齿；果实红色 … 西藏草莓 *F. nubicola*

4. 萼片在果期反折。

5. 聚合果圆锥形或卵球形，副萼片顶端 2 ~ 3 裂 ………………………………… 裂萼草莓 *F. daltoniana*

5. 聚合果球形或椭圆形，副萼片全缘 ……………………………………………… 纤细草莓 *F. gracilis*

18. 蛇莓属 *Duchesnea*

分 种 检 索 表

1. 叶片、花朵和果实均较大；小叶片倒卵形至菱状长圆形，长 4 ~ 7cm；花托果期鲜红色，直径 1 ~ 2cm；有光泽；瘦果光滑或具不显明凸起，鲜时有光泽 ………………………………………… 蛇莓 *D. indica*

1. 叶片、花朵和果实均较小；小叶片菱形、倒卵形或卵形，长 1.5 ~ 2.5cm；花托果期粉红色，直径 0.8 ~ 1.2cm；瘦果具显明皱纹，无光泽 ……………………………………………… 皱果蛇莓 *D. chrysantha*

19. 委陵菜属 *Potentilla*

分 种 检 索 表

1. 灌木或小灌木；羽状复叶或掌状羽状复叶。

2. 花白色；小叶 3 ~ 5；花直径 2 ~ 2.5(3.5) cm ……………………………………… 银露梅 *P. glabra*

2. 花黄色。

3. 小叶片 5 ~ 7，稀 3，常为掌状，披针形，长 <1cm，边缘向下极为反卷；花直径 <2.5cm ……………………………………………………………………………… 小叶金露梅 *P. parvifolia*

3. 小叶片 3 ~ 5，明显羽状排列，长达 2cm 以上，边缘平坦或反卷；花直径达 3cm。

4. 小叶片 3 枚，两面无毛，稀在中脉上有稀疏柔毛 ……………… 三叶金露梅 *P. fruticosa* var. *tangutisa*

4. 小叶片通常 5，稀 3 枚。

5. 小叶片上面密被伏生白色柔毛，下面网脉明显突出 ………… 伏毛金露梅 *P. fruticosa* var. *arbuscula*

5. 小叶片疏被绢毛或柔毛，或脱落近无毛 …………………………………… 金露梅 *P. fruticosa*

1. 一年生、多年生草本或为亚灌木，在冬季只有宿存木质地下茎，地上部分枯死。

6. 基生叶为掌状复叶。

7. 基生叶为 3 掌状复叶；小叶顶端有 3 齿，叶亚革质；花单生或 1 ~ 2 朵 ………… 楔叶委陵菜 *P. cuneata*

7. 基生叶 3 ~ 5 小叶，掌状稀近羽状；小叶具锯齿；聚伞花序顶生，稀 1 ~ 2 朵 ……………………………………………………………………………… 钉柱委陵菜 *P. saundersiana*

6. 基生叶为羽状复叶。

8. 小叶片全缘或 2 裂，叶片椭圆形或倒卵椭圆形，全缘；近伞房状聚伞花序，花茎上有叶 ……………………………………………………………………………… 二裂委陵菜 *P. bifurca*

8. 小叶片边缘有锯齿或裂片。

9. 小叶片下面绿色或者淡绿色，下面有绢毛或柔毛或脱落近无毛。

10. 小叶片边缘深裂几达中脉，再细裂，裂片狭窄；基生小叶 6 ~ 8 对；花(1 ~)2 ~ 3 朵(垫状山莓草 *Sibbaldia pulvinata* 已归入) ……………………… 丛生荽叶委陵菜 *P. coriandrifolia* var. *dumosa*

10. 小叶片边缘有锯齿或浅裂片。

11. 基生叶有小叶 2 ~ 5 对；一、二年生草本；植株铺散，分支多，花直径 <1cm ……………………………………………………………………………… 朝天委陵菜 *P. supina*

11. 基生叶有小叶 4 ~ 23 对。
12. 植株被腺毛和柔毛；小叶 4 ~ 5 对 ………………………………………… 腺毛委陵菜 ***P. longifolia***
12. 植株无腺毛，仅被柔毛或无毛；小叶 7 ~ 23 对。
13. 小叶片顶端有 2 ~ 3(4 ~ 6) 锯齿，下面沿中脉有较密的长柔毛 ……… 狭叶委陵菜 ***P. stenophylla***
13. 小叶片边缘全部有锯齿或裂片；基生叶为间断羽状复叶 ……………… 多裂委陵菜 ***P. polyphylla***
9. 小叶片下面密被银白色或黄色或淡黄色茸毛或绢毛。
14. 茎平卧，匍匐茎节上生根；小叶 6 ~ 11 对，花单生或 2 ~ 3 朵 …………… 蕨麻(人参果) ***P. anserina***
14. 茎直立或上升，稀外倾，无匍匐茎；花 1 至多朵。
15. 小叶片下面密被银白色或淡黄色绢毛；基生叶为间断羽状复叶，小叶 10 ~ 21 对，茎和叶柄被伏绢毛和绢状柔毛；小叶间附片细小 ……………………………………………… 总梗委陵菜 ***P. peduncularis***
15. 小叶片下面密被白色茸毛，间或杂有绢毛。
16. 基生叶有小叶 2 ~ 3(4) 对，小叶边缘有锯齿。
17. 小叶片边缘有缺刻状锯齿，茎生小叶 3 ~ 5 对 …………………………… 柔毛委陵菜 ***P. griffithii***
17. 小叶片边缘反卷，浅裂至中裂，茎生叶 3 小对叶或单生 ………………………………………………………………………………… 变叶绢毛委陵菜(高山委陵菜) ***P. sericea* var. *polyschista***
16. 基生叶有小叶 3 ~ 11(21) 对，小叶片边缘分裂成小裂片。
18. 小叶片常在 9 对以上；花瓣黄色。
19. 小叶片 10 ~ 17 对，下面密被白色绢毛，花序集生茎顶，呈假伞形花序 ………………………………………………………………………………………………… 银叶委陵菜 ***P. leuconota***
19. 小叶片 6 ~ 13 对，下面密被白色绢毛，间或在叶脉间铺茸毛；花序有分支，顶生伞房聚伞花序 ……………………………………………………………………………………………… 西南委陵菜 ***P. lineata***
18. 小叶片常在 9 对以下，下面密被白色茸毛。
20. 茎高 12 ~ 40cm；小叶片分裂较深，几达中脉，裂片常开至带状披针形；花瓣倒卵形，瘦果平滑 ……………………………………………………………………………………… 多裂委陵菜 ***P. multifida***
20. 茎高 5 ~ 12cm；小叶片分裂较浅，裂片三角形或三角披针形，或长圆卵形；花瓣宽倒卵形，瘦果具皱纹 ……………………………………………………………………………… 委陵菜 ***P. chinensis***

20. 山莓草属 *Sibbaldia*

分 种 检 索 表

1. 基生叶为羽状复叶，小叶 4 ~ 6 对；叶柄及花茎密被白色茸毛，叶下面中脉和侧脉不明显，为密集白色茸毛覆盖；花瓣黄色，等于或短于萼片……………………………………… 白叶山莓草 ***S. micropetala***
1. 基生叶为掌状复叶，小叶 3 ~ 5。
2. 小叶片 3。
3. 小叶片边缘有 2 ~ 5 锯齿；花瓣 5，白色……………………………………… 短蕊山莓草 ***S. perpusilloides***
3. 小叶仅顶端有(2)3 ~ 5 锯齿；花瓣 4 或 5，黄色。
4. 花多数排成伞房状；花瓣 5；小叶片宽倒卵形，基部圆形至宽楔形 …………… 楔叶山莓草 ***S. cuneata***
4. 花单生，稀 2 ~ 3 朵；花瓣 4，长于萼片；小叶片倒卵长圆形，基部楔形 …… 四蕊山莓草 ***S. tetrandra***
2. 小叶片 5。
5. 小叶片倒卵长圆形或长圆形，顶端有 2 ~ 6 锯齿；花瓣 5，紫色，长于萼片 ………………………………………………………………………………………… 紫花山莓草 ***S. purpurea***
5. 小叶片倒卵形，顶端(2) ~ 3 齿，侧面 2 个小叶远小于中间 3 个小叶；花瓣 4(5)，黄白色，与萼片近等长……………………………………………………………………… 五叶山莓草 ***S. pentaphylla***

21. 蔷薇属 *Rosa*

分 种 检 索 表

1. 萼筒杯状，外面有刺，瘦果仅着生于底部；花单生或 2～3 朵，淡红色或粉红色；小叶 7～15，边缘有锐锯齿，两面无毛(小叶组) ………………………………………………………… **缫丝花 *R. roxburghii***
1. 萼筒坛状，瘦果着生于萼筒壁及基部。
 2. 托叶早落，离生，线状披针形；花柱短，离生；小叶 3～5(7)；攀缘灌木，常无刺；栽培。(木香组)
  3. 花白色 ………………………………………………………… **木香花 *R. banksiae***
  3. 花黄色 ………………………………………………… **黄木香花 *R. banksiae* var. *lutea***
 2. 托叶宿存，大部分贴生叶柄上。
  4. 花柱离生，比雄蕊短，不外伸或稍外伸。
   5. 花无苞片，单生，稀有数多花。
    6. 小叶 3～7；花常粉红色或红色。(蔷薇组)
     7. 皮刺大小不等；小叶 3～5，厚革质；花常单生，花梗自立(栽培) …………… **法国蔷薇 *R. gallica***
     7. 皮刺大小一致，小叶 5～7；花常数朵或伞房花序(栽培) ………………… **突厥蔷薇 *R. damascena***
    6. 小叶 5～9，稀 15～17，常小形；花常白色或黄色。(芹叶组)
     8. 萼片和花瓣均为五数，黄色；枝条基部无针刺，小叶 5～13，边缘全部具单锯齿(栽培) ……………………………………………………………… **黄刺玫 *R. xanthina***
     8. 萼片和花瓣均为四数。
      9. 小叶边缘为重锯齿，下面及重锯齿均有腺；花瓣白色；果梗不显著肥厚，果梗、果实具腺毛 ……………………………………………… **川西蔷薇(西康蔷薇) *R. sikangensis***
      9. 小叶边缘为单锯齿，下面无腺。
       10. 果期果梗膨大，无腺毛；花瓣白色。
        11. 小叶 5～9，两面无毛，仅上半部有锯齿，基部全缘 …………………………………………… **少对峨眉蔷薇 *R. omeiensis* f. *paucijuga***
        11. 小叶 9～13(17)，下面被柔毛或近无毛。
         12. 小枝仅具皮刺，皮刺小，仅基部膨大，不呈翼状 …………………… **峨眉蔷薇 *R. omeiensis***
         12. 小枝密被针刺和宽扁紫色大型翼状皮刺 ………… **扁刺峨眉蔷薇 *R. omeiensis* f. *pteracantha***
       10. 果期果梗不膨大。
        13. 小叶 5～9(11)；花梗有毛，全株被丝状柔毛 ……………………………… **毛叶蔷薇 *R. mairei***
        13. 小叶(5)7～11(13)；小叶上面无毛，花梗无毛 ……………………………… **绢毛蔷薇 *R. sericea***
   5. 花均有苞片，多数呈伞房花序或单生；小叶 5～13。(桂味组)
    14. 托叶下面无皮刺；花重瓣至半重瓣，芳香，紫红色至白色(栽培) ………………… **玫瑰 *R. rugosa***
    14. 托叶下面有皮刺。
     15. 小叶 5～7，小叶长 1.5cm 以下，叶缘重锯齿，下面具腺体；花白色 ……… **西藏蔷薇 *R. tibetica***
     15. 小叶 7～13；花瓣红色或者粉红色，绝非白色。
      16. 萼片羽状分裂；小枝通常被扁平皮刺和刺毛 ………………………… **扁刺蔷薇 *R. sweginzowii***
      16. 萼片全缘；果实密被腺毛 ……………………… **腺果大叶蔷薇 *R. macrophylla* var. *glandulifera***
  4. 花柱外伸。
   17. 花柱离生，短于雄蕊；小叶通常 3～5；常绿或半常绿。(月季组)
    18. 灌木；小叶 3 或 5；托叶具腺毛；萼片羽状分裂，稀全缘；微香(栽培) ……… **月季花 *R. chinensis***
    18. 藤本；小叶 5～9；萼片全缘，稀羽状分裂；芳香(栽培) ……………………… **香水月季 *R. odorata***
   17. 花柱合生，结合成柱，约与雄蕊等长；小叶 5～9；落叶。(合柱组)
    19. 小叶片长 4～7cm，下面有腺；复伞状或圆锥状花序，花白色；果猩红色 …… **腺梗蔷薇 *R. filipes***

19. 小叶片长 1 ~ 3cm，下面无腺；伞房花序，花黄白色；果橘红色 …………… **川滇蔷薇 *R. soulieana***

22. 地榆属 *Sanguisorba*

地榆(矮地榆) *S. officinalis*

多年生草本。根圆柱形。茎高 8 ~ 35cm，纤细，无毛。基生叶为羽状复叶，有小叶 3 ~ 5 对，叶柄光滑，小叶有短柄，稀几无柄；小叶片宽卵形或近圆形，长 0.4 ~ 1.5cm，宽与长几相等，顶端圆钝。花单性，雌雄同株，花序头状，近球形；花萼 4，花白色；雄蕊 7 ~ 8 枚。瘦果有 4 棱，成熟时萼片脱落。产于林芝、察隅、工布江达等地，生于海拔 2300 ~ 4400m 的山坡沼泽地或草地上。

23. 龙芽草属 *Agrimonia*

分 种 检 索 表

1. 茎下部疏被柔毛，稀被长硬毛；叶脉下面被伏生疏柔毛 ……………………………………… **龙芽草 *A. pilosa***
1. 茎下部密被粗硬毛，叶脉下被长硬毛或微茸毛 ……………………………… **黄龙尾 *A. pilosa* var. *nepalensis***

24. 马蹄黄属 *Spenceria*

马蹄黄 *S. ramalana*

多年生草本。根粗壮，圆锥形，木质化；根茎常肥大，有多数退化的鳞片叶。茎直立，通常不分支，高 10 ~ 30cm，被白色长柔毛或绢状柔毛。基生叶为奇数羽状复叶，小叶 5 ~ 10 对，连叶柄长 5 ~ 16cm，叶柄被白色长柔毛或绢状柔毛；小叶无柄；小叶长圆形、倒卵长圆形或卵状长圆形，长 1 ~ 2.2cm，宽 0.5 ~ 1cm，顶端有 2 ~ 3 齿；其余部分全缘，基部近圆形，两面被稀疏长柔毛。总状花序，花瓣黄色，比萼片稍长；雄蕊多数；花柱 2，离生。产于林芝、芒康等地，生于海拔 3650 ~ 5000m 的山坡草地上。

25. 臭樱属 *Maddenia*

喜马拉雅臭樱 *M. himalaica*

落叶乔木，高 3 ~ 8m。两年以上的小枝紫褐色或红褐色，无毛，有光泽；当年生小枝密被褐色长柔毛，逐渐脱落。果枝上叶片常为卵形或卵状披针形，长 5 ~ 9.5cm，宽 2 ~ 5cm，不结果枝叶片较大，长椭圆形，长 5 ~ 15cm；先端长渐尖或尾尖，基部近心形或圆形，边缘有带芒锯齿，齿端常带腺，上面深绿色，无毛，下面暗绿色，密被褐色长柔毛，沿脉尤密，中脉和侧脉明显凸起；叶柄长 2 ~ 5mm，被褐色长柔毛。苞片长圆状披针形；萼筒钟状，外面有毛，萼片小，10 枚；雄蕊 20 ~ 30；雄花有 2 枚退化雄蕊。果卵球形，直径约 8mm，先端有急尖头，紫红色。产于波密、亚东，生于海拔 2800 ~ 4200m 的落叶阔叶林下。

26. 扁核木属 *Prinsepia*

扁核木 *P. utilis*

小灌木，高 1 ~ 5m。小枝绿色，有棱，具枝刺。枝刺长可达 3.5cm，刺上生叶。冬芽小，卵圆形。叶片长圆形或卵状披针形，长 3.5 ~ 9cm，宽 1.5 ~ 3cm，先端急尖或渐尖，基部宽楔形或近圆形，边缘具细锐或圆钝锯齿，两面无毛；叶柄长约 5mm，无毛；托叶小，早落。花多数，排成总状花序，长 3 ~ 6cm；花直径约 1cm；总花梗和花梗有褐色短柔毛，逐渐脱落；萼片半圆形或宽圆形，边缘有齿，花瓣白色，宽倒卵形。核果长圆形或倒卵长圆形，紫褐色或黑紫色。产于墨脱、波密、林芝、亚东、吉隆，生于海拔 2000 ~ 3060m 的山坡、林缘、路旁、沟谷或灌丛中。

27. 桃属 *Amygdalus*

分种检索表

1. 嫩枝绿色，老时灰褐色，具紫褐色小皮孔；核表面无穴孔，仅有极浅纵沟纹 …………… **光核桃 *A. mira***
1. 核表面有沟纹和穴孔(栽培)。
 2. 树皮暗紫色，光滑；叶下无毛；果肉薄而干燥，果实及核近球形 ……………………… **山桃 *A. davidiana***
 2. 树皮暗红褐色，老时粗糙；叶下脉间多少具短柔毛；果肉多汁，核两侧扁平 ……………… **桃 *A. persica***

28. 杏属 *Armeniaca*

分种检索表

1. 一年生枝绿色；叶先端尾尖或渐尖，边缘具小锐锯齿；果实黄色或绿白色，无红晕；核具蜂窝状孔穴 ……………………………………………………………………………………………………… **梅 *A. mume***
1. 一年生枝灰褐色至红褐色；果实黄色至黄红色，稀白色，具红晕或无；核无蜂窝状孔穴。
 2. 叶片两面被柔毛，老时毛较稀疏；果梗长 4 ~ 7mm；核表面具皱纹 …………………… **藏杏 *A. holosericea***
 2. 叶片两面无毛或仅下面脉腋间具柔毛；果梗短或近无梗(栽培)。
  3. 叶片先端急尖至短渐尖；果实多汁，成熟时不开裂；核基部常对称 ……………………… **杏 *A. vulgaris***
  3. 叶片先端长渐尖至尾尖；果实干燥，成熟时开裂；核基部常不对称 …………………… **山杏 *A. sibirica***

29. 李属 *Prunus*

分种检索表

1. 叶片下面被短柔毛；果实多种颜色，被蓝黑色果粉，并有明显纵沟 ………………… **欧洲李 *P. domestica***
1. 叶片下面无毛或多少有微柔毛或沿中脉被柔毛；果黄色或红色，无蓝黑色果粉。
 2. 花通常单生，很少混生 2 朵；叶片紫红色，下面仅中脉被柔毛；果核表面光滑或粗糙 ………………… ……………………………………………………………………………… **紫叶李 *P. cerasifera* f. *atropurpurea***
 2. 花通常 3 朵簇生，稀 2 朵；叶片光滑无毛；果核常有沟纹 ……………………………………… **李 *P. salicina***

30. 樱属 *Cerasus*

分种检索表

1. 腋芽并生，中间为叶芽，两侧为花芽；花单生，稀 2 ~ 3 朵簇生(小樱桃组) ……… **毛樱桃 *C. tomentosa***
1. 腋芽单生；花单生或成伞形或伞房总状花序。(樱桃组)
 2. 花序上的苞片为绿色，果时宿存；伞形花序基部有叶；萼片反折。
  3. 明显的伞房状总状花序；苞片叶状，且和叶缘锯齿顶端均有锥状腺体 …………… **锥腺樱 *C. conadenia***
  3. 伞形花序有总梗，苞片不呈叶状，边缘腺体圆锥形或小头形 …………………… **微毛樱桃 *C. clarofolia***
 2. 花序上苞片大多为褐色，稀绿褐色，通常在果时脱落，稀少而宿存，但不为绿色。
   4. 花柱基部有毛。
    5. 花梗无毛或被疏柔毛；萼筒钟状，长 5 ~ 6mm，大多无毛或被稀疏柔毛；叶缘有急尖重锯齿 ……… ………………………………………………………………………………… **川西樱桃 *C. trichostoma***
    5. 花梗大多数有柔毛；萼筒管状，长 0.6 ~ 1cm，外面通常有柔毛。

6. 叶缘具圆钝重锯齿；花柱基部以上 3/4 被长柔毛 …………………………………… **姚氏樱桃 *C. yaoiana***
6. 叶缘具渐尖锯齿；花柱下部被疏柔毛。
7. 花单生或 2 朵并生，花瓣顶端圆形；核果红色 ………………………………… **毛瓣藏樱 *C. richantha***
7. 花数朵组成伞形花序，花瓣顶端下凹；核果黑色(栽培)。
8. 侧脉 10～14 对；花序有花 2～3 朵；花叶同放 ………………………………… **大叶早樱 *C. subhirtella***
8. 侧脉 7～10 对；花序有花 3～4 朵；先花后叶 ………………………………… **东京樱花 *C. yedoensis***
4. 花柱无毛。
9. 花瓣顶端圆形或啮蚀状。
10. 低矮灌木，高 1～2m；叶缘裂成浅而小的裂片；核果红色 …………… **山楂叶樱桃 *C. crataegifolia***
10. 小乔木；叶缘不裂成小裂片，边缘为单锯齿或稀为重锯齿；核果黑紫色 …… **细齿樱桃 *C. serrula***
9. 花瓣顶端二裂或微凹，凹缺宽阔。
11. 叶缘渐尖重锯齿，齿端有长芒；花叶同放(栽培) ………… **日本晚樱 *C. serrulata* var. *lannesiana***
11. 叶缘有锯齿，但齿端无长芒。
12. 叶缘具有大小不等的重锯齿，托叶细裂；萼片反折；花序有花 3～6 朵；先花后叶(栽培) ……… ……………………………………………………………………………… **樱桃 *C. pseudocerasus***
12. 叶缘有同等大小的锯齿，托叶不裂；花叶同放。
13. 叶片近革质，先端尾尖，锯齿尖锐；萼筒长约 1cm，宽 4～7mm，萼片直立；果顶端具小尖头，核棱纹显著 ……………………………………………………………… **高盆樱桃 *C. cerasoides***
13. 叶片先端骤尖，锯齿急尖或钝，顶端有褐色腺体；萼筒长 5～6mm，宽 3～4mm，萼片反折；果顶端不具小尖头，核光滑(栽培) ……………………………………………… **欧洲甜樱桃 *C. avium***

31. 稠李属 *Padus*

分 种 检 索 表

1. 总状花序基部无叶；叶边缘有贴生锐细锯齿 ……………………………………………… **橉木 *P. buergeriana***
1. 总状花序基部有叶。
2. 萼筒内面无毛；叶边有疏细锯齿，稀近全缘 ……………………………………………… **光萼稠李 *P. cornuta***
2. 萼筒内面被毛。
3. 花轴及花梗在果时增粗，且有明显皮孔；叶边锯齿较粗 ……………………… **粗梗稠李 *P. napaulensis***
3. 花轴及花梗在果时不增厚，无皮孔；叶边锯齿细密 ……………………………… **细齿稠李 *P. obtusata***

32. 桂樱属 *Laurocerasus*

分 种 检 索 表

1. 叶下面有黑色小腺点；子房无毛或近无毛；核果球形或近扁球形 ………………… **腺叶桂樱 *L. phaeosticta***
1. 叶下面无黑色小腺点；子房被疏柔毛或仅基部有簇生毛；核果卵状椭圆形 ………… **尖叶桂樱 *L. undulata***

四十九、豆科 Fabaceae

分属检索表

1. 花辐射对称，花瓣镊合状排列，分离或连合，花药顶端有时有 1 个脱落的腺体。(含羞草亚科)
2. 雄蕊多数，常在 10 枚以上。
3. 荚果卷曲或扭转，开裂为两瓣 ……………………………… **猴耳环属(围涎树属) *Pithecellobium***

3. 荚果扁平而直，开裂或不开裂 ………………………………………………………………………… 合欢属 *Albizia*
2. 雄蕊 5 或 10 枚。
4. 直立或攀缘半灌木；花药药隔顶端不具腺体(栽培) …………………………………………… 含羞草属 *Mimosa*
4. 大型木本攀缘植物，有卷须；花药药隔顶端不具腺体 ……………………………………………… 榼藤属 *Entada*
1. 花两侧对称，花瓣覆瓦状排列。
5. 花稍两侧对称，近轴的 1 枚花瓣位于相邻两侧的花瓣之内，即最上的 1 枚花瓣位于最内方；花丝通常分离。(云实亚科)
6. 萼片在花蕾时离生达基部；一年生半灌木状草本；偶数羽状复叶；小叶对生 …………… 决明属 *Cassia*
6. 萼在花蕾时不分裂；灌木或乔木；单叶，全缘或 2 裂，有时全裂为 2 片小叶。
7. 植株无卷须；叶全缘或先端微凹；荚果腹缝具狭翅(栽培) ………………………………… 紫荆属 *Cercis**
7. 植株具拳卷状卷须；叶 2 深裂或全裂；荚果无翅 ………………………………………… 羊蹄甲属 *Bauhinia*
5. 花明显两侧对称，花冠蝶形，即最上的 1 枚花瓣位于最外方，近轴的 1 枚花瓣(旗瓣)位于相邻两侧的花瓣(翼瓣)之外，远轴的 2 枚花瓣(龙骨瓣)基部沿连接处合生呈龙骨状；雄蕊通常为二体(9 + 1)雄蕊或单体雄蕊，稀分离。(蝶形花亚科)
8. 花丝分离或仅中部以下连合，花药同型。
9. 乔木；奇数羽状复叶，托叶有或无；花萼浅裂成近等长 5 短齿；荚果串珠状 ………… 槐属 *Sophora**
9. 掌状 3 小叶；托叶常与叶柄连合甚至抱茎，无小托叶；花萼通常深裂成 5 裂片。
10. 灌木；托叶合生 ……………………………………………………………………… 黄花木属 *Piptanthus**
10. 草本植物；托叶离生 ………………………………………………………………… 野决明属 *Thermopsis*
8. 花丝连合为 1 组或 2 组(9 + 1)；花药同型、近同型或二型。
11. 荚果如有种子 2 枚以上时，2 瓣裂或不裂，绝不在种子间开裂。
12. 荚果膨胀或圆柱形，如稍扁则通常在叶轴顶端具卷须；草本或草质藤本，较少为木本。
13. 雄蕊连合成 1 组，花药二型，较长者以基部附着花丝，较短者以背部附着花丝并可转动；叶为具 3 枚乃至多数小叶的掌状复叶，稀为单叶或小叶不存在。
14. 萼二唇形，通常上唇 2 裂较短，下唇 3 裂较长；雄蕊管完整(栽培) …………… 羽扇豆属 *Lupinus*
14. 萼近等长 5 裂或呈二唇形，雄蕊管于后方开裂 …………………… 猪屎豆属(野百合属) *Crotalaria*
13. 雄蕊连合为 1 组或 2 组(9 + 1)；花药同型。
15. 叶为 3 枚小叶所成的复叶(土圞儿属有时达 9 枚小叶)。
16. 掌状复叶或羽状复叶，小叶边缘常有锯齿；托叶常与叶柄贴生；子房基部无鞘状花盘；草本。
17. 掌状复叶。
18. 花序头状，花瓣宿存，瓣柄多少与雄蕊管相连，花丝顶端膨大；荚果短小，不裂，常包于宿存花被之中(栽培) …………………………………………………………… 车轴草属 *Trifolium**
18. 花单生或 2 ~ 3 朵呈伞形花序，花瓣凋落，瓣柄不与雄蕊管连合，花丝顶端不膨大；荚果细长，2 瓣开裂 …………………………………………………………………… 紫雀花属 *Parochetus*
17. 羽状复叶。
19. 荚果弯曲呈马蹄形或卷成螺旋状，稀为镰刀形，具刺或否 ………………… 苜蓿属 *Medicago**
19. 荚果劲直或微有弯曲，但不为马蹄形或镰刀形。
20. 龙骨瓣甚短小；荚果或长或短，顶端喙状，含种子 1 枚至多数；花单生或为头状花序或为短的腋生总状花序 ……………………………………………………… 胡卢巴属 *Trigonella**
20. 龙骨瓣与翼瓣等长或稍短，荚果小而呈卵形，顶端不呈喙状，含种子 1 ~ 2 枚；排成细长的总状花序 ………………………………………………………………… 草木犀属 *Melilotus**
16. 羽状复叶，小叶全缘或具裂片；托叶不与叶柄贴生；总状花序；子房基部常有鞘状花盘；草质藤本(刺桐属为乔木)。
21. 花单生或簇生，花轴在花的着生处无凸起的节或瘤；花柱光滑。

22. 叶下无腺体；小托叶通常存在；龙骨瓣比翼瓣短；种子常 3 枚以上。
23. 子房基部花盘呈环状；萼 5 齿裂，近等长；苞片脱落 ………………………… 大豆属 *Glycine*
23. 子房基部花盘鞘状；萼斜截，齿裂不明显；苞片宿存……………………… 山黑豆属 *Dumasia*
22. 叶下具腺体；萼齿 1 枚较长；龙骨瓣和翼瓣近等长；种子 2 枚以下 ……… 鹿藿属 *Rhynchosia*
21. 花序轴在花的着生处常凸出成节或隆起如瘤；花柱具毛或无毛。
24. 花柱无毛，极少于下部有毛。
25. 旗瓣或龙骨瓣比其他各瓣大。
26. 旗瓣及翼瓣均比龙骨瓣小；缠绕草本 ……………………………………… 土圞儿属 *Apios*
26. 旗瓣比翼瓣和龙骨瓣大；木本，枝条具刺……………………………… 刺桐属 *Erythrina*
25. 各类型花瓣长度几相等；花丝连合为单体或后方的一雄蕊基部与雄蕊管分离，基上部则与之相连合；龙骨瓣不扭转…………………………………………………………… 葛属 *Pueraria*
24. 花柱上部一侧具纵列的髯毛或柱头周围具毛(栽培蔬菜)。
27. 龙骨瓣顶端螺旋状 1～5 圈卷曲；荚果长圆形至镰状 ………………… 菜豆属 *Phaseolus**
27. 龙骨瓣顶端不卷曲。
28. 柱头侧生；荚果细长圆柱状………………………………………………… 豇豆属 *Vigna**
28. 柱头顶生；荚果扁，呈镰刀状 ……………………………………………… 扁豆属 *Lablab**
15. 叶为 4 枚乃至多数小叶所成的复叶，稀仅具小叶 1～3 枚。
29. 偶数羽状复叶；叶轴顶端多具卷须或变为刚毛状。
30. 花柱圆柱形，顶部背面有一丛髯毛或花柱顶部周围具髯毛 …………………… 野豌豆属 *Vicia**
30. 花柱扁，其上部内侧具纵裂髯毛。
31. 托叶大于小叶；雄蕊管口部平截形(栽培) ……………………………………… 豌豆属 *Pisum**
31. 托叶小于小叶；雄蕊管口部斜形 ……………………………… 山黧豆属(香豌豆属) *Lathyrus*
29. 奇数羽状复叶；叶轴顶端无卷须，仅小叶轴顶端有时延伸呈刺状。
32. 药隔顶端常具腺体或伸延成小毫毛；植物体具平伏的丁字毛 …………… 木蓝属 *Indigofera**
32. 药隔顶端不具任何附属体(鸡血藤属常有近于腺状体之附属体)；植物具基部着生的毛(黄耆属少数种类具丁字毛)。
33. 攀缘木质藤本；花序圆锥状或总状。
34. 小花密集；旗瓣基部具 2 胼胝体，花柱无毛(栽培) …………………………… 紫藤属 *Wisteria**
34. 小花稀疏；旗瓣无胼胝体，花柱基部常被毛。
35. 单体雄蕊，小花无花盘 ………………………………………………………… 崖豆藤属 *Millettia*
35. 雄蕊连合为 2 组(9 + 1)，小花具花盘 …………………………………………… 鸡血藤属 *Callerya*
33. 灌木或草本；总状或穗状花序；羽状复叶。
36. 落叶灌木；偶数复叶，叶轴常硬化呈刺状而宿存 ……………………… 锦鸡儿属 *Caragana**
36. 草本或半灌木；奇数复叶。
37. 龙骨瓣顶端具一喙 ……………………………………………………………… 棘豆属 *Oxytropis**
37. 龙骨瓣顶端圆，无喙。
38. 龙骨瓣长约翼瓣的 1/2，花柱短于或等长于子房，直角弯曲 ……………………………………………………… 高山豆属(从米口袋属 *Gueldenstaedtia* 中分出) *Tibetica**
38. 龙骨瓣与翼瓣近等长，花柱长于子房。
39. 花柱有髯毛……………………………………………… 膨果豆属(从黄耆属中分出) *Phyllolobium**
39. 花柱无毛 ………………………………………………………… 黄耆属(黄芪属) *Astragalus**
12. 荚果薄而扁平；乔木或木质藤本。
40. 荚果通常含多枚种子，沿腹缝浅具狭翅，2 瓣裂或不裂(栽培) ……………… 刺槐属 *Robinia**
40. 荚果通常含 1～2 枚种子，不开裂。

41. 通常为乔木；小叶通常互生；荚果薄而扁平，呈矩形或舌状 …………………… **黄檀属 *Dalbergia***
41. 通常为木质藤本；小叶通常对生；荚果薄而坚硬，背腹缝线具翅 …………………… **鱼藤属 *Derris***
11. 荚果如含 2 枚以上种子时，则种子间横裂或紧缩为 2 至数节，各荚节常具网纹，含 1 种子，不开裂或有时退化成 1 节。
42. 偶数羽状复叶，小叶 2 对；花后子房柄延长并下弯，将子房推入土中(栽培) …… **落花生属 *Arachia***
42. 奇数羽状复叶，具多数小叶或 3 小叶，花后子房柄不延长。
43. 叶为具多数小叶的羽状复叶；花梗长且具多数花 …………………… **岩黄耆属(岩黄芪属)*Hedysarum***
43. 叶为 3 小叶。
44. 小托叶通常存在；荚果具 2 至数荚节，花梗于花后不延伸 …………………… **山蚂蝗属 *Desmodium****
44. 小托叶不存在；荚果仅 1 荚节，含 1 种子。
45. 苞片宿存，腋间常具 2 朵花；花梗无关节；龙骨瓣顶端圆钝 …………………… **胡枝子属 *Lespedeza***
45. 苞片脱落，腋间具 1 朵花；花梗于花萼之下具关节；龙骨瓣顶端喙状锐尖 …………………………………………………………………………………………………… **杭子梢属 *Campylotropis****

1. 猴耳环属 *Pithecellobium*

猴耳环(围涎树)*P. clypearia*

乔木，高可达 10m。小枝无刺，有明显的棱角，密被黄褐色茸毛。托叶早落；二回羽状复叶；羽片(3)4 ~ 5(8)对；总叶柄具四棱，密被黄褐色柔毛，叶轴上及叶柄近基部处有腺体，最下部的羽片有小叶 3 ~ 6 对，最顶部的羽片有小叶 10 ~ 12 对，有时可达 16 对；小叶革质，斜菱形，长 1 ~ 7cm，宽 0.7 ~ 3cm，顶部的最大，往下渐小，上面光亮，两面稍被褐色短柔毛，基部极不等侧，近无柄。花具短梗，数朵聚成小头状花序，再排成顶生和腋生的圆锥花序；花萼钟状，长约 2mm，5 齿裂，与花冠同密被褐色柔毛；花冠白色或淡黄色，长 4 ~ 5mm，中部以下合生，裂片披针形；雄蕊长约为花冠的 2 倍，下部合生。荚果旋卷，宽 1 ~ 1.5cm，边缘在种子间缢缩；种子 4 ~ 10 枚，椭圆形，长约 1cm，黑色，种皮皱缩。花期 2 ~ 6 月，果期 4 ~ 8 月。产于墨脱，生于海拔 800 ~ 1180m 的常绿阔叶林中。

2. 合欢属 *Albizia*

分 种 检 索 表

1. 叶两面被毛，叶轴密被白色短柔毛；羽片 3 ~ 7 对，小叶 8 ~ 15 对，小叶镰状长圆形，近革质；花小，花冠长约 7mm，白色 ………………………………………………………… **毛叶合欢 *A. mollis***
1. 叶面除边缘外无毛。
2. 花大，黄白色，花冠长 10 ~ 12mm，雄蕊长 3 ~ 3.8cm；羽片 8 ~ 16 对，小叶 13 ~ 27 对，小叶镰状长圆形，革质；叶轴密被锈褐色柔毛 ………………………………………… **藏合欢 *A. sherriffii***
2. 花小，花冠长 6.5 ~ 8mm，雄蕊长 2.5cm 以下；托叶膜质。
3. 托叶较小叶小，线状披针形；花序轴短而蜿蜒状；羽片 4 ~ 12 对(栽培的有时达 20 对)；小叶 10 ~ 30 对，线形至长圆形，膜质；花粉红色(栽培) ………………………………… **合欢 *A. julibrissin***
3. 托叶较小叶大，半心形；花序轴长而直；羽片 6 ~ 12 对；小叶 20 ~ 35(40)对，长椭圆形，膜质；花绿白色 ………………………………………………………………… **楹树 *A. chinensis***

3. 含羞草属 *Mimosa*

含羞草 *M. pudica*

披散、亚灌木状草本；茎具分支，有散生、下弯的钩刺及倒生刺毛。羽片和小叶触之即闭合而下垂；羽片通常 2 对，指状排列于总叶柄之顶端，长 3 ~ 8cm；小叶 10 ~ 20 对，线状长圆形，边缘具刚毛。头状花序圆球形，直径约 1cm，具长总花梗，单生或 2 ~ 3 个生于叶腋；花小，淡红色，雄蕊 4 枚。荚果长圆形，扁平，稍弯曲，荚缘波状，具刺毛。花期 3 ~ 10 月，果期 5 ~ 11 月。藏东南各城镇常栽培供观赏。

4. 榼藤属 *Entada*

榼藤 *E. phaseoloides*

常绿，木质大藤本。茎扭旋，枝无毛。二回羽状复叶，长 10 ~ 25cm；羽片通常 2 对，顶生 1 对羽片变为卷须；小叶 2 ~ 4 对，对生，革质，长 3 ~ 9cm，宽 1.5 ~ 4.5cm，先端钝，微凹，基部略偏斜，主脉稍弯曲，主脉两侧的叶面不等大，网脉两面明显；叶柄短。穗状花序长 15 ~ 25cm，单生或排成圆锥花序式，被疏柔毛；花细小，白色，密集，略有香味；苞片被毛，花瓣 5，长 4mm，基部稍连合；雄蕊稍长于花冠；子房无毛，花柱丝状。荚果长达 1m，宽 8 ~ 12cm，弯曲，扁平，木质，成熟时逐节脱落，每节内有 1 粒种子；种子近扁圆形，直径 4 ~ 6cm，扁平，暗褐色，成熟后种皮木质，有光泽，具网纹。花期 3 ~ 6 月，果期 8 ~ 11 月。产于墨脱，生于山涧或山坡混交林中，攀缘于大乔木上。

5. 决明属 *Cassia*

分 种 检 索 表

1. 小叶 32 ~ 50 枚，镰状披针形；萼片狭窄，顶端渐尖 ………………………… **短叶决明 *C. leschenaultiana***
1. 小叶 6 枚，倒卵形或倒卵短圆形；萼片宽，顶端圆形 ……………………………………… **决明 *C. tora***

注：中国植物志(英文版)已将决明属 *Cassia* 划分为决明属 *Cassia*、番泻决明属 *Senna*、山扁豆属 *Chamaecrista* 3 属，短叶决明更名为大叶山扁豆 *Chamaecrista leschenaultiana*，决明归入番泻决明属，即决明 *Senna tora*。

6. 紫荆属 *Cercis*

紫荆 *C. chinensis*

丛生或单生灌木，树皮和小枝灰白色。叶纸质，近圆形或三角状圆形，长 5 ~ 10cm，宽与长相若或略短于长，先端急尖，基部浅至深心形，两面通常无毛，嫩叶绿色，仅叶柄略带紫色，叶缘膜质透明，新鲜时更明显。花紫红色或粉红色，2 ~ 10 朵成束，簇生于老枝和主干上，尤以主干上花束较多，通常先于叶开放，但嫩枝或幼株上的花则与叶同时开放，花长 1 ~ 1.3cm；龙骨瓣基部具深紫色斑纹。荚果扁狭长形，长 4 ~ 8cm，宽 1 ~ 1.2cm，翅宽约 1.5mm，先端急尖或短渐尖，喙细而弯曲，基部长渐尖，两侧缝线对称或近对称；种子黑褐色，光亮。花期 3 ~ 4 月；果期 8 ~ 10 月。西藏林芝、昌都、拉萨有栽培。

7. 羊蹄甲属 *Bauhinia*

分 种 检 索 表

1. 叶片长 2 ~ 6cm，先端 2 裂；花较大，花冠白色(产于芒康) …………………… **鞍叶羊蹄甲 *B. brachycarpa***
1. 叶片长 2cm 以下，先端 2 裂；花较小(产于察雅) ……… **小鞍叶羊蹄甲 *B. brachycarpa* var. *microphylla***

8. 槐属 *Sophora*

分 种 检 索 表

1. 乔木；叶柄基部膨大，包藏着芽；托叶非刺状，早落，有小托叶；圆锥花序，花白色，子房与雄蕊近等长(栽培) ……………………………………………………………………………………… **槐 *S. japonica***

2. 枝和小枝均下垂，并向不同方向弯曲盘悬，形似龙爪；花白色 …………… **龙爪槐 *S. japonica* f. *pendula***
2. 枝和小枝不下垂；翼瓣和龙骨瓣紫色，旗瓣白色或先端带有紫红脉纹 ……………………………………………………………………………… **紫花槐 *S. japonica* var. *violacea***

1. 灌木；叶柄基部不膨大，芽外露；托叶刺状，无小托叶；总状花序。
3. 植株被长柔毛；托叶全部变刺；花长约2cm，蓝紫色……………………………… **砂生槐 *S. moocroftiana***
3. 枝和茎近无毛；托叶部分变刺；花长约1.5cm，白色或淡黄色，稀旗瓣稍带红紫色 … **白刺花 *S. davidii***

9. 黄花木属 *Piptanthus*

黄花木 *P. nepalensis*

灌木，高1.5~2m。当年小枝密被白色短柔毛，枝条绿色，无毛。托叶披针形；三出复叶，小叶的两面或下面密被短柔毛。花冠黄色；雄蕊10枚，分离；龙骨瓣长于翼瓣；子房和荚果均密被毛。荚果线形，长6~12cm，宽1~1.8cm。芒康、察隅、波密、林芝、朗县、米林等地有分布。

10. 野决明属 *Thermopsis*

紫花野决明 *T. barbata*

多年生草本。根状茎粗壮，木质化。茎直立，具纵槽纹，花期全株密被白色或棕色伸展长柔毛，具丝质光泽。茎下部叶4~7枚轮生，包括叶片和托叶(两者难区别)，连合呈鞘状，茎上部叶片和托叶渐分离。三出复叶，小叶长圆形或披针形至倒披针形，侧小叶不等大，边缘渐下延成翅状叶柄，两面密被白色长柔毛。总状花序顶生，疏松，长4~19cm；苞片基部连合鞘状，萼近二唇形；花冠紫色。荚果长椭圆形，被长伸展毛。种子大，肾形。花期6~7月，果期8~9月。产于拉萨、林周、芒康等地，生长在海拔3000~4600m的山坡草地、林缘、砾石地上。

11. 羽扇豆属 *Lupinus*

多叶羽扇豆 *L. perenius*

多年生草本。茎直立，粗壮，多分支，几无毛。掌状复叶，小叶(5)9~15(18)枚；叶柄远长于叶片。总状花序直立顶生，长于叶，长15~40cm；花稠密、互生；花萼的上唇具双尖齿，下唇全缘；花冠多色，旗瓣反折。荚果长圆形，密被绢毛，有种子4~8粒。原产美国西部。生于河岸、草地和潮湿林地，拉萨、林芝、亚东有观赏栽培。

12. 猪屎豆属 *Crotalaria*

分 种 检 索 表

1. 叶为掌状3小叶；花冠淡黄色(产于墨脱，下同) ……………………………………… **黄雀儿 *C. psoraleoides***
1. 叶为单叶。
2. 小叶倒卵状椭圆形，长2~4cm；花序有花2~6朵，黄色；荚果长约3cm ……… **假地蓝 *C. ferruginea***
2. 小叶披针形，长4~8cm；花序多花，蓝紫色或淡蓝色；荚果长约1cm ……… **紫花野百合 *C. sessiliflora***

13. 紫雀花属 *Parochetus*

紫雀花 *P. communis*

根状茎纤细。茎匍匐节上生根。掌状3小叶复叶，小叶宽倒卵形，先端微凹，基部楔形，长0.8~2cm，宽1~2cm，上面无毛，下面稍被毛；叶柄长10~15cm；托叶2枚。花序腋生，花梗细长；单生或2~3朵花排成伞形花序；苞片2~4枚，分离；萼齿披针形，花冠蓝紫色；

旗瓣比翼瓣长；龙骨瓣具长爪。荚果直，无毛。花期 5 ~ 7 月，果期 8 ~ 9 月。产于林芝、亚东、吉隆、聂拉木，生于海拔 2000 ~ 3100m 的林缘草地、山坡、路旁山地中。

14. 苜蓿属 *Medicago*

分 种 检 索 表

1. 花序总状或头状，具花 5 ~ 30 朵，紫色；主根很长；高 15 ~ 100cm；荚果马蹄形弯曲 ………………………………………………………………………………………………… **紫苜蓿 *M. sativa***
1. 花序头状，有花 10 ~ 20 朵，黄色；主根很短；高 25 ~ 60cm；荚果呈肾形 ………… **天蓝苜蓿 *M. lupulina***

15. 胡卢巴属 *Trigonella*

毛果胡卢巴 *T. pubescens*

多年生铺散草本，多分支，茎和分支均被柔毛。小叶倒卵状，有锯齿。总状花序腋生，有花 1 ~ 3 朵；花冠小，黄色；旗瓣反折。荚果扁平，矩圆形，直伸，具横网纹，先端具短尖，被柔毛；种子 10 ~ 12 枚。产于林芝、米林、拉萨、波密等地，生于海拔 2000 ~ 3900m 的山坡草地湿润处或云杉林下。

16. 草木犀属 *Melilotus*

分 种 检 索 表

1. 托叶基部边缘膜质，小耳状，偶具 2 ~ 3 齿；花小，黄色；荚果球形，长约 2mm ……………………………………………………………………………………………… **印度草木犀 *M. indicus***
1. 托叶基部边缘非膜质，偶具 1 齿，中央有脉纹 1 条；花长 3mm 以上；荚果卵形，长 3mm 以上。
   2. 花黄色；托叶镰状线形；荚果先端钝圆 ……………………………………………… **草木犀 *M. officinalis***
   2. 花白色；托叶尖刺状，甚长；荚果先端锐尖 ……………………………………………… **白花草木犀 *M. albus***

17. 大豆属 *Glycine*

大豆(黄豆)*G. max*

一年生直立草本。茎粗壮，密被黄色长硬毛。羽状 3 小叶复叶；叶柄长 10 ~ 20cm，密被黄色长硬毛；托叶宽卵形，被毛，小叶宽卵形、近圆形或椭圆状披针形，侧生叶偏斜，顶端有细尖，基部近圆形、近截形或宽楔形，全缘或偶有疏锯齿，两面被黄色长硬毛或上面几无毛。花序腋生，较短，有 5 ~ 10 朵密生的花；花萼钟状，长约 0.6mm，密被长硬毛，萼齿近相等，上部 2 枚萼齿连合中部以上；花冠白色、淡红色或紫色；子房基部具不甚发达的腺体。荚果带状矩圆形，直或弯曲呈镰刀状，密被黄色长硬毛。西藏东南部有栽培，重要的油料作物，嫩荚也做蔬菜。

18. 山黑豆属 *Dumasia*

分 种 检 索 表

1. 苞片和小苞片刚毛状，均被黄色长柔毛；小叶、萼筒、子房也均被毛……………… **柔毛山黑豆 *D. villosa***
1. 苞片和小苞片披针形，无毛；小叶、萼筒、子房也无毛 …………………………………… **小鸡藤 *D. forrestii***

19. 鹿藿属 *Rhynchosia*

紫脉花鹿藿 *R. himalensis* var. *craibiana*

攀缘状草本。茎密生褐色柔毛。顶生小叶菱形，两侧小叶斜菱形，长 2 ~ 4cm，宽 2 ~

3cm，顶端渐尖，基部圆形或楔形，两面被短柔毛。总状花序腋生；总花梗长 8 ~ 15cm，生 10 余朵花；苞片卵形，花萼钟状，均被短柔毛；萼齿 5，披针形，比萼筒长，最下面 1 齿与花瓣近等长；花冠淡黄色；旗瓣带紫色条纹，基部有耳；翼瓣比旗瓣和龙骨瓣为短；龙骨瓣比旗瓣稍长，宽为翼瓣的 2 倍，子房密被白色短柔毛。荚果近披针形，被毛，长 2 ~ 2.5cm；种子近圆形，黑紫色。花期 7 月，果期 10 月。产于察隅，生于海拔 2100m 的山坡灌木丛中。

20. 土圞儿属 *Apios*

分种检索表

1. 小叶通常 5 枚，稀 3 枚；花冠肉红色，有时淡紫红色；花萼外面除疏被极短的柔毛外，尚疏被短粗毛，萼齿顶端渐尖；小叶较大，近革质，长 8 ~ 12cm，宽 4 ~ 5.5cm ………………………… **肉色土圞儿 *A. carnea***
1. 小叶通常 7 枚，稀 5 枚；花冠黄白色，有时旗瓣或翼瓣稍带淡红色；花萼外面疏被极短的柔毛，萼齿顶端具芒尖；小叶较小，纸质，长 3 ~ 8cm，宽 1.7 ~ 3cm ………………………………… **云南土圞儿 *A. delavayi***

21. 刺桐属 *Erythrina*

分种检索表

1. 花萼佛焰苞状，背面分裂至基部，顶端斜，全缘；荚果不膨胀 ………………………… **劲直刺桐 *E. stricta***
1. 花萼筒状，上部近 2 唇形，全缘；荚果膨胀 ……………………………………………… **鹦哥花 *E. arborescens***

22. 葛属 *Pueraria*

分种检索表

1. 托叶背着；小叶顶端全缘或具 3 裂；花长 2.5cm，旗瓣爪长 2 ~ 3mm … **粉葛 *P. montana* var. *thomsonii***
1. 托叶基着；小叶全缘；花长 1 ~ 1.5cm，旗瓣爪长 5mm 左右。
   2. 子房具短柄；旗瓣瓣片基部渐狭为爪，无耳 …………………………………………… **须弥葛 *P. wallichii***
   2. 子房无柄；旗瓣瓣片基部具两耳，骤缩为爪…………………………………………… **苦葛 *P. peduncularis***

23. 菜豆属 *Phaseolus*

分种检索表

1. 小苞片不显著，远较花萼为短，脱落；种子肾形，长 12 ~ 13mm ………… **棉豆（芸豆、雪豆）*P. lunatus***
1. 小苞片显著，通常与花萼等长或稍较长，宿存。
   2. 花序较叶为短；荚果带形，稍弯曲，顶端不变宽………………………………… **菜豆（四季豆）*P. vulgaris***
   2. 花序较叶为长；荚果镰状长圆形，向顶端逐渐变宽 ……………………… **荷包豆（多花菜豆）*P. coccineus***

24. 豇豆属 *Vigna*

分种检索表

1. 荚果被毛；托叶较小，卵形，长 0.8 ~ 1.2cm；种子短圆柱形，淡绿色或黄褐色 ………… **绿豆 *V. radiata***
1. 荚果无毛；托叶较大，箭头形、披针形至卵状披针形，长 1 ~ 1.7cm。
   2. 托叶箭头形，长 1.7cm；种子长圆形，通常暗红色 …………………………………… **赤豆 *V. angularis***

2. 托叶披针形，长1~1.5cm；种子肾形；通常黄白色、暗红色或其他颜色……………豇豆 ***V. unguiculata***

25. 扁豆属 *Lablab*

扁豆(羊眼豆)*L. purpureus*

多年生、缠绕藤本，常作一年生栽培。茎长达6m，几无毛，绿色或紫色。托叶披针形，基部着生；叶柄长3~9cm；小叶宽三角形状卵形，侧生小偏斜，长5~12cm，宽4~11cm，顶端急尖或渐尖，基部宽楔形或截形，两面疏被短柔毛。总状花序有数朵至20余朵花；花轴的每一节上有2~5朵花；花冠白色或紫色。荚果扁，镰刀形或半椭圆形，近顶端最宽，具下弯的喙，有种子2~5枚。种子稍扁，矩圆形，白色或紫黑色，种脐线形，隆起。藏东南习见栽培蔬菜，食用嫩荚。

26. 野豌豆属 *Vicia*

分种检索表

1. 直立草本；卷须针状；小叶2~6枚；花大，长2.5~3.3cm；花柱顶部背面有一丛髯毛；荚果肥大，长5~8cm(栽培蔬菜)……………………………………蚕豆 ***V. faba***
1. 铺散或攀缘草本；卷须发达；小叶4枚以上；花小，长2cm以下。
 2. 花柱顶端背部有一丛髯毛；花序无总梗或近无，生1~2朵花 …………窄叶野豌豆 ***V. sativa* ssp. *nigra***
 2. 花柱顶端四周被短髯毛；花序有明显的总梗。
  3. 一年生草本；小叶7~11对；花长不超过12mm ……………………察隅野豌豆 ***V. bakeri***
  3. 多年生草本；花多数。
   4. 雄蕊10枚，连合成单体；小叶3~6对 ……………………西藏野豌豆 ***V. tibetica***
   4. 雄蕊10枚，为2组(9+1)或其中1枚与雄蕊管连合至中部。
    5. 花冠黄色；小叶2~6(7)对 ……………………西南野豌豆 ***V. nummularia***
    5. 花冠紫色或蓝紫色。
     6. 旗瓣倒卵状矩形；小叶8~14枚，矩状椭圆形，近于革质……………山野豌豆 ***V. amoena***
     6. 旗瓣提琴形；小叶8~24枚，条状披针形，膜质 ……………广布野豌豆 ***V. cracca***

27. 豌豆属 *Pisum*

豌豆 *P. sativum*

一年生攀缘草本。植物体各部光滑无毛，有霜粉。小叶4~6枚，椭圆形或矩圆形，长2.5~4cm，全缘或在顶端具几个波状齿；托叶大于小叶，叶状，长3~6cm，宽2~3.5cm。花1~3朵，白色或紫红色；花柱顶部内面有白色髯毛。荚果长5~6cm，宽1~1.5cm，无毛；种子2~10粒，圆形。花期6~7月，果期7~8月。林芝、拉萨、昌都等地有栽培，种子及嫩荚、嫩苗均可作蔬菜食用。

28. 山黧豆属 *Lathyrus*

分种检索表

1. 一年生草本，全株多少被毛；茎、叶轴具翅；小叶1对；花序具1~3(4)朵花，极香；花萼萼齿近相等，长于萼筒(观赏栽培)……………………………………香豌豆 ***L. odoratus***
1. 多年生草本，全株无毛；茎、叶轴无翅；小叶2~4对；总状花序具(2)3~8(10)朵花；花萼萼齿不等，最下一萼齿长于萼筒(产于昌都) ……………………无翅山黧豆 ***L. palustris* ssp. *exalatus***

29. 木蓝属 *Indigofera*

分 种 检 索 表

1. 子房、荚果均无毛；小叶 7～9 枚，质坚硬，长 6～10mm，宽 5mm ………………… **硬叶木蓝 *I. rigioclada***
1. 子房、荚果均被毛。
 2. 矮小灌木，高 10～30cm；小叶两面叶脉明显 ……………………………………… **网叶木蓝 *I. reticulata***
 2. 直立较高大灌木，高 30cm 以上；小叶两面叶脉不明显。
  3. 花梗长 3～4mm；小叶 11～13 枚，倒卵状矩圆形；小苞片条状披针形 ……………… **康定木蓝 *I. souliei***
  3. 花梗长不及 2mm。
   4. 小叶 11～21 枚，矩圆状披针形；总状花序比叶短 ……………………………… **异花木蓝 *I. heterantha***
   4. 小叶 5～9 枚，倒卵状矩圆形；总状花序比叶长 …………………………………… **丽江木蓝 *I. balfouriana***

30. 紫藤属 *Wisteria*

紫藤 *W. sinensis*

落叶攀缘缠绕性木质大藤本。干皮深灰色，不裂。嫩枝暗黄绿色密被柔毛；冬芽扁卵形，密被柔毛。单回奇数羽状复叶互生，小叶对生，有小叶 7～13 枚，卵状椭圆形，先端长渐尖或突尖；小叶柄被疏毛。侧生总状花序下垂，长达 30～35cm；总花梗、小花梗及花萼密被柔毛；花紫色或深紫色，旗瓣基部有爪，近爪处有 2 个胼胝体；雄蕊 10 枚，2 体(9＋1)。荚果扁圆条形，长达 10～20cm，密被白色茸毛。花期 4～5 月，果熟 8～9 月。林芝有栽培，供观赏。

31. 崖豆藤属 *Millettia*

厚果崖豆藤 *M. pachycarpa*

巨大藤本，长达 15m，幼年时直立如小乔木状。嫩枝褐色，密被黄色茸毛，后渐秃净；老枝黑色，光滑，散布褐色皮孔；茎中空。大型羽状复叶长 30～50cm；托叶阔卵形，宿存；小叶 6～8 对，草质，长圆状椭圆形，长 10～18cm，下面被平伏绢毛。总状圆锥花序 2～6 枝生于新枝下部，长 15～30cm，密被褐色茸毛，生花节长 1～3mm，花 2～5 朵着生节上；花长 2.1～2.3cm；花冠淡紫，旗瓣无毛，或先端边缘具睫毛，卵形，基部淡紫，基部具 2 短耳，无胼胝体，翼瓣长圆形，下侧具钩，龙骨瓣基部截形，具短钩；雄蕊单体，对旗瓣的 1 枚基部分离；无花盘。荚果深褐黄色，肿胀似串珠状猕猴桃形，长圆形，果爿木质，甚厚，迟裂，有种子 1～5 粒。种子黑褐色，肾形，或挤压呈棋子形。花期 4～6 月，果期 6～11 月。产于墨脱(背崩)，生于海拔 800～1200m 的山坡常绿阔叶林内或林缘。

32. 鸡血藤属 *Callerya*

灰毛鸡血藤 *C. cinerea*

攀缘灌木或藤本。茎圆柱形，粗糙，无毛，枝具棱，密被灰色硬毛，渐秃净。羽状复叶长 15～25cm；托叶线状披针形；小叶 2 对，纸质，倒卵状椭圆形，顶生小叶甚大，长约 15cm，往下减小，具刺毛状小托叶。圆锥花序顶生，长 10～15cm，生花枝伸展，长达 6cm，密被短伏毛；花单生；花长 1.2～1.6cm；花冠红色或紫色，旗瓣密被锈色绢毛，卵形，基部增厚，翼瓣和龙骨瓣近镰形；雄蕊二体，对旗瓣的 1 枚离生；花盘斜杯状。荚果线状长圆形，长约 13cm，密被灰色茸毛，种子处膨胀。种子间缢缩，有种子 1～4 粒；种子圆形。花期 2～7 月，果期 8～11 月。产于墨脱，生于海拔 1000m 的次生常绿林中。

33. 锦鸡儿属 *Caragana*

分 种 检 索 表

1. 翼瓣具耳 2 片，上耳牙齿状；旗瓣顶端具短尖；小叶 10 ~ 14 枚 ……………… **云南锦鸡儿 *C. franchetiana***
1. 翼瓣具耳 1 片。
 2. 花梗长 < 1cm，每梗具 1 朵花，基部具关节；荚果内面无毛。
  3. 小叶 6 枚；花冠黄色；翼瓣的耳长约为爪的 1/2；萼齿长为萼筒的 1/4 ……… **青甘锦鸡儿 *C. tangutica***
  3. 小叶 8 ~ 12 枚；花冠浅红色，少有黄白色；翼瓣的耳与爪等长或稍短 …………… **鬼箭锦鸡儿 *C. jubata***
 2. 花梗长 1 ~ 2cm 及以上，每梗具 1 ~ 2 朵花，通常中部或中部以上具关节；荚果内面具毛。
  4. 小叶 10 ~ 20 枚，通常 18 ~ 20 枚；旗瓣不带紫红色 ………………………… **尼泊尔锦鸡儿 *C. sukiensis***
  4. 小叶 8 ~ 16 枚，通常 12 枚；旗瓣带紫红色或橙红色。
   5. 针刺较细短，长 2 ~ 3cm；花萼长约 1cm，花冠长约 2cm，旗瓣带紫红色 …… **二色锦鸡儿 *C. bicolor***
   5. 针刺粗壮，长达 7cm；花萼长 1.5cm；花冠长 2.5cm，旗瓣带橙黄色 …… **粗刺锦鸡儿 *C. crassispina***

34. 棘豆属 *Oxytropis*

分 种 检 索 表

1. 小叶 13 ~ 31 枚，狭矩圆形或矩圆披针形；花冠紫红色 ……………………………… **毛瓣棘豆 *O. sericopetala***
1. 小叶 19 ~ 27 枚，矩圆披针形；花冠淡黄色 ……………………………………… **甘肃棘豆 *O. kansuensis***

35. 高山豆属 *Tibetia*

分 种 检 索 表

1. 托叶分离(仅幼时基部联合)，先端圆，贴生于叶柄；子房无毛 …… **蓝花高山豆 *T. yunnanensis* var. *coelestis***
1. 托叶连合(至少连合至中部)，先端渐尖，与叶对生；子房被毛或仅子房上部与花柱基部密被长柔毛。
 2. 根短小，纺锤形或萝卜状；小叶通常 3 ~ 5(9)，圆形，先端截形或圆形 …… **云南高山豆 *T. yunnanensis***
 2. 根圆锥状，粗而长；小叶通常 9 ~ 13，稀 5 ~ 7，有时多达 17 枚，椭圆形，或倒卵状椭圆形，先端圆或微凹或深裂成 2 裂状。
  3. 子房密被毛；小叶宽椭圆形，先端圆或微缺，不呈 2 裂状 ……………………… **高山豆 *T. himalaica***
  3. 子房上部与花柱基部密被毛；小叶倒卵形或倒心形，先端常 2 裂状 ……… **亚东高山豆 *T. yadongensis***

36. 膨果豆属 *Phyllolobium*

分 种 检 索 表

1. 小叶 2 ~ 5 对，长 1 ~ 3cm；总状花序有花 4 ~ 8 朵，花冠蓝色 ……… **牧场膨果豆(马豆黄耆)*P. pastorius***
1. 小叶 3 ~ 6 对，长 2 ~ 4mm；总状花序有花 1 ~ 4 朵，花冠紫色 …… **米林膨果豆(米林黄耆)*P. milingensis***

37. 黄耆属 *Astragalus*

分 种 检 索 表

1. 植物体被丁字毛；小叶 11 ~ 23 枚，椭圆形或短圆形，两面被毛；花排列成圆状的总状花序，花冠蓝紫色或紫红色，子房被毛；荚果 2 室(产于昌都) …………………………… **斜茎黄耆(直立黄耆)*A. axmannii***
1. 植物体被单毛；花柱无毛。
 2. 托叶分离或基部与叶柄贴生；茎的下部无硬化的宿存叶柄；茎发达，直立或平卧。
  3. 花冠紫丁香色；花冠长不及 1cm；小叶 27 ~ 29 枚 …………………………… **朗县黄耆 *A. nangxianensis***
  3. 花冠淡黄色或黄色，有时带红晕。
   4. 小叶 15 ~ 19 枚，叶长 1 ~ 1. 5cm；荚果长 1 ~ 2cm …………………………… **东坝子黄耆 *A. tumbatsica***
   4. 小叶 19 ~ 33 枚，叶长 0. 6 ~ 2cm；荚果长约 1cm ………………………………………… **光亮黄耆 *A. lucidus***
 2. 托叶彼此连合，抱茎，与叶柄分离；子房和荚果均被毛。
    5. 垫状或矮小密丛生植物；叶长 4 ~ 6cm，小叶 15 ~ 19 枚；花紫色 ……………… **石生黄耆 *A. saxorum***
    5. 茎发达，直立或平卧，高 20cm 以上。
     6. 茎平卧、纤细，上部多分支；荚果柄与萼筒近等长 …………………………………… **察隅黄耆 *A. zayuensis***
     6. 茎直立，粗壮，基部分支。
      7. 萼齿长约萼筒的 2 倍；小叶 15 ~ 19 枚 ……………………………………………… **异长齿黄耆 *A. monbeigii***
      7. 萼齿比萼筒短或与萼筒近等长。
       8. 花萼萼筒几无毛，萼齿密被黑色短柔毛 ……………………………… **喜马拉雅黄耆 *A. lessertioides***
       8. 花萼萼筒、萼齿均密被黑色或黄色长柔毛。
        9. 小叶 17 ~ 31 枚；花冠紫色或淡紫色，花萼密被黑色长柔毛 ……………… **笔直黄耆 *A. strictus***
        9. 小叶 21 ~ 25 枚；花冠白色或淡黄色，花萼密被白色长柔毛………… **藏南黄耆 *A. austrotibetanus***

38. 黄檀属 *Dalbergia*

分 种 检 索 表

1. 攀缘灌木；小叶小，膜质，长不超过 2cm，两面无毛，下面带白色…………………… **象鼻藤 *D. mimosoides***
1. 乔木。
 2. 小叶 21 ~ 25 枚，长达 2cm，叶基的两侧常不对称 ………………………………………… **斜叶黄檀 *D. pinnata***
 2. 小叶 17 ~ 21 枚，长达 3 ~ 3. 5cm，叶基的两侧近对称，两面密被绢质短柔毛 ……… **毛叶黄檀 *D. sericea***

39. 鱼藤属 *Derris*

粗茎鱼藤(毛枝鱼藤)*D. scabricaulis*

攀缘状灌木。枝粗糙，有凸起的皮孔，幼时被棕色柔毛。羽状复叶；小叶 3 ~ 6 对，纸质，倒卵状长椭圆形或长椭圆形，长 5 ~ 9cm，宽 1. 5 ~ 3cm，先端短渐尖，钝头，基部圆形或阔楔形，除顶生小叶外，其余基部均稍不对称，无毛，中脉上面下凹，下面隆起，侧脉纤细；小叶柄黑褐色，长 3 ~ 4mm。总状花序腋生或顶生，长约 25cm 或更长；花 2 ~ 3 朵簇生；花梗被微柔毛；有小苞片 2 枚；花萼钟状，长 2 ~ 3mm，外被紧贴、黄色短柔毛，萼齿极短；花冠红色，无毛，长约为花萼 5 倍；旗瓣近圆形；雄蕊单体；子房被柔毛。荚果薄，长椭圆形，长 6 ~ 9cm，宽约 3cm，无毛，有横脉，腹缝翅宽 3 ~ 5mm，背缝翅宽 0. 5 ~ 1mm；种子 1 ~ 2 粒。果期 8 ~ 9 月。产于林芝(东久)、波密，生于海拔 1900m 的常绿林缘或河谷灌丛中。

40. 落花生属 *Arachis*

落花生(花生)*A. hypogaea*

一年生草本。茎大多平卧，高 30 ~ 80cm，多分支；枝条有棱，密被锈色长柔毛。偶数羽状复叶，长 6 ~ 20cm；托叶线状披针形，基部与叶柄贴生成一抱茎的鞘；小叶通常 4 枚，长 2 ~ 6cm，宽 1 ~ 2. 5cm，顶端圆或钝，有时微凹，基部渐狭，仅边缘具纤毛。花单生或数朵，簇生于叶腋；花梗密被短柔毛；花萼细管状，萼齿呈2唇形；花冠黄色；雄蕊9枚，1枚退化，花丝连合为1组；子房有数个胚珠，柱头顶生，疏生细毛；胚珠受精后，花冠与雄蕊均脱落。荚果伸入土中发育成熟，矩圆形，膨胀，果皮厚，有凸起的网脉；种子1~4枚。西藏东南部有栽培。

41. 岩黄耆属 *Hedysarum*

分种检索表

1. 花冠黄色。
 2. 小叶下面被毛；子房及荚果均具毛 ………………………………………………… **滇岩黄耆 *H. limitaneum***
 2. 小叶下面仅主肋上被毛；子房及荚果均无毛 ……………………………………… **黄花岩黄耆 *H. citrinum***
1. 花冠蓝紫色；小叶上面无毛，下面仅中肋上被毛；小叶17~23枚 ………… **唐古特岩黄耆 *H. tanguticum***

42. 山蚂蝗属 *Desmodium*

分种检索表

1. 木本；花序具密集的花；荚果在荚节之间稍缢缩，通常3~9荚节，基部1枚荚节具短柄或无柄。
 2. 荚节5~9；叶背面、总花梗和花序轴、花萼、荚果被或疏或密的短柔毛 ……… **圆锥山蚂蝗 *D. elegans***
 2. 荚节3~5；叶背面、总花梗和花序轴、花萼近无毛…………………………… **美花山蚂蝗 *D. callianthum***
1. 多年生草本；花序具稀疏的花；荚果在荚节间深缢缩，通常1~3荚节，基部1枚荚节具长柄。
 3. 荚节2~3；花长短于1cm；花萼裂片短于萼管；花冠紫红色或蓝紫色 …… **长柄山蚂蝗 *D. podocarpum***
 3. 荚节1~2；花长于1cm；花萼裂片与萼管近等长；花冠粉红色或红色 … **大苞长柄山蚂蝗 *D. williamsii***

43. 胡枝子属 *Lespedeza*

分种检索表

1. 丛生半灌木状草本；小叶矩倒卵形；花冠黄白色，小苞片披针形 …………………………… **铁马鞭 *L. pilosa***
1. 直立或斜升半灌木；小叶条状楔形；花冠白色至淡红色，小苞片狭卵形 ………… **截叶铁扫帚 *L. cuneata***

44. 杭子梢属 *Campylotropis*

分种检索表

1. 叶两面具伏贴的硬毛，叶柄几无；花冠与花萼近等长，紫色 ………………………… **毛杭子梢 *C. hirtella***
1. 叶仅下面被柔毛，叶柄1~2cm；花冠长为花萼3~4倍，粉红色 ……… **小雀花(蜀杭子梢) *C. polyantha***

五十、酢浆草科 Oxalidaceae

分属检索表

1. 乔木；叶为奇数羽状复叶；果为肉质浆果(栽培) ………………………………………………… **阳桃属 *Averrhoa***
1. 草本；叶为指状三小叶；果为蒴果，蒴果的果爿与中轴黏连 ……………………………… **酢浆草属 *Oxalis***

1. 阳桃属 *Averrhoa*

阳桃 *A. carambola*

乔木，高可达12m，分支甚多。奇数羽状复叶，互生，长10～20cm；小叶5～13片，全缘。花小，微香，聚伞花序或圆锥花序，自叶腋出或着生于枝干上，花枝和花蕾深红色；萼片5，覆瓦状排列，基部合成细杯状；花瓣略向背面弯卷，长8～10cm，背面淡紫红色，边缘色较淡，有时为粉红色或白色；雄蕊5～10枚。浆果肉质，下垂，有5棱，很少6或3棱，横切面呈星芒状，长5～8cm，淡绿色或蜡黄色。种子黑褐色。花期4～12月，果期7～12月。我国南方木本水果之一，墨脱有引种栽培。

2. 酢浆草属 *Oxalis*

分种检索表

1. 植株具地上茎；花黄色，直径小于1cm；小叶表面无紫色斑点；种子具横肋 ……… **酢浆草 *O. corniculata***
1. 植株无地上茎而具根状茎，叶基生；花白色或紫红色；种子具纵肋。
 2. 植株具纺锤形根茎；花紫红色，直径约3cm(栽培) …………………………………… **大花酢浆草 *O. bowiei***
 2. 植株无纺锤形根茎；花直径小于2cm。
  3. 花紫红色；小叶长1～4cm，宽1.5～6cm(栽培或逸生) ……………………… **红花酢浆草 *O. corymbosa***
  3. 花白色，或白色带紫红色脉纹，稀粉红色；小叶长0.5～2cm，宽0.8～3cm。
   4. 根状茎直径小于1mm，常淡黄褐色；小叶倒心形；蒴果卵球形 ……………… **白花酢浆草 *O. acetosella***
   4. 根状茎直径1～2(4)mm，常褐棕色；小叶倒三角形；蒴果椭圆形或近球形 …… **山酢浆草 *O. griffithii***

五十一、牻牛儿苗科 Geraniaceae

分属检索表

1. 花稍两侧对称，花萼具距(栽培) ………………………………………………… **天竺葵属 *Pelargonium****
1. 花辐射对称，花萼无距。
 2. 外轮雄蕊无药；果成熟时果爿由基部向上呈螺旋状卷曲，内面具长糙毛 …………… **牻牛儿苗属 *Erodium***
 2. 雄蕊全部具药；果爿成熟时由基部向上反卷，内面无毛或具微柔毛 ……………… **老鹳草属 *Geranium****

1. 天竺葵属 *Pelargonium*

分种检索表

1. 柔弱或平卧植物；植株光滑或近光滑 ………………………………………………… **盾叶天竺葵 *P. peltatum***
1. 直立植物；植株被各种茸毛，基部稍木质化。
 2. 茎近木质；叶五角形或圆形浅裂，裂片顶端有锐齿；花瓣宽大；有时具香味 ……………………………………………………………………………………… **家天竺葵 *P. domesticum***
 2. 茎肥厚肉质；叶圆形至肾形，边缘具浅钝锯齿或齿裂，叶上面具褐色马蹄纹；有浓烈鱼腥味。
  3. 茎多分支，密被短柔毛；花较大，长1.5cm左右 ……………………………… **天竺葵 *P. hortorum***
  3. 茎通常单生，仅幼时密被柔毛；花较小，花瓣长1.0cm以下 ……………… **马蹄纹天竺葵 *P. zonale***

2. 牻牛儿苗属 *Erodium*

牻牛儿苗 *E. stephanianum*

多年生草本，高15～50cm。根为直根，较粗壮。茎多数，仰卧或蔓生，具节，被柔毛。

叶对生；叶片轮廓卵形或三角状卵形，长 5 ~ 10cm，2 回羽状深裂。伞形花序腋生，明显长于叶；总花梗被开展长柔毛和倒向短柔毛，每梗具 2 ~ 5 花；花瓣、花丝、花柱紫色；雄蕊 10，外轮 5 枚无花药。花期 6 ~ 8 月，果期 8 ~ 9 月。产于林芝（八一镇）、拉萨、山南等地，生于山坡、农田边、沙质河滩地和草原凹地上。

3. 老鹳草属 *Geranium*

分种检索表

1. 植物有特殊气味；叶掌状，叶片 3 ~ 5 回羽状深裂；果爿有细肋状网纹 ……… **汉荭鱼腥草 *G. robertianum***
1. 植物无特殊气味；叶半圆形、肾形、圆形或 3 ~ 5 ~ 7 角圆形，1 ~ 2 回深裂或浅裂，稀 3 回。
 2. 顶生伞形花序，有时兼有腋生 2 花生于一花梗上；果爿有细肋状网纹 ……… **多花老鹳草 *G. polyanthes***
 2. 花梗有花 2 朵，很少 1 朵，腋生或顶生；果爿平滑或仅有横皱纹。
  3. 花细小，花瓣长 5 ~ 8mm；果长很少达 20mm；植株无腺毛。
   4. 花梗有花 1 朵，有时兼有 2 朵 ……………………………………………………… **鼠掌老鹳草 *G. sibiricum***
   4. 花梗有花 2 朵，有时兼有 1 朵 ……………………………………………… **尼泊尔老鹳草（五叶草）*G. nepalense***
  3. 花较大，花瓣长 8mm 以上；果通常长 20mm 以上。
   5. 植株具细圆头的腺毛；花药紫黑色；花瓣向上反折（紫萼老鹳草 *G. refractoides*、黑蕊老鹳草 *G. melananthum* 已归并入）………………………………………………………………… **反瓣老鹳草 *G. refractum***
   5. 植株被毛或几无毛，但绝无腺毛；叶圆形或肾形。
    6. 植株被扩展且略有光泽或透明的长柔毛，最大叶的叶宽 5 ~ 7cm ………… **宝兴老鹳草 *G. moupinense***
    6. 植株被倒垂且贴伏的白色短毛或兼被略扩展的长柔毛；叶片宽不超过 5cm。
     7. 根为念珠状小球形；托叶背面及边缘均被毛；植株半直立纤细 ……… **甘青老鹳草 *G. pylzowianum***
     7. 根为细长的萝卜状；托叶通常仅边缘被毛；植株粗壮，直立………………… **长根老鹳草 *G. donianum***

五十二、旱金莲科 Tropaeolaceae

1. 旱金莲属 *Tropaeolum*

旱金莲 *T. majus*

一年生肉质草本，蔓生。叶互生，近圆形，直径 5 ~ 10cm，主脉 9 条，边缘有波钝角；叶柄长 6 ~ 31cm，盾状着生于叶片的近中心处。花单生叶腋，有长柄；花黄色或橘红色，长 2.5 ~ 5cm；萼片 5，基部合生，其中 1 片延长成长距状；花瓣 5，大少不等，上面 2 瓣常较大，下面 3 瓣较小，基部狭窄成爪；雄蕊 8，分离，不等长；子房 3 室，花柱 1；柱头 3 裂，线形。果实成熟时分裂成 3 个小核果。西藏东南部有栽培，作庭院观赏花卉。

五十三、亚麻科 Linaceae

分属检索表

1. 叶椭圆形，羽状脉；花红色或稀为白色；蒴果仅具 1 种子 ……………………………… **异腺草属 *Anisadenia***
1. 叶狭条形、条状披针形或披针形，叶脉 3 基出或仅 1 脉；花通常蓝色，稀白色或黄色，外面 3 枚萼片的两侧各有 1 行有腺头的刚毛；蒴果裂为 10 果爿，每室具 1 种子…………………………………… **亚麻属 *Linum***

1. 异腺草属 *Anisadenia*

异腺草 *A. pubescens*

多年生草本，高 15 ~ 35cm。茎不分支或分支，有短柔毛，基部木质化。叶长 2.5 ~ 5cm，背面被长柔毛，叶纸质，长椭圆形或卵形，全缘，表面深绿色，背面光绿色，被较密伏毛，两面中脉被密伏毛；托叶 2 片，钻状，不对称，近基部一侧耳状延伸，无毛，背面叶脉凸出。穗状总状花序，长 4 ~ 11cm；苞片 2，萼片 5，深红色，披针形；花瓣 5，白色或淡紫色，具细爪，长 1.2 ~ 2cm，旋转排列，早凋；雄蕊 5，花丝基部合生成管，长达 5mm；退化雄蕊 5，线形，长约 1mm，与雄蕊互生；腺体 5 枚，与雄蕊管近基部合生。蒴果膜质，具 1 种子。花期 6 ~ 9 月。产于林芝（排龙）、墨脱、察隅，生于海拔 1600 ~ 3200m 的路边山地、山坡、林下。

2. 亚麻属 *Linum*

宿根亚麻 *L. perenne*

多年生草本，高 20 ~ 90cm。茎多条自根头生出。叶线形至线状披针形，长 4 ~ 18mm，具 1 条较明显的中脉，稀 2 侧脉稍明显，顶端尖。花 3 ~ 6 朵成蝎尾状聚伞花序，花瓣蓝色，长 13 ~ 15mm；花丝下部 2/3 合生成筒，花药高达花柱之半；花柱异长，仅基部合生，长达 6mm；雄蕊 10，其中 5 枚退化；柱头椭圆形。种子扁平，椭圆形，长约 4.5mm，深棕色，光亮。产于米林、札达，生于海拔 3100 ~ 4100m 的山坡草地。

五十四、蒺藜科 Zygophyllaceae

1. 蒺藜属 *Tribulus*

蒺藜 *T. terrestris*

一年生草本。茎基部分支，平卧，被绢丝状柔毛。叶互生状，偶数羽状复叶；具小叶 6 ~ 14 枚，小叶长圆形，长 6 ~ 15mm，宽 2 ~ 5mm，基部稍偏斜。花黄色。果爿 5，每果爿具长短刺各 1 对。产于八宿、波密、米林、加查等县，生于海拔 2900 ~ 3800m 的干旱河谷沙丘、路旁或田边杂草中。

五十五、芸香科 Rutaceae

分属检索表

1. 心皮离生或彼此靠合，成熟时彼此分离；果为开裂的蓇葖果。（芸香亚科）
 2. 草本；2 ~ 4 回指状三出复叶；花两性 ……………………………… **石椒草属 *Boenninghausenia***
 2. 乔木、灌木、或木质藤本；单回羽状复叶，稀 3 小叶或单小叶；花单性，每心皮有 2 或 1 胚珠。
  3. 叶互生；茎枝有皮刺；成熟果爿全裂，油点明显 ……………………… **花椒属 *Zanthoxylum*** *
  3. 叶对生；茎枝无刺；成熟果爿最多开裂一半，油点常不明显。
   4. 掌状 3 小叶复叶；花序腋生；枝及小叶有类似柑橘叶的香气 ……………… **蜜茱萸属 *Melicope***
   4. 奇数羽状复叶；花序顶生或近顶生；枝、叶有或无特殊气味 ……………… **四数花属 *Tetradium***
1. 心皮合生；浆果状核果或浆果；常绿乔木或灌木。
 5. 浆果状核果，5 或 4 室，有小核 5 ~ 8 个，稀 10 个。（飞龙掌血亚科）
  6. 花单性；指状 3 出复叶，枝叶有钩刺；攀缘灌木 ……………………… **飞龙掌血属 *Toddalia***
  6. 花单性、两性或杂性；单叶，无刺；常绿灌木或小乔木 ………………… **茵芋属 *Skimmia***
 5. 浆果；花两性；种子无胚乳。（柑橘亚科）
  7. 茎枝有刺；单身复叶或单叶；雄蕊为花瓣数的 4 倍或更多；浆果有汁胞 ………… **柑橘属 *Citrus*** *
  7. 茎枝无刺；羽状复叶，若单叶或单小叶，则幼芽及花梗均被红或褐锈色微柔毛；花瓣覆瓦状排列或有时镊合状排列；子房室不扭转；子叶厚，平凸，不折合；浆果有黏液，无汁胞。

8. 花蕾短筒状或椭圆形；花柱远比子房纤细且长，子房每室2胚珠 …………………… **九里香属 *Murraya***
8. 花蕾圆球形；花柱比子房短，子房每室有悬垂的胚珠1颗 ……………………… **山小橘属 *Glycosmis***

1. 石椒草属 *Boenninghausenia*

臭节草 *B. albiflora*

有浓烈气味的一年生草本。2～4回三小叶复叶，小叶片长1～2cm，近圆形，倒卵形，倒卵形或椭圆形；老叶常变褐红色。花序有花甚多，花枝纤细，基部有小叶；花瓣白色，有时顶部桃红色，有透明油点；花后子房柄伸长，结果时更明显。果期8～9月。产于林芝(拉月)、波密、察隅、墨脱，生于海拔1200～2300m的林缘或林下沟谷边。

2. 花椒属 *Zanthoxylum*

分种检索表

1. 花被片两轮排列，外轮为萼片，内轮为花瓣，二者颜色不同，均4；雄蕊与花瓣同数；萼片顶部紫红色，雌花的花柱为挺直的柱状；分果爿顶端有短芒尖。(崖椒亚属)
  2. 攀缘藤本；小叶厚革质；聚伞圆锥花序腋生；分果爿红褐色 …………………… **大花花椒 *Z. macranthum***
  2. 小乔木或灌木；小叶薄纸质；伞房状聚伞花序顶生；分果爿紫红色 …………… **尖叶花椒 *Z. oxyphyllum***
1. 花被片一轮排列，颜色相同，与雄花的雄蕊均为4或8；心皮背部顶侧有较大油点1颗，花柱分离，各自向背弯；分果爿顶端几无芒尖；小乔木或灌木状。(花椒亚属)
  3. 叶轴有翼叶或至少有狭窄、绿色的叶质边缘。
    4. 花序有明显的总花梗；果梗长2～6mm或稍更长；小叶中脉在叶面常有刺 …… **竹叶花椒 *Z. armatum***
    4. 花序生于极度短缩的小枝上，呈老茎着花状；果梗长稀2mm以上；翼叶显著。
      5. 枝、叶均无毛或嫩枝有甚稀疏的短毛 ………………………………………… **刺花椒 *Z. acanthopodium***
      5. 枝、叶均被褐锈色柔毛 ……………………………………… **毛刺花椒 *Z. acanthopodium* var. *timbor***
  3. 叶轴无翼叶或仅有甚狭窄的叶质边缘，则叶轴腹面有浅的纵沟。
    6. 单小叶或复叶有小叶3或5片；叶轴无翼叶 ……………………………………… **花椒 *Z. bungeanum***
    6. 复叶有小叶5～13片；叶轴常有甚狭窄的叶翼 ………………………………… **墨脱花椒 *Z. motuoense***

3. 蜜茱萸属 *Melicope*

分种检索表

1. 子房、分果爿、嫩枝及叶柄均被毛 ……………………………… **三叶蜜茱萸(三叶吴萸) *M. triphylla***
1. 子房无毛；嫩枝及叶柄均被毛，小叶中脉被短伏毛 ……………………… **三桠苦(毛三桠苦) *M. pteleifolia***

4. 四数花属 *Tetradium*

分种检索表

1. 小叶(5)7～13枚，无毛或叶背脉上有稀疏细短毛 …………………………… **无腺吴萸 *T. fraxinifolium***
1. 小叶5～13枚，背面至少沿叶脉被长柔毛 ………………………… **牛枓吴萸(棱子吴萸) *T. trichotomum***

5. 飞龙掌血属 *Toddalia*

飞龙掌血 *T. asiatica*

指状3出叶的攀缘灌木。枝，叶有钩刺，揉搓有柑橘叶香气。花单性，萼片、花瓣、雄蕊及心皮均 4 或 5 枚，心皮合生。果为有浆汁的核果，圆球形，径约 1cm，朱红色；果期 8 ~ 10 月。产于察隅、墨脱，生于海拔约 1300m 常绿阔叶林中。

6. 茵芋属 *Skimmia*

分种检索表

1. 灌木；叶片长 3 ~ 7cm，中脉密被短柔毛，仅在扩大镜下可见(产于易贡) ……… **黑果茵芋 *S. melanocarpa***
1. 高大乔木；叶片长 10cm 以上，中脉无毛(产于察隅) ……………………………… **乔木茵芋 *S. arborescens***

7. 柑橘属 *Citrus*

分种检索表

1. 子房 3 或 4(6)室，每室胚珠 3 或 4 枚(栽培) ……………………………… **金柑(金橘)*C. japonica***
1. 子房(6)7 ~ 15 室或更多，每室有胚珠多枚；单身复叶之翼叶长不足叶长的 1/2，稀无翼叶。
 2. 叶无翼叶；果皮比果肉厚或为果肉厚度的 1/2。
  3. 果不分裂(产于墨脱，疑栽培逸生) ……………………………………………… **香橼 *C. medica***
  3. 果顶部分裂成手指状肉条(栽培) …………………………………………… **'佛手' *C. medica* 'Fingered'**
 2. 翼叶明显，甚狭窄或宽阔；果肉比果皮厚(栽培)。
  4. 子叶绿色。
   5. 果径 10cm 以内。
    6. 果实圆形、扁圆形，顶端无凸起(产于墨脱、察隅，有逸生) … **酸橙(橙子、甜橙)*C.* × *aurantium***
    6. 果实长圆形或至少顶端具凸起尖；花瓣外面粉色或红色 …………………………… **柠檬 *C.* × *limon***
   5. 果实圆形、扁圆形、梨形，顶端无凸起尖；花瓣外面白色或紫色；果径大于 10cm。
    7. 嫩枝、叶背至少沿中脉被毛，花梗、萼片及子房均被毛；果肉黄白色 ………………… **柚 *C. maxima***
    7. 全株无毛，或仅嫩叶背面中脉有疏短毛；果肉红色 ……………………………… **葡萄柚 *C. paradisi***
  4. 子叶乳白色。
   8. 花常簇生；果皮不易剥离，果肉味甜或酸甜适度 ………………… **酸橙(橙子、甜橙)*C.* × *aurantium***
   8. 单花腋生或数花簇生；果皮易剥离。
    9. 果皮淡黄色、橙色、红色或胭脂红色，果肉多甘甜 ……………………………… **柑橘 *C. reticulata***
    9. 果皮淡黄色，果肉酸和苦(常药用) ………………………………………………… **香橙 *C.* × *junos***

8. 九里香属 *Murraya*

九里香 *M. exotica*

小乔木。当年生枝绿色。奇数羽状复叶，有小叶 3 ~ 5(7)片，小叶互生，全缘，平展。短缩的圆锥状聚伞花序；花白色，芳香；花瓣 5，长 10 ~ 15mm，盛花时反折；雄蕊 10 枚，长短不等，比花瓣略短，花药背部有细油点 2 颗。果橙黄至朱红色，顶部短尖，略歪斜，长 8 ~ 12mm，果肉有黏胶质液；种子有短的棉质毛。果期 9 ~ 12 月。室内观赏植物，林芝、拉萨有栽培。

9. 山小橘属 *Glycosmis*

西藏山小橘(墨脱山小橘、西藏割舌树)*G. xizangensis*

灌木或小乔木。幼嫩部分常被红或褐锈色微柔毛。叶互生，单小叶或有小叶 2 ~ 7 片，稀单叶；小叶互生，油点甚多，通常无毛。聚伞花序，腋生或兼有顶生；花两性，细小，花梗短，常被毛；萼片及花瓣均 5 片，稀 4 片，萼片基部合生；花瓣覆瓦状排列；雄蕊 10 枚，很少8枚或更少，等长或长短相间，着生于隆起的花盘基部四周，比花瓣短或与花瓣等长，花丝在药隔稍下增宽而扁平，稀线形，药隔顶部常有1油点；子房5室，少有4或3室，每室有自室顶悬垂的胚珠1枚。浆果半干质或富水液，含黏胶质液，有种子1~2，很少3粒。产于墨脱，生于海拔800m的林中。

五十六、苦木科 Simaroubaceae

分属检索表

1. 扁平翅果；幼枝被柔毛；奇数羽状复叶有小叶13~27枚，两侧各具1~2个粗锯齿，齿背各有臭腺1枚 …………………………………………………………………………………………………… 臭椿属 *Ailanthus**

1. 核果；幼枝无毛；奇数羽状复叶，有小叶5~19枚，全缘或有锯齿，无臭腺 …………… 苦木属 *Picrasma*

1. 臭椿属 *Ailanthus*

臭椿 *A. altissima*

落叶乔木。高可达20m，树皮平滑而有直纹；嫩枝有髓，幼时被黄色或黄褐色柔毛，后脱落。叶互生，奇数羽状复叶，长40~60cm，小叶13~27；小叶基部偏斜，两侧各具1或2个粗锯齿，齿背有腺体1个，揉碎后具臭味。圆锥花序腋生，花淡绿色，萼片5，覆瓦状排列；花瓣5，基部两侧被硬粗毛；雄蕊10，花丝基部密被硬粗毛，雄花中的花丝长于花瓣，雌花中的花丝短于花瓣；心皮5，花柱黏合，柱头5裂。翅果长椭圆形，种子位于翅的中间。花期4~5月，果期8~10月。产于林芝、波密、墨脱、察隅等地，生于落叶阔叶林中。

2. 苦木属 *Picrasma*

苦树 *P. quassioides*

落叶乔木，高可达10m。树皮紫褐色，平滑，嫩枝有髓，无毛，全株有苦味。叶互生，奇数羽状复叶，长15~30cm，小叶9~15枚；小叶边缘具不整齐的粗锯齿，除顶生叶外，其余叶基均对称；托叶披针形，早落。雌雄异株，复聚伞花序腋生；花黄绿色，萼片小，通常5片，偶4，覆瓦状排列，宿存；花盘4~5裂，心皮2~5，分离，每心皮有1胚珠。核果熟后蓝绿色。花期4~5月，果期6~9月。产于林芝(拉月)等地，生于海拔2300~2900m的杂木林中。

五十七、楝科 Meliaceae

1. 椿属 *Toona*

香椿 *T. sinensis*

落叶乔木。高10~15m，稀达30m。木材红色。小枝无毛，具苍白色皮孔。偶数羽状复叶，长30~50cm，叶轴被微柔毛或无毛；小叶8~10对，对生或互生，纸质，卵状披针形至长圆形，长9~15cm，上下两对较小。圆锥花序多花，花白色，能育雄蕊5枚，外有退化雄蕊5枚，花丝均无毛，花盘念珠状；子房圆锥形，有5条沟纹。蒴果椭圆形，每室有胚珠8。花期6~8月。产于察隅、波密，生于海拔2000~2900m的林中，林芝市八一镇有栽培。

五十八、远志科 Polygalaceae

1. 远志属 *Polygala*

分 种 检 索 表

1. 灌木。
 2. 总状花序数个聚生于枝顶数个节内，长 4 ~ 7cm；花之鸡冠状附属物呈二兜状 …… **长毛远志 *P. wattersii***
 2. 总状花序单一，顶生或腋外生，长 7cm 以上；花之鸡冠状附属物条裂状 ………… **荷包山桂花 *P. arillata***
1. 一年生或多年生草本植物。
 3. 一年生小草本；花无鸡冠状附属物；蒴果具柔毛；花丝 3/4 以下合生成鞘 ……… **小扁豆 *P. tatarinowii***
 3. 多年生草本；花具鸡冠状附属物；蒴果无毛；花丝 2/3 以下合生成鞘。
  4. 花丝 2/3 以上两侧各 3 枚合生；侧生花瓣 1 枚；茎纤细，极多数，丛生……… **单瓣远志 *P. monpetala***
  4. 花丝 2/3 以上全部分离；侧生花瓣 2 枚；茎较少，稍粗。
   5. 总状花序假顶生；龙骨瓣背面被短柔毛；花之鸡冠状附属物流苏状 ……… **西伯利亚远志 *P. sibirica***
   5. 总状花序与叶对生或腋外生；龙骨瓣无毛；花之鸡冠状附属物条裂状 ……… **波密远志 *P. bomiensis***

五十九、大戟科 Euphorbiaceae

分属检索表

1. 花有花被，不形成杯状聚伞花序。植物体通常不具白色乳汁。
 2. 子房每室 2 胚珠。
  3. 花有花瓣；子房 3 室；雌花有花盘，花盘分裂为 5 枚腺体 ……………… **雀舌木属(黑钩叶属) *Leptopus***
  3. 花无花瓣；子房 3 室；雌花有花盘，花盘形状不一 ……………………………… **叶下珠属 *Phyllanthus***
 2. 子房每室 1 胚珠。
  4. 花有花瓣。
   5. 花大，花瓣长 2 ~ 3cm；核果，不开裂；叶卵圆形，稀 1 ~ 3 浅裂(栽培) …………… **油桐属 *Vernicia***
   5. 花小，花瓣长不及 5mm；蒴果，开裂；叶形状、颜色变异很大(栽培) ………… **变叶木属 *Codiaeum***
  4. 花无花瓣。
   6. 雄蕊 2 ~ 3 枚，无退化雄蕊；植株具刺激性乳状汁液 ………………… **海漆属(土沉香属) *Excoecaria***
   6. 雄蕊通常 16 枚或更多；叶上面近基部具 2 腺体 ……………………………………… **野桐属 *Mallotus***
1. 花无花被，组成杯状聚伞花序，雌花居中，周围环绕以数朵仅有 1 枚雄蕊的雄花；子房通常 3 室，每室 1 胚珠；植物体有白色乳汁 ………………………………………………………… **大戟属 *Euphorbia****

1. 雀舌木属 *Leptopus*

雀儿舌头 *L. chinensis*

灌木，高 0.5 ~ 3.5cm。幼枝及叶的下面被柔毛，后变无毛。叶柄长 0.3 ~ 2cm；叶片长卵形或近披针形，长 1 ~ 5cm，宽 0.5 ~ 2.5cm，先端急尖，基圆钝或多少心形。雄花：腺体膜质，2 深裂，裂片先端圆钝，花丝分离；雌花；子房无毛。蒴果球形，直径约 5mm。花果期 5 ~ 8 月。产于波密、林芝等地，生于海拔 2000 ~ 3300m 之林下及山坡灌丛。

2. 叶下珠属 *Phyllanthus*

青灰叶下珠 *P. glaucus*

灌木。枝条圆柱形，小枝细柔，全株无毛。叶片膜质，椭圆形或长圆形，长 2.5 ~ 5cm，顶端急尖，有小尖头，下面稍苍白色；侧脉每边 16 ~ 20 条；托叶膜质。花直径约 3mm，数朵簇生于叶腋；花梗丝状。雄花：萼片 6，卵形；花盘腺体 6；雄蕊 5，花丝分离；花粉粒具 3 孔沟；雌花：通常 1 朵与数朵雄花同生于叶腋；萼片 6，花盘环状；子房 3 室，每室 2 胚珠，花柱 3，基部合生。蒴果浆果状，直径约 1cm，紫黑色，基部有宿存的萼片。花期 4 ~ 7 月，果期 7 ~ 10 月。产于林芝(东久)、吉隆、樟木，生于海拔 2200 ~ 3000m 之山坡林中。

3. 油桐属 *Vernicia*

油桐 *V. fordii*

落叶乔木，高达 10m。树皮灰色，近光滑，枝条具明显皮孔。叶卵圆形，长 8 ~ 18cm，顶端短尖，基部截平至浅心形，全缘，稀 1 ~ 3 浅裂，掌状脉 5(7)条；叶柄与叶片近等长，几无毛，顶端有 2 枚扁平、无柄腺体。花雌雄同株，先叶或与叶同时开放；花瓣白色，有淡红色脉纹，倒卵形，长 2 ~ 3cm，顶端圆形，基部爪状；雄花：雄蕊 8 ~ 12 枚，2 轮；外轮离生，内轮花丝中部以下合生；雌花：子房密被柔毛，3 ~ 5(8)室，每室有 1 胚珠，花柱与子房室同数，2 裂。核果近球状，直径 4 ~ 6(8) cm，果皮光滑。花期 3 ~ 4 月，果期 8 ~ 9 月。察隅有栽培。

4. 变叶木属 *Codiaeum*

变叶木 *C. variegatum*

灌木或小乔木。枝条无毛，有明显叶痕。叶薄革质，形状大小变异很大，甚至有时由长的中脉把叶片间断成上下两片；叶长 5 ~ 30cm，顶端短尖、渐尖至圆钝，基部楔形、短尖至钝，全缘、浅裂至深裂，两面无毛，绿色、淡绿色、紫红色、紫红与黄色相间、黄色与绿色相间或有时在绿色叶片上散生黄色或金黄色斑点或斑纹。总状花序腋生，雌雄同株异序，长 8 ~ 30cm。蒴果近球形，稍扁。花期 9 ~ 10 月。藏东南习见室内栽培彩叶植物。

5. 海漆属 *Excoecaria*

云南土沉香(刮筋板) *E. acerifolia*

灌木，高 0.4 ~ 4cm。小枝无毛。叶具长 2 ~ 4mm 之柄；叶片纸质，椭圆形，狭椭圆形，披针形或线状披针形，长 2 ~ 10cm，先端渐尖，边缘具细而多少弯的锯齿，侧脉 7 ~ 9 对，中脉在下面凹陷。花雌雄同株；雄花穗状花序长 3 ~ 6cm，生于小枝顶端或近顶部叶腋；雌花单生于雄花序之下。蒴果近球形，直径约 1cm。产于墨脱、波密(通麦)，生于海拔 2000 ~ 2700m 的山坡沟谷灌丛中。

6. 野桐属 *Mallotus*

尼泊尔野桐 *M. nepalensis*

灌木或乔木，高 3 ~ 8m。小枝、叶柄、叶下面以及花序均被棕黄色呈星状毛。叶互生，具长 3 ~ 20cm 之柄；叶片膜质，卵圆形、卵形、菱状卵形、三角状卵形，长 10 ~ 22cm，先端渐尖或尾状渐尖，基部圆钝或多少心形。花序顶生，雄花序长 10 ~ 18cm，果期雌花序长达 22cm。蒴果密被棕黄色星状毛和金红色腺点以及柔软皮刺。种子黑色，近半球形，直径约 4mm。产于波密(通麦)、墨脱、察隅等地，生于海拔 1700 ~ 2700m 的山坡密林中。

7. 大戟属 *Euphorbia*

分 种 检 索 表

1. 总苞叶非黄绿色或仅 2 枚；总苞内面无毛；叶大，长 6cm 以上，有时达 20cm 以上。

2. 叶交互对生；总苞叶 2 枚对生，绿色，卵状三角形 ………………………… **续随子(仙人对坐草) *E. lathyris***

2. 叶绿色或红色，互生；总苞叶5~7枚，朱红色，狭椭圆形至披针形(栽培) …… **一品红 *E. pulcherrima***

1. 总苞叶5~8枚，绿色或黄绿色；总苞内面被毛或无毛；叶小，长4~10cm。

3. 根状茎圆柱状；主脉明显；次级苞叶2枚 ………………………………………… **大果大戟 *E. wallichii***

3. 根状茎细长，末端具纺锤形块根；主脉不明显；次级苞叶3枚 …………………… **高山大戟 *E. stracheyi***

六十、水马齿科 Callitrichaceae

1. 水马齿属 *Callitriche*

水马齿 *C. palustris*

一年生草本，高10~30cm。叶对生，在茎顶呈莲座状密集排列，露出水面，倒卵形或倒卵状匙形，长3~3.5mm，先端圆形，基部渐狭，具褐色腺点；茎生叶匙形或长圆状披针形。花单性，同株，单生叶腋；雄花，苞片2，线形，膜质，灰白色；雄蕊1，花丝线形；雌花苞片2，子房横椭圆形，花柱2。果横椭圆形，周围具翅。产于林芝、米林，生于海拔3400m处的生于沟边、沼泽、湿地及水田中。

六十一、黄杨科 Buxaceae

分属检索表

1. 叶对生；雌雄花同序，上部为雌花，下部为雄花；蒴果3瓣裂，果爿顶侧宿存2花柱 …… **黄杨属 *Buxus***

1. 叶互生；雌雄花同序，上部为雄花，下部为雌花，或雌雄花异序；核果状浆果 ……………………………………………………………………………………………… **野扇花属(清香桂属) *Sarcococca***

1. 黄杨属 *Buxus*

平卧皱叶黄杨 *B. rugulosa* var. *prostata*

平卧灌木，高30~120cm。分支极多；小枝被微细密毡毛。叶椭圆形、倒卵状椭圆形或长圆形，长8~11(14)mm，宽5~8mm，先端圆或有浅凹口，基部急尖或稍带圆，少数叶面有侧脉，其他叶干后仅有羽状皱纹，叶面中脉上被微细毛；叶柄上面及边缘被毛。雄花：花梗长约1mm，萼片长2mm，不育雌蕊高1mm。蒴果无毛，果爿顶侧宿存2枚羊角状花柱。花期3~4月，果期6~7月。产于林芝(尼西)、察隅东南，海拔3000~3600m石灰岩石山坡草地。

2. 野扇花属 *Sarcococca*

羽脉野扇花(羽脉清香桂) *S. hookeriana*

灌木或小乔木。有根茎。小枝具纵棱，被短柔毛。叶披针形，长5~8cm，宽13~18mm，先端渐尖，基部狭而急尖(但非楔形)，叶面深绿，中脉凹陷，稍被微细毛，叶背淡绿，光滑，叶脉羽状，两面均不甚明显，叶面两侧贴近边缘处各有一条基出纤弱的纵脉(但非离基三出脉)。花序总状，长约1cm；花白色；雄花5~8，占花序轴上部，不密集；雌花1~2，生花序轴基部。果实球形，宿存花柱3，直立，先端外曲。花期10月至翌年2月。产于林芝(东久)、波密(通麦)、昌都一带，生于海拔1000~3500m的林下阴处。

六十二、马桑科 Coriariaceae

1. 马桑属 *Coriaria*

分种检索表

1. 灌木；花序腋生；叶片基出3脉 …………………………………………………………… **马桑 *C. nepalensis***
1. 亚灌木状草本；花序顶生；叶片基出(3)5~9脉 ……………………………………… **草马桑 *C. terminalis***

六十三、漆树科 Anacardiaceae

分属检索表

1. 乔木、灌木或木质藤木；叶为羽状复叶或掌状3小叶；雌花有花被片，无大的叶状苞片。
 2. 花为单被花(产于察隅、芒康) ……………………………………………………………… **黄连木属 *Pistacia***
 2. 花有萼和花瓣。
  3. 雌花单生或2~3朵簇生叶腋；子房5室；果大，椭圆形，不压扁，中果皮肉浆状，果核顶端具5个小孔(产于墨脱) ……………………………………………………………………… **南酸枣属 *Choerospondias***
  3. 花序圆锥状，腋生或顶生；子房1室；果小，近球形，多少压扁，中果皮和果核不如上述。
   4. 花序顶生；子房和果被腺毛和具节柔毛或单毛；外果皮与中果皮连合，中果皮不为蜡质 ……………………………………………………………………………………………… **盐肤木属 *Rhus***
   4. 花序腋生；子房和果无毛或被微毛，少有被刺毛，但无腺毛；外果皮分离，中果皮厚，蜡质，与内果皮连合 ………………………………………………………………………… **漆属 *Toxicodendron****
1. 矮小灌木或亚灌木状草本；叶为单叶；雌花无花被片，为大的叶状苞片所托 ………… **九子母属 *Dobinea***

1. 黄连木属 *Pistacia*

分种检索表

1. 羽状复叶具3小叶，稀5小叶；果长圆形，较大，长达2cm(可栽培)………… **阿月浑子(开心果)*P. vera***
1. 羽状复叶有小叶4~9对；果球形，较小，径约5mm。
 2. 落叶乔木；奇数羽状复叶；小叶纸质，披针形或卵状披针形，长5~10cm，先端渐尖或长渐尖，叶轴无翅；先花后叶，雄花无不育雌蕊(产于察隅) ………………………………………… **黄连木 *P. chinensis***
 2. 灌木；偶数羽状复叶；小叶革质，圆形或倒卵状长圆形，长1.3~3.5cm，先端微凹，具芒刺状硬尖头；花叶同放，雄花有不育雌蕊(产于察隅、芒康) ……………………………… **清香木 *P. weinmanniifolia***

2. 南酸枣属 *Choerospondias*

南酸枣 *C. axillaris*

落叶乔木。树皮片状剥落；小枝无毛，有皮孔。奇数羽状复叶，小叶3~6对；叶柄纤细，基部膨大；小叶膜质至纸质，长4~12cm，宽2~4.5cm，叶背脉腋有簇毛。雄花序长4~10cm；雌花单生上部叶腋。核果椭圆或倒卵圆形，成熟后黄色，长2.5~3cm。果核与果同形，顶端有5个小孔。产于墨脱，生于海拔1100m左右的阔叶林缘。

3. 盐肤木属 *Rhus*

分种检索表

1. 小枝被微柔毛，叶柄和小叶背面无毛；叶轴上部具狭翅 ……………… **红麸杨 *R. punjabensis* var. *sinica***

1. 小枝、叶轴、叶柄和小叶背面均密被柔毛；叶轴无翅 …………………… **毛麸杨 *R. punjabensis* var. *pilosa***

4. 漆属 *Toxicodendron*

分 种 检 索 表

1. 小枝、叶柄和花序轴粗壮；果序直立；外果皮被微柔毛，成熟后不规则裂开。
 2. 叶轴、叶柄和花序密被锈色茸毛（产于墨脱） …………………… **小果茸毛漆 *T. wallichii* var. *microcarpum***
 2. 叶轴、叶柄和花序无毛或近无毛（产于波密） ………………………………………… **小果大叶漆 *T. hookeri***
1. 小枝、叶柄和花序轴纤细；果序通常下垂；果无毛，成熟后不裂开。
  3. 小叶沿背面中脉被开展柔毛；花序与叶等长或超过；果多少对称（产于东久） ……… **漆 *T. vernicifluum***
  3. 小叶无毛；花序长不超过叶长之半；核果极扁斜（产于察隅、波密） ……………… **野漆 *T. succedaneum***

5. 九子母属 *Dobinea*

九子母（贡山九子母）*D. vulgaris*

矮小灌木，高可达 1 ~ 3m。叶对生，单叶，膜质，长圆状披针形，长 7.5 ~ 11（17.5）cm，有锐尖小锯齿。雄花：花萼 4 裂；花瓣 4，长圆形，具爪；雄蕊 8，4 长 4 短；不育子房存在；雌花：花序圆锥状，无花萼、花瓣及不育雄蕊；花梗与苞片中脉下半部合生（即：雌花以花梗着生于椭圆形膜质苞片的中脉上），被微柔毛；花盘环状。果较小，果时苞片扩展，倒心形至近圆形，径 1 ~ 1.3cm，先端心形或微凹，具小尖头，上半部边缘具小齿，无毛，具脉纹，边缘具细睫毛。种子略压扁，种皮薄，先端微凹至倒心形。产于墨脱、察隅等地，生于海拔 1350 ~ 1700m 的江边、河谷疏林中。

六十四、冬青科 Aquifoliaceae

1. 冬青属 *Ilex*

分 种 检 索 表

1. 叶大，长超过 5cm。
 2. 叶片背面具深色腺点。
  3. 小枝皮孔不明显；小叶侧脉 6 ~ 7 对，先端渐尖至急尖（产于察隅） ………… **四川冬青 *I. szechwanensis***
  3. 小枝皮孔明显；小叶侧脉 7 ~ 9 对，叶具狭长尾状的先端（产于墨脱） ……… **长尾冬青 *I. longecaudata***
 2. 叶背面不具点。
   4. 叶片长 14 ~ 20cm；顶芽大。（产于墨脱）
    5. 顶芽芽鳞外面无毛，边缘密被纤毛；叶椭圆形，干时栗褐色，基部圆形，下面中脉上密被黄色茸毛；聚伞花序有花 3 朵，花梗比小花梗长；果径 6 ~ 7mm …………… **长梗黑果冬青 *I. atrata* var. *wangii***
    5. 顶芽芽鳞外面被微柔毛；边缘膜质；叶倒披针状椭圆形，干时榄绿色，基部阔楔形，两面无毛；假圆锥花序有花多数，花梗短于小花梗；果径 4 ~ 5mm ………………………………… **锡金冬青 *I. sikkimensis***
   4. 叶片长不超过 12cm；顶芽小。
    6. 落叶乔木或灌木；叶纸质或膜质。
     7. 灌木或小乔木，高 4 ~ 8m，具长枝和短枝；果有核 6 ~ 13 粒，外面明显具棱，花柱明显，柱头头状或鸡冠状（产于察隅） ……………………………………………………………… **薄叶冬青 *I. fragilis***
     7. 高大乔木，高 20m，不具短枝；叶上面无毛，下面稍被微柔毛；果有核 6 ~ 7 粒；花柱不明显，柱

头盘状(产于错那) ………………………………………………………… **多脉冬青 *I. polyneura***

6. 常乔木或灌木，不具长枝和短枝；叶为革质或厚革质。

8. 叶干后橄榄色，灰绿色，稀褐橄榄色。

9. 叶干后非灰绿色，厚革质，全缘，偶具刺齿数对，卵圆形至卵状长圆形，长4～10cm，宽2～4cm，端生尖刺，基部圆形；果近无柄，具核2粒，稀4粒 ……………… **双核枸骨 *I. dipyrena***

9. 叶干后灰绿色，革质，倒卵状椭圆形，两面无光泽，边缘具不明显的圆锯齿。(产于墨脱)

10. 果簇生，近无柄 ………………………………………………………… **墨脱冬青 *I. medogensis***

10. 果2个(稀1个)生于叶腋，果柄长5～7mm ……………………………… **双果冬青 *I. dicarpa***

8. 叶干后褐色，倒披针状长圆形，长8.5～11cm，先端长渐尖，基部圆形；小枝粗壮，灰黑色；果径4～5mm，两端扁平，具棱，分核4，果核长5mm(产于察隅) …… **黑毛冬青 *I. melanotricha***

1. 叶小，长不超过5cm。

11. 叶缘具刺或稀为全缘，叶长2.5～4.5cm；果具1～3核(产于东久) …………… **纤齿枸骨 *I. ciliospinosa***

11. 叶缘具圆齿状锯齿，叶长不过3cm；果具4～5核。

12. 常绿小乔木，枝具木栓质小疣；叶广阔圆形或卵形，长7～14mm，宽6～10mm，中脉、侧脉及网脉在上面下陷，下面凸起(产于墨脱) ………………………………………… **小圆叶冬青 *I. nothofagifolia***

12. 常绿灌木；叶背面不具点。

13. 叶卵形或卵状披针形，中脉在上面凸起，被柔毛，侧脉凸起。(产于墨脱、察隅)

14. 小枝密被锈色长柔毛，叶中脉上面被柔毛，下面被柔毛；花白色，4数 … **云南冬青 *I. yunnanensis***

14. 小枝稍被柔毛或无毛，叶中脉上面微被柔毛，下面无毛；花红色，5数 ………… **高山冬青 *I. rockii***

13. 叶倒卵状或倒卵状椭圆形或长圆形，叶脉上面凹，下面凸，无毛。

15. 叶倒卵形，长5～15mm，宽3～8mm；雄花小花梗长2mm(产于墨脱) ……… **错枝冬青 *I. intricata***

15. 叶长圆形，长2～3cm，宽7～10mm；雄花小花梗长5mm ………………… **西藏冬青 *I. xizangensis***

六十五、卫矛科 Celastraceae

分属检索表

1. 灌木或乔木，稀藤本；叶对生；柱头不裂；肉质假种皮红色或黄色；蒴果常具翅 …… **卫矛属 *Euonymus*** *

1. 藤本；叶互生；柱头3裂，每裂常又2裂，肉质假种皮橘红色；蒴果无翅 ………… **南蛇藤属 *Celastrus*** *

1. 卫矛属 *Euonymus*

分种检索表

1. 蒴果心皮背部向外延伸成翅状，极少无明显翅，仅呈肋状；花药1室，无花丝；冬芽显著长大，一般细长尖锐，长多在1cm左右；落叶灌木。(翅果卫矛组)

2. 花5数，紫色；叶片披针形或阔披针形；果具5个狭长翅 ………………………… **岩坡卫矛 *E. clivicola***

2. 花4数，白绿色、黄绿色或紫色；果具4个狭长翅；叶革质或近革质，叶缘有齿。

3. 假种皮橙色，花黄绿色；叶长6～10cm；叶缘具粗深不整齐流苏状锯齿 ……… **缝叶卫矛 *E. fimbriatus***

3. 假种皮亮红色；叶片边缘具细锯齿或圆齿。

4. 叶缘具细锯齿，叶最宽处位于叶片中下部；花黄绿色 ……………… **石枣子(血色卫矛)*E. sanguineus***

4. 叶缘具细圆齿，叶最宽处位于叶片中部；花紫色或棕色………………………… **冷地卫矛 *E. frigidus***

1. 蒴果无翅状延展物；花药2室，有花丝或无花丝；冬芽一般较圆阔而短，长多在4～8mm，较少达到10mm。

5. 果实发育时，心皮各部等量生长；蒴果近球形，仅在心皮腹缝线处稍有凹入，果裂时果皮内层常凸起成假轴；假种皮包围种子全部；小枝外皮常有细密瘤点。

6. 果皮平滑无刺突，4 裂；冬芽较粗大，长可达 10mm，直径可达 6mm。（冬青卫矛组）

7. 茎枝具气生根，藤本；叶披针形或椭圆状披针形；叶缘有不明显疏浅锯齿；花白色或黄白色；花丝长 1mm；果面平滑 ………………………………………………………………… **游藤卫矛 *E. vagans***

7. 茎枝无气生根；乔木或灌木，有时藤状灌木；叶缘具圆齿状锯齿或浅细钝齿。

8. 叶片倒卵状或椭圆形，长 3～5cm，宽 2～3cm；叶缘不反卷，具浅细钝齿；花序梗扁粗；花白绿色；花丝长 2～4mm；果面平滑（栽培）………………………………… **冬青卫矛（大叶黄杨）*E. japonicus***

8. 叶片椭圆状披针形，长 5～10cm，宽 1.5～5cm；叶缘常稍反卷，具疏离的圆齿状锯齿；花序梗圆柱形，花淡黄色，花丝长 1～2mm；果面具 4 棱脊 ………………………………… **茶叶卫矛 *E. theifolius***

6. 果皮外被刺突；冬芽较细小，长达 6mm，直径 3～4mm。（刺果卫矛组）

9. 灌木；叶革质，长 7～12cm，叶柄长 10～20mm；花序梗扁宽或 4 棱 …… **刺果卫矛 *E. acanthocarpus***

9. 小灌木；叶纸质，长 2.5～7cm，叶柄长 2～5mm；花序梗线状 ………………… **棘刺卫矛 *E. echinatus***

5. 果实发育时心皮顶端生长迟缓，其余部分生长超过顶端，便果实呈现浅裂至深裂状；果裂时果皮内外层一般不分离，果内无假轴；假种皮包围种子全部或部分；小枝外皮一般平滑无瘤突。

10. 蒴果上端呈浅裂至半裂状；假种皮包围种子全部，稀仅包围部分呈杯状或盔状。（浅裂卫矛组）

11. 胚珠每室 4～12。

12. 雄蕊无花丝或极短花丝；矮小灌木；枝条常有栓翅；叶对生，较小，花 4 数，深紫色，蒴果 4 浅裂，假种皮包围种子基部至中部 ……………………………………………… **中亚卫矛（八宝茶）*E. semenovii***

12. 雄蕊有明显花丝，长 1～3mm；枝条无栓翅。

13. 叶对生间有互生；花 5 数，花瓣黄绿色，无褶亦无深色脉纹；花盘略呈五角圆形，厚垫状；蒴果倒锥状，5 浅裂 ……………………………………………………………… **云南卫矛 *E. yunnanensis***

13. 叶对生；花 4 数或 5 数；花瓣有褶或具深色脉纹；花盘平坦无垫状凸起；蒴果近球状，有 4～5 棱，浅裂不明显。

14. 花 5 数；花瓣白绿色带紫色脉纹；叶柄长不及 1cm ……………………… **染用卫矛 *E. tingens***

14. 花 4 数；花瓣白色，中央具皱褶；叶柄长达 1cm ……………………… **大花卫矛 *E. grandiflorus***

11. 胚珠每室 2。

15. 雄蕊具明显花丝，长 1～3mm，花 4 数或 5 数。

16. 花 5 数；常绿乔木或灌木；蒴果倒卵状 ……………………… **疏花卫矛（喙果卫矛）*E. laxiflorus***

16. 花 4 数；落叶或常绿；蒴果圆形。

17. 常绿乔木；叶椭圆形至椭圆状披针形，长 7～12cm ……………… **西南卫矛 *E. hamiltonianus***

17. 落叶小灌木；叶多为线形或窄椭圆形，长 1～2cm ……………………… **小卫矛 *E. nanoides***

15. 雄蕊无花丝或具极短花丝；花 4 数；藤状灌木；小枝无瘤突；叶卵状披针形至卵状椭圆形，长 1.5～2.5cm（存疑种）……………………………………………………………… **西藏卫矛 *E. tibeticus***

10. 蒴果整体深裂状，仅基部连合；假种皮包围种子全部或仅部分，呈盔状或舟状。（深裂卫矛组）

18. 灌木；花 4 数，紫色；蒴果 1～4 全裂，果梗 2cm 以下 ……………… **疣点卫矛 *E. verrucosoides***

18. 常绿藤本；花 5 数，白色；蒴果 5 深裂；果序梗长 5～6cm，果呈悬垂状 …… **垂序卫矛 *E. pendulus***

2. 南蛇藤属 *Celastrus*

分种检索表

1. 花序腋生，无或近无总梗；稀总状花序顶生 ……………………… **皱叶南蛇藤 *C. glaucophyllus* var. *rugosus***

1. 花序生于叶腋和茎上，明显具总花梗；稀雄花序顶生（产于通麦）……………………… **茎花南蛇藤 *C. stylosus***

六十六、省沽油科 Staphyleaceae

1. 山香圆属 *Turpinia*

分 种 检 索 表

1. 小叶卵形或长卵形，长 12～16cm，宽 5.5～7cm，基部钝圆；果较小，径 1～1.8cm；种子大，长 8～10mm ……………… **大籽山香圆 *T. macrosperma***
1. 小叶长圆状椭圆形，长 8～14(20)cm，宽(2.5)5～7cm，基部宽楔形；果较大，径 1.5～2.5cm；种子小 ……………… **大果山香圆 *T. pomifera***

六十七、槭树科 Aceraceae

1. 枫属 *Acer*

分 种 检 索 表

1. 花单性，4 数，雄花生小枝侧，雌花生小枝顶；冬芽鳞片镊合状排列；叶卵形，具尾尖，不裂或中部以上 3～5 裂，边缘有尖锯齿；翅果长 3～3.5cm，翅张开近直立 ………… **毛叶枫(四蕊槭)*A. stachyophyllum***
1. 花两性或杂性，雄花与两性花同株或异株，均生于有叶的小枝顶端。
 2. 冬芽常无柄，基部鳞片覆瓦状排列；花序伞房状或圆锥状。
  3. 叶纸质，常 3～5 裂，稀 7～11 裂；落叶性。
   4. 翅果表面种子部位不凸起，呈压扁状；叶柄有乳状液汁。
    5. 叶无毛或近于无毛；叶片宽度大于长度，或近相等。
     6. 小枝紫绿色；叶较大，长 14～17cm；翅果较大，长 4.5～5cm，开张角近于水平或钝角 ……………… **青皮枫 *A. cappadocicum***
     6. 小枝通常灰色或灰褐色；叶较小，长 5～10cm；翅果开张成各种大小不同的角度。
      7. 叶 5～7 裂；翅和小坚果近等长(栽培) ……………… **元宝枫 *A. truncatum***
      7. 叶 5 裂；翅较小坚果长 2～3 倍 ……………… **大翅色木枫 *A. pictum* var. *macropterum***
    5. 叶下面有稠密黄色毛；叶片长度大于宽度，或近相等。
     8. 花序总花梗较长达 1.2cm；叶较大，长 7～10cm，常 5 裂，背面宿存黄褐色柔毛；翅果长 3～3.5cm，张开近于水平 ……………… **小叶青皮枫 *A. cappadocicum* ssp. *sinicum***
     8. 花序总花梗很短，几无；叶较小，长 6～9cm，宽 5.5～8cm，下部全缘，上部 5 裂，下面嫩时有淡黄色细柔毛；翅果长 3.5～4cm，张开近于水平 ……………… **察隅枫 *A. tibetense***
   4. 翅果表面种子部位凸起成球形或卵圆形；叶裂片边缘锯齿状；叶柄无乳状液汁。
    9. 叶 5～9 深裂，裂片披针形，长尾尖，叶缘重锯齿，两面无毛(栽培) ………… **鸡爪枫 *A. palmatum***
    9. 叶 3～7 裂，每花序有多花。
     10. 翅果张开近于直立，叶常 5 裂。
      11. 冬芽大，有 10 多个鳞片；伞房花序长 6cm，直径 7cm；叶较大，长 12～14cm，宽 15～21cm；翅果较大，长 4～5cm ……………… **深灰枫(太白深灰枫)*A. caesium***
      11. 冬芽小，仅有鳞片几个；总状圆锥花序长 8～10cm，直径 1.5～3cm；叶较小，长 8～12cm，宽 8～15cm；翅果较小，长 2.5～2.8cm ……………… **长尾枫 *A. caudatum***
     10. 翅果张开近于水平；叶常 7 裂。
      12. 叶长 9～14cm，宽 13～17cm，7 裂，裂片长卵圆形，边缘有紧贴的锐尖锯齿，下面有宿存的短柔毛；子房有黄色短柔毛；翅果长 3.2～3.4cm ……………… **重齿藏南枫(七裂枫)*A. campbellii* var. *serratifolium***

12. 叶长8~15cm，宽9~20cm，5~9裂，裂片披针形，边缘有锐尖的锯齿，下面嫩时有疏柔毛；子房有长柔毛；翅果较小，长2.5~2.8cm ………………………………… **藏南枫 *A. campbellii***

3. 叶革质或纸质，不分裂或仅顶端3裂，长圆形或披针形；常绿或落叶。

13. 叶纸质，下面被白粉，中部以上3裂，稀不裂；侧裂片向前伸展，与中裂片近等大；裂片全缘或具少数锯齿；翅果锐角开展(栽培) ………………………………… **三角枫 *A. buergerianum***

13. 叶革质，不分裂；全缘。

14. 叶下面有白粉；叶长圆卵形或长圆形，长5~7cm，宽3~4cm，叶柄长2~3cm；翅果长1.8~2.5cm，锐角开展，每果序有翅果多数 ………………………… **飞蛾树(飞蛾枫)*A. oblongum***

14. 叶下面无白粉；叶长圆形，较小，长8~10cm，宽3~4cm，侧脉6~7对，小叶脉不显著；翅果长2.5~2.8cm，锐角开展，每果序仅有2~4个翅果 ………………………… **少果枫 *A. oligocarpum***

2. 冬芽有短柄，基部鳞片镊合状排列；总状花序。

15. 叶卵形或长圆卵形，不分成裂片；翅果长2~2.5cm ……………………… **锡金枫(锐齿枫)*A. sikkimense***

15. 叶常3裂，稀5裂；翅果长2.2~2.5cm。

16. 叶3~5裂，下面沿叶脉和叶柄有红褐色短毛；翅果钝角开展，果梗6mm ……………………………………………………………… **独龙枫 *A. pectinatum* ssp. *taronense***

16. 叶除下面脉腋有丛毛外，其余部分无毛，叶柄无毛。

17. 叶3裂，稀5裂，裂片尾状，锐尖或钝尖，叶柄长6~7cm；翅果长2.2~2.5cm，张开近于水平，果梗长仅5~7mm ………………………………………………… **篦齿枫 *A. pectinatum***

17. 叶3裂，裂片长尾状锐尖，叶柄长3~5cm；翅果钝角开展，果梗长1~2cm ……… **滇藏枫 *A. wardii***

六十八、无患子科 Sapindaceae

分属检索表

1. 果不开裂，核果状或浆果状；果皮肉质；花瓣有鳞片。

2. 掌状复叶或单叶；果径不超过1cm；萼片和花瓣均4片；花盘4全裂 ……………… **异木患属 *Allophylus***

2. 偶数羽状复叶；果径2cm以上；萼片和花瓣均5或4片；花盘不裂，碟状(栽培) … **无患子属 *Sapindus***

1. 蒴果，室背开裂；奇数羽状复叶，果皮膜质或木革质；花瓣有或无鳞片。

3. 果膨胀，果皮膜质，有脉纹；萼片镊合状排列，花两侧对称，花瓣有鳞片………… **栾树属 *Koelreuteria***

3. 果不膨胀，果皮厚而硬，无脉纹；萼片覆瓦状排列，花辐射对称，花瓣无鳞片 ……………………………………………………………… **文冠果属 *Xanthoceras***

1. 异木患属 *Allophylus*

大叶异木患 *A. chartaceus*

小灌木。小枝柱状，褐色，后变灰白，无毛。单叶或掌状复叶；叶柄粗壮，上面有沟；小叶膜状纸质，阔披针形或椭圆形，长18~32cm，宽8~14cm，边缘有波状疏齿，两面无毛，有光泽，侧脉稍疏，斜升直达齿之顶端，在下面凸起，小脉网状。聚伞圆锥花序不分支，双生或几个簇生，与叶柄近等长或有时与叶近等长，花序轴有直纹，无毛；花瓣楔形，爪上被毛，鳞片被红色长毛。果近球形，直径约1cm，红色。产于墨脱，生于海拔1100m左右的山坡灌丛中。

2. 无患子属 *Sapindus*

无患子 *S. saponaria*

落叶乔木，枝开展。单回偶数羽状复叶，互生，连叶柄长25~45cm；无托叶；小叶5~8

对。圆锥花序，顶生及侧生；花杂性，辐射对称，花冠淡绿色，有短爪；花盘杯状；花丝有细毛，花药背部着生，两性花雄蕊小，花丝有软毛。核果球形，熟时黄色或棕黄色。种子球形，黑色。花期6 ~ 7 月，果期9 ~ 10 月。林芝(八一镇)有栽培。

3. 栾树属 *Koelreuteria*

栾树 *K. paniculata*

落叶乔木，叶丛生于当年生枝上，平展。单回、不完全2 回或偶有为二回羽状复叶，长可达 50cm；小叶(7)11 ~ 18 片(顶生小叶有时与最上部的1 对小叶在中部以下合生)，无柄或具极短的柄，纸质，边缘有不规则的钝锯齿，齿端具小尖头。聚伞圆锥花序长 25 ~ 40cm，花淡黄色，稍芬芳；花瓣4，开花时向外反折，瓣片基部具2 枚深裂鳞片；雄蕊8 枚。蒴果圆锥形，具3 棱，长4 ~ 6cm；分果爿卵形，外面有网纹，内面平滑。花期6 ~ 8 月，果期9 ~ 10 月。林芝(八一镇)有栽培，生长不良。

4. 文冠果属 *Xanthoceras*

文冠果 *X. sorbifolium*

落叶灌木或小乔木。小枝粗壮，褐红色，无毛。奇数羽状复叶，叶连柄长 15 ~ 30cm；小叶4 ~ 8 对，膜质或纸质，披针形或近卵形，两侧稍不对称，长2. 5 ~ 6cm，边缘有锐利锯齿，顶生小叶通常3 深裂。花序先叶抽出或与叶同时抽出，两性花的花序顶生，雄花序腋生，长 12 ~ 20cm，直立；花瓣白色，基部紫红色或黄色，有清晰的脉纹，长约 2cm；花盘的角状附属体橙黄色。蒴果长达 6cm；种子黑色而有光泽。花期春季，果期秋初。林芝(八一镇)有栽培。

六十九、清风藤科 Sabiaceae

分属检索表

1. 雄蕊仅2 枚发育；单叶或奇数羽状复叶；花两侧对称，微小，圆锥花序；直立木本 ………………………………………………………………………………… **泡花树属 *Meliosma***
1. 雄蕊全部发育；单叶；花辐射对称，较大，单生或成聚伞花序；攀缘灌木 ……………… **清风藤属 *Sabia***

1. 泡花树属 *Meliosma*

泡花树 *M. cuneifolia*

落叶灌木或小乔木，高3 ~ 8m。单叶互生，纸质，倒卵形或椭圆形，长8 ~ 20cm，先端短渐尖或锐尖，除基部外几乎全部有粗而锐尖的锯齿，上面稍粗糙，下面密生短茸毛和脉腋内有髯毛，侧脉 18 ~ 20 对，在下面凸起。圆锥花序顶生或生于上部叶腋内，长宽约 20cm；花小，黄白色；萼片4，卵圆形，有睫毛；花瓣5，无毛，外面3 片近圆形，内面2 片微小，深2 裂；雄蕊5；花盘膜质，短齿裂。核果球形，直径4 ~ 5mm，熟时黑色。产于林芝(东久)、波密(通麦)、察隅、墨脱等地，生于海拔 2200 ~ 2700m 的密林中。

2. 清风藤属 *Sabia*

钟花清风藤 *S. campanulata*

落叶攀缘木质藤本。小枝淡绿色，有褐色斑点、斑纹及纵条纹，无毛。芽鳞有缘毛。叶膜质，嫩时披针形，成叶长圆形，长3. 5 ~ 8cm，先端尾状渐尖；侧脉每边4 ~ 5 条，在离叶缘4 ~ 5mm 处开叉网结，网脉稀疏，侧脉和网脉在叶面不明显。花绿色或黄绿色，直径1 ~

1.5cm，单生叶腋，稀2朵并生；萼片5，半圆形；花瓣5，宽倒卵形或近圆形，长6～9mm，果时增大长达12mm，宿存，顶端圆，有7条脉纹；雄蕊5枚，花丝扁平；花盘肿胀，边缘有浅圆齿。分果爿阔倒卵形；果核中肋两边有蜂窝状凹穴，两侧面具块状或长块状凹穴，腹部稍凸出。花期5月，果期7月。产于林芝(排龙)等地，生于海拔2500～3100m的山坡疏林中。

七十、凤仙花科 Balsaminaceae

1. 凤仙花属 *Impatiens*

分种检索表

1. 蒴果短，椭圆形，中部膨大，两端缩小；种子球形(栽培) ·································· 凤仙花 ***I. balsamina***
1. 蒴果长，线形或棒形；种子长圆形或倒卵形。
 2. 花梗中部有苞片；苞片宿存；总花梗具1至数花，不分支或叉状分支；花萼片2；叶具锯齿，叶柄基部有2个球形大腺体。
  3. 植株被柔毛；花金黄色；萼片圆形；唇瓣囊状，基部急窄成内弯的短矩············ 西藏凤仙花 ***I. cristata***
  3. 植株无毛；花白色或淡黄色，具红色斑点；萼片镰刀形，唇瓣舟形，无距········· 藏南凤仙花 ***I. serrata***
 2. 花梗基部有苞片或无苞片；花萼片2或4。
   4. 总花梗极短或近无总花梗，通常具2花，稀单花；花梗基部有2钻状或刚毛状的苞片；花粉红色或粉紫色，萼片4，花药钝。
    5. 叶片椭圆状披针形，侧脉5～7对，内面的萼片渐尖；翼瓣上裂片顶端微凹；茎粗壮，常分支 ··· 锐齿凤仙花 ***I. arguta***
    5. 叶线状长圆形或线状披针形，侧脉9～10对；内面的萼片长芒尖；翼瓣上裂片顶端具丝状小尖头；茎纤细，常不分支 ··· 林芝凤仙花 ***I. lingzhiensis***
   4. 总花梗长或较长；花梗排列成总状花序，萼片2或4。
    6. 总花梗直立，常密集于上部叶腋，近伞房状或总状排列；花多，常束生或轮生，稀互生，大或中等大。
     7. 萼片2，叶对生或互生；总花梗生于上部或中部叶腋，开展，非伞房状排列；花淡黄色或淡紫色，排列成总状花序；斜卵形或半卵形，一侧边缘有腺体；翼瓣上裂片具长带形尾；唇瓣斜囊状，具钩状短矩；苞片小，宿存 ·· 荨麻叶凤仙花 ***I. urticifolia***
     7. 萼片4；叶对生、互生或近轮生，上部叶常最大，密集于茎顶；唇瓣囊状或漏斗状，具内弯或近直的距。
      8. 植株有毛；花黄色或白色，具红褐色斑点；苞片卵状披针形 ··············· 米林凤仙花 ***I. nyimana***
      8. 植株无毛；花粉红色或蓝紫色，苞片披针形 ···································· 草莓凤仙花 ***I. fragicolor***
    6. 总花梗细长，开展，稀直立，腋生，总状排列；花小，有时极小；萼片2；黄色，稀粉红色或白色，通常单生，稀束生或轮生。
       9. 唇瓣舟状，基部膨胀而无距；花白色，稀变紫色 ························· 无距凤仙花 ***I. margaritifera***
       9. 唇瓣漏斗状或锥状，常有距；苞片宿存。
        10. 花极多数，黄色或浅紫色；花梗辐射状排列；翼瓣3裂，下部2裂片小，近圆形，上部裂片长圆形··· 辐射凤仙花 ***I. radiata***
        10. 花多数，黄色或淡黄色；花梗互生，不呈辐射状；翼瓣2裂。
         11. 翼瓣背面有反折的耳；唇瓣具长达2cm的距 ··································· 脆弱凤仙花 ***I. infirma***
         11. 翼瓣背面具极短的小耳或无，唇瓣锥状 ······································· 总状凤仙花 ***I. racemosa***

七十一、鼠李科 Rhamnaceae

分属检索表

1. 果实为浆果状核果，具2~4分核，内果皮薄革质或纸质；叶具羽状脉。
 2. 花无梗，稀具短梗，排成顶生或兼腋生的穗花序或穗状圆锥花序 …………………… 雀梅藤属 *Sageretia*
 2. 花有明显的梗，排成腋生聚伞花序、聚伞总状或聚伞圆锥花序………………………… 鼠李属 *Rhamnus**
1. 果实为核果，1~3室，内果皮厚、坚硬，骨质或木质，无分核。
 3. 叶具基生三出脉，稀五出脉，常具托叶刺；核果球形或长圆形，肉质 …………………… 枣属 *Ziziphus*
 3. 叶具羽状脉，无托叶无刺；核果圆柱形。
  4. 叶具锯齿或不明显细锯齿；腋生聚伞花序；萼片内面中肋中部具喙状凸起；花盘薄，五边形，不包围子房，结果时不增大 ………………………………………………………………………………… 猫乳属 *Rhamnella*
  4. 叶全缘；顶生聚伞总状圆锥花序；萼片内面中肋无喙状凸起，仅顶端增厚；花盘厚圆形，齿轮状10裂，包围子房之半，结果时增大成盘状或皿状，宿存 ……………………………… 勾儿茶属 *Berchemia**

1. 雀梅藤属 *Sageretia*

分种检索表

1. 叶小，长0.5~2cm，顶端常微凹；花序常生于枝刺中部下部叶腋 ………………… 凹叶雀梅藤 *S. horrida*
1. 叶大，长2.5cm以上；花序顶生。
 2. 叶上面无光泽，侧脉每边2~3(4)条 ……………………………………………… 少脉雀梅藤 *S. paucicostata*
 2. 叶上面有光泽，侧脉每边5~7条 …………………………………………………… 纤细雀梅藤 *S. gracilis*

2. 鼠李属 *Rhamnus*

分种检索表

1. 茎仅具长枝而无短枝，无刺；叶互生；花单性，5数，无花瓣 …………………… 西藏鼠李 *R. xizangensis*
1. 茎具长枝和短枝，枝端常具针刺；叶在长枝上近对生或互生，在短枝上簇生；花单性，4数，具花瓣。
 2. 叶小，长在2.5cm以下，宽不超过1cm，干时下面变淡黄色或金黄色，两面被微毛，稀近无毛；花单生于叶腋；种子背面具与种子近等长的宽浅沟………………………………………… 淡黄鼠李 *R. flavescens*
 2. 叶较大，长在2.5cm以上，宽超过1cm，下面干时不变黄色，上面或沿脉被疏柔毛下面沿脉或腋窝内被微毛，或稀无毛；花数个簇生于叶腋；种子背面具短沟或长为种子2/3的纵沟。
  3. 小枝淡灰色或灰褐色，皮粗糙，无光泽；种子黑色，背面仅基部具短沟。
   4. 叶缘具细圆齿或不明显波状齿，下面和叶柄疏被短柔毛 ………………………… 刺鼠李 *R. dumetorum*
   4. 叶缘具粗圆齿锯齿，两面沿脉及叶柄被密长柔毛 ……… 圆齿刺鼠李 *R. dumetorum* var. *crenoserrata*
  3. 小枝红褐色或紫褐色，皮平滑而有光泽；种子红褐色，背面具长为种子2/3的纵沟。
   5. 当年生枝无毛，叶背沿脉或脉腋被疏短毛或近无毛，叶柄仅上面被短柔毛 … 帚枝刺鼠李 *R. virgata*
   5. 当年生枝、叶背或沿脉均密被糙毛，叶柄密长柔毛 ………… 糙毛帚枝刺鼠李 *R. virgata* var. *hirsuta*

3. 枣属 *Ziziphus*

分种检索表

1. 聚伞花序总花梗长5~16mm；核果小，直径不超过1cm，基部不凹陷(产于察隅) …… 印度枣 *Z. incurva*

1. 聚伞花序总花梗长不超过 2mm；核果较大，直径超过 2cm，基部凹陷。
 2. 小枝无短枝；花梗、花萼被毛；托叶刺 2，均直立；中果皮非肉质(产于察隅) ……… **山枣 *Z. montana***
 2. 小枝具长枝、短枝；花梗、花萼无毛；长托叶刺直立，短刺下弯；中果皮肉质(栽培) …… **枣 *Z. jujuba***

4. 猫乳属 *Rhamnella*

川滇猫乳 *R. forrestii*

灌木，高达 4m。幼枝纤细，绿色，无毛。叶纸或薄纸质，矩圆形或披针状矩圆形，长 3 ~ 9cm，宽 2 ~ 3.5cm，顶端渐尖或锐尖，边缘中、上部具细锯齿，下部近全缘，两面无毛。花 2 ~ 8 朵簇生于叶腋或排成具短总花梗的腋生聚伞花序，无毛。核果圆柱形，长 3 ~ 6mm，成熟时橘红色，干后变黑色。花期 5 ~ 7 月，果期 7 ~ 9 月。产于察隅、波密等地，生于海拔 2000 ~ 3000m 的山地灌丛中。

5. 勾儿茶属 *Berchemia*

分 种 检 索 表

1. 花少数，单生或 2 ~ 3 个簇生于叶腋；叶小，长不超过 2cm，宽不超过 1.3cm，侧脉每边 4 ~ 6 条；矮小直立灌木。
 2. 叶极小，纸质，叶长 4 ~ 10mm；花梗长小于 4mm；花瓣顶端圆钝 …………… **腋花勾儿茶 *B. edgeworthii***
 2. 叶两型，薄纸质，大叶长 1.2 ~ 2cm；花梗长 9mm；花瓣顶端尖 ………… **细梗勾儿茶 *B. longipedicellata***
1. 花多数或较多数，密集成顶生或兼腋生的聚伞圆锥花序；叶较大，长在 2.5cm 以上，宽超过 1.5cm，侧脉每边 8 ~ 18 条；高大藤状灌木。
 3. 宿存花盘皿状；聚伞总状花序，叶下面干时变金黄色 ………………………… **云南勾儿茶 *B. yunnanensis***
 3. 宿存花盘盘状；宽聚伞圆锥花序，花序下部分支长达 5cm 以上，花序轴无毛或被疏短柔毛，叶下面干时不变金黄色，无毛或沿脉被短柔毛 ………………………………………… **多花勾儿茶 *B. floribunda***

七十二、葡萄科 Vitaceae

分属检索表

1. 叶为单叶 ……………………………………………………………………………… **葡萄属 *Vitis****
1. 叶为掌状或鸟足状复叶。
 2. 卷须端膨大成吸盘；花序与叶对生；花瓣、雄蕊各 5；花盘不明显或不存在 …… **地锦属 *Parthenocissus****
 2. 卷须顶端不膨大；花序常腋生；花瓣、雄蕊各 4；花盘明显。
  3. 花两性；柱头不分裂 ………………………………………………………… **乌蔹莓属 *Cayratia***
  3. 花单性，雌雄异株；柱头 4 裂(主产墨脱) ………………………………… **崖爬藤属 *Tetrastigma***

1. 葡萄属 *Vitis*

葡萄 *V. vinifera*

木质藤本。小枝无毛；卷须长达 15cm，无毛。叶圆形，宽达 15cm，3 裂，基部心形，边缘有不大的牙齿，两面无毛或下面沿脉疏被短柔毛；叶柄长达 8cm。圆锥花序与叶对生，花小，淡黄绿色；花萼不明显，花瓣长约 3mm。浆果近球形，绿色或紫红色。林芝常栽培。

2. 地锦属 *Parthenocissus*

三叶地锦 *P. semicordata*

木质藤本。小枝无毛或被短毛；卷须长达 12cm。有数分支。三出复叶具长柄，小叶纸质，有短柄；中央小叶椭圆形。聚伞花序长 3 ~ 12cm，有多数花，无毛，花淡绿色；花萼蝶状。浆果近球形。产于林芝(东久)等地，生于海拔 2000 ~ 2900m 的山地林中或灌丛中，藏东南地区也见栽培。

3. 乌蔹莓属 *Cayratia*

分 种 检 索 表

1. 花梗中部以下无节和苞片；鸟足状复叶，小叶 5；叶两面无毛 ………………… **墨脱乌蔹莓 *C. medogensis***
1. 花梗中部以下有节，节上有苞片；3 小叶复叶；叶下密被短柔毛或脱落 ……… **膝曲乌蔹莓 *C. geniculata***

4. 崖爬藤属 *Tetrastigma*

分 种 检 索 表

1. 卷须分叉；侧脉 7 ~ 19 对，每侧有 7 ~ 16 个锯齿 ……………………… **喜马拉雅崖爬藤 *T. rumicispermum***
1. 卷须不分叉；侧脉 5 或 6 对，每侧有 5 ~ 9 个锯齿 …………………………………… **扁担藤 *T. planicaule***

七十三、锦葵科 Malvaceae

分 属 检 索 表

1. 果为蒴果；子房由数个合生心皮组成，5 室。
 2. 萼钟形、杯形，整齐 5 齿或 5 裂，宿存；果圆形，种子被毛或腺状凸起(栽培) ………… **木槿属 *Hibiscus***
 2. 萼佛焰苞状，花后在一边开裂并早落；果长尖，种子平滑无毛 ……………………… **秋葵属 *Abelmoschus***
1. 果裂成分果，与果轴或花托脱离；子房由数个分离心皮组成；花柱分支与心皮同数。
 3. 小苞片 3，分离；花瓣倒心形或微缺；心皮 9 ~ 15，果轴圆筒形 ……………………… **锦葵属 *Malva*** *
 3. 小苞片 6 ~ 9，基部合生；花瓣啮齿状；心皮 30 或更多，果轴盘状(栽培) ……………… **蜀葵属 *Alcea*** *

1. 木槿属 *Hibiscus*

木槿 *H. syriacus*

落叶灌木，小枝密被黄色星状茸毛。叶菱形至三角状卵形，长 3 ~ 10cm，具深浅不同的 3 裂或不裂，先端钝，基部楔形，边缘具不整齐齿缺，下面沿叶脉微被毛或近无毛。花单生于枝端叶腋间，花萼钟形，密被星状短茸毛，裂片 5，三角形；花朵大型，钟状，色彩有纯白、淡粉红、淡紫、紫红等，有单瓣、复瓣、重瓣几种。外面疏被纤毛和星状长柔毛。蒴果卵圆形，密被黄色星状茸毛。种子肾形，背部被黄白色长柔毛。花期 7 ~ 10 月。拉萨、林芝、波密等地均有栽培，供观赏。

2. 秋葵属 *Abelmoschus*

分 种 检 索 表

1. 小苞片 4 ~ 5，卵状披针形，宽 4 ~ 5mm；花黄色具紫色花眼，果卵状椭圆形(产于墨脱) ………………………………………………………………………………………… **黄蜀葵 *A. manihot***
1. 小苞片 7 ~ 10，线形，宽 1 ~ 3mm；花黄色，直径 5 ~ 7cm；果羊角状(栽培蔬菜) ………………………………………………………………………………………… **咖啡黄葵 *A. esculentus***

3. 锦葵属 *Malva*

分 种 检 索 表

1. 花较大，直径 3 ~ 5cm，花瓣爪具髯毛；果爿背面网状，被柔毛(栽培) ……………… **锦葵 *M. cathayensis***
1. 花较小，直径 5 ~ 15mm，花瓣爪无髯毛；果爿背面无毛，边有网纹 …………………… **野葵 *M. verticillata***

4. 蜀葵属 *Alcea*

蜀葵 *A. rosea*

二年生直立草本，高达 2cm，密被刺毛。叶近圆心形，直径 6 ~ 15cm，掌状 5 ~ 7 浅裂或波状，上面几无毛至密被星状长柔毛，下面被星状长硬毛或茸毛。花腋生，单生或几簇生，常呈顶生总状花序式，有叶状苞片，花梗长 0. 5 ~ 2. 5cm，花瓣有红、紫、粉红、白、黄和紫黑色，单瓣或重瓣。果为盘状，分果爿 30 枚以上。拉萨、林芝、波密等地均有栽培，供观赏。

七十四、木棉科 Bombacaceae

1. 瓜栗属 *Pachira*

发财树(马拉巴栗)*P. aquatica*

常绿乔木，树高 8 ~ 15m。掌状复叶，小叶 5 ~ 7 枚。枝条多轮生。花大，长达 22. 5cm，花瓣条裂，花色有红、白或淡黄色，色泽艳丽；4 ~ 5 月开花。9 ~ 10 月果熟，内有 10 ~ 20 粒种子，大粒，形状不规则，浅褐色。拉萨、林芝等地均有，室内大型盆栽，常观叶。

七十五、梧桐科 Sterculiaceae

分属检索表

1. 花无花瓣，单性或杂性；雄花无退化雄蕊；蓇葖果开裂，每室种子 1 至数枚，无翅。
  2. 蓇葖果革质或木质，稀为木质，成熟时果始开裂，深红色；单叶，全缘(产于墨脱) … **苹婆属 *Sterculia***
  2. 蓇葖果膜质，成熟前甚早开裂呈叶状；单叶，掌状 3 ~ 5 裂(栽培) …………………… **梧桐属 *Firmiana****
1. 花有花瓣，两性；雄花有退化雄蕊；蒴果开裂，蒴果或种子有翅。
  3. 蒴果有 5 翅，种子无翅；退化雄蕊广匙形，顶端凹陷有沟(产于墨脱)……………… **昂天莲属 *Ambroma***
  3. 蒴果无翅，种子具 1 枚膜质长翅；退化雄蕊线状(产于墨脱) …………………… **翅子树属 *Pterospermum***

1. 苹婆属 *Sterculia*

粉苹婆 *S. euosma*

乔木；被淡黄褐色茸毛。叶革质，卵状椭圆形，长 12 ~ 24cm，宽 7 ~ 12cm，顶端短渐尖，基部圆形或略为斜心形，有基生脉 5 条；叶柄长约 5cm。总状花序聚生于小枝上部，与幼叶同时抽出；花梗长 1 ~ 1. 5cm；花暗红色，萼长约 1cm，5 裂几至基部，裂片条状披针形；子房卵圆形，密被毛，花柱弯曲，有长柔毛。蓇葖果熟时红色，矩圆形或矩圆状卵形，长 6 ~ 10cm，宽约 3cm，顶端渐尖成喙状。种子卵形，长约 2cm，黑色。产于墨脱(背崩)，生于海拔 800 ~ 850m 的山坡阔叶林中或林缘。

2. 梧桐属 *Firmiana*

梧桐 *F. simplex*

落叶乔木，高达 16m；树皮青绿色，平滑。叶心形，掌状 3 ~ 5 裂，直径 15 ~ 30cm，基生脉 7 条；叶柄与叶片等长。圆锥花序顶生，长 20 ~ 50cm，花萼淡黄绿色，5 深裂几至基部，萼片条形，向外卷曲；雄花的雌雄蕊柄与萼等长，花药 15 枚不规则地聚集在雌雄蕊柄的顶端。蓇葖果膜质，有柄，成熟前开裂成叶状，长 6 ~ 11cm，每蓇葖果有种子 2 ~ 4 粒。米林、林芝有栽培。

3. 昂天莲属 *Ambroma*

昂天莲 *A. augustum*

灌木，高 1 ~ 4m。小枝密被星状柔毛。叶互生，近圆形、心状宽卵形或卵形，基部心形，顶端渐尖或急尖，全缘。花序与叶对生，有花 4 ~ 5 朵，花萼 5 枚，基部合生，花瓣 5，紫色。蒴果膜质，具 5 条纵翅。花果期 6 ~ 8 月。产于墨脱，生于 700 ~ 1200m 的山谷沟边或林缘。

4. 翅子树属 *Pterospermum*

翅子树 *P. acerifolium*

大乔木。树皮光滑，小枝的幼嫩部分密被茸毛。叶大，革质，近圆形或矩圆形，全缘、浅裂或有粗齿，长 24 ~ 34cm，宽 14 ~ 29cm，顶端截形或近圆形，并有浅裂或突尖，基部心形，上面被稀疏的毛或几无毛，下面密被淡黄色或带灰色的星状茸毛；基生脉 7 ~ 12 条，叶脉在下面凸出。萼片 5，长 9cm；花单生，白色，芳香；花瓣 5，稍短于萼片。蒴果大，矩圆状圆筒形，长 10 ~ 15cm。种子具 1 枚长翅，大而薄。产于墨脱，生于 720 ~ 820m 的山谷沟边或林中。

七十六、猕猴桃科 Actinidiaceae

分属检索表

1. 木质藤本；雌雄异株；心皮多数，花柱离生；种子多数 ………………………………… **猕猴桃属 *Actinidia*** *

1. 乔木或直立灌木；花两性；心皮 3 ~ 5，花柱离生或部分合生；种子少数（产于墨脱）…… **水东哥属 *Saurauia***

1. 猕猴桃属 *Actinidia*

显脉猕猴桃 *A. venosa*

小枝基本无毛，髓白色，片层状。叶纸质，长卵形或长圆形，长 7 ~ 14cm，宽 3 ~ 8cm；叶柄水红色。花序 1 ~ 2 分支，1 ~ 7 花，花淡黄色；萼片两面密被黄褐色短茸毛；花药黄色，子房柱状圆球形。果小、绿色，长约 1.5cm，熟时秃净，有淡褐色圆形斑点。花期 6 ~ 7 月。产于墨脱、波密、林芝（东久）等地，生于海拔 1200 ~ 2400m 的山林中。

同属植物中华猕猴桃 *A. chinensis* 栽培品种是西藏东南部常见销售水果，察隅有引种栽培。

2. 水东哥属 *Saurauia*

分种检索表

1. 叶背仅幼时疏生柔毛；侧脉 14 ~ 22 对；花序圆锥式…………… **少脉水东哥 *S. polyneura* var. *paucinervis***

1. 叶背全面覆盖毛被。

 2. 叶背和小枝密被厚层的锈色绵毛或茸毛；侧脉 37 ~ 40 对；花序圆锥式 ………… **绵毛水东哥 *S. griffithii***

2. 叶背薄被浅褐色粃糠状短柔毛；小枝无毛；花序聚伞式。
3. 叶卵形，侧脉26对；花序簇生于落叶叶腋；花小，径不足1cm ……………… **红萼水东哥 *S. rubricalyx***
3. 叶狭椭圆形，侧脉34对；花序簇生于当年生枝叶腋；花大，径达2cm ……… **大花水东哥 *S. punduana***

七十七、山茶科 Theaceae

1. 山茶属 *Camellia*

分 种 检 索 表

1. 苞片未分化，多于10片，始花期脱落；花大，直径5～10cm，稀较小，花无柄，子房通常3室，稀4～5室，蒴果有中轴。（山茶亚属）
2. 花无花丝管；花瓣离生或稍连生，先端凹入或2裂。
3. 花红色(盆栽) …………………………………………………………………… **茶梅 *C. sasanqua***
3. 花白色(栽培) …………………………………………………………………… **油茶 *C. oleifera***
2. 花有花丝管；花瓣基部合生；花柱连生而先端3浅裂(盆栽) ……………………… **山茶 *C. japonica***
1. 有苞片和萼片之分化，苞片宿存或脱落，萼片宿存，若苞与萼未分化，则全部宿存；花较小，直径2～5cm，有花柄，雄蕊离生或稍合生，子房及蒴果3(5)室，稀1室。
4. 子房3室均发育；果大，有中轴；萼宿存，苞或宿存；花柱3(5)条，或连合而有浅裂。（茶亚属）
5. 苞片2，早落；花丝分离；花白色；花柱基部连合而先端3浅裂(栽培) ………………… **茶 *C. sinensis***
5. 苞片5～11，宿存；花丝分离或仅基部连合；花金黄色，花柱3条离生(盆栽) …… **金花茶 *C. petelotii***
4. 子房仅1室发育；果小，无中轴；苞及萼均宿存；花柱长，连生，先端3(5)裂。（后生茶亚属）花药背部着生；花瓣基部彼此连合且和雄蕊连生，苞片3～5(产于墨脱) ………………… **长尾毛蕊茶 *C. caudata***

七十八、藤黄科 Clusiaceae

1. 金丝桃属 *Hypericum*

分 种 检 索 表

1. 花瓣及雄蕊脱落；灌木或半灌木；植株各部无黑色腺点。
2. 枝条至少幼时具2或4条纵棱 ……………………………………………… **匙萼金丝桃(芒种花) *H. uralum***
2. 枝条圆柱形，无纵棱。
3. 花柱长为子房的1/5～1/2；雄蕊长为花瓣的1/4～3/8，每束60～80枚 … **多蕊金丝桃 *H. choisyanum***
3. 花柱长为子房的1/2或以上；雄蕊长为花瓣的1/3～2/5，每束20～40枚 ……… **美丽金丝桃 *H. bellum***
1. 花瓣及雄蕊宿存；草本；植株通常有黑色腺点。
4. 花较大，直径可达2cm；二歧聚伞花序，具3～7花，但常退化仅1花 … **单花遍地金 *H. monanthemum***
4. 花小，不及1cm …………………………………………………………………… **西藏遍地金 *H. himalaicum***

七十九、柽柳科 Tamaricaceae

1. 水柏枝属 *Myricaria*

分 种 检 索 表

1. 叶较大，长5～20mm；花丝仅基部合生(产于错那、扎囊，藏东南有栽培) ……… **秀丽水柏枝 *M. elegans***

1. 叶较小，长 1 ~ 7mm，但花枝上苞状叶长达 12mm；花丝通常合生至中部及以上。
2. 苞片 2 ~ 2.5mm；萼片长 1.5 ~ 2mm，至多达花瓣的 1/2；直立灌木 ……………… **小花水柏枝 *M. wardii***
2. 苞片(连同尖端)长 4 ~ 11mm；萼片长 3 ~ 6mm，超过花瓣的 1/2；匍匐灌木 ……… **卧生水柏枝 *M . rosea***

八十、堇菜科 Violaceae

1. 堇菜属 *Viola*

分 种 检 索 表

1. 花柱上部不裂，顶端肥厚呈明显的柱头状；花通常紫色或白色，也有黄色，侧方花瓣里面有须毛或柔毛；托叶离生或合生。
2. 托叶大，离生，羽状或掌状深裂；柱头球状，花径和颜色多样；矩短(栽培) ………… **三色堇 *V. tricolor***
2. 托叶小，与叶柄合生或离生，不裂或有齿；柱头前方具喙；矩较长。
3. 植株有长而纤细的匍匐茎；叶卵形，基部深心形，先端渐尖；托叶离生 …………… **匍匐堇菜 *V. pilosa***
3. 植株不具匍匐茎；叶通常基生；托叶常与叶柄合生。
4. 叶片明显羽裂 ……………………………………………………………………………… **羽裂堇菜 *V. forrestiana***
4. 叶不羽裂。
5. 花白色；根状茎下部常具肉质鳞片；高不及 8cm；叶片近圆形 …………………… **鳞茎堇菜 *V. bulbosa***
5. 花紫色；根状茎下部无肉质鳞片；叶常戟形，变异大 ……………………… **戟叶堇菜 *V. betonicifolia***
1. 花柱上部 2 裂呈片状；花通常黄色，侧方花瓣里面无须毛；托叶通常离生。
6. 托叶长 3 ~ 6mm，先端锐尖；蒴果无毛(肾叶堇菜 *V. schulzeana* 已归并入) ……… **双花堇菜 *V. biflora***
6. 托叶长约 1.3cm，先端渐尖；蒴果密被棕色点，疏生微柔毛(康藏堇菜、光茎四川堇菜已归并入) ……
……………………………………………………………………………… **四川堇菜 *V. szetschwanensis***

八十一、旌节花科 Stachyuraceae

1. 旌节花属 *Stachyurus*

西域旌节花(西藏旌节花)*S. himalaicus*

灌木或小乔木，高 2 ~ 5m。小枝栗褐色，具灰白色皮孔。叶坚纸质至近革质，长圆形至长圆状披针形，长 8 ~ 13cm，宽 3.5 ~ 5.5cm，先端具长尾状渐尖或渐尖。花序腋生，长 5 ~ 15cm，直立或下垂；花黄色，无柄，具 2 枚三角状小苞片；萼片 4 枚；子房瓶状。果实近球形，直径 7 ~ 8mm，具宿存的花柱。产于林芝(东久、排龙)、波密、墨脱，生于海拔 2300 ~ 3500m 的山林中。

八十二、秋海棠科 Begoniaceae

1. 秋海棠属 *Begonia*

分 种 检 索 表

1. 茎直立，有多数的茎生叶。
2. 叶片长圆形，长达宽的 3 倍；茎多少呈竹节状；聚伞花序腋生。
3. 叶长圆形，上面深绿色，下面苍白色或黄绿色；聚伞花序有花数朵，不下垂。(产于墨脱)
4. 叶背苍白色；雌花、雄花花被片均 4；蒴果 4 棱，无明显翅 …………………… **无翅秋海棠 *B. acetosella***

4. 叶背黄绿色；雌花花被片 5，雄花花被片 3；蒴果具不等长 3 翅 ……………… **墨脱秋海棠 *B. hatacoa***
3. 叶斜长圆形或长圆状卵形，长 10 ~ 20cm，上面深绿色，并有多数圆形的小白点，下面深红色；聚伞花序花密集，下垂，雌花花被片 5；蒴果具明显翅(栽培) …………………… **竹节秋海棠 *B.* × *maculata***
2. 叶片卵形或近圆形，5 ~ 7 掌状分裂或不裂；聚伞花序顶生或腋生。
5. 叶 5 ~ 7 掌状分裂；花序顶生。(产于墨脱)
6. 花序、子房无毛；叶裂片常不再分裂，无毛 ………………………………… **锡金秋海棠 *B. sikkimensis***
6. 花序、子房有柔毛；叶有多数裂片，下面脉上密被锈色柔毛 ………………… **裂叶秋海棠 *B. palmata***
5. 叶不裂，长 5 ~ 8cm；花序腋生；雌花花被片 5，雄花花被片 4(栽培) …… **四季秋海棠 *B.* × *semperflorens***
1. 植株具块茎或根状茎，无直立茎。
7. 地下茎平卧；叶斜卵圆形如象耳，长可达 40cm；叶面多色，常具金属光泽，有不规则的异色环带，叶背常紫红叶脉及叶柄上多毛；花多色，高出叶面(栽培) …………………… **大王秋海棠(蟆叶海棠) *B. rex***
7. 植株具球状块茎。
8. 叶片卵圆形，宽达 10cm 以上，边缘有粗齿或不规则裂片。
9. 花黄色；果有毛；花药药隔不延伸(产于樟木) ……………………………… **黄花秋海棠 *B. flaviflora***
9. 花红色；果无毛；花药药隔延伸(产于察隅) ……………………………………… **糙叶秋海棠 *B. asperifoli***
8. 叶片卵形，宽 3 ~ 5cm，边缘有细锯齿；雄蕊单体，药隔不延伸；蒴果有柔毛。
10. 叶片卵状心形(产于林芝、樟木) ……………………………………………… **樟木秋海棠 *B. picta***
10. 叶片盾形(产于错那) ……………………………………………………………… **盾叶秋海棠 *B. peltatifolia***

八十三、仙人掌科 Cactaceae

分属检索表

1. 茎无气生根；花白天开放。
2. 花辐射状；花托边缘高出子房，但不延伸成花托筒；子房上位至下位。
3. 茎常侧扁，散生小窠，稀具棱；小窠内具倒刺刚毛和刺(察隅、樟木有逸生)……… **仙人掌属 *Opuntia*** *
3. 茎常球状，具锐棱；刺硬而直，常扁平(栽培) ……………………………………… **金琥属 *Echinocactus***
2. 花漏斗状；花托延伸呈花托筒；子房上位(栽培)。
4. 分支扁平呈令箭状，花从茎节两侧的刺座中开出；花红色 ………………… **令箭荷花属 *Nopalxochia*** *
4. 分支蟹爪状或节状，刺座上有刺毛；花着生于茎节顶部刺座上，花色多样 ……… **蟹爪兰属 *Zygocactus***
1. 茎具气生根；花晚间开放，漏斗状或高脚碟状；花托延伸成花托筒；子房下位(栽培)。
5. 分支三棱柱状或三角柱状，坚硬，具刺；花常白色 …………………………………… **量天尺属 *Hylocereus***
5. 分支叶状侧扁，具粗大中肋，柔软；无刺；花白色，也有红色品种 …………………… **昙花属 *Epiphyllum***

1. 仙人掌属 *Opuntia*

分种检索表

1. 分支淡绿至灰绿色，无光泽，厚而平坦，基部圆形或宽楔形；小窠垫状，无刺或具 1 ~ 5 根针状至刚毛状白色刺；花丝淡黄色；浆果圆筒形(察隅有逸生) ………………………………… **梨果仙人掌 *O. ficus* – *indica***
1. 分支鲜绿色，具光泽，薄而波皱，基部渐狭至柄状；小窠结节状，具 1 ~ 2(3) 根直立的针状灰色刺，刺先端黑褐色，有时嫩枝小窠无刺；花丝淡绿色；浆果倒卵球形 ………………… **单刺仙人掌 *O. monacantha***

2. 金琥属 *Echinocactus*

金琥 *E. grusonii*

茎圆球形，单生或成丛，直径 80cm 或更大；球顶密被金黄色绵毛。有棱 21 ~ 37，显著。刺座很大，密生硬刺，刺金黄色，后变褐，有辐射刺 8 ~ 10，长 3cm；中刺 3 ~ 5，较粗，稍弯曲，长 5cm。花生于球顶部绵毛丛中，钟形，4 ~ 6cm，黄色，花筒被尖鳞片。花期 6 ~ 10 月。

3. 令箭荷花属 *Nopalxochia*

令箭荷花 *N. ackermannii*

附生类植物，丛生灌木状。茎多分支，老茎木质化，稍圆柱形，分支扁平呈令箭状，绿色，中脉明显突出；茎的边缘呈钝齿形，齿凹处有刺座，具 0. 3 ~ 0. 5cm 长的细刺和丛生短刺。花大型，从茎节两侧的刺座中开出；花筒细长，喇叭状，花被重瓣或复瓣，昼开夜合，花色多种；花期 4 ~ 6 月。椭圆形红色浆果，种子黑色。西藏习见栽培花卉，常嫁接于量天尺 *Hylocereus undatus* 上，成高大的直立灌木；极易扦插或嫁接成活。

4. 蟹爪兰属 *Zygocactus*

蟹爪兰 *Z. truncatus*

附生肉质植物，常呈下垂灌木状。茎无刺，无叶，多分支，老茎木质化，稍圆柱形，幼茎及分支均扁平；每一节间矩圆形至倒卵形，长 3 ~ 6cm，宽 1. 5 ~ 2. 5cm，鲜绿色，有时稍带紫色，顶端截形，两侧各有 2 ~ 4 粗锯齿，两面中央均有一肥厚中肋。花单生于枝顶，玫瑰红色，长 6 ~ 9cm，两侧对称；花萼 1 轮，基部短筒状，顶端分离；花冠数轮，下部长筒状，上部分离，越向内则筒越长；雄蕊多数，2 轮，伸出，向上拱弯；花柱长于雄蕊，深红色，柱头 7 裂。浆果梨形，红色，直径约 1cm。花果期 10 月至翌年 3 月。室内盆栽观赏植物，栽培品种花色多样，藏东南家庭常见栽培。

5. 量天尺属 *Hylocereus*

量天尺（火龙果）*H. undulatus*

攀缘性多年生植物，无主根，具气生根。老茎深绿色，粗壮，长可达 7m，粗 10 ~ 12cm，具 3 棱。棱扁，边缘波浪状，每段茎节凹陷处具小刺，茎节处生长攀缘根。花白色，长约 30cm，直立，花瓣倒披针形，全缘；花萼管状；雄蕊多达 700 ~ 960 枚，与花柱等长或较短，花药乳黄色，花丝白色；雌蕊柱头裂片多达 24 枚。子房下位，果实长圆形或卵圆形，表皮红色，肉质，具卵状而顶端急尖的鳞片，果长 10 ~ 12cm，果肉白色或红色。种子芝麻状，极多。藏东南市场习见销售的水果，察隅有引种栽培。

6. 昙花属 *Epiphyllum*

昙花 *E. oxypetalum*

附生肉质灌木，老茎木质化，基部圆柱状或具棱。分支叶状扁平，两面中央均有一肥厚中肋，有时具 3 翅，边缘波状、圆齿状、粗齿状或羽裂，悬垂或借气根攀缘；小窠位于齿或裂片之间凹缺处，无刺，初具绵毛或刚毛，后变裸露。叶退化。花单生于枝侧的小窠，无梗，两性，通常大型，漏斗状或高脚碟状，夜间开放，无味或芳香；花被片多数，螺旋状聚生于花托筒上部；外轮花通常反曲，内轮花被片花瓣状，白色，呈辐状开展；雄蕊多数，着生于花托筒内面及喉部，常排成两列；子房下位，1 室，侧膜胎座。浆果球形至长球形，具浅棱脊或瘤突，红至紫色，常 1 侧开裂。种子多数，卵球形至肾形，黑色，有光泽，具细皱纹，无毛。藏东南家庭习见栽培花卉。

八十四、瑞香科 Thymelaeaceae

分属检索表

1. 下位花盘环状或无；花萼果时凋落，但不横断；叶大，互生；花序头状或短总状；灌木 …… 瑞香属 *Daphne* *
1. 下位花盘多少鳞片状；花萼在子房以上部分横断；叶小，对生或互生；花序头状；草本 …… 狼毒属 *Stetlera* *

1. 瑞香属 *Daphne*

分种检索表

1. 叶窄披针形，长 5 ~ 9cm，宽 1.2 ~ 1.7cm ………………………………………… 长瓣瑞香 *D. longilobata*
1. 叶窄倒卵形，顶端微缺，长 3 ~ 3.5cm，宽 1.5 ~ 2.5cm …………………………… 大花瑞香 *D. macrantha*

2. 狼毒属 *Stellera*

狼毒(断肠草) *S. chamaejasme*

直立亚灌木，全株无毛。具粗大的圆锥形木质根。茎自根上成簇发出，直立不分支，高 40 ~ 50cm。叶在茎基部互生，上部簇生，叶形变异性极大，线状披针形至椭圆状长圆形，先端尖；基部钝或宽楔形，长 1 ~ 3cm，宽 0.2 ~ 0.7cm。头状花序多花，着生于茎的顶端；雄蕊 2 列，10 枚，稀 8 枚，着生于萼筒中部以上；花盘鳞片线形。小坚果黑褐色。产于工布江达、林芝等地，生于裸露滩地上。

八十五、胡颓子科 Elaeagnaceae

分属检索表

1. 花两性，稀两性与单性共存；花萼 4 裂，雄蕊 4 枚，与花萼裂片互生 ……………… 胡颓子属 *Elaeagnus* *
1. 花单性，雌雄异株；花萼 2 裂，雄蕊 4 枚，2 枚与花萼裂片对生，2 枚与花萼裂片互生 …… 沙棘属 *Hippophae* *

1. 胡颓子属 *Elaeagnus*

牛奶子 *E. umbellata*

落叶直立灌木，高 1 ~ 4m，具棘刺，各部具银白色和散短少数黄褐色鳞片，枝甚开展。芽银白色，叶纸质或膜质，椭圆形至卵状椭圆形或倒卵状披针形。花较叶先开放，黄白色，芳香，1 ~ 7 花簇生新枝基部呈伞形状花序，单生或成对生于幼叶腋内。浆果椭圆形，淡红色。花期 4 ~ 5 月，果期 7 ~ 8 月。产于墨脱、察隅、林芝、波密、米林等地，生于海拔 2000 ~ 3200m 向阳林缘、灌丛、荒坡上或沟边。

2. 沙棘属 *Hippophae*

云南沙棘 *H. rhamnoides* ssp. *yunnanensis*

灌木或小乔木，高 1 ~ 2m，有时高达 8m，具棘刺。幼枝褐绿色，密被鳞片，有时具白色星状柔毛；老枝鳞片脱落，灰黑色；冬芽较大，金黄色或锈色。单叶互生，窄披针形或长圆状披针形，长 3 ~ 8(10) cm，宽 4 ~ 8mm。花单性，雌雄异株。核果状坚果，为肉质花萼管包被，果橙黄色。产于察隅、波密、林芝、米林，生于海拔 1000 ~ 3500m 的高山峡谷、山地、沟谷、河滩边。

西藏是沙棘属植物的世界分布中心，产全部 7 种中的 5 种，其他还有西藏沙棘 *H. tibetana*、柳叶沙棘 *H. salicifolia*、江孜沙棘 *H. gyantsensis*、肋果沙棘 *H. neurocarpa*。另外，棱果沙棘 *H. goniocarpa*、理塘沙棘 *H. litangensis* 分布于四川、青海等省紧邻西藏的区域。

八十六、千屈菜科 Lythraceae

1. 紫薇属 *Lagerstroemia*

分种检索表

1. 蒴果小；花萼全长约 3mm，外面具 10 条肋，萼裂片 5(产于墨脱，疑为南紫薇 *L. subcostata*) ………………………………………… **小果紫薇 *L. minuticarpa***
1. 蒴果大；花萼全长 7 ~ 10mm，外面平滑无棱，萼裂片 6(栽培) ………………………… **紫薇 *L. indica***

八十七、石榴科 Punicaceae

1. 石榴属 *Punica*

石榴 *P. granatum*

落叶灌木或小乔木。冬芽小形，芽鳞 2。叶对生及簇生，无托叶。花两性，1 ~ 5 朵生于小枝顶端或腋生；萼筒钟状或筒状，革质，裂片 5 ~ 7，宿存；花瓣覆瓦状排列；雄蕊多数；子房下位或近下位，花柱 1，柱头头状。果实为浆果，球形，果皮肥厚革质。种子多数，外种皮肉质，无胚乳；胚直生；子叶旋卷状。林芝(八一镇)有观花品种栽培。

八十八、八角枫科 Alangiaceae

1. 八角枫属 *Alangium*

高山八角枫 *A. alpinum*

落叶乔木，高 2.5 ~ 15m。叶纸质，近圆形，不分裂，背面被茸毛。花序聚伞状，长 3 ~ 10cm，每花序有 1 ~ 4 花，总花梗长 1 ~ 4cm；花冠白色至金黄色，花瓣 6 ~ 7，芳香。核果近椭圆形或卵圆形，长 1.3 ~ 2cm。花期 1 ~ 8 月，果期 5 ~ 10 月。产于林芝(排龙)、察隅、墨脱等地，生于海拔 1500 ~ 2800m 的针阔混交林或阔叶林中。

八十九、野牡丹科 Melastomataceae

分属检索表

1. 花被 5 数；种子马蹄状弯曲；雄蕊 5 长 5 短；植株体及叶片通常密被糙伏毛 ……… **野牡丹属 *Melastoma***
1. 花被 4 数；种子不弯曲；雄蕊 4 长 4 短；植株体被秕糠状星状毛 ……………………… **尖子木属 *Oxyspora***

1. 野牡丹属 *Melastoma*

分种检索表

1. 叶柄长 1.8 ~ 6.5cm；叶片宽卵形，宽 5.5 ~ 13.5cm，中脉两侧具 3(2)条侧脉 …………………………………………… **大野牡丹 *M. imbricatum***

1. 叶柄长0.5~1.9cm；叶片椭圆形，宽1.7~3.5cm，中脉两侧具2(3)条侧脉 ……… **野牡丹 *M. malabathricum***

2. 尖子木属 *Oxyspora*

尖子木 *O. paniculata*

灌木，高1~2m，稀达6m。茎钝四棱形，具槽；幼枝被糠秕状星状毛及具微柔毛的疏刚毛。单叶对生，叶坚纸质，卵形，长12~24cm，边缘具细齿，5~7基出脉；具叶柄。由聚伞花序组成的圆锥花序顶生，基部具叶状总苞2；苞片和苞片小，常早落；花4数，粉红色至深玫瑰红色，卵形，长约7mm，于右上角突出1小片，顶端具凸起的小尖头并被微柔毛；雄蕊8，4长4短，长者药隔不伸长，短者内藏，药隔基部伸长成短距；子房通常为椭圆形，4室，顶端无冠。蒴果倒卵形，顶端具胎座轴，4孔裂；宿存萼较果略长，通常漏斗形，具纵肋8条；种子多数有棱。花期7~9月，稀10月；果期1~3月，稀达5月。产于墨脱，生于海拔1000~2000m的林缘灌丛中。

九十、柳叶菜科 Onagraceae

分属检索表

1. 花萼有2裂片；花瓣2；雄蕊2；子房1~2室，每室胚珠1枚；果实坚果状 ………… **露珠草属 *Circaea*** *
1. 花萼有4~6裂片；花瓣4~6；雄蕊8；子房4~5室；蒴果或浆果。
 2. 种子有簇毛；雄蕊全育；蒴果。
  3. 叶至少花序下部的对生；花被管存在，稍辐射对称；雄蕊不等长，2轮 ………… **柳叶菜属 *Epilobium*** *
  3. 叶螺旋状排列或互生；花被管无，花稍两侧对称；雄蕊8，1轮 ………………… **柳兰属 *Chamaenerion*** *
 2. 种子无毛；花多为黄色，雄蕊全育或部分不育；浆果或蒴果(栽培)。
  4. 灌木或小乔木；花下垂；浆果 ……………………………………………………… **倒挂金钟属 *Fuchsia*** *
  4. 草本；花不下垂；蒴果。
   5. 花瓣3裂(中国引的种)；雄蕊4枚能育，4枚败育；花药基部着生 ………………… **古代稀属 *Clarkia***
   5. 花瓣全缘或近全缘；花药丁字形着生 ………………………………………………… **月见草属 *Oenothera*** *

1. 露珠草属 *Circaea*

分种检索表

1. 果实倒卵状球形或倒卵形，通常有沟，2室；萼片比花瓣明显大；株高(30)40~80cm；茎密被开展长毛及腺毛 ………………………………………………………………………………… **露珠草 *C. cordata***
1. 果实棍棒状或长圆状倒卵形，无沟，1室；萼片与花瓣近等长。
 2. 植株纤弱，高5~15(30)cm；叶缘锯齿疏离，锐尖 ……………………………… **高山露珠草 *C. aipina***
 2. 植株高大，高30cm以上；茎被镰状毛；叶缘锯齿细密而钝 ……………………… **匍匐露珠草 *C. repens***

2. 柳叶菜属 *Epilobium*

分种检索表

1. 柱头圆柱形或粗棒头状，先端近截平，长1.3~1.5mm；种子狭倒卵形。
 2. 种子无凸起；柱头粗棒状，长约1.3mm，粗约1mm，基部骤狭为花柱 ……… **光籽柳叶菜 *E. tibetanum***

2. 种子有凸起；柱头圆柱形，长1.5mm，基部渐狭。
3. 叶片卵形至卵状披针形，长达3cm，两面被柔毛，边缘啮齿状……………… **小花柳叶菜 *E. parviflorum***
3. 叶片线状披针形，长3~5cm，边缘具稀疏的腺粒状浅齿凸 …………………… **圆柱柳叶菜 *E. cylindricum***
1. 柱头头状，倒圆锥状或球形。
4. 叶多少明显具柄；茎被曲柔毛。
5. 种子无凸起；矮小草本，常丛生，茎高10~15cm；具明显棱线 ………………… **毛脉柳叶菜 *E. amurense***
5. 种子具凸起；植株高在20cm以上。
6. 叶基圆形；茎具(2)4条棱线；果梗长1~2.5cm ………………………… **滇藏柳叶菜 *E. wallichianum***
6. 叶基楔形或阔楔形；茎无棱线；果梗长0.4~1cm …………………………… **短梗柳叶菜 *E. royleanum***
4. 叶近无柄；茎具(2)4条棱线；茎基部鳞叶宿存 ………………… **锡金柳叶菜(鳞片柳叶菜)*E. sikkimense***

3. 柳兰属 *Chamaenerion*

分 种 检 索 表

1. 花序上部的苞片不明显，披针形至线形，长不过茎叶的1/10；叶线形至披针形，侧脉每侧10~25条，近边缘有明显网结的脉；种子顶端的喙不明显，长不过0.05mm。
2. 茎与叶中脉背面无毛；叶近无柄，基部钝形或近圆形，边缘近全缘 ……………… **柳兰 *C. angustifolium***
2. 茎与叶中脉背面被毛；叶柄长2~7mm，基部楔形，边缘具远离的细牙齿 …………………………………………………………………………………… **毛脉柳兰 *C. angustifolium* ssp. *circumvagum***
1. 花序上部的苞片叶状，椭圆形至披针形，长及茎叶的一半；叶狭卵形，椭圆形或椭圆状披针形，侧脉每侧4~6条，不在近边缘网结；种子顶端具明显的喙，长过0.08mm。
3. 花柱无毛；茎无毛或疏被短糙伏毛；主脉不明显；种子长1.3~2.1mm ……… **宽叶柳兰 *C. latifolium***
3. 花柱下部有毛；茎密被短糙伏毛；主脉清晰；种子长1~1.3mm。
4. 二级脉明显，彼此结成细网；植物高30~120cm；萼片长11~15mm，花瓣长8~14mm；果梗长1.5~5cm ………………………………………………………………………… **网脉柳兰 *C. conspersum***
4. 二级脉不明显；植物高25~45cm；萼片长15~20mm，花瓣长17~25mm；果梗长1~3cm ………………………………………………………………………… **喜马拉雅柳兰 *C. speciosum***

4. 倒挂金钟属 *Fuchsia*

倒挂金钟 *F. hybrida*

半灌木，茎直立多分支，幼枝带红色。叶对生，卵形或狭卵形，边缘具远离的浅齿或齿突，脉常带红色，在近边缘环结，两面尤下面脉上被短柔毛；叶柄常带红色，被短柔毛与腺毛；托叶狭卵形至钻形，早落。花两性，单一，稀成对生于茎枝顶叶腋，下垂；花梗纤细，淡绿色或带红色，长3~7cm；花管红色，筒状；萼片4，红色，开放时反折；花色多样，花瓣排成覆瓦状，先端微凹；雄蕊8，外轮的较长，花药紫红色，长圆形；子房倒卵状长圆形，疏被柔毛与腺毛，4室，每室有多数胚珠；花柱红色，基部围以绿色的浅杯状花盘；柱头棍棒状，顶端4浅裂。果紫红色，倒卵状长圆形，长约1cm。花期4~12月。西藏习见室内观赏盆栽。

5. 古代稀属 *Clarkia*

极美古代稀 *C. pulchella*

一年生草本，直立，分支无毛。叶近无柄；狭披针形或线形，全缘，先端急尖，基部楔形，长2~6.5cmm，宽3~4mm，背面中肋被微柔毛，侧脉不显。花单生叶腋，具短梗；子房绿色；萼齿 4，绿色；萼片披针形，反折；花瓣 4 枚，紫红色；雄蕊 4 枚，能育；柱头 4 裂，排成十字形。蒴果棱柱形，黄绿色。种子多数，褐色，椭圆形，无毛。拉萨引种栽培，有逸生。

6. 月见草属 *Oenothera*

月见草 *O. biennis*

一、二年生草本，高 60 ~ 140cm。基生叶丛生呈莲座状，紧贴地面生长；茎叶互生，下部叶片狭长披针形，上部叶片短小。花序穗状，不分支，或在主序下面具次级侧生花序；苞片叶状，芽时长及花的 1/2；花瓣倒心脏形，花直径 4 ~ 5cm，黄色，柱头围以花药。蒴果无翅，圆柱形。种子细小，在果中呈水平状排列。花期 6 ~ 10 月，果熟期 8 ~ 11 月。林芝、拉萨等地有栽培或逸生。

九十一、小二仙草科 Haloragaceae

1. 狐尾藻属 *Myriophyllum*

穗状狐尾藻 *M. spicatum*

多年生水草本，根状茎生于泥中，节上生须根。茎圆筒形，伸长，常分支。叶 4 枚轮生，无柄；深绿色，长圆形至披针形，长 2 ~ 3cm，篦状深裂，裂片线形，13 ~ 20 余对，互生或近对生。穗状花序顶生，长 5 ~ 10cm，挺立于水面；花单性，4 至多数轮生；雌雄同株；雌花居下部，雄花在上部，花瓣 4，粉红色，早落；子房 4 室，柱头 4，紫色，羽状，向外反转。果球形，花期 4 ~ 10 月。产于波密、米林、拉萨等地，生于海拔 2200 ~ 5200m 的池沼、湖泊、沟渠中。

九十二、杉叶藻科 Hippuridaceae

1. 杉叶藻属 *Hippuris*

杉叶藻 *H. vulgaris*

茎高 20 ~ 60cm，圆柱形，不分支，节间长 1 ~ 1.3cm。叶线形，质软，全缘，具 1 脉，长 1 ~ 2.5cm，宽 1 ~ 2mm，水平着生，生于水中的叶常较长。子房连萼环长约 1.5mm，粗约 1mm；花柱及柱头比雄蕊稍长，顶端常靠在花药背部两室之间，雄蕊着生在子房上，略偏一侧，花药广卵形。核果长圆形，淡紫色。花果期 6 ~ 9 月。产于米林、林芝、察隅等地，生于海拔 3000 ~ 4950m 的沼泽、水中。

九十三、五加科 Araliaceae

分属检索表

1. 花瓣在花芽中镊合状排列；花梗无关节；木本植物。
 2. 单叶，互生。
  3. 叶不分裂或仅上部有浅裂。
   4. 攀缘灌木，有气生根；不育枝上叶有裂片或裂齿，花枝上叶不分裂；子房 5 室…… **常春藤属 *Hedera*** *
   4. 直立乔木，无气生根；叶全缘或有 2 ~ 3 浅裂；子房 2 室 ……………………… **常春木属 *Merrilliopanax***
  3. 叶掌状分裂；乔木或灌木；常绿或落叶。

5. 子房 5 室；托叶不明显(栽培) …………………………………………………… **八角金盘属 *Fatsia*** *
5. 子房(1)2 室；托叶明显，和叶柄基部合生。(产于察隅、墨脱)
6. 植株无刺；花柱 2，离生 ………………………………………………………… **通脱木属 *Tetrapanax***
6. 植株有刺；花柱合生成柱状 ………………………………………… **罗伞属(柏那参属) *Brassaiopsis***
2. 叶为掌状复叶。
7. 茎无皮刺。
8. 子房 5 ~ 11 室；托叶和叶柄基部合生成鞘状 ………………………………… **鹅掌柴属 *Schefflera*** *
8. 子房 2 ~ 5 室；托叶早落 ………………………………………………………… **萸叶五加属 *Gamblea*** *
7. 茎具皮刺；子房 2 ~ 5 室。
9. 子房 3 ~ 5 室；叶具小叶 5 ~ 9，托叶与叶柄基部合生；花柱合生成柱状 ………… **罗伞属 *Brassaiopsis***
9. 子房 2 室，稀 3 ~ 4 室；叶具小叶 3 ~ 5，托叶贴生叶柄或早落；花柱离生 …… **五加属 *Eleutherococcus***
1. 花瓣在花芽中覆瓦状排列；花梗有关节；草本或木本植物。
10. 掌状复叶，4 枚轮生茎顶；子房 2 室；无刺草本 ………………………………………… **人参属 *Panax***
10. 叶为羽状复叶；子房 2 ~ 5 室；有刺木本或无刺草本 ……………………………………… **楤木属 *Aralia***

1. 常春藤属 *Hedera*

常春藤 *H. nepalensis* var. *sinensis*

常绿攀缘灌木，茎有气生根。1 年生枝上有锈色鳞片。单叶互生，革质，三角状卵形、心状铲形至披针形等多种叶型，较宽短，全缘或 3 裂，基脉 3 ~ 7 条，稀 3 条，侧脉及网脉十分明显；叶柄长 2 ~ 11cm，疏被鳞片或无。伞形花序组成圆锥花序，苞片三角形，花梗长 1 ~ 2cm，被星状茸毛。果黄色或红色，球形。产于林芝(拉月)、波密(通麦)等地，生于海拔 1900 ~ 3200m 的区域，常攀缘于林缘树木、林下路旁、岩石和房屋墙壁上，也是西藏室内常见栽培观叶植物之一。

2. 常春木属 *Merrilliopanax*

西藏常春木 *M. alpinus*

常绿乔木，小枝有短柔毛。叶片薄革质至纸质，卵形至长圆形，先端尾状渐尖，基部圆形至平截，边缘全缘或 3 浅裂，具疏尖齿，密被白色毡毛状星状毛，基部有主脉 5 ~ 7 条，两面隆起而明显；叶柄细长，长 5 ~ 13cm。圆锥花序顶生，长约 12cm，主轴及分支疏生星状毛，花不明显。果实(未熟)椭圆球形；花柱 2，离生，先端反曲。产于墨脱，生于海拔 2000 ~ 2400m 的阔叶林中。

3. 八角金盘属 *Fatsia*

八角金盘 *F. japonica*

小乔木或大灌木。枝幼时有棕色长茸毛，后无毛。叶片大，直径 15 ~ 30cm，掌状 5 ~ 7 深裂，裂片先端长尾状渐尖，基部狭缢，边缘有疏锯齿，齿有上升的小尖头；放射状主脉 7 ~ 9 条，下面明显；叶柄和叶片等长或略短；托叶不明显。圆锥花序大，顶生，长 30 ~ 40cm，密生黄色茸毛；小伞形花序直径 2.5cm，有花约 20 朵；苞片膜质，密生棕色茸毛；小苞片线形；花梗无关节，长约 1cm；萼筒短，边缘近全缘；花瓣长三角形，膜质，先端尖，长约 3.5mm，开花时反卷；雄蕊 5；花丝线形，较花瓣长，外露；子房 5 室，花盘隆起。西藏东南部常见室内盆栽观叶植物。

4. 通脱木属 *Tetrapanax*

西藏通脱木 *T. tibetanus*

常绿小乔木。一年生枝紫色，有纵纹，无刺，密生白色微带红色星状厚茸毛，后脱落。

叶片膜质，心形，长 12.5 ~ 22cm，不分裂或先端 3 浅裂，裂片先端渐尖，两面脉上有星状茸毛，边缘有锯齿，齿有刺尖，放射状主脉 5 ~ 7 条，直达边缘；叶柄长 4 ~ 18cm，紫色；托叶和叶柄基部合生，膜质，先端离生，无毛。圆锥花序顶生，上部叶腋也有较小的圆锥花序；主轴极短；分支、总花梗、花梗、苞片、小苞片和花瓣的外面均密生白色星状茸毛；小伞形花序直径 0.8 ~ 1cm，有花 10 ~ 20 朵，花梗无关节；花白色，萼长边缘有 5 小齿；花瓣 5，三角形，长约 1.2mm；雄蕊 5；子房 2 室；花柱 2，离生。产于墨脱，生于海拔 2800m 的阔叶林中。

5. 罗伞属 *Brassaiopsis*

分种检索表

1. 具刺灌木；掌状复叶具小叶 4 ~ 5 枚；花白色，芳香(产于通麦) ………………………………………………………… **狭叶罗伞(狭叶柏那参) *B. angustifolia***
1. 具刺乔木；叶片 5 ~ 7 掌状浅裂；花乳白色(产于察隅、墨脱) ………… **浅裂罗伞(掌裂柏那参) *B. hainla***

6. 鹅掌柴属 *Schefflera*

分种检索表

1. 穗状花序组成圆锥花序；花柱全部合生成柱状；小叶 3 ~ 5 ………………………… **西藏鹅掌柴 *S. wardii***
1. 伞形花序组成圆锥花序；花柱离生或合生成柱状或无花柱。
 2. 小叶片干时网脉下陷；伞形花序有花 20 ~ 50 朵，总花梗扁平 …………………… **凹脉鹅掌柴 *S. impressa***
 2. 小叶片干时网脉不下陷；伞形花序有花 10 ~ 15 朵，总花梗纤细(栽培) …………… **鹅掌柴 *S. octophylla***

7. 萸叶五加属 *Gamblea*

萸叶五加(吴茱萸叶五加) *G. ciliata*

灌木或乔木，高 2 ~ 12m，无刺。掌状复叶在短枝上簇生，在长枝上互生；叶柄 5 ~ 10cm，叶柄与小叶柄连结处簇生锈毛；小叶(1)3 ~ 5，狭椭圆形到卵形，长 6 ~ 18(21)cm，纸质至近革质，侧脉 5 ~ 14 对，背面明显凸起，边缘常有锐尖细锯齿，先端短渐尖至渐尖。复伞形花序或圆锥式伞形花序，总花梗(4)5 ~ 18cm，花梗 0.8 ~ 1.5cm；花绿色；子房 2 ~ 5 心皮，花柱 2 ~ 5，下部合生。果实球形或长圆球形，有时稍压扁，干燥时经常有点棱；花柱宿存。花期 5 月，果期 6 ~ 8 月。产于林芝、察隅、墨脱等地，生于海拔 2700 ~ 3400m 的山坡针叶林内。

8. 五加属 *Eleutherococcus*

分种检索表

1. 伞形花序在主轴上轮生；小枝紫色，有短钩刺；小叶 3 ~ 5 ……………………… **轮伞五加 *E. verticillatus***
1. 伞形花序不在主轴上轮生。
 2. 花柱 5；常小叶 5；小枝、叶柄上常有刺 ……………………………………… **乌蔹莓五加 *E. cissifolius***
 2. 花柱 2 ~ 5。
  3. 花柱 2；植株有宽扁钩刺；常 3 小叶 ……………………………………… **康定五加 *E. lasiogyne***
  3. 花柱 2 ~ 5；枝节常生细长下向直刺，有时节间有刚毛状刺；小叶 3 ~ 5 ………… **狭叶五加 *E. wilsonii***

9. 人参属 *Panax*

分 种 检 索 表

1. 根状茎短，直立，有2至几条肉质根；叶上面沿脉被刚毛 …………… **假人参(参三七)*P. pseudoginseng***
1. 根状茎长，呈串珠状或前端有短竹鞭状部分，无肉质根。
 2. 根状茎节间短缩呈竹节状 ……………………………………………………………… **竹节参 *P. japonicus***
 2. 根状茎节间伸长呈串珠状或疙瘩状。
  3. 小叶不分裂，边缘有细锯齿，稀为重锯齿；根状茎串珠状 …………… **珠子参 *P. japonicus* var. *major***
  3. 小叶二回羽状分裂；根状茎疙瘩状，稀为竹节状 ……………… **疙瘩七 *P. japonicus* var. *bipinnatifidus***

10. 楤木属 *Aralia*

浓紫龙眼独活 *A. atropurpurea*

多年生草本。地下有匍匐长根茎；地上茎高达1.5m。叶为一至二回羽状复叶，长20～30cm；羽片有小叶3～5；小叶片膜质，卵形至卵状披针形，长3～8cm，先端长渐尖，边缘有重锯齿，基部有放射脉5～7条。圆锥花序伞房状，顶生及腋生；伞形花序直径1.5～2.2cm，有花7～10朵；总花梗长3～7cm，疏生短糙毛；花瓣5，三角形，浓紫色；雄蕊5；子房5室；花柱5，离生。果实球形，黑色，有5棱。花期6～7月，果期8～9月。产于林芝(拉月)、波密(通麦)，生于海拔2050～3000m一带的杂木林中和林缘路旁。

九十四、伞形科 Apiaceae

分属检索表

1. 单叶，叶片肾形或圆心形；伞形花序单生或有花序梗3～6；内果皮木质；油管无或在主棱的内部，不分布在棱槽内；茎匍匐或上升，很少直立。(天胡荽亚科)
 2. 花瓣在花蕾中镊合状排列；果实表面无网纹 ………………………………………… **天胡荽属 *Hydrocotyle*** *
 2. 花瓣在花蕾中覆瓦状排列；果实表面有网纹(栽培) ………………………………………… **积雪草属 *Centella***
1. 复叶，很少单叶；复伞形花序，很少单生或近总状以至头状；内果皮为薄壁细胞组织；油管明显或不明显，分布在主棱或棱槽内；茎通常直立，无匍匐茎。
 3. 单叶，常掌状分裂或具齿状缺刻；花序为单伞形花序或复伞形花序，或头状花序；外果皮有皮刺、小瘤；内果皮为薄壁细胞组织；花柱长，有头状柱头，外被环状花盘围绕。(变豆菜亚科) ……………… ……………………………………………………………………………………………… **变豆菜属 *Sanicula***
 3. 通常为复叶，极少单叶；复伞形花序，很少单伞形花序；外果皮平滑或有柔毛，有时有细刺；内果皮除薄壁细胞外，紧贴表皮下面，有纤维层；花柱短或长，着生在花柱基的顶端。(芹亚科)
  4. 子房和果实有刺毛、皮刺、小瘤，乳头状毛或硬毛。
   5. 子房和果实主棱间有呈钩状的皮刺；花瓣倒圆卵形，顶端狭窄内凹。
    6. 总苞片和小苞片狭窄；胚乳的腹面凹陷成槽 ……………………………………… **窃衣属 *Torilis***
    6. 总苞片和小苞片羽状分裂；胚乳的腹面平直或略凹陷(栽培) ……………………… **胡萝卜属 *Daucus*** *
   5. 子房和果实的刺状物不呈钩状，但有刚毛状硬毛；叶三出式羽状分裂；花瓣顶端有内折小舌片；果实顶端尖细成喙。
    7. 外缘花瓣不成辐射瓣；果实基部有长尾 ………………………………………… **香根芹属 *Osmorhiza***
    7. 外缘花瓣成辐射瓣；果实基部无尾。
     8. 果实上部喙尖与果实不易区分；心皮柄2半裂至近基部或2深裂 ………… **细叶芹属 *Chaerophyllum***
     8. 果实上部喙尖与果实易区分；心皮柄不裂或仅顶端浅2裂 ……………………… **峨参属 *Anthriscus***

4. 子房和果实无刚毛、皮刺，有时有小瘤或柔毛。
9. 子房与果实的横剖面圆形或两侧扁压；果棱无明显的翅(或侧棱稍有翅)。
10. 一年生植物，矮小，铺散，有茎，少有柔毛；叶常小，小叶裂片通常线形至丝形；花白色或淡红色；花柱基扁压至圆锥状(栽培)。
11. 外缘花瓣通常为辐射瓣；果实球形至椭圆形，果棱丝状至不显，外果皮薄而坚硬，无油管 ………………………………………………………………………………………… **芫荽属 *Coriandrum*** *
11. 外缘花瓣很少为辐射瓣；果实圆卵形，圆形或椭圃形，果棱明显，木栓质，有油管 ………………………………………………………………………………………… **芹属 *Apium***
10. 二年生或多年生植物，有茎或无，光滑或有柔毛；叶通常大，小叶裂片宽；花白色，黄色，或紫红色；有或无花柱基。
12. 植株矮小，无茎或有茎；近花莛状或自基部叶丛中抽出细长裸露不分支的伞梗。
13. 单叶，全缘 ………………………………………………………… **柴胡属 *Bupleurum*** *
13. 叶为各式分裂的复叶。
14. 果实有小瘤 ………………………………………………………… **瘤果芹属 *Trachydium***
14. 果实光滑。
15. 总苞片和小总片膜质，通常多裂或羽裂，并反卷；果棱褶皱，成熟的果皮层与种子分离 ………………………………………………………………………… **棱子芹属 *Pleurospermum*** *
15. 总苞不裂或羽状分裂，非膜质；成熟的果皮层与种子贴合。
16. 疏松的复伞房花序，果实圆卵形或长圆形 ……………………………… **藁本属 *Ligusticum*** *
16. 近球形单伞房花序；果实长圆形……………………………………… **单球芹属 *Haplosphaera***
12. 植株高大具茎，有少数至多数的茎生叶。
17. 叶全缘，茎生叶通常无柄而抱茎，耳状或穿茎，叶脉平行 ………………… **柴胡属 *Bupleurum*** *
17. 叶片分裂，稀全缘；茎生叶通常有柄，不抱茎，不呈耳状也不穿茎；叶脉羽状。
18. 叶片为三出的、羽状的或三出式羽状复叶；小叶裂片分离，通常大，线状披针形，披针形至近圆形或倒卵形；有各式锯齿，牙齿或浅裂，有时有缺刻。
19. 总苞片和小苞片发达，大而宿存；果棱凸起，木栓质，相等或不相等。
20. 总苞片和小苞片薄膜质；陆生植物……………………………………… **白苞芹 *Nothosmyrnium***
20. 小苞片不呈薄膜质；沼生或水生植物 ……………………………………… **水芹属 *Oenanthe***
19. 总苞片和小苞片不发达，无或少数，狭小而凋落；果棱不明显凸起，非木栓全质，近相等，丝状。
21. 果实圆卵形或圆卵状心形，常呈双球状，光滑或有粗毛，或有颗粒状至鳞片状的小泡；棱槽中通常有油管 2 ~ 3 或多数，罕有 1 或不显著；花瓣顶端反折。
22. 胚乳腹面凹陷成沟槽；果实狭卵形，分生果有时发育不均匀 …………… **滇芹属 *Meeboldia***
22. 胚乳腹面平直或略凹陷。
23. 叶单回羽状分裂或三出式 2 ~ 3 回羽状分裂，基生叶与茎下部的裂片有时异型 …………………………………………………………………………………… **茴芹属 *Pimpinella***
23. 叶 2 ~ 3 回三出式分裂或 2 ~ 3 回羽状分裂，基生叶与茎下部叶的裂片通常同型或异型；根呈芜青球根状或块状；植株细小，花瓣顶端细尖如丝 ………………… **丝瓣芹属 *Acronema***
21. 果实长圆形或卵状球形，很少呈双球状，光滑或有浓密的粗毛；棱槽中通常有油管 1，很少 3 至多数；花瓣顶端尖锐，略向内弯但不反折。
24. 果实长圆形，长卵形或卵形，光滑或有柔毛。
25. 小伞形花序有花 2 ~ 3 朵；花瓣基部内弯呈囊状 ……………………… **囊瓣芹属 *Pternopetalum***
25. 小伞形花序有花多数；花瓣基部狭窄不内弯 ……………………………… **葛缕子属 *Carum*** *
24. 果实圆卵形或卵状球形，很少呈双球形；萼齿细小或无。

26. 花绿色至黄色，棱槽中有油管1；茎有白霜，有强烈的茴香气味(栽培)……………………………………………………………………………………………… 茴香属 ***Foeniculum*** *

26. 花白色或粉红色，棱槽中有油管3至多数 ……………………………… 茴芹属 ***Pimpinella***

18. 叶为三出的、羽状的或三出式羽状多裂；小叶裂片通常稍有会合，小，线形至圆卵形，羽状浅裂至深裂。

27. 果棱凸起，木栓质；小苞片多数，叶状；沼生或水生植物 ……………………… 水芹属 ***Oenanthe***

27. 果棱不显至稍凸起，非木栓质；小苞片有或无；多为陆生植物。

28. 植株粉绿色，有茴香气味；无小总苞片(栽培) ………………………… 茴香属 ***Foeniculum*** *

28. 植株很少带粉绿色，无茴香气味；通常有小总苞片。

29. 总苞片多数；小总苞片膜质，全缘或羽裂 ……………………… 棱子芹属 ***Pleurospermum***

29. 总苞片无或不明显；果实合生面收缩，胚乳腹面深凹陷呈沟状。

30. 花白色或红色；棱槽内油管多数 ……………………………………………… 凹乳芹属 ***Vicatia***

30. 花黄色，棱槽内油管1 …………………………………………………………… 环根芹属 ***Cyclorhiza***

9. 子房和果实的横剖面背腹扁压或侧面略扁；果棱全部或一部有翅。

31. 子房的背棱和侧棱都发育成翅或背棱凸起。

32. 植株无茎或有茎，矮小，茎呈花莛状；花瓣顶端内折小舌有或无。

33. 果实的5条棱均有宽翅，以侧翅最宽；花瓣无内折小舌 ……………………… 栓果芹属 ***Cortiella***

33. 果实背棱凸起或仅近基部有翅，侧棱有翅；花瓣有内折小舌 ………………… 亮蛇床属 ***Selinum*** *

32. 植株有茎，多数高大，有时粗壮，茎有叶；花瓣顶端有内折小舌片。

34. 总苞片全缘，早落或缺如；常绿色 ……………………………………………… 藁本属 ***Ligusticum***

34. 总苞片全缘或羽状分裂呈叶状；常暗紫色 ………………………………… 棱子芹属 ***Pleurospermum*** *

31. 子房的背棱无翅或有翅，较侧棱的翅窄，侧棱有明显或不明显的翅。

35. 果实背腹极扁压，背棱线形无翅或不明显；辐射花通常2裂 ………………… 独活属 ***Heracleum*** *

35. 果实背腹扁压，背棱有翅。

36. 花具圆锥形花柱基；花瓣顶端内凹 ………………………………………………… 当归属 ***Angelica*** *

36. 花无花柱基或短小不显；花瓣顶端渐尖 ……………………………………… 栓果芹属 ***Cortiella***

1. 天胡荽属 *Hydroeotyle*

分 种 检 索 表

1. 花序梗短于叶柄，数个簇生于茎端叶腋，密被柔毛 ……………………………… 红马蹄草 ***H. nepalensis***

1. 花序梗短或长于叶柄，单生于茎、枝各节或枝梢，光滑或有毛。

2. 叶片长0.5~1.5cm，宽0.5~2.5cm，花序梗短于叶柄 …………………… 天胡荽 ***H. sibthorpioides***

2. 叶片长1~3cm，宽2~11cm，花序梗长于或近等长于叶柄。

3. 叶两面疏生柔毛；花序梗1~3着生于茎端各节，与叶柄等长或稍超出 ……… 柄花天胡荽 ***H. himalaica***

3. 叶两面密生柔毛；花序梗纤细，常单生于茎、枝各节，明显长过叶柄 ………… 怒江天胡荽 ***H. salwinica***

2. 积雪草属 *Centella*

积雪草 *C. asiatica*

茎匍匐，细长，节上生毛。叶肾形或马蹄形，长1~2.8cm，宽1.5~5cm，边缘有钝锯齿，两面无毛或背面叶脉上疏生柔毛。伞形花序梗2~4，聚生叶腋；花瓣紫红色或乳白色。果实扁圆形。墨脱有分布，林芝、拉萨等地有栽培，室内观叶，栽培品种叶形似荷叶。全草具清热利湿、消肿解毒之效。

3. 变豆菜属 *Sanicula*

分种检索表

1. 茎的分支或花序较短缩；小伞形花序有两性花 1 ~ 2；萼齿卵形 …………………… **锯叶变豆菜 *S. serrata***
1. 茎的分支或花序开展；小伞形花序有两性花 2 ~ 3；萼齿呈喙状或刺毛状，罕卵形。
 2. 叶片分裂仅达基部 4/5 ~ 5/6，中间裂片基部与两侧裂片明显地相连。
  3. 叶片近圆形；叶裂片顶端钝圆，背面常呈淡紫红色 ……………………………… **皱叶变豆菜 *S. rugulosa***
  3. 叶片圆肾形或阔卵状心形；叶裂片顶端渐尖，背面淡绿色 ………………… **川滇变豆菜 *S. astrantiifolia***
 2. 叶片 3 全裂或 3 ~ 5 深裂，中间裂片基部与两侧裂片彼此分离或极不明显地相接。
  4. 茎或花序多分支；萼齿线形或刺毛状 ……………………………………………………… **软雀花 *S. elata***
  4. 茎下部不分支，上部或花序呈叉式分支；萼齿卵形 ……………………………… **首阳变豆菜 *S. giraldii***

4. 窃衣属 *Torilis*

小窃衣 *T. japonica*

茎高 20 ~ 120cm。主根细长，圆锥形。茎有纵条纹及刺毛。叶长卵形，两面疏生贴生的长毛，第一回羽裂片卵状披针形，长 2 ~ 6cm，宽 1 ~ 2.5cm，先端渐窄，边缘羽状深裂至全裂，末回裂片全缘有粗齿至缺刻或分裂。花序梗有倒生刺毛，总苞片 3 ~ 6，小总苞片 5 ~ 8，通常线形或钻形，小伞形花序有花 4 ~ 12，花瓣顶端内折，叶面中间主基部有紧贴的粗毛。果实圆卵形，常有内弯或钩状皮刺。花果期 4 ~ 10 月。产于林芝、米林、波密、察隅等地，生于海拔 2100 ~ 3050m 的山坡草地或路旁。

5. 胡萝卜属 *Daucus*

胡萝卜 *D. carota* var. *sativa*

二年生草本，高 15 ~ 120cm。根肉质，长圆锥形，粗肥，橙红色或黄色。茎单生，全体有白色粗硬毛。基生叶薄膜质，长圆形，2 ~ 3 回羽状全裂，末回裂片线形或披针形，长 2 ~ 15mm，顶端尖锐，有小尖头，光滑或有糙硬毛；叶柄长 3 ~ 12cm；茎生叶近无柄，有叶鞘，末回裂片小或细长。复伞形花序，花序梗长 10 ~ 55cm，有糙硬毛；总苞片多数，叶状；伞辐多数，长 2 ~ 7.5cm，结果时外缘的伞辐向内弯曲；小总苞片 5 ~ 7，线形，不分裂或 2 ~ 3 裂，边缘膜质，具纤毛；花通常白色，有时带淡红色。果实圆卵形，棱上有白色刺毛。花期 5 ~ 7 月。西藏各地习见露地栽培蔬菜。

6. 香根芹属 *Osmorhiza*

疏叶香根芹 *O. aristata* var. *laxa*

多年生草本，茎直立，有分支。叶 2 ~ 3 回羽状分裂或 2 ~ 3 回三出复叶，第 2 回羽片卵或阔卵形，近基部两侧有 1 ~ 2 深裂，边缘有不规则的粗锯齿或浅裂。复伞形花序顶生或腋生，疏松；总苞片 1 ~ 4；小总苞片 4 ~ 5，常向下反折；花小，萼片不明显，花瓣顶端有内折的小舌片。果实呈棍棒状，顶端呈喙，基部尾状尖。产于察隅、波密、米林、林芝等地，生于海拔 1900 ~ 3500m 的针阔混交林下、路旁及水边。

7. 细叶芹属 *Chaerophyllum*

细叶芹 *C. villosum*

一年生草本，高 70 ~ 120cm。茎通常有外折的长硬毛。基生叶早落或久存；茎下部的叶阔卵形，三出式的羽状分裂，末回裂片卵形，细小，边缘有 3 ~ 4 细齿，两面疏生粗毛，有时表面无毛；叶柄常基部有鞘，鞘常有毛，叶脉 5 ~ 11。花序托叶呈三出式的 2 ~ 3 回羽状分裂，柄鞘状。复伞形花序顶生或腋生，总苞片通常无；伞辐2~5，小总苞片2~6，线形，边缘疏生睫毛；小伞形花序有花9~13，其中雄花4~8；花瓣白色，淡黄色或淡蓝紫色，倒卵形，顶端有内折的小舌片；花丝与花瓣等长；两性花3~7，花瓣的大小、形状同雄花；花柱短于花柱基。双悬果线状长圆形，顶端渐尖呈喙状，果棱5条，钝，表面无毛。花果期7~9月。产于林芝、察隅等地，生于海拔2300~3450m的山坡路旁。

8. 峨参属 *Anthriscus*

刺果峨参 *A. sylvestris* ssp. *nemorosa*

植株高50~120cm。茎圆筒形，有沟纹，粗壮，中空，光滑或下部有短柔毛；上部的分支互生、对生或轮生。叶片长7~12cm及以上，2~3回羽状分裂，末回裂片披针形或长圆状披针形，边缘有深锯齿；最上部的茎生叶柄呈鞘状，顶端及边缘有白柔毛。复伞形花序顶生，总苞片无或1；伞辐6~12，长2~5cm，无毛；小总苞片3~7，卵状披针形至披针形，边缘有白柔毛；小伞形花序有花3~11；花白色，顶端有内折的小尖头；花柱基圆锥形，花柱长于花柱基。双悬果线状长圆形，长6~9mm，密被疣毛或长细刺毛。花果期6~9月。产于波密，生于海拔2600m的山坡林下。

9. 芫荽属 *Coriandrum*

芫荽 *C. sativum*

茎高20~100cm，多分支，有条纹，有香气。基生叶1~2回羽状全裂，裂片广卵形或扇形，边缘有钝锯齿、缺刻或深裂；上部的茎生叶多回羽状分裂，末回裂片窄线形。伞形花序顶生或与叶对生；小总苞片线形，花白色或带淡紫红色，顶端有内凹小舌片，辐射瓣通常全缘，有3~5脉。果实的主棱及次棱较明显。西藏习见栽培蔬菜之一，常作佐料。

10. 芹属 *Apium*

旱芹 *A. graveolens*

植株高15~150cm，无毛，有强烈香气。茎直立，有棱角。叶片轮廓为长圆形至倒卵形，长9~18cm，宽3.5~81cm，1~2回羽状分裂，通常3裂达中部或3全裂，裂片边缘有锯齿。复伞形花序多数，通常无总苞片和小总苞片；伞辐3~16，长0.5~2.5cm；花小，花瓣白色或黄绿色，顶端有内折的小舌片。果实长约1.5cm，宽1.5~2mm，果棱尖锐。西藏习见栽培蔬菜之一。

11. 柴胡属 *Bupleurum*

分种检索表

1. 小总苞片大而阔似“花瓣”，卵形、广卵形至近圆形，绿色或带黄色，蓝紫色或紫红色。
  2. 植株矮小，高7~20cm，较少超过25cm；小总苞片绿色，通常5，长椭圆形，先端长尾状渐尖，基部楔形，长超过花序1.5~2倍 ………………………………………… **云南柴胡 *B. yunnanense***
  2. 植株高大，超过25cm以上。
    3. 茎基部木质化；茎中部叶椭圆形，先端圆钝或截头；总苞片卵形，不等大……… **川滇柴胡 *B. candollei***
    3. 茎基部非木质化；茎中部叶非椭圆形。
      4. 茎生叶有明显叶柄，长披针形，顶端有长尖头 ……………………………… **有柄柴胡 *B. petiolulatum***
      4. 茎生叶无柄，卵状椭圆形，顶端急尖或钝圆 ………………………………… **丽江柴胡 *B. rockii***
1. 小总苞片小而窄，大多数为披针形，较少为卵状披针形，绿色。
  5. 植株矮小，丛生草本，高20cm以下 ………………………………………… **纤细柴胡 *B. gracillimum***
  5. 植株高大，单生或丛生，基部木质化，高20cm以上。

6. 叶脉网状脉细而清晰，沿支脉边缘和末端有棕黄色斑点；双悬果每棱槽内油管 1；小总苞片长与花柄近相等 …………………………………………………………………………………… **小柴胡 *B. hamiltonii***
6. 叶脉网状脉不清晰，无棕黄色斑点；双悬果每棱槽内油管 3；小总苞片长过花柄 ……………………………………………………………………………… **窄竹叶柴胡 *B. marginatum* var. *stenophyllum***

12. 瘤果芹属 *Trachydium*

西藏瘤果芹 *T. tibetanicum*

植株高达 30cm。根长圆锥形，长达 10cm，下部常分支。茎一般伸长，可达 20cm，稀极短缩，为密集的叶鞘包围。叶柄纤细，叶二出 2～3 回羽裂，一回羽片 3～4 对，小裂片线状披针形，长 4～5mm，宽 1～2mm；茎生叶与基生叶同形。总苞片早落；伞辐 10～20，长 4～8(14)cm，无小总苞片，或偶有 1 片，线形，全缘；伞形花序有花 10～30 朵。萼齿细小；花瓣卵形或倒卵形，白或带紫红色，有短爪；花柱与花柱基近等长。果宽卵球形，果棱隆起，棱间疏生泡状小瘤；每棱槽 3 油管，合生面 6 油管；胚乳腹面微凹。花果期 8～11 月。产于察隅、波密，生于海拔 3000～4500m 的高山草甸上。

13. 棱子芹属 *Pleurospermum*

分种检索表

1. 小总苞片边缘啮蚀状；花紫红色；果棱有微波状齿，每棱槽有油管 3，合生面 6 ……………………………………………………………………………………… **美丽棱子芹 *P. amabile***
1. 小总苞片上部 3～5 裂或多少羽状分裂；叶均为 2～3 回羽状分裂；花瓣白色或带粉红色。
 2. 茎极短缩，植株近无茎小草本；叶的末回裂片线形，顶端有尖头；果具小瘤 ……… **矮棱子芹 *P. nanum***
 2. 茎不短缩或略短缩，但茎明显存在；叶的末回裂片非线形，顶端无尖头。
  3. 植株全体被刚毛状柔毛；果棱有狭翅，每棱槽有油管 1，合生面 2 …………… **疏毛棱子芹 *P. pilosum***
  3. 植株全体无毛或仅在茎及伞辐上有细疣状凸起。
   4. 伞辐 2～4；果棱具波状翅，每棱槽有油管 2，合生面 4 ……………………………… **二色棱子芹 *P. bicolor***
   4. 伞辐 6～15。
    5. 果棱有窄翅；每棱槽有油管 3，合生面 6 ……………………… **西藏棱子芹 *P. hookeri* var. *thomsonii***
    5. 果棱有明显的波状翅；每棱槽有油管 1～2，合生面 2 ………………………… **粗茎棱子芹 *P. wilsonii***

14. 藁本属 *Ligusticum*

短片藁本 *L. brachylobum*

多年生草本，高 1m，植株粗壮，被柔毛。根纺锤形，根颈密被枯萎叶鞘。茎直立，多分支。基生叶柄长 9～25cm；叶三出 3～4 回羽裂，小裂片线形，长约 3mm，宽约 1mm；茎上部叶较小。总苞片 2～4，线形，早落；伞辐 15～30，长 2～6cm；小总苞片 10～12，线形，全缘；萼齿钻形；花瓣白色。果长圆状卵形，近背腹扁；背棱凸起，侧棱翅状；每棱槽油管 2～3，合生面油管 4～6；胚乳腹面平直。花期 7～8 月，果期 9～10 月。产于波密(通麦)，生于海拔 2050～2200m 的林缘。

15. 单球芹属 *Haplosphaera*

西藏单球芹 *H. himalayensis*

植株高达 120cm。根颈旋扭，有残留的枯萎叶鞘。茎直立，有槽纹，空管状。基生叶多数，叶柄长 10～15cm；叶鞘长而扩大，叶片轮廓呈卵状三角形，长 12～15cm，宽 13～15cm，

3 回羽状分裂，第一回羽片 3 ~ 6，先端渐窄，有短柄，第二回羽片 3 ~ 4，先端有短尖头。伞形花序 2 ~ 6，球状或近球状，直径 1.5 ~ 2.5cm，在未成熟时很像单伞形花序，成熟时为复伞形花序，花序梗长 5 ~ 10cm；无总苞片；小伞形花序有花 6 ~ 18，小总苞片 4 ~ 8，锥形；长约 6mm；花瓣阔卵形，暗褐色。果实阔卵形。西藏特有种，产于林芝，生于海拔 3900m 的山坡。

16. 白苞芹属 *Nothosmyrnium*

少裂西藏白苞芹 *N. xizangense* var. *simpliciorum*

多年生草本，高 30 ~ 60cm。根圆锥形。茎直立，分支。叶有柄，柄长 5 ~ 6cm，基部有鞘；叶片长 8 ~ 15cm，1 ~ 2 回羽状分裂，末回裂片圆形或卵形，羽状分裂，光滑无毛；茎上部叶基部有鞘。复伞形花序顶生和腋生，总苞片 5，披针形或长椭圆形；小总苞片 5，椭圆形；伞辐 8 ~ 13，不等长，长 1 ~ 3cm；花白色。果实球状卵形，分生果侧面扁平，横剖面呈圆状五边形；每棱槽内油管 2，合生面油管 4。花期 8 ~ 9 月，果期 9 月。产于林芝、米林，生于海拔 3400m 的山坡林内草地上。

17. 水芹属 *Oenanthe*

分 种 检 索 表

1. 叶 1 ~ 2 回羽状分裂；果实背棱稍木栓质，棱槽不显著(栽培) ································ **水芹 *O. javanica***
1. 叶多回羽状分裂；果实背棱非木质化，棱槽明显。
  2. 叶 2 ~ 3 回，稀 4 回羽状分裂；伞辐 5 ~ 12 ································ **线叶水芹(西南水芹) *O. linearis***
  2. 叶 3 ~ 4 回，稀 5 回羽状分裂；伞辐 4 ~ 8 ································ **多裂叶水芹 *O. thomsonii***

18. 滇芹属 *Meeboldia*

滇芹 *M. yunnanensis*

主根纺锤形；外表皮环状皱褶，干后纵裂。茎直立，高 40 ~ 70cm，有分支，无毛。基生叶柄长 2 ~ 13cm，具阔膜质叶鞘；叶 2 ~ 3 回羽状分裂，羽片 4 ~ 6，下部的羽片有短柄，上部无柄，末回裂片边缘深裂，或有不规则的缺刻状锯齿，两面近无毛。复伞形花序顶生或侧生，有长的花序梗；总苞片无或少数；伞辐通常 6 ~ 8；小伞形花序有多数小花，花柄长短不一，萼齿钻形，花瓣白色或略带粉红色，顶端有内折的小舌片。果实长约 3mm。产于林芝，生于海拔 2900 ~ 3400m 的山坡草地或河滩上。

19. 茴芹属 *Pimpinella*

分 种 检 索 表

1. 果实有毛；无萼齿；小总苞片 1 ~ 3 ································ **中甸茴芹 *P. chungdienensis***
1. 果实无毛；萼齿明显或无。
  2. 有萼齿；小总苞片 3 ~ 8 ································ **锐叶茴芹 *P. arguta***
  2. 无萼齿。
    3. 果柄细长，达 10 ~ 12cm；小总苞片 2 ~ 6 ································ **尖叶茴芹 *P. acuminata***
    3. 果柄较短，长 2 ~ 5cm；无小总苞片 ································ **川鄂茴芹 *P. henryi***

20. 丝瓣芹属 *Acronema*

分 种 检 索 表

1. 基生叶的末回裂片呈线形或线状披针形；小伞形花序有花 4 ~ 9，花瓣白色或边缘呈紫色，顶端丝状，长约占花瓣的 4/5 ………………………………………………………………………… **禾叶丝瓣芹 *A. graminifolium***
1. 基生叶的末回裂片不呈线形或线状披针形。
 2. 有小总苞片 1 ~ 3；小伞形花序有花 3 ~ 5，花瓣紫色，顶端丝状，长占花瓣的 1/2 ~ 1/3（产于波密、察隅）……………………………………………………………………………………………… **丝瓣芹 *A. tenerum***
 2. 无小总苞片。
  3. 植株高 4 ~ 25cm；茎生叶 2 ~ 3，与序托叶同型；侧生伞形花序 1 ~ 2，通常短缩；基生叶第 1 回羽片有明显的叶轴；小伞形花序有花 6 ~ 9，花瓣淡紫色，顶端丝状，长约占花瓣 1/2 ………………………… ………………………………………………………………………………………… **羽轴丝瓣芹 *A. nervosum***
  3. 植株在 25cm 以上；茎生叶多数，与序托叶异型；侧生伞形花序多数。
   4. 基生叶的末回裂片（中间）呈卵形至长椭圆形，全缘或顶端 2 深裂；伞辐近等长；小伞形花序有花 7 ~ 13，花瓣白色，顶端芒状尖，长约占花瓣的 1/3 ……………………………… **西藏丝瓣芹 *A. xizangense***
   4. 基生叶的末回裂片（中间）呈卵状楔形，先端有锯齿或缺刻状锯齿；伞辐近不等长；小伞形花序有花 2 ~ 4（5），花瓣淡紫色，顶端丝状，长约占 1/2 或稍长 ………………………… **多变丝瓣芹 *A. commutatum***

21. 囊瓣芹属 *Pternopetalum*

分 种 检 索 表

1. 花瓣白色，花柱基和花柱短缩；果实长卵形 ……………………………………………… **澜沧囊瓣芹 *P. delavayi***
1. 花瓣淡紫色，花柱基圆锥形，花柱伸长，直立；果实卵形 …………………… **心果囊瓣芹 *P. cardiocarpum***

22. 葛缕子属 *Carum*

分 种 检 索 表

1. 茎基部有叶鞘残留纤维；有小总苞片 5 ~ 8 ……………………………………………… **田葛缕子 *C. buriaticum***
1. 茎基部光滑，无叶鞘残留纤维；无小总苞片，或偶有 1 ~ 3 个 …………………………… **葛缕子 *C. carvi***

23. 茴香属 *Foeniculum*

茴香 *F. vulgare*

植株高 0.4 ~ 2m。茎光滑，表面灰绿色或苍白色。叶片轮廓呈阔三角形，长 4 ~ 30cm，宽 5 ~ 40cm，4 ~ 5 回羽状全裂，末回裂片线形。花梗长 2 ~ 25cm；伞辐 6 ~ 29；小伞形花序有花 14 ~ 39，花瓣黄色，长约 1mm；花柱基部圆锥形，花柱极短，向外叉开或贴伏在花柱基上。果长圆形，长 4 ~ 6mm，宽 1.5 ~ 2.2mm。西藏习见露地栽培蔬菜之一，常作佐料。

24. 凹乳芹属 *Vicatia*

分 种 检 索 表

1. 叶的末回裂片长圆形至阔卵形；伞辐 8 ~ 16；果实棱槽中油管 3 ~ 5，合生面 6 ……………………… ………………………………………………………………………………………… **西藏凹乳芹 *V. thibetica***
1. 叶的末回裂片狭线形；伞辐 6 ~ 9；果实棱槽中油管 2 ~ 3，合生面 4 ……………… **凹乳芹 *V. coniifolia***

25. 环根芹属 *Cyclorhiza*

南竹叶环根芹 *C. peucedanifolia*

多年生草本，高1~1.5m，全株无毛。根颈粗壮，径1.5~2cm，被覆多数枯萎叶鞘；根常分支，长圆锥形，老根有明显环纹。茎单一，粗壮，中空，基部紫褐色，上部多分支。基生叶具长柄，基部具膜质叶鞘，暗紫色；叶片具1回羽片5~6对，相互疏离，末回裂片长卵形至线状披针形，背部叶脉稍凸起，边缘略反曲。大型复伞形花序多分支；总苞片无或偶1~2片，膜质，早落；伞辐5~12，不等长；无小总苞片，小伞形花序有花8~10余，花瓣黄色；萼齿显著，钻形；花柱短，反曲。果实长椭圆形，分果横剖面五角形，5条棱均匀凸起，棱翅稍浅；棱槽内油管1，合生面油管2。花期7~8月，果期9~10月。产于林芝、工布江达、米林，生于海拔1800~3600m的林下或灌丛草地。

26. 栓果芹属 *Cortiella*

栓果芹 *C. hookeri*

多年生垫状草本。无茎，基生叶丛生；叶柄长3~5cm，叶柄及叶轴均有槽并有短茸毛；叶片长2.5~5cm，2~3回羽状全裂，第1回羽片无柄，末回裂片线形，急尖，边缘反曲。复伞形花序和单伞形花序多数，均从基部抽出，伞梗粗壮，径2~5mm，比叶短，密生短毛；总苞数片，有柄，1~2回羽状全裂，裂片与叶裂片相似；伞辐8~18，不等长，粗壮有毛；小总苞约10片，线形或上部稍宽，3裂；花瓣卵形，小舌片细尖，稍内曲或平直，白色微红，中脉略显；萼齿显著，三角形，先端长渐尖或线形。果实中棱窄翅状，2背棱翅较宽，侧棱翅最宽；每棱槽内油管1，合生面油管2。花期8月，果期10月。产于林芝等地，生于海拔4200m山谷草地和山坡草甸。

27. 亮蛇床属 *Selinum*

细叶亮蛇床 *S. wallichianum*

多年生草本。3回羽状复叶，叶片轮廓宽卵形，长20~25cm，末回裂片线形至披针形，长2~5mm。总苞片1~3；伞辐(10)20~30；小总苞片10，不等大，线形，有时先端分裂，边缘常为膜质；萼齿线形。分生果近圆形，背棱略凸起，侧棱扩展成翅；油管背棱槽1，侧棱槽2，合生面油管4~6。胚乳腹面平直或微凹。产于米林、林芝、察隅等地，生于海拔2600~3200m的林下灌丛或山坡草地中。

28. 独活属 *Heracleum*

白亮独活 *H. candicans*

多年生草本，有柔毛或茸毛，高60~100cm。根圆柱形。茎直立，中空、有棱槽，上部多分支。茎下部叶的叶柄长10~15cm；叶长20~30cm，羽状分裂，末回裂片呈长卵形，长5~7cm，不规则羽状深裂，裂片先端钝圆，下面密被白色软毛或茸毛；茎上部叶有宽展叶鞘。复伞形花序顶生或侧生，花序梗长15~30cm，有柔毛；总苞片1~3，线形；伞辐17~23，不等长；花白色，花瓣二型。果实倒卵形，直径5~6mm。产于波密、米林、林芝等地，生于海拔2000~4200m的山坡林下及路边。

29. 当归属 *Angelica*

分 种 检 索 表

1. 茎、花梗、伞辐及花柄有柔毛；末回裂片披针形，基部下延，边缘有多数粗锯齿；叶柄基部膨大成阔卵状至阔兜状抱茎的叶鞘，宽至10cm(产于察隅、米林) ………………………………… **阿坝当归 *A. apaensis***

1. 茎、花序梗、伞辐及花柄光滑无毛；末回裂片长卵形，常 3 深裂，基部不下延，边缘有粗锯齿 3～5 个；叶柄基部膨大成管状的鞘，宽 1～1.5cm ………………………………………… **牡丹叶当归 *A. paeoniaefolia***

九十五、青荚叶科 Helwingiaceae

1. 青荚叶属 *Helwingia*

西域青荚叶 *H. himalaica*

常绿灌木，高 2～3m。幼枝细瘦，黄褐色。叶互生，厚纸质，长圆披针形，长 5～11(18)cm，宽 2.5～4(5)cm，先端尾状渐尖；托叶常 2(3)裂，稀不裂，早落。花单性，雌雄异株，1 至数朵生于叶面上，稀生于枝条上；花萼小，花瓣 3～5 枚，淡绿色；雄花通常 10 余朵排成伞形聚伞花序，雌花单生或 2～3 枚排成聚伞花序，总花梗极短，无不育雄蕊；子房 3～5 室。浆果状核果，常 1～3 枚生于叶面中脉上，近球形，成熟时黑色。种子 3～5。产于林芝(鲁朗、东久)、墨脱，生于海拔 900～2900m 的杂木林下阴湿处。

九十六、山茱萸科 Cornaceae

分属检索表

1. 叶对生；头状花序下部有 4 枚白色花瓣状的总苞片；聚合状核果 …………… **四照花属 *Dendrobenthamia*** *
1. 叶互生或对生；伞房状聚伞花序或总状花序，总苞片不显著；核果球形或近于球形，非聚合果状。
 2. 叶互生；核果球形；核顶端凹陷，有 1 个方形孔穴 ………………………………… **灯台树属 *Bothrocaryum***
 2. 叶对生；核果球形或近于卵圆形，稀椭圆形；核顶端无孔穴 ………………………………… **梾木属 *Swida*** *

注：本科分属按照《西藏植物志》第三卷划分，《中国植物志》英文版已全部归入山茱萸属 *Cornus*。

1. 四照花属 *Dendrobenthamia*

头状四照花 *D. capitata*

常绿乔木，高 3～15(20)m。树皮纵裂，幼枝贴生白色短柔毛。叶对生，薄革质或革质，长圆椭圆形或长圆披针形，下面密被或疏被贴生的粗毛，长 5.5～11cm，先端突尖，有时具短尖尾；中脉在上面稍明显；侧脉 4(5)对，弓形内弯，脉腋常有孔穴。头状花序球形，约为 100 余朵绿色花聚集而成，直径 1.2cm；总苞片 4，花瓣状，白色，倒卵形或阔倒卵形，长 3.5～6.2cm，先端突尖；花萼管长约 1.2mm，先端 4 裂；花瓣 4，极小；雄蕊 4；花盘环状，略有 4 浅裂；子房下位。果序扁球形，直径 1.5～2.4cm，成熟时紫红色。花期 5～6 月，果期 9～10 月。产于察隅、墨脱，生于杂木林中，林芝(八一镇)有栽培，果俗称“野荔枝”，可食用，治疗蛔虫腹痛，饮食积滞。

2. 灯台树属 *Bothrocaryum*

灯台树 *B. controversum*

落叶乔木，高 6～15m。树皮光滑，枝开展，老枝有半月形的叶痕和圆形皮孔。冬芽顶生或腋生，长 3～8mm，无毛。叶互生，纸质，阔卵形，长 6～13cm，先端突尖，全缘，上面黄绿色，下面灰绿色，密被淡白色平贴短柔毛，中脉和侧脉均在上面微凹陷，下面凸出，侧脉 6～7 对，弧形内弯；叶柄紫红绿色。伞房状聚伞花序，顶生，宽 7～13cm；花直径 8mm，白色，花萼裂片 4，长于花盘，外侧被短柔毛；花瓣 4，披针形，长 4～4.5mm，外侧疏生平贴短柔毛；雄蕊 4，着生于花盘外侧，与花瓣互生，稍伸出花外，花丝线形，花药 2 室，丁字形着生；花盘垫状；子房下位。核果球形，直径6～7mm，成熟时紫红色至蓝黑色；核骨质，球形，直径5～6mm，略有8条肋纹，顶端有一个方形孔穴。花期5～6月，果期7～8月。木本油料植物，生于海拔2000～3000m的常绿阔叶林或针阔混交林中。

3. 梾木属 *Swida*

分种检索表

1. 花柱先端增厚而呈棍棒状；乔木；叶阔卵形，下面有乳头状凸起，并贴生白色平贴短柔毛；侧脉5～8对；花萼裂片稍长于花盘；核果黑色；落叶 ………………………………………………… **梾木 *S. macrophylla***
1. 花柱圆柱形，而非棍棒形。
 2. 核果乳白色或浅蓝白色；花萼裂片短于花盘；灌木；老枝紫红色(栽培) ………………… **红瑞木 *S. alba***
 2. 核果黑色；花萼裂片长于花盘；乔木或灌木状；叶背具乳头状凸起。
  3. 常绿，老枝褐色或紫褐色；叶革质，长圆形，侧脉4～5对，叶背灰白色，疏被淡灰色平贴短柔毛；柱头点状；核长椭圆形，长6mm ………………………………………………… **长圆叶梾木 *S. oblonga***
  3. 落叶，老枝紫红色；叶纸质或厚纸质，卵状椭圆形，侧脉5～6对；叶背灰绿色，密被白色贴生短柔毛；柱头盘状扁头型；核扁球形，直径2.3mm ………………………………………………… **红椋子 *S. hemsleyi***

九十七、岩梅科 Diapensiaceae

1. 岩梅属 *Diapensia*

喜马拉雅岩梅 *D. himalaica*

常绿平卧铺地半灌木，高约5cm，多分支，丛生。叶小，螺旋状互生，密集，革质，倒卵形或倒卵状匙形，长3～4mm，基部下延于宽叶柄，全缘，不反卷或微反折，叶上面深绿色，平滑，具光泽，密生气孔，中脉在上面平或下陷，侧脉不明显；叶柄具翅，上面具宽沟。花单生枝顶，蔷薇色或白色，几无梗；萼片5，分离，紫红色，果期增大；花冠钟状，花冠筒部长约为萼片的2倍，檐部5裂，裂片长约6mm，开展，圆形；雄蕊5，花药短，几无花丝；子房球形，3室，每室具多数胚珠；花柱直立，柱头头状，微浅3裂。蒴果球形，直径3～4mm，包被于增大的花萼内。花期5～6月，果期8月。产于波密、林芝、米林等地，生于海拔3900～5000m的山坡或垭口草丛中岩壁上。

九十八、杜鹃花科 Ericaceae

分属检索表

1. 草本或亚灌木；花瓣分离。
 2. 绿色植物；花药顶孔开裂，在花芽内反折。(鹿蹄草亚科)
  3. 叶基生或近基生，具长柄；草本；总状花序；蒴果从基部开裂 ……………………… **鹿蹄草属 *Pyrola*** *
  3. 叶基生，具短柄；半灌木；伞房花序或伞形花序，有时单一；蒴果从顶端开裂 ………………………………………………… **喜冬草属 *Chimaphila***
 2. 腐生或寄生肉质植物，不具叶绿素，有鳞片状的叶；花药以纵缝开裂，在花芽内直立。(水晶兰亚科)
  4. 蒴果直立；中轴胎座；子房4～5室；花瓣4～6；雄蕊8～12 ……………………… **水晶兰属 *Monotropa***
  4. 浆果俯垂；侧膜胎座；子房1室；花瓣3～5；雄蕊6～10 … **沙晶兰属(假水晶兰属) *Monotropastrum***
1. 木本植物；花瓣多少合生。
 5. 果为蒴果，或为浆果状蒴果，但最终开裂；子房上位；花萼分离。

6. 宿存萼肉质；蒴果室背开裂，包藏于肉质宿萼内成浆果状；花药有2~4芒状附属物，稀无附属物；常绿直立或少有平卧的灌木(白珠树亚科) ………………………………………… **白珠树属 *Gaultheria***
6. 宿存萼干枯。
7. 蒴果室间开裂；花药无附属物；花瓣合生。(杜鹃花亚科)
8. 花冠略两侧对称，钟形或漏斗形，少有筒状或高脚碟状；雄蕊5~10(20)枚，大都露出；花药顶孔开裂；种子扁平，边缘狭翅状，有时两端有尾状附属物；灌木至乔木，常绿，稀落叶或半落叶；叶多形，但不为小线形，全缘，极稀具不明显锯齿 ………………………………… **杜鹃花属 *Rhododendron*** *
8. 花冠整齐，筒状；雄蕊10，内藏，有5枚着生花冠中、下部与花冠裂片互生；花药纵裂，种子无翅；矮小灌木；叶小，长不超过7(8)mm，常绿，小线形，边缘有细锯齿，外卷；顶生总状花序缩短，花密集；蒴果壁两层 ………………………………………………………………………… **杉叶杜属 *Diplarche***
7. 蒴果室背开裂。(缬木亚科)
9. 花单生；叶小，长不超过5(8)mm，鳞片状，无柄，互生或交互对生，或覆瓦状排列成4行；常绿矮小丛生半灌木 …………………………………………………… **锦绦花属(岩须属)*Cassiope*** *
9. 多花排列成总状、圆锥状或伞形花序，稀单花(吊钟花属)；叶较大，长3cm以上，多形，但不为鳞片状，具叶柄，散生。
10. 花药无芒状附属物(有时花丝近顶处有2距)；花丝上部膝曲状；叶全缘；幼枝、叶两面无鳞片；缝线通常增厚；常绿或落叶灌木，稀小乔木；花序多腋生，总状或圆锥状；蒴果壁开裂成1层；种子细小，无翅，锯屑状 ………………………………………… **珍珠花属(米饭花属)*Lyonia*** *
10. 花药背部或顶部有芒状附属物；花丝伸直；叶有齿。
11. 花药背部的芒反折下弯；花序圆锥状；花冠壶形或坛状；常绿灌木或小乔木，枝叶互生；种子细小，锯屑状 ……………………………………………………………………………… **马醉木属 *Pieris***
11. 花药顶部的芒直立伸展；花序总状、伞形或伞房花序。
12. 花冠钟状，花多俯垂，成顶生伞房状花序，花梗无苞片；落叶灌木，稀乔木，具轮生枝叶；果柄常向上或上升；种子每室1至数粒，常有翅或角 ……………………… **吊钟花属 *Enkianthus***
12. 花冠卵形，坛状或圆柱形，总状花序直立，腋生或顶生，花梗有苞片和小苞片；常绿灌木，枝叶互生；果柄多少下弯；种子每室多数，有乳头凸起 ……………………… **木藜芦属 *Leucothoe***
5. 果为浆果；子房下位；花萼筒部与子房完全或大部分合生；雄蕊内藏，通常有附属物。(越橘亚科)
13. 花冠长，雄蕊抱花柱；花梗向顶端常增粗，有时呈浅杯状；常绿灌木，多为附生，茎基部常加厚成肥大的块茎状………………………………………………………………………………… **树萝卜属 *Agapetes***
13. 花冠短，雄蕊不抱花柱，花梗顶端常不增粗；常绿或落叶灌木，陆生或附生 ……… **越橘属 *Vaccinium***

1. 鹿蹄草属 *Pyrola*

分 种 检 索 表

1. 叶心状宽卵形，基部心形；叶背红紫色；花较小，白色，径不足15mm …… **紫背鹿蹄草 *P. atropurpurea***
1. 叶其他形状，基部不呈心形。
2. 花柱短而直；花冠圆球形，径6~7mm；白色或粉红色；萼片长为花冠的1/3 …… **短柱鹿蹄草 *P. minor***
2. 花柱长而弯曲；花冠开展，径10mm以上；萼片长而窄，长为花冠的1/3或以上。
3. 花白色或粉红色，花大，直径15~20mm；萼片舌形……………………………… **鹿蹄草 *P. calliantha***
3. 花绿色或绿黄色。
4. 叶坚革质，上面叶脉深凹而呈粗皱纹，下面强度隆起；萼片三角形或三角状披针形，长约2.5mm，长为花瓣的1/3或稍长 ……………………………………………………… **大理鹿蹄草 *P. forrestiana***

4. 叶薄革质，长 5 ~ 6cm，叶脉两面可见，上面呈绿白色，叶片不呈粗皱纹状；萼片宽披针形，长约 5mm，为花瓣的 2/3 或稍长 …………………………………………………… **普通鹿蹄草 *P. decorata***

2. 喜冬草属 *Chimaphila*

喜冬草 *C. japonica*

常绿草本状小半灌木，高 10 ~ 15cm。根茎长而较粗，斜升。叶对生或 3 ~ 4 枚轮生，革质，阔披针形，长 1. 6 ~ 3cm，宽 0. 6 ~ 1. 2cm，先端急尖，基部圆楔形或近圆形，边缘有锯齿，上面绿色，下面苍白色；鳞片状叶互生，褐色，长 7 ~ 9mm，先端急尖。花莛有细小疣，有 1 ~ 2 枚长圆状卵形苞片，长 6. 5 ~ 7mm，边缘有不规则齿。花单 1，有时 2，顶生或叶腋生，半下垂，白色，直径 13 ~ 18mm；萼片膜质，边缘有不整齐的锯齿；雄蕊 10，花丝短，下半部膨大并有缘毛，花药有小角，顶孔开裂，黄色；花柱柱头圆盾形，5 圆浅裂。蒴果扁球形，直径 5 ~ 5. 5mm。花期 6 ~ 7 月，果期 7 ~ 8 月。产于察隅、波密、林芝、米林等地，生于海拔 2200 ~ 3100m 的林下或林缘。

3. 水晶兰属 *Monotropa*

分 种 检 索 表

1. 多数，聚成总状花序；花瓣淡黄色或白色；茎被灰白色糙毛 ……………………… **松下兰 *M. hypopitys***
1. 花单一，顶生；花瓣白色；茎无毛 ……………………………………………………… **水晶兰 *M. uniflora***

4. 沙晶兰属 *Monotropastrum*

球果假沙晶兰 *M. humile*

多年生肉质腐生草本，高 7 ~ 17cm，全株无色，干后变黑。根细而有分支，集成鸟巢状，质脆。叶鳞片状，无柄，互生，全缘，在茎基部和顶端密集，长圆形或阔椭圆形，长 10 ~ 20mm。单花顶生，下垂，无色，无毛，花冠管状钟形，长 1. 4 ~ 2. 5cm；萼片 3 ~ 5，花瓣 3 ~ 5，分离，反卷，基部呈小囊状，内面有长毛；雄蕊 8 ~ 12，花药橙黄色，紧贴在柱头周缘；子房近球形或椭圆状球形，无毛，侧膜胎座 6 ~ 13，花柱粗短，柱头中央凹入呈漏斗状，常铅蓝色。浆果卵球形或椭圆形，长 1. 2 ~ 1. 9cm，下垂。花期 6 ~ 7 月，果期 8 ~ 9 月。产于林芝(东久)、察隅等地，生于海拔 2800 ~ 3200m 的冷杉或云杉林下。

5. 白珠树属 *Gaultheria*

分 种 检 索 表

1. 花呈总状花序或圆锥花序；小苞片 2，对生于花梗中部；灌木。
  2. 叶长不足 3. 5cm，叶背紫色；植株高 40 ~ 60cm；总状花序，花序轴长 1 ~ 4. 5cm ……………………………………………………………………… **紫背白珠 *G. purpurea***
  2. 叶长 4cm 以上；植株高 40cm 以上；小枝密被长硬毛、糙硬毛或刚毛。
    3. 苞片卵圆形或长圆形，长 5 ~ 7mm；侧脉(3)4(7)对 ……………………… **红粉白珠 *G. hookeri***
    3. 苞片卵形或三角状卵形，长 1 ~ 3(4) mm；侧脉(2)3(4)对 ……………… **西藏白珠 *G. wardii***
1. 花单生叶腋；常为匍匐灌木；叶片小，长不足 1(1. 2) cm。
  4. 小苞片 2 ~ 4 片，互生于花梗基部 …………………………………… **铜钱叶白珠 *G. nummularioides***
  4. 小苞片 2，对生于花梗顶端(矮小白珠 *G. nana* 归入本种) ………………… **刺毛白珠 *G. trichophylla***

6. 杜鹃花属 *Rhododendron*

分种检索表

1. 花序腋生，通常生枝顶叶腋；植株有鳞片；常绿。（糙叶杜鹃花亚属） ………… **柳条杜鹃花 *R. virgatum***
1. 花序顶生，有时紧接顶生花芽之下有侧生花芽；常绿，或半落叶至落叶。
  2. 植株有鳞片，有时兼有少量毛；雄蕊 5～10(20)；先叶后花；通常矮小，也有高大灌木或小乔木。常绿，稀半常绿至落叶。（杜鹃花亚属）
    3. 雄蕊 5，稀 6～10，雄蕊及花柱内藏；花冠高脚碟状，喉部多茸毛；鳞片边缘锐裂；灌木；叶长 0.8～2cm；花序有花 3～4 朵，花白色至红色，花萼短 …………………………… **林芝杜鹃花 *R. nyingchiense***
    3. 雄蕊 10，稀 15～20，通常伸出钟形至漏斗形的花冠外；鳞片盘形，全缘或有微齿。
      4. 花柱粗短，短于雄蕊，通常明显弯弓状，花色多变；种子无翅 ……………… **鳞腺杜鹃花 *R. lepidotum***
      4. 花柱细长，至少不短于雄蕊，劲直而不弯弓状；叶背、花柱、花丝、子房被鳞片；种子有翅或鳍状物。
        5. 花柱至少在基部，大多在下部 1/3 以上被鳞片；花萼通常发育。
          6. 叶长 10cm 以上，宽 4cm 以上；花白色，芳香。
            7. 叶柄和叶脉仅在下面隆起；花序有花 3～5 朵，花白色 …………………… **大萼杜鹃花 *R. megacalyx***
            7. 叶柄连同叶脉在两面隆起；花序有花 5 朵，稀达 11 朵，花白色，筒管略黄色，裂片略带淡红色…………………………………………………………………………………………… **木兰杜鹃花 *R. nuttallii***
          6. 叶长 8cm 以下，宽 3cm 以下；花白色带淡红色。
            8. 花冠外被毛，有疏而小的鳞片；花冠内面有一黄斑，芳香 …………… **石峰杜鹃花 *R. scopulorum***
            8. 花冠外无毛，无鳞片；叶面有刚毛；花瓣内外面洁净 …………………… **睫毛杜鹃花 *R. ciliatum***
        5. 花柱完全无鳞片，有时仅基部有短柔毛；花萼通常短小。
          9. 花冠钟形，裂片直立或仅直立；矮小灌木，叶片长不及 5cm；仅 1(2) 花生枝顶，花奶油黄色或柠檬黄色，外被鳞片 ………………………………………………………… **一朵花杜鹃花 *R. monanthum****
          9. 花冠漏斗状、宽漏斗状或辐射状，裂片伸展。
            10. 灌木或小乔木；花冠宽漏斗状，花序有花 2～3 朵。
              11. 花淡黄色，或杏红色，内有褐色斑点，外面密被鳞片…………………… **三花杜鹃花 *R. triflorum***
              11. 花淡紫色或紫色，外面无鳞片…………………………………………… **山育杜鹃花 *R. oreotrephes***
            10. 矮小灌木；植株通常平卧，茎铺散或直立；花紫色、紫红色，少有粉红色。
              12. 叶边缘有细圆齿；叶片下面鳞片泡状，疏离，间距为其直径的 1/2～6 倍；花 2～4 朵顶生，有短花梗………………………………………………………… **草莓花杜鹃花 *R. fragariflorum***
              12. 叶片全缘；叶片下面的鳞片平扁，密具相对宽的边，密集或仅稍有间距；花近于无花梗。
                13. 叶长 3.5～9mm，稀 12mm，暗色鳞片多而均匀 ………………………… **雪层杜鹃花 *R. nivale***
                13. 叶长 11～21mm，暗色鳞片少而分散 ……………………… **蜿蜒杜鹃花(散鳞杜鹃) *R. bulu***
  2. 植株无鳞片，通常被各式毛被；雄蕊 10(12～20)；大灌木或乔木；常绿。（常绿杜鹃花亚属）
    14. 叶柄密生具腺头的刚毛；叶薄革质，叶背有多数红色点；花粉红色，喉部有深红色斑点 ……………………………………………………………………………………………… **硬毛杜鹃花 *R. hirtips***
    14. 叶柄无具腺头的刚毛，但有时有柔毛。
      15. 花冠基部有明显的蜜腺囊，呈深红色至黑色，囊内有蜜腺。
        16. 花无斑块，深红色；叶背具粉白色凸起体 …………… **凸起紫背杜鹃花 *R. forrestii* ssp. *papillatum****
        16. 花冠有斑点。
          17. 花瓣深红色，基部具大 5 个紫色斑块；子房腺体不具长柄 ……………… **樱花杜鹃花 *R. cerasinum***
          17. 花瓣乳白色或粉红色，稀淡黄色，喉部具紫色斑点；子房腺体具长柄 …… **喉斑杜鹃花 *R. faucium***
      15. 花冠基部无蜜腺囊或不明显。
        18. 成熟叶的叶背无毛，侧脉清晰。

19. 花黄色，无斑 …………………………………………………………………… 黄杯杜鹃花 ***R. wardii***
19. 花非黄色。
20. 叶革质，侧脉在叶背隆起；子房无毛；花白色至粉红色，基部具不明显的5个蜜腺囊，上部具多数暗红色斑点 ……………………………………… 林芝光柱杜鹃花 ***R. tanastylum* var. *lingzhiense***
20. 叶纸质，侧脉在叶背不隆起；子房疏生平伏毛；花白色或粉红色，基部具深紫色斑块 ……………………………………………………………………………… 红点杜鹃花 ***R. huidongense***
18. 成熟叶的叶背密被毛；侧脉不明显。
21. 萼片边缘无睫毛。
22. 蒴果细长镰状弯曲；花冠基部具深红色斑块，并向上渐变为紫红色斑点；叶背密被灰白色至灰褐色连续毛被 …………………………………………………………………… 紫玉盘杜鹃花 ***R. uvariifolium***
22. 蒴果直立，或略弯曲但绝不呈细长镰刀状。
23. 子房无毛；花白色、蔷薇色或紫丁香色，内面上方多少具紫色斑点；叶背被淡黄色或黄褐色毛被 …………………………………………………………………… 钟花杜鹃花 ***R. campanulatum***
23. 子房疏被短柔毛；花淡粉红色或白色，基部具深紫色斑块，无斑点但被微柔毛；叶背被白色毛被 …………………………………………………………………………… 鲁朗杜鹃花 ***R. lulangense***
21. 萼片边缘有睫毛。
24. 花冠筒部上方具深红色斑点，内面基部具紫色斑块和白色微茸毛；花白色或粉红色；叶片长达12cm，宽5cm，先端渐尖，叶背被红棕色毡毛状毛被 ……………………………………………… 棕背川滇杜鹃花(长叶川滇杜鹃) ***R. traillianum* var. *dictyotum***
24. 花冠内面有斑点，无斑块。
25. 叶柄有柔毛，花冠筒内面基部有白色微柔毛。
26. 叶柄被丛卷毛和短柄腺体；花冠裂片5~7，粉红色，筒部上方具深红色斑点；叶背被无表膜毛被；雄蕊10~14枚 ………………………………………………………… 落毛杜鹃花 ***R. detonsum****
26. 叶柄上面被微柔毛，下面无毛；花冠5裂，花期花色由粉红色渐变为白色，内面上方具紫色斑点；叶背被2层毛被；雄蕊10枚 ……………………… 藏南杜鹃花(紫斑杜鹃) ***R. principis***
25. 叶柄无毛，花冠筒内面基部无或有白色微柔毛。
27. 花冠乳白色，筒内面基部无白色柔毛，但有红棕色斑点；叶背被灰白色羊皮纸质薄层毛被…… ……………………………………………………………………… 光蕊杜鹃花 ***R. coryanum***
27. 花白色或乳白色，花冠筒上方具紫红色斑点，内面基部有白色柔毛；叶背被具表层的毛被，灰白色或褐色 ……………………………………………………………… 雪山杜鹃花 ***R. aganniphum***
28. 叶背毛被厚，初为黄色后变为深红棕色，不规则块状分裂 …………………………… ……………………………………………… 黄毛雪山杜鹃花 ***R. aganniphum* var. *flavorufum***
28. 叶背毛被薄，外层淡棕色，老时网隙开裂，露出内层白色毛被 ………………………… ……………………………………………… 裂毛雪山杜鹃花 ***R. aganniphum* var. *schizopeplum***

注：西藏东南部是杜鹃花属植物的核心分布区，分布有145种，占西藏种类的85.3%；因此，该部分仅收录色季拉山一带种类(27种1亚种3变种)，其中3个带*种或亚种为未见标本种类。

7. 杉叶杜鹃属 *Diplarche*

多花杉叶杜鹃(杉叶杜) *D. multiflora*

常绿矮小灌木，高8~16cm，多分支。小枝褐色，被细腺毛，有粗而密的叶枕。叶小，密集排列，革质，线状条形，先端具短尖，叶背面微凸，具光泽。总状花序短或近头状，具花8~12朵；苞片、萼片均叶状；花冠圆筒状，粉红色，花冠裂片5，顶端常微凹或波状；雄蕊10，5枚着生花冠筒基部；子房圆球形，5室。产于林芝、波密、墨脱，生于海拔3500~

4100m 的高山草甸、灌丛之石缝中。

8. 锦绦花属 *Cassiope*

分 种 检 索 表

1. 叶为覆瓦排列，边有长睫毛的银白色宽膜质边缘，叶背纵沟槽几达叶顶 ……… **扫帚锦绦花 *C. fastigiata***
1. 叶不为覆瓦状排列，边缘无银白色宽膜质边缘。
 2. 叶交互对生；披针形至披针形矩形，边缘初被细睫毛，后消失 …………… **锦绦花(岩须) *C. selaginoides***
 2. 叶不为交互对生。
  3. 叶线状披针形，边缘密被长约 3mm 的灰白色茸毛，背面沟槽不达叶顶 ………… **长毛锦绦花 *C. wardii***
  3. 叶条形，边缘具长 1mm 的红棕色密刚毛，背面深沟槽达叶顶 …… **篦叶锦绦花(睫毛岩须) *C. pectinata***

9. 珍珠花属 *Lyonia*

分 种 检 索 表

1. 花丝近顶端有 1 对芒状附属物；叶片长 8 ~ 10cm，先端渐尖；总状花序长 5 ~ 10cm；蒴果缝线增厚 ……
……………………………………………………………………………………………………… **珍珠花 *L. ovalifolia***
1. 花丝近顶端无芒状附属物。
 2. 叶片长 3 ~ 4.5cm，先端钝，具短尖头；总状花序长 1 ~ 4cm，花序轴密被黄褐色柔毛；萼裂片长 3 ~ 4mm
……………………………………………………………………………………………………… **毛叶珍珠花 *L. villosa***
 2. 叶片长 4 ~ 6cm，先端长渐尖；总状花序长 4 ~ 8cm，花序轴近无毛；萼裂片长 7 ~ 9mm；蒴果缝线增厚
……………………………………………………………………………………………………… **大萼珍珠花 *L. macrocalyx***

10. 马醉木属 *Pieris*

美丽马醉木 *P. formosa*

常绿灌木或小乔木，高 3 ~ 5m。小枝圆柱形，有叶痕；冬芽芽鳞外面无毛。叶硬革质，互生，常集生枝顶，披针形、椭圆状披针形或椭圆状长圆形，长 5 ~ 12cm，宽 1.5 ~ 3(4) cm，边缘有细锯齿，先端渐尖。总状花序簇生于枝顶的叶腋，或有时为顶生圆锥花序，长 4 ~ 10(20) cm；花冠白色或淡红色，坛状，下垂；雄蕊 10，内藏。蒴果卵圆形。产于西藏东南部和南部，生于海拔 2000 ~ 3200m 的次生林缘或路边、林中。

11. 吊钟花属 *Enkianthus*

毛叶吊钟花 *E. deflexus*

落叶灌木或小乔木，高达 7m。老枝暗红色，小枝及芽鳞红色，幼时有短柔毛；花梗、叶柄及叶背常被柔毛，叶背面脉上及脉腋被平伏粗毛。叶互生，椭圆形、倒卵形或长圆状披针形，薄纸质，长 3.5 ~ 7cm，宽 2 ~ 3cm，先端渐尖或钝。花多组成下垂的伞形花序状的总状花序，花萼 5，萼片披针状三角形；花冠宽钟状，带黄红色，具较深色的脉纹，口部 5 浅裂，裂片微展开；雄蕊 10，花药上的芒与花药等长；子房上位。球形蒴果圆形。花期 4 ~ 5 月，果期 6 ~ 10 月。产于墨脱、察隅、波密、林芝(东久)、米林(南伊沟)等地，生于海拔 2300 ~ 3200m 的阔叶林下或杂木林中。

12. 木藜芦属 *Leucothoe*

尖基木藜芦 *L. griffithiana*

常绿灌木，高 3 ~ 4m。枝条稀疏，左右曲折下垂，无毛。叶椭圆形，长 11 ~ 14cm，中部

宽 3.5～4.5cm，革质，顶端尾状渐尖，基部楔形近全缘；叶柄长 8～10mm。总状花序腋生，直伸，长 3～5cm，总轴基部有少数棕色宽卵形的鳞片状总苞片；小苞片 2，对生于花梗中部；花冠近坛形，长 5～6mm，雄蕊 10。蒴果扁球形，果柄多少弯曲。产于察隅，生于海拔 2800m 的山坡。

13. 树萝卜属 *Agapetes*

藏布江树萝卜 *A. praeclara*

附生灌木。分支少，下垂，被开展的暗红褐色刚毛。叶互生，革质，卵状椭圆形，长 1.5cm，先端锐尖，基部近于圆形，边缘具 2～3 个粗浅齿，稍外卷；表面泡状，中脉和侧脉明显下陷，背面无毛，淡绿色；叶柄极短而粗。花单生或 2 朵生叶腋；花梗伸长约 1cm，明显；花冠圆筒形，无棱也无翅，喉部缢缩，长 1.5～2cm，直径 4mm，血红色，裂片锐尖，先端绿色；花丝极短，花药先端有长管状的喙，与花冠近等长；花柱纤细。花期 11 月至翌年 2 月。产于西藏东南部（雅鲁藏布江大拐弯处、米林、波密），附生于海拔 2100m 的常绿阔叶林中树上，或悬垂于岩石壁上。

14. 越橘属 *Vaccinium*

分种检索表

1. 落叶矮小灌木；花单生枝端叶腋；花梗顶端和萼筒之间无关节，有 2 片大型叶状苞片 ……………………………………………… **大苞越橘 *V. modestum***
1. 常绿灌木；花梗和萼筒之间有关节。
  2. 总状花序着生枝顶；浆果 5 室；叶通常小，上面叶脉常显著凹陷。
    3. 叶全缘，叶长 11～16mm；幼枝被短柔毛；叶缘稍反卷，半透明，无毛 …… **树生越橘 *V. dendrocharis***
    3. 叶边缘有锯齿。
      4. 叶长 2～3(4)cm；边缘不明显反卷，锯齿明显；幼枝被短柔毛 …………… **荚蒾叶越橘 *V. sikkimense***
      4. 叶长 4～18mm；边缘反卷，有疏而浅的微齿；幼枝被短柔毛和密生开展的具腺长刚毛 ……………………………………… **团叶越橘 *V. chaetothrix***
  2. 总状花序生于枝顶叶腋；浆果 10 室或假 10 室；叶大型，长 4cm 以上。
    5. 叶长 5～10cm，坚纸质，5～6 片在茎节上假轮生；萼筒有小瘤突 ……… **纸叶越橘 *V. kingdon-wardii***
    5. 叶长 4～6cm，薄革质，互生；萼筒无瘤突，被白粉 ………………………… **粉白越橘 *V. glaucoalbum***

九十九、紫金牛科 Myrsinaceae

分属检索表

1. 子房半下位或下位；花萼基部或花梗上具 1 对小苞片；种子多数，有棱角 ……………… **杜茎山属 *Maesa***
1. 子房上位；花萼基部或花梗上无小苞片；种子 1 枚，通常为球形。
  2. 伞房、伞形或聚伞花序，或由上述花序组成圆锥花序，有长总花梗或着生于侧生特殊花枝顶端；花冠裂片螺旋状排列，柱头点尖；花两性 ……………………………………… **紫金牛属 *Ardisia***
  2. 总状、伞形花序或花簇生，后二者通常无总花梗，而着生于具覆瓦状排列的苞片的小短枝顶端或基部具苞片；花冠裂片覆瓦状或镊合状排列，柱头各式；花杂性。
    3. 总状花序；通常为攀缘灌木，稀藤本 ……………………………………… **酸藤子属 *Embelia***
    3. 花簇生；通常为灌木或小乔木 ……………………………………………… **铁仔属 *Myrsine****

1. 杜茎山属 *Maesa*

分 种 检 索 表

1. 叶片椭圆状或长圆状披针形，叶脉不下凹；叶背有毛；侧脉不网结，尾端直达齿尖 ……… **金珠柳 *M. montana***
1. 叶片披针形至狭披针形，叶脉下凹；叶背无毛；侧脉近边缘汇合呈边缘脉 …… **凹脉杜茎山 *M. cavinervis***

2. 紫金牛属 *Ardisia*

朱砂根 *A. crenata*

灌木，高 1 ~ 2m，稀 3m。茎粗壮，无毛，除特殊侧生花枝外，无分支。叶片草质或坚纸质，椭圆形、椭圆状披针斜形至倒披针形，长 7 ~ 15cm，宽 2 ~ 4cm，顶端急尖或渐尖，侧脉 12 ~ 18 对。伞形花序或聚伞花序，花瓣白色，雄蕊与花瓣近等长。果球形，鲜红色，光滑，具腺点。花期 5 ~ 6 月，果期 10 ~ 12 月。产于察隅、波密（通麦），生于海拔 1000 ~ 2300m 的阔叶林中或林缘。

朱砂根为民间常用的中草药之一，根、叶可祛风除湿，散瘀止痛，通经活络，用于跌打风湿、消化不良、咽喉炎及月经不调等症。果可食，亦可榨油，出油率 20% ~ 25%，油可供制肥皂。也为观赏植物，在园艺方面的品种也很多。

3. 酸藤子属 *Embelia*

分 种 检 索 表

1. 叶片具齿；花序长 4 ~ 7cm，有花 10 朵以下 ……………………………… **密齿酸藤子（墨绿酸藤子）*E. vestita***
1. 叶片全缘。
 2. 圆锥花序，长 4cm 以上；叶片披针形或长圆状披针形，顶端渐尖 …………… **多花酸藤子 *E. floribunda***
 2. 总状花序，长 4cm 以下；叶片卵形至椭圆形，或长圆状广披针形，顶端急尖 … **皱叶酸藤子 *E. gamblei***

4. 铁仔属 *Myrsine*

分 种 检 索 表

1. 叶较小，椭圆状卵形，长 1 ~ 2cm，稀达 3cm，宽 0.7 ~ 1cm ………………………………… **铁仔 *M. africana***
1. 叶大，椭圆形至披针形，有时呈菱形，长 5 ~ 9cm，宽 2 ~ 2.5cm …………… **针齿铁仔 *M. semiserrata***

一百、报春花科 Primulaceae

分属检索表

1. 花冠裂片在花蕾中旋转状排列；花单出腋生或在茎顶端排成总状花序；蒴果爿裂。
 2. 植物具球状块茎；花冠裂片剧烈反卷，花萼多种颜色（栽培） ……………………… **仙客来属 *Cyclamen****
 2. 植株无球状块茎；花丝无毛，花萼绿色 ……………………………………………… **珍珠菜属 *Lysimachia***
1. 花冠裂片在花蕾中覆瓦状排列或重覆瓦状排列；花生于自植株基部抽出的花莛或花梗上；蒴果爿裂。
  3. 花冠筒比花萼短或近等长，筒口常紧缩，花柱不伸出冠筒 …………………………… **点地梅属 *Androsace****
  3. 花冠筒长于花萼，花柱通常异长，长花柱常伸出冠筒。
   4. 花通常多朵排成花序，如单生则花冠长不超过 2cm ……………………………… **报春花属 *Primula****

4. 花单生花莛顶端，无苞片，花冠长3～5cm ……………………………… **独花报春属 *Omphalogramma***

1. 仙客来属 *Cyclamen*

仙客来 *C. persicum*

多年生草本，具扁球形块茎，叶、花莛均自块茎顶端丛生。叶具长柄，卵心形或肾形，全缘或有波状齿。花莛1至多数，花单生于花莛顶端，下垂；花萼5裂，裂片卵形或卵状披针形，宿存；花冠紫色、红色或白色，筒部近球形，喉部增厚，裂片5，在花蕾中旋转状排列，开放后剧烈反卷；雄蕊5，着生于花冠筒基部，花丝极短，宽扁；花药箭形，渐尖；子房卵珠形，花柱丝状，多少伸出花冠筒外。蒴果卵球形，5瓣开裂达基部；果柄常卷缩成螺旋状。藏东南常见栽培，习见早春花卉。

2. 珍珠菜属 *Lysimachia*

藜状珍珠菜 *L. chenopodioides*

一年生草本，全体无毛。茎高20～50cm，具4棱，多分支。叶互生，卵形至菱状卵圆形。花单生茎顶部叶腋，间距短，在花茎上部常呈总状花序状；花冠白色或粉红色，裂片舌状长圆形，有红色短腺条；雄蕊比花冠短。蒴果直径约4mm，花柱宿存。花期6月。产于林芝、米林、波密，生于海拔2200～3000m的荒地或山坡草丛中。

3. 点地梅属 *Androsace*

分 种 检 索 表

1. 植株具明显直立的茎；茎叶互生，基生叶莲座状；伞形花序生于茎上部叶腋 ……… **直立点地梅 *A. erecta***
1. 植株无地上茎，或仅具根出条或根出短枝；叶簇生呈莲座状；花生于自叶丛中抽出的花莛顶端，稀单生。
 2. 叶片均具半透明的软骨质边缘和刺状尖头；叶不明显2型，禾叶状 ………… **禾叶点地梅 *A. graminifolia***
 2. 叶无软骨质的边缘或尖头，表面被明显的毛，稀无毛；叶同型或2～3型。
  3. 叶型近相同；花梗长不超过苞片2倍。
   4. 内层叶表面顶端有极密的长而直伸的画笔状长柔毛；花梗约与苞片等长 ……… **昌都点地梅 *A. bisulca***
   4. 内层叶表面顶端无画笔状长柔毛，仅个别残留数根或十数极长柔毛。
    5. 叶片表面被毛；花莛被长柔毛和具柄腺体；伞形花序近头状 …………… **腺序点地梅 *A. adenocephala***
    5. 叶片表面无毛或粗糙。
     6. 叶仅边缘具流苏状睫毛；花单生，白色，无花莛 ……………………………… **睫毛点地梅 *A. ciliifolia***
     6. 叶片顶部边缘具卷曲长柔毛；伞形花序，花粉红色，花莛明显 ……………… **柔软点地梅 *A. mollis***
  3. 叶型不相同；花梗长过苞片2倍以上。
   7. 花梗超过苞片4～10倍，植株被糙伏毛；花冠深红色或粉红色 …………… **糙伏毛点地梅 *A. strigillosa***
   7. 疏丛植物，花梗超过苞片2～4倍。
    8. 叶3型：外层叶卵形，中层叶舌形，内层叶基部狭窄具细柄；伞形花序有花(3)7～17朵；花冠白色至淡红色 …………………………………………………………………… **康定点地梅 *A. limprichtii***
    8. 叶2型；花冠粉红色。
     9. 植株高大，高10～15cm；内层叶具明显细瘦的柄，花5朵 ……………… **滇藏点地梅 *A. forrestiana***
     9. 植株矮小，高10cm以下；内层叶基部下延成柄，花一般3朵 ……………… **粗毛点地梅 *A. wardii***

4. 报春花属 *Primula*

分 种 检 索 表

1. 叶片掌状深裂 …………………………………………………………………… **宽裂掌叶报春 *P. latisecta***

1. 叶片不裂或微浅裂。
 2. 花梗极短，排列成头状花序、近头状花序。
  3. 头状花序，下垂；花蓝紫红色 ………………………………………… **条裂垂花报春 *P. cawdoriana***
  3. 头状花序或近头状花序，不下垂。
   4. 花冠筒与萼片近等长；苞片遮蔽花梗及花萼的下部 ………………………… **工布报春 *P. kongboensis***
   4. 花冠筒明显长于花萼。
    5. 花期叶丛基部具覆瓦状排列的鳞片；花冠喉部黄色 ………………………… **球花报春 *P. denticulate***
    5. 花期叶丛基部无覆瓦状排列的鳞片；花冠喉部白色 ……………………… **白心球花报春 *P. atrodentata***
 2. 花梗明显，伞房花序或近头状花序、头状花序。
  6. 花冠喉部无环状附属物。
   7. 花蓝紫色，苞片、萼片染紫色，花 4 至多朵；叶片基部楔状渐尖，叶柄短……… **紫钟报春 *P. waltonii***
   7. 花黄色。
    8. 叶椭圆形至长椭圆形，基部截形、圆形或微心形 ………………………………… **杂色钟报春 *P. alpicola***
    8. 叶片阔卵形，基部深心形。
     9. 花梗粗壮，花序有花 10～80 朵 ………………………………………………… **巨伞钟报春 *P. florindae***
     9. 花梗细弱，花序有花 2～4 朵，极少超过 8 朵 ……………………………… **葶立钟报春 *P. firmipes***
  6. 花冠喉部有环状附属物。
   10. 植株低矮，高不足 15cm。
    11. 萼筒比花萼长近 1 倍；花蓝紫红色或淡紫色 …………… **雅江报春 *P. involucrata* ssp. *yargongensis***
    11. 萼筒与花萼近相等或略长；花粉红色或鲜红色 ……………………………… **束花粉报春 *P. fasciculata***
   10. 植株高于 20cm。
    12. 花冠裂片反折 ………………………………………………………………………… **折瓣雪山报春 *P. advena***
    12. 花冠裂片不反折。
     13. 花冠裂片先端凹缺。
      14. 轮伞花序，花黄色带橙红色 …………………………………………… **中甸灯台报春 *P. chungensis***
      14. 伞形花序，花紫色或蓝紫色 …………………………………………… **暗紫脆蒴报春 *P. calderiana***
     13. 花冠裂片先端全缘；花紫色或蓝紫色。
      15. 伞形花序 2 轮，稀 1 轮，顶轮近球形；花萼裂片到中部 ……………………………………………………………………………… **凤翔报春 *P. sinoplantaginea* var. *fengxiangiana***
      15. 伞形花序 1 轮，稀 2 轮；花萼分裂达基部 …………………………………… **林芝报春 *P. ninguida***

5. 独花报春属 *Omphalogramma*

分种检索表

1. 植株无木质根茎；花冠筒狭长，宽 4～6mm，仅在近喉部处稍扩大，花冠深蓝色 ………………………………………………………………………………………………… **独花报春 *O. vinciflorum***
1. 植株具粗短的木质根茎；花冠筒自基部上逐渐增宽，上端较下部宽 1 倍以上。
 2. 花冠钟状，暗紫色，筒部与裂片、花萼近等长；花丝长约 1mm ………… **钟状独花报春 *O. brachysiphon***
 2. 花冠漏斗状，紫红色，筒部比裂片及花萼均长；花丝远长于 1mm。
  3. 叶片两面多少被毛；花柱几达冠筒口，下部有短柔毛 ………………………… **西藏独花报春 *O. tibeticum***
  3. 叶片两面无毛；花柱内藏，无毛 ……………………………………………… **光叶独花报春 *O. elwesianum***

一百零一、白花丹科 Plumbaginaceae

分属检索表

1. 花柱 1 枚，柱头先端有 5 个细长而内侧具大形钉状或头状腺质凸起；花冠筒明显长于花萼片。
 2. 花萼无腺毛；小穗通常聚成近头状的花序；灌木或亚灌木 ························ **蓝雪花属 *Ceratostigma*** *
 2. 花萼只裂片上有具柄的腺体；小穗组成总状花序；一年生草本 ······················ **鸡娃草属 *Plumbagella***
1. 花柱 5，分离，柱头圆柱形；花瓣仅基部扭曲边缘接合成筒状，冠筒略伸出萼外 ··· **补血草属 *Limonium*** *

1. 蓝雪花属 *Ceratostigma*

分种检索表

1. 花较大，花冠长 2 ~ 2.6cm；落叶半灌木；枝脆弱，髓宽大(较两侧木质部的总和为宽)；叶柄基部有时扩张成近环状的短鞘，脱落后留一显然之环痕 ······································ **岷江蓝雪花 *C. willmottianum***
1. 花较小，花冠长不到 2cm；灌木，老枝较坚硬，髓小；叶基部无抱茎的环状鞘，枝上也不遗留环痕。
 2. 常绿灌木；叶两面密被常开展的长硬毛，间杂的星状毛具 6 ~ 12 射枝 ··············· **毛蓝雪花 *C. griffithii***
 2. 落叶灌木；叶上表面无毛或略有长硬毛，间杂的星状毛具 3 ~ 6 射枝 ··········· **小蓝雪花(架棚) *C. minus***

2. 鸡娃草属 *Plumbagella*

鸡娃草(小蓝雪花) *P. micrantha*

一年生草本。叶互生，基部半抱茎，两侧耳部沿茎上细棱下延。花序生于茎枝顶端，初时近头状，渐延伸成短穗状；小穗含 2 ~ 3 花，具 1 枚叶状的草质苞片，每花具 2 枚膜质小苞，花小，具短梗；萼裂片边缘着生具柄的腺；花冠具狭钟状的筒部与 5 个近直立而露于萼外的裂片；雄蕊下位，或与花冠筒之基部略接合；花柱 1 枚，柱头 5 枚，伸长，指状，内侧具钉状腺质凸起(受粉面)。蒴果尖长卵形；种子长卵形。产于朗县、错那等地，生于海拔 3700 ~ 4350m 的湖滨、山坡草甸或路旁。

3. 补血草属 *Limonium*

杂种补血草 *L. hybrida*

叶基生，簇生成莲座状，椭圆形至长卵形，长达 30cm。偏侧性聚伞形花序有花多数，小花穗分布稀密均匀，芳香，花轴扁平；花萼与花瓣同色，淡紫蓝色、堇色、粉色、白色，均干膜质，宿存；萼筒短，倒圆锥形，裂片三角形。花期 5 ~ 6 月。藏东南有栽培，常见干花制作材料。

一百零二、柿树科 Ebenaceae

1. 柿树属 *Diospyros*

分种检索表

1. 果实外面密被污黄色毡毛；果实直径约 1.5cm(产于墨脱，存疑种) ······················ **毛果柿 *D. variegata***
1. 果实外面光滑。
 2. 果直径 2.5 ~ 7cm，成熟时果实橙黄色或橙红色(墨脱、芒康有栽培) ····························· **柿 *D. kaki***
 2. 果直径 1 ~ 2.5cm，成熟时黑色，外面有白蜡层 ······································ **君迁子(黑枣) *D. lotus***

一百零三、山矾科 Symplocaceae

1. 山矾属 *Symplocos*

分种检索表

1. 圆锥花序长 5 ~ 8cm；叶膜质或薄纸质，叶缘有细尖锯齿；核果近球形，稍偏斜……… **白檀 *S. paniculata***
1. 穗状花序长 1.5 ~ 2.5cm；叶革质，全缘；核果椭圆形 …………………… **光亮山矾(茶叶山矾) *S. lucida***

一百零四、安息香科 Styracaceae

1. 安息香属 *Styrax*

分种检索表

1. 花冠裂片边缘平坦，在花蕾时作覆瓦状排列；花柱较花冠短或等长；叶全缘或有疏锯齿 ………………………………………………………………………………………………… **大花野茉莉 *S. grandiflorus***
1. 花冠裂片边缘常狭内折，花蕾时作镊合状排列；花柱较花冠长；叶缘有整齐锯齿 ………………………………………………………………………………………………… **齿叶安息香 *S. serrulatus***

一百零五、木犀科 Oleaceae

分属检索表

1. 子房每室具向上胚珠 1 ~ 2 枚，胚珠着生子房基部或近基部；浆果双生或其中 1 枚不孕而单生；蕾期花冠裂片覆瓦状排列(茉莉亚科) ……………………………………………… **茉莉属(素馨属) *Jasminum****
1. 子房每室具下垂胚珠 2 枚或多枚，胚珠着生子房上部；翅果、核果或浆果状核果，若为蒴果，则决不呈扁圆形。(木犀亚科)
 2. 果为翅果或蒴果。
  3. 单翅果，翅生于果顶端；叶为奇数羽状复叶 ………………………………… **梣属(白蜡树属) *Fraxinus****
  3. 蒴果；种子有翅。
   4. 花黄色，花冠裂片明显长于花冠管；枝中空或具片状髓(栽培) ……………………… **连翘属 *Forsythia****
   4. 花紫色、红色、粉红色或白色，花冠裂片短于花冠管或近等长；枝实心(栽培) …… **丁香属 *Syringa****
 2. 果为核果或浆果状核果。
  5. 浆果状核果，开裂或不开裂；花序顶生，稀腋生；蕾期花冠裂片镊合状排列 ……… **女贞属 *Ligustrum****
  5. 核果；花序多腋生，稀顶生；蕾期花冠裂片覆瓦状排列 ………………………… **木犀属 *Osmanthus****

1. 茉莉属 *Jasminum*

分种检索表

1. 叶互生，复叶，小叶 3 ~ 9(13)；花序有花 1 ~ 10(15)朵，花萼裂片较萼管短，花冠黄色。
 2. 小叶 3 ~ 7(13)枚，背面常绿白色；顶生小叶先端锐尖或尾状 ……………………………… **矮探春 *J. humile***
 2. 小叶通常(3)5 ~ 7(9)枚，背面常铁锈色；顶生小叶先端钝…… **狭叶矮探春 *J. humile* var. *microphyllum***
1. 叶对生。
  3. 叶片羽状深裂或羽状复叶；花萼裂片线形，长(2)3 ~ 10mm。

4. 花内面粉红色，外面染红色；小叶不规则，侧生小叶下延至叶轴(西藏素馨 *J. xizhangense* 归入本种) …………………………………………………………………………………… **淡红素馨 *J.* × *stephanense***

4. 花内面白色，外面染红色；小叶规则分裂，侧生小叶不下延。

5. 花序中间之花的梗明显短于周围之花的梗；花冠裂片长 13 ~ 22mm ………… **素馨花 *J. grandiflorum***

5. 花序近伞形，花梗近等长；花冠裂片长 6 ~ 12mm。

6. 顶生小叶长 5 ~ 16mm，宽 2 ~ 5mm ……………………………… **西藏素方花 *J. offcinale* var. *tibeticum***

6. 顶生小叶长 10 ~ 45mm，宽 4 ~ 20mm。

7. 嫩茎、叶柄、叶片、花萼无毛或仅具细短柔毛 ……………………………………… **素方花 *J. offcinale***

7. 嫩茎、叶柄、叶片、花萼被贴伏长柔毛 ………………… **具毛素方花 *J. offcinale* var. *piliferum***

3. 单叶或具三小叶复叶。

8. 三小叶复叶，有时混杂单叶。

9. 花萼裂片非叶状；花冠内面白色，外面染红色；顶生小叶大于侧生小叶 …… **双子素馨 *J. dispermum***

9. 花萼裂片叶状；花冠黄色。

10. 直立、攀缘或匍匐灌木；小枝长 3 ~ 5m(栽培或野生) ………………………… **迎春花 *J. nudiflorum***

10. 矮小多分支灌木；小枝长 0.3 ~ 1m ……………………… **垫状迎春 *J. nudiflorum* var. *pulvinatum***

8. 单叶；花萼裂片线形，长 2mm 以上；常绿植物。

11. 羽状叶脉，叶纸质，细脉两面明显；直立或铺散灌木(室内栽培) …………………… **茉莉花 *J. sambac***

11. 叶脉明显基出 3 或 5 出脉；叶片长 2.5 ~ 13cm；攀缘灌木。(产于墨脱)

12. 叶卵形至披针形，纸质；花萼裂片长(5)10 ~ 17mm …………………………… **青藤仔 *J. nervosum***

12. 叶线形至狭椭圆形，革质；花萼裂片长 2 ~ 4mm ……… **桂叶素馨 *J. laurifolium* var. *brachylobum***

2. 梣属 *Fraxinus*

分 种 检 索 表

1. 花序侧生于去年生枝上，花序下无叶，先花后叶或同时开放；小叶(5)7 ~ 11(13)枚。

2. 小叶较小，侧脉 4 对；花序短而花密集，簇生；枝圆柱形(产于札达)………… **椒叶梣 *F. xanthoxyloides***

2. 小叶较大，侧脉 10 ~ 15 对；圆锥花序 15 ~ 20cm；枝四棱形(栽培) …………… **水曲柳 *F. mandschurica***

1. 花序顶生枝端或出自当年生枝的叶腋；叶后开花或与叶同时开放。

3. 花无花冠，与叶同时开放；小枝、叶轴和小叶下面常无毛(栽培)。

4. 小叶 7 ~ 9 枚，狭披针形；花萼钟状，萼齿三角形，膜质 ………………………… **狭叶梣 *F. baroniana***

4. 小叶 3 ~ 5(7)枚，阔卵形至披针形；萼齿革质。

5. 小叶阔卵形至卵状披针形，偶见沿叶脉疏被柔毛；花萼杯状，开展 ……… **花曲柳 *F. rhynchophylla***

5. 小叶卵形至倒卵状披针形，上面无毛；花萼筒状，紧贴带翅坚果 ……………… **白蜡树 *F. chinensis***

3. 花具花冠，先叶后花。

6. 花序具苞片，花期宿存；冬芽裸露；叶全缘，明显具柄；小叶 5 ~ 7(11)枚(产于察隅) …………… …………………………………………………………………………………… **光蜡树 *F. griffithii***

6. 苞片早落或缺如；冬芽被鳞片。

7. 小叶 7 ~ 9 枚，具柄；果翅表面被红色糠秕状毛(产于墨脱) ………………… **多花梣 *F. floribunda***

7. 小叶近无柄。

8. 小叶 7 ~ 9 枚；叶轴关节处多少被锈色茸毛(产于错那) ………………… **锡金梣 *F. sikkimensis***

8. 小叶 3 ~ 5(7)枚；叶轴无锈色茸毛(栽培)…………………………………… **小叶梣 *F. bungeana***

3. 连翘属 *Forsythia*

分 种 检 索 表

1. 节间中空；单叶或复叶；花萼裂片长(5)6～7mm；果梗长0.7～2cm ……………………… **连翘 *F. suspensa***
1. 节间具片状髓；叶全为单叶；花萼裂片长在5mm以下；果梗长7mm以下 ………… **金钟花 *F. viridissima***

4. 丁香属 *Syringa*

分 种 检 索 表

1. 圆锥花序由顶芽抽生，基部常有叶；花药全部或部分藏于花冠管内(产于察隅) ……………………………… ……………………………………………………………………………… **云南丁香 *S. yunnanensis***
1. 圆锥花序由侧芽抽生，基部常无叶，稀由顶芽抽生。
 2. 叶背至少沿中脉被毛。(产于察隅)
  3. 叶片革质，较大，长2～9cm，宽2～5cm，叶脉在上面明显凹入 …………………… **皱叶丁香 *S. mairei***
  3. 叶片纸质，较小，长1～2.5(4)cm，宽0.5～2(3)cm，叶脉在上面平 ………… **松林丁香 *S. pinetorum***
 2. 叶背无毛(栽培)。
  4. 叶片卵圆形至肾形，通常宽大于长 …………………………………………………… **紫丁香 *S. oblata***
  4. 叶片卵形、宽卵形或长卵形，通常长大于宽………………………………………… **欧丁香 *S. vulgaris***

5. 女贞属 *Ligustrum*

分 种 检 索 表

1. 花冠管约为裂片长的2倍或更长，圆锥花序开展，长5～10cm；半常绿灌木；叶片倒卵形、卵形或近圆形(栽培，有金边变种) ……………………………………………………………… **卵叶女贞 *L. ovalifolium***
1. 花冠管与裂片近等长。
 2. 叶片较小，长1～4(5.5)cm，先端凹、钝或锐尖，革质，下面无毛。
  3. 花序紧缩，长为宽的2～5倍；落叶灌木(产于察隅) ……………………………… **小叶女贞 *L. quihoui***
  3. 花序较疏展，长不及或近等于宽的2倍。
 2. 叶片较大，长3～17cm，叶端通常锐尖至渐尖。
  4. 侧脉6～20对，排列紧密；半常绿小乔木(产于通麦) ………………………… **长叶女贞 *L. compactum***
  4. 侧脉4～9对，稀达11对，排列较疏(栽培)。
   5. 果近球形，不弯曲；叶片常纸质，两面多少被毛；落叶灌木 ……………………………… **小蜡 *L. sinense***
   5. 果非球形；叶片革质，两面无毛；常绿。
    6. 果略弯曲，肾形或近肾形；花冠管长达花萼1.5倍；叶卵形；小乔木 ……………… **女贞 *L. lucidum***
    6. 果不弯曲，长圆形；花冠管长达花萼2倍；叶椭圆形；灌木 ………………… **日本女贞 *L. japonicum***

6. 木犀属 *Osmanthus*

分 种 检 索 表

1. 花冠管与花冠裂片较裂片为短。
 2. 花冠管为花冠裂片的1/2以下，花冠多色；侧脉多为6～8对；栽培 …………… **木犀(桂花)*O. fragrans***
 2. 花冠管极短，裂片深裂几达基部；花冠黄白色；侧脉10～12对(产于墨脱) …… **野桂花 *O. yunnanensis***

1. 花冠管远较花冠裂片为长，呈圆柱形；花白色；侧脉 5～8 对(产于察隅、墨脱)…… **香花木犀 *O. suavis***

一百零六、马钱科 Loganiaceae

分属检索表

1. 根、茎、枝和叶柄均无内生韧皮部；植株有腺毛、星状毛或鳞片；花冠裂片在花蕾时覆瓦状排列；蒴果，种子具尾状翅 …………………………………………………………………………… **醉鱼草属 *Buddleja****
1. 根、茎、枝和叶柄均具有内生韧皮部；植株无腺毛；花冠裂片在花蕾时镊合状排列；浆果，种子无尾状翅 ………………………………………………………………………………………… **蓬莱葛属 *Gardneria***

1. 醉鱼草属 *Buddleja*

分种检索表

1. 叶在长枝上互生或互生兼对生，在短枝上为簇生；花冠管直立。(互叶醉鱼草组)
 2. 叶片通常全缘或有波状齿；子房无毛 ………………………………………… **互叶醉鱼草 *B. alternifolia***
 2. 叶片边缘有锯齿；子房被星状毛 ……………………………………………… **互对醉鱼草 *B. wardii***
1. 叶对生；花冠管直立。(醉鱼草组)
 3. 叶片全缘或边缘不明显波状，稀兼有小锯齿；花冠外面无星状毛。
  4. 雄蕊着生于花冠管喉部；花冠芳香，白色，有时淡绿色；叶片两面无腺点………… **驳骨丹 *B. asiatica***
  4. 雄蕊着生于花冠管中部；花冠紫蓝色；叶片两面有小腺点 …………………… **腺叶醉鱼草 *B. delavayi***
 3. 叶片边缘具明显锯齿；花瓣外面有或无星状毛。
  5. 花序腋生，有时兼有顶生；花大，花冠张开直径约 1cm(产于藏南)…………… **大花醉鱼草 *B. colvilei***
  5. 花序腋生或顶生；花较小，花冠张开直径约 5mm，花冠管直径在 3.5mm 以下。
   6. 雄蕊着生于花冠管喉部或近喉部。
    7. 子房光滑无毛；花萼裂片内面无毛；枝条具 4 棱(产于波密至墨脱) … **酒药花醉鱼草 *B. myriantha***
    7. 子房被星状毛。
     8. 花冠裂片和喉部具有鳞片状腺体；枝条圆柱形 …………………………… **紫花醉鱼草 *B. fallowiana***
     8. 花冠裂片或喉部均无鳞片状腺体；枝条四棱形，棱有翅……………… **大序醉鱼草 *B. macrostachya***
   6. 雄蕊着生于花冠管内壁中部。
     9. 子房光滑无毛；花冠淡紫色，后变黄白色至白色，喉部橙黄色，芳香 …… **大叶醉鱼草 *B. davidii***
     9. 子房被星状毛。
      10. 种子无翅；苞片多而密，近线形，长 0.4～2.5cm；枝常四棱形 ………… **皱叶醉鱼草 *B. crispa***
      10. 种子两端具翅；苞片稀少，披针形，远比花冠短，长 3mm；枝圆柱形 ……………………………………………………………………………………… **密香醉鱼草 *B. candida***

2. 蓬莱葛属 *Gardneria*

卵叶蓬莱葛 *G. ovata*

木质藤本或灌木状。枝条圆柱形，灰棕色。叶片染蓝色，纸质至薄革质，卵形、卵状长圆形或椭圆形，长 8～16cm，宽 3～8cm，顶端急尖至钝，基部阔楔形；侧脉每边 6～8 条，上面扁平，下面凸起，常沿叶脉有白色叶脉带；叶柄腹部有槽，叶柄间有明显的连结托叶线；叶腋内有钻状腺体。二歧至三歧聚伞花序圆锥状，花序长 4～10cm；花 4 数；花冠初时橘红色，后变黄色或黄白色，辐状，花冠管长 1～1.5mm，花冠裂片长 4～5mm，厚肉质；雄蕊着生于花冠管的内壁基部，花药合生，基部 2 裂；柱头顶端通常 2 或 4 裂。浆果圆球状，内育种子1～2颗；种子圆球形，小而光滑。花期3～5月，果期6～10月。产于墨脱、吉隆，生于海拔600～2000m的山地密林或疏林下，因其叶脉清晰美丽，根、叶有祛风活血之效，主治关节炎、坐骨神经痛等，可作药用观赏栽培。

一百零七、龙胆科 Gentianaceae

分属检索表

1. 挺水水生植物；三出复叶生于茎顶；蕾期花冠裂片内向镊合状排列(产于墨脱)(睡菜亚科) …………………………………………… **睡菜属 *Menyanthes***
1. 陆生植物；叶通常对生，稀轮生或互生；花冠裂片在蕾中或花闭合时覆瓦状排列。(龙胆亚科)
 2. 腐生草本；叶退化为鳞片形，无叶绿素 …………………… **杯药草属 *Cotylanthera***
 2. 陆生草本；叶不即退化为鳞片形，有叶绿素。
  3. 腺体轮状着生于子房基部。
   4. 花冠深裂，冠筒短，裂片间无褶；花萼无萼内膜；雄蕊着生于花冠筒中上部；花大型；多年生高大草本 …………………………………… **大钟花属 *Megacodon***
   4. 花冠通常浅裂，冠筒长，裂片间具褶。
    5. 茎四棱形，直立或斜升；花萼具萼内膜，花小或中等 …………… **龙胆属 *Gentiana****
    5. 茎圆柱形，缠绕草本。
     6. 花萼具5脉；腺体发达，形成杯状花盘围绕子房柄基部；雄蕊不对称，不等长，顶端一侧下弯，花丝线形，向下不增粗；浆果或蒴果 …………………… **双蝴蝶属 *Tripterospermum***
     6. 花萼具10脉；腺体小，裸出，非杯状花盘；雄蕊对称，整齐，直立，顶部不下弯，花丝向下部逐渐增粗；蒴果……………………………………… **蔓龙胆属 *Crawfurdia***
  3. 腺体着生于花冠筒或裂片上，稀无腺体。
   7. 花冠有4个距，腺体藏于距中 ……………………………… **花锚属 *Halenia****
   7. 花冠无距，腺体着生于花冠筒或裂片上，外露。
    8. 花冠筒形，先端浅裂，冠筒长于裂片。
     9. 花蕾稍扁压，具四棱；花萼裂片通常一对较宽而短，另一对较长而狭，裂片间弯缺下有三角形萼内膜；种子表面具指状凸起 ……………………… **扁蕾属 *Gentianopsis****
     9. 花蕾非扁压；花萼裂片通常整齐；花冠喉部具极多数无脉的流苏状副冠…… **喉花草属 *Comastoma****
    8. 花冠辐状，分裂至基部，冠筒远短于裂片。
     10. 花单性，雌雄异株；雄蕊着生于花冠裂片间弯缺处，与裂片互生 ……………… **黄秦艽属 *Veratrilla***
     10. 花两性；雄蕊着生于冠筒上。
      11. 有花柱，柱头绝不沿着子房缝合线下延；花冠裂片开放时不呈二色，基部或中部具明显的腺窝或腺斑，腺窝的边缘通常具有流苏或鳞片；稀光裸，腺斑则与花冠异色 ……… **獐牙菜属 *Swertia****
      11. 无花柱，柱头沿着子房的缝合线下延；花冠裂片在蕾中或在花闭合时深深地向右旋转排列，开放时裂片呈明显的二色，即一侧色深，一侧色浅。
       12. 花冠裂片基部有明显的腺窝，腺窝下部管形，上部分裂呈小裂片状或为片状，边缘齿形 ……… …………………………………… **肋柱花属 *Lomatogonium****
       12. 花冠裂片基部无腺窝，具片状或盔形的附属物，附属物先端全缘或稍啮蚀形(主产藏中、藏北) …………………………………… **辐花属 *Lomatogoniopsis***

1. 杯药草属 *Cotylanthera*

杯药草 *C. paucisquama*

腐生细弱小草本，茎常数株簇生，高5～15cm。花单生茎顶端，长12～16mm，淡紫色；

花萼裂片 4，卵状三角形，长 5 ~ 6mm，顶端尖；花冠裂片 4，狭长圆形，长 10 ~ 12mm，顶端钝；雄蕊 4，多少偏向一侧；花药黄色，狭披针形，长 3.5 ~ 5.5mm，基部心形，以 1 顶孔开裂，花丝短于花药，2.5 ~ 4mm；花柱长 6 ~ 8mm，稍超过花药，稍弯。产于波密(易贡)，生常绿和落叶混交林下。

2. 大钟花属 *Megacodon*

大钟花 *M. stylophorus*

多年生草本，高达 1.5m。茎单生，直立，粗壮，中空，近圆形，径 1 ~ 1.5cm，不分支。叶全部茎生；基部 1 ~ 2 对，小，膜质，卵形，长 2 ~ 4.5cm，宽 1 ~ 2cm，基部连合，鞘状抱茎；其余叶绿色，卵状椭圆形或椭圆形，长 7 ~ 22cm，宽 3 ~ 7cm，先端急尖，叶脉 7 ~ 9 条，弧形。花单生叶腋或茎端，组成总状序；花萼绿色，花冠黄绿色，具绿色网脉，宽漏斗状，长 4 ~ 6cm，5 深裂；雄蕊 5。蒴果椭圆状披针状，长 5 ~ 6cm；种子椭圆形，表面具纵的皱纹。产于林芝、错那，生于海拔 3700 ~ 4200m 一带的水边灌丛、林下中。

3. 龙胆属 *Gentiana*

分 种 检 索 表

1. 花冠分裂至中部或下部，冠筒短于裂片，褶甚小，耳形。(耳褶龙胆组) 1 种(无莲座叶丛，茎多数丛生，茎生叶多对，密集；花冠蓝色，花长 1.5 ~ 2cm) …………………………………………… **美龙胆 *G. decorata***
1. 花冠浅裂，冠筒远长于裂片，褶大，非耳形。
 2. 根颈被纤维状枯存叶柄包围；叶常大型。(秦艽组)
  3. 茎顶部叶大型，苞叶状，包被花序；花冠上部蓝紫色 ………………………………… **西藏秦艽 *G. tibetica***
  3. 茎顶部叶小，不呈苞叶状，不包被花序；花冠黄绿色 ………………………………… **粗壮秦艽 *G. robusta***
 2. 根颈部无纤维状枯存叶柄；叶通常小。
  4. 多年生，稀一年生草本；种子表面具泡沫状或具蜂窝状网纹；蒴果多内藏。(高山龙胆组)
   5. 花多数，组成花序。
    6. 植株具极短的根茎；不育枝的叶丛发达，茎生叶向上渐小，最上部叶不呈苞叶状，也不包围花序；花冠黄色，具多数明显的蓝色斑点 ………………………………………………… **直萼龙胆 *G. erectosepala***
    6. 植物具长匍匐茎；不育枝的叶丛发达，叶片向上逐渐增大，最上部叶苞叶状，完全包围花序；花冠蓝色或蓝紫色，具深蓝色条纹 ………………………………………………… **锡金龙胆 *G. sikkimensis***
   5. 花单生茎顶。
    7. 叶狭窄，通常线形；花萼裂片与茎上部叶同形。
     8. 基生莲座叶丛发达，叶线状披针形。
      9. 花冠深蓝色，漏斗形；种子表面具泡沫状网纹 ………………………… **蓝玉簪龙胆 *G. veitchiorum***
      9. 花冠浅蓝色，钟形；种子表面具蜂窝状网纹 …………………………… **聂拉木龙胆 *G. nyalamensis***
     8. 基生莲座叶丛极不发达，叶常为狭三角形或披针形，稀线状披针形。
      10. 茎中下部叶线状披针形至线形；花冠淡蓝色，筒状漏斗形…………………… **线叶龙胆 *G. farreri***
      10. 茎中下部叶卵形；花冠深蓝色，倒锥形…………………………………… **倒锥花龙胆 *G. obconica***
    7. 叶较宽，基部渐窄，常倒卵形。
     11. 花萼裂片圆匙形，基部收缩；雄蕊着生于冠筒喉部，部分花的雄蕊伸出花冠外，种子表面光滑；一年生 ……………………………………………………………………… **露蕊龙胆 *G. vernayi***
     11. 花萼裂片三角形或披针状，基部绝不收缩；花冠蓝色。
      12. 花萼小，完全包被于上部茎生叶中，裂片 2 大 3 小；雄蕊着生于冠筒下部，花丝钻形…………………………………………………………………………………… **叶萼龙胆 *G. phyllocalyx***

12. 花萼大，完全外露或至少裂片外露，裂片整齐；雄蕊着生于冠筒中部，花丝线形 ………………………………………………………………………………………… 丝柱龙胆 **G. filistyla**

4. 一年生，极稀多年生草本；种子表面具纵向细脉纹；蒴果常外露，稀内藏。（小龙胆组）

13. 花萼裂片卵形或卵状披针形，稀肾形，基部收缩；全株有毛或光滑。

14. 花萼裂片直立；全株光滑，有时叶缘具睫毛 ………………………………… 卵萼龙胆 **G. bryoides**

14. 花萼裂片外弯或反折。

15. 叶及花萼裂片上面密被糙伏毛 ………………………………… 林芝龙胆 **G. nyingchiensis**

15. 叶及花萼裂片上面平滑无毛 ………………………………… 假鳞叶龙胆 **G. pseudosquarrosa**

13. 花萼裂片三角形或钻形，基部绝不收缩；全株光滑。

16. 花萼裂片开展，丝状；花丝密被糙毛 ………………………………… 毛蕊龙胆 **G. scabrifilamenta**

16. 花萼裂片直立，三角形或披针形；花丝光滑。

17. 基生叶发达，辐状，较茎生叶大许多；花冠漏斗形 ……………… 假水生龙胆 **G. pseudoaquatica**

17. 基生叶不发达，不呈辐状；花冠高脚杯状 ………………………………… 珠峰龙胆 **G. stellata**

4. 双蝴蝶属 *Tripterospermum*

尼泊尔双蝴蝶 *T. volubile*

多年生缠绕草本，根纤细。茎扭曲，黄圆形，具细条棱。茎生叶卵状披针形，长 6 ~ 9cm，先端渐尖呈尾状，基部近圆形或心形，全缘，叶脉 3 ~ 5 条。花腋生和顶生、单生或成对着生；花萼钟形，绿色有时带紫色，具 5 脉，萼筒具宽翅，裂片披针形，弯缺截形；花冠淡黄绿色，长 2.5 ~ 3cm，裂片间有褶；雄蕊着生于冠筒下部，不整齐，花柱线形，柱头线形，2 裂，反卷，具长约 5mm 的柄，柄基部具 5 裂的花盘。浆果紫红色或红色，长椭圆形，长(1.5)2 ~ 4cm，具柄；种子暗紫色，椭圆形、呈扁三棱状。花果期 8 ~ 9 月。产于林芝(排龙)、墨脱，生于海拔 2300 ~ 3100m 的山坡林下。

5. 蔓龙胆属 *Crawfurdia*

分 种 检 索 表

1. 萼筒一侧开裂，呈佛焰苞状；萼齿不等长，偏向一侧。

2. 花冠筒形或筒状漏斗形，大，长 5.2 ~ 7cm ………………………………… 大花蔓龙胆 **C. angustata**

2. 花冠漏斗形，小，长 3 ~ 4.4cm ………………………………… 裂萼蔓龙胆 **C. crawfurdioides**

1. 萼筒全缘，先端近平截；萼齿等长，直立 ………………………………… 穗序蔓龙胆 **C. speciosa**

6. 花锚属 *Halenia*

卵萼花锚 *H. elliptica*

一年生草本，高达 50cm。茎直立，分支，四棱形。叶椭圆形或卵状椭圆形，长达 5cm，宽至 2cm，先端钝，叶脉 3 ~ 5 条。聚伞花序顶生或腋生。花梗长达 2.5cm，花萼 4 深裂，花冠蓝色，4 深裂，雄蕊 4，着生冠筒基部。蒴果卵形。产于米林、林芝、波密、墨脱、察隅等地，生于海拔 2800 ~ 4500m 的草地、灌丛中。

7. 扁蕾属 *Gentianopsis*

湿生扁蕾 *G. paludosa*

一年生草本，高 10 ~ 40cm。茎直立，在基部分支或不分支。基生叶匙形，长 1 ~ 3cm，宽 4 ~ 9mm，茎生叶无柄，椭圆状披形，长 1.5 ~ 3.2cm，宽 5 ~ 8mm。花单生茎或分支端，花萼筒形，长为花冠之半，裂片两对，花冠上部蓝色，下部黄白色，宽筒形。蒴果与花冠等长，椭圆形；种子长圆形至圆球形。产于米林、林芝等地，生于海拔 3200 ~ 4300m 河滩、溪流旁。

8. 喉花草属 *Comastoma*

高杯喉毛花 *C. traillianum*

一年生草本，高 5 ~ 30cm。茎从基部多分支，常紫红色，具条棱。花期基生叶凋落；茎生叶无柄，宽卵形或矩圆形，全缘，基部半抱茎，叶脉 1 ~ 3 条。聚伞花序顶生和腋生，稀单花生分支顶端；花 5 数；花梗常带紫红色，有条棱；花萼绿色，长为花冠的 1/4 ~ 1/3，深裂近基部，裂片不整齐，背面有细而明显的 1 ~ 3 脉；花冠蓝色，高脚杯状，喉部具一圈白色副冠，副冠 10 束，上部流苏状条裂，冠筒基部具 10 个小腺体；雄蕊着生于冠筒中部，花丝线形，基部下延于冠筒上成狭翅，翅的两侧疏生长柔毛；花柱不明显，柱头 2 裂。花期 8 ~ 10 月。产于林芝，生于海拔 4000 ~ 4800m 的滑坡砂砾地。

9. 黄秦艽属 *Veratrilla*

短叶黄秦艽 *V. burkilliana*

多年生草本，高 30cm。根木质化。茎直立，四棱形。基生叶具长柄，柄长 10 ~ 15cm；叶片椭圆状匙形，长 7 ~ 10cm，宽 2 ~ 2.5cm，先端钝；茎生叶无柄，椭圆形或椭圆状卵形，长 4 ~ 5(9)cm，宽至 3cm，叶脉 10 ~ 12 条。圆锥状复聚伞花序顶生和腋生，花单性，雌雄异株，花萼绿色，花冠污白色，具紫色细脉与斑点，雄萼蕊短于花冠裂片。蒴果卵形。产于墨脱、朗县，生于海拔 3200 ~ 4600m 的山坡草地、灌丛中、高山灌丛草甸。

10. 獐牙菜属 *Swertia*

分种检索表

1. 花萼筒状，裂片 3 大 2 小；冠筒上腺窝边缘裂片状；花丝基部联合成短筒………… **藏獐牙菜 *S. racemosa***
1. 花萼非筒状，裂片多少相等；萼筒上腺窝边缘流苏状，或裸露或为腺斑；花丝分离或基部合生。
  2. 花 4 数；花冠裂片基部具 1 个腺窝；花冠黄绿色 ……………………………………… **显脉獐牙菜 *S. nervosa***
  2. 花 5 数。
    3. 多年生；基生叶发达，长叶柄花期不枯萎；花冠裂片具各腺窝 2 枚 ……………… **苇叶獐牙菜 *S. wardii***
    3. 一年生，稀多年生；基生叶不发达，仅具短柄，花期常枯萎。
      4. 花丝连合成短筒；花冠裂片各具 1 腺窝，腺窝具 1 个色斑；花冠污紫色 ……… **普兰獐牙菜 *S. ciliata***
      4. 花丝基部离生；花冠裂片各具 2 个腺窝。
        5. 花冠裂片的腺窝囊状，开口向着基部 ……………………………………… **毛萼獐牙菜 *S. hispidicalyx***
        5. 花冠裂片的腺窝沟状或囊状，囊的开口向着花冠顶端。
          6. 花冠黄绿色，裂片先端无明显的芒尖……………………………………… **察隅獐牙菜 *S. zayueensis***
          6. 花冠淡蓝色，花冠裂片先端具明显的芒尖………………………………… **抱茎獐牙菜 *S. franchetiana***

11. 肋柱花属 *Lomatogonium*

大花肋柱花 *L. macranthum*

一年生草本，高 7 ~ 25cm。茎带紫红色，从基部分支。叶无柄；卵状三角形至披针形，长 7 ~ 17mm，先端钝或急尖。聚伞花序生分支顶端；花梗带紫红色，不等长，最长达 10cm；花不等大，一般直径 2 ~ 2.5cm，5 数；萼筒极短；花冠蓝紫色，具纵向细脉纹，裂片 2 色，长圆形或长圆状倒卵形，长 1.3 ~ 1.8cm，先端急尖，基部有 2 具裂片状流苏的腺窝，冠筒短，不明显。蒴果无柄；种子深褐色，表面光滑。花果期 8 ~ 10 月。产于林芝等地，生于海拔 3800 ~ 4200m 的林缘、灌丛中或草地上。

一百零八、夹竹桃科 Apocynaceae

分属检索表

1. 攀缘灌木或木质藤本；叶对生；枝条含乳汁 ……………………………………………… 络石属 ***Trachelospermum***
1. 小乔木或灌木；叶轮生，稀对生；枝条含水液(栽培) ………………………………… 夹竹桃属 ***Nerium*** *

1. 络石属 *Trachelospermum*

分种检索表

1. 叶倒披针形；花紫色，雄蕊着于花冠筒的基部；双生蓇葖果平行黏生(产于通麦) ……………………………………………………………………………………………………… 紫花络石 ***T. axillare***
1. 叶非倒披针形；花白色，雄蕊着生于花冠筒的中部；双生蓇葖果叉开(产于拉月) ……………………………………………………………………………………………………… 络石 ***T. jasminoides***

2. 夹竹桃属 *Nerium*

欧洲夹竹桃(夹竹桃)*N. oleander*

常绿直立大灌木，高达 5m。枝条灰绿色，含水液；嫩枝条具稜，被微毛，老时毛脱落。叶 3 ~ 4 枚轮生，下部枝上对生；窄披针形，顶端急尖，基部楔形；叶缘反卷，长 11 ~ 15cm，宽 2 ~ 2. 5cm，叶面深绿，无毛，叶背浅绿色，有多数洼点；中脉在叶面陷入，在叶背凸起，侧脉两面扁平，纤细，密生而平行，每边达 120 条，直达叶缘。聚伞花序顶生，着花数朵；总花梗长约 3cm，被微毛；花芳香；花萼 5 深裂，红色，披针形，长 3 ~ 4mm，宽 1. 5 ~ 2mm；花冠深红色或粉红色，蓇葖 2，离生，平行或并连，长圆形。拉萨、林芝等地庭院、公路沿线有栽培。夹竹桃花大、艳丽、花期长，常作观赏；叶、树皮、根、花、种子均含有多种配醣体，毒性极强，人、畜误食能致死。

一百零九、萝藦科 Asclepiadaceae

分属检索表

1. 叶缘有一边脉；花药背部被柔毛，花粉器匙形 …………………………………… 杠柳属 ***Periploca***
1. 叶缘无边脉；花药背部无毛，花粉器“小”字形。
  2. 药隔顶端无膜片 ……………………………………………………………………… 吊灯花属 ***Ceropegia***
  2. 药隔顶端有膜片。
    3. 肉质植物；花冠和副花冠均呈五角星状展开 ………………………………………… 球兰属 ***Hoya***
    3. 非肉质植物；花冠钟状、辐射状或坛状，副花冠杯状、筒状或钻状。
      4. 花粉块下垂 …………………………………………………………… 鹅绒藤属 ***Cynanchum*** *
      4. 花粉块直立 …………………………………………………………… 牛奶菜属 ***Marsdenia***

1. 杠柳属 *Periploca*

分 种 检 索 表

1. 花冠黄绿色，裂片无毛；叶狭披针形，宽 5 ~ 10mm（产于通麦）………………………… **黑龙骨 *P. forrestii***
1. 花冠深紫色，裂片被柔毛；叶椭圆状披针形，宽 15mm（产于排龙） ………………… **青蛇藤 *P. calophylla***

2. 吊灯花属 *Ceropegia*

西藏吊灯花 *C. pubescens*

草质藤本；高 30cm 以上，须根丛生，肉质。叶卵形或长圆形，长 4 ~ 15cm，宽 1 ~ 6cm，基部近圆形，向叶柄下延，叶被柔毛，侧脉每边 5 条；叶柄端丛生腺体。聚伞花序腋生，比叶为短；花冠黄色，膜质，长 5cm，裂片钻状披针形，端部内折而黏合；冠筒基部一侧膨胀。蓇葖果线状披针形。花期 7 ~ 9 月，果期 10 ~ 11 月。产于林芝（拉月）、波密（通麦），生于海拔 2000 ~ 2500m 的灌木林中。

3. 球兰属 *Hoya*

黄花球兰 *H. fusca*

攀缘灌木；除花冠外，全体无毛。叶长圆状椭圆形，长 10 ~ 13cm，宽 2. 5 ~ 4. 5cm，顶端具尾尖，侧脉 10 对，几乎平行而水平横出，但未网结。聚伞花序伞形状，顶生；花冠黄色，直径 8mm，副花冠短，裂片顶端钝，上面陷凹，内角顶端具 1 下弯的距与花药等长。果线状披针形。花期 5 ~ 9 月，果期 10 月至翌年 1 月。产于林芝（排龙）、墨脱、察隅，生于海拔 2050 ~ 2200m 一带的林中、路边灌丛中。

4. 鹅绒藤属 *Cynanchum*

分 种 检 索 表

1. 叶柄长 3 ~ 5cm；着生于雄蕊上的副花冠成双轮或单轮。
  2. 着生于雄蕊上的副花冠成双轮 ………………………………………………………… **牛皮消 *C. auriculatum***
  2. 着生于雄蕊上的副花冠成单轮 ……………………………………………………… **青羊参 *C. otophyllum***
1. 叶柄长 2 ~ 5mm；着生于雄蕊上的副花冠成单轮。
  3. 花冠裂片被缘毛，内面基部被柔毛；副花冠与合蕊柱等长 ……………………… **大理白前 *C. forrestii***
  3. 花冠裂片无毛；副花冠比合蕊柱长 ……………………………………………… **竹灵消 *C. inamoenum***

5. 牛奶菜属 *Marsdenia*

大叶牛奶菜 *M. koi*

攀缘灌木；除花冠外，全株无毛。叶纸质，宽卵形至卵状长圆形，长 10 ~ 16cm，宽至 10cm，顶端急尖，基部心形，侧脉每边 5 ~ 7 条，两面扁平；叶柄长 4 ~ 10cm，顶端具腺体。伞形复伞花序腋生，比叶短；花冠近钟状，直径达 2. 8cm。果椭圆形。产于波密（通麦），生于林缘或林内。

一百一十、旋花科 Convolvulaceae

分属检索表

1. 寄生植物，无叶或退化；花小，苞片小或无；花冠管内雄蕊下有 5 枚流苏状的鳞片 …… **菟丝子属 *Cuscuta*** *
1. 非寄生植物，具营养叶；花通常显著，苞片 2。

2. 苞片叶状，卵形或椭圆形，覆盖着花萼 …………………………………………………… **打碗花属 *Calystegia*** *
2. 苞片小，线形或叶状，远离花萼，即花萼明显可见。
3. 柱头线形或舌状长圆形；柱头裂片直立；花粉粒无刺 ……………………………………… **旋花属 *Convolvulus***
3. 柱头头状，2 裂或 2 球形；花粉粒有刺(栽培) ……………………………………………… **番薯属 *Ipomoea*** *

1. 菟丝子属 *Cuscuta*

分 种 检 索 表

1. 花柱 2，通常簇生小伞形或小团伞花序；茎纤细，毛发状，缠绕；通常寄生于草植物。
2. 柱头球状或头状，不伸长 ……………………………………………………………… **菟丝子 *C. chinensis***
2. 柱头伸长，棒状 ………………………………………………………………………… **欧洲菟丝子 *C. europaea***
1. 花柱 1，聚伞花序呈穗状；茎较粗壮，似细绳；通常寄生于木本植物 ………………… **金灯藤 *C. japonica***

2. 打碗花属 *Calystegia*

打碗花 *C. hederacea*

多年生，植株矮小，茎平卧。基生叶顶端 3 裂呈戟形。花单生叶腋，花梗比叶柄长，花冠钟状，淡红色或淡紫色，具明显白色条纹，长 2.5 ~ 3cm，萼片被 2 片宽卵形的苞片所覆盖，苞片长 1cm 左右，蒴果 1 室。生于海拔 2200 ~ 3200m 一带的林缘或园林绿地灌丛中。

3. 旋花属 *Convolvulus*

田旋花 *C. arvensis*

多年生草本，茎平卧或缠绕。叶卵状长圆形至披针形，基部多戟形或箭形及心形，全缘或 3 裂。聚伞花序腋生，具 1 ~ 3 花；苞片长约 3mm；萼片有毛，长 3.5 ~ 5mm，稍不等，2 个外萼片稍短，长圆状椭圆形，钝，具短缘毛，内萼片近圆形，钝或稍凹，或多或少具小短尖头，边缘膜质；花冠宽漏斗形，长 15 ~ 26mm，白色或粉红色，或白色具粉红或红色的瓣中带，或粉红色具红色或白色的瓣中带，5 浅裂；雄蕊 5，稍不等长，较花冠短一半，花丝基部扩大；雌蕊较雄蕊稍长，子房 2 室，柱头 2，线形。蒴果无毛，长 5 ~ 8mm。种子 4，卵圆形，暗褐色或黑色。生于西藏东南部的耕地及荒坡草地上。

4. 番薯属 *Ipomoea*

分 种 检 索 表

1. 地下部分具圆形、椭圆形或纺锤形的块根，蔓生；叶通常为宽卵形(栽培)…… **番薯(红薯、红苕) *I. batatas***
1. 地下部分无块根。
2. 蔓生或漂浮于水；单叶，常披针形(栽培蔬菜) ……………………………………… **蕹菜(空心菜) *I. aquatica***
2. 缠绕草本(栽培花卉)。
3. 叶宽卵形或近圆形，全缘或 3(5) 浅裂 ……………………………………………………… **牵牛 *I. nil***
3. 叶羽状深裂至中部，具 10 ~ 18 对线形至丝状的平展的细裂片 ………………………… **茑萝松 *I. quamoclit***

一百一十一、花荵科 Polemoniaceae

1. 天蓝绣球属 *Phlox*

小天蓝绣球(福禄考) *P. drummondii*

一年生草本。茎直立，高 15 ~ 45cm，单一或分支，被腺毛。下部叶对生，上部叶互生，宽卵形、长圆形和披针形，长2~7.5cm，顶端锐尖，基部渐狭或半抱茎，全缘，叶面有柔毛；无叶柄。圆锥状聚伞花序顶生，有短柔毛，花梗很短；花萼筒状，萼裂片披针状钻形，长2~3mm，外面有柔毛，结果时开展或外弯；花冠高脚碟状，直径1~2cm，淡红、深红、紫、白、淡黄等色，裂片圆形，比花冠管稍短；雄蕊和花柱比花冠短很多。蒴果椭圆形，长约5mm，下有宿存花萼。种子长圆形，长约2mm，褐色。藏东南城镇有观赏栽培。

一百一十二、紫草科 Boraginaceae

分属检索表

1. 花冠喉部或筒部无附属物；花药围绕花柱以侧面彼此连着，基部箭形，花柱不分裂 ………………………………………………………………………………………… **滇紫草属 *Onosma*** *
1. 花冠喉部或筒部有5个向内突出，与花冠裂片对生的附属物。
 2. 小坚果着生面内凹并有脐状组织，周围有环状凸起；花冠筒直，雄蕊与花冠附属物均位于花冠筒喉部，花冠裂片牙齿状(逸生)………………………………………… **聚合草属 *Symphytum*** *
 2. 小坚果着生面不内凹，无脐状组织和环状凸起；雄蕊内藏。
  3. 小坚果无锚状刺。
   4. 小坚果四面体形或背腹面压扁；花冠裂片覆瓦状排列 ………………………… **附地菜属 *Trigonotis*** *
   4. 小坚果四面体形，也非背腹面压扁。
    5. 小坚果表面平滑或有大小规则的疣状凸起，背面常有孔状凹陷 ……………………… **微孔草属 *Microula***
    5. 小坚果被短糙毛，腹面整个与雌蕊基相连 …………………………………… **毛果草属 *Lasiocaryum***
  3. 小坚果有锚状刺或翅。
   6. 小坚果着生面居果中部或中部之下；雌蕊基金字塔形 ………………………… **琉璃草属 *Cynoglossum*** *
   6. 小坚果着生面居果的顶部。
    7. 子房基部近平，高1mm；果梗直立或外折；植株高不足15cm，常垫状 ……… **齿缘草属 *Eritrichium***
    7. 子房基部短金字塔形，高2~3mm；果梗外折；株高40cm以上；叶脉显著 ……… **假鹤虱属 *Hackelia***

1. 滇紫草属 *Onosma*

分种检索表

1. 花药基部结合；花丝着生于花冠筒中部或稍上 …………………………………… **细花滇紫草 *O. hookeri***
1. 花药侧面结合成筒；花丝着生于花冠筒中部以下…………………………………… **丛茎滇紫草 *O. waddellii***

2. 聚合草属 *Symphytum*

聚合草 *S. officinale*

多年生，丛生型，高30~90cm，全株被向下被弧曲的硬毛和短伏毛。根发达、主根粗壮，淡紫褐色。茎数条，有分支。基生叶50~80片，具长柄，叶片带状披针形、卵状披针形至卵形，长30~60cm，稍肉质，先端渐尖；茎中部和上部叶较小，无柄，基部下延。蝎尾状花序具多数花；花萼深裂至基部，裂片披针形，先端渐尖；花冠长14~15mm，淡紫色、紫红色，裂片三角形，先端外卷，喉部附属物披针形，长约4mm，不伸出花冠。小坚果歪卵形，长3~4mm，黑色，平滑，有光泽。花期5~6月。原产俄罗斯欧洲部分及高加索地区国家，西藏20世纪70年代引进后逸生。

3. 附地菜属 *Trigonotis*

分 种 检 索 表

1. 花大，直径约7mm；小坚果背腹面扁压，非倒棱锥状 …………………………………… **高山附地菜 *T. rockii***
1. 花小，直径2～5mm；小坚果倒棱锥状四面体。
 2. 果熟期花梗顶端不增粗成棒状 …………………………………………………… **灰叶附地菜 *T. cinereifolia***
 2. 果熟期花梗顶端增粗成棒状。
  3. 叶片狭椭圆形，茎生叶无柄；花冠直径约3mm ……………………………… **西藏附地菜 *T. tibetica***
  3. 叶片多为匙形；花冠直径约2mm …………………………………………………… **附地菜 *T. peduncularis***

4. 微孔草属 *Microula*

微孔草 *M. sikkimensis*

一年生，茎高6～65cm，自基部多分支，被刚毛，有时混生稀疏糙伏毛。基生叶和茎下部叶具长柄，卵形、狭卵形至宽披针形，长4～12cm，宽0.7～4.4cm；中部以上叶渐变小，具短柄或无柄，狭卵形或宽披针形，基部渐狭，全缘，两面有短伏毛，下面沿中脉有刚毛，上面还散生带基盘的刚毛。花序密集生长，直径0.5～1.5cm，生于茎顶端及无叶的分支顶端；基部苞片叶状，其他苞片小，长0.5～2mm；花梗短，密被短糙伏毛；花萼长约2mm，果期增大，5深裂近基部，裂片线形或狭三角形，外面疏被短柔毛和长糙毛，边缘密被短柔毛，内面有短伏毛；花冠蓝色或蓝紫色，檐部直径5～9(11)mm，无毛，附属物低梯形或半月形。小坚果卵形，有小瘤状凸起和短毛，背孔位于背面中上部，狭长圆形。花期5～9月。生长在色季拉山海拔3500～3900m的林缘润湿处。

5. 毛果草属 *Lasiocaryum*

分 种 检 索 表

1. 花梗果时长5～15mm；花萼裂片宽披针形至长圆状卵形 ………………………… **小花毛果草 *L. munroi***
1. 花梗果时长1～2mm；花萼裂片线形至披针形 ……………………………………… **毛果草 *L. densiflorum***

6. 琉璃草属 *Cynoglossum*

分 种 检 索 表

1. 喉部附属物半月形；花柱肥厚近四棱形；小坚果边缘无翅状边；花序钝角叉状分支，平展；花较小 ……
…………………………………………………………………………………………… **小花琉璃草 *C. lanceolatum***
1. 喉部附属物梯形；花柱线状圆柱形；小坚果边缘有狭或宽的翅状边。
 2. 花序锐角叉状分支，分支向上直伸；叶片被灰白色短柔毛 ……………………………… **倒提壶 *C. amabile***
 2. 花序钝角叉状分支，分支平展；叶片基部被具基盘的硬毛及伏毛 ……………… **西南琉璃草 *C. wallichii***

7. 齿缘草属 *Eritrichium*

分 种 检 索 表

1. 茎多数，密集丛生呈垫状或半球状；小坚果缘刺具锚钩，着生面位于中部以上 …… **疏花齿缘草 *E. laxum***
1. 茎单一或少数挺立于莲座叶丛中；小坚果缘刺无锚钩，着生面位于基部 ………… **长毛齿缘草 *E. villosum***

8. 假鹤虱属 *Hackelia*

分种检索表

1. 小坚果同型；萼片与花冠筒近等长…………………………………………………… **宽叶假鹤虱 *H. brachytuba***
1. 小坚果异型；萼片长于花冠筒 ………………………………………… **异型假鹤虱(异果假鹤虱)*H. difformis***

一百一十三、马鞭草科 Verbenaceae

1. 马鞭草属 *Verbena*

马鞭草 *V. officinalis*

多年生草本。茎四方形，近基部可为圆形，节和棱上有硬毛。叶片卵圆形至长圆状披针形，长2～8cm，基生叶的边缘通常有粗锯齿和缺刻，茎生叶多数3深裂，裂片边缘有不整齐锯齿，两面均有硬毛，背面脉上尤多。穗状花序顶生和腋生，细弱；花小、多数，无柄，最初密集，结果时疏离；苞片稍短于花萼，具硬毛；花萼5脉；花冠淡紫至蓝色，长4～8mm，外面有微毛，裂片5；雄蕊4，着生于花冠管的中部，花丝短；中轴胎座，子房无毛。蒴果，小，成熟时4瓣裂。花期6～8月，果期7～10月。产于波密(通麦)，生于林缘草丛中。同属花卉美女樱 *V. hbrida* 林芝市曾有栽培，生长良好。

一百一十四、唇形科 Lamiaceae

分属检索表

1. 子房不裂至深4裂，花柱着生点常高于子房基部；小坚果侧腹面相接；果脐大，高常超过果轴之半。
 2. 花冠近2/3式二唇形；小坚果合生面约为果轴2/3；成熟叶片均3裂 …………… **掌叶石蚕属 *Rubiteucris***
 2. 花冠单唇、假单唇或二唇形；小坚果合生面最多高达果轴的一半。
  3. 花萼5齿近相等或显著二唇形；花冠单唇；雄蕊伸出 …………………………………… **香科科属 *Teucrium***
  3. 花萼5齿相等；花冠假单唇，上唇极短，2裂，下唇3裂；雄蕊常不伸出……………… **筋骨草属 *Ajuga***
1. 子房完全4裂，花柱着生于子房基部；小坚果相接面各型；果脐较小。
 4. 花萼2裂；后裂片通常有鳞状小盾，稀无或囊状，早落，前裂片无小盾，通常宿存；子房有柄 ………
 ……………………………………………………………………………………………… **黄芩属 *Scutellaria***
 4. 花萼属于其他形式；子房通常无柄。
  5. 花盘裂片与子房裂片对生；花萼1/4式二唇；13～15脉(栽培) …………………… **薰衣草属 *Lavandula****
  5. 花盘裂片与子房裂片互生。
   6. 雄蕊下倾，平卧于花冠下唇上或包被其间；花萼有相等的5齿或3/2式二唇形；花冠筒基部呈囊状或距状，冠檐下裂片内凹，上裂片再裂成4枚圆形裂片 ……………………………… **香茶菜属 *Isodon****
   6. 雄蕊上升或平展而直伸向前。
    7. 花冠筒藏于花萼内；雄蕊、花柱藏于花冠筒内；叶掌状分裂；花萼5齿 ………… **夏至草属 *Lagopsis***
    7. 花冠筒通常不藏于花萼内；两性花的雄蕊不藏于花冠筒内。
     8. 花药球形药室平叉开，在顶端贯通为1室，当花粉散后则平展；萼齿近相等；花冠筒短，冠檐4裂 ……………………………………………………………………………… **香薷属 *Elsholtzia****
     8. 花药非球形，药室平行或叉开，顶部不或稀近于贯通，但花粉散出后绝不扁平展开。
      9. 花冠明显二唇形，具不相似的唇片。
       10. 花药线形；雄蕊2；药隔与花丝关节相连；花冠2/3式二唇形 …………………… **鼠尾草属 *Salvia****
       10. 花药卵形；雄蕊4。

11. 后对雄蕊长于前对雄蕊。
12. 花冠筒倒扭，萼筒内面有毛环；花萼 3/2 式二唇形，口部斜；茎匍匐地上 ………………………………………………………… **扭连钱属 *Marmoritis***
12. 花冠筒不倒扭；萼筒内面无毛环。
13. 花萼 5 齿近相等至 3/2 式二唇形，齿尖角上无小瘤，也无刺状附属物；后对雄蕊不伸出或微伸出花冠筒 ………………………………………… **荆芥属 *Nepeta*** *
13. 花萼 5 齿近相等至 3/2 式或 1/4 式二唇，至少在部分齿尖角上具小瘤 ………………………………………………… **青兰属 *Dracocephalum*** *
11. 后对雄蕊短于前对雄蕊。
14. 花萼具极不相等的齿，二唇形，喉部在果实成熟时由于下唇 2 齿向上斜伸以致闭合，上唇顶端截形，有 3 短齿 ……………………………… **夏枯草属 *Prunella*** *
14. 花萼有多少相似的齿，喉部在果实成熟时张开。
15. 花萼有钝三角形相等的 5 齿或有 3 ~ 4 个阔裂片；花冠基宽阔或逐渐向上部增宽，并在较宽阔而略外凸的上唇；花萼膨大，钟形，10 脉；小坚果顶部有斜翅 ……… **铃子香属 *Chelonopsis***
15. 花萼有披针形尖锐或锥状，稀针刺状的齿；花冠藏于萼内或伸出萼外，上唇外凸，常盔状，稀近于扁平。
16. 花冠上唇扁平，常近无毛；小坚果顶端具膜状翅；灌木 …………… **火把花属 *Colquhounia***
16. 花冠上唇外凸或盔形，稀近扁平，常有密毛；草本。
17. 花柱裂片极不等长，后裂片远短于前裂片。
18. 花冠上唇边缘常具流苏状缺刻；后对花丝基部多有附属物 ……………… **糙苏属 *Phlomis*** *
18. 花冠上唇边缘无流苏状缺刻；后对花丝基部无附属物 ………… **独一味属 *Lamiophlomis*** *
17. 花柱裂片近等长。
19. 花冠下唇裂片间各有 1 枚凸起的盾片 …………………………… **鼬瓣花属 *Galeopsis***
19. 花冠下唇裂片间无凸起的盾片，侧裂片常尖锐齿状，极不发达 ……… **野芝麻属 *Lamium***
9. 花冠近于辐射对称，有近于相似或略微分化的裂片。
20. 花冠近辐射对称，冠檐 4 裂；能育雄蕊 4，相等 ………………………… **薄荷属 *Mentha*** *
20. 花冠二唇形。
21. 花萼管状，整齐或近整齐，5 齿直立；小苞片不明显 ……………………… **姜味草属 *Micromeria***
21. 花萼不整齐，花后明显二唇形。
22. 萼筒管状或狭钟形；萼筒内疏生毛茸，基部一侧肿胀 …………………… **风轮菜属 *Clinopodium***
22. 萼筒钟形。
23. 萼筒中部向下弯曲，果期俯垂；花冠伸出，中部以下向后折升 …………… **蜜蜂花属 *Melissa***
23. 萼筒基部一侧肿胀，不下弯曲，果期平生或下垂；花冠筒内藏，上升………… **紫苏属 *Perilla***

1. 掌叶石蚕属 *Rubiteucris*

掌叶石蚕 *R. palmata*

直立草本。叶常掌状 3 裂，几成 3 小叶的复叶。聚伞式圆锥花序顶生，花小，花冠筒超出萼筒；上唇直伸，2 裂，下唇向前方伸出，与花冠筒呈直角，3 裂；雄蕊 4 枚。小坚果倒卵形，背面微见 3 纵肋，合生面为果长 3/4。产于察隅、波密、米林，生于海拔 2500 ~ 2900m 的林下、水沟边、草丛中。

2. 香科科属 *Teucrium*

血见愁 *T. viscidum*

多年生草本，具匍匐茎。茎直立，高 30 ~ 70cm。叶片卵圆形至卵圆状长圆形，长 3 ~ 10cm，先端急尖或短渐尖。假穗状花序顶生及腋生，花萼钟形，花冠白、淡红色或淡紫色，唇片与冠筒成大角度的钝角，中裂片正圆形，大型，侧裂片卵圆状三角形，小，先端钝。雄蕊伸出，前对与花冠等长。花柱与雄蕊等长。花盘盘状，浅 4 裂。小坚果扁球形，合生面超过果长的 1/2。产于墨脱、波密、林芝（拉月），生于海拔 1300 ~ 2480m 一带的林下湿润处。

3. 筋骨草属 *Ajuga*

分种检索表

1. 花冠筒在毛环上略膨大，浅囊状或曲膝状；叶缘具不整齐的波状圆齿 ………… **紫背金盘 *A. nipponensis***
1. 花冠筒直立或微弯，非囊状或曲膝状。
 2. 茎直立，无匍匐茎，高 25 ~ 40cm，紫红色或绿紫色；叶卵状椭圆形至狭椭圆形，边缘有不整齐的牙齿；穗状聚伞花序密集，长 5 ~ 10cm ……………………………………………………………… **筋骨草 *A. ciliata***
 2. 茎直立或具匍匐茎，高 8 ~ 18cm，无颜色，密被灰白色长柔毛；叶披针形至卵形或披针状长圆形，边缘波状齿；穗状花序长 1 ~ 3cm ……………………………………………… **康定筋骨草 *A. campylanthoides***

4. 黄芩属 *Scutellaria*

半枝莲 *S. barbata*

根茎短粗，生出簇生的须状根。茎四棱形。叶柄腹凹背凸；叶片三角状卵圆形，长 1.3 ~ 3.2cm，先端急尖，基部宽楔形或近截形，边缘生有疏而钝的浅牙齿，上面橄榄绿色，下面淡绿有时带紫色，侧脉 2 ~ 3 对，与中脉在上面凹陷下面凸起。花单生于茎或分支上部叶腋内，具花的茎部长 4 ~ 11cm；花冠紫蓝色，长 9 ~ 13mm，外被短柔毛，内在喉部疏被疏柔毛；冠筒基部囊大，冠檐 2 唇形，上唇盔状，半圆形，先端圆，下唇中裂片梯形，全缘，2 侧裂片三角状卵圆形，先端急尖；雄蕊 4，前对较长，微露出，具能育半药，退化半药不明显，后对较短，内藏，具全药，药室裂口具髯毛；子房 4 裂，裂片等大。小坚果褐色，扁球形，具小疣状凸起。花果期 4 ~ 7 月。产于波密、察隅，生于海拔 1960 ~ 2000m 的水田边、溪边或湿润草地上。

5. 薰衣草属 *Lavandula*

分种检索表

1. 苞片菱状卵圆形；萼的下唇 4 齿短而明显；花冠上唇裂片直立或稍重叠（栽培） … **薰衣草 *L. angustifolia***
1. 苞片线形；萼的下唇 4 齿不明显；花冠上唇裂片近呈 90°角叉开（栽培） ………… **宽叶薰衣草 *L. latifolia***

6. 香茶菜属 *Isodon*

分种检索表

1. 花萼具相等的 5 齿或微呈 3/2 式二唇形；草本……………………………………… **维西香茶菜 *I. weisiensis***
1. 花萼明显呈 3/2 式二唇形，花萼裂至萼长的 1/2 以下；灌木。
 2. 果萼具 5 短齿，齿裂仅为果萼的 1/5 ………………………………………… **线纹香茶菜 *I. lophanthoides***
 2. 果萼具 5 长齿，齿裂通常为果萼的 1/3 ~ 1/2。
  3. 小枝、叶及花萼的毛被不密集；叶面不皱褶 ………………………………………… **川藏香茶菜 *I. pharicus***
  3. 小枝、叶及花萼被各式毛被；叶面具皱褶。
   4. 小枝、叶及花萼均密被星状柔毛……………………………………………… **山地香茶菜 *I. oresbius***
   4. 小枝、叶及花萼不被星状柔毛……………………………………………… **小叶香茶菜 *I. parvifolius***

7. 夏至草属 *Lagopsis*

夏至草 *L. supina*

形似“益母草”的多年生草本，具圆锥形的主根。茎四棱形，具沟槽，带紫红色，常在基部分支。叶3深裂或3浅裂，叶片两面均绿色，脉掌状，3~5出。轮伞花序疏花，径约1cm，在枝条上部者较密集，下部者较疏松；小苞片稍短于萼筒，弯曲，刺状；花萼管状钟形，脉5，凸出，5齿不等大，先端刺尖，在果时明显展开，且2齿稍大；花冠白色，稀粉红色，稍伸出于萼筒，长约7mm，冠檐二唇形，上唇直伸，比下唇长，长圆形，全缘，下唇斜展，3浅裂，中裂片扁圆形，2侧裂片椭圆形；雄蕊4，着生于冠筒中部稍下，不伸出，后对较短；花药卵圆形，2室。花柱先端2浅裂。花盘平顶。小坚果长卵形，褐色，有鳞粃。花期3~4月，果期5~6月。产于察隅、林芝、米林，生于海拔2000~3000m的田边、村旁。

8. 香薷属 *Elsholtzia*

分 种 检 索 表

1. 灌木；苞片披针形、钻形或线形；大型穗状花序圆柱形，花白色或黄色 ……………… **鸡骨柴 *E. fruticosa***
1. 草本；苞片扇形、近圆形或多少为阔卵形；花冠淡紫色至紫色，或白色至淡红色。
 2. 穗状花序全面向；苞片连合或不连合。
  3. 苞片连合成杯状，覆瓦状密接，整个花序呈球果状；花萼外略被短柔毛 ……… **球穗香薷 *E. strobilifera***
  3. 苞片不连合；花萼外面密被紫色串珠状长柔毛 ……………………………………… **密花香薷 *E. densa***
 2. 穗状花序偏向一侧；苞片不连合。
  4. 苞片通常褪色，边缘具柔毛，其余近无毛或无毛 ……………………………………… **香薷 *E. ciliata***
  4. 苞片淡紫或紫红色，各处均疏被长柔毛 ……………………………………… **高原香薷 *E. feddei***

9. 鼠尾草属 *Salvia*

分 种 检 索 表

1. 一、二年生草本；低矮，茎常多分支；叶几全部茎生；花小，黄色 …………… **黏毛鼠尾草 *S. roborowskii***
1. 多年生草本；茎通常不分支；叶片几乎全部基出；花蓝紫色、紫红色或黄色。
 2. 叶下无茸毛；花冠常向上弯曲，但非双曲型；花黄白色或粉色具紫斑点 …… **锡金鼠尾草 *S. sikkimensis***
 2. 叶下密被白色茸毛；花蓝紫色至紫红色。
  3. 花冠平直；叶片基部心形或戟形 ……………………………………… **甘西鼠尾草 *S. przewalskii***
  3. 花冠之字形弯曲；叶片基部圆钝或近心形 ………………… **绒毛栗色鼠尾草 *S. castantea* f. *tomentosa***

10. 扭连钱属 *Marmoritis*

扭连钱 *M. complanatum*

多年生草本，通常全株被白色长柔毛。茎直立或匍匐状，四棱形，具呈覆瓦状排列式对生密集的叶。叶片通常为纸质，两面粗糙，边缘具齿。聚伞花序通常3花，通常由上一节的苞叶所覆盖；花萼管形，直伸或微弯，具15脉，内面通常在中部具一毛环，萼内面除中部具毛环外，中部以上被疏柔毛；花萼齿5，呈二唇形或近二唇形，上唇3齿，下唇2齿。花冠管状，上部渐宽大，伸出萼外，倒扭，冠檐二唇形，具5裂片，上唇(倒扭后变下唇)2裂，直立，下唇(倒扭后变上唇)3裂，中裂片宽展，微微成兜状，两侧裂片长圆形或长圆状卵形。

雄蕊4，二强，前对短，通常内藏；花丝细弱，无毛；花药2室，略叉开。子房4裂；花盘杯状，裂片不甚明显，前方通常呈指状膨大。小坚果光滑，基部具一微小果脐。产于墨脱、朗县等地，生于海拔4130~5300m的高山乱石滩石缝中。

11. 荆芥属 *Nepeta*

分种检索表

1. 花组成顶生、紧密的穗状花序，在下面常间断具1~2个分离的轮伞花序 ………… **穗花荆芥 *N. laevigata***
1. 花组成简单或复杂的聚伞花序，疏松排列，有时紧靠或疏集。
 2. 萼喉微斜，非二唇形；花冠下唇中裂片基部心形，不隆起，不被毛 ………………… **齿叶荆芥 *N. dentate***
 2. 萼喉斜，二唇形；花冠下唇中裂片倒心形，基部隆起，内面具髯毛，侧裂片大，显著。
  3. 聚伞花序密集成卵形的穗状花序，或展开长达8.5(12)cm；叶长卵形 ……… **蓝花荆芥 *N. coerulescens***
  3. 聚伞花序疏松排列，常组成长的花序；叶片披针形 ………………………………… **狭叶荆芥 *N. souliei***

12. 青兰属 *Dracocephalum*

甘青青兰 *D. tanguticum*

多年生草本，有臭味。茎直立，高35~55cm，钝四棱形，上部被倒向小毛，节多在叶腋中生有短枝。叶片羽状全裂，裂片2~3对，与中脉呈钝角斜展，线形，上面无毛，下面密被灰白色短柔毛，边缘全缘，内卷。轮伞花序生于茎顶部5~9节上，通常具4~6花，形成间断的穗状花序；苞片似叶，但极小，只有1对裂片。花萼外面中部以下密被伸展的短毛及金黄色腺点，常带紫色，2裂至1/3处，齿被睫毛，先端锐尖，上唇3裂至本身2/3稍下处，中齿与侧齿近等大，均为宽披针形，下唇2裂至本身基部，齿披针形。花冠紫蓝色至暗紫色，长2.0~2.7cm，外面被短毛，下唇长为上唇之2倍。花丝被短毛。花期6~9月。产于察隅，生于干燥河谷的河岸、田野、草滩或松林边缘，林芝有栽培。

13. 夏枯草属 *Prunella*

分种检索表

1. 植株各部明显具刚毛；花冠上唇背上明显具一硬毛带 ……………………………… **硬毛夏枯草 *P. hispida***
1. 植株各部具稀疏糙毛或近无毛；花冠上唇背上无毛或不明显具毛 ……………………… **夏枯草 *P. vulgaris***

14. 铃子香属 *Chelonopsis*

白花铃子香 *C. albiflora*

灌木，高0.5~2m。小枝褐色。叶对生或轮生，披针形，长3~5cm，边缘有小锯齿，纸质，上面绿色，侧脉6对，在上面凹陷，下面隆起。聚伞花序腋生，1~3花，通常单花；总梗短，小苞片线形，花梗短。花萼钟形，连齿长约2cm，外面具柔毛及腺点，内面无毛，10脉，其间横脉网结，齿5，先端刺尖。花冠白色，长达3cm，冠檐2唇形，上唇卵圆形，长7mm，下唇长13mm，3裂，中裂片心脏形，先端凹缺，侧裂片卵圆形。雄蕊4，前对较长，花丝丝状，扁平，具微柔毛，上部多少增大呈附属物状；花药卵圆形，平叉开，两端具须状毛。花柱丝状，伸出药外，先端不等2浅裂。花盘杯状，斜向上。花期8月。产于林芝(东久)、加查等地，生于海拔3100~3700m的路边灌丛或林下潮湿处。

15. 火把花属 *Colquhounia*

深红火把花 *C. coccinea*

灌木，通常高 1 ~ 2m，偶达 3m，直立或多少外倾。枝钝四棱形，密被锈色星状毛。叶卵圆形或卵状披针形，幼枝及叶下面密或疏被锈色星状茸毛。叶卵圆形或卵状披针形，通常长 7 ~ 11cm，宽 2. 5 ~ 4. 5cm。聚伞花序腋生，花序形状不一，多花，近无梗，常在侧枝上多数组成侧生簇状，头状至总状花序。花冠檐二唇形，上唇卵圆形，微 2 裂，略呈盔状，下唇开张，3 浅裂，裂片卵圆形。雄蕊 4，前对较长，均内藏，插生于花冠喉部。产于墨脱，生于海拔 1450 ~ 3000m 的多石草坡及灌丛中。

16. 糙苏属 *Phlomis*

分 种 检 索 表

1. 后对雄蕊之花丝无附属器；小坚果无毛 …………………………………………… **西藏糙苏 *P. tibetica***
1. 后对雄蕊之花丝具附属器；小坚果被毛。
 2. 叶片上面被单毛 …………………………………………………………… **萝卜秦艽 *P. medicinalis***
 2. 叶片上面被星状糙硬毛及单毛 ……………………………………………… **螃蟹甲 *P. younghusbandii***

17. 独一味属 *Lamiophlomis*

独一味 *L. rotata*

无茎多年生草本，具根茎。叶莲座状，常仅 4 枚，贴生地面；叶脉呈扇形。轮伞花序密集排成有短葶的头状或穗状花序；花萼管状，10 脉；花冠淡紫，红紫或粉红褐色。小坚果倒卵状三棱形，浅棕色，无毛。产于墨脱、米林、工布江达等地，生于海拔 3900 ~ 5050m 的碎石滩或高山草甸上。

18. 鼬瓣花属 *Galeopsis*

鼬瓣花 *G. bifida*

一年生直立草本，茎高 20 ~ 60(100)cm。茎节部增粗，干时明显收缩而密被具节刚毛，叶卵圆状披针形或披针形，通常 3 ~ 8. 5cm，先端锐尖或渐尖。轮伞花序密集，多花；花萼边齿长约 1cm，花冠白色，黄色或粉紫红色，冠筒漏斗状；喉部增大，冠檐二唇形，上唇卵圆形，先端钝，具不等的数齿，外被刚毛，下唇 3 裂，中裂片长圆形，宽度与侧裂片近相等，先端明显微凹，紫纹直达边缘，基部略收缩，侧裂片长圆形，全缘；雄蕊 4，均延伸至上唇片之下。小坚果宽倒卵球形。产于林芝、米林、察隅、墨脱等地，生于海拔 2600 ~ 4300m 一带的林缘、路旁、灌丛或草地中。

19. 野芝麻属 *Lamium*

宝盖草 *L. amplexicaule*

一年生或二年生植物。茎高 10 ~ 30cm，基部多分支，上升，四棱形，具浅槽，常为深蓝色，几无毛，中空。叶片近圆形，长 1 ~ 2cm，基部半抱茎，边缘具极深的圆齿，上面暗橄榄绿色，两面均疏生小糙伏毛。轮伞花序 6 ~ 10 花，其中常有闭花受精的花；花萼管状钟形，外面密被白色直伸的长柔毛，内面除萼上被白色直伸长柔毛外，余部无毛；萼齿 5，披针状锥形，边缘具缘毛；花冠紫红或粉红色，外面除上唇被有较密带紫红色的短柔毛外，余部均被微柔毛，内面无毛环；冠檐二唇形，上唇直伸，先端微弯，下唇稍长，3 裂，中裂片倒心形，先端深凹，基部收缩，侧裂片浅圆裂片状。小坚果具三棱，表面有白色大疣状凸起。花期 3 ~ 5 月，果期 7 ~ 8 月。产于林芝、波密等地，生于海拔 2200 ~ 4350m 一带的山坡、草地、农田、河滩地上。

20. 薄荷属 *Mentha*

分种检索表

1. 轮伞花序着生于茎叶腋内，远离，有时几乎全部茎上着生；叶高出轮伞花序，苞叶与叶同形；花冠喉部有毛(产于林芝、波密) ………………………………………………………… **薄荷 *M. canadensis***
1. 轮伞花序组成顶生的穗状花序，此花序连续或下部间断或其全部轮伞花序远隔；苞叶线形或近似于茎生叶，通常微小；花冠喉部无毛(产于米林一带) ……………………………………………… **假薄荷 *M. asiatica***

21. 姜味草属 *Micromeria*

西藏姜味草 *M. wardii*

半灌木，丛生，具香味，高达30cm。有圆锥形主根，其上密生须根。茎多数，从基部发出，上升，近圆柱形，纤细，伸长，密被白色近于平展具节疏柔毛及短柔毛，红紫色。叶小，卵圆形，长4~5mm，先端急尖，基部近圆形或微心形，扁平，或边缘向下卷，全缘，质厚，上面绿色，常带红色，下面淡绿色，明显具金黄色腺点，在肋上被疏微柔毛，侧脉4~5对，与中脉在上面不明显下面微突出。聚伞花序1~5花，常于枝条近顶端具1~2花，具梗；花萼齿5，呈2唇形，后3齿长三角形，先端长渐尖，前2齿钻形，先端具刺尖，齿缘均具纤毛；花冠粉红色，长6mm，冠筒直伸，冠檐二唇形，上唇直伸，下唇开张，3裂，裂片近等大或中裂片稍大，全缘；雄蕊4，前对较长，上升，只达裂片中部，几不超出花冠外，花药2室，室略叉开。花期6~7月，果期7~8月。产于林芝(东久)、波密、米林，生于海拔2100~3750m一带的草丛、灌丛或林下。

22. 风轮菜属 *Clinopodium*

分种检索表

1. 植株直立，茎被平展糙硬毛及腺毛；轮伞花序多花；花萼内面喉部具疏刚毛…… **灯笼草 *C. polycephalum***
1. 植株茎柔软上升，疏被柔毛；轮伞花序少花；花萼内面无毛………………………… **匍匐风轮菜 *C. repens***

23. 蜜蜂花属 *Melissa*

分种检索表

1. 花萼上下唇近等长，内面无毛；花冠白色或淡红色 ………………………………………… **蜜蜂花 *M. axillaris***
1. 花萼上下唇不等长，花萼内面仅上唇部分被长柔毛；花冠黄色 …………… **云南蜜蜂花 *M. yunnanensis***

24. 紫苏属 *Perilla*

紫苏 *P. frutescens*

一年生直立草本，芳香。茎高0.3~2m，绿色或紫色，钝四棱形，具四槽，密被长柔毛。叶阔卵形或圆形，长7~13cm，先端短尖或突尖，边缘在基部以上有粗锯齿，膜质或草质，两面绿色或紫色，或仅下面紫色，侧脉7~8对。轮伞花序2花，组成长1.5~15cm、密被长柔毛、偏向一侧的顶生及腋生总状花序；花萼檐二唇形，上唇宽大，3齿，中齿较小，下唇比上唇稍长，2齿，齿披针形。花冠白色至紫红色，长3~4mm，花冠檐近2唇形，上唇微缺，下唇3裂，中裂片较大，侧裂片与上唇相近似；雄蕊4，几不伸出，前对稍长，离生，插生喉部。小坚果近球形，具网纹。花期 8 ~ 11 月，果期 8 ~ 12 月。林芝至墨脱一带均有栽培逸生。

一百一十五、茄科 Solanaceae

分属检索表

1. 多年生多棘刺灌木；花单生或至数朵同叶簇生，花冠漏斗状 …………………………………… **枸杞属 *Lycium*** *
1. 一年生或多年生草本，较少为半灌木。
 2. 花集生各式聚伞花序，花序顶生、腋生或腋外生。
  3. 花冠筒状漏斗形，高脚碟状或漏斗状；花药不围绕花柱而靠合；花萼在花期增大，完全或不完全包围果实；蒴果，瓣裂或盖裂。
   4. 花冠筒状漏斗形或筒状钟形；蒴果 2 瓣裂(栽培) ………………………………………… **烟草属 *Nicotiana***
   4. 花冠漏斗状；蒴果盖裂；花在茎、枝中部单生于叶腋且偏向一侧，而在上部逐渐密集而呈蝎状总状花序；果萼的齿有强壮的边缘，顶端有刚硬的针刺 ………………………………… **天仙子属 *Hyoscyamus***
  3. 花冠辐射状；花药围绕花柱而靠合；花萼在花后不增大或稍增大，但不包围果实而仅托于果基部；浆果(栽培)。
   5. 单叶；花萼及花冠裂片 5 数；花药不向顶端渐狭 ………………………………………… **茄属 *Solanum*** *
   5. 羽状复叶；花萼及花冠裂 5 ~ 7 数；花药向顶端渐狭而成一长尖头 …………… **番茄属 *Lycopersicon*** *
 2. 花单生或 1 ~ 3 朵簇生于枝腋或叶腋。
  6. 花萼在花后显著增大，完全包围果实。
   7. 花冠辐射状或辐射状钟形；坚果；花萼 5 全裂，裂片深心形且具 2 尖锐耳片 …… **假酸浆属 *Nicandra***
   7. 花冠钟状、筒形钟状或漏斗状；蒴果。
    8. 叶疏散生于茎枝上，有明显的叶柄；花较大，钟状 ………………………………… **山莨菪属 *Anisodus***
    8. 叶集生茎顶，叶柄不明显或下延成翅状柄；花较小，漏斗状(栽培) …………… **马尿泡属 *Przewalskia***
  6. 花萼在花后不显著增大，不包围果实而仅托于果实的基部。
   9. 花冠辐射状；浆果，无汁或多汁液；无刺。
    10. 浆果多汁，球状；叶集生茎顶 ………………………………………………………… **茄参属 *Mandragora***
    10. 浆果形状多样，无汁；叶散生茎上 …………………………………………………… **辣椒属 *Capsicum*** *
   9. 花冠长漏斗状；蒴果爿裂。
    11. 蒴果常生硬针刺；雄蕊等长 ……………………………………………………………… **曼陀罗属 *Datura***
    11. 蒴果无硬针刺；雄蕊 4 长 1 短(栽培) ……………………………………………… **碧冬茄属 *Petunia*** *

1. 枸杞属 *Lycium*

分种检索表

1. 花萼常 2 中裂；花冠筒常明显长于裂片，裂片无檐毛；叶通常披针形(产于八宿) …………………………………………………………………………………………………… **宁夏枸杞 *L. barbarum***
1. 花萼常 3 中裂以上；花冠筒稍短于花冠裂片；裂片密生檐毛；叶卵形(产于林芝、米林) …… **枸杞 *L. chinense***

2. 烟草属 *Nicotiana*

分 种 检 索 表

1. 叶长圆状披针形至卵形，基部渐狭至茎呈耳状而半抱茎，常无明显叶柄或成具狭翼状叶柄；花冠漏斗形，淡红或红色(栽培) ······························· **烟草 *N. tabacum***
1. 叶卵形至近圆形，基部钝圆或心形，常有明显的叶柄；花冠筒状钟形，黄绿色 ······ **黄花烟草 *N. rustica***

3. 天仙子属 *Hyoscyamus*

天仙子 *H. niger*

二年生草本，高 30 ~ 80cm，全体有短腺毛和长柔毛。根粗壮，圆锥状，肉质，直径达 3cm。茎基部有莲座状叶丛。叶互生，长圆形，边缘羽状深裂或不规则浅裂。花在茎中部生于叶腋，在茎上部聚集成偏向一侧的蝎尾状总状花序；花萼筒状钟形，花冠漏斗状，黄绿色。蒴果卵球形，盖裂，藏于宿存花萼内。花果期 6 ~ 8 月。产于林芝、波密，生于海拔 2550 ~ 3700m 一带的山坡、路边或宅旁。

4. 茄属 *Solanum*

分 种 检 索 表

1. 植株有刺或无，被星状毛；果单生，果形各式，较大；花紫色(栽培) ······················· **茄 *S. melongena***
1. 植物体无刺。
 2. 地下具块茎；奇数羽状复叶；小叶片具柄，大小相间(栽培) ········ **阳芋(马铃薯、土豆) *S. tuberosum***
 2. 无地下块茎；叶不分裂或羽状深裂。
  3. 果直立，成熟后珊瑚红色或橘黄色(观赏栽培) ······································ **珊瑚樱 *S. pseudocapsicum***
  3. 果下垂，成熟后黑色。
   4. 植株较粗壮；花序短蝎尾状，通常 4 ~ 10 朵花 ·· **龙葵 *S. nigrum***
   4. 植株纤细；花序近伞状，通常 1 ~ 6 朵花 ·· **少花龙葵 *S. americanum***

5. 番茄属 *Lycopersicon*

番茄 *L. esculentum*

一年生或多年生草本，高 0.6 ~ 1.5m，全株生有白色柔毛和腺毛。羽状复叶或羽状分裂，叶缘有缺刻状齿。花常与叶集生茎顶端似簇生或单生于叶腋；花萼辐射状钟形，5 中裂，花冠黄色，雄蕊 5。浆果球形，多汁液，果皮薄。种子多数，扁圆。西藏东南部习见栽培蔬菜，有小果、大果等多个品种。

6. 假酸浆属 *Nicandra*

假酸浆 *N. physalodes*

一年生直立草本，多分支。叶互生，具叶柄，叶片边缘有具圆缺的大齿或浅裂。花单独腋生，因花梗下弯而成俯垂状；花萼球状，5 深裂至近基部，裂片基部心脏状箭形，具 2 尖锐的耳片，在花蕾中外向镊合状排列，果时极度增大成 5 棱状，干膜质，有明显网脉；花冠钟状，檐部有折瓣，不明显 5 浅裂，裂片阔而短，在花蕾中呈不明显的覆瓦状排列；雄蕊 5，不伸出于花冠，插生在花冠筒近基部，花丝丝状，基部扩张，花药椭圆形，药室平行，纵缝裂开；子房 3 ~ 5 室，具极多数胚珠，花柱略粗，丝状，柱头近头状，3 ~ 5 浅裂。浆果球状，被宿存花萼包裹其中。种子扁压，肾脏状圆盘形，具多数小凹穴；胚极弯曲，近周边生，子叶半圆棒形。原产南美洲，西藏东南部常见逸生。

7. 山莨菪属 *Anisodus*

分 种 检 索 表

1. 花萼被柔毛，脉弯曲；植物体被毛；花冠通常浅黄色或裂片略带紫色。
 2. 叶全缘；花冠管内基部无紫斑 ……………………………………………………………… **铃铛子 *A. luridus***
 2. 叶缘具 1 ~ 2 对不等的粗齿；花冠管内基部具 3 块紫斑 …………… **丽江莨菪 *A. luridus* var. *fischerianus***
1. 花萼无毛或近无毛，脉劲直；植物体通常无毛；叶缘具缘啮状细齿；花冠紫色 …… **山莨菪 *A. tangnticus***

8. 马尿泡属 *Przewalskia*

马尿泡 *P. tangutica*

全株生腺毛。根粗壮，肉质；根茎短缩，有多数休眠芽。茎高 4 ~ 30cm，常至少部分埋于地下。茎下部叶鳞片状，常埋于地下，生于茎顶端叶密集生，铲形、长椭圆状卵形至长椭圆状倒卵形，通常连叶柄长 10 ~ 15cm，顶端圆钝，基部渐狭，边缘全缘或微波状。总花梗腋生，短，有 1 ~ 3 朵花；花萼筒状钟形，外面密生短腺毛；花冠檐部黄色，筒部紫色，筒状漏斗形，长约 25mm，外面生短腺毛，檐部 5 浅裂；雄蕊插生于花冠喉部，花丝极短；花柱显著伸出于花冠，柱头膨大，紫色。蒴果球状，直径 1 ~ 2cm。果萼椭圆状或卵状，长可达 8 ~ 13cm，近革质，网纹凸起，顶端平截，不闭合。种子黑褐色。花期 6 ~ 7 月。生于海拔 3200 ~ 5200m 一带的高山砂砾地，林芝有栽培。

9. 茄参属 *Mandragora*

茄参 *M. caulescens*

多年生草本，高 20 ~ 60cm，全体生短柔毛。根粗壮，肉质。茎上部常分支。叶倒卵状矩圆形至矩圆状披针形，连叶柄长 5 ~ 25cm，基部渐狭而下延到叶柄呈狭翼状，中脉显著，侧脉细弱，每边 5 ~ 7 条。花单独腋生，通常多花同叶集生于茎端似簇生；花萼辐状钟形，5 中裂，花后稍增大，宿存；花冠辐状钟形，暗紫色，5 中裂。浆果球状，多汁腋，直径 2 ~ 2. 5cm。花果期 5 ~ 8 月。产于林芝、朗县、察隅，生于海拔 3500 ~ 4000m 的草丛或灌丛中。

10. 辣椒属 *Capsicum*

辣椒 *C. annuum*

灌木或一年生或多年生草本，高 20 ~ 80cm。叶单生或对生；叶柄 4 ~ 7cm；叶片长圆状卵形、卵形、披针形或卵形，无毛，基部狭窄，全缘，先端短渐尖或锐。花单生或少数花簇；花梗先端弯曲，长 1 ~ 2cm；花萼杯状，波状；花冠白色，约 1cm；花药紫色。浆果多为红色（橙色、黄色或紫色），形状各异，可达 15cm。种子淡黄色，盘状或肾形。西藏东南部习见栽培蔬菜，部分品种也作观赏。

11. 曼陀罗属 *Datura*

曼陀罗 *D. stramonium*

直立草本，高 1 ~ 2m。叶宽卵形，长 8 ~ 18(22)cm，宽 4 ~ 15(20)cm，顶端渐尖，基部不对称楔形，边缘不规则波状浅裂，裂片三角形，有时有疏齿，脉上有疏短柔毛；叶柄长 3 ~ 8(14)cm。花常单生枝分叉处或叶腋，直立；花萼筒状，有 5 棱角，长 4 ~ 5cm；花冠漏斗状，长 6 ~ 10cm，径 3 ~ 5cm，下部淡绿色，上部白色或淡紫色；雄蕊 5，子房卵形，不完全 4 室。

蒴果直立，卵状，表面生有坚硬而长的针刺，或稀仅粗糙无针刺，成熟后 4 瓣裂。花果期 6 ~ 9 月。产于林芝、波密、米林、察隅等地，生于海拔 2300 ~ 4450m 的路边、草地或宅旁。

12. 碧冬茄属 *Petunia*

碧冬茄(矮牵牛)*P. hybrida*

一年生草本，高 30 ~ 60cm，全体生腺毛。叶有短柄或近无柄，卵形，顶端急尖，基部阔楔形或楔形，全缘，侧脉不显著，每边 5 ~ 7 条。花单生于叶腋；花萼 5 深裂，裂片条形，顶端钝，果时宿存；花冠白色或紫堇色，有各式条纹，漏斗状，长 5 ~ 7cm，筒部向上渐扩大，檐部开展，有折襞，5 浅裂；雄蕊 4 长 1 短；花柱稍超过雄蕊。蒴果圆锥状，长约 1cm，2 瓣裂，各裂瓣顶端又 2 浅裂。种子极小，近球形，褐色。西藏东南部常见栽培花卉之一。

一百一十六、玄参科 Scrophulariaceae

分属检索表

1. 花冠上方的两个裂片或上唇在花冠中处于外方，包下方 3 个裂片或下唇。(玄参亚科)
 2. 叶均互生；花冠无筒部或仅有极短筒部；能育雄蕊 5 或 4 枚；花序简单而向心 ………………………………………………………………………… **毛蕊花属 *Verbascum*** *
 2. 至少下部叶对生；花冠有明显筒部；能育雄蕊 4 或 2 枚；花序多为聚伞状(离心)聚合为复花序。
  3. 蒴果顶端不以完整的果开裂，而以孔或多变的周围孔开；花冠呈囊状或有距，蒴果之室相等或不相等，后方一室常不裂或 2 室均以 1 至多数之孔开裂 ……………………… **柳穿鱼属 *Linaria***
  3. 蒴果在室背或室间以一直线开裂，其隔膜从蒴果壁上碎落或不规则破裂；花冠上唇常短于下唇。
   4. 乔木；蒴果室背开裂；萼具 5 齿，萼齿革质而厚，有星毛；花冠大，柱头端凹陷；花药无须毛；腋生聚伞花序，但常因苞叶脱落而成顶生圆锥花序(米林有栽培) ……………… **泡桐属 *Paulownia***
   4. 草本；萼齿草质或膜质，无星毛；花冠小，药室 2，叉分；花梗无小苞。
    5. 果不裂，外皮薄肉质；植物茎极短；花从叶丛中发出 ……………… **肉果草属 *Lancea*** *
    5. 蒴果开裂；植株有明显的茎。
     6. 蒴果室间开裂；前方一对花丝自花冠喉部发出；萼有明显的翅或棱 ……… **蝴蝶草属 *Torenia***
     6. 蒴果室背开裂；前方一对花丝在花管深处即分离；萼无明显的翅或棱。
      7. 萼有高凸棱 5 条，结合至 3/4 以上；苞片叶状 ……………… **沟酸浆属 *Mimulus***
      7. 萼无棱，有脉 10 条，结合至 1/2 以下；苞片针形 ……………… **通泉草属 *Mazus***
1. 花冠下方 3 个裂或下唇在花蕾中处于外方(兔耳草属例外)。(鼻花亚科)
 8. 花冠上方 2 个裂片平坦或仅微微弓曲，不作明显的盔状或兜状。
  9. 雄蕊明显 2 强，内藏，决不超出花冠；花冠筒部发达伸长；叶互生；蒴果室间开裂(观赏栽培) ……………………………………………………………… **毛地黄属 *Digitalis***
  9. 雄蕊 2 枚，或 4 枚等长(仅在胡黄连属中有一个种，雄蕊显作二强，在此情况下，其前方一对必然明显伸出花冠之外)；花冠有时几无管，很少管长过于其裂片。
   10. 蒴果肉质，红色，迟迟在顶端室间开裂，并微作室背开裂；叶强烈二型，在主茎上者卵形对生，在分支上卷为针状，密集似松叶；茎外皮剥落 ……………… **鞭打绣球属 *Hemiphragma*** *
   10. 蒴果干燥，作一般开裂；叶非二型；茎外皮不剥落。
    11. 雄蕊 4 枚；花冠裂片 4 枚；花两侧对称，集成顶生穗状花序，无梗；叶全部基生莲座状，不裂而多少匙形 ……………………………………………… **胡黄连属 *Picrorhiza***
    11. 雄蕊 2 枚。
     12. 花冠不作强二唇状；蒴果开裂；萼齿 4 枚，如有 5 枚则后方 1 枚以退化的状态存在，极小，且不结合；花冠筒短而使花冠成近辐状；总状花序常花少 ……………… **婆婆纳属 *Veronica*** *

12. 花冠明显二唇状；蒴果核果状，不开裂；萼膜质或透明，常结合；叶多基生，常作莲座状；总状花序密集多花 ………………………………………………………………………… **兔耳草属 *Lagotis***

8. 花冠上方裂片顶部明显弓曲成一盔瓣，包裹其花药，花药通常连着；雄蕊4枚，二强；多为寄生或半寄生植物。

13. 萼下有小苞片1对；萼细长，管状，具10脉 ……………………………… **阴行草属 *Siphonostegia***

13. 萼下无小苞片。

14. 花冠的盔瓣变化大，短而全缘或具齿，或伸长为种种形状的喙 ……………… **马先蒿属 *Pedicularis*** *

14. 花冠的盔瓣短，具内卷边缘。

15. 种子有网纹；叶羽状开裂 ……………………………………………………… **松蒿属 *Phtheirospermum***

15. 种子有条纹；叶全缘或掌状开裂 ……………………………………………… **小米草属 *Euphrasia*** *

1. 毛蕊花属 *Verbascum*

毛蕊花 *V. thapsus*

二年生草本，高达1.5m，全体密被浅灰黄色星状毛。基生叶具短柄，茎生叶无柄或下部者略有柄而基部下延成狭翅，叶片矩圆形至卵状矩圆形，长达15cm，边缘具浅圆齿。穗状花序圆柱状，顶生，长达30cm，花密集，至少在下部一个苞片内有数朵花；花冠黄色，近辐状，直径1~2cm；裂片5，外面有星状毛；雄蕊5，前方2枚较长；花丝无毛，花药略呈个字形，后方3枚较短，其中2枚花丝具绵毛；子房2室，具中轴胎座。果为蒴果，室间开裂。花期6~8月，果期7~10月。产于波密、林芝、米林，生于海拔2500~3400m一带的撂荒地或灌丛下。

2. 柳穿鱼属 *Linaria*

分 种 检 索 表

1. 叶轮生或茎下部的叶轮生，叶宽常不足1cm，但距长超过1cm(观赏栽培) …………… **柳穿鱼 *L. vulgaris***

1. 叶完全互生；距长5mm左右；叶片宽达2cm ……………………………………… **宽叶柳穿鱼 *L. thibetica***

3. 泡桐属 *Paulownia*

川泡桐 *P. fargesii*

速生乔木，高达20m。小枝紫褐色至褐灰色，有圆形凸出皮孔；全株被星状茸毛，但逐渐脱落。叶片卵圆形至卵状心脏形，长达20cm以上，全缘或浅波状；叶柄长达11cm。花序枝的侧枝长可达主枝之半，故花序为宽大圆锥形，长约1m，小聚伞花序无总梗或几无梗，有花3~5朵，花梗长不及1cm；萼倒圆锥形，基部渐狭，长达2cm，不脱毛，分裂至中部呈三角状卵圆形的萼齿，边缘有明显较薄之沿；花冠近钟形，白色有紫色条纹至紫色，长5.5~7.5cm，外面有短腺毛，内面常无紫斑，管在基部以上突然膨大，多少弓曲。蒴果有明显的横行细皱纹，宿萼贴伏于果基或稍伸展，常不反折。花期4~5月，果期8~9月。米林县有引种栽培，速生用材树种，花大，也作观赏。

4. 肉果草属 *Lancea*

肉果草 *L. tibetica*

多年生草本，高3~5cm；仅叶柄有疏毛，其余无毛。根状茎细长，横走或向下生长，节上有1对鳞片，并发出多数纤维状须根。叶6~10片呈莲座状，或对生于极短的茎上，倒卵形至倒卵状长圆形或匙形，近革质，长2~5cm，顶端圆钝，常有小凸尖，基部渐窄呈有翅的短柄，全缘或有不明显的疏齿。花 3 ~ 5 朵簇生或伸长呈短总状花序，苞片长 5 ~ 6mm，钻状披针形；花萼钟状，长 6 ~ 10mm，近革质，萼齿三角状卵形；花冠深蓝色或紫色，长 1.5 ~ 2.6cm，喉部稍黄色，并有紫色斑点，花冠筒略长于唇部，上唇直立，下唇开展。果实红色，有凸尖，包被于宿存的萼片内。花期 5 月底至 8 月中旬。产于林芝、米林，生于海拔 3000 ~ 3600m 的草地、固定沙丘、河滩以及石砾地上。

5. 蝴蝶草属 *Torenia*

光叶蝴蝶草(光叶翼萼) *T. glabra*

匍匐或多少直立草本。节上生根；分支多，长而纤细。叶片三角状卵形至卵圆形，长 1.5 ~ 3.2cm，边缘具带短尖的圆锯齿；基部突然收缩。花具梗，单朵腋生或顶生，抑或排列成伞形花序；萼具 5 枚多少下延的翅，果期增大；萼齿 2 枚，长三角形，先端渐尖，果期开裂成 5 枚小尖齿；花冠长 1.5 ~ 2.5cm，超出萼齿，紫红色或蓝紫色；前方 1 对花丝各具 1 枚长 1 ~ 2mm 的线状附属物。花果期 5 月至翌年 1 月。产于察隅、墨脱、波密(通麦)，生于海拔 800 ~ 2100m 的林下湿润地。

6. 沟酸浆属 *Mimulus*

尼泊尔沟酸浆 *M. tenellus* var. *nepalensis*

多年生草本，柔弱，近直立，无毛。茎常近直立，有翅，多分枝，下部常匍匐生根，四方形。叶卵形至卵状矩圆形，长 1 ~ 3cm，边缘具明显的疏锯齿。花单生叶腋，花梗与叶柄近等长；花萼圆筒形，长达 10mm，果期肿胀呈囊泡状，增大近 1 倍，沿肋偶被茸毛，或有时稍具窄翅，萼口平截；萼齿 5，刺状；花冠较萼长 1.5 倍，漏斗状，黄色，喉部有红色斑点；唇短，沿喉部被密的髯毛。雄蕊同花柱无毛，内藏。蒴果较萼稍短。花果期 6 ~ 9 月。产于林芝(拉月)，生于海拔 2800m 左右的水边、湿地中。

7. 通泉草属 *Mazus*

分 种 检 索 表

1. 萼齿长约为萼筒的 1/3；植株被长柔毛，高达 40cm；中部以下叶琴状浅裂 …… **琴叶通泉草 *M. celsioides***
1. 萼齿与筒近等长，植株近无毛，高 5 ~ 10(30)cm；中部以下叶多具不规则粗齿 ………………………………………………………… **匍茎通泉草 *M. miquelii***

8. 毛地黄属 *Digitalis*

毛地黄 *D. purpurea*

一年生或多年生草本，除花冠外，全体被灰白色短柔毛和腺毛，有时茎上几无毛，高 60 ~ 120cm。茎单生或数条成丛。基生叶多数呈莲座状，叶柄具狭翅，长可达 15cm；叶片卵形或长椭圆形，边缘具带短尖的圆齿，少有锯齿；茎生叶下部的与基生叶同形，向上渐小，叶柄短直至无柄而成为苞片。萼钟状，长约 1cm，果期略增大，5 裂几达基部；裂片矩圆状卵形，先端钝至急尖；花冠紫红色，内面具斑点，长 3 ~ 4.5cm，裂片很短，先端被白色柔毛。蒴果卵形。种子短棒状，除被蜂窝状网纹外，尚有极细的柔毛。花期 5 ~ 6 月。西藏东南部城镇有观赏栽培。

9. 鞭打绣球属 *Hemiphragma*

鞭打绣球 *H. heterophyllum*

多年生铺散匍匐草本，全体被短柔毛。茎纤细，皮薄，老后易于破损剥落，多纤铺状分支，节上常生须状不定根。叶二型：茎叶对生，叶片圆形、卵圆形或肾形，边缘具圆齿；枝叶簇生，针形。花冠白色或玫瑰红色；雄蕊内藏；雌蕊短小，不超过雄蕊，柱头钻状或2叉裂。果实红色，种子棕黄色。花期4～7月，果期6～9月。产于林芝、米林、波密，常生于海拔2300～3900m一带的高山草地上。

10. 胡黄连属 *Picrorhiza*

胡黄连 *P. scrophulariiflora*

植株低矮。根状茎直径达1cm，上端密被老叶残余，节上有粗的须根。基生叶丛莲座状，叶匙形至卵形，长3～6cm，边具锯齿，偶有重锯齿。穗状花序长1～2cm；花萼长4～6mm，结果时可达1cm；花冠深紫色，外面被短毛，长8～10mm，花冠筒斜截，上唇略向前弯作盔状，顶端微凹，下唇3裂片长约达上唇之半，两侧裂片顶端微有缺刻或有2～3小齿；雄蕊4，其后方一对短于前方一对。蒴果长卵形。花期7～8月，果期8～9月。生于海拔3600～4400m高山草地及石堆中，林芝有栽培，藏药药源植物。

11. 婆婆纳属 *Veronica*

分种检索表

1. 总状花序顶生，苞片叶状，好像花单生每个叶腋；花梗上决无小苞片；多年生草本，具横走根状茎。
 2. 花萼裂片5(4)枚；下部叶鳞片状，向上渐大；花期总状花序近头状 ……………… **头花婆婆纳 *V. capitata***
 2. 花萼裂片4枚；下部叶非鳞片状，与中部叶近等大；总状花序非头状 ………… **小婆婆纳 *V. serpyllifolia***
1. 总状花序侧生于叶腋，往往成对，偶因生于茎顶停止发育呈假顶生，这种侧生花序极少退化为单朵或两朵花，更少为数朵花簇生叶腋，但此时"花梗"中部或近基部有1枚"小苞片"。
 3. 水生草本；茎多少肉质；花序腋生；蒴果圆形；叶无柄而半抱茎……… **北水苦荬 *V. anagallis-aquatica***
 3. 陆生草本；花序明显腋生，而且蒴果常明显侧扁或花序生于茎顶端叶腋而蒴果通常长而且仅仅稍扁。
  4. 根状茎长，具明显节间；花萼裂片4枚；花冠辐状，白色带粉色；花序伞房状 ……………………………………………………………………… **多毛四川婆婆纳 *V. szechuanica* ssp. *sikkimensis***
  4. 根状茎极短，密簇生；花萼裂片5枚，后方1枚极小；花冠二唇形，紫色或蓝色；蒴果长卵形。
   5. 花冠筒部占全长1/3～1/2，总状花序疏花而长 ……………………………………… **毛果婆婆纳 *V. eriogyne***
   5. 花冠筒部占全长1/3以下，总状花序近头状 ……………………………………………… **长果婆婆纳 *V. ciliata***

12. 兔耳草属 *Lagotis*

分种检索表

1. 植株高10～20(28)cm；花丝贴生于上唇基部边缘；花冠上唇全缘 …………………… **大萼兔耳草 *L. clarkei***
1. 植株高6～15cm；花丝生于上下唇分界处；花冠上唇2裂 …………………… **粗筒兔耳草 *L. kongboensis***

13. 阴行草属 *Siphonostegia*

阴行草 *S. chinensis*

一年生草本。茎高30～50(70)cm，密被锈色短毛。主根木质，发达，侧根同须根多数，散生。茎常单条，基部常有少数宿存的膜质鳞片，上部多分支，1～6对，坚挺，稍具棱角，叶下部者常早枯，上部者稠密。叶无柄或柄长达1cm。叶片广卵形，长0.8～5cm，厚纸质，2回羽状全裂，裂片常约3对，仅下方2枚羽状开裂，裂片线形至线状披针形，全缘。总状花序，花对生；苞片叶状，羽状深裂至全裂；花冠长22～25mm，上唇红紫色，下唇黄色。蒴果长约15mm，黑褐色。产于察隅，生于海拔1600m左右的干山坡与草地中。

14. 马先蒿属 *Pedicularis*

分种检索表

1. 叶对生或轮生。
 2. 叶常3枚或3枚以上轮生，且各轮叶片的叶柄与苞片的基部均不结合为杯状或斗状体。
  3. 花冠的盔端不伸长为喙，也无小凸尖。
   4. 花管仅在中部作极微的膝曲而使花前俯；花冠长1cm；全株密被柔毛 ………… **柔毛马先蒿 *P. mollis***
   4. 花管在中部以下、更多靠近基部处而在花萼中膝曲，使花前俯；花冠长于1cm；全株疏被柔毛。
    5. 花丝1对，有毛；植株有主根。
     6. 萼前方深开裂，萼齿常偏聚于后方，其前侧方齿常合并成一个三角形大齿；根颈有膜质鳞片 …………………………………………………………………………………… **轮叶马先蒿 *P. verticillata***
     6. 萼前方不裂或微裂，萼齿独立而不合并；根颈有或无鳞片。
      7. 根颈有鳞片；叶片下面白色 ……………………………………………………… **狭室马先蒿 *P. stenotheca***
      7. 根颈无鳞片；叶片下面淡绿色 …………………………………………………… **铺散马先蒿 *P. diffusa***
    5. 花丝无毛。
     8. 叶裂片4~5对；花冠长约13mm，盔顶卵形锐头而高凸 …………………… **高额马先蒿 *P. altifrontalis***
     8. 叶裂片7~15对；花冠长约15~25mm，盔额稍高凸。
      9. 盔长5~6mm，下唇长8~9mm，花冠长17~19mm ……………… **罗氏马先蒿（草甸马先蒿）*P. roylei***
      9. 盔短，长度为下唇的半长或稍多 ……………………… **短盔罗氏马先蒿 *P. roylei* var. *brevigaleata***
  3. 花冠的盔前端有S型长喙，盔端指向下方而喙反翘向前上方。
   10. 盔端仅具短喙；花冠管在冠筒内膝曲 ……………………………………………… **球花马先蒿 *P. globifera***
   10. 盔端喙较长，显然长于含有雄蕊的部分；基生叶早落。
    11. 叶长达7cm；萼前方几不裂；花丝被长柔毛 ………………… **大卫氏马先蒿（扭盔马先蒿）*P. davidii***
    11. 叶长达9cm；萼前方开裂至1/3；花丝无毛，但基部有柔毛 ………… **喙毛马先蒿 *P. rhynchotricha***
 2. 叶全部对生，盔端之喙直伸，或呈S型。
  12. 叶全部基生；花假对生或偶单生；下唇无缘毛而多少啮齿状；喙直伸 …… **菌生马先蒿 *P. mychophila***
  12. 植株有茎生叶；花序多头状；下唇有缘毛且全缘，喙微呈S型弯曲 ……… **聚花马先蒿 *P. confertiflora***
1. 叶互生，或至少上部叶有互生。
 13. 盔下缘或背部被长须毛；常有密生丛须状侧根的根颈，其下连1至数条细长鞭状根茎。
  14. 喙细长，呈C型弯曲向下；盔背部密被紫红色长毛 ……………………………… **毛盔马先蒿 *P. trichoglossa***
  14. 喙短小，近直角弯向前方。
   15. 盔在含雄蕊处作特殊膨大如舟型；下唇裂片宽而圆钝，花丝1对有毛 ………… **硕大马先蒿 *P. ingens***
   15. 盔在含雄蕊处作膨大但非舟形；下唇裂片窄而长，花丝2对都有毛 ……… **狭裂马先蒿 *P. angustiloba***
 13. 盔下部无长须毛；植株不具上述地下部分。
  16. 花冠盔部镰状弯曲，不伸长为喙；下唇中裂基部有柄；植株密丛状 ……… **隐花马先蒿 *P. cryptantha***
  16. 花冠盔端缢缩成喙，喙的长短、形式多样。
   17. 花冠管长度不超过花萼的2倍。
    18. 花较小，连花冠管长不及25mm，如长达30mm，则下唇极不丰满，且不包被盔部。
     19. 喙指向下方，不呈半环状；花萼无色斑；花深红色 …………………… **头花马先蒿 *P. cephalantha***
     19. 喙长前方卷曲呈半环状；花萼常有美丽的色斑 ……………………… **拟鼻花马先蒿 *P. rhinanthoides***
    18. 花极大，连管长达3cm以上，下唇极宽大，完全包被盔部。
     20. 花冠下唇具细缘毛，其中裂长圆形，基部非心形；花冠白色，盔紫红色；花序总状 ……………… ……………………………………………………………… **皋莱氏马先蒿（裹喙马先蒿）*P. fletcheri***
     20. 花冠下唇有长缘毛，中裂片为横置的肾脏形，基部心形；花冠紫红色；花序密球状。

21. 植株高 10～32cm，基生叶叶柄长达 8cm，长约 5～8cm；萼齿 3 枚。
22. 萼被短毛或近无毛…………………………………………… **哀氏马先蒿(裹盔马先蒿)*P. elwesii***
22. 萼密被灰白色柔毛 ………………………… **高大哀氏马先蒿(毛裹盔马先蒿)*P. elwesii* ssp. *major***
21. 植株较低矮；萼齿 5 枚 ……………………… **矮小哀氏马先蒿(小裹盔马先蒿)*P. elwesii* ssp. *minor***
17. 花冠管常伸长，长度超过花萼的 2 倍。
23. 花多为红紫色。
24. 下唇中裂圆形或圆肾形，基部狭缩成短柄；喙向前下方直伸；叶羽状浅裂。
25. 花冠紫红色，喉部常黄白色；叶片光滑无毛 …………… **普氏马先蒿(青海马先蒿)*P. przewalskii***
25. 花冠盔紫红色而下唇白色至浅黄色；叶片两面均生密毛 ……………………………………………
…………………………………… **矮小普氏马先蒿(矮小青海马先蒿)*P. przewalskii* ssp. *microphyon***
24. 下唇中裂长圆状卵形，不狭缩成柄；喙多少卷曲；叶羽状浅裂至全缘。
26. 叶羽状浅裂，裂片相并，3～9 对，有浅圆齿；花冠深玫瑰紫色……………… **美丽马先蒿 *P. bella***
26. 叶片几全缘，仅有极不明显的齿；花冠色多变。
27. 花冠额部无鸡冠状凸起。
28. 花冠深玫瑰红色 ………………………………………… **全叶美丽马先蒿 *P. bella* f. *holophylla***
28. 花冠淡红色…………………………………………………………… **绯色美丽马先蒿 *P. bella* f. *rosa***
27. 花管浅黄色，下唇纯白色，盔紫色；额部有鸡冠状凸起 ……………………………………………
……………………………………………………………………… **冠额美丽马先蒿 *P. bella* f. *cristifrons***
23. 花为黄色。
29. 盔额有鸡冠状凸起；萼齿 3 枚；花冠下唇侧裂片多少内凹 ……………………………………………
……………………………………………………………………… **克洛氏马先蒿(凹唇马先蒿)*P. croizatiana***
29. 盔额无鸡冠状凸起；萼齿常 2 枚；花冠下唇中裂片显著凸出，近喉部有棕红色斑点 2 枚 …………
………………………………………………… **管状长花马先蒿(斑唇马先蒿)*P. longiflora* var. *tubiformis***

15. 松蒿属 *Phtheirospermum*

细裂叶松蒿(草柏枝)*P. tenuisectum*

多年生草本，全体被黏质腺毛。茎常带紫红色。叶 2～3 回羽状全裂，小裂片线形。花冠橙黄色，明显二唇形；雄蕊内藏。蒴果室背开裂，花期 3～8 月。产于波密、林芝、米林、拉萨等地，生于海拔 2800～4000m 的山坡草地。

16. 小米草属 *Euphrasia*

分 种 检 索 表

1. 花冠小，背面长 6～8mm，下唇中裂片宽不过 3mm ………… **川藏短腺小米草 *E. regelii* ssp. *kangtienensis***
1. 花冠大，背面长 9～11mm，下唇中裂片宽 3～4mm ……………………………… **大花小米草 *E. jaeschkei***

一百一十七、紫葳科 Bignoniaceae

分属检索表

1. 木质藤本，以气生根攀缘；奇数羽状复叶；花橙红色；蒴果长圆形(栽培) …………… **凌霄属 *Campsis*** *
1. 一年生至多年生草本，具茎或无茎；叶 1～3 回羽状分裂；蒴果长角形 …………………… **角蒿属 *Incarvillea***

1. 凌霄属 *Campsis*

凌霄 *C. grandiflora*

攀缘藤本。茎表皮脱落，以气生根攀附于它物之上。叶对生，为奇数羽状复叶；小叶 7 ~ 9 枚，卵形至卵状披针形，顶端尾状渐尖，基部阔楔形，两侧不等大，长 3 ~ 6(9)cm，侧脉6 ~ 7 对，边缘有粗锯齿。顶生疏散的短圆锥花序，花序轴长 15 ~ 20cm；花萼钟状，长 3cm，分裂至中部，裂片披针形，长约 1.5cm；花冠内面鲜红色，外面橙黄色，长约 5cm，裂片半圆形；雄蕊着生于花冠筒近基部，花药个字形着生；柱头扁平，2 裂。蒴果顶端钝。花期 5 ~ 8 月。林芝市有栽培，重要观花植物。

2. 角蒿属 *Incarvillea*

分 种 检 索 表

1. 萼齿钻状；蒴果革质，圆柱形，呈开裂蓇葖；多年生草本；茎分支高达 0.5 ~ 1.5m；叶互生，不聚生于茎基部；花药被毛；种子两端具丝毛；花冠红色、淡红色(产于排龙) ························ **两头毛 *I. arguta***
1. 萼齿三角状披针形；蒴果亚木质，多少具四棱；花药光滑；种翅厚，卵圆形，不透明，顶端无缺刻。
  2. 小叶全缘，聚生于茎基部；花紫红色，密集近伞房状，从叶丛抽生(产于墨脱) ······························ **密生波罗花 *I. compacta***
  2. 小叶边缘具粗锯齿或圆钝齿。
    3. 植株具茎；花冠红色或淡黄色。(产于朗县)
      4. 花红色；总状花序极长，有 10 ~ 30 花；植株光滑无毛 ························ **四川波罗花 *I. beresowskii***
      4. 花淡黄色；总状花序有 5 ~ 10 花；植株被淡褐色极细茸毛 ························ **黄波罗花 *I. lutea***
    3. 植株不具茎；叶聚生于茎基部；花冠紫红色或粉红色，筒部内黄色。
      5. 小叶平滑不粗糙；蒴果不弯曲(产于朗县) ························ **鸡肉参 *I. mairei***
      5. 小叶粗糙，具泡状隆起；蒴果弯曲(产于察隅) ························ **藏波罗花 *I. younghusbandii***

一百一十八、列当科 Orobanchaceae

分 属 检 索 表

1. 根头膨大近球状，不具鳞叶；花冠上唇显著长于下唇，雄蕊伸出下唇；蒴果 3(2) 爿裂 ························ **草苁蓉属 *Boschniakia***
1. 根头不显著膨大，若茎基部稍膨大则具鳞叶；花冠上、下唇约等长，雄蕊不伸出花冠；蒴果 2 爿裂 ························ **列当属 *Orobanche*** *

1. 草苁蓉属 *Boschniakia*

丁座草 *B. himalaica*

植株高 10 ~ 40cm，膨大的根头直径达 4cm。叶三角形至三角状卵形，长 5 ~ 15mm。总状花序长 5 ~ 10cm，结果时可达 15cm；苞片三角状卵形，褐色或紫色，长 7 ~ 15mm；花萼浅杯状，具不规则 2 ~ 5 齿；花冠外面浅黄至黄褐色，密生紫斑，里面绿黄色，花冠筒直；雌蕊具 2 ~ 3 个心皮。产于林芝(东久)、波密、聂拉木、吉隆等地，寄生于海拔 2000 ~ 4200m 一带分布的杜鹃花根上。

2. 列当属 *Orobanche*

分 种 检 索 表

1. 花萼 2 深裂达基部，萼筒几乎不存在；花冠蓝色至淡紫色；花丝无毛或近无毛 …… **列当 *O. coerulescens***
1. 萼筒多少存在；花冠常肉黄色至淡黄褐色，稀淡蓝紫色；花丝基部显著具柔毛…… **四川列当 *O. sinensis***

一百一十九、苦苣苔科 Gesneriaceae

分 属 检 索 表

1. 多年生或一年生草本植物，有茎或无茎。
 2. 种子椭圆形，光滑常有纵纹，且有附属物；退化雄蕊 2 或 3，位于上(后)方 ……… **唇柱苣苔属 *Chirita***
 2. 种子两端无附属物；雄蕊 4 枚能育，2 强；退化雄蕊 1，位于上(后)方中央。
  3. 苞片 2，有时具小苞片；退化雄蕊偶尔不存在……………………………………………… **粗筒苣苔属 *Briggsia***
  3. 苞片不存在 ……………………………………………………………………………… **珊瑚苣苔属 *Corallodiscus*** *
1. 小灌木或亚灌木，通常附生。
 4. 雄蕊下(前)方 2 枚能育；退化雄蕊 2～3，位于上(后)方 ……………………………… **吊石苣苔属 *Lysionotus***
 4. 雄蕊 4 枚能育，2 强；退化雄蕊 1，位于上(后)方中央或不存在 ……………… **芒毛苣苔属 *Aeschynanthus***

1. 唇柱苣苔属 *Chirita*

分 种 检 索 表

1. 多年生草本。(产于墨脱)
 2. 叶互生；花萼裂片披针状线形；花冠白色带粉红色 ………………………… **卧茎唇柱苣苔 *C. lachenensis***
 2. 叶对生；花萼裂片三角形。
  3. 叶片斜椭圆形或斜卵形；花冠紫红色 ……………………………………… **合苞唇柱苣苔 *C. infundibuliformis***
  3. 叶片卵形或狭卵形；花冠白色 ………………………………………………… **长圆叶唇柱苣苔 *C. oblongifolia***
1. 一年生草本；叶对生。
 4. 叶片狭椭圆形；花冠蓝紫色(产于墨脱) ……………………… **光萼唇柱苣苔(墨脱唇柱苣苔) *C. anachoreta***
 4. 叶片狭卵形、斜椭圆形或卵形；花冠淡蓝色，稀白色(产于通麦) ……………… **斑叶唇柱苣苔 *C. pumila*** *

2. 粗筒苣苔属 *Briggsia*

分 种 检 索 表

1. 叶长圆形或长圆状狭披针形；苞片线形；花冠黄色(产于通麦) ……………… **藓丛粗筒苣苔 *B. muscicola***
1. 叶宽椭圆形，稀近菱形；苞片长圆状披针形；花冠橘黄色(产于林芝、米林)…………………………………
 ……………………………………………………………………………………… **黄花粗筒苣苔 *B. aurantiaca***

3. 珊瑚苣苔属 *Corallodiscus*

分 种 检 索 表

1. 蒴果卵球形；叶背密被白或灰色绵毛；花序仅 1 花，花序梗长 1～6cm(产于察隅) ……………………
 ……………………………………………………………………………………………… **小石花 *C. conchifolius***

1. 蒴果长圆形或线形，若卵球形，则花序梗密被锈色绵毛；花序有花(1)4～15(30)朵，若仅1花，则叶片背面仅沿叶脉密被锈色绵毛；花序梗长(1)3～17cm。
 2. 叶片菱状披针形至披针形，稀卵形，长1.6～11cm，宽0.8～4cm，正面无毛，稀近基部具锈色绵毛；花序梗密被锈色绵毛(产于朗县) ………………………………………………………… **卷丝苣苔 *C. kingianus***
 2. 叶片宽倒卵形至椭圆形、菱形、卵形、扇形，或长圆形，长(0.5)1～5(8)cm，宽(0.4)0.8～3(3.7)cm，正面无毛至密被长柔毛；花梗具褐色绵毛，后脱落(石花 *C. flabellatus*、光萼石花 *C. flabellatus* var. *leiocalyx* 归并入该种) ………………………………………………………… **西藏珊瑚苣苔 *C. lanuginosus***

4. 吊石苣苔属 *Lysionotus*

分 种 检 索 表

1. 花萼5深裂至1/3或1/2；退化雄蕊3；花冠白色带淡紫色 ………………… **合萼吊石苣苔 *L. gamosepalus***
1. 花萼5全裂或裂至近基部。
 2. 退化雄蕊3；花冠淡紫色或白色；叶缘有牙齿或波状小齿 ……………………… **齿叶吊石苣苔 *L. serratus***
 2. 退化雄蕊2。
  3. 花萼外面密被短柔毛，具5条纵脉；花冠白色或淡紫色 ……………………… **墨脱吊石苣苔 *L. metuoensis***
  3. 花萼无毛或变无毛。
   4. 枝无毛或上部疏被贴伏短柔毛；花萼3纵脉；花冠深紫色 …………… **深紫吊石苣苔 *L. atropurpureus***
   4. 枝上部密被淡黄色短柔毛；花萼3～5纵脉；花冠白色或淡紫色，有紫色条纹 ……………………………………………………………………………………… **毛枝吊石苣苔 *L. pubescens***

5. 芒毛苣苔属 *Aeschynanthus*

分 种 检 索 表

1. 花形成有花序梗的聚伞花序；花萼5裂达基部；叶及花冠外面无毛。
 2. 花萼裂片卵形或宽线形，顶端圆形；花冠内面的口部及下唇基部有短柔毛 …… **芒毛苣苔 *A. acuminatus***
 2. 花萼裂片长圆形、线形或披针形，顶端渐变狭。
  3. 苞片不呈红色，花萼红色，裂片线形；花冠内面上部被极短的腺毛 …… **尾叶芒毛苣苔 *A. stenosepalus***
  3. 花序苞片发育，与花萼均呈红色。
   4. 茎无毛；花冠檐部具红色晕斑，筒部有浅色条纹；花冠长5.5～8cm ……… **华丽芒毛苣苔 *A. superbus***
   4. 茎有毛或无；花冠筒部无浅色条纹；花冠长4.2cm以下。
    5. 茎被开展的锈色柔毛；叶线形或狭线形……………………………… **狭叶芒毛苣苔 *A. angustissimus***
    5. 茎无毛；叶不为线形。
     6. 叶狭卵形；花冠外面及内面均无毛，边缘有稀疏短柔毛………………… **显苞芒毛苣苔 *A. bracteatus***
     6. 叶倒披针状线形；花冠外面无毛，内面上部疏被短腺毛 ……………… **条叶芒毛苣苔 *A. linearifolius***
1. 花1至数朵簇生叶腋或茎顶端；花萼5深裂或5浅裂，有明显萼筒；茎和叶无毛。
 7. 花冠较小，长2～3cm。
  8. 花萼外面无毛；花簇生茎顶端；花冠裂片上有黑色斑；叶披针形 ………… **具斑芒毛苣苔 *A. maculatus***
  8. 花萼外面有毛；花数朵生于枝顶；花冠下唇裂片下有腺体；叶长圆形…… **墨脱芒毛苣苔 *A. medogensis***
 7. 花冠较大，长5cm左右。
  9. 花萼外面有毛，长7～8mm，5裂近至稍超过中部 ……………………………… **毛花芒毛苣苔 *A. lasiocalyx***
  9. 花萼外面无毛；花数朵生于枝顶。
   10. 叶片革质，叶形变化大，侧脉每边4～5条 ……………………………………… **大花芒毛苣苔 *A. mimetes***

10. 叶片草质；椭圆形，侧脉每边 6 ~ 7 条…………………………………… **长花芒毛苣苔 *A. dolichanthus***

一百二十、狸藻科 Lentibulariaceae

1. 捕虫堇属 *Pinguicula*

高山捕虫堇 *P. alpina*

多年生捕虫植物，根多数。叶 3 ~ 13 枚基生呈莲座状，脆嫩多汁；叶片披针形至长圆状椭圆形，长 1.5 ~ 3cm，边缘全缘并内卷，上面密生多数分泌黏液的腺毛。花莛 1 至数条，顶生 1 花，花白色或黄色，且下唇内面有黑色小点；上唇 3 浅裂，下唇 2 浅裂；雄蕊 2，生于花冠下方内面的基部。产于察隅、米林、定结，生于海拔 4000 ~ 4500m 的山谷沼泽地或杜鹃林下。

一百二十一、爵床科 Acanthaceae

分属检索表

1. 藤本，稀直立；2 小苞片佛焰苞状；花萼退化仅存一边环或小齿；对生叶等大 …… **山牵牛属 *Thunbergia***
1. 草本或半灌木；对生叶不等大；花萼显著 ……………………………………………… **马蓝属 *Strobilanthes***

1. 山牵牛属 *Thunbergia*

红花山牵牛 *T. coccinea*

攀缘灌木。茎及枝条具明显或不太明显的 9 棱。叶片宽卵形、卵形至披针形，长 8 ~ 15cm，先边缘波状或疏离的大齿，脉掌状 5 ~ 7 出。总状花序顶生或腋生，长可达 35cm，下垂；苞片叶状无柄，每苞腋着生 1 ~ 3 朵花；花冠红色，花冠管和喉间缢缩，冠檐裂片近圆形，长 7mm。蒴果无毛。产于墨脱，生于海拔 800 ~ 900m 一带的路边或阔叶林中。

2. 马蓝属 *Strobilanthes*

分种检索表

1. 叶柄明显，无假翅；苞片通常比花萼长或与其等长，大多宿存；花序常头状。
 2. 苞片被微柔毛，与花萼等长；小苞片长为花萼之半；花冠深蓝色(产于米林) …… **头花马蓝 *S. capitata***
 2. 苞片无毛，长于花萼；小苞片微小；花冠紫红色(产于排龙) ……………… **球花马蓝 *S. dimorphotricha***
1. 叶柄向上渐增大成翅状；苞片通常比花萼短，常早落；花序不短缩为头状。
 3. 花萼无毛但通常在裂片先端多少被腺毛；花冠淡紫或蓝紫色(产于通麦)…… **翅柄马蓝 *S. atropurpurea***
 3. 花萼明显被具节柔毛；花冠白色至全蓝色(产于东久) ……………………………… **变色马蓝 *S. versicolor***

一百二十二、车前科 Plantaginaceae

1. 车前属 *Plantago*

分种检索表

1. 植株具圆柱状直根。
 2. 胚珠 2；叶脉 3 条 ……………………………………………………………………………… **小车前 *P. minuta***

2. 胚珠5；叶脉5~7条 …………………………………………………………………… **平车前 *P. depressa***
1. 植株为须根系，无圆柱状直根；胚株6~8至多数；叶脉(3)5~7。
3. 胚珠12~48；花无柄 ………………………………………………………………… **大车前 *P. major***
3. 胚珠7~15(18)；花具短柄。
4. 穗状花序较密，或下部较疏上部密；龙骨突在萼片上不达顶端；种子通常5~6 …… **车前 *P. asiatica***
4. 穗状花序稀疏，龙骨突在萼片上直达顶端；种子通常6~15 ………… **疏花车前 *P. asiatica* ssp. *erosa***

一百二十三、茜草科 Rubiaceae

分属检索表

1. 子房每室多数胚株。(金鸡纳亚科)
2. 蒴果，室间开裂为2果爿；花萼裂片近叶状，较小；花冠裂片镊合状排列 …………… **滇丁香属 *Luculia***
2. 肉质浆果。
3. 花萼顶部常5~8裂，裂片大小相等；花冠裂片旋转排列(栽培) ……………………… **栀子属 *Gardenia***
3. 花萼裂片5枚，其中1枚极发达，呈大型花瓣状；花冠裂片镊合状排列 ……… **玉叶金花属 *Mussaenda***
1. 子房每室1枚胚珠。(茜草亚科)
4. 花冠裂片旋转排列；花单生叶腋；浆果(栽培植物) …………………………………… **咖啡属 *Coffea***
4. 花冠裂片镊合状排列。
5. 胚珠着生于子房室的基部，直立；蒴果5爿裂 ……………………………… **野丁香属 *Leptodermis****
5. 胚珠着生于隔膜的中部。
6. 托叶非叶状，远较叶为小；核果具1~4分核；有刺灌木；花4数，腋生……… **虎刺属 *Damnacanthus***
6. 托叶叶状；草本；叶多枚轮生。
7. 花5数；果肉质……………………………………………………………………… **茜草属 *Rubia****
7. 花4数；果干燥，常被钩毛 …………………………………………………… **拉拉藤属 *Galium****

1. 滇丁香属 *Luculia*

分种检索表

1. 花冠裂片间的内面基部无2个片状附属物；萼管被疏柔毛 ……………………… **馥郁滇丁香 *L. gratissima***
1. 花冠裂片间的内面基部有2个片状附属物；萼管无毛或有秕糠状疏毛或疏柔毛……… **滇丁香 *L. pinceana***

2. 栀子属 *Gardenia*

栀子 *G. jasminoides*

灌木，高0.3~3m。叶对生，少为3枚轮生，革质，叶形多样，两面常无毛，侧脉8~15对；托叶膜质。花芳香，通常单朵生于枝顶；萼檐管形，膨大，顶部5~8裂，通常6裂，结果时增长，宿存；花冠白色或乳黄色，高脚碟状，喉部有疏柔毛，冠管狭圆筒形，顶部5至8裂，通常6裂，裂片广展。果黄色或橙红色，有翅状纵棱5~9条，顶部的宿存萼片长达4cm。花期3~7月，果期5月至翌年2月。西藏东南部习见室内栽培观花花卉。

3. 玉叶金花属 *Mussaenda*

墨脱玉叶金花 *M. decipiens*

直立灌木，高1~2m。小枝被长柔毛。叶对生，纸质，椭圆形，长13~15cm，顶端渐尖，基部狭楔形且下延，侧脉7~9对；托叶线状披针形，2深裂，密被长柔毛。多歧聚伞花序顶生，花疏生，近无柄；花萼管陀螺形，长约5mm；花叶白色，椭圆形，长7.5cm，有纵脉5条；花冠管圆筒形，中部略膨大，花冠裂片黄色，有龙骨状凸起，顶端长尾状，外面疏被长柔毛，内面密被橙黄色小疣突；雄蕊着生于冠管中部之下。浆果球形。花期8月。产于墨脱，生于海拔860～1700m的灌丛或林内。

4. 野丁香属 *Leptodermis*

分种检索表

1. 小苞片有明显的紫色脉纹；小苞片明显长于花萼。
 2. 假种皮与种皮分离；枝条柔软，常俯垂 ·········· **柔枝野丁香 *L. gracilis***
 2. 假种皮与种皮黏合；枝条劲直或多枝刺状小枝。
  3. 叶片两面被糙毛；花冠筒外面也密被糙毛；花同型 ·········· **野丁香(糙毛野丁香) *L. potaninii***
  3. 叶片疏被柔毛，花冠筒外面也无糙毛或疏被柔毛；花二型 ······ **枝刺野丁香 *L. pilosa* var. *acanthoclada***
1. 小苞片无明显的紫色脉纹；小苞片明显短于萼筒。
  4. 雄蕊生花冠管中部；花常3朵以上簇生，呈假头状花序状，花同型 ·········· **管萼野丁香 *L. ludlowii***
  4. 雄蕊生花冠管檐部；花常单生或2～3朵簇生，花二型 ·········· **高山野丁香 *L. forrestii***

5. 虎刺属 *Damnacanthus*

虎刺 *D. indicus*

多枝有刺灌木，高1～1.5m。枝屈曲，二歧分支，节上托叶腋常生1针状刺。叶对生，常大小叶对相间。花白色，1～2朵腋生，花4数，白色，花冠筒漏斗形，长约1cm。核果红色，球形，有1～2个分支。产于波密(通麦)、墨脱、察隅，生于海拔2000～2500m的常绿阔叶林下。

6. 茜草属 *Rubia*

分种检索表

1. 直立草本；叶有柄；叶薄纸质或膜质；基出脉5～7条，在上面微凸(产于墨脱) ······································ **中国茜草 *R. chinensis***
1. 攀缘藤本；叶纸质或膜质，顶端渐尖或短尖。
 2. 茎具紫红色的髓和节；叶顶端长渐尖或尾尖；花冠红色或紫红色；果暗红色 ·········· **梵茜草 *R. manjith***
 2. 茎具白色的髓，节部亦不变红，基出脉3～5。
  3. 花冠裂片长3～4mm，顶端尾状长渐尖；叶脉上无皮刺；花冠紫红色 ·········· **金线草 *R. membranacea***
  3. 花冠裂片长1.3～2mm，顶端短尖或渐尖；掌状叶脉具倒生皮刺；花冠白色、淡黄色、紫红色。
   4. 果成熟时橙黄色；花冠淡黄色 ·········· **茜草 *R. cordifolia***
   4. 果成熟时黑色；花冠紫红色、绿黄色或白色 ·········· **多花茜草 *R. wallichiana***

7. 拉拉藤属 *Galium*

分种检索表

1. 单花或聚伞花序腋生；叶具1脉。
 2. 花序含单花，茎中部叶每轮4，不等大；有时每轮仅2枚叶片 ·········· **单花拉拉藤 *G. exile***
 2. 花序含花3～5(稀1)，花梗明显伸长，茎中部叶每轮(4)6～8枚。
  3. 直立或蔓生小草本，叶小，长不过10mm；果梗拱形下弯 ·········· **麦仁珠 *G. tricornum***

3. 攀缘草本；叶长达 3. 5cm，两面散生短毛或无毛；果梗长达 2cm，直立。
4. 植株高 30 ~ 90cm ······ **原拉拉藤 *G. aparine***
4. 植株高不及 30cm ······ **猪殃殃 *G. aparine* var. *tenerum***
1. 聚伞花序顶生和茎枝上部腋生，排成顶生圆锥序式；果梗极短。
5. 叶片宽大，不为线形，茎中部叶每轮 2 ~ 4 枚；叶 3 ~ 5 脉。
6. 直立草本；叶明显具柄，长达 1cm；叶长达 2. 5cm，羽状侧脉 2 ~ 3 对 ······ **林猪殃殃 *G. paradoxum***
6. 蔓生草本；叶无柄或近无柄，基出脉 3，稀 5。
7. 叶片背面无腺窝；薄纸质，顶端钝圆而有小尖头 ······ **三脉猪殃殃 *G. kamtschaticum***
7. 叶片背面有淡黄色圆形腺窝，坚纸质；顶端渐尖 ······ **小红参 *G. elegans***
5. 叶片狭长或细小，茎中部叶每轮 4 ~ 6 枚以上；叶脉 1 条。
8. 叶 4 枚轮生，细小，革质，边缘反卷，上表面有细小凸起及条状腺皱 ······ **腺叶拉拉藤 *G. glandulosum***
8. 叶每轮 6 枚以上。
9. 直立矮小草本；叶线形。
10. 叶长 1. 5 ~ 3cm，边缘极反卷，6 ~ 10 枚轮生 ······ **蓬子菜 *G. verum***
10. 叶长 1cm 左右，两头渐狭，边缘微反卷，4 ~ 8 枚轮生，常 6 枚轮生。
11. 叶片下面有倒向刺毛 ······ **小叶葎 *G. asperifolium* var. *sikkimense***
11. 叶片下面有开展的刚毛 ······ **刚毛小叶葎 *G. asperifolium* var. *setosum***
9. 蔓生或攀缘草本；叶不为线形。
12. 果密被白色钩毛，花序少花；叶 6 枚轮生 ······ **六叶葎 *G. asperuloides* var. *hoffmeisteri***
12. 果无毛，花序少至多花；基部叶较大，叶背苍白色，密被硬毛 ······ **楔叶葎 *G. asperifolium***

一百二十四、忍冬科 Caprifoliaceae

分属检索表

1. 花柱短或近于无，柱头常 2 ~ 3 裂；花冠整齐，不具蜜腺；花药外向或内向；茎干有皮孔。
2. 花药外向；叶为奇数羽状复叶；核果具核 3 ~ 5 枚 ······ **接骨木属 *Sambucus*** *
2. 花药内向；叶为单叶；核果具核 1 枚 ······ **荚蒾属 *Viburnum*** *
1. 柱头大多为头状，稀分裂；花冠整齐或不整齐，有蜜腺；花药内向；茎干不具皮孔，但常纵裂；单叶。
3. 子房由能育和败育的心皮所构成，能育心皮各内含 1 胚珠；果实不开裂，具 1 ~ 3 种子。
4. 多年生草本；雄蕊 5 枚；核果有核 3 枚，内果皮质地坚厚 ······ **莛子藨属 *Triosteum*** *
4. 落叶灌木；雄蕊 4 枚，等长或 2 强；瘦果状核果有核 1 枚，冠以宿存的翅状萼裂片 ······ **六道木属 *Zabelia***
3. 子房的心皮全部能育，各心皮内含多数胚珠；果实开裂或不开裂，具若干至多数种子。
5. 果实为两瓣裂的蒴果，圆柱形，具多数种子；花冠稍不整齐或近整齐，蜜腺棍棒状；对生两叶基部不连合（栽培）······ **锦带花属 *Weigela*** *
5. 果实为不开裂的浆果，圆形、近圆形或长卵圆形，具若干至多数种子；花冠整齐至不整齐或明显两唇形，蜜腺非棍棒状；对生两叶有时基部连合。
6. 并生 2 花的萼筒完全分离；花冠整齐，基部不肿大，也无囊；花序下无合生的叶片 ······ **鬼吹箫属（风吹箫属）*Leycesteria*** *
6. 并生 2 花的萼筒常部分至全部连合，花冠整齐至两唇形，基部常一侧肿大或具囊；双花的总梗通常腋生；若集合成头状或轮生，则复合花序下轮以合生的叶片 ······ **忍冬属 *Lonicera*** *

1. 接骨木属 *Sambucus*

分 种 检 索 表

1. 花序具杯形不孕性花；小叶全部柄生，叶轴两侧小叶基部绝不联合；根非红色 ……… **接骨草 *S. javanica***
1. 花序全为两性花；叶轴上具退化的托叶，上部两侧小叶基部下延而联合；根红色……… **血满草 *S. adnata***

2. 荚蒾属 *Viburnum*

分 种 检 索 表

1. 冬芽裸露，植株体被簇状毛而无鳞片；果实成熟时由红色转为黑色；落叶。
 2. 花序具总梗，花冠裂片短于筒部；果核有 2 条背沟和 3 条腹沟；叶缘具稀锯齿或近全缘，侧脉 5 ~ 6 对 ………………………………………………………………………………………… **黄栌叶荚蒾 *V. cotinifolium***
 2. 花序无总梗，花冠裂片长为筒部的 2 倍；果核有 1 条背沟和 1 条腹沟；叶缘具圆钝锯齿，稀尖锯齿，侧脉 8 ~ 10 对 ……………………………………………………………… **显脉荚蒾(心叶荚蒾)*V. nervosum***
1. 冬芽具鳞片，果实成熟时红色或亮蓝黑色，或由红色转为黑色；落叶或常绿。
 3. 冬芽具 1 对鳞片；常绿或落叶；复伞形聚伞花序或为穗状或总状花序组成的圆锥花序。
  4. 常绿；成熟果实亮蓝黑色，果核具 1 条浅而窄的腹沟；羽状脉，侧脉 5 ~ 8 对 ……………………………………………………………………………………………………… **蓝黑果荚蒾 *V. atrocyaneum***
  4. 落叶；成熟果实不为亮蓝色。
   5. 复伞形聚伞花序，或因圆锥花序的主轴缩短而近似伞房式；叶脉为弧形脉。
    6. 花药紫色；果核有 1 条浅腹沟和 2 条浅背沟；复伞形聚伞花序；叶革质；花冠钟状，裂片直立；叶脉 3 ~ 5(8)对 ……………………………………………………………… **水红木 *V. cylindricum***
    6. 花药黄白色；果核有 1 条深腹沟；圆锥花序花梗短缩呈复伞房式；叶厚纸质；花冠漏斗状，裂片平展；叶脉 4 ~ 6 对(滇缅荚蒾、墨脱荚蒾、西藏荚蒾已归并) …………………… **红荚蒾 *V. erubescens***
   5. 花序为穗状或总状花序组成的圆锥花序；果核具 1 枚上宽下窄的深腹沟；羽状脉，稀弧曲。
    7. 花冠辐状，花冠裂片长为筒部的 2 倍；侧脉 5 ~ 6 对，近叶缘处弯曲而相互网结，不直达齿端(产于墨脱) ……………………………………………………………………… **腾越荚蒾 *V. tengyuehense***
    7. 花冠漏斗形或高脚蝶形，花冠裂片短于筒部。
     8. 叶侧脉大部分直达齿端，侧脉 4 ~ 6 对；叶纸质；花药黄色 ………………… **红荚蒾 *V. erubescens***
     8. 叶侧脉大部分在近叶缘时互相网结，侧脉 5 ~ 6 对；叶革质；花梗、萼片花药均紫红色 ………… ……………………………………………………………………………… **少花荚蒾 *V. oliganthum***
 3. 冬芽具 2 对鳞片；落叶；复伞形聚伞花序或近簇生状。
  9. 叶具掌状脉，3 ~ 5 裂；复伞形聚伞花序 ……………………………………………… **甘肃荚蒾 *V. kansuense***
  9. 叶片不分裂，多具有羽状脉，有时近基部 1 对侧脉近似三出脉或离基三出脉。
   10. 花序紧缩成近簇生状，花期总梗极短，后渐伸长；先花后叶；雄蕊着生于花冠筒的中部以下不同高度；侧脉 6 ~ 10 对 ……………………………………………………………… **大花荚蒾 *V. grandiflorum***
   10. 复伞形聚伞花序具长总梗；先叶后花。
    11. 叶侧脉 2 ~ 4 对，基部 1 对侧脉常作离基三出脉状；花冠裂片长于花冠筒；雄蕊与花冠筒等长或略高出。
     12. 枝非披散状；小枝不呈蜿蜒状，总花梗(0.5)2 ~ 5cm ………………………… **臭荚蒾 *V. foetidum***
     12. 枝披散；小枝蜿蜒状，总花梗极短，最长 2cm ………… **直角荚蒾 *V. foetidum* var. *rectangulatum***
    11. 叶侧脉(5)6 ~ 8 对，羽状，基部 1 对偶有类似离基三出脉。
     13. 叶柄近基部常有 1 对钻形小托叶；花冠裂片长于冠筒；叶似白桦叶 …… **桦叶荚蒾 *V. betulifolium***

13. 无托叶；裂片与花冠筒几等长；叶片椭圆形，常长尾状渐尖。
14. 当年生小枝密被簇生短茸毛 …………………………………………………… **西域荚蒾 *V. mullaha***
14. 当年生小枝近无毛………………………………………… **少毛西域荚蒾 *V. mullaha* var. *glabrescens***

3. 莛子藨属 *Triosteum*

穿心莛子藨 *T. himalayanum*

多年生，高40～80cm。茎通常单一，稀顶部具分支，全体密被长刺毛和腺毛。单叶，5～7对交互对生，相对之叶基部连合而使连合的两叶呈草履形，茎贯穿其中；每侧叶片倒卵形，顶端渐尖，上面密被长刺毛，下面脉上较密。轮伞穗状花序顶生，2～5轮，每轮有花6朵；花冠黄绿色，筒内紫褐色；花冠管基部弯曲且一侧膨大呈囊状，先端二唇形，不等4/1式5裂，长达16mm；雄蕊5，着生于花冠筒中部。浆果状核果，成熟后红色，直径1～1.5cm，具3核。花期5～6月，果期6～10月。产于郎县、米林、林芝、亚东等地，生于海拔2800～3700m的针叶林下，或灌丛、潮湿山坡、沟谷中。

4. 六道木属 *Zabelia*

分 种 检 索 表

1. 萼裂片5，花单生侧枝顶端叶腋；叶椭圆形，长1.5～3cm ……………………………………………………………………………………………… **醉鱼草状六道木(假醉鱼草) *Z. buddleioides***
1. 萼裂片4，具短总梗之双花生于叶腋；叶卵状披针形，长3～6cm …………………… **南方六道木 *Z. dielsii***

5. 锦带花属 *Weigela*

锦带花 *W. florida*

落叶灌木，高达1～3m。幼枝稍四方形，有2列短柔毛；树皮灰色。芽顶端尖，具3～4对鳞片，常光滑。叶矩圆形、椭圆形至倒卵状椭圆形，长5～10cm，顶端渐尖，基部阔楔形至圆形，边缘有锯齿，上面疏生短柔毛，脉上毛较密，下面密生短柔毛或茸毛，具短柄至无柄。花单生或成聚伞花序生于侧生短枝的叶腋或枝顶；萼筒长圆柱形，疏被柔毛，萼齿长约1cm，不等，深达萼檐中部；花冠紫红色或玫瑰红色，长3～4cm，直径2cm，外面疏生短柔毛，裂片不整齐，开展，内面浅红色；花丝短于花冠，花药黄色；子房上部的腺体黄绿色，花柱细长，柱头2裂。果实长1.5～2.5cm，顶有短柄状喙，疏生柔毛。种子无翅。花期4～6月。观赏植物，西藏农牧学院校内有栽培。

6. 鬼吹箫属 *Leycesteria*

分 种 检 索 表

1. 穗状花序每节具6朵花；对生叶基部无托叶(狭萼鬼吹箫已归并，产于林芝、波密) … **鬼吹箫 *L. formosa***
1. 穗状花序每节仅具2朵花。(产于墨脱)
2. 叶背仅中脉和侧脉疏生短糙伏毛；总花梗基部无小形叶；果实由红变蓝紫色 …… **纤细鬼吹箫 *L. gracilis***
2. 叶背被糙毛组成的灰白色毡毛；对生叶基部有托叶；果实黄绿色 ………… **西域鬼吹箫 *L. glaucophylla***

7. 忍冬属 *Lonicera*

分 种 检 索 表

1. 攀缘灌木；聚伞花序短缩成头状生于小枝顶端，花冠 4/1 二唇形；果蓝黑色 …… **淡红忍冬 *L. acuminata***
1. 直立灌木，稀细弱平卧；花冠近辐射对称或 4/1 二唇形；果实红色、橘红色、蓝黑色、黑色。
 2. 小枝髓部黑色，后变中空；相邻 2 萼筒分离，萼檐全裂为 2 瓣或仅 1 侧撕裂 ……… **毛花忍冬 *L. trichosantha***
 2. 小枝髓部白色而充实；相邻 2 萼筒分离或连合，萼檐具萼齿 5 枚。
  3. 花冠筒基部不肿胀，无袋囊，冠筒长度超过花冠裂片；花冠裂片 5，近相等，决不二唇形。
   4. 对生或 3 叶轮生；萼齿披针形；相邻 2 萼筒完全连合；花具香气；花冠管长不足 1cm …………………………………………………………………… **红花岩生忍冬(红花矮小忍冬) *L. rupicola* var. *syringantha***
   4. 叶全部对生；萼齿卵形或卵状三角形；相邻 2 萼筒连合至中部；花冠管长 1.5 ~ 2cm …………………………………………………………………………… **越橘叶忍冬 *L. angustifolia* var. *myrtillus***
  3. 花冠筒基部一侧多少肿胀或成袋囊状。
   5. 冬芽仅有 1 对连合的、有皱褶的外鳞片。
    6. 花丝极短，着生于花冠筒下部，雄蕊完全内藏；叶全缘或具不规则浅裂；先花后叶，花芳香 ……………………………………………………………………………………… **齿叶忍冬 *L. setifera***
    6. 花丝着生在花冠筒上部，雄蕊通常超过花冠筒；叶全缘。
     7. 果实蓝黑色；相邻 2 萼筒基部连合…………………………………………… **微毛忍冬 *L. cyanocarpa***
     7. 果实红色；相邻 2 萼筒分离或仅基部连合 ………………………………………… **刚毛忍冬 *L. hispida***
   5. 冬芽有 2 至多对外鳞片；小苞片分离或连合，有时缺如，如合生成杯状，则外面不具腺毛。
    8. 花冠裂片呈 4/1 式二唇形；内芽鳞在小枝伸长时增大。
     9. 冬芽具 4 棱角，小苞片卵形，中部以上连合；果黑色 ……… **黑果忍冬(柳叶忍冬) *L. lanceolata***
     9. 冬芽不具 4 棱角，小苞片条形，完全分离；果红色 ……………………… **华西忍冬 *L. webbiana***
    8. 花冠具 5 枚近相等的裂片，裂片短于筒部。
     10. 花药顶端明显伸出花冠筒，有时也伸出花冠裂片外 ……………………… **袋花忍冬 *L. saccata***
     10. 花药内藏于花冠筒或最多达花冠筒裂片基部，绝不伸出花冠筒；果橙色至红色。
      11. 苞片宽大，卵形至矩圆状披针形，长为萼筒的 2 ~ 3 倍；总花梗 2mm 或无……………………………………………………………………………………… **理塘忍冬 *L. litangensis***
      11. 苞片狭小，披针形或条形，短于萼筒或稍长；总花梗长达 1.5 ~ 4cm(杯萼忍冬已归并) …………………………………………………………………… **唐古特忍冬(陇塞忍冬) *L. tangutica***

一百二十五、五福花科 Adoxaceae

1. 五福花属 *Adoxa*

五福花 *A. moschatellina*

多年生矮小草本，高 8 ~ 15cm。根状茎横生，末端加粗。茎单一，纤细，无毛，有长匍匐枝。基生叶 1 ~ 3，为 1 ~ 2 回三出复叶；小叶片长 1 ~ 2cm，再 3 裂；茎生叶 2 枚，对生，3 深裂，裂片再 3 裂，叶柄长 1cm 左右。花序有限生长，5 ~ 7 朵花成顶生聚伞性头状花序，无花柄；花黄绿色，直径 4 ~ 6mm；顶生花的花萼裂片 2，侧生花的花萼裂片 3；花冠幅状，管极短，顶生花的花冠裂片 4，侧生花的花冠裂片 5；内轮雄蕊退化为腺状凸起，外轮雄蕊在顶生花为 4，在侧生花为 5，花丝 2 裂几至基部，花药单室，盾形，外向，纵裂；子房半下位至下位，花柱在顶生花为 4，侧生花为 5，基部连合，柱头 4 ~ 5，点状。核果。花期 4 ~ 7 月，果期7~8月。产于林芝(鲁朗、牙衣弄巴、县植物园址)、波密等地，生于海拔4000m一带的林下、林缘。

一百二十六、败酱科 Valerianaceae

分属检索表

1. 雄蕊3；花萼多裂，花时内卷不明显，果时伸长外展为翅状冠毛 ………………………… **缬草属 *Valeriana*** *
1. 雄蕊4，极少退化至1~3；萼齿5，直立或外展，果实非冠毛状。
  2. 花冠淡紫红色；萼齿明显，小苞片果时不呈圆翅状；根茎有松香味 ……………… **甘松属 *Nardostachys*** *
  2. 花冠黄色或白色；萼齿不明显；小苞片果时增大呈膜质圆翅状；根茎陈腐味 …………… **败酱属 *Patrinia***

1. 缬草属 *Valeriana*

分种检索表

1. 根茎粗厚，块柱状。
  2. 基生叶多为3~5(7)羽状全裂或浅裂，稀不裂，边缘具齿或全缘(产于鲁朗) … **长序缬草 *V. hardwickii***
  2. 基生叶不裂，边缘具疏浅波齿；根茎有浓烈香味(产于排龙) ………………………… **蜘蛛香 *V. jatamansi***
1. 根簇生，须根状，有时稍粗；花冠粉红色。
  3. 花冠高脚碟状，花冠筒狭长，长为花冠裂片的4~5倍(产于察隅) …………… **瑞香缬草 *V. daphniflora***
  3. 花冠筒漏斗状，花冠筒短，与花冠裂片几等长(产于鲁朗) ……………………… **小花缬草 *V. minutiflora***

2. 甘松属 *Nardostachys*

甘松(匙叶甘松) *N. jatamansi*

多年生草本。根状茎粗短，斜生，圆柱状，下面有粗硬根，密被叶鞘纤维。叶丛生，长匙形或长状倒披针形，顶端钝渐尖或圆，基部渐狭为柄，全缘，主脉平行3出；茎生叶2~4对，披针形，向上渐小。顶生聚伞花序密集成头状，花序下有总苞2~3对，每花有苞片1、小苞片2，花萼5齿裂；花冠筒状，顶端5裂；雄蕊4，子房下位，3室，其中一室发育为瘦果。产于林芝、朗县等地，生于海拔3100~5000m的高山湿润草地上。

3. 败酱属 *Patrinia*

秀苞败酱 *P. speciosa*

多年生草本，高10~30cm，根状茎细长。叶基生，长4~12cm，羽状深裂，基部下延成翅。花茎1~3，由叶丛抽出，被疏粗毛，苞片1~2对；密花聚伞花序顶生，花后分支常伸长成伞房花序，小苞片矩圆形，不等二浅裂，花萼齿短宽；花冠黄色，筒粗短，基部稍偏突，裂片5；雄蕊4枚，花柱常伸出花冠筒外。瘦果顶端有增大花萼，苞片长卵形，一侧常有1小裂片。花期7~8月，果期8~9月。产于察隅、波密、墨脱，生于海拔3100~3900m一带的山坡林缘。

一百二十七、刺参科 Morinaceae

分属检索表

1. 能育雄蕊4；植株非蓟状 ……………………………………………………… **刺续断属 *Acanthocalyx*** *

1. 能育雄蕊 2；植株蓟状 ·· **刺参属 *Morina*** *

1. 刺续断属 *Acanthocalyx*

分 种 检 索 表

1. 花冠粉红色或紫色；叶片椭圆形或线状披针形；花萼片长 7 ~ 15mm ············ **刺续断(刺参)*A. nepalensis***
1. 花冠白色或淡黄白色；叶片线形或线状披针形；花萼片长 4 ~ 7mm ········· **白花刺续断(白花刺参)*A. alba***

2. 刺参属 *Morina*

分 种 检 索 表

1. 花冠长 2 - 3cm，明显长于花萼，先端显著 5 浅裂；雄蕊生于花冠筒中部········· **黄花刺参 *M. coulteriana***
1. 花冠长不足 1cm，几被花萼包藏，先端不明显 2 或 4 浅裂；雄蕊生于花冠筒基部。
 2. 萼裂片 4，卵形，先端圆形；叶片浅裂 ·· **刺参 *M. chinensis***
 2. 萼裂片 6，狭卵形或卵状披针形，先端通常具刺；叶裂至中部 ······················ **青海刺参 *M. kokonorica***

一百二十八、川续断科 Dipsacaceae

分 属 检 索 表

1. 花序为疏松聚伞圆锥花序，有白色平展毛和腺毛；每花由 2 层副萼所包 ··············· 双参属 *Triplostegia* *
1. 花序为密集的头状花序；每花由 1 层副萼所包。
 2. 植株具刺；花序苞片顶端呈刺状或刚毛状；花萼仅具微齿 ································· 川续断属 *Dipsacus* *
 2. 植株无刺；花序苞片顶端非刺状或刚毛状；花萼分裂成 8 至多条冠毛 ············ 翼首花属 *Pterocephalus*

1. 双参属 *Triplostegia*

双参 *T. glandulifera*

植株高 20 ~ 60cm。茎上疏被柔毛。基生叶茎生叶同形，网状浅裂至深裂，稀不裂，具 1 ~ 5 对侧裂片，叶片长 3 ~ 10cm；叶柄长 1 ~ 5。花序长 5 ~ 20cm，花具副萼，花冠白色至粉色，雄蕊 4 枚。瘦果，长约 5mm。西藏东南部各县区广布，生于海拔 2400 ~ 3700m 山坡草地、林下灌丛中。

2. 川续断属 *Dipsacus*

分 种 检 索 表

1. 茎棱疏被钩刺和黄白色刺毛；叶羽状全裂；花常白色，头状花序直径 4cm 以上 ··· **大头续断 *D. chinensis***
1. 茎棱上疏具下弯粗硬刺；茎生叶常为 3 ~ 5 裂或羽状裂；头状花序直径小于 4cm。
 2. 叶面密被白色刺毛或乳头状刺毛，背面脉上密被刺毛；花白色或黄白色 ················· **川续断 *D. asper***
 2. 叶面疏被白色短刺毛或近无毛，背面脉上不具钩刺和刺毛；花深紫色 ········ **深紫续断 *D. atropurpureus***

3. 翼首花属 *Pterocephalus*

分 种 检 索 表

1. 叶片全缘至大头羽状深裂；冠毛白色，羽毛状 1，冠裂片 5 枚，稀 4 枚······ **叶翼首花(翼首花)P. *hookeri***

1. 叶片1～2回羽状深裂；冠毛红紫色，粗糙；花冠裂片4枚 ………………… 裂叶翼首花 ***P. bretschmeideri***

一百二十九、葫芦科 Cucurbitaceae

分属检索表

1. 花丝多少贴合成柱状；胚珠和种子少数或1枚，下垂生；叶片基部无腺体。(佛手瓜族)
 2. 子房3室或2室，每室具2胚珠；圆锥花序；花小型；果球形，径不超过8mm；叶鸟足状3～7(9)小叶(产于墨脱) ……………………………………………………………… 绞股蓝属 ***Gynostemma***
 2. 子房1室，具1胚珠；种子1枚；雄花序总状；雌花单生；花中等大；果倒卵形，长达20cm；叶片3～5浅裂(栽培) ……………………………………………………………… 佛手瓜属 ***Sechium*** *
1. 花丝分离或仅在基部联合，有时花药靠合；胚珠直立或下垂生。
 3. 雄蕊5，极稀3，若为3枚则药室S形折曲；种子多下垂生。(藏瓜族)
  4. 胚珠和种子水平生，果实不开裂；叶多为卵状心形(极稀鸟足状)；种子无翅。
   5. 雄蕊5，药室通直；卷须仅在分歧点之上旋卷；叶缘有明显锯齿 ……………… 赤瓟属 ***Thladiantha*** *
   5. 雄蕊3，药室S形折曲；卷须在分歧点之下开始旋卷；叶全缘或波状(栽培) ……… 罗汉果属 ***Siraitia***
  4. 胚珠和种子下垂生；果实开裂或不裂；雄蕊5。(产于墨脱)
   6. 果实不开裂；花萼比花冠长；木质藤本 ……………………………………… 藏瓜属 ***Indofevillea***
   6. 果实盖裂或顶端3裂缝开裂。
    7. 果由近中部盖裂；种子无翅；叶三角形，3裂 ……………………………… 盒子草属 ***Actinostemma***
    7. 果从顶端3裂缝开裂；种子顶端具膜质翅；3小叶复叶；木质藤本………… 棒锤瓜属 ***Neoalsomitra***
 3. 雄蕊3。
  8. 花药之药室通直或稍弓曲(极稀之字形折曲)。(马㼎儿族)
   9. 卷须不分歧，退化雄蕊3；药室弧曲或之字形折曲；果实不裂；具块状根…………… 茅瓜属 ***Solena*** *
   9. 卷须2歧；无退化雄蕊；药室直；果3纵爿裂；无块状根；叶卵状心形。
    10. 叶缘稍有波状小齿；萼筒伸长，比萼部长得多(产于墨脱) ……………………… 三棱瓜属 ***Edgaria***
    10. 叶5～7浅裂至中裂或稀不分裂，边缘有不规则锯齿；萼筒不伸长 ………… 裂瓜属 ***Schizopepon*** *
  8. 花药之药室S形折曲或多回折曲。(南瓜族)
   11. 花冠裂片流苏状。
    12. 果具多数种子；花冠裂片流苏长不到7cm …………………………………… 栝楼属 ***Trichosanthes*** *
    12. 果实含6枚能育种子；花冠裂片流苏长达15cm；木质藤本(产于墨脱) ……… 油渣果属 ***Hodgsonia***
   11. 花冠裂片全缘，不为流苏状。
    13. 花冠钟状，5裂片仅达花冠中部或中部之上(栽培) ………………………………… 南瓜属 ***Cucurbita*** *
    13. 花冠具5片分离的花瓣或深5裂。
     14. 雄花萼筒短，钟状、杯状或短漏斗状；雄蕊常伸出(栽培)。
      15. 花梗具兜状苞片；果表面常有明显的瘤状凸起；果3纵爿裂 ………………… 苦瓜属 ***Momordica***
      15. 花梗无苞片；果实成熟后不开裂或顶端盖裂。
       16. 雄花组成总状花序；果熟后变干燥，里面呈网状纤维，顶端盖裂 …………… 丝瓜属 ***Luffa***
       16. 雄花单生或簇生；果成熟后不裂。
        17. 花萼裂片叶状，有锯齿，反折 …………………………………………… 冬瓜属 ***Benincasa*** *
        17. 花萼裂片钻形，全缘，不反折。
         18. 药隔不伸出；卷须2～3歧；叶羽状深裂 …………………………… 西瓜属 ***Citrullus*** *
         18. 药隔伸出；卷须不分歧；叶3～7浅裂 ……………………………… 黄瓜属 ***Cucumis*** *
     14. 雄花萼筒伸长，筒状或漏斗状；雄蕊不伸出。
      19. 果3纵爿裂；胚珠和种子下垂，少数 ………………………………… 波棱瓜属 ***Herpetospermum*** *

19. 果实不开裂(栽培)。
 20. 花黄色或白色；叶基部无腺体；雄花序总状；果橙红色 ………………… **金瓜属 *Gymnopetalum*** *
 20. 花白色；叶基部具 2 明显腺体；花单生；果黄色 ……………………………… **葫芦属 *Lagenaria*** *

1. 佛手瓜属 *Sechium*

佛手瓜 *S. edule*

茎攀缘，根块状；卷须粗壮，分 3 ~ 5 叉。叶片膜质，光滑，长宽均 10 ~ 20cm，常 3 ~ 5 浅裂。雌雄同株，花冠浅黄色；雄花 10 ~ 30 朵生于长 8 ~ 30cm 的总花梗上部成总状花序；雌花单生或双生，花冠辐射状。果实淡绿色，倒卵形，有 5 条纵沟；具 1 枚种子，种子大型，长达 10，宽 7cm，卵形，压扁。西藏东南部温室栽培蔬菜之一。

2. 赤爮属 *Thladiantha*

分 种 检 索 表

1. 雄花具大而显著的、覆瓦状排列的扇形苞片，先端锐裂，长 2cm(产于墨脱) …… **大苞赤爮 *T. cordifolia***
1. 雄花无覆瓦状排列的扇形苞片。
 2. 卷须不分叉；雄花有很小的苞片；子房密生淡黄色的腺质茸毛 ……………………… **长毛赤爮 *T. villosula***
 2. 卷须分 2 叉，雄花无苞片；子房密被黄褐色刺状刚毛(产于通麦) ……………………… **刚毛赤爮 *T. setispina***

3. 茅瓜属 *Solena*

分 种 检 索 表

1. 雌雄同株；叶掌状 5 深裂，裂片披针形；药室 2 回折曲(产于波密) …………………………………………………………………………………………………… **西藏茅瓜 *S. heterophylla* var. *napaulensis***
1. 雌雄异株；叶形多变；药室弧状弓曲，但不折曲(产于东久、通麦等地) …………… **茅瓜 *S. heterophylla***

4. 裂瓜属 *Schizopepon*

西藏裂瓜(波密裂瓜)*S. xizangensis*

攀缘草本。茎纤细，有棱沟，被稀疏柔毛，后变无毛。卷须分 2 叉，分叉之上卷曲。叶柄细，长 1 ~ 2(3)cm，近无毛；叶片膜质，长 2.5 ~ 5cm，宽 2 ~ 3.5cm。雄花序总状，长 2.5 ~ 7cm，淡黄绿色，花冠钟状，雄蕊 3 枚，花丝分离，花药靠合，1 枚 1 室，2 枚 2 室；子房宽卵形。果小，肉多。产于林芝(拉月)、波密(通麦)、墨脱，生于海拔 2200 ~ 2600m 的山坡灌丛、阔叶林中。

5. 栝楼属 *Trichosanthes*

分 种 检 索 表

1. 种子膨胀，3 室，中央室内有种仁，两侧室空；果圆形或椭圆形；叶纸质，阔卵形，全缘或 3 ~ 5 裂；常密被短而直的茸毛；具块根的多年生藤本；雌雄异株(产于通麦) …………………………………………………………………………………… **波叶栝楼 *T. cucumeroides* var. *dicoelosperma***
1. 种子压扁，1 室；叶片通常无密而短的茸毛；一年生或具块根的多年生藤本。
 2. 一年生；雌雄同株；果实圆柱形、扭曲，长达 1 ~ 2m(栽培) ………………………………… **蛇瓜 *T. anguina***
 2. 具块根的多年生藤本；雌雄异株；果实球形、椭圆形或卵状椭圆形。

3. 叶不裂，表面平滑无毛，近革质；花冠白色；果球形，果及果瓤橙黄色；种子三角状卵形，边缘具波状圆齿，中央具长椭圆形隆起窄带，两面均有较密皱纹………………………… **菝葜叶栝楼 *T. smilacifolia***
3. 叶面粗糙具圆糙点，常分裂或具三角状大齿；花冠白色或红色；果红色、橘红色，果瓤通常墨绿色；种子长方形或卵状椭圆形、扁平或臌胀，绝无缘齿。
4. 花红色；叶纸质，3～7 掌状深裂；种子两面平滑 …………………… **红花栝楼(大苞栝楼) *T. rubriflos***
4. 花白色。
5. 雄花苞片全缘；叶常具三角状大齿；花萼裂片线状披针形，全缘；果球形 …… **心叶栝楼 *T. cordata***
5. 雄花苞片开裂或有齿；叶片通常 3～7 浅裂至深裂。
6. 叶革质，常 3～5 浅裂；花萼裂片具 2～5 长锐重裂片；果卵球形 ………… **马干铃栝楼 *T. lepiniana***
6. 叶膜质或纸质，常 5～7 深裂；花萼裂片全缘；果长圆形…………………… **薄叶栝楼 *T. wallichiana***

6. 南瓜属 *Cucurbita*

分 种 检 索 表

1. 花萼裂片上部扩大呈叶状；瓜蒂明显扩大呈喇叭状；叶质软(栽培蔬菜) ………………… **南瓜 *C. moschata***
1. 花萼裂片上部不扩大呈叶状；瓜蒂增粗但不呈喇叭状；叶片质硬(栽培蔬菜) …………… **西葫芦 *C. pepo***

7. 苦瓜属 *Momordica*

分 种 检 索 表

1. 雌雄同株；雄花苞片生花梗中部及以下；果纺锤形至圆柱形，多瘤皱(栽培蔬菜) …… **苦瓜 *M. charantia***
1. 雌雄异株；雄花苞片生花梗顶端；果卵球形，密生具刺尖凸起(产于墨脱) … **木鳖子 *M. cochinchinensis***

8. 丝瓜属 *Luffa*

丝瓜 *L. aegyptiaca*

一年生攀缘状草本，无毛或被柔毛。茎柔弱，粗糙。卷须稍被毛，2～4 叉。叶通常掌状 5 裂。雌雄同株；雄花序总状，15～20 朵花生于 10～15cm 长的总花梗的顶端，花梗长 1～2cm；花萼筒宽钟形，被短柔毛；花冠黄色，直径 5～9cm，裂片矩圆形，雄蕊 5；子房长圆柱形，有柔毛，柱 3。果实圆柱形或纺锤形，长 15～20cm。果熟后果皮呈网状纤维状。西藏东南部习见栽培蔬菜之一。

9. 冬瓜属 *Benincasa*

冬瓜 *B. hispida*

一年生蔓生草本，茎密被黄褐色毛。卷须常分 2～3 叉。叶柄粗壮；叶片肾状近圆形，宽 10～30 cm，基部弯缺深，5～7 浅裂或有时中裂，两面生有硬毛。雌雄同株，花单生；花冠黄色；雄蕊 3 枚，分生；子房卵形或圆筒形，密生黄褐色硬毛，柱头 3，2 裂。果实长圆柱形或近球形，大型，有毛或白粉；种子卵形，白色或淡黄色，压扁。西藏东南部习见栽培蔬菜之一。

10. 西瓜属 *Citrullus*

西瓜 *C. lanatus*

一年生蔓生草本，茎被长柔毛。卷须 2 分叉。叶柄有长柔毛；叶片带白绿色，长 8～2cm，宽 5～15cm，深 3 裂，裂片又羽状 2 回浅裂或深裂，两面有短柔毛。雌雄同株，均单生；花冠淡黄色，辐射状；雄蕊3枚，近分生，药室S形折曲；子房卵形，密被长柔毛。果实大型，球形或椭圆形，果表面光滑；种子卵形，两面平滑。西藏东南部习见栽培蔬菜之一，有黄瓤、红瓤等品种。

11. 黄瓜属 *Cucumis*

分种检索表

1. 叶不分裂或5浅裂；果皮平滑无瘤状凸起；种子白色或黄白色(栽培水果) ························ **甜瓜 *C. melo***
1. 叶具5中裂；果皮通常有具刺尖的瘤状凸起；种子白色(栽培蔬菜) ···························· **黄瓜 *C. sativus***

12. 波棱瓜属 *Herpetospermum*

波棱瓜 *H. pedunculosum*

一年生蔓生草本，具疏柔毛或近无毛。茎纤细，有棱。叶柄有毛，长4~8(10)cm；叶片膜质，卵形，长6~12cm，宽4~9cm，先端毛状渐尖。雌雄异株；雄花序通常为单生花同一总状花序并生，退化雌蕊线状钻形。果实宽长圆形，长7~8cm；种子淡灰色，长圆状，顶端不明显3裂。花期7~9月。产于林芝、波密、错那等地，生于海拔2300~3500m的路边、山坡灌丛中；已有人工栽培。

13. 金瓜属 *Gymnopetalum*

金瓜 *G. chinense*

多年生草质藤本，根近木质。叶片膜质，卵状心形，五角形或3~5中裂，长、宽均4~8cm，中间裂片较大，边缘有不规则的疏齿。卷须纤细，不分歧或2歧，近无毛。雌雄同株，花冠白色；雄花单生或3~8朵生于总状花序，每朵花常具一叶状苞片；雌花单生，柱头3。果实各型，橙红色，光滑，具10条凸起的纵肋；种子有网纹。花期7~9月，果期9~12月。西藏东南部偶见观赏栽培。

14. 葫芦属 *Lagenaria*

葫芦 *L. siceraria*

一年生攀缘草生，茎生软黏毛。卷须分2叉。叶柄顶端有2腺体；叶片卵状形或肾状卵形，长10~35cm，不分裂或稍浅裂，边缘有小齿。雌雄同株，花白色；花单生，雄花萼筒漏斗状，长约2cm，雄蕊3枚；雌花花萼花冠同雄花。瓠果多为哑铃状，上部大于下部，中间缢缩，果实成熟后变木质；种子白色。西藏东南部可见温室栽培观赏。另有一变种：瓠子 *L. siceraria* var. *hispida*，为该区域温室习见栽培蔬菜之一，主要区别是果实粗细匀称而呈圆柱状，直或稍弓曲，长可达60~80cm。

一百三十、桔梗科 Campanulaceae

分属检索表

1. 花冠两侧对称；雄蕊合生，与花冠离生，且伸出花冠；子房下位(半边莲亚科) ········· **半边莲属 *Lobelia***
1. 花冠辐射对称；雄蕊离生。(桔梗亚科)
  2. 浆果，顶端平钝；子房下位，果期宿存具分支状细长齿的萼片。
    3. 缠绕草本；花萼裂片卵状三角形或卵状披针形，边缘全缘(产于墨脱) ········· **金钱豹属 *Campanumoea***
    3. 直立草本；花萼裂片线形或线状披针形，边缘具牙齿，很少全缘 ······················ **轮钟花属 *Cyclocodon***
  2. 果为蒴果或不开裂的干果，顶端常尖锐。

4. 果不开裂；花单生叶腋，花梗细长；小草本 ………………………………………… **袋果草属 *Peracarpa***
4. 果为开裂的蒴果，花一般顶生。
5. 果在顶端由整齐的裂瓣开裂。
6. 子房上位，茎直立或上升，花冠筒状或筒状钟形……………………………… **蓝钟花属 *Cyananthus*** *
6. 子房下位或半下位。
7. 花有5个与雄蕊互生的上位腺体；缠绕草本；花冠筒状 ………………………… **细钟花属 *Leptocodon***
7. 花无上位腺体；茎直立或缠绕；花冠筒状或钟状，稀辐状。
8. 柱头3裂，蒴果室背3裂；花单生；茎直立或缠绕 ……………………………… **党参属 *Codonopsis*** *
8. 柱头5裂，蒴果室背5裂；花常集成花序状；茎直立(栽培)……………………… **桔梗属 *Platycodon***
5. 果在侧面(在花萼裂片以下部分)开裂。
9. 有筒状或环状节筋围绕花柱基部，蒴果在基孔裂；花冠最多裂至中部………… **沙参属 *Adenophora*** *
9. 无花盘；蒴果在基部、中部或顶端孔裂；花冠常深裂至基部 …………………… **风铃草属 *Campanula*** *

1. 半边莲属 *Lobelia*

分 种 检 索 表

1. 蒴果，顶端室背2瓣裂；子房和蒴果顶端圆锥状渐尖；果梗长不及果实1倍。
2. 花萼裂片全缘；小苞片着生于花梗基部；茎高20~30cm，小草本 …………… **短柄半边莲 *L. alsinoides***
2. 花萼裂片疏具小齿；小苞片不着生于花托基部；半灌木状草本(产于墨脱) …… **微齿山梗菜 *L. doniana***
1. 浆果；子房和果实顶端近于平截形；果梗长为果径的1倍以上。(产于墨脱)
3. 平卧草本，节上生根；叶卵圆形，长0.8~1.6cm；花萼裂片有齿，直伸……… **铜锤玉带草 *L. nummularia***
3. 直立草本，茎粗壮；花萼裂片条形，全缘，弓曲或反折(西藏紫锤草已归并) …… **山紫锤草 *L. montana***

2. 金钱豹属 *Campanumoea*

藏南金钱豹 *C. inflata*

缠绕草本。叶互生，卵形至卵状披针形，基部深心形，顶端渐尖，边缘波状或全缘。花单生，几与叶对生，稀组成少花的单歧聚伞花序；花萼贴生至子房顶端，裂片与花冠着生处同一位置；花冠钟状，淡黄色或浅绿色，边缘及脉上常紫色，长2.5~3cm，裂达1/3；雄蕊5枚；柱头3裂；子房3室。浆果球状；种子卵圆状，有网状纹饰。8~9月开花。产于墨脱，生于海拔2500m以下的阔叶林下或林缘草地中。

3. 轮钟花属 *Cyclocodon*

小叶轮钟草 *C. celebicus*

直立草本。叶对生，披针形。花全部顶生或在枝顶组成3朵花的聚伞花序；花冠蓝色，花梗常无小苞片；花萼片具分支状细长齿，贴生子房中部，花丝无毛；柱头3~6裂，子房3~6室。浆果球状，顶端平截，3~6室。产于察隅、墨脱、林芝，生于海拔2600m以下的林内、灌丛、林缘草地及河边。

4. 袋果草属 *Peracarpa*

袋果草 *P. carnosa*

多年生纤细草本。茎长5~15cm，无毛。叶多集中于茎上部，具长3~15mm的叶柄；叶片膜质或薄纸质，卵圆形或圆形，基部平钝或浅心形，长8~25mm，宽7~20mm，两面无毛或上面疏生贴状的短硬毛。花梗长可达6cm，但有时短至1cm；花萼无毛；花冠白色或紫蓝色。果倒卵状，长约4mm。花期3~5月，果期4~11月。产于波密(易贡)，生于海拔3000m以下的林下及沟边潮湿岩石上。

5. 蓝钟花属 *Cyananthus*

分 种 检 索 表

1. 一年生草本；根纤细，无鳞片或仅有少数鳞片；花蓝色。
 2. 植株矮小；茎纤细，淡紫色；花几无梗，通常4数；花冠长不足1cm ………………… **蓝钟花 *C. hookeri***
 2. 植株高于25cm；花有梗，通常5数；花萼被柔毛，裂片三角形 ………………… **胀萼蓝钟花 *C. inflatus***
1. 多年生草本；根茎粗壮，顶端密被淡色膜质鳞片。
 3. 花萼无毛，或有毛但毛被绝不为黑色刚毛；花冠裂片长为宽的2.5~5倍。
  4. 花冠黄色，时有紫色斑点与条纹，或檐部蓝色；花萼果期脉络凸起 ……… **大萼蓝钟花 *C. macrocalyx***
  4. 花冠蓝色；花萼果期脉络不凸起 ………………………………………………… **灰毛蓝钟花 *C. incanus***
 3. 花萼具黑色刚毛；花冠裂片长宽近相等，长绝不超过宽的2.5倍。
  5. 叶长不足1cm；花梗短于1cm；花冠裂片具深蓝色条纹；花萼被白色和黑色两种刚毛 ……………………………………………………………………………… **杂毛蓝钟花 *C. sherriffii***
  5. 叶长逾1cm；花梗长1~3cm；花冠裂片近圆形，长宽近相等。
   6. 叶倒披针形，叶缘中部以上有大而钝齿3~7枚；花冠喉部密生长柔毛 …… **裂叶蓝钟花 *C. lobatus***
   6. 叶卵状披针形至椭圆形，全缘或仅上部波状；花冠喉部无毛 ……………… **绢毛蓝钟花 *C. sericeus***

6. 细钟花属 *Leptocodon*

毛细钟花 *L. hirsutus*

草质藤木，奇臭。叶卵圆形，多互生，背面和边缘以及花萼多少被毛。花萼裂片无爪，卵形，基部圆钝或心形，在花期互相重叠，果期才彼此分离，直立而不倒垂；花冠细长管状，5浅裂，紫红色；子房半下位，上位部分长圆锥状，3室；花柱长，柱头3裂。蒴果在上位部分室背3爿裂；种子多数。产于林芝(拉月、易贡)、波密(通麦)、察隅，生于海拔2000~2700m的沙滩湿地、路边篱笆上。

7. 党参属 *Codonopsis*

分 种 检 索 表

1. 花冠5裂至基部；子房和蒴果完全下位；茎缠绕 ……………………………………………………………… **薄叶鸡蛋参(辐冠党参)*C. conovolvulacea* ssp. *vinciflora***
1. 花冠有明显筒部；子房和蒴果下部半球状，对花萼而言为半下位或完全上位，基部圆钝，不为倒锥状。
 2. 花冠漏斗状或管状；直立或上升。
  3. 花冠漏斗状；冠筒长度与花冠檐部直径近相等 ……………………………… **管钟党参 *C. bulleyana***
  3. 花冠长管状，花冠檐部直径最多1cm，冠筒长达3cm ………… **唐松草党参(长花党参)*C. thalictrifolia***
 2. 花冠钟状，长度与花冠檐部直径近相等。
  4. 茎缠绕；叶片卵形至披针形，基部楔形，全缘，稀具锯齿 ……………………… **光萼党参 *C. levicalyx***
  4. 直立或上升，稀上部蔓生。
   5. 主茎各部分均有叶，其叶大于分支上的叶片，主茎下部无多条纤细分支；叶缘具锯齿 ……………………………………………………………………………… **大萼党参 *C. benthamii***
   5. 主茎上叶与分支上的叶近等大，主茎下部具多条纤细分支；叶全缘。
    6. 叶长不足1cm；花萼裂片长卵形，近中部最宽 ……………………………… **臭党参 *C. foetens***

6. 叶长于1cm；花萼裂片通常披针形，基部或近中部最宽 ………… **脉花党参 *C. foetens* var. *nervosa***

8. 桔梗属 *Platycodon*

桔梗 *P. grandiflorus*

多年生草本，根胡萝卜状。茎直立。叶轮生至互生。花萼5裂；花冠宽漏斗状钟形，长1.5~4.0cm，蓝色或紫色，5裂；雄蕊5枚，离生，花丝基部扩大成片状，且在扩大部分生有毛；无花盘；子房半下位，5室，柱头5裂。蒴果球状，直径约1cm，在顶端(花萼裂片和花冠着生位置之上)室背5裂，裂爿带着隔膜。种子多数，黑色，一端斜截，一端急尖，侧面有一条棱。花期7~9月。西藏东南部有栽培，常作观赏花卉。

9. 沙参属 *Adenophora*

川藏沙参 *A. liliifolioides*

多年生草本，具胡萝卜状主根。茎常单生，不分支，高达1m，常被长硬毛，少无毛。茎生叶卵形至线形，边缘具疏齿或全缘，长2~11cm，宽0.4~3cm，背面常有硬毛，少无毛。花序常有短分支，组成狭圆锥花序，有时全株仅数朵花；花萼无毛，裂片钻形，全缘，稀具瘤状齿；花冠淡蓝色，筒状钟形，长8~12mm，柱头明显伸出花冠1倍以上。蒴果在基部3孔裂。产于林芝、波密、米林等地，生于海拔3000~3200m的林缘、水沟边。

10. 风铃草属 *Campanula*

分 种 检 索 表

1. 花萼和子房外面无毛；蒴果于中部以上孔裂；茎中部叶线形，长1.5~7cm ……… **钻裂风铃草 *C. aristata***
1. 花萼和花冠外面被毛；蒴果在基部孔裂；茎中部叶卵形至长卵状披针形。
 2. 花萼裂片极少有齿；叶背密被毡毛；茎常多条生于同一主根，丛生态 ……………… **灰毛风铃草 *C. cana***
 2. 花萼裂片有或无齿；叶背常疏或密被刚毛，稀被毡毛；茎单一，稀数茎丛生…… **西南风铃草 *C. pallida***

一百三十一、菊科 Asteraceae

分属检索表

1. 头状花序全为舌状花，舌片顶端5齿裂；叶互生；植株有乳汁。(舌状花亚科，菊苣族)
 2. 冠毛2层，内层冠毛羽毛状，基部连合成环；瘦果具横皱纹，无喙；茎被钩状硬毛 …… **毛连菜属 *Picris***
 2. 冠毛呈单毛状或糙毛状(锯齿状)，但绝无羽状毛；茎无钩状硬毛。
  3. 茎呈花莛状，全部叶基生；瘦果至少在上部有瘤状或小刺状凸起 ……………… **蒲公英属 *Taraxacum*** *
  3. 茎非花莛状，多少具茎生叶；瘦果无瘤状或小刺状凸起。
   4. 冠毛柔软、纤细，相互纠缠；头状花序含舌状小花80枚以上；茎生叶缘具小刺…… **苦苣菜属 *Sonchu***
   4. 冠毛细而坚挺，不相互纠缠；头状花序含少数小花，少于80枚；叶缘无小刺。
    5. 头状花序密集成团，常被上部叶片所包围呈复头状花序状；总苞片2层，外层苞片2~4；瘦果具12~20条细肋；花柱基部附属物短尾状 ……………………………………………… **绢毛菊属 *Soroseris***
    5. 头状花序疏散，不密集成复头状花序状；花柱基部附属物箭头状。
     6. 瘦果极扁，横切面几乎扁平。
      7. 冠毛同型，纤细2层；花冠黄色(栽培)…………………………………………… **莴苣属 *Lactuca*** *
      7. 冠毛异型：外层糙毛状，内层单毛状；花冠蓝色、紫色或白色 ……………………… **岩参属 *Cicerbita***
     6. 瘦果近圆柱形或稍扁，横切面近圆形至扁三角形。
      8. 总苞片3~4层，且覆瓦状排列；向内者渐长或全部总苞片近等长 …………… **厚喙菊属 *Dubyaea***

8. 总苞片 2 ~ 5 层，非覆瓦状排列；内层苞片等长，外层苞片甚小，糙毛状。
9. 花多蓝紫色或紫红色；瘦果横切面三角形，边缘加宽加厚 …………………… 毛鳞菊属 *Melanoseris*
9. 花黄色；瘦果横切面近圆形至扁圆形。
10. 瘦果圆柱形，有粗细几相等的多条纵肋，近无喙或有喙 ……………………… 还阳参属 *Crepis**
10. 瘦果多少侧扁。
11. 瘦果有粗细不相等的多条纵肋，无喙或有极短喙 ………………………… 黄鹌菜属 *Youngia**
11. 瘦果有粗细几相等的纵肋，具长喙，但短于瘦果本体。
12. 瘦果有 10 条高起的尖翅肋 ………………………………………………… 苦荬菜属 *Ixeris*
12. 瘦果有 9 ~ 12 条高起的钝纵肋 ……………………………………… 小苦荬属 *Ixeridium**
1. 头状花序全为同形的管状花，或有异形的小花、中央的花非舌状；植株无乳汁。(管状花亚科)
13. 花药的基部钝或稍尖。
14. 花柱分支圆柱形，上端有棒锤状或有稍扁而钝的附属器；头花序盘状，有同形的管状花；叶通常对生(泽兰族) ……………………………………………………………………… 泽兰属 *Eupatorium*
14. 花柱分支上端非棒锤状，或稍扁而钝；头状花序辐射状，边缘常有舌状花，或盘状而无舌状花。
15. 花柱分支通常一面平一面凸形，上端有尖或三角形附属器，有时上端钝，叶互生。(紫菀族)
16. 头状花序小，盘状，外围管状雌花 2 至多层；瘦果顶端无分泌物；叶大头羽裂 …………………………………………………………………………………… 鱼眼草属 *Dichrocephala*
16. 头状花序较大，辐射状，具舌状雌花；或头状花序盘状而有细管状雌花；叶非大头羽裂。
17. 头状花序有细管状的外围雌花，无舌或具短舌 ……………………………… 白酒草属 *Conyza**
17. 头状花序有显著开展的外围舌状雌花；或有时无雌花。
18. 瘦果有喙或微尖，顶端有黏质分泌物，无冠毛；雌花 2 层以上 ……………… 黏冠草属 *Myriactis*
18. 瘦果无喙，扁；雌花通常 1 层(栽培品种有多层)。
19. 冠毛不存在；总苞片大，近等长(栽培)………………………………………… 雏菊属 *Bellis**
19. 冠毛有长或短毛，或膜片状。
20. 总苞外层叶质，内层膜质；冠毛 2 层，内层毛状，外层膜状(栽培) …… 翠菊属 *Callistephus**
20. 总苞片外层非叶质；冠毛 1 层或多层，有时兼有外层膜片。
21. 总苞片 2 ~ 3 层，狭窄；两性花及雌花异色，舌状花 1 层或多层；两性花结实…………………………………………………………………………………………………… 飞蓬属 *Erigeron**
21. 总苞片多层，覆瓦状排列，叶质或边缘干膜质，或 2 层近等长；舌状花常 1 层。
22. 管状花有不等的 5 裂片，其中 1 枚较长 ……………………………… 狗娃花属 *Heteropappus**
22. 管状花 5 裂片等长；两型花的冠毛均为糙伏毛。
23. 管状花两性；蒴果仅有 2 边棱 …………………………………………………… 紫菀属 *Aster**
23. 管状花单性(雄花)；瘦果具 8 ~ 10 棱 ………………………………… 毛冠菊属 *Nannoglottis*
15. 花柱分支通常截形，无或有尖或三角形附属器，有时分支钻形。
24. 冠毛通常毛状，头状花序辐射或盘状，叶互生。(千里光族)
25. 花药颈部栏杆柱状，倒卵状或倒梨状，基部边缘的细胞增大；药室内壁组织细胞壁增厚通常辐射状，稀分散排列；柱头区通常分离，稀汇合或连接。
26. 花药基部具不育的具尾的耳。
27. 植株直立，无卷缠的叶柄 ………………………………………………… 合耳菊属 *Synotis**
27. 攀缘植物，叶柄基部增厚，卷缠…………………………………………… 藤菊属 *Cissampelopsis*
26. 花药基部无不育的具尾的耳，钝或箭状。
28. 总苞无外苞片；头状花序有舌状花(栽培) ………………………………… 瓜叶菊属 *Pericallis**
28. 总苞具外苞片。
29. 花柱分支直立，顶端具钻状乳头状毛的长附器 ……………………………… 菊三七属 *Gynura*

29. 花柱分支外弯，顶端无钻状长乳头状毛的附器。

30. 花柱分支顶端无合并的乳头状毛的中央附器 …………………………………… **千里光属 *Senecio*** *

30. 花柱分支顶端具合并的乳状毛的中央附器 ………………………………… **野茼蒿属 *Crassocephalum*** *

25. 花药颈部圆柱形或倒锥形，无增大的边缘基生的细胞；药室内壁组织细胞壁增厚，两极排列，细胞短；柱头区通常汇合或连接；两性花不结实。

31. 两性花的花柱不分支；内层小花雌性；花早熟……………………………………………… **款冬属 *Tussilago*** *

31. 两性花的花柱分支；内层小花两性；花非早熟。

32. 叶基部无叶鞘；瘦果具喙或无喙；花柱分支顶端截形 ……………………… **蟹甲草属 *Parasenecio*** *

32. 叶基部具鞘；瘦果无喙。

33. 头状花序直立；总苞圆柱形或倒锥状 ………………………………………………… **橐吾属 *Ligularia*** *

33. 头状花序常下倾；总苞宽钟状或半球形 …………………………………… **垂头菊属 *Cremanthodium*** *

24. 冠毛不存在，或鳞片状，芒状或冠状。

34. 总苞片全部或边缘于膜质，头状花序盘状或辐射状。(春黄菊族)

35. 头状花序大；边缘花雌性，舌状或多种形状变化；中央盘花两性，管状(栽培)。

36. 瘦果有翅肋；瘦果无冠状冠毛；舌状花黄色 ……………………………………………… **茼蒿属 *Glebionis*** *

36. 瘦果无翅肋，果肋常在瘦果顶端伸延成钝形冠齿。

37. 果肋 8 ~ 12 条在瘦果顶端伸延成钝形冠齿，无真正冠状冠毛；舌状花结实(栽培花卉) ………………………………………………………………………………………… **滨菊属 *Leucanthemum*** *

37. 果肋 5 ~ 8 条在瘦果顶端不形成冠齿伸延，无冠毛 ……………………………… **菊属 *Chrysanthemum*** *

35. 头状花序小；边缘花雌性或无性，但呈管状、细管状或无管状花冠；中央小花两性管状；或头状花序全部小花为两性管状。

38. 花序单生，全部小花两性管状；瘦果有冠状冠毛 ……………………… **菊蒿属(匹菊属) *Tanacetum***

38. 花序边缘花 1 层，雌性或无性；花冠管状或细管状，或无管状花冠。

39. 头状花序在茎枝顶端排成伞房花序或束状伞房花序 ………………………………… **亚菊属 *Ajania*** *

39. 头状花序排成穗状花序、狭圆锥状花序或总状花序……………………………………… **蒿属 *Artemisia*** *

34. 总苞片叶质。

40. 花托无托片，头状花序辐射状；叶互生(堆心菊族) ………………………………… **万寿菊属 *Tagetes*** *

40. 花托通常有托片，头状花序通常辐射状，极少冠状；叶对生。(向日葵族)

41. 头状花序单性，具同形花；雌花无花冠；花药分离或几贴合；雌头状花序无柄，内层总苞片结合成蒴果状，具喙和钩刺 …………………………………………………………………… **苍耳属 *Xanthium***

41. 头状花序具异性花；雌花花冠舌状或管状；或有时雌花不存在而头状花序具同形两性花；花药贴合。

42. 舌状花宿存于果实上而随果实脱落；头状花序有异形花；草本，稀亚灌木；叶对生，全缘，稀上部互生；头状花序单生 ……………………………………………………………… **百日菊属 *Zinnia***

42. 舌状花不宿存于果实上；头状花序有异形小花，辐射状或近盘状；舌状花结果实或无性，或仅有同形的两性花。

43. 冠毛有多数分离栉状、缝状、羽状大鳞片或芒；瘦果圆柱，或有棱，或外部瘦果在背面扁压；草本；叶对生；有舌状花 …………………………………………………… **牛膝菊属 *Galinsoga*** *

43. 冠毛不存在，或芒状，或短冠状，或具倒刺的芒状，或小鳞片状。

44. 瘦果全部肥厚，或舌状花瘦果有 3 棱，管状花瘦果侧面扁压。

45. 瘦果为内层总苞片(或外层托片)所包裹；无冠毛或有微鳞片；叶具基出三脉 ………………………………………………………………………………………… **豨莶属 *Sigesbeckia*** *

45. 内层总苞片平，不包裹瘦果；冠毛膜片状，具 2 芒、有时附有 2 ~ 4 个较短的芒刺，脱落；叶具离基三出脉 ………………………………………………………… **向日葵属 *Helianthus*** *

44. 瘦果多少背面扁压。

46. 冠毛鳞片状，或芒状而无倒刺；叶对生 ………………………………… **大丽花属** ***Dahlia*** *

46. 冠毛为宿存尖锐而具倒刺的芒；叶对生或上部互生。

47. 果上端有喙；舌状花红色、紫色 ………………………………………… **秋英属** ***Cosmos*** *

47. 果上端狭窄，无喙；舌状花黄色，白色或不存在 ………………………… **鬼针草属** ***Bidens*** *

13. 花药的基部锐尖，戟形或尾形；叶互生。

48. 花柱分支细长，圆柱状钻形，顶端渐尖无附属器；头状花序盘状，全为同形管状花(斑鸠菊族) ……… …………………………………………………………………………………………… **斑鸠菊属** ***Vernonia***

48. 花柱分支非细长钻形，头状花序盘状，无舌状花，或辐射而有舌状花。

49. 花柱先端稍膨大而被节毛的节，节以上分支或不分支；头状花序有同形的管状花，有时有不结实的辐射状花。(菜蓟族)

50. 瘦果侧生于着生面。

51. 总苞通常不为苞叶反包围；冠毛多层；总苞牌干膜质的顶端针状或边缘睫毛状或缝状的附片；头状花序异型 ……………………………………………………………………… **矢车菊属** ***Centaurea***

51. 总苞片为具刺的苞叶所包围；花丝有毛；瘦果扁或4棱，叶有刺；头状花序同型 ………………… …………………………………………………………………………………………… **红花属** ***Carthamus***

50. 瘦果基底着生面，着生面平或稍偏斜；瘦果无毛，顶端多少有齿状果缘；头状花序同型。

52. 总苞片有钩状刺毛；冠毛分离，凋落；叶无刺 ………………………………… **牛蒡属** ***Arctium*** *

52. 总苞片无钩状刺毛。

53. 总苞片有刺；叶有刺。

54. 冠具糙毛；叶片常下延成翅 ……………………………………………… **飞廉属** ***Carduus*** *

54. 冠具羽毛状毛，叶片不下延成翅 ………………………………………… **蓟属** ***Cirsium*** *

53. 总苞片无刺；叶有刺或无刺。

55. 冠具羽状毛；1~2层：1层则基部连合成环状，2层则外层为极短的单毛 ………………………… …………………………………………………………………………………… **风毛菊属** ***Saussurea*** *

55. 冠毛既有近羽状毛也有锯齿状毛；冠毛多层 ……………………………… **川木香属** ***Dolomiaea***

49. 花柱先端无被毛的节，分支先端截形，无附属器，或有三角形附属器。

56. 头状花序盘状或辐射状；花冠不规则深裂，或二唇形，或边缘花舌状。(帚菊木族)

57. 冠毛羽毛状；花冠辐射状，5深裂 …………………………………………… **兔儿风属** ***Ainsliaea***

57. 冠毛仅具细糙毛；花冠近二唇形 …………………………………………… **大丁草属** ***Leibnitzia***

56. 头状花序的管状花浅裂，不呈二唇形。

58. 冠毛不存在；头状花序辐射状(金盏花族) ………………………………… **金盏花属** ***Calendula*** *

58. 冠毛毛状，有时无；头状花序盘状，或辐射状而边缘有舌状花。(旋覆花族)

59. 雌花花管细管状或丝状；头状花序盘状；总苞片膜质；雌花花柱较花冠长。

60. 冠毛基部结合呈环状，异型；头状花序被苞叶包裹 ……………………… **火绒草属** ***Leontopodium*** *

60. 冠毛基部分离或附着分离纤毛，苞片显著，白色、黄色、粉红色或染红色。

61. 冠毛异型 ………………………………………………………………………… **香青属** ***Anaphalis*** *

61. 冠毛同型；外侧雌小花数多于盘花小花数 ………………………… **拟鼠麴草属** ***Pseudognaphalium*** *

59. 雌花花管舌状或管状；头状花序辐射状或盘状；总苞片草质至膜质，或有时叶状；雌花花柱较花冠短。

62. 瘦果有冠毛；头状花序辐射状或有时头状 ………………………………… **旋覆花属** ***Inula***

62. 瘦果无冠毛；头状花序盘状，雌花管状。

63. 两性花和雌花均结果；蒴果有纵肋 ……………………………………… **天名精属** ***Carpesium***

63. 两性花不结实，雌花结实；蒴果无纵肋 ………………………………… **和尚菜属** ***Adenocaulon*** *

1. 毛连菜属 *Picris*

毛连菜 *P. hieracioides*

二年生，高达 150cm。茎通常上部分支，茎、叶均具钩状分叉的梗毛。基生叶具翼柄，花期枯萎脱落，叶缘具波状浅齿；茎生叶无柄，形似基生叶。头状花序 1 至数个成伞房状生分支顶端；总苞 3 层，筒状钟形，在脉上除白色绵毛外还具墨绿色硬毛；全部小花舌状，多数，黄色，舌片顶端截形，5 齿裂。瘦果纺锤形，棕褐色，有纵肋，肋上有横皱纹。冠毛白色，外层极短，糙毛状，内层长，羽毛状。花果期 6 ~ 9 月。产于林芝、波密、米林等地，生于海拔 2200 ~ 3800m 的松林下、林缘、灌丛或路边。

2. 蒲公英属 *Taraxacum*

分 种 检 索 表

1. 头状花序大，直径 5. 5 ~ 6cm，总苞长 1. 5 ~ 2. 5cm；外层总苞片卵状披针形，宽 2 ~ 3mm，多少展开至向外反卷，先端钝，有明显的窄膜质边缘 ………………………………………… **反苞蒲公英 *T. grypodon***
1. 头状花序较小，直径不超过 5cm，总苞长一般不超过 1. 5cm。
 2. 总苞片顶端具极长的小角，尤以外层总苞片甚；头状花序直径约 4cm ……… **角苞蒲公英 *T. stenoceras***
 2. 总苞片顶端不具小角，或仅有短而不明显的小角。
  3. 成熟瘦果枯麦秆黄色至淡褐色；花莛状茎上部明显疏生蛛丝状长柔毛 ……… **毛柄蒲公英 *T. eriopodum***
  3. 成熟瘦果为深灰色至深灰褐色，或为深紫色至橘红色；花莛状茎无毛，稀具蛛丝状柔毛。
   4. 成熟瘦果深灰绿色至深灰褐色；头状花序直径 3cm ……………………… **灰果蒲公英 *T. maurocarpum***
   4. 成熟瘦果深紫红色至橘红色；头状花序直径 4 ~ 5cm；总苞无小角 ………… **锡金蒲公英 *T. sikkimense***

3. 苦苣菜属 *Sonchus*

苦苣菜 *S. oleraceus*

一、二年生草本。根圆锥状，纤维状须根多数。茎直立，单生，高 40 ~ 150cm，有纵条棱或条纹。茎生叶羽状深裂，或大头羽状深裂，柄基圆耳状抱茎，叶缘具急尖锯齿或大锯齿；基生叶不裂，基部渐狭成长或短翼柄。头状花序单生茎枝顶端，稀少数又在茎枝顶端排紧密的花序；总苞片 3 ~ 4 层，覆瓦状排列，向内层渐长，全部总苞片顶端长急尖；舌状花多数，黄色。瘦果褐色，每面各有 3 条细脉，肋间有横皱纹，无喙，冠毛白色，长 7mm，单毛状，彼此纠缠。花果期 5 ~ 8 月。产于察隅、波密、米林、林芝，生于海拔 1700 ~ 3400m 的山坡或山谷林缘、林下或平地田间、空旷处或近水处。

4. 绢毛菊属 *Soroseris*

分 种 检 索 表

1. 叶不裂；总苞外面被稀疏或稠密的白色长柔毛，极少无毛 ……………………………… **绢毛菊 *S. glomerata***
1. 叶羽状深裂；总苞外面无毛 ………………………………………………………… **皱叶绢毛菊 *S. hookeriana***

5. 莴苣属 *Lactuca*

分 种 检 索 表

1. 茎明显增粗；叶片较厚(栽培蔬菜) ………………………………………………………………… **莴笋 *L. sativa***
1. 茎不增粗；叶片较薄(栽培蔬菜) …………………………………………………… **生菜 *L. sativa* var. *ramosa***

6. 岩参属 *Cicerbita*

振铎岩参(蓝花岩参)*C. zhenduoi*

植株高达1m。主根圆锥状，肉质。叶形变异较大，大头羽状深裂至全裂，所有裂片均具不规则浅锯齿，顶生裂片顶端锐尖至渐尖，基部略扩大呈耳状抱茎。头状花序多个，成稀疏大形圆锥花序；总苞片2～3层；头状花序具小花10余朵至20余朵；花冠蓝色至紫红色，花冠管顶端有一圈柔毛。瘦果果体倒卵状椭圆形至椭圆形，长4.5～5mm，极压扁，边部加厚，侧面各具2～3条纵肋，肋上和边上有微毛，紫褐色，喙长3～4mm，顶部色淡；冠毛长约7mm，白色。花、果期6～10月。产于波密、米林。生于海拔3000～3020m的林缘灌丛、灌木林中。

7. 厚喙菊属 *Dubyaea*

厚喙菊 *D. hispida*

具根状茎草本，高达80cm；茎和叶具墨绿色硬毛，通常叶上的毛较短、较少。叶变异较大，基生和下部者三角状匙形至大头羽状浅裂，长8～12cm，宽3～6cm，基部下延成狭翅，具长达10cm的柄，上部者渐变小，无柄，几成披针形，边缘也趋向全缘。头状花序数个，单生茎和分支的顶端，较大，通常多少微下垂；总苞钟形，具多数小花(数10朵)，花冠黄色。瘦果狭纺锤形，长约1cm，具短喙，冠毛淡米黄色，长约1cm。花果期8～9月。产于波密、林芝、工布江达，生于海拔3100～4000m的林下、灌丛或高山草甸上。

8. 毛鳞菊属 *Melanoseris*

西藏毛鳞菊(堇叶盘果菊)*M. violifolia*

多年生草本，高50～70cm。茎直立，顶部多分支，无毛或疏生糙伏毛。中部以下叶具叶柄，具宽翅；叶不裂或羽状全裂，边缘疏生波状齿至近全缘。复伞形圆锥花序有头状花序30多个，小花4～6朵，蓝紫色，花梗线状。冠毛2层，外层长0.1mm，内层刚毛状，长6～8mm。花果期6～8月。产于林芝、米林、察隅，生于海拔3000～3700m一带的林缘、草甸。

9. 还羊参属 *Crepis*

分 种 检 索 表

1. 植株有直立或平卧的根状茎；瘦果有10条等粗纵肋，肋上无小刺毛；头状花序3～12枚在茎枝顶端排成不规则的伞房花序或伞房圆锥花序 ………………………………… **藏滇还阳参(西藏还阳参)*C. elongata***
1. 植株无根茎，但有长或短的直根；瘦果有10～16条近等粗纵肋，肋上被稀疏的小刺毛；头状花序直立，多数或少数，在茎枝顶端排成伞房状花序 ……………………………………………… **还阳参 *C. rigescens***

10. 苦荬菜属 *Ixeris*

分 种 检 索 表

1. 植株较大，高达40cm；基生叶条状披针形或倒披针形，或作羽状深裂 ……………… **中华苦荬 *I. chinensis***
1. 植株较细小，高达10cm；基生叶细狭，多为条形 …………………… **多色苦荬 *I. chinensis* ssp. *versicolor***

11. 小苦荬属 *Ixeridium*

细叶小苦荬(细叶苦荬)*I. gracilie*

多年生草本，高10～70cm。根状茎极短。茎直立，多分支。基生叶长椭圆形至狭线形，长4~15cm，宽0.4~1cm，向两端渐狭，基部有狭翼柄；茎生叶少数，无柄；全部叶两面无毛，边缘全缘。头状花序多数，在茎枝顶端排成伞房花序或伞房圆锥花序，含6枚舌状小花，花序梗极纤细；总苞极小，圆柱状，长6mm；总苞片2层，外层少数且极小，2~3枚，内层长6mm，线状长椭圆形。瘦果褐色，有细肋或细脉10条，向顶端渐成细丝状的喙，喙弯曲，长1mm。冠毛褐色或淡黄色，微糙毛状，长3mm。花果期3~10月。产于米林、拉萨、林芝、察隅、墨脱，生于海拔1500~3500m的林缘草地。

12. 黄鹌菜属 *Youngia*

总序黄鹌菜(旌节黄鹌菜)*Y. racemifera*

多年生草本，高20~50cm，具生多数须根。茎直立，单生，有不明显的细条纹，下部有时紫红色。基生叶及下部茎叶多心形、箭头状心形，长2~5cm，宽1.5~3cm，顶端渐尖或急尖，基部心形、宽楔形或平截，边缘有小尖头或小锯齿，叶柄长3~9cm，有狭或宽翼；中上部茎叶渐小，接花序分支及接头状花序下部的叶长线钻形或短线钻形；全部叶无毛。头状花序下垂或直立，少数排成侧向总状花序，含14枚舌状小花；总苞黑绿色或绿色；总苞片4层，外层及最外层极短，内层及最内层长。瘦果黄褐色，纺锤形，稍压扁，有14条粗细不等的纵肋，顶端截形，无喙。冠毛黄褐色，长约7mm。花果期8~9月。产于察隅、波密、米林、工布江达，生于海拔2800~3600m的山坡草地、云杉林缘及林下。

13. 泽兰属 *Eupatorium*

异叶泽兰 *E. heterophyllum*

多年生草本，高1~2m，中下部木质化。茎淡褐色或紫红色，分支斜升，上部花序分支伞房状，全部茎枝白色短柔毛。叶对生，中部茎叶3全裂、深裂、半裂或浅裂，总叶柄长0.5~1cm；中裂片大，长椭圆形或披针形，长7~10cm，宽2~3.5cm。头状花序多数，均为管状花，在茎枝顶端排成复伞房花序，花序直径达25cm；总苞钟状，覆瓦状排列；总苞片3层，全部淡紫红色，顶端圆形，花冠白色或带红色。瘦果具5棱，花果期4~10月。产于林芝(排龙)，生于海拔2100~2350m的草地、路边。

14. 鱼眼草属 *Dichrocephala*

鱼眼草 *D. auriculata*

一年生草本，高12~50cm。茎常粗壮；茎枝被白色长或短茸毛，果期脱毛或近无毛。叶卵形、椭圆形或披针形；中部茎叶长3~12cm，宽2~4.5cm，大头羽裂，顶裂片宽大，宽达4.5cm，侧裂片1~2对，通常对生而少有偏斜的，基部渐狭成具翅的长或短柄，柄长1~3.5cm。头状花序小，球形，直径3~5mm，生于枝端，多数头状花序在枝端或茎顶排列成疏松或紧密的伞房状花序或伞房状圆锥花序。总苞片1~2层，膜质，顶端急尖，微锯齿状撕裂；外围雌花多层，紫色，花冠极细，线形，长0.5mm，顶端通常2齿；中央两性花黄绿色，少数，长0.5mm，顶端4~5齿。瘦果压扁，边缘脉状加厚。无冠毛，或两性花瘦果顶端有1~2个细毛状冠毛。花果期全年。产于林芝(八一)，生于海拔3000~3200m的山坡、山谷林下，或耕地、荒地、水沟边。

15. 白酒草属 *Conyza*

白酒草 *C. japonica*

一年生或二年生草本。茎直立，高(15)20~45cm，或更高，有细条纹，全株被白色长柔毛或短糙毛。叶通常密集于茎较下部，呈莲座状，基部叶倒卵形或匙形，顶端圆形，基部长渐狭，长6~7cm，较下部叶柄常下延成具宽翅的柄，边缘有圆齿或粗锯齿，侧脉4~5对，两面被白色长柔毛。头状花序较多数，通常在茎及枝端密集成球状或伞房状；总苞半球形；总苞片 3～4 层，覆瓦状，边缘膜质或多少变紫色，干时常反折。花全部结实，黄色，外围的雌花极多数，花冠丝状；中央两性花少数；两性花的窝孔较外围雌花的大，具短齿。瘦果长圆形，黄色，冠毛污白色或稍红色，糙毛状，近等长，顶端狭。花期 5～9 月。西藏东南部习见农田杂草之一，营养期易与小蓬草 *E. canadensis* 混淆。

16. 黏冠草属 *Myriactis*

分种检索表

1. 外围雌性舌状花多层，舌片近圆形，顶端圆形(产于鲁朗等地) …………………… **圆舌黏冠草 *M. nepalensis***
1. 外围雌性舌状花 2～3 层，舌片线形或长线形，顶端尖。
 2. 中下部叶卵形、宽卵形或长卵形(产于八一镇等地) ………………………………………… **黏冠草 *M. wightii***
 2. 中下部茎叶长椭圆状披针形、长椭圆形(产于朗县等地) ……………………………… **狐狸草 *M. wallichii***

17. 雏菊属 *Bellis*

雏菊 *B. perennis*

多年生或一年生葶状草本，高 10cm 左右。叶基生，匙形，顶端圆钝，基部渐狭成柄，上半部边缘有疏钝齿或波状齿。头状花序单生，直径 2.5～3.5cm，花莛被毛；总苞片近 2 层，稍不等长，长椭圆形，顶端钝，外面被柔毛；雌性舌状花 1 层(栽培品种常有多层)，舌片白色带粉红色至红色，开展，全缘或有 2～3 齿；管状花多数，两性，均能结实。瘦果倒卵形，扁平，有边脉，被细毛，无冠毛。西藏东南部有观赏栽培。

18. 翠菊属 *Callistephus*

翠菊 *C. chinensis*

一、二年生草本，高 30～100cm。茎有纵棱，被白色糙毛，分支斜升或不分支。中部茎生叶卵形、菱状卵形或匙形或近圆形，长 2.5～6cm，宽 2～4cm，边缘有不规则的粗锯齿，两面被稀疏的短硬毛；叶柄长 2～4cm，有狭翼。头状花序单生于茎枝顶端，直径 6～8cm，有长花序梗；总苞片 3 层，近等长，外层长椭圆状披针形或匙形，叶质，边缘有白色长睫毛；中层匙形，较短，质地较薄，染紫色；内层苞片长椭圆形，膜质，半透明，顶端钝；雌花 1 层(栽培品种常有多层)，红色、淡红色、蓝色、黄色或淡蓝紫色，两性花花冠黄色。瘦果长椭圆状倒披针形，稍扁，中部以上被柔毛。外层冠毛宿存，内层冠毛雪白色，不等长，易脱落。花果期 5～10 月。西藏东南部习见观赏栽培，俗称“格桑花”。

19. 飞蓬属 *Erigeron*

分种检索表

1. 外围雌花 4 或 5 轮，花瓣丝状，直立；一二年生草本 ………………………………… **小蓬草 *E. canadensis***
1. 外围雌花 1～3 轮，花瓣舌状，开展。
 2. 雌花和两性花的冠毛异形：在雌花极短，由膜质鳞片结合成环状小冠；在两性花 2 层，外层短鳞片状，内层有 10～15 条刚毛；舌状花 2 层，舌片平展；一二年生草本 ……………………… **一年蓬 *E. annuus***
 2. 雌花和两性花的冠毛同形，2 层：外层极短，内层刚毛状；舌状花 2～3 层；多年生草本。
  3. 舌片较宽，干时平展。
   4. 总苞片显著长于花盘，头状花序直径 3～4cm；基生叶花期枯萎 ……………… **多舌飞蓬 *E. multiradiatus***
   4. 总苞片与花盘近等长，头状花序直径 2～3cm；基生叶花期宿存 ………………… **短葶飞蓬 *E. breviscapus***

3. 舌片较窄，不开展，干时卷成管状。
5. 总苞片较花盘为长或等长；头状花序直径 2.5cm …………………………… **展苞飞蓬 *E. patentisquama***
5. 总苞片较花盘为短；头状花序直径不超过 1 ~ 1.5cm ………………………… **珠峰飞蓬 *E. himalajensis***

20. 狗娃花属 *Heteropappus*

分 种 检 索 表

1. 多年生草本；花全为管状，黄色；全部小花有同形冠毛 ………………………… **无舌狗娃花 *H. eligulatus***
1. 一或二年生草本；舌状边花存在；小花有同形冠毛或外层小花有短冠毛或无冠毛。
2. 茎直立，上部分支，高 15 ~ 30(60)cm；茎叶长圆状匙形，叶宽 8 ~ 13mm，边缘常有圆齿；舌状花蓝紫色或红白色 ………………………………………………………………………… **圆齿狗娃花 *H. crenatifolius***
2. 茎自基部有铺散分支，高 8 ~ 10(30)cm；茎叶线形，倒披针形至匙形，宽 2 ~ 6.5mm，全缘；舌状花淡紫色或浅蓝色 …………………………………………………………………………… **拉萨狗娃花 *H. gouldii***

21. 紫菀属 *Aster*

分 种 检 索 表

1. 木本植物，植株地上部分具明显的木质枝干。
2. 头状花序 1 ~ 3 个生长在枝顶；叶上面无毛，下面被白色茸毛；冠毛 1 层 ……… **白背紫菀 *A. hypoleucus***
2. 头状花序在顶端排列成复伞房花序。
3. 冠毛 2 层，外层极短，毛状或膜片状；叶近无毛，叶背脉间有光泽，全缘 …… **辉叶紫菀 *A. fulgidulus***
3. 冠毛 1 层；叶片下面被灰白色蛛丝状毛或茸毛，全缘或有浅齿 ………………… **小舌紫菀 *A. albescens***
1. 草本植物；具根状茎、匍匐茎或仅植株基部具近木质化的根茎；叶片多少具三出脉或离基三出脉。
4. 冠毛 2 层，外层短，膜片状，内层与管状花花冠等长，白色或稍带红色。
5. 茎基具纤维状枯叶；舌状花线形，80 ~ 120 枚；头状花序 2 ~ 4 个 …………… **云南紫菀 *A. yunnanensis***
5. 茎基无纤维状枯叶；舌状花线状披针形，50 枚以下。
6. 具萝卜状块根；管状花上部紫褐色，裂片常具腺毛；舌状花 30 ~ 50 枚 …… **丽江紫菀 *A. likiangensis***
6. 无块根，但具长根状茎；管状花全部黄色，裂片无腺毛；舌状花 40 ~ 50 枚 …… **萎软紫菀 *A. flaccidus***
4. 冠毛 1 层，近等长，糙毛状，或有时另有少数外层短毛或短膜片。
7. 叶具 3 基脉；舌状花 20 枚以下，舌片白色或淡黄色；基生叶花期枯萎 ……… **三基脉紫菀 *A. trinervius***
7. 叶具明显的离基三出脉（髯毛紫菀有时不明显）；舌状花 20 枚以上，舌片淡紫色至紫红色。
8. 基生叶顶端凹陷或有 3 小齿；舌状花 25 枚左右，管状花先端紫色 ……………… **凹叶紫菀 *A. retusus***
8. 基生叶顶端不凹陷，也无 3 齿；常圆钝或急尖或渐尖。
9. 总苞片革质；基生叶花期枯萎；舌状花 50 ~ 70 枚 ……………………………… **须弥紫菀 *A. himalaicus***
9. 总苞片外层或内层上部草质，下部革质；基生叶花期存在。
10. 冠毛与管状花花冠等长。
11. 冠毛带红色，上部具髯毛；总苞片 2 ~ 3 层；舌状花 30 枚左右 ……… **髯毛紫菀 *A. barbellatus***
11. 冠毛白色；总苞片 1 ~ 2 层；舌状花 35 ~ 40 枚 ………………………………… **新雅紫菀 *A. neoelegans***
10. 冠毛与管状花管部等长，稀达花冠裂片基部；舌状花 30 ~ 60 枚。
12. 根状茎粗壮；叶两面及总苞片被疏毛或无毛；有白色缘毛 ……………………… **缘毛紫菀 *A. souliei***
12. 根状茎纤细，常有匍匐枝；叶两面及总苞片密被粗毛 ………………… **东俄洛紫菀 *A. tongolensis***

22. 毛冠菊属 *Nannoglottis*

大果毛冠菊 *N. macrocarpa*

多年生草本。根状茎斜升，深褐色。茎直立，高 80 ~ 100cm，被多细胞毛和白色绵毛。茎下部叶卵形或宽椭圆形，长 15 ~ 20cm，宽 8 ~ 16cm，顶端钝，具粗牙齿；中部叶椭圆形，长可达 25cm，宽 8 ~ 10cm，基部均下延成翅状柄；上部叶卵形至卵状披针形，渐尖，基部心状圆形，耳状抱茎。头状花序在茎顶排成稀疏的伞房花序或圆锥状聚伞花序，具 3 型小花；总苞直径 2 ~ 2. 5cm，总苞片 2 ~ 3 层，近相等或外层稍长，线状披针形，长约 12mm，宽 2 ~ 2. 5mm；外围的舌状和管状花(不具舌片雌花)之舌片长 6 ~ 8mm；较内层的雌花细管状；中央多数两性花，长 4 ~ 4. 5cm，5 裂，花药基部钝，花柱分支披针形。瘦果具 10 ~ 12 棱，被柔毛；冠毛变红色。产于波密，生于海拔约 3500m 的草丛中。

23. 合耳菊属 *Synotis*

川西合耳菊(川西千里光)*S. solidaginea*

多年生草本，大丛簇生。根状茎木质，匍卧。茎直立，高 30 ~ 70cm，被密至疏蛛状毛，或多少脱毛，花期下部无叶。叶较密集，卵状披针形至椭圆状长圆形，长 6 ~ 12cm，宽 2 ~ 4. 5cm，顶端尖或短渐尖，基部楔形至圆形，通常不等侧，边缘具规则密尖锯齿，或有时近重锯齿，纸质，两面初时被疏蛛丝状毛，后渐脱毛；羽状脉，侧脉(3)4 ~ 5 对，弧状弯升；叶柄长 0. 5 ~ 2cm，被疏蛛丝状毛；上部叶较小，具短柄。头状花序盘状，无舌状花，排列成顶生及上部腋生的密而狭的塔状复圆锥聚伞花序，具短花序梗，被密白色茸毛，具钻状小苞片。总苞狭圆柱形，具鳞片状外层苞片，少数，极短；总苞片 4 ~ 5，近革质，边缘干膜质，绿色，上端深色，外面被蛛丝状毛或脱毛；花冠淡黄色或乳黄色，檐部漏斗状；花药长 2. 5mm，尾部长约为颈部的 1/2；附片长圆状披针形。瘦果圆柱形，被柔毛。花期 7 ~ 10 月。产于林芝、朗县、米林、波密，生于海拔 2900 ~ 3900m 的开旷阳坡。

24. 藤菊属 *Cissampelopsis*

革叶藤菊(攀缘千里光)*C. corifolia*

藤状草本或亚灌木。茎近无毛。叶革质或近革质，卵形或宽卵形，长 8 ~ 14cm，基部心形或近平截，边缘具硬骨状细齿，无毛，基生 5 ~ 7，掌状脉，叶柄长 3 ~ 6cm，基部粗、旋卷；上部及花序叶较小。头状花序盘状，形成大型叉状分支圆锥状伞房花序；花序分支及花序被腺状柔毛，具基生苞片及 2 ~ 3 线状披针形小苞片；总苞圆柱状，长 5 ~ 6mm，外层苞片 4 ~ 5，线状披针形，总苞片 8，线状长圆形，被柔毛，近革质，背面无毛；小花全为管状，约 10，花冠淡黄、乳黄或粉红色，长 8 ~ 9mm。瘦果圆柱形，无毛；冠毛白色。花期 9 月至翌年 1 月。产于墨脱，生于海拔 1500 ~ 2800m 的常绿阔叶林下。

25. 瓜叶菊属 *Pericallis*

瓜叶菊 *P. hybrida*

多年生草本。茎直立，高 30 ~ 70cm，密被白色长柔毛。叶具柄；叶片大，肾形至宽心形，有时上部叶三角状心形，长 10 ~ 15cm，宽 10 ~ 20cm，顶端急尖或渐尖，基部深心形，边缘不规则三角状浅裂或具钝锯齿，上面绿色，下面灰白色，密被茸毛；叶脉掌状，在上面下凹，下面凸起；叶柄基部扩大，抱茎；上部叶较小，近无柄。头状花序直径 3 ~ 5cm，多数，在茎端排列成宽伞房状；总苞片 1 层，披针形，顶端渐尖；小花紫红色、淡蓝色、粉红色或近白色；舌片开展，长椭圆形，长 2. 5 ~ 3. 5cm，宽 1 ~ 1. 5cm，顶端具 3 小齿；管状花黄色，长约 6mm。瘦果长圆形，具棱，初时被毛，后变无毛。冠毛白色。花果期 3 ~ 7 月。西藏东南部春季常见栽培节庆花卉之一。

26. 菊三七属 *Gynura*

木耳菜(西藏三七草)*G. cusimbua*

多年生高大草本，高 1.5 ~ 2m。茎肉质，基部木质，直径 1.5 ~ 2cm，下半部平卧，上部直立，有多数伞房状分支，绿色或带紫色，有明显的槽沟。中部叶片大型，羽状深裂，顶端渐尖，基部狭成短柄或扩大成抱茎的宽叶耳，边缘有不规则的锐锯齿，齿端具小尖，侧脉弧状弯曲，叶面绿色，下面有时变紫色，两面无毛；上部叶渐小。头状花序常 4 ~ 15 个在枝端排成伞房状圆锥花序；花序枝长短不等，纤细，有 2 ~ 3 个丝状线形的苞片，被短柔毛；总苞片基部有 7 ~ 9 个线状丝形的小苞片，总苞 1 层，13 ~ 15 个，线形或线状披针形，边缘干膜质，背面具 3 肋；小花橙黄色，花冠长 11 ~ 13mm，管部细，上部扩大，裂片三角状卵形，檐部长 3 ~ 4mm。瘦果圆柱形，褐色，具 10 条肋，肋间有微毛；冠毛多数，白色，绢毛状，易脱落。花果期 9 ~ 10 月。产于林芝、波密(通麦)、察隅、吉隆等地，生于海拔 1350 ~ 3400m 一带的林下、山坡或路边草丛中。外用药，具消肿功效；形似红花，须慎重鉴别。

27. 千里光属 *Senecio*

分 种 检 索 表

1. 攀缘或缠绕植物；叶常三角形或近大头羽状分裂；舌状花 8 ~ 10 ························ **千里光 *S. scandens***
1. 直立草本。
  2. 一年生矮小草本，常被蛛丝状毛；叶羽状深裂至浅裂，无柄；头状花序无舌状花，排列成顶生密集伞房花序；瘦果沿肋有柔毛；习见农田杂草··· **欧洲千里光 *S. vulgaris***
  2. 多年生高大草本；叶全缘、撕裂状、羽状深裂至浅裂，变化极大，柄长 5 ~ 8cm；头状花序有舌状花，排列成顶生伞房花序或复伞房花序；瘦果无毛 ·················· **莱菔叶千里光(异叶千里光)*S. raphanifolius***

28. 野茼蒿属 *Crassocephalum*

野茼蒿 *C. crepidioides*

直立草本，高 20 ~ 120cm。茎有纵条棱，无毛。叶膜质，椭圆形或长圆状椭圆形，长 7 ~ 12cm，宽 4 ~ 5cm，顶端渐尖，基部楔形，边缘有不规则锯齿或重锯齿，或有时基部羽状裂，两面无或近无毛；叶柄长 2 ~ 2.5cm。头状花序数个在茎端排成伞房状，直径约 3cm，总苞钟状，长 1 ~ 1.2cm，基部截形，有数枚不等长的线形小苞片；总苞片 1 层，线状披针形，等长，宽约 1.5mm，具狭膜质边缘，顶端有簇状毛；小花全部管状，两性，花冠红褐色或橙红色，檐部 5 齿裂；花柱基部呈小球状，分支，顶端尖，被乳头状毛。瘦果狭圆柱形，赤红色，有肋，被毛；冠毛极多数，白色，绢毛状，易脱落。花期 7 ~ 12 月。产于林芝，生于海拔 1700 ~ 2400m 的林间草地及山坡路旁。

29. 款冬属 *Tussilago*

款冬 *T. farfara*

多年生草本。春季直接从横走地下茎上抽出 1 或数个具互生鳞片叶的花莛，高 5 ~ 10cm，密被白色茸毛。基生叶掌状脉阔心形，仅在花后生出，长 3 ~ 12cm，宽 4 ~ 14cm，具长柄，边缘有波状顶端增厚疏齿，初时两面被白色珠丝状绵毛，后面脱落，下面被白色绵毛。头状花序顶生，茎 2.5 ~ 3.5cm，舌状花舌片长 9 ~ 22mm，柱头略 2 叉状，管状花长 8 ~ 10mm。冠毛长于瘦果 4 ~ 5 倍。花期 11 ~ 12 月。产于林芝、米林、朗县、察隅，生于海拔 3100m 左右的山坡、路旁、溪边及潮湿地上。

30. 蟹甲草属 *Parasenecio*

分种检索表

1. 五角形叶片仅浅裂至中裂，上部叶腋和花序枝上常具多数球状珠芽；总苞片和小花 4 ~5；冠毛雪白色…………………………………………………………………………………………… **五裂蟹甲草 *P. quinquelobus***
1. 五角形叶片近羽状地掌状深裂；无珠芽；总苞片 4；小花 4 ~5；冠毛白色 ……… **掌裂蟹甲草 *P. palmatisectus***

31. 橐吾属 *Ligularia*

分种检索表

1. 头状花序排列成总状或圆锥状总状花序。
 2. 茎生叶无明显膨大的鞘；叶脉羽状；冠毛与管状花花冠等长。
  3. 茎和叶下面有密毛；茎生叶多数，先端尾状渐尖；头状花序无舌状花，雌花 1 ~3(4)，细管状，二唇形，无色，短于管状花 ……………………………………………………… **林芝橐吾 *L. nyingchiensis***
  3. 茎和叶无密毛；茎生叶先端钝或急尖；头状花序有舌状花，黄色 ………… **苍山橐吾 *L. tsangchanensis***
 2. 茎生叶有膨大的鞘；叶脉掌状，主脉 3 ~9 条；冠毛与管状花花冠等长或短；头状花序有舌状花。
  4. 叶三角状箭形；冠毛淡黄色，与管状花花冠等长；总苞陀螺形，总苞片 6 ~8 ………………………………………………………………………………………………… **沼生橐吾 *L. lamarum***
  4. 叶肾形；冠毛红褐色，与管状花管部等长或较短；总苞钟状，总苞片 8 ~9 …… **蹄叶橐吾 *L. fischeri***
1. 头状花序排列成伞房状或复伞房状花序，而非总状花序。
 5. 叶脉掌状，主脉 3 ~9 条；苞片卵形至线形；无舌状花，冠毛与花冠等长。
  6. 头状花序有小花 5，紫色；总苞片 4 ~5；叶片肾形，宽达 15cm ……………………… **紫花橐吾 *L. dux***
  6. 头状花序有小花 3，黄色；总苞片 3；叶片宽肾形，宽达 17cm …………… **东久橐吾 *L. tongkyukensis***
 5. 叶脉羽状，主脉 1 条；冠毛与管状花花冠管等长。
  7. 茎生叶无膨大叶鞘；茎基部有一圈密而卷曲的褐色绵毛；舌状花 3 ~7 ………… **藏橐吾 *L. rumicifolia***
  7. 茎生叶有明显膨大叶鞘；茎基部绝无褐色绵毛；无舌状花。
   8. 头状花序极多，排列成聚伞花序；小花完全伸出总苞之外；总苞片 5 …… **千花橐吾 *L. myriocephala***
   8. 头状花序 4 ~8 排成伞房状；小花不伸出总苞外；总苞片 10 ~12 ……………… **盘状橐吾 *L. discoidea***

32. 垂头菊属 *Cremanthodium*

分种检索表

1. 叶肾形或圆肾形，叶脉掌状。
 2. 地上茎被密的紫红色有节柔毛；无丛生叶丛；总苞片长圆状披针形，背部被密的紫红色有节长柔毛，内层具白色膜质边缘；花全为紫红色；冠毛白色 ………………………… **长柱垂头菊 *C. rhodocephalum***
 2. 茎上部被褐色有节柔毛，下部光滑；有丛生叶丛；总苞片披针形，背部被褐色有节柔毛或光滑，内层具褐色膜质边缘；花全为黄色；冠毛白色或褐色 ……………………………… **叉舌垂头菊 *C. thomsonii***
1. 叶形多样，具羽状或平行脉；花均为黄色。
  3. 叶绿色或两面异色，披针形至圆形，具羽状脉。
   4. 植株蓝绿色，常有白粉，茎、总苞光滑；舌片线状披针形，长 2.5 ~3cm …………………………………………………………………………………………………… **舌叶垂头菊 *C. lingulatum***

4. 植株绿色，常被毛或至少茎上部和总苞基部被毛或偶光滑；总苞被密的铁灰色柔毛；舌状花舌片长圆形，长达 1.7cm ……………………………………………………………… **车前叶垂头菊 *C. ellisii***

3. 叶蓝绿色或灰绿色，线形至宽椭圆形，具平行脉或直脉。

5. 叶线形至倒披针形；总苞光滑；舌状花存在；瘦果长 2 ~ 3mm，无肋 ………… **条叶垂头菊 *C. lineare***

5. 叶较宽，披针形至椭圆形；舌状花缺失；总苞被密的褐色或紫褐色有节长柔毛；瘦果长 5 ~ 6mm，具肋……………………………………………………………………… **狭叶垂头菊 *C. angustifolium***

33. 筒蒿属 *Glebionis*

茼蒿 *G. coronaria*

一年生草本，光滑无毛或几光滑无毛。茎高达 70cm。基生叶花期枯萎；茎中下部叶长椭圆形或长椭圆状倒卵形，长 8 ~ 10cm，无柄，2 回羽状分裂：第 1 回为深裂或几全裂，侧裂片 4 ~ 10 对；第 2 回为浅裂、半裂或深裂，裂片卵形或线形；上部叶渐小。头状花序单生茎顶或少数生茎枝顶端，花梗长 15 ~ 20cm；总苞片 4 层，内层长 1cm，顶端膜质扩大成附片状；舌片黄色。舌状花瘦果有 3 条凸起的狭翅肋，肋间有 1 ~ 2 条明显的间肋；管状花瘦果有 1 ~ 2 条椭圆形凸起的肋，及不明显的间肋。花果期 6 ~ 8 月。西藏东南部栽培蔬菜，也可作观赏栽培。同属植物南茼蒿 *G. segetum* 也见栽培，后者叶缘仅有不规则大锯齿或羽状浅裂，不作 2 回羽状分裂，可以区别。

34. 滨菊属 *Leucanthemum*

滨菊 *L. vulgare*

多年生草本，有长根状茎，叶似茼蒿。头状花序单生，很少茎生 2 ~ 5 个头状花序，异型，边缘雌性舌状花 1 层，白色；中央两性管状花多数，黄色，顶端 5 齿裂；总苞碟状，总苞片 3 ~ 4 层，边缘膜质。瘦果有 8 ~ 12 条但通常 10 条强烈凸起的等距排列的椭圆形纵肋，纵肋光亮。舌状花瘦果显著压扁、弯曲，腹面的纵肋彼此贴近，顶端无冠齿或有长 0.8mm 的侧缘冠齿；管状花瘦果顶端无冠齿或有长 0.3mm 的由果肋伸延形成的钝形冠齿。花果期 5 ~ 10 月。西藏东南部栽培花卉，耐盐碱。

35. 菊属 *Chrysanthemum*

菊花 *C. morifolium*

多年生草本，高 60 ~ 150cm。茎直立，分支或不分支，被柔毛。叶卵形至披针形，长 5 ~ 15cm，羽状浅裂或半裂，有短柄，叶下面被白色短柔毛。头状花序直径 2.5 ~ 20cm，大小不一；总苞片多层，外层外面被柔毛；舌状花颜色各种，管状花黄色。中国著名栽培花卉，西藏东南部有栽培。

36. 菊蒿属 *Tanacetum*

分 种 检 索 表

1. 头状花序有舌状花，舌片黄色或橘黄色或淡红色或白色 ……………………… **川西小黄菊 *T. tatsienense***

1. 头状花序无舌状花，全为两性管状花 ……………………… **无舌小黄菊 *T. tatsienense* var. *tanacetopsis***

37. 亚菊属 *Ajania*

分 种 检 索 表

1. 小半灌木，主根长，直深；头状花序少数，在枝端排成伞房花序，或花序梗极短缩而形成复头状花序式；

全部苞片外面被短茸毛，中外层的毛稠密；全部花冠自中部以上紫红色 ………… **紫花亚菊 *A. purpurea***

1. 多年生草本，须根系；头状花序多数，在枝顶端排成复伞房花序，或多数复伞房花序排成大型复伞房花序；全部苞片无毛，或中外层稀被短柔毛；全部花冠自中部以上黄色 …………… **多花亚菊 *A. myriantha***

38. 蒿属 *Artemisia*

分 种 检 索 表

1. 中央花为两性花，结实；花期两性花的花柱与花冠等长、近等长或略长于花冠，先端二叉，子房明显。（蒿亚属）
2. 花序托具白色毛状或鳞片状托毛；雌花花冠狭圆锥状，檐部(2)3～4 裂齿；叶 2～3 回羽状全裂，稀为深裂；叶柄基部有小型羽状分裂的假托叶 ……………………………………… **大花蒿（大籽蒿）*A. sieversiana***
2. 花序托无托毛，雌花花冠狭管状，稀瓶状或狭圆锥状，檐部 2～3 裂齿或无裂齿。
3. 茎、枝、叶及总苞片背面无明显的腺毛或黏毛，外、中层总苞片背面草质，有毛或无毛，常有绿色中肋，边缘膜质。
4. 头状花序通常球形；叶 3～4 回栉齿状羽状深裂，小裂片栉齿状三角形，裂齿长 1～2mm，宽 0.5～1mm；叶柄基部具半抱茎的假托叶；花深黄色 ………………………………… **黄花蒿（青蒿）*A. annua***
4. 头状花序椭圆形、长圆球形或长卵球形，稀半球形、近球形或卵钟形；叶的小裂片为线状披针形、椭圆形，宽(1.5)2mm 以上。
5. 头状花序直径 3.5～5mm；叶 1～2 回羽状深裂，每侧裂片 2～3 枚；小裂片长椭圆形，边缘具 1～5 深或浅裂齿；叶柄基部常无假托叶；花冠檐部淡黄色 ………………………………… **粗茎蒿 *A. robusta***
5. 头状花序直径 1.5～3(3.5)mm；中部叶 2 回羽状深裂或全裂，中轴具窄翅，基部具半状抱茎假托叶，小裂片披针形；雌花花冠紫色。
6. 每侧裂片 4～5 枚；无叶柄 ……………………………………… **藏北艾 *A. vulgaris* var. *xizangensis***
6. 每侧裂片(2)3(4)枚；叶柄长 1.5～2cm；总苞片灰绿色 …………………… **灰苞蒿 *A. roxburghiana***
3. 茎、枝与叶背面具明显的腺毛；头状花序直径 3～4mm，外、中层总苞片草质，边缘膜质，有绿色中肋，内层则半膜质；叶 2 回羽状全裂或深裂，每侧裂片 4～6 枚；小裂片长卵形；中轴具窄翅，具 0.5～2cm 叶柄，基部具半状抱茎假托叶……………………………………………………… **甘青蒿 *A. tangutica***
1. 中央花两性，不孕育；花期花柱不伸长，长仅及花冠中部或中上部，先端常呈棒状或漏斗状，2 裂，通常不叉开，稀稍叉开；退化子房细小或不存在。（龙蒿亚属）
7. 中部叶的小裂片狭线形、狭线状披针形，宽 1.5mm 以下；退化子房细小，稀不存在。
8. 小灌木或丛生状半灌木，主根与根状茎通常粗大，木质；茎多数，丛生，木质或至少下半部木质；中部叶的小裂片狭线形，宽 0.5mm，先端有硬尖头……………………………………… **日喀则蒿 *A. xigazeensis***
8. 多年生或一、二年生草本，根细垂直，或植株半灌木状，但非丛生；茎少数或单一，草质或下部半木质，后者根、根状茎稍粗大，近木质化，其中部叶两面密被灰白色或灰黄色柔毛或近无毛，其叶的小裂片细软，其余种中部叶的小裂片狭线形、丝线形或毛发状，先端无硬尖头。
9. 中部叶 1～2 回羽状全裂，每侧裂片 2～3 枚；头状花序在分支或分支的小枝上分散着生，在茎上排成开展的圆锥花序或为穗状花序式的圆锥花序 ……………………………………… **猪毛蒿 *A. scoparia***
9. 中部叶 2 回羽状全裂，每侧有裂片(3)4 枚；头状花序在分支或分支的小枝上密集着生成密穗状花序，并在茎上组成狭长或稍开展的圆锥花序 ……………………………………………… **直茎蒿 *A. edgeworthii***
7. 中部叶的小裂片略宽，为宽线形、线状披针形、椭圆形、披针形或为齿裂、缺裂等，宽(1.5)2mm 以上，或叶匙形，或倒卵形，先端具锯齿或浅裂齿，边全缘；退化子房通常不存在，稀少细小。
10. 头状花序直径 3～4mm；外、中层总苞片边缘褐色，宽膜质 …………………… **昆仑蒿 *A. nanschanica***
10. 头状花序直径 1.5～3mm，稀达 3.5mm，后者头状花序在分支上密集着生；叶被黄色或灰黄色绢质短柔毛。

11. 根状茎稍膨大，通常不肥厚，亦不形成短圆柱状；中部叶匙形或倒卵状楔形，自上端向基部斜向 3 ~ 5 深裂或近全裂；外、中层总苞片有绿色中肋，边狭膜质………………………… **西南牡蒿 *A. parviflora***

11. 根状茎略肥厚，粗短，通常成短圆柱状；中部叶长卵形，1 ~ 2 回羽状全裂，叶柄短，具小型、半抱茎的假托叶；外、中层总苞片背面深绿色或带紫色，边白色膜质……………… **冷蒿(沙蒿)*A. frigida***

39. 万寿菊属 *Tagetes*

孔雀草 *T. patula*

一年生草本。茎高 30 ~ 100cm。叶羽状分裂，裂片线状披针形，边缘有锯齿，齿端常有长细芒，齿的基部通常有 1 个腺体。头状花序单生，总苞绿色；舌状花金黄色或橘红色，有红色斑，舌片近圆形，顶端微凹；管状花黄色，顶端 5 齿裂。瘦果线形，黑色，被短柔毛；冠毛鳞片状，其中 1 ~ 2 个长芒状，2 ~ 3 个短而钝。花期 7 ~ 9 个月。西藏东南部有观赏栽培或逸生。

40. 苍耳属 *Xanthium*

苍耳 *X. sibiricum*

一年生粗壮草本。茎高 20 ~ 90cm；不分支或少有分支，被灰白色糙伏毛。叶三角形卵形或心形，长 4 ~ 9cm，宽 5 ~ 10cm，顶端尖或钝，基部心形或截形，边缘有不规则的粗齿或 3 ~ 5 不明显浅裂，基生三出腺，两面被糙伏毛；叶柄长 3 ~ 11cm。雄性头状花序球形，径 4 ~ 6mm；外层部苞片小，披针形，被短柔毛，内层部苞片结合呈囊状，卵形或卵状椭圆形，连同喙部长 12 ~ 15mm，外面具疏生钩状的刺，刺极细，基部几不增粗，喙坚硬，锥状或镰刀状，不等长，瘦果倒卵形。产于米林，生于海拔 3000m 左右的荒野路边。

41. 百日菊属 *Zinnia*

百日菊 *Z. elegans*

一年生草本。茎直立，高 30 ~ 100cm，被糙毛或长硬毛。叶宽卵圆形，长 5 ~ 10cm，宽 2.5 ~ 5cm，基部稍心形抱茎，两面粗糙，下面密被短糙毛，基出三脉。头状花序径 5 ~ 6.5cm，单生枝端；总苞宽钟状，总苞片多层，宽卵形或卵状椭圆形，外层长约 5mm，内层长约 10mm，边缘黑色；托片上端有延伸的附片，附片紫红色，流苏状三角形；舌状花深红色、玫瑰色、紫堇色或白色，舌片倒卵圆形，先端 2 ~ 3 齿裂或全缘，上面被短毛，下面被长柔毛；管状花黄色或橙色，上面密被黄褐色茸毛。雌花瘦果，扁平，腹面正中和两侧边缘各有 1 棱，顶端截形，基部狭窄，被密毛；管状花瘦果倒卵状楔形，极扁，被疏毛，顶端有短齿。花期 6 ~ 9 月，果期 7 ~ 10 月。西藏东南部有观赏栽培。

42. 牛膝菊属 *Galinsoga*

牛膝菊 *G. parviflora*

一年生直立草本，高约 50cm。叶对生，卵形至披针形，长 3 ~ 6cm，宽 1 ~ 3cm，基出 2 脉。头状花序小，有细长的花梗；总苞半球形；舌状花仅 4 ~ 5 片，白色；两性管状花黄色。瘦果顶端有睫毛状鳞片。产于林芝、波密、米林，生于海拔 1700 ~ 3680m 一带的农田、山坡草地上，为西藏东南部常见农田杂草。

43. 豨莶属 *Sigesbeckia*

腺梗豨莶 *S. pubescens*

茎粗壮，高达 110cm，上部多分支，被开展的灰白色长柔毛和糙毛。中部叶卵形，长 3.5 ~

12cm，宽 1.8 ~ 6cm，边缘有尖头状规则或不规则的粗齿；上部叶渐小，披针形或卵状披针形，两面被平伏毛，叶缘有长柔毛。头状花序多数，在顶端排成稀疏的圆锥花序；花序梗较长，密生紫褐色头状具柄腺毛和长柔毛；花黄色，边缘雌性舌状花顶端 3 浅裂，中部两性管状花先端 4 ~ 5 浅裂。蒴果具 4 棱。花期 7 ~ 9 月。产于林芝、波密、米林、墨脱，生于海拔 800 ~ 3100m 的山坡草地、村旁荒地上。

44. 向日葵属 *Helianthus*

分 种 检 索 表

1. 一年生，无地下块茎；茎常不分支；头状花序直径 10 ~ 30cm（栽培作物）………………… **向日葵 *H. annuus***
1. 多年生，具地下块茎；茎上部分支；头状花序直径 5 ~ 9cm（栽培蔬菜）………… **菊芋（洋姜）*H. tuberosus***

45. 大丽花属 *Dahlia*

大丽花 *D. pinnata*

多年生草本。有巨大块根；茎粗壮。叶 1 ~ 3 回羽状全裂，裂片卵形或长圆状卵形。头状花序大，直径 6 ~ 12cm，有长花序梗，常下垂；舌状花一层，白色、红色或紫色，管状花黄色，有时栽培品种全为舌状花。瘦果长圆形，黑色，扁平。花期 6 ~ 10 月。西藏东南部各地大多有栽培，近年来也有矮小品种出现，俗称"小丽花"。

46. 秋英属 *Cosmos*

秋英（波斯菊）*C. bipinnatus*

一年生草本。茎直立，高 1 ~ 2m，无毛或被疏柔毛。叶 2 回羽状深裂，裂片线状或丝状线形。头状花序单生，直径 3 ~ 6cm；花序梗长 6 ~ 18cm；总苞中外层披针形或线状披针形，近革质，具深紫色条纹，长 10 ~ 15mm，上端狭尖，内层椭圆状卵形，膜质，托片与瘦果近等长，丝状；舌状花红紫色，粉红色或白色，舌片椭圆状倒卵形，顶端具 2 ~ 5 钝齿；管状花黄色，有披针形裂片。瘦果黑紫色，顶端具有 2 ~ 3 尖刺的长喙。原产美洲墨西哥，西藏习见观赏花卉，拉萨、林芝庭院常栽培，俗称"张大人"花；近年开始有同属植物硫黄菊栽培，主要区别是花金黄色。

47. 鬼针草属 *Bidens*

柳叶鬼针草 *B. cernua*

一年生草本。生于岸上的有主茎，生于水中的常基部分支。主茎不明轮生，叶披针形或线状披针形，长 3 ~ 14(22) cm，边缘有疏锯齿，两面无毛，基部半抱茎；通常无柄。头状花序单生茎、枝端，连同总苞苞片径达 4cm，高 0.6 ~ 1.2cm；总苞盘状，外层总苞片 5 ~ 8，线状披针形，长 1.5 ~ 3cm，叶状，内层膜质，长椭圆形或倒卵形，长 6 ~ 8mm，背面有黑纹，具黄色薄膜质边缘，无毛；舌状花中性，舌片黄色，卵状椭圆形，长 0.8 ~ 1.2cm；盘花两性，筒状，花冠管细，长约 1.5mm，冠檐壶状，5 齿裂。瘦果窄楔形，具 4 棱，棱有倒刺毛，顶端芒刺 4，有倒刺毛。产于林芝、拉萨等地，生于海拔 3000 ~ 3750m 的溪边沼泽草丛、湿地中。

48. 斑鸠菊属 *Vernonia*

分 种 检 索 表

1. 草本植物，被灰色或白色短柔毛；叶长 3 ~ 6.5cm，侧脉 3 ~ 4 对；花浅红紫色 ……… **夜香牛 *V. cinerea***

1. 小乔木或藤本；枝粗状，被淡黄褐色茸毛或近无毛；花淡红色或淡紫色。(产于墨脱)
2. 叶长15~40cm，侧脉12~17对，边缘具疏锯齿或波状；小乔木 ……… **大叶斑鸠菊 *V. volkameriaefolia***
2. 叶长4.5~12cm，侧脉4~5对，全缘；藤本 ……………………………………………… **喜斑鸠菊 *V. blanda***

49. 矢车菊属 *Centaurea*

矢车菊 *C. cyanus*

一年生草本，高约50cm。茎直立，被白色绵毛。基生叶长椭圆状披针形，全缘或提琴状羽裂，有柄，中部和上部叶互生，条形，长6~8cm，宽3~6mm，全缘。头状花序单生于枝端，直径达4cm；总苞钟状，总苞片多层；花冠常蓝色，边花增大，具一扩展的檐部，近舌状，多裂；盘花为两性，花冠管细。瘦果倒卵形，有毛；冠毛多层，刺毛状。原产欧洲，林芝有栽培。

50. 红花属 *Carthamus*

红花 *C. tinctorius*

一年生草本，高1~1.5m。茎直立，无毛，上部分支。叶长椭圆形或卵状披针形，长3~8cm，宽0.8~2cm，叶缘羽状齿裂，基部近圆形或狭窄，无柄，抱茎，齿端有针刺，两面无毛。头状花序单生，直径2.5~3cm，有梗，在茎枝顶端排成伞房花序，为苞叶所围绕，苞叶顶端有针刺；总苞近球形，总苞片4层，内黄绿色，外层绿色；小花全为两性管状花，橘红色。瘦果倒卵形或椭圆形，基部稍歪斜，有4棱，稍光亮，乳白色；无冠毛。原产埃及，察隅、林芝有栽培，但非“藏红花”。

51. 牛蒡属 *Arctium*

牛蒡 *A. lappa*

二年生草本。根粗壮、肉质。茎高80~120cm，具条纹，带紫色，有微毛，上部多分枝。基生叶丛生，茎生叶互生。头状花序顶生或排成伞房，径3.5~4.5cm，有梗；总苞球形，总苞片披针形(刺状)，长1.5~2cm，绿色或黄绿色；花全部管状，紫红色。瘦果椭圆形或倒卵形，稍扁灰黑色；冠毛短，刚毛状。产于林芝、波密、米林、察隅，生于海拔3000~3200m一带的农田边、村寨旁或山坡草丛中。

52. 飞廉属 *Carduus*

节毛飞廉(刺飞廉)*C. acanthoides*

二年生或多年生，高(10)20~100cm。茎单生，有条棱，全部茎枝被多细胞长节毛。基部及下部茎生叶长6~29cm，宽2~7cm，浅裂至深裂，侧裂片6~12对，边缘有大小不等的钝三角形刺齿，齿顶及齿缘有黄白色针刺，齿顶针刺长达1~5mm，或叶边缘有大锯齿，不明显羽状分裂；全部茎叶两面绿色，两侧沿茎下延成茎翼，茎翼齿裂，齿顶及齿缘有长达3~5mm的针刺。头状花序几无花序梗，3~5个集生或疏松排列于茎顶或枝端；总苞片多层，覆瓦状排列，向内层渐长；中外层苞片顶端有长1~2mm的针刺，最内层及近最内层无针刺；小花红紫色。瘦果有多数横皱纹，冠毛多层。花期7~8月。产于林芝、波密、米林等地，生于海拔3000~3500m一带的林缘、路边或撂荒地上。

53. 蓟属 *Cirsium*

分 种 检 索 表

1. 头状花序密被绵毛，直径3.5~6(12)cm(绵头蓟 *C. bolocephalum* 已归并) ……… **贡山蓟 *C. eriophoroides***

1. 头状花序不密被绵毛，直径 0.8 ~ 4cm。
 2. 头状花序下垂；总苞无毛，内层总苞片直立、不反卷，黄绿色 …………… **南蓟(藏蓟) *C. argyracanthum***
 2. 头状花序直立；总苞疏被蛛丝状毛，内层总苞片顶端弯曲，紫褐色 ………… **骆骑(倒钩蓟) *C. handelii***

54. 风毛菊属 *Saussurea*

分 种 检 索 表

1. 头状花序为扩大的膜质、有色的苞叶所承托或包被。(雪莲亚属)
 2. 苞叶黄色，膜质，包被花序。
  3. 苞叶大，长达 11cm；头状花序 6 ~ 15 个，几无小花梗，直立 …………………… **苞叶雪莲 *S. obvallata***
  3. 苞叶小，长不足 7cm；头状花序 1 ~ 3 个，有短小花梗，下垂 ………………… **垂头雪莲 *S. wettsteiniana***
 2. 苞叶紫红色，膜质、近膜质或几叶质，包被或不包被花序。
  4. 苞叶大，膜质，先端尾尖，包被头状花序；头状花序单生 ……………………… **毛背雪莲 *S. pubifoia***
  4. 苞叶较小，近膜质或几叶质，不包被头状花序。
   5. 苞叶近膜质；小花梗上部肿大(肿柄雪莲 *S. conica* 分为下列两种)。
    6. 头状花序 1 或 2 个 ……………………………………………………………… **单花雪莲 *S. uniflora***
    6. 头状花序 2 ~ 8 个，顶生伞房状排列 ………………………………………………… **宝璐雪莲 *S. luae***
   5. 苞叶几叶质；头状花序单生；小花梗不明显肿大 ……………………………… **长叶雪莲 *S. longifolia***
1. 头状花序不为扩大的苞叶所承托或包被，或密集茎顶，通常被密被绵毛的苞叶所包被、半包被。
 7. 头状花序密集呈单球形，生于莲座叶丛中，被褐色苞叶半包被；全株无毛；叶片线形，基部紫红色(雪兔子亚属) ……………………………………………………………………………… **星状雪兔子 *S. stella***
 7. 头状花序疏松排列成伞房状或在茎顶单生，不为扩大的苞叶所包被或承托；瘦果顶端无具齿的小冠。(风毛菊亚属)
  8. 头状花序 2 ~ 5 个生于茎顶。
   9. 基生叶线形，长 3 ~ 8cm，全缘而内卷；头状花序 2 个生于茎顶 ………………… **西藏风毛菊 *S. tibetica***
   9. 基生叶窄矩圆形，长 6 ~ 18cm，羽状渐裂；茎生叶 2 ~ 5；头状花序 3 ~ 12 个生于茎顶 ……………………………………………………………………… **弯齿风毛菊(丽江风毛菊) *S. likiangensis***
  8. 头状花序单生茎顶或基出分支顶端。
   10. 叶全缘或具稀疏微浅齿，两面同色；叶面及叶缘被稀疏长柔毛 ………… **长毛风毛菊 *S. hieracioides***
   10. 叶片羽状分裂或具波状齿。
    11. 植株无茎或几无茎；叶两面异色，叶背密被灰白色茸毛。
     12. 基生叶长 1.3 ~ 1.5cm，羽状浅裂，侧裂片 2 ~ 3 对；总苞 3 层 …………… **钻叶风毛菊 *S. subulata***
     12. 基生叶长 4 ~ 15cm，羽状深裂，侧裂片 8 ~ 12 对；总苞 5 层 … **狮牙草状风毛菊 *S. leontodontoides***
    11. 茎发育，明显。
     13. 基生叶长 5 ~ 15cm，宽 1 ~ 1.8cm，倒向羽裂，裂片三角形 ……… **蒲公英叶风毛菊 *S. taraxacifolia***
     13. 叶全裂或浅裂，绝不为倒向羽裂。
      14. 基生叶长 5 ~ 28cm，宽 1.5 ~ 4cm，全裂；茎生叶 1 ~ 3 枚 ………… **东俄洛风毛菊 *S. pachyneura***
      14. 基生叶长 12 ~ 18cm，宽 1.2 ~ 2cm，浅裂或近全缘；茎生叶 3 ~ 5 枚 ……………………………………………………………………… **川滇风毛菊(波密风毛菊) *S. wardii***

55. 川木香属 *Dolomiaea*

美叶川木香(美叶藏菊) *D. calophylla*

多年生莲座状草本，无茎。叶基生，莲座状，全形长椭圆形或长倒披针形，长 10 ~

20cm，不规则 2 回羽状分裂，第一回侧裂片 7 ~ 10 对；全部叶质地稍坚硬，硬纸质，两面异色，上面被稠密或较多的糙伏毛及极稀疏的蛛丝毛，下面密被厚的茸毛，中脉粗厚，在叶下面凸起；有粗厚的叶柄。头状花序多数(10 ~ 25)集生于茎基顶端的莲座叶丛中。总苞钟状，直径 1.5 ~ 2cm；总苞片约 6 层，覆瓦状排列，外层椭圆形，顶端圆形或急尖，有小尖头；中、内层披针形，顶端急尖，有小尖头；全部总苞片质地坚硬，麦秆黄色，有光泽，但上部常紫红色。小花紫红色，花冠长 1.9cm，外面有腺点，檐部长 7mm，管部长 1.2cm。瘦果 4 棱形，倒圆锥状，长 5mm，有横皱褶，顶端截形。冠毛多层，等长或几等长，长 2cm，褐色，基部黑褐色，连合成环，整体脱落；冠毛刚毛糙毛状。花果期 8 月。产于林芝，生于海拔 3300 ~ 4700m 的高山草地或砾石地上。

56. 兔儿风属 *Ainsliaea*

分种检索表

1. 叶聚生于茎的基部，呈莲座状。
  2. 茎被薄或密被蛛丝状白色绵毛；叶呈莲座状，有茎生叶，叶片薄纸质，狭卵形；花序轴被蛛丝状绵毛；花冠裂片偏于一侧，略长于花冠管………………………………… **宽叶兔儿风(细穗兔儿风)*A. latifolia***
  2. 茎被淡黄色长硬毛；叶基生，无茎生叶，叶片厚纸质，椭圆形；花序轴被短柔毛；花冠裂片不偏于一侧，长约为花冠管的 2 倍……………………………………………………… **黄毛兔儿风(小叶兔儿风)*A. fulvipes***
1. 叶密集于茎的中部呈莲座状，或不呈莲座状而仅向茎的中部逐渐密聚，稀有在基部之上而又在中部以下处互生。
  3. 茎疏被黄褐色卷曲的蛛丝状毛；叶片膜质，卵状披针形或椭圆形；头状花序具 4 ~ 5 朵花，簇生或单生；总苞片 4 层；瘦果无明显纵棱，密被白色绢毛…………………………………………… **异叶兔儿风 *A. foliosa***
  3. 茎被长柔毛、短柔毛或脱落近无毛；叶片薄纸质，阔卵形至近圆形；头状花序单生或双生，具花 3 朵；总苞片约 7 层；瘦果有不明显的纵肋，无毛 ……………………………………………… **无翅兔儿风 *A. aptera***

57. 大丁草属 *Leibnitzia*

尼泊尔大丁草 *L. kunzeana*

多年生草本。根状茎极短，为残存棕黑色的叶鞘所围裹；根带肉质，粗细并存，簇生。叶基生，莲座状，叶片纸质，倒卵状长圆形或匙状长圆形，长 3 ~ 12cm，大头羽裂；叶柄长 2.5 ~ 7cm，上部具狭翅，多少被蛛丝状毛，下部扩大成鞘。花莛 2 ~ 5 丛生或偶有单生，直立，毛于头状花序基部最密；苞叶线状钻形，伸出头状花序。头状花序单生于莛顶，直径 1 ~ 1.5cm；总苞圆筒形或狭钟形；总苞片 2 层，顶端全部渐尖而带紫红色。花淡紫色或紫红色，全部隐藏于冠毛之中；雌花顶端具 3 齿，中间 1 齿大而长，两侧 2 齿较小。两性花花冠较粗而短，管状二唇形，长 3 ~ 3.5mm，外唇具 3 细齿，内唇 2 浅裂，裂片大于上唇的细齿；雄蕊内藏，花药基部扭曲，无明显尾部；两性花的花柱分支略扁，顶端钝。瘦果纺锤形，具 4 强纵棱，被白色粗毛，且有紫红色斑点，顶端具 3 ~ 3.5mm 长的喙，连喙长 7 ~ 9mm。花期 8 ~ 10 月。产于波密、米林等地，生于海拔 2700 ~ 3700m 的林缘、灌丛中或草地上。

58. 金盏花属 *Calendula*

金盏花(金盏菊)*C. officinalis*

一年生草本，高 20 ~ 75cm。通常自茎基部分支，绿色或多少被腺状柔毛。基生叶长圆状倒卵形或匙形，长 15 ~ 20cm，全缘或具疏细齿，具柄；茎生叶长圆状披针形或长圆状倒卵形，无柄，长 5 ~ 15cm，基部多少抱茎。头状花序单生茎枝端，直径 4 ~ 5cm；总苞片 1 ~ 2

层，披针形或长圆状披针形；小花黄或橙黄色，长为总苞的2倍，舌片宽达4～5mm；管状花檐部具三角状披针形裂片。瘦果全部弯曲，淡黄色或淡褐色，外层的瘦果大半内弯，外面常具小针刺，顶端具喙，两侧具翅，脊部具规则的横折皱。花期4～9月，果期6～10月。西藏东南部习见栽培花卉。

59. 火绒草属 *Leontopodium*

分 种 检 索 表

1. 茎和叶上面被黄色或褐色具柄密腺毛；叶无鞘部；苞叶开展成稍规则星状苞叶群。
 2. 叶线形，宽0.1～0.3cm，边缘极反卷，有1中脉或近基部有三出脉…………… **坚秆火绒草 *L. franchetii***
 2. 叶卵圆状披针形，宽0.3～0.7cm，边缘反卷，有三出脉和明显的羽状脉，基部常抱茎；芳香 ……………………………………………………………………………… **毛香火绒草 *L. stracheyi***
1. 茎和叶无腺毛，被白色、灰白色茸毛或长柔毛；叶具鞘部；苞叶开展呈不规则的星状苞叶群。
 3. 植株丛生或垫状，无莲座状叶丛 ……………………………………………… **雅谷火绒草 *L. jacotianum***
 3. 茎单生或簇生且根状茎分支细长而有散生的茎，具莲座状叶丛。
  4. 茎上部叶基部多少扩大，常抱茎，苞叶被银白色长柔毛和白色茸毛……………… **银叶火绒草 *L. souliei***
  4. 茎上部叶基部狭或等宽，不扩大；苞叶被稍黄色长柔毛或灰白色茸毛 …… **长叶火绒草 *L. junpeianum***

60. 香青属 *Anaphalis*

分 种 检 索 表

1. 总苞球状或钟状，总苞片顶端尖；花序少数，在茎或枝端疏散或团聚成伞房花序，稀单生。
 2. 基生叶不沿茎下延成翅状；总苞球形；总苞片7～9层。
  3. 根状茎细长，有匐枝；茎中部叶长圆形至倒披针形；外层总苞片白色 ……… **尼泊尔香青 *A. nepalensis***
  3. 根状茎粗壮；茎中部叶线状披针形；外层总苞片基部深褐色或紫褐色 ………… **尖叶香青 *A. acutifolia***
 2. 基生叶多少下延成翅状；根状茎细长；总苞宽钟状或半球状；总苞片4～5层。
  4. 总苞片黄色，叶片两面被灰白色或黄白色蛛丝状毛 ……………………………… **淡黄香青 *A. flavescens***
  4. 总苞片白色，叶片两面被头状具柄腺毛及疏蛛丝状毛 ………………………… **铃铃香青 *A. hancockii***
1. 总苞卵圆状，钟状或半球状；总苞片顶端钝或圆形，通常花后开展；头状花序通常多数，稀少数，在茎或枝端密集排列成复伞房状或伞房状；总苞片4～6层。
 5. 基生叶基部具耳或狭窄不抱茎，不沿茎下延成翅状。
  6. 基生叶基部扩大成宽大而抱茎的小耳，半抱茎，边缘反卷，较薄；总苞片白色 ……………………………………………………………………………………… **旋叶香青 *A. contorta***
  6. 基生叶基部较窄，不抱茎，边缘平，较厚。
   7. 叶从茎中部向上部渐小，上部叶短于复伞房花序；总苞片乳白色 ………… **珠光香青 *A. margaritacea***
   7. 叶从茎中部向上部渐大，且在花序下密集，叶丛长于复伞房花序；总苞片紫褐色 ……………………………………………………………………………… **紫苞香青 *A. porphyrolepis***
 5. 叶基部多少下延成翅状。
  8. 亚灌木或小半灌木，茎多分支。
   9. 叶长椭圆形，两面被蛛丝状毛或下面被白色或黄白色后绵毛 ………………… **狭苞香青 *A. stenocephala***
   9. 叶线形，上面被蛛丝状毛或头状具柄腺毛，下面密被灰白色绵毛 …………………… **纤枝香青 *A. gracilis***
  8. 多年生草本，有根状茎。
   10. 植株有粗壮木质的根或根状茎；茎不分支 ………………………………………… **木根香青 *A. xylorhiza***
   10. 植株有细长的根状茎。

11. 叶两面被深灰色厚绵毛和头状具柄腺毛 …………………………………………… **灰叶香青 *A. spodiophylla***
11. 叶上面被粃糠状或头状具柄腺毛，下面或两面被灰白色绵毛 ………… **黄腺香青 *A. aureopunctata***

61. 拟鼠麴草属 *Pseudognaphalium*

分 种 检 索 表

1. 矮小草本；叶顶端钝圆，两面被灰白色绵毛；冠毛基部连合成 2 束 ……………………… **拟鼠麴草 *P. affine***
1. 粗壮草本；叶顶端渐尖，基部稍抱茎，上面被腺毛；冠毛基部分离 ………… **秋拟鼠麴草 *P. hypoleucum***

62. 旋覆花属 *Inula*

锈毛旋覆花 *I. hookeri*

多年生草本。根状茎长，常有匍匐或斜升和具鳞状叶的匍匐枝。茎直立，高 60 ~ 100cm，被开展的柔毛，顶端被白色长绵毛。叶开展，长圆形，长 7 ~ 17cm，基部有半抱茎的小耳，无柄，边缘有小尖头状锯齿，顶端渐尖，上有毛；中脉和 6 ~ 8 对侧脉在下面稍高起，网脉在下面明显。头状花序单生于茎端及枝端，径 6 ~ 8cm。总苞半球状，总苞片多层：外层反折，从较宽而革质的基部渐狭成长达 2 ~ 3cm 的线状长尾部，被开展的锈褐色长毛；内层线状披针形，干膜质，上部有缘毛。舌状花黄色，舌片线形，长达 3cm，宽约 1mm，背面有长伏毛；管状花外面无毛，顶端有尖卵形裂片。冠毛 1 层，与花冠多少等长。瘦果有 12 个细沟及棱，长圆形，上端截形，无毛。花期 7 ~ 10 月，果期 10 月。产于察隅、波密(嘎隆拉)等地，生于海拔 2400 ~ 3200m 的山坡、河谷林缘或草丛中。

63. 天名精属 *Carpesium*

分 种 检 索 表

1. 总苞片向内逐层增长，干膜质或先端稍带草质，与苞叶明显区别 ………… **粗齿天名精 *C. tracheliifolium***
1. 总苞外层苞片草质或叶状，与内层苞片近等长或更长，常与苞叶无明显区别。
 2. 头状花序钟状，直径 4 ~ 10mm，着生于第一次分支及第二次分支端，排成总状或圆锥状花丛 …………
 ……………………………………………………………………………………………… **暗花金挖耳 *C. triste***
 2. 头状花序盘状或半球形，直径通常超过 10mm，着生于第一次分支端。
  3. 花冠被疏毛，全株密生白色绵毛；苞片先端锐尖，下叶基部圆形、截形或心形，骤然与翼柄连接 ……
  ……………………………………………………………………………………… **尼泊尔天名精 *C. nepalense***
  3. 花冠被毛，植物体被柔毛或污黄色茸毛状长柔毛。
   4. 苞叶及外层总苞片匙形或条状匙形，先端近圆形或钝，密被柔毛；头状花序直径 1.5 ~ 2.5cm ………
   ……………………………………………………………………………………… **葶茎天名精 *C. scapiforme***
   4. 苞叶及外层总苞片披针形，先端渐尖，被疏柔毛；头状花序直径 1 ~ 1.5cm；头状花序具长梗；苞叶反折 ……………………………………………………………………………… **高原天名精 *C. lipskyi***

64. 和尚菜属 *Adenocaulon*

和尚菜 *A. himalaicum*

多年生草本。具匍匐根状茎，自节上生出多数的纤维根。茎直立，高 30 ~ 100cm，上部被蛛丝状毛。下部茎生叶肾形或圆形，长 5 ~ 8cm，宽 7 ~ 12cm，基出三脉，边缘有不等形的波状大牙齿，齿端有突尖；上面沿脉被尘状柔毛，下面密被蛛丝状毛；叶柄长 5 ~ 17cm，有狭或较宽的翅，向上叶渐小。头状花序圆锥形排列，总苞半球形，总苞片 5 ~ 7 个；雌花白色，两性花淡白色。蒴果棍棒状，密被头状具柄腺毛。花果期 7 ~ 8 月。产于察隅、林芝(东久)、波密(通麦)等地，生于海拔 2000 ~ 2900m 的山坡林缘或林下。

Ⅱ 单子叶植物纲 Monocotyledoneae

分科检索表

1. 植株具棕榈状主干；圆锥或穗状花序，托以佛焰苞状苞片；叶常为羽状或伞形分裂，在芽内呈折叠状而有强韧的平行脉或射出脉 ………………………………………………………… **8. 棕榈科 Arecaceae(Palmae)**
1. 草本或具木质茎；叶在芽内绝非折叠状。
 2. 无花被或花被不明显(在眼子菜科中、灯芯草科中花被极小)；有时具大型佛焰苞。
  3. 花包藏于或附托以覆瓦状排列的壳状鳞片(特称为颖)中，由多花至 1 花形成小穗。
   4. 秆常三棱形，实心；茎生叶非两行排列，叶鞘封闭；花药基着；坚果 ………… **7. 莎草科 Cyperaceae**
   4. 秆常圆柱形，中空；茎生叶两行排列，叶鞘一侧纵裂；花药丁字着生；颖果 … **6. 禾本科 Gramineae**
  3. 花虽有时排列为具总苞的头状花序，但并不包藏在壳状的鳞片中。
   5. 植株体微小；无真正叶片，仅具无茎而漂浮水面或沉没水中的叶状体 ……… **10. 浮萍科 Lemnaceae**
   5. 植株常具茎，也有叶，稀叶片鳞片状。
    6. 水生植物，具沉没于水中和漂浮水面的叶片；花两性 ……………… **3. 眼子菜科 Potamogetonaceae**
    6. 陆生；或沼生植物且具位于空气中的叶片；花单性或两性。
     7. 叶有柄，具网状脉；肉穗花序常有一大型且具色彩的佛焰苞 ………………… **9. 天南星科 Araceae**
     7. 叶无柄或近无柄，常具平行脉。
      8. 花单性；雄性在上，雌性在下。
       9. 头状花序散生于主茎或枝条上 ……………………………………………… **2. 黑三棱科 Sparganiaceae**
       9. 穗状花序生于花莛顶端。
        10. 花序形如蜡烛而无佛焰苞 ……………………………………………………… **1. 香蒲科 Typhaceae**
        10. 花序背面与佛焰苞合生长达 2/3 ……………………………………………… **9. 天南星科 Araceae**
      8. 花两性。
        11. 肉穗花序常有一大型且具色彩的佛焰苞……………………………………… **9. 天南星科 Araceae**
        11. 花序各式，总苞片有或无，但不呈佛焰苞状。
         12. 子房 3 ~ 6 个，至少在成熟时相互分离(水麦冬属) ……………… **4. 水麦冬科 Juncaginaceae**
         12. 子房 1 个，由 3 心皮连合组成 ……………………………………… **13. 灯心草科 Juncaceae**
 2. 有花被，常显著且花瓣状。
  13. 子房上位，或花被和子房分离。
   14. 花被明显分化为花萼和花冠各 1 轮，有时花瓣细长或线形。
    15. 叶互生，具平行脉；蝎尾状聚伞花序藏于佛焰苞状总苞片内 ………… **12. 鸭跖草科 Commelinaceae**
    15. 叶在茎顶轮生，网状脉而于基部具 3 ~ 5 脉，单花顶生(重楼属) ……………… **14. 百合科 Liliaceae**
   14. 花被分化不明显，花萼和花冠相同或近于相同。
    16. 花大型或中型，稀小型，花被裂片多少有鲜明色彩 …………………………… **14. 百合科 Liliaceae**
    16. 花小型，花被裂片绿色或棕色。
     17. 蒴果自一宿存的中轴上裂为 3 ~ 6 瓣，每果爿仅 1 枚种子 ……………… **4. 水麦冬科 Juncaginaceae**
     17. 蒴果室背开裂为 3 瓣，内有多数至 3 枚种子 ……………………………… **13. 灯心草科 Juncaceae**

13. 子房下位，或花被多少和子房连合。
18. 花辐射对称。
19. 水生植物，植株全株或部分沉没水中；子房 1 室 …………………………… **5. 水鳖科 Hydrocharitaceae**
19. 陆生草本；子房 3 室。
20. 攀缘性植物；叶片宽广，具网状脉和叶柄 …………………………………… **17. 薯蓣科 Dioscoreaceae**
20. 植物不为攀缘性；叶具平行脉。
21. 雄蕊 3；叶两行排列，花柱常花瓣状 ………………………………………… **18. 鸢尾科 Iridaceae**
21. 雄蕊 6。
22. 大型聚花果，或为浆果；果期花被宿存(栽培) ……………………… **11. 凤梨科 Bromeliaceae**
22. 蒴果或浆果，仅为 1 花形成；果期花被不宿存。
23. 子房 1 室，胚珠多数，侧膜胎座；具长丝状总苞片 ………………… **16. 蒟蒻薯科 Taccaceae**
23. 子房 3 室，多数或少数胚珠，中轴胎座。
24. 子房部分下位 ………………………………………………………………… **14. 百合科 Liliaceae**
24. 子房完全下位(栽培) ……………………………………………… **15. 石蒜科 Amaryllidaceae**
18. 花两侧对称或不对称。
25. 花被片均花瓣状；雄蕊和花柱多少相互连合 ………………………………… **23. 兰科 Orchidaceae**
25. 花被片并非全部花瓣状，其外层者形如萼片；雄蕊和花柱分离。
26. 后方的 1 枚雄蕊不育，其余 5 枚均发育且有花药；浆果 ………………… **19. 芭蕉科 Musaceae**
26. 后方的 1 枚雄蕊发育且有花药，其余 5 枚均不发育而退化，或呈花瓣状。
27. 花药 2 室；萼片相互连合为一萼筒，有时呈佛焰苞状 ……………………… **20. 姜科 Zingiberaceae**
27. 花药 1 室；萼片相互分离或至多彼此衔接。
28. 子房 3 室，每子房室内有多数胚珠生于中轴胎座上(栽培) …………… **21. 美人蕉科 Cannaceae**
28. 子房 3 室或退化为 1 室，每子房室内仅有 1 个基生胚珠 ……………… **22. 竹芋科 Marantaceae**

一、香蒲科 Typhaceae

1. 香蒲属 *Typha*

宽叶香蒲 *T. latifolia*

多年沼生草本，直立，高 1 ~ 2m。地下根状茎粗壮，有节。叶线形，下部的宽达 2cm，渐窄，基部鞘状，抱茎。穗状花序圆柱状，雄花序与雌花序彼此相连；雄花序在上，长达 9. 5cm，雌花序在下，长 9 ~ 10. 5cm，直径 2. 3cm，带红褐色；雌花无小苞片，有多数基生的白色长柔毛，毛较柱头短，花粉粒为四合体。产于察隅，生于海拔 2100m 的潭边和水边沼泽中。

二、黑三棱科 Sparganiaceae

1. 黑三棱属 *Sparganium*

分 种 检 索 表

1. 叶宽 8 ~ 16(25) mm；圆锥花序(即花序具 2 ~ 5 ~ 7 个分支，每个分支上均有 2 至数个头状花序，顶端具雄花序)，柱头 1 ~ 2 个，长常为 3 ~ 4mm(产于拉萨) ……………………………… **黑三棱 *S. stoloniferum***
1. 叶宽 5 ~ 7mm；总状花序(即头状花序贴生于花序轴上，仅下面的 1 ~ 2 个雌性头状花序具总花梗或有时具 1 个分支)；柱头 1，长不超过 2mm(产于察隅) ……………………………… **短序黑三棱 *S. glomeratum***

三、眼子菜科 Potamogetonaceae

1. 眼子菜属 *Potamogeton*

浮叶眼子菜 *P. natans*

多年生。根茎发达，多分支，节处生有须根。茎圆柱形，直径 1.5 ~ 2mm，通常不分支。浮水叶革质，卵形至矩圆状卵形，长 4 ~ 9cm，宽 2.5 ~ 5cm，先端圆形或具钝尖头，基部心形至圆形，稀渐狭，具长柄；叶脉 23 ~ 35 条，于叶端连接，基中 7 ~ 10 条显著；沉水叶质厚，叶柄状，呈半圆柱状的线形，先端较钝，长 10 ~ 20cm，宽 2 ~ 3mm，具不明显的 3 ~ 5 脉；常早落；托叶近无色，鞘状抱茎，多脉，常呈纤维状宿存。穗状花序顶生，长 3 ~ 5cm，具花多轮，开花时直立伸出水面，花后花序梗弯曲而使穗状花序沉没水中；花小，花被片 4，绿色，肾形至近圆形，径约 2mm；雌蕊 4 枚，离生。果实倒卵形，背部钝圆，或具不明显的中脊。花果期 7 ~ 9 月。产于林芝、波密、米林、拉萨、吉隆，生于海拔 3000 ~ 3200m 一带的活水池沼中，常与睡莲 *Nymphaea tetragona*、杉叶藻 *Hippuris vulgaris*、芦苇 *Phragmites communis* 等共同生长在同一水域中。

四、水麦冬科 Juncaginaceae

1. 水麦冬属 *Triglochin*

分 种 检 索 表

1. 心皮 6；蒴果椭圆或近卵形，成熟后呈 6 瓣裂开；总状花序较密集 ························ **海韭菜 *T. maritima***
1. 心皮 3；蒴果线形或线状棍棒形，成熟后由下方呈 3 瓣裂开；总状花序较疏散 ········ **水麦冬 *T. palustris***

五、水鳖科 Hydrocharitaceae

1. 黑藻属 *Hydrilla*

黑藻 *H. vericillata*

多年生沉水草本。茎圆柱形，表面具纵向细棱纹，质较脆。休眠芽长卵圆形。苞叶多数，螺旋状紧密排列，白色或淡黄绿色，狭披针形至披针形。叶 3 ~ 8 枚轮生，线形或长条形，长 7 ~ 17mm，常具紫红色或黑斑点，先端锐尖，边缘锯齿明显，无柄；主脉 1 条，明显。花单性，雌雄同株或异株；雄佛焰苞近球形，绿色，表面具明显的纵棱纹，顶端具刺凸；雄花萼片 3，白色，稍反卷；花瓣 3，反折开展，白色或粉红色；雄蕊 3，花药线形，2 ~ 4 室；花粉粒球形，表面具凸起的纹饰；雄花成熟后自佛焰苞内放出，漂浮于水面开花；雌佛焰苞管状，绿色，苞内雌花 1 朵。果实圆柱形，表面常有 2 ~ 9 个刺状凸起。植物以休眠芽繁殖为主。花期 7 ~ 10 月。产于西藏东南部，生于海拔 300m 以下的淡水湖泊、池沼、水沟等平静清澈的水体中，可达 6 ~ 7m 而沉水生长，在流动的水体中，黑藻多栖息于水底。

六、禾本科 Gramineae

分属检索表

1. 秆木质，呈乔、灌木状；叶有明显的叶柄；雄蕊 6 或 3；柱头及鳞被为 3 数。（竹亚科）

2. 秆箨宿存；地下茎合轴型(丛生态)；小穗有柄，组成圆锥花序；叶具小横脉；雄蕊 3。

3. 秆中部以下各节具气生根刺；每节小枝 3，秆环显著膨大，易脆折；秆内常具黄色芳香液体(产于墨脱) …………………………………………………………………………………… 香竹属 **Chimonocalamus**

3. 秆无气生根刺；每节分支多数，秆环处不易脆折 …………………………………… 箭竹属 **Fargesia** *

2. 秆箨早落；小穗无柄，直接着生于主干或分支各节；叶无小横脉。

4. 地下茎单轴型(散生态)，高大灌木状；每节常具 2 分支；雄蕊 3(栽培) ……… 刚竹属 **Phyllostachys** *

4. 地下茎合轴型(丛生态)，小灌木状；叶较小，每节分支多数；雄蕊常 6 …… 新小竹属 **Neomicrocalamus**

1. 草本；叶通常无叶柄；雄蕊 3(~6)；柱头及鳞被通常 2 枚。

5. 小穗含多花至 1 花，两侧压扁，脱节于颖上。(早熟禾亚科)

6. 小穗仅含 1 成熟花；两颖极退化；外稃边缘紧扣其具 3 脉的内稃；雄蕊 6(栽培) ………… 稻属 **Oryza**

6. 小穗含多数花；颖片明显，内稃具 2 脉成脊状，不为外稃所扣；雄蕊 3。

7. 外稃常有 3(~5)脉，叶舌常有 1 圈短纤毛；染色体小型。

8. 植株高大，小穗圆柱形，外稃及基盘有毛；根状茎发达。

9. 外稃无毛；基盘伸长且具长丝状毛 ………………………………………………………… 芦苇属 **Phragmites**

9. 外稃背面的中部以下生丝状长毛；基盘具短毛 ………………………………………… 芦竹属 **Arundo**

8. 植株中小型；小穗两侧压扁，外稃不具长丝状毛。

10. 小穗无柄，含 1 ~2 花，外稃无芒；植株具发达的匍匐茎和根状茎 ……………… 狗牙根属 **Cynodon**

10. 小穗含多花。

11. 小穗两侧压扁，背部具明显脊，顶端完整，无芒，基盘无毛；无根状茎。

12. 小穗具柄，排成圆锥花序 ……………………………………………………… 画眉草属 **Eragrostis** *

12. 小穗无柄，紧密排列于较宽扁的穗轴的一侧成穗状花序，数枚穗状花序指状排列茎顶 ………… ………………………………………………………………………………………… 穇属 **Eleusine** *

11. 小穗背部圆形，顶端有芒或 2 裂齿间生小尖头，基盘生短柔毛。

13. 秆具多节；基部具覆盖鳞片的根状茎；小穗有短柄，排成圆锥花序，无明显芒；根状茎发达 ………………………………………………………………………………………… 固沙草属 **Orinus**

13. 秆基具 1 ~2 节，无根状茎；小穗无柄，排列于穗轴一侧呈单一穗状花序；外稃顶端 3 芒；无根状茎 ……………………………………………………………………………… 草沙蚕属 **Tripogon**

7. 外稃具 5 至多脉，叶舌膜质；染色体大型或小型。

14. 小穗无柄，排成穗状花序；小穗含 1 ~7 枚两性小花；植株无根状茎。

15. 小穗通常单生于穗轴的各节。

16. 外稃有明显的基盘；颖果于内外稃相贴着；小穗脱节于颖之上及各小花之间；颖背部无脊，先端有尖齿或长芒 ……………………………………………………………… 鹅观草属 **Roegneria** *

16. 外稃无基盘；颖果常与内外稃分离；颖背部具 1 ~2 脊，顶端具 1 ~2 个齿，稀具芒(西藏重要粮食作物) …………………………………………………………………………… 小麦属 **Triticum** *

15. 小穗通常 2 至数枚生于穗轴的各节。

17. 小穗 3 枚同生于一节，各含小花 1 枚，侧生小花常不孕且不同程度退化；颖为细长的细线或直硬的刺芒(西藏重要粮食作物) ……………………………………………………… 大麦属 **Hordeum** *

17. 小穗 2 ~4 枚生于同一节，各含 3 ~7 枚小花，侧生小花不退化；颖为先端尖或具芒的锥形、线形或披针形 ………………………………………………………………………… 披碱草属 **Elymus** *

14. 小穗有柄，排列成开展或紧缩的圆锥花序。

18. 小穗常含多数两性小花；自下而上成熟，不孕花在上。

19. 颖片全部短于第一花；芒若存在，则直而不扭转，常在外稃顶端伸出。

20. 小穗具短柄或近无，排成穗状花序或穗形总状花序。

21. 小穗以背腹面对向穗轴的扁平面，两颖具备 ………………………… **短柄草属 *Brachypodium***
21. 小穗以侧面对向穗轴的扁平面；侧生小穗无第一颖………………………… **黑麦草属 *Lolium*** *
20. 小穗具柄，组成圆锥花序。
22. 外稃 5 脉；叶鞘通常不闭合；小穗宽度小于长度。
23. 外稃无芒，背部具脊；小穗具柄，排列成圆锥花序 …………………… **早熟禾属 *Amorpha*** *
23. 外稃背部圆形；外稃顶端常有芒。
24. 多年生；雄蕊 3 枚 ………………………………………………………………… **羊茅属 *Festuca***
24. 一年生；雄蕊 1 枚 ………………………………………………………………… **鼠茅属 *Vulpia***
22. 外稃 7 ~ 9 脉，背部圆形，各脉在顶端汇合；叶鞘闭合。
25. 小穗柄具关节而使整个小穗脱落；顶端不孕外稃聚集成球形或棒状 …………… **臭草属 *Melica***
25. 小穗柄无关节，脱节处位于颖之上及小花间；顶端不孕花不聚集 …………… **雀麦属 *Bromus***
19. 第二颖通常等长或长于第一花；芒若存在，则膝曲并扭转，由外稃的背面伸出。
26. 外稃背部有脊；芒在外稃背部的中部以上伸出 ……………………………… **三毛草属 *Trisetum***
26. 外稃背部圆形，芒在外稃背部的中部以下伸出。
27. 多年生；颖具 1 ~ 3 脉；子房无毛；颖果与内稃分离 ……………………… **发草属 *Deschampsia***
27. 一年生；颖具 7 ~ 11 脉；子房有毛；颖果与内稃附着 ………………………………… **燕麦属 *Avena***
18. 小穗通常仅 1 花。
28. 外稃草质或膜质，质地薄于其颖，疏松包围着颖果；小穗轴不延伸。
29. 小穗脱节于颖之下；颖具芒，脊上粗糙，基部分离 ……………………… **棒头草属 *Polypogon***
29. 小穗脱节于颖之上。
30. 外稃与颖片近等长；膜质或草质，基盘柔毛与外稃近等长 ………………… **野青茅属 *Deyeuxia***
30. 外稃明显短于颖片。
31. 外稃透明膜质，基盘有长于外稃的长柔毛 ……………………………… **拂子茅属 *Calamagrostis***
31. 外稃膜质，5(3)脉明显；基盘无毛或仅具微毛 ……………………………… **剪股颖属 *Agrostis***
28. 外稃质地厚于颖，背部一般为坚硬革质，紧密包裹颖果。
32. 外稃椭圆形，坚硬有光泽；基盘钝圆。
33. 外稃无芒(产于米林) ………………………………………………………………… **粟草属 *Milium***
33. 外稃具易落之芒 …………………………………………………………………… **落芒草属 *Piptatherum***
32. 外稃圆筒形，长为宽的数倍以上，芒大多发达具尖锐的基盘。
34. 外稃无裂齿，芒长；内稃背面不外露 ………………………………………………… **针茅属 *Stipa***
34. 外稃顶端具裂齿，芒较短；内稃背面外露……………………………………… **芨芨草属 *Achnatherum***
5. 小穗含 1 成熟花在上，下部花不孕或为雄性以至于仅 1 枚外稃，背腹压扁，脱节于颖下。(黍亚科)
35. 第二花的外稃较内稃质地坚韧而无芒；小穗仅有 1 枚成熟花。
36. 花序中无不育小枝；小穗排列成紧缩的圆锥花序；谷粒背部背腹压扁…………………… **黍属 *Panicum***
36. 花序中有不育小枝所成的刚毛。
37. 小穗脱落时，刚毛宿存 ……………………………………………………………… **狗尾草属 *Setaria***
37. 小穗脱落时，刚毛一起脱落 ………………………………………………………… **狼尾草属 *Pennisetum*** *
35. 第二花的外稃顶端或齿裂间伸出一芒。
38. 小穗多少两侧压扁，脱节于颖之上；第二外稃草质，基盘有毛 ………………… **野古草属 *Arundinella***
38. 小穗背腹压扁，脱节于颖之下；第二外稃透明膜质，基盘无毛。
39. 小穗单性，雌雄小穗分别位于不同的花序上(西藏重要粮食作物) ………………… **玉蜀黍属 *Zea*** *
39. 小穗两性，结实小穗与不孕小穗同生于穗轴上。
40. 孪生小穗同形，均为两性。
41. 穗轴有关节，各节连同着生其上的无柄小穗一起脱落。

42. 秆直立；总状花序圆锥状排列与生产主轴上(栽培) ………………………… **甘蔗属 *Saccharum***
42. 秆蔓性；总状花序呈指状排列茎顶………………………………………………… **莠竹属 *Microstegium***
41. 穗轴延续而无关节，小穗有柄而自柄上脱落。
43. 小穗有芒，通常呈伞房状花序 ……………………………………………… **双药芒属 *Miscanthus***
43. 小穗无芒，形成紧缩的圆柱状圆锥花序 ………………………………………… **白茅属 *Imperata***
40. 孪生小穗异形，其中无柄小穗两性结实，有柄小穗退化不孕；大多有芒。
44. 总状花序作指状或圆锥状排列；穗轴多节。
45. 无柄小穗第二外稃通常2裂，芒伸出自裂齿间(粮食作物) ……………………… **高粱属 *Sorghum***
45. 无柄小穗第二外稃柄状，顶端延伸成芒 ……………………………………… **孔颖草属 *Bothriochloa***
44. 总状花序孪生或单一，稀呈指状排列；常具佛焰苞且形成假圆锥花序。
46. 植株具香气；花序为具佛焰苞之孪生总状花序所组成的假圆锥花序 ………… **香茅属 *Cymbopogon***
46. 植株无香气；花序不如上述。
47. 总状花序2~4枚或呈指状排列；全部为异性对小穗 ……………………… **须芒草属 *Andropogon***
47. 总状花序单生于主干或分支的顶端；穗轴节间细长，有柄小穗发育 ……… **旱茅属 *Schizachyrium***

1. 香竹属 *Chimonocalamus*

西藏香竹 *C. griffithianus*

地下茎合轴型。秆柄长4~6cm，粗3~6cm，具7~10节，通常于母秆基部的两侧以1~3芽出土成竹，秆柄上的鳞片作交互两行排列，革质。秆粗1~3.5(5)cm，先端直立，黄绿色(幼时秆基部节间被箨鞘包裹的部分则呈紫红色)，髓呈笛膜状；刺状气生根通常位于秆下部不分支的各节，每节共具16~22根；秆芽贴秆而生，扁桃形，通常3芽并列，芽鳞光亮。秆每节分2~9枝，枝斜展，长35~75cm，粗1.5~3mm；箨鞘紫红色，宿存，长三角形；箨耳凸起呈小瘤状，紫红色；箨舌深紫色；箨片纵脉明显，基部与箨鞘顶端无明显关节，不易脱落。末级小枝具叶3~7片；叶片披针形，纸质，长12~20cm，边缘均具小锯齿而粗糙，无毛，次脉4~8对，小横脉不甚清晰。笋期7月底至8月初。产于墨脱(背崩)，生于海拔1700~2200m的阔叶林下，村庄周边有少量栽培。西藏香竹笋味美，是著名的笋用竹；其秆坚硬，空腔内有黄色芳香油，不易蛀，也是良好的采用竹。

2. 箭竹属 *Fargesia*

分种检索表

1. 秆高达7~8m；箨耳无，鞘口两肩各具数条长为3~12mm劲直或略屈曲易脱落之紫色缝毛；小枝具3~5叶；次脉3或4对，小横脉稍明显，叶缘具小锯齿(产于林芝、米林等地) …… **西藏箭竹 *F. macclureana***
1. 秆高达4~6m；箨耳及鞘口缝毛俱缺；小枝具2或3叶；次脉3对，小横脉不甚清晰，叶缘之一侧具小锯齿，另一侧近于平滑(产于察隅) ……………………………………………… **黑穗箭竹 *F. melanostachys***

3. 刚竹属 *Phyllostachys*

分种检索表

1. 秆高8~10m，粗4~6cm，幼秆鲜绿色，老秆黄绿色或绿色；秆中部节间长30~42cm；箨鞘背面紫色，有淡黄绿色条纹；末级小枝具1或2叶；叶片长7.5~16cm(墨脱、察隅栽培) …………… **美竹 *P. mannii***
1. 秆高4~8(10)m，粗不及4cm，幼秆绿色，老秆先具紫斑，后全为紫黑色；秆中间节间长25~30cm；箨鞘背面红褐或带绿色；末级小枝具2或3叶，叶片长7~10cm(林芝栽培) ……………… **紫竹 *P. nigra***

4. 新小竹属 *Neomicrocalamus*

西藏新小竹 *N. microphyllus*

秆稍斜倚，节间圆筒形，长 15 ~ 50cm，直径 5 ~ 25mm，绿色或暗绿色，几近实心；髓作海绵状。秆芽 1，扁平而紧贴生节内。秆每节具多枝，其中有 1 粗壮的主枝，后者长 1.3 ~ 1.5m，直径 3 ~ 6mm，共 8 ~ 12 节，节间长 10 ~ 14cm，与秆呈 35°的夹角而开展；枝箨宿存，棕黑色，间有灰褐色斑点；侧枝纤细，常不再分支，绿色或带紫色。秆箨黑褐色，间有暗灰色斑点。叶片披针形，长 4 ~ 6cm，宽 5 ~ 8mm，次脉 2 或 3 对，小横脉不明显，边缘平滑。花期 4 ~ 6 月。产于波密(通麦)、墨脱，生于海拔 1200 ~ 2200m 的河岸边或常绿阔叶林中(该种在中国植物志英文版中未确认)。

5. 稻属 *Oryza*

稻 *O. sativa*

一年生水生草本。秆直立，丛生。叶鞘无毛；叶舌披针形，长 10 ~ 25cm，两侧基部下延长成叶鞘边缘，具 2 枚镰形抱茎的叶耳；叶片线形扁平，宽大。顶生圆锥花序疏松开展，常下垂。小穗含一两性小花，其下附有 2 枚退化外稃，两侧甚压扁；颖退化，仅在小穗柄顶端呈二半月形之痕迹；孕性外稃硬纸质，具小疣点或细毛，有 5 脉，顶端有长芒或尖头；内稃与外稃同质，有 3 脉，侧脉接近边缘而为外稃之 2 边脉所紧握；鳞被 2；雄蕊 6 枚；柱头 2，帚刷状，自小穗两侧伸出。颖果长圆形，平滑，胚小，长为果体的 1/4。察隅、墨脱有栽培，当地重要粮食作物。

6. 芦苇属 *Phragmites*

芦苇 *P. australis*

多年生。根状茎十分发达。秆直立，高 1 ~ 3(8)m，直径 1 ~ 4cm。叶舌边缘密生一圈长约 1mm 的短纤毛，两侧缘毛长 3 ~ 5mm，易脱落；叶片披针状线形，长 30cm，宽 2cm，顶端长渐尖成丝形。圆锥花序大型，长 20 ~ 40cm，宽约 10cm，分支多数，基盘延长，两侧密生等长于外稃的丝状柔毛。产于拉萨、日土，生于海拔 3800 ~ 4500m 的沟渠、河道，以及湿地中。

7. 芦竹属 *Arundo*

芦竹 *A. donax*

多年生。根状茎十分发达。秆直立，高 2m 左右，直径 1 ~ 2cm。叶舌顶端有短纤毛；叶鞘长于节间，颈部具长以柔毛；叶片宽披针形，长 50cm 左右，宽 2 ~ 5cm，顶端渐尖。圆锥花序长约 30cm，具多数密集分支；基盘不延长，两侧上部具短柔毛。产于林芝、波密、芒康、吉隆等地，生于海拔 2000 ~ 3000m 一带的沟渠、河道以及湿地中。

8. 狗牙根属 *Cynodon*

狗牙根 *C. dactylon*

多年生低矮草本，具根茎。秆细而坚韧，下部匍匐地面蔓延甚长，节上常生不定根，直立部分高 10 ~ 30cm，秆壁厚，光滑无毛，有时略两侧压扁。叶鞘微具脊，无毛或有疏柔毛，鞘口常具柔毛；叶舌仅有一轮纤毛；叶片线形，长 1 ~ 12cm，宽 1 ~ 3mm，通常两面无毛。穗状花序(2)3 ~ 5(6)枚，呈指状簇生茎顶；小穗灰绿色或带紫色，仅含 1 小花；外稃舟形，具 3 脉，背部明显成脊，脊上被柔毛，无芒；内稃与外稃近等长，具 2 脉。花果期 5 ~ 10 月。产于察隅，生于海拔 1900m 的路边，八一镇草坪上常有混生。

9. 画眉草属 *Eragrostis*

黑穗画眉草 *E. nigra*

多年生。秆丛生，直立或基部稍膝曲，高 30～60cm，基部常压扁，具 2～3 节。叶鞘松裹茎，两侧边缘有时具长纤毛，鞘口有白色柔毛，叶舌长约 0.5mm；叶片线形，长 2～25cm，宽 3～5mm，无毛。圆锥花序开展，长 10～2.3cm，分支单生或轮生，纤细，曲折，腋间无毛；小穗黑色或墨绿色，含 3～8 小花；外稃长卵圆形，先端为膜质，具 3 脉，无芒；内稃稍短于外稃，弯曲，宿存。花果期 4～9 月。产于林芝、拉萨等地，生于海拔 3600～4000m 的山坡草地、河岸冲积扇或卵石滩涂上。

10. 穇属 *Eleusine*

分 种 检 索 表

1. 穗状花序直立狭窄，无毛；种子卵圆形(路边矮小杂草)…………………………………… **牛筋草 *E. indica***
1. 穗状花序大，向内弯曲成鸡爪状，基部有毛；种子圆球形(墨脱、察隅栽培)…… **穇子(鸡爪谷)*E. coracana***

11. 固沙草属 *Orinus*

固沙草 *O. thoroldii*

多年生。具长根茎，其上密被有光泽的鳞片，鳞片老后易脱落。秆直立，细硬，平滑无毛或偶有极稀疏的长柔毛，高 12～20(50)cm。叶鞘被长柔毛，近鞘口处毛通常较密；叶舌膜质，先端常呈撕裂状；叶片扁平或内卷呈刺毛状，先端尖锐，长 2～6(9)cm。圆锥花序长 4.5～7.5(15)cm，分支单生；小穗背部扁圆，含 2～3～5 小花；外稃遍生长柔毛，具 3 脉，无芒，有时具小尖头，背部具浅褐色至黑褐色斑点，或有时黑褐色斑连成一片几达基部；内稃与外稃近等长，先端有裂，脊及脊的两侧均被长柔毛，脊间上半部具黑褐色斑。花期 8 月。产于米林、朗县、拉萨等地，生于高海拔 3300～4300m 干燥沙地或沙丘及低矮山坡上，常在西藏的大片沙丘上形成特殊植物群落。

12. 草沙蚕属 *Tripogon*

岩生草沙蚕 *T. rupestris*

多年生密丛草本。秆高 15～30cm。叶片质较硬，通常内卷，长 3～10cm，宽 1～2mm。穗状花序长 5～20cm，穗轴扭曲；小穗疏松排列序轴上，含 4～8 小花；外稃主芒长 9mm，弯曲。花期 9 月。产于波密(易贡)、林芝、米林，生于海拔 3000～3200m 一带的潮湿的岩石或草丛中。

13. 鹅观草属 *Roegneria*

短颖鹅观草 *R. breviglumis*(*Elymus burchan-buddae*)

多年生密生草本。秆直立，基部稍倾斜上升，高 45～60cm。叶鞘无毛；叶片扁平或边缘内卷，长 5～9cm(蘖生叶可长达 16cm)，宽 1.5～3mm。穗状花序细弱，下垂，长 6～10mm，基部小穗有时不发育；小穗含 2～3 小花及 1 不孕外稃；颖卵状披针形，先端锐尖，光滑无毛，无脊；外稃上部具明显的 5 脉，疏被短硬毛，第一外稃先端芒长 20～25mm；内稃与外稃等长，先端钝头。产于林芝、拉萨等地，生于海拔 3000～4750m 的山坡嵩草草甸、湖边或河边草地上。

另：《中国植物志》(英文版)已将鹅观草属归入披碱草属。

14. 小麦属 *Triticum*

分 种 检 索 表

1. 颖片卵形或宽卵形；外稃无芒至具长芒。（普通小麦类）
 2. 颖片疏松贴生于小花 ………………………………………………… **西藏小麦 *T. aestivum* ssp. *tibeticum***
 2. 颖片紧密贴生于小花 ……………………………………………………………………… **小麦 *T. aestivum***
1. 颖片窄，近披针形；外稃具长芒。（圆锥小麦类）
  3. 穗状花序圆锥状，短粗密集；颖短于第一外稃，长 2～3mm，顶端无齿 ………… **圆锥小麦 *T. turgidum***
  3. 穗状花序较细；颖几等于第一外稃，顶端具 1.5～2mm 长的齿 …… **硬粒小麦 *T. turgidum* var. *durum***

15. 大麦属 *Hordeum*

分 种 检 索 表

1. 三联小穗两侧具柄，不育或可育；穗轴于成熟时坚韧不断 ………………………… **二棱大麦 *H. distichon***
1. 三联小穗全无柄，亦可育。
 2. 穗轴于成熟时逐节脱落……………………………………………………………… **六棱大麦 *H. agriocrithon***
 2. 穗轴于成熟时坚韧不断。
  3. 颖果于成熟时黏着于稃体，不脱离 ……………………………………………………… **大麦 *H. vulgare***
  3. 颖果于成熟时脱离稃体，不黏着。
   4. 外稃具 1 直伸长芒……………………………………………………………… **青稞 *H. vulgare* var. *coleste***
   4. 外稃顶具 3 个裂片，两侧裂片顶部具短芒或无芒 …………………… **藏青稞 *H. vulgare* var. *trifurcatum***

16. 披碱草属 *Elymus*

分 种 检 索 表

1. 颖先端具 5～7mm 的长芒；外稃全部密生短糙毛，先端的芒长 1～4cm，向外开展 … **披碱草 *E. dahuricus***
1. 颖先端具 1～4mm 的短芒；外稃全体无毛，先端芒长 3～13mm，直立或稍开展 …… **麦宾草 *E. tangutorum***

17. 短柄草属 *Brachypodium*

短柄草 *B. sylvaticum*

多年生密生草本。秆直立，高 50～70cm，有 6～7 节，节具毛。叶鞘被柔毛。叶片长 10～20cm，宽 3～6mm，上面具柔毛。穗状总状花序长约 15cm，具多数背腹面靠向穗轴的小穗；小穗柄长约 1mm，生微毛。小穗长 2cm 左右，含 5～11 花；小穗轴节间长 2mm，贴生细毛；颖披针形，被微毛，顶端渐尖；第一颖长 5～8mm，5～7 脉；第二颖长约 1cm，7～9 脉；外稃具 7 脉，全体贴生微毛，第一外稃长 1～10mm；芒细直，长 5～12mm；内稃稍短，脊具纤毛，顶端钝圆；花药长 3～5mm；子房顶端有毛。产于波密、林芝、米林、工布江达等地，生于海拔 2900～3600m 的山坡林下。

18. 黑麦草属 *Lolium*

黑麦草 *L. perenne*

多年生草本。具细弱根状茎。秆疏丛生，直立，质地较柔软，高 30～50cm，有 3～4 节，节上生根。叶长 10cm 左右，宽 2～4mm，具柔毛。穗状花序长约 15cm，具多数侧面靠向穗轴的小穗；小穗含 7 ~ 13 花，长 1 ~ 16cm；第一颖退化；第二颖厚纸质，长 8 ~ 10mm，均长于第一花，具 7 ~ 9 脉，边缘窄膜质；外稃宽披针形，有 5 脉，基盘明显，顶端无芒或具短芒，第一外稃长 5 ~ 7mm；内稃近与外稃等长，两脊上生短茸毛。产于林芝，生于海拔 3100m 的田边。

19. 早熟禾属 *Poa*

分种检索表

1. 第一颖具 1 脉，颖与外稃质地较薄；外稃间脉大多明显。
 2. 花药卵形，微小，长 0.2 ~ 1mm；一年生或冬性禾草；丛生，质地软。（微药组）
  3. 秆高 20 ~ 50cm；叶鞘常闭合；圆锥花序金字塔形，小穗含 2 ~ 4 花；第一颖长 3 ~ 4.5mm，第二颖长 3.5 ~ 5mm（产于波密、米林）……………… **白顶早熟禾 *P. acroleuca***
  3. 秆高 8 ~ 20cm；叶鞘中部以下闭合；圆锥花序卵圆形，小穗含 3 ~ 5 花；第一颖长 1.5 ~ 2.5mm，第二颖长 2 ~ 3.5mm ……………… **早熟禾 *P. annus***
 2. 花药线形，长 1 ~ 3mm；多年生草本。
  4. 植株具发达的长匍匐根状茎；稃基盘具绵毛，脊与边脉下部生柔毛；叶鞘开放。（早熟禾组）
   5. 秆高 50 ~ 90cm，2 ~ 4 节；圆锥花序卵圆形；小穗 3 ~ 4 花 ……………… **草地早熟禾 *P. pratensis***
   5. 秆高 15 ~ 20cm，1 ~ 2 节；圆锥花序线形；小穗 2 ~ 3 花 ……… **高原早熟禾 *P. pratensis* ssp. *alpigena***
  4. 植株疏丛生或密丛生，有些具筒短根状茎。
   6. 外稃无毛；基盘无绵毛，叶鞘圆筒形（大禾组；产于波密）……………… **波密早熟禾 *P. bomiensis***
   6. 外稃脊与边脉被毛，基盘具绵毛；小穗宽 3 ~ 4mm。（砾地组）
    7. 小穗着花疏松，侧面可见小穗轴，叶对折或内卷 ……………… **疏花早熟禾 *P. polycolea***
    7. 小穗着生紧密，侧面通常不见小穗轴，叶平展 ……………… **开展早熟禾 *P. lipskyi***
1. 第一颖具 3 脉，颖与外稃质地大多较厚；外稃间脉多不明显，背部劲直或内曲，基盘具绵毛；花药长 1 ~ 2mm。
 8. 叶舌短，长 0.2 ~ 1mm；秆质较软；叶鞘短于其节间，顶生叶鞘短于其叶片的 1 ~ 3 倍，小穗大多含 1 ~ 3 小花（林地组；产于察隅、米林）……………… **林地早熟禾 *P. nemoralis***
 8. 叶舌长 1 ~ 6mm；秆质较硬；叶鞘长于其节间，顶生叶鞘等长或长于其叶片；小穗含 3 ~ 10 小花。
  9. 植株疏丛生；秆可高达 1m 以上，顶节位于秆之中上部；茎生叶多数，扁平而较长；圆锥花序疏松开展，分支伸长，下部裸露（泽地组） ……………… **法氏早熟禾（江南早熟禾）*P. faberi***
  9. 植株密丛生；秆较低矮，多在 0.5m 以下，顶节位于秆基和下部，上部裸露；茎生叶少数，短小而内卷或对折；圆锥花序紧缩密集，分支短，大多自基部着生小穗。
   10. 外稃之脊与边脉下部生柔毛，基盘具绵毛（低山组） ………… **阿洼早熟禾（冷地早熟禾）*P. araratica***
   10. 外稃基盘不具绵毛，脊与边脉下部无柔毛，有些具毛（中亚组）………… **中亚早熟禾 *P. litwtinowiana***

20. 羊茅属 *Festuca*

分种检索表

1. 子房顶端无毛；叶宽 0.3 ~ 2mm，纵卷或对折；花序紧密；外稃顶端具短芒。（羊茅亚属）
 2. 叶横切面具维管束 5 ~ 7；叶片内卷呈针状，宽 0.3 ~ 0.6mm，高 15 ~ 20cm ……………… **羊茅 *F. ovina***
 2. 叶横切面具维管束 7 ~ 11；叶片对折或内卷，宽 1 ~ 2mm，高 30 ~ 60cm ……………… **紫羊茅 *F. rubra***
1. 子房顶端有毛；叶宽 3 ~ 8mm，扁平或对折；花序常疏松开展、小垂；外稃顶端具长芒。（宽叶亚属）
 3. 秆节 2 ~ 3；叶片横切面具维管束 15 ~ 23，基部具耳状凸起 ……………… **小颖羊茅 *F. parvigluma***
 3. 秆节 4 ~ 6；叶片横切面具维管束 11 ~ 17，基部无耳状凸起 ……………… **弱序羊茅 *F. leptopogon***

21. 鼠茅属 *Vulpia*

鼠茅 *V. myuros*

一年生草本。秆直立，高 20 ~ 60cm，细弱。叶鞘平滑无毛，常包藏花序下部，叶舌短；叶片长约 10cm，宽 1 ~ 2mm，内卷，上面有毛茸。圆锥花序线形，长 10 ~ 20cm，宽 0.5 ~ 1cm，分支单生而偏于主轴一侧；小穗含 4 ~ 5 花，长 8 ~ 10mm，第一外稃长约 6mm，顶端延伸成粗糙的芒，芒长于稃体 2 ~ 3 倍；雄蕊 1 枚，花药长 0.4 ~ 1mm。产于林芝、拉萨，生于海拔 3100 ~ 4200m 的路边和沟边。

22. 臭草属 *Melica*

广序臭草 *M. onoei*

多年生草本，须根细弱。秆少数丛生，高 75 ~ 150cm，具 10 余节。叶鞘闭合几达鞘口，紧密包茎，均长于节间；叶片质地较厚，扁平或干时卷折，常转向 1 侧，长 10 ~ 25cm，上面常带白粉色，两面均粗糙。圆锥花序开展呈金字塔形，长 15 ~ 35cm，每节具 2 ~ 3 分支，极开展；小穗绿色，含孕性小花 2 ~ 3 枚，顶生不育外稃 1 枚；小穗柄具关节，上部弯曲且被短柔毛；颖薄膜质，顶端尖，第一颖具 1 脉，第二颖具 3 ~ 5 脉(侧脉极短)；外稃硬纸质，边缘和顶端具膜质，细点状粗糙，第一外稃具隆起 7 脉；内稃顶端钝或有 2 微齿，具 2 脊，脊上光滑或粗糙；雄蕊 3。花果期 7 ~ 10 月。产于波密(易贡)，生于海拔 2000 ~ 2300m 的河谷路边灌丛中。

23. 雀麦属 *Bromus*

分 种 检 索 表

1. 多年生草本；外稃通体被柔毛；小穗含 5 ~ 8 花，长约 2cm；颖几等长于下部小花 …… **华雀麦 *B. sinensis***
1. 一年生草本；外稃背面生细柔毛；小穗含 7 ~ 15 花，长 2.5 ~ 3.2cm；颖不等长 ……… **雀麦 *B. japonicus***

24. 三毛草属 *Trisetum*

长穗三毛草 *T. clarkei*

多年生草本，须根细弱。秆直立，丛生，具 1 ~ 3 节，高 30 ~ 70cm，花序以下被疏密不等的柔毛。叶鞘松弛，多长于节间，被密或疏的柔毛；叶舌短，膜质；叶片扁平，多柔软，长 5 ~ 20cm。圆锥花序穗状长圆形，细长，疏松，下部常间断，长 5 ~ 12cm，有光泽；小穗较狭窄，含 2 ~ 3 小花；颖不等，透明膜质，狭披针形，中脉粗糙，第一颖长 4 ~ 4.5mm，具 1 脉，第二颖长 5 ~ 6mm，具 3 脉；外稃狭披针形，粗糙，顶端具 2 裂齿，第一外稃长 3.5 ~ 4mm，具 5 脉，基盘被微毛，自稃体先端约 2mm 处生芒，其芒长约 4mm，反曲；内稃膜质，稍短于外稃，具粗糙的 2 脊；鳞被 2，透明膜质，顶端 2 齿裂；雄蕊 3。花期 7 ~ 9 月。产于波密、林芝、米林、工布江达等地，生于海拔 2300 ~ 4300m 的高山林下、灌丛或山坡潮湿处。

25. 发草属 *Deschampsia*

分 种 检 索 表

1. 颖与小穗等长；花序上升；叶扁平，宽约 4mm；叶舌长 8 ~ 13mm ………………………………………………………………………………… **短枝发草(长舌发草)*D. cespitosa* ssp. *ivanovae***
1. 颖短于小穗；花序常下垂；叶常内卷，宽约 1 ~ 3mm；叶舌短，长 5 ~ 7mm ………… **发草 *D. cespitosa***

26. 燕麦属 *Avena*

分 种 检 索 表

1. 小穗含 2 ~ 3 花；小穗轴易脱节；小穗轴、外稃密生淡棕色硬毛，第二外稃有芒………… **野燕麦 *A. fatua***
1. 小穗含 1 ~ 2 花；小穗轴不易脱节；小穗轴、外稃无毛，第二外稃无芒(栽培) …………… **燕麦 *A. sativa***

27. 棒头草属 *Polypogon*

棒头草 *P. fugax*

一年生草本。秆丛生，基部膝曲，大都光滑，高 10 ~ 75cm；3 ~ 5 节。叶鞘光滑无毛；叶舌膜质，常 2 裂或顶端具不整齐的裂齿；叶片扁平，微粗糙或下面光滑，长 2. 5 ~ 15cm，宽 3 ~ 4mm。圆锥花序穗状，长圆形或卵形，较疏松，具缺刻或有间断，分支长可达 4cm；小穗长约 2. 5mm(包括基盘)，脱节于颖之下；颖长圆形，疏被短纤毛，先端 2 浅裂，芒从裂口处伸出，细直，微粗糙，长 1 ~ 3mm；外稃光滑，长约 1mm，先端具微齿，中脉延伸成长约 2mm 而易脱落的芒；雄蕊 3。花果期 4 ~ 9 月。产于察隅、林芝、拉萨等地，生于海拔 2900 ~ 3900m 的湿草地上。

28. 野青茅属 *Deyeuxia*

分 种 检 索 表

1. 芒自外稃背面基部伸出；圆锥花序密集呈穗状。
 2. 叶舌钝圆或平截；高 10 ~ 18cm；外稃芒长 5 ~ 7mm；花药长约 0. 5mm ………… **微药野青茅 *D. nivicola***
 2. 叶舌顶端常撕裂；高 50 ~ 60cm；外稃芒长 7 ~ 8mm；花药长约 2 ~ 3mm ………… **野青茅 *D. pyramidalis***
1. 芒自外稃顶端稍下或近中部附近伸出。
 3. 植株具细长而横走的根状茎。
  4. 芒微弯，自外稃背中部附近伸出，长 5 ~ 6mm；颖片平滑，仅脊上微粗糙 ……… **玫红野青茅 *D. rosea***
  4. 芒细直，自外稃顶端 1/6 ~ 1/4 处伸出，长 1 ~ 2. 5mm；颖片粗糙 …………………… **小丽茅 *D. pulchella***
 3. 植株不具根状茎。
  5. 圆锥花序开展，分支平滑；第一颖边缘不具纤毛；花药长约 1mm …… **林芝野青茅 *D. nyingchiensis***
  5. 圆锥花序紧密，分支粗糙；第一颖边缘具纤毛；花药长 2 ~ 2. 5mm ………… **糙野青茅 *D. scabrescens***

29. 拂子茅属 *Calamagrostis*

分 种 检 索 表

1. 外稃具 5 脉，顶端 2 深裂，芒自裂齿间伸出，长 5 ~ 9mm；雄蕊 1 …………… **单蕊拂子茅 *C. emodensis***
1. 外稃具 3 脉，顶端全缘或微齿裂，芒自顶端附近伸出；雄蕊 3。
 2. 花序长 10 ~ 20cm；小穗长 5 ~ 7mm；芒自顶端或稍下伸出，长 1 ~ 3mm ……………………………………………………………………………………………………… **假苇拂子茅 *C. pseudophragmites***
 2. 花序长 4 ~ 8cm；小穗长 4 ~ 5mm；芒自裂齿间伸出，长 0. 5 ~ 1mm …………… **短芒拂子茅 *C. hedinii***

30. 剪股颖属 *Agrostis*

岩生剪股颖 *A. sinorupestris*

多年生。秆稠密丛生，直立而细弱，高 12 ~ 20cm，具 2 ~ 3 节。叶舌干膜质，很短，先端圆或截平；叶片窄线形，长 3 ~ 15mm，宽 1 ~ 1.5mm，内卷或扁平，微粗糙。圆锥花序披针形，稍紧缩，暗紫色，长 3 ~ 8cm，每节具 2 ~ 6 分支，分支长达 4cm，平滑；小穗长 3.2 ~ 3.5cm，穗梗平滑；颖片披针形，两颖稍不等长，第一颖比第二颖长约 0.3mm，平滑，脊上微粗糙；外稃长 2.1 ~ 2mm，先端微有齿，芒自外稃背面的中部伸出，长 4 ~ 5mm，基盘两侧有长约 0.2mm 的短毛；内稃长约 0.6mm；花药长圆形，长约 0.6mm。花果期夏秋季。产于林芝、生于海拔 3100 ~ 4000m 的山地流石滩上。

31. 粟草属 *Milium*

粟草 *M. effusum*

多年生草本。须根细长，稀疏。秆光滑无毛。叶鞘松弛，基部者长于节间；叶舌透明膜质，披针形，长 2 ~ 10mm；叶片上面灰绿色，长 5 ~ 20cm，宽 3 ~ 10mm。圆锥花序疏松开展，长 10 ~ 20cm；分支细弱，光滑或微粗糙，每节多数簇生，下部裸露，上部着生小枝或小穗。小穗长 3 ~ 3.5mm；颖纸质，光滑或微粗糙，具 3 脉；外稃长约 3mm，软骨质，乳白色，具光泽；内稃与外稃同质等长，边缘被外稃所包，花药长约 2mm。产于米林，生于山坡林下及潮湿处。

32. 落芒草属 *Piptatherum*

藏落芒草 *P. tibeticum*

多年生草本。须根较粗壮，具短根茎。秆丛生，直立，高 30 ~ 100cm，平滑无毛，具 2 ~ 5 节。叶鞘松弛，无毛，常短于节间；叶舌膜质，先端钝或尖，长 3 ~ 10mm；叶片直立，扁平或稍内卷，先端渐尖，长 5 ~ 25cm，宽 2 ~ 4mm。圆锥花序疏松开展，上部 1/3 生小穗，下部裸露长 10 ~ 20cm，最下部 1 节具 3 ~ 5 分支，分支伸展，纤细，粗糙；小穗卵形；颖草质，几相等，长 3.5 ~ 5mm，卵圆形，先端渐尖，无毛或被短毛，具 5 ~ 7 脉，侧脉不达先端弓曲与中脉结合，形似小横脉；外稃褐色，具 5 脉，被贴生柔毛，果期变黑褐色，且脊光滑，基盘光滑无毛，芒细弱，粗糙，长 5 ~ 7mm，易脱落，内稃扁平，边缘被外稃所包，被贴生柔毛，具 2 脉；鳞被 3，膜质，上面 1 片线形且较小，下面 2 片卵形；雄蕊 3，花药黄色，顶端具毫毛。花果期 6 ~ 8 月。产于波密、林芝、米林、工布江达、朗县等地，生于海拔 3000 ~ 3900m 的路旁、山坡草地及林缘。

33. 针茅属 *Stipa*

长芒草 *S. bungeana*

多年生草本。秆丛生，基部膝曲，高 20 ~ 60cm，有 2 ~ 5 节。基生叶鞘有隐藏小穗；基生叶舌钝圆形，先端具短柔毛，秆生者两侧下延与叶鞘边缘结合，先端常两裂；叶片纵卷似针状，茎生者长 3 ~ 15cm，基生者长可达 17cm。圆锥花序为顶生叶鞘所包，成熟后渐抽出，长约 20cm，每节有 2 ~ 4 细弱分支，小穗灰绿色或紫色；两颖近等长，有膜质边缘，有 3 ~ 5 脉，先端延伸成细芒；外稃长 4.5 ~ 6mm，有 5 脉，背部沿脉密生短毛，先端的关节有 1 圈短毛，其下有微刺毛，基盘尖锐，密生柔毛，芒 2 回膝曲扭转，有光泽，边缘微粗糙；内稃与外稃等长，具 2 脉。花果期 6 ~ 8 月。产于林芝、拉萨，生于海拔 3000 ~ 4000m 的山坡草地、河谷、路边，是西藏东南部地区夏季草场主要牧草。

34. 芨芨草属 *Achnatherum*

展序芨芨草 *A. brandisii*

多年生草本。秆疏松丛生，茎直立，高 70 ~ 150cm，具 3 ~ 4 节。叶鞘光滑，远短于对应茎节；叶通常扁平，长达 40cm，宽 4 ~ 10mm。圆锥花序开展，长 10 ~ 30cm，通常每节 2 分支；小穗长 7 ~10mm，颖近等长，明显长于外稃；外稃长 5.5 ~7.5mm，芒长 1 ~1.8cm，膝曲，不脱落。产于林芝、米林、波密、朗县，生于海拔 3000 ~3600m 的山坡草地或林缘；有说其对家畜有毒。

35. 黍属 *Panicum*

分 种 检 索 表

1. 一年生草本；小穗长约 4.5mm；第一颖具 7 ~9 脉(粮食作物) ……………………… **稷(糜子)*P. miliaceum***
1. 多年生草本；小穗长 3 ~3.5mm；第一颖具 3 脉 ……………………………… **旱黍草 *P. elegantissimum***

36. 狗尾草属 *Setaria*

分 种 检 索 表

1. 圆锥花序开展呈金字塔状，主轴无毛，托于部分小穗下的刚毛仅 1 枚；叶片宽披针形，宽 3 ~5cm，基部窄缩成柄状；多年生草本，具地下根茎(产于墨脱、察隅) ……………………… **棕叶狗尾草 *S. palmifolia***
1. 圆锥花序紧密呈圆柱状棒形，主轴密生柔毛，托于小穗下的刚毛多枚；叶片线形，基部不成柄状；一年生草本，须根系，无地下根茎。
 2. 谷粒与颖及第一外稃分离而脱落(粮食作物) ………………………………………… **粱(小米、粟)*S. italica***
 2. 谷粒连同颖和第一外稃一起脱落。
  3. 小穗长约 2.5mm，数枚成簇，其下托以多数刚毛(产于波密、米林、察隅等地)……… **狗尾草 *S. viridis***
  3. 小穗长 3 ~4mm，1 枚小穗下托以多数刚毛(产于拉萨、波密、墨脱) …………… **金色狗尾草 *S. pumila***

37. 狼尾草属 *Pennisetum*

分 种 检 索 表

1. 刚毛不分支且无毛；穗轴无毛或有微毛 ……………………………………………………… **白草 *P. flaccidum***
1. 刚毛分支且生柔毛；穗轴生柔毛或绵毛(产于吉隆) ……………………………… **西藏狼尾草 *P. lanatum***

38. 野古草属 *Arundinella*

分 种 检 索 表

1. 叶片内卷呈针状；主轴无毛或稍粗糙；孪生小穗排列疏松，无毛 …………… **云南野古草 *A. yunnanensis***
1. 叶片披散，不内卷；主轴纵棱上密生长柔毛；孪生小穗排列紧密，疏生硬疣毛 … **西南野古草 *A. hookeri***

39. 玉蜀黍属 *Zea*

玉蜀黍(玉米、苞谷)*Z. mays*

一年生高大草本。秆高 1 ~4m，茎实心。基部数节具气生根，遇土后又形成支柱根。叶鞘具横脉；叶片宽大，线状披针形，宽达 4cm 以上，边缘波状折皱；中脉粗壮。雄性圆锥花序顶生，小穗孪生，长约 1cm，花药长约 5mm，黄色；雌花序被多数宽大的鞘状苞片所包藏；雌小穗孪生，呈 16 ~30 纵行排列于粗壮之序轴上，两颖等长，宽大，无脉，具纤毛；外稃及内稃透明膜质，雌蕊具极长而细弱的线形花柱。颖果球形或扁球形，成熟后露出颖片和稃片之外，其大小随生长条件不同产生差异，宽略过于其长，胚长为颖果的 1/2 ~2/3。西藏东南部栽培重要的粮食作物。

40. 甘蔗属 *Saccharum*

分 种 检 索 表

1. 小穗背部具长柔毛；第二外稃具芒尖；秆不含蔗糖，无甜味；无根状茎(产于墨脱)……………………………………………………………………………………………… **斑茅 *S. arundinaceum***
1. 小穗背部无长柔毛；第二外稃无芒尖；秆含蔗糖，甘甜。
 2. 秆空心，有发达的根状茎；叶片宽3~6mm(产于墨脱)……………………… **甜根子草 *S. spontaneum***
 2. 秆实心，无根状茎；叶片大，宽2~4cm(墨脱、察隅栽培)………………………… **甘蔗 *S. officinarum***

41. 莠竹属 *Microstegium*

竹叶茅 *M. nudum*

一年生蔓性草本。秆下部匍卧于地面，节上生根并具分支，高40cm，细弱，节生微毛。叶鞘上部及边缘具柔毛；叶舌长约0.5mm；叶披针形，长2~5cm，宽3~6mm，疏生柔毛。总状花序2~5枚呈指状排列，长3~6cm，细弱；小穗轴节间长0.5~1cm，边缘粗糙无毛；无柄小穗长约5mm，基盘短柔毛；第一颖背部扁平或浅凹，全部具点状粗糙，顶端渐尖具二微齿，背间具4脉，脉平行而不汇合；第二颖具3脉，顶端渐尖；第二外稃长约2mm，顶端延伸成细芒，稍弯曲，长14~20mm；雄蕊2枚，花药长约1mm。有柄小穗与无柄相似。产于波密(通麦)，生于海拔2000m的林下。

42. 芒属 *Miscanthus*

分 种 检 索 表

1. 基盘之丝状柔毛等长或数倍长于小穗；金黄色(产于错那)………………………… **尼泊尔芒 *M. nepalensis***
1. 基盘之丝状柔毛长短于小穗；柔毛紫色或白色 ……………………………………………… **双药芒 *M. nudipes***

43. 白茅属 *Imperata*

大白茅 *I. cylindrica* var. *major*

多年生草本。地下根状茎发达。秆高25~120cm，具1~4节，节具长约5mm的柔毛。叶鞘无毛或鞘口边缘有柔毛；叶舌具纤毛；叶片扁平，长20~100cm，宽8~20mm，无毛，边缘粗糙。圆锥花序圆柱状，长6~20cm，分支短缩密集；小穗长2.5~4mm，基部密生长于其稃体3/4倍的丝状柔毛，具长短不一的小穗柄；两颖近相等，草质且顶端膜质，具5~9脉，疏生柔毛；外稃长约1.5mm，顶端钝平或具数齿，无芒；雄蕊2枚。产于波密(通麦)，生于海拔2100m左右的山坡草地上。

44. 高粱属 *Sorghum*

高粱 *S. bicolor*

一年生草本。秆高2~4m，直立粗壮。叶鞘无毛或被白粉；叶舌厚膜质，边缘生纤毛；叶片线状披针形，长约30cm，宽3~4cm。圆锥花序长20~30cm，具多数轮生的分支；无柄小穗卵状椭圆形，长约5mm，成熟后下部变硬革质而无毛，上部及边缘具短柔毛；有柄小穗雄性。颖果倒卵形，成熟后出于颖之外。西藏东南部栽培的粮食作物，品种很多，形态特征因品种不同而异。

45. 孔颖草属 *Bothriochloa*

白羊草 *B. ischaemum*

多年生草本。秆丛生，实心，直立或基部倾斜，高 25 ~ 70cm，径 1 ~ 2mm，具 3 至多节，节上无毛或具白色髯毛。叶鞘多密集于基部而相互跨覆，常短于节间；叶舌膜质，具纤毛；叶片线形，长 5 ~ 16cm，宽 2 ~ 3mm，两面疏生疣基柔毛或下面无毛。总状花序 4 至多数着生于秆顶呈指状，长 3 ~ 7cm，纤细，灰绿色或带紫褐色；无柄小穗基盘具髯毛；第一颖草质，背部中央略下凹，具 5 ~ 7 脉，下部 1/3 具丝状柔毛，边缘内卷成 2 脊，脊上粗糙，先端钝或带膜质；第二颖舟形，中部以上具纤毛；脊上粗糙，边缘亦膜质；第一外稃长圆状披针形，先端尖，边缘上部疏生纤毛；第二外稃退化成线形，先端延伸成一膝曲扭转的芒，芒长 10 ~ 15mm；第一内稃长圆状披针形；第二内秤退化；鳞被 2，楔形；雄蕊 3 枚。有柄小穗雄性；第一颖背部无毛，具 9 脉；第二颖具 5 脉，背部扁平，两侧内折，边缘具纤毛。花果期秋季。产于林芝、米林、拉萨等地，生于海拔 2200 ~ 3500m 一带的岩坡河滩和路边。

46. 香茅属 *Cymbopogon*

分 种 检 索 表

1. 穗轴节间及小穗柄密生等长或稍短于小穗的白色长柔毛；植株可达 1m；叶鞘内面苍白色，宽达 1cm，质硬，扭转(产于察隅) ………………………………………………………… **辣薄荷草 *C. jwarancusa***
1. 穗轴节间及小穗柄的柔毛较短，不覆盖小穗。
 2. 无柄小穗长近 7mm，具长 15 ~ 18mm 的芒；叶鞘内面稍带浅红色(产于朗县) ………… **芸香草 *C. distans***
 2. 无柄小穗长约 6mm，具长约 15mm 的芒；叶鞘内面苍绿色(产于通麦) ……… **通麦香茅 *C. tungmaiensis***

47. 须芒草属 *Andropogon*

西藏须芒草 *A. munroi*

多年生草本。秆高 60 ~ 100cm，纤细，圆柱形或微压扁，节无毛，单生或上部稀疏分支。叶鞘具条纹，平滑而无毛，有时压扁或具脊，稍疏展；叶舌膜质，顶端截形或啮齿状，无毛；叶片线形，长 15 ~ 25cm，宽 2.5 ~ 4mm，近革质，平滑，无毛，脉不显，背面中脉凸出。总状花序常 4 ~ 8 着生于主秆或分支顶，长 2.5 ~ 7.5cm；鞘状佛焰苞狭长；总状花序轴节间或小穗柄近顶部渐粗，顶端杯状，杯缘具齿。无柄小穗狭长圆形；第一颖光滑无毛，边缘内弯于上部成脊，沿脊粗糙，在 2 脊间具深纵沟，但脉不明显或仅上部可见 1 脉；第二颖具 3 脉，中脉上具短纤毛；第一外稃卵状长圆形，透明膜质，具 2 脉；第二外稃裂片钻形，具芒，芒长 6 ~ 12mm，纤细；内稃小，截形；鳞被 2；雄蕊 3；柱头 2 裂；有柄小穗狭披针形，常为雄性；第一颖线状长圆形，具 7 ~ 9 脉；第二颖具 3 脉；第二小花外稃披针形。花果期 6 ~ 11 月。产于林芝、米林、波密、拉萨，生于海拔 3000 ~ 3500m 的山坡草地。

48. 旱茅属 *Schizachyrium*

旱茅 *S. delavayi*

秆直立丛生，高 40 ~ 100cm，有多数节，上部节间因分支而一侧扁平，并在边缘具纤毛。叶鞘近鞘近口部生柔毛，叶舌长约 1mm；叶片线形，长 10 ~ 30cm，宽 2 ~ 4mm，边缘粗糙，无毛或具短毛。总状花序单生于枝顶，长 2 ~ 3cm，后伸出鞘状苞片之外；穗轴节间与小穗柄均压扁，顶端膨大并具齿状附属物，长约 3mm，边缘生丝状纤毛；无柄小穗长 4 ~ 5mm，带紫色，基盘具短粘毛；第一颖背部扁平，有 5 ~ 7 脉，背具狭翼，顶端钝；第二颖边缘狭膜质，有细纤毛；第一外稃有细纤毛；第二外稃长约 2mm，顶端二裂，其间伸出长约 1cm 的膝曲芒；花药黑紫色，长药 2. 5cm。有柄小穗与无柄者相似，无芒。产于吉隆、亚东、波密(易贡)，生于海拔 2500m 的山坡草地。

七、莎草科 Cyperaceae

分属检索表

1. 雌花在鳞片内腋生，两性或单性，其外无果囊状先出叶。(藨草亚科)
 2. 小穗有多数花，每 1 鳞片包被 1 朵，稀无花。
  3. 鳞片螺旋状排列，具下位刚毛。
   4. 小穗有许多两性花。
    5. 花柱基部不膨大，因而花柱与小坚果之间界线不明显。
     6. 花序为穗状；小穗两侧压扁，在花序上排列成二列；叶片细长扁平 ………………… **扁穗草属 *Blysmus***
     6. 花序为单生，成头形或成长侧枝聚伞花序；小穗卵形。
      7. 花序下面有伸展的禾叶状苞叶；具基生叶和秆生叶 ………………………………………… **藨草属 *Scirpus***
      7. 花序下面有鳞片状苞片；叶片退化 ……………………………………………… **水葱属 *Schoenoplectus***
    5. 花柱基部膨大，故花柱基与小坚果之间界线明显。
     8. 下位刚毛存在；叶退化成鞘状；小穗单一顶生；具根状茎 ……………………… **荸荠属 *Eleocharis***
     8. 下位刚毛退化；叶存在，小穗一般多数；稀具根状茎。
      9. 花柱基脱落；叶鞘不具顶端柔毛或丝状毛 ……………………………………… **飘拂草属 *Fimbristylis***
      9. 花柱基不脱落；叶鞘顶端具柔毛或丝状毛 ……………………………………… **球柱草属 *Bulbostylis***
   4. 小穗只有很少几花；花序圆锥状；雄蕊 2；小坚果具喙 …………………………………… **克拉莎属 *Cladium***
  3. 鳞片成 2 行排列；无下位刚毛。
   10. 柱头 3，稀 2；小坚果三棱形，稀双凸状 ……………………………………………… **莎草属 *Cyperus*** *
   10. 柱头 2；小坚果双凸状。
    11. 小穗具 2 颖片以上；小穗轴和颖片宿存 ……………………………………………… **扁莎属 *Pycreus*** *
    11. 小穗具颖片 1 或 2 枚；小穗轴和颖片自然脱落 ………………………………………… **水蜈蚣属 *Kyllinga***
 2. 小穗含少数花，多减至 1～2 朵花。
  12. 花序列成头形；小坚果披针状椭圆形，为鳞片所包，基部无下位盘………………… **湖爪草属 *Lipocarpha***
  12. 花序成圆锥状；小坚果圆球形，裸露，基部具下位盘 ……………………………………… **珍珠茅属 *Scleria***
1. 雌花在先出叶内着生；先出叶的边缘部分愈合而呈果囊状，稀不愈合；花单性。(薹草亚科)
 13. 先出叶部分愈合或全部愈合，果囊内常含退化小穗轴；支小穗具 1 至数花，两性或单性，两性者常雄雌顺序(雄花在上，雌花在下)，单性者具 1 朵雄花或 1 朵雌花 …………………………… **嵩草属 *Kobresia*** *
 13. 先出叶完全愈合，果囊内常无退化小穗轴；支小穗仅具 1 朵花，单性……………………… **薹草属 *Carex*** *

1. 扁穗草属 *Blysmus*

分种检索表

1. 刚毛微卷曲，较粗短，长为小坚果的 1 倍；花药短，长 2mm ……………………… **扁穗草 *B. compressus***
1. 刚毛卷曲，细而长，长为小坚果的 3 倍；花药长 3mm ……………………… **华扁穗草 *B. sinocompressus***

2. 藨草属 *Scirpus*

庐山藨草 *S. lushanensis*

植株散生。根状茎粗短、无匍匐根状茎。秆粗壮，高 100～150cm，坚硬，钝三棱形，有

5～8个节，具秆生叶和基生叶。叶短于秆，宽5～15mm，质稍坚硬；叶鞘长3～10cm，通常红棕色。叶状苞片2～4枚，通常短于花序，少有长于花序；多次复出长侧枝聚伞花序大型，具很多幅射枝；第一次辐射枝细长，长达15cm，疏展，各次辐射枝及小穗柄均很粗糙；小穗椭圆形或近于球形，常单生，少有2～4个成簇状着生于辐射枝顶端，顶端钝圆，具多数密生的花；鳞片顶端急尖，膜质，锈色；下位刚毛6条，下部卷曲，较小坚果长得多，上端疏生顺刺；柱头3。小坚果倒卵形，扁三棱形，淡黄色，顶端具喙。花期6～7月，果期8～9月。产于察隅，生于海拔1500～1600m的水边或山坡草丛中。

3. 水葱属 *Schoenoplectus*

分种检索表

1. 秆圆筒形；鳞片顶钝；小坚果平滑(产于易贡) ……………………………… **水葱 *S. tabernaemontani***
1. 秆三棱形；鳞片急尖；小坚果有皱纹(产于墨脱) ………………… **水毛花 *S. mucronatus* ssp. *robustus***

4. 荸荠属 *Eleocharis*

具刚毛荸荠 *E. valleculosa* var. *setosa*

单生或丛生植物，匍匐根状茎。秆圆柱形，高6～30cm。叶缺如，在秆的基部有1～2个长叶鞘，鞘膜质，长3～10cm，鞘下部紫红色，鞘口平。小穗暗紫红色，长圆状卵形，长4～8mm，有多数或极多数密生的两性花，其中在小穗基部的2片鳞片中空无花，抱小穗基部的1/2～2/3周以上；其余鳞片全有花。下位刚毛4条，其长明显超过小坚果，淡锈色，略弯曲，不向外展开，具密的倒刺；柱头2。小坚果圆倒卵形，双凸状。花果期6～8月。产于林芝、波密(易贡)、拉萨，生于海拔2200～4250m的水草地、水沟边、湖滨草地或水中。

5. 飘拂草属 *Fimbristylis*

分种检索表

1. 柱头2；植株矮小，高6～20cm；鳞片先端具芒尖(产于察隅) ………………… **畦畔飘拂草 *F. squarrosa***
1. 柱头3；植株较高大，高50～70cm；秆极压扁，小坚果无疣状凸起 ………… **扁鞘飘拂草 *F. complanata***

6. 球柱草属 *Bulbostylis*

丝叶球柱草 *B. densa*

一年生草本。秆丛生，高7～25cm。叶细，宽0.5mm，叶鞘薄膜质，顶端具长柔毛。长侧枝聚伞花序简单或稍复出；苞片2～3枚；小穗单生，长圆状卵形，长3～6mm；鳞片无毛，卵形，长1.5～2mm，有时先端具芒状短尖；雄蕊2，花药长圆状卵形。小坚果倒卵形，长0.8mm，具盘状花柱基。产于波密、林芝等地，生于海拔1200～4300m的河滩地。

7. 克拉莎属 *Cladium*

克拉莎 *C. jamaicence* ssp. *chinense*

多年生草本，有短匍匐根状茎。秆高1～2.5m，圆柱形。叶秆生，扁平，宽0.8～1cm，苞片叶状。具鞘圆锥花序由5～8个互相远离的、侧生的伞房花序组成；小穗簇生成头形，头状花序直径4～7mm；小穗卵状披针形，长约3mm，有6枚鳞叶。鳞叶宽卵形，下面4枚鳞片无花，最上面2枚鳞片内有1朵两性花，下面1朵雌蕊不发育；无下位刚毛；雄蕊2；柱头3。小坚果长圆状卵形，长约2.5mm。产于波密(易贡)，生于海拔2100m的水中。

8. 莎草属 *Cyperus*

分 种 检 索 表

1. 小穗排列在辐射枝所延长的花序轴上呈穗状花序；叶状苞片3~5；鳞片顶端急尖，具外弯的芒尖(产于通麦) ………………………………………………………………………… **阿穆尔莎草 *C. amuricus***
1. 小穗指状排列或成簇地着生于极短缩的花序轴上。
 2. 叶状苞片5~8；小穗轴具宽翅；鳞片顶端钝，无短尖 ……………………………… **砖子苗 *C. cyperoides***
 2. 叶状苞片2~3；小穗轴无宽翅；鳞片顶端截形或稍内凹，先端具外弯的芒尖 … **长尖莎草 *C. cuspidatus***

9. 扁莎属 *Pycreus*

分 种 检 索 表

1. 鳞片棕栗色，顶端具不明显短尖；雄蕊2；叶状苞片2~4，均长于花序 …………… **球穗扁莎 *P. flavidus***
1. 鳞片枯稻黄色，顶端钝；雄蕊1；叶状苞片3~5，其中1片长于花序 ……………… **槽果扁莎 *P. sulcinux***

10. 水蜈蚣属 *Kyllinga*

短叶水蜈蚣 *K. brevifolia*

多年生草本，具较长的根状茎。秆高7~20cm，基部具无叶片的叶鞘，茎上具2~3枚叶。叶扁平，宽2~4mm。叶状苞片3，均长于花序。穗状花序近球形，单一，长5~10mm；小穗极多数，鳞片白色具锈斑，长2.8~3mm，背面龙骨凸起无翅，先端具外弯的短尖；雄蕊1~3枚；柱头2。小坚果倒卵状长圆形，双凸状，长约1.5mm。产于察隅、墨脱等地，生于海拔900~2600m的山坡、河滩处以及林缘。

11. 湖爪草属 *Lipocarpha*

华湖爪草 *L. chinensis*

多年生丛生草本。秆高18~40cm，压扁，具槽。叶基生，扁平，宽2~2.5mm。苞片叶状，显著长于花序；穗状花序4~7枚簇生，具多数小穗和鳞片；鳞片倒披针形，背面具龙骨状凸起；小穗仅具2枚小鳞片和1朵两性花；雄蕊2，花药长圆形，长为花丝的1/3；花柱短，柱头3。小坚果披针状倒卵形，双凸状，长为鳞片的1/2，表面具皱纹。产于墨脱，生于海拔1100m的山坡草地。

12. 珍珠茅属 *Scleria*

高秆珍珠茅 *S. terrestris*

多年生草本，具木质被深紫色鳞片的匍匐根状茎。秆散生，三棱形，高60~100cm，直径4~7mm，无毛，常粗糙。叶线形，长30~40cm，宽6~10mm，纸质，无毛，稍粗糙；秆中部叶之叶鞘具1~3mm宽的翅，叶舌常被紫色髯毛。圆锥花序由顶生和1~3个侧生枝圆锥花序组成；小穗单生(稀2)，紫褐色或褐色，全部为单性；雄花具3个雄蕊，雌花柱头3。小坚果球形或近卵形，有时多少呈三棱形，顶端具短尖，表面具四至六角形网纹；下位盘3浅裂或几不裂，裂片扁半圆形，顶端钝圆，边缘反折，黄色。花果期5~10月。产于墨脱，生于海拔1200~1400m的常绿阔叶林或草丛中。

13. 嵩草属 *Kobresia*

分 种 检 索 表

1. 先出叶边缘近从顶部分离至中部或中部以上，呈囊状。(嵩草组)

2. 根状茎肥厚块状；苞片鳞片状，具长芒，短于花序；退化小穗轴长于小坚果 … **钩状嵩草 *K. uncinioides***
2. 根状茎丛生或匍匐不肥大；苞片非鳞片状，常长于花序(弯叶嵩草归并入) ………… **囊状嵩草 *K. fragilis***
1. 先出叶边缘分离几达基部。
3. 花序为开展或紧缩的由多数或少数小穗组成的穗状圆锥花序；小穗含若干个支小穗，顶生者雄性，侧生者雌性或雄雌顺序。
4. 植株具细长匍匐根状茎；侧生支小穗雌性，稀雌花之上有1~3枚雄花 ……… **大花嵩草 *K. macrantha***
4. 植株具极短的密丛生的根状茎。
5. 侧生支小穗全部为雄雌顺序；雌花鳞片褐色或淡褐色；叶片宽3mm …… **喜马拉雅嵩草 *K. royleana***
5. 侧生支小穗雌性杂以雄雌顺序；雌花鳞片黑栗色；叶片宽4~6mm ………… **甘肃嵩草 *K. kansuensis***
3. 花序简单穗状，极少基部有短分支。
6. 支小穗顶生者雄性；侧生者雄雌顺序，基部的1枚雌花之上具1至若干朵雄花。(单穗嵩草组)
7. 叶对折，较坚挺，宽约2mm；苞鳞具长芒，中肋绿色；小坚果倒卵形 …… **四川嵩草 *K. setschwanensis***
7. 叶边缘内卷呈丝状，宽约1mm；苞鳞先端无芒，中肋褐色；小坚果长卵状 …… **线叶嵩草 *K. capillifolia***
6. 支小穗单性，雌雄异株、雌雄同株异序，如为雌雄同序则顶生的支小穗雄性，侧生的雌性，极少有雄雌顺序。(异穗嵩草组)
8. 垫状草本，秆高1~3.5cm；叶内卷，与秆近等长；花序长4~6mm；支小穗顶生的2~3个雄性，侧生的雌性 …………………………………………………………………… **高山嵩草 *K. pygmaea***
8. 丛生草本，秆高10~35cm；叶稍对折，比秆稍短；花序长1.5~3cm；雌性支小穗通常仅具1朵雌花，偶在雌花之上尚有1~2朵雄花，也见雌雄异株 ………………… **尾穗嵩草 *K. cercostachys***

14. 薹草属 *Carex*

分 种 检 索 表

1. 枝先出，叶退化；花序具叶状苞片；果囊无脉，不具翅，披针形；花为穗状花序。
2. 花序无苞片，仅有1小穗，雄雌顺序；果囊具短喙；株高10~30cm …………… **发秆薹草 *C. capillacea***
2. 花序具叶状苞片；花序具多数小穗。
3. 小穗雄雌顺序；果囊边缘增厚，无翅，先端渐狭成长喙状 ……………………… **云雾薹草 *C. nubigena***
3. 小穗雌雄顺序；果囊中部以上边缘具灰绿色翅；顶端急缩成极短喙(产于易贡) …… **高秆薹草 *C. alta***
1. 枝先出，叶存在；柱头3，稀2。
4. 枝先出，叶果囊状或盔状；花序为圆锥状花序。(主产波密、墨脱、察隅一带)
5. 花序分支从含小坚果的果囊状的枝先出叶中生出；小穗绿色 ……………………… **秀丽薹草 *C. munda***
5. 花序分支从不孕的盔状的枝先出叶中生出。
6. 小穗长4~6cm，雄雌顺序，雄花部分长为小穗的1/3；鳞片具芒尖 …………… **显异薹草 *C. eminens***
6. 小穗长不到2cm。
7. 雌鳞片苍白色(淡锈色)宽卵形；小穗长5~6mm(产于通麦) …………………… **十字薹草 *C. cruciata***
7. 雌鳞片粟色或锈色，长圆形或卵状披针形，小穗长1~1.5cm ………………………… **蕨叶薹草 *C. filicina***
4. 枝先出；叶鞘状，花序一般为总状或穗状花序。
8. 柱头2；果囊无喙，雌鳞片具3脉；苞片叶状；小穗绿褐色，具梗，疏生 ……… **刺喙薹草 *C. forrestii***
8. 柱头3，稀2。
9. 小坚果钝三棱或锐三棱，几乎充满果囊。
10. 果囊具长喙，喙具明显2齿；具匍匐根状茎；花密生(产于通麦) ………………… **签草 *C. doniana***

10. 果囊具短喙，喙不具明显 2 齿。
11. 苞具长鞘；喙一般外斜。
12. 雄小穗长 1 ~ 2cm；雌鳞片具较宽的白色膜质边；果囊具多脉 …………… **藏东薹草 *C. cardiolepis***
12. 雄小穗长 6 ~ 8mm；雌鳞片无或微具白色膜质边；果囊无脉(产于波密) ……… **明亮薹草 *C. laeta***
11. 苞无鞘或具不明显的鞘，鞘长不到 1cm；喙直立。
13. 苞片叶状，明显超过花序；花柱基部不加粗 ………………………………………… **毛囊薹草 *C. inanis***
13. 苞片短于或近等长于花序；花柱基加粗呈圆锥状 ………………………………… **青绿薹草 *C. breviculmis***
9. 果囊多为扁三棱，明显压扁；小坚果一般小，成熟时不充满果囊。
14. 小坚果具柄；顶生小穗一般雄性，苞具长鞘；果囊喙外弯，红色 ……… **红嘴薹草 *C. haematostoma***
14. 小坚果无柄；顶生小穗一般雌雄顺序；苞无鞘。
15. 小穗 0.5 ~ 1cm，无梗，头状密集；果囊喙具短刺毛 ……… **刺囊薹草 *C. obscura* var. *brachycarpa***
15. 小穗大，长 2 ~ 4cm，略具梗，疏生。
16. 果囊上部黑紫色，下部白色；雄鳞片圆状披针形，先端急尖 …………… **甘肃薹草 *C. kansuensis***
16. 果囊淡褐色或带绿色；雄鳞片披针形，先端渐尖 ……………… **尖鳞薹草 *C. atrata* ssp. *pullata***

八、棕榈科 Arecaceae

分属检索表

1. 叶裂片鱼尾状，边缘具不整齐啮蚀状齿；叶 2 回羽状全裂(栽培，墨脱也产) ………… **鱼尾葵属 *Caryota****
1. 叶裂片线形、线状披针形、长方形或椭圆形。
2. 叶鞘通常有刺，具纤鞭；果皮有下向覆瓦状排列的鳞片；茎常攀缘，常具钩刺；花序总轴上的佛焰苞管状，不包藏花序 ……………………………………………………………………………………… **省藤属 *Calamus***
2. 叶鞘通常无刺；果皮无下向覆瓦状排列的鳞片；茎通常直立；叶柄和叶轴均无刺。
3. 叶鞘光滑，苞状；花序生于叶鞘下；茎干光滑并有环状叶痕 ………………………… **山槟榔属 *Pinanga***
3. 叶鞘边缘纤维状，包茎；花序生于叶丛。
4. 叶掌状(扇形)分裂，羽片内向折叠；花单生或簇生，但绝不 3 朵聚生(栽培)。
5. 心皮合生；叶掌状浅裂，羽片单折或多折，羽片先端或再 2 浅裂 …………………… **蒲葵属 *Livistona***
5. 心皮离生；羽片内向折叠。
6. 叶羽片单折，羽片剑形；茎较粗壮 ……………………………………………… **棕榈属 *Trachycarpus****
6. 叶羽片数折、截状，羽片条状或线状；茎较细弱 ……………………………………… **棕竹属 *Rhapis***
4. 叶 1 回羽状分裂，羽片通常外向折叠；花单生或簇生，常为 3 朵聚生。(产于墨脱)
7. 叶羽片椭圆形，基部无耳垂；果长圆形 …………………………………………… **瓦理棕属 *Wallichia***
7. 叶羽片线状披针形，基部有 1 ~ 2 个耳垂；果倒卵状球形 ……………………… **桄榔属 *Arenga***

1. 鱼尾葵属 *Caryota*

鱼尾葵 *C. maxima*

常绿乔木状。茎单生，绿色，高 10 ~ 15(20)m，茎被白色的毡状茸毛，具环状叶痕。叶长 3 ~ 4m，幼叶近革质，老叶厚革质；羽片长 15 ~ 60cm，宽 3 ~ 10cm，互生，罕见顶部的近对生，最上部的 1 羽片大，楔形，先端 2 ~ 3 裂，侧边的羽片小，菱形，呈鱼尾状，外缘笔直，内缘上半部或 1/4 以上弧曲呈不规则的齿缺，且延伸成短尖或尾尖。佛焰苞与花序无糠秕状的鳞秕；花序长 3 ~ 3.5(5)m，具多数穗状的分支花序；花单性，雌雄同株，通常 3 朵聚生，中间 1 朵较小的为雌花，雄花萼片表面具疣状凸起，非全缘。果实球形，成熟时红色。花期 5 ~ 7 月，果期 8 ~ 11 月。产于墨脱，生于海拔 800 ~ 900m 一带的林缘，也为拉萨、林芝等地市室内观叶植物，其茎干是西藏“乌木筷”材料。

2. 棕榈属 *Trachycarpus*

棕榈 *T. fortunei*

常绿乔木状。树干圆柱形，被不易脱落的老叶柄基部和密集的网状纤维包裹。叶片呈 3/4 圆形或者近圆形，深裂成 30 ~ 50 片内折的线状剑形羽片，宽 2.5 ~ 4cm，长 60 ~ 70cm，裂片先端具短 2 裂或 2 齿，硬挺甚至顶端下垂；叶柄两侧具细圆齿，顶端有戟突。花序粗壮，多次分支，从叶腋抽出，通常雌雄异株。雄花序长约 40cm，花黄绿色；雌花序长 80 ~ 90cm，被 3 个佛焰苞包着，花淡绿色，通常 2 ~ 3 朵聚生。果实阔肾形，有脐，成熟时由黄色变为淡蓝色，有白粉，柱头残留在侧面附近。花期 4 月，果期 12 月。藏东南地区常室内栽培观叶，其网状纤维即“棕丝”，用作绳索、床垫。

九、天南星科 Araceae

分属检索表

1. 花两性；肉穗花序上部无附属器。
 2. 花被存在。
  3. 攀缘植物，有时直立草本状；叶柄扁平，叶状；子房 3 室(产于墨脱) …………………… **石柑属 *Pothos***
  3. 直立草本；叶柄不为扁平的叶状。
   4. 佛焰苞叶状，和叶片同形、同色(中国植物志英文版中单列为菖蒲科 Acoraceae) …… **菖蒲属 *Acorus****
   4. 佛焰苞和叶片分异，具特异颜色。
    5. 无刺常绿草本；佛焰苞扁平，常具美丽的颜色；子房 2 室(栽培) ……………… **花烛属 *Anthurium****
    5. 有刺常绿草本；佛焰苞上部螺状席卷，基部张开；子房 3 室(产于察隅) ……………… **刺芋属 *Lasia***
 2. 花被不存在；攀缘藤本植物，有时直立草本状。
  6. 攀缘藤本呈直立草本状；胚珠 2(栽培) ……………………………………………… **龟背竹属 *Monstera***
  6. 攀缘藤本；胚珠多数(产于墨脱) …………………………………………………… **崖角藤属 *Rhaphidophora***
1. 花全部单性；雌雄同株或异株；无花被。
 7. 肉穗花序无不育附属器。
  8. 水生植物；佛焰苞小，与肉穗花序背面合生 2/3，中部两侧狭缩 ……………………………… **大薸属 *Pistia***
  8. 陆生植物；佛焰苞大，与肉穗花序分离，檐部展开为马蹄状漏斗形(栽培) … **马蹄莲属 *Zantedeschia****
 7. 肉穗花序有顶生附属器。
  9. 雄蕊合生成雄蕊柱；叶片盾状，不分裂；子房不完全的 2 室 …………………………… **芋属 *Colocasia****
  9. 雄蕊分离；叶片绝非不分裂的盾状。
   10. 雌雄同序；花序中间有由中性花组成的间隔；佛焰苞下缘合生或席卷 ……… **斑龙芋属 *Sauromatum***
   10. 雌雄异序，稀同序；如同株，则雌雄花序紧接 ……………………………………… **天南星属 *Arisaema****

1. 石柑属 *Pothos*

分种检索表

1. 叶柄长、宽远短于叶片；花序柄花时伸直；侧脉 4(3)对，其中 1(2)对基出 ………… **石柑子 *P. chinensis***
1. 叶柄长、宽与叶片近相等；花序柄在花、果时内折或扭转；基出脉 3 对 ………… **螳螂跌打 *P. scandens***

2. 菖蒲属 *Acorus*

菖蒲 *A. calamus*

多年生草本。根茎横走，稍扁，分支，外皮黄褐色，芳香；肉质根多数，长 5 ~ 6cm，具毛发状须根。叶基生，基部两侧膜质叶鞘宽 4 ~ 5mm，向上渐狭，至叶长 1/3 处渐行消失、脱落。叶片剑状线形，长 90 ~ 100(150) cm，中部宽 1 ~ 2(3) cm，基部宽、对褶，中部以上渐狭，草质，绿色，光亮；中肋在两面均明显隆起，侧脉 3 ~ 5 对，平行，纤弱，大都伸延至叶尖。花序柄三棱形，长(15)40 ~ 50cm；佛焰苞叶状，长 30 ~ 40cm；肉穗花序斜向上或近直立，狭锥状圆柱形，长 4.5 ~ 6.5(8) cm，直径 6 ~ 12cm。浆果长圆形，红色。花期 6 ~ 9 月。产于波密(樟木)、林芝(拉月)，生于海拔 2600m 一带的沼泽地中；八一镇有药用栽培。

3. 花烛属 *Anthurium*

花烛 *A. andraeanum*

多年生草本，具肉质根。株高 50 ~ 80cm，因品种而异。植株常无茎。叶从根茎抽出，具长柄，单生、心形，鲜绿色，厚实坚韧，全缘或深裂、浅裂，叶脉凹陷。花腋生，佛焰苞蜡质，正圆形至卵圆形，鲜红色、橙红肉色、白色；肉穗花序圆柱状，直立。四季开花，全都有毒。国内常见栽培观花花卉，西藏东南部城镇有其切花花枝销售，俗称“红掌”“白掌”。

4. 刺芋属 *Lasia*

刺芋 *L. spinosa*

多年生有刺常绿草本植物，高可达 1m。茎极短，具紧缩的节间，直径达 4cm。茎、叶柄及叶背脉上和花序柄均有刺。叶柄长 40 ~ 100cm，基部鞘状；叶片绿色，纸质，幼叶截形或箭形，老叶鸟足状至羽状分裂，长达 40cm，宽达 30cm，侧脉 9 ~ 10 对，各裂片具羽状脉。花序柄腋生，稍短于叶柄，通常较细弱。佛焰苞长达 30cm，血红色，仅基部张开，上部螺状席卷呈角状。肉穗花序圆柱形，长 2 ~ 4cm，径 7 ~ 8mm，果期伸长。浆果红色，略具 5 ~ 6 棱，顶部有瘤状凸起。花期 5 ~ 7 月。产于察隅南部，生于海拔 1000m 以下的林内或山谷湿地。

5. 龟背竹属 *Monstera*

龟背竹 *M. deliciosa*

攀缘灌木。幼株的叶小，卵形或卵状心形；成年植株叶片大型，厚实坚韧，多长圆形，有时具空洞或羽状分裂；叶鞘达叶柄中部或中部以上，宿存或脱落。佛焰苞卵形，舟状展开，果时枯萎脱落；肉穗花序无梗，稍短于佛焰苞。花多而密，最下部的花不育，余为两性，无花被。原产墨西哥，国内常见栽培观花花卉，西藏东南部城镇有盆栽销售，常见品种有龟背竹、窗孔龟背竹 *M. obliqua* var. *expilata*、孔叶龟背竹 *M. adansonii*、‘白斑’龟背竹 *M. deliciosa*‘Albo-variegata’等。

6. 崖角藤属 *Rhaphidophora*

分种检索表

1. 花柱不存在；叶柄下部两侧具膜质叶鞘；叶背面粉绿色 ……………………………………… **粉背崖角藤 *R. gluca***
1. 花柱明显；叶片羽状深裂，叶柄无叶鞘；叶背浅绿色(八一镇室内栽培) …………… **爬树龙 *R. decursiva***

7. 大薸属 *Pistia*

大薸 *P. stratiotes*

漂浮水生草本。茎上节间十分短缩。叶集生呈莲座状，螺旋状排列，叶脉 7 ~ 13(15)，纵向，背面强度隆起，近平行；叶鞘托叶状，极薄，干膜质。佛焰苞极小，叶状，白色，近兜状，不等侧地展开。肉穗花序短于佛焰苞，但远远超出管部，背面与佛焰苞合生长达2/3，花单性，雄雌同序。产于墨脱、察隅，生于海拔800m以下的水塘、水池或水田中。

8. 马蹄莲属 *Zantedeschia*

马蹄莲 *Z. aethiopica*

多年生草本。根茎粗厚，叶和花序同年抽出。叶片披针形、箭形、戟形，稀心状箭形；叶柄海绵质，有时下部被刚毛；1、2级侧脉多数，达叶缘。花序梗与叶等长或长于叶。佛焰苞斜截喇叭形，管部黄色；檐部白色，广展，先端骤尖，后仰。肉穗花序黄色，直立；花单性，无花被，雄雌异序。西藏东南部习见盆栽花卉，也见有佛焰苞绿白、黄绿或硫黄色，玫瑰红色、紫红色的栽培种或品种。

9. 芋属 *Colocasia*

分 种 检 索 表

1. 佛焰苞黄色；植株大型；具块茎，根状茎或匍匐茎。
 2. 叶正面光滑可均匀水湿，叶柄绿色；果序直立 ………………………………… **滇南芋(野芋) *C. antiquorum***
 2. 叶正面水湿后呈水滴状，叶柄常紫色；果序下垂 …………………………………………… **芋 *C. esculenta***
1. 佛焰苞淡绿色或绿白色；植株小型；具块茎、匍匐茎。
 3. 叶片具4～6对大紫斑；匍匐茎纤细多分支；花期佛焰苞反折 …………………… **卷苞芋(圆叶芋) *C. affinis***
 3. 叶片全部绿色；匍匐茎粗壮少分支；花期佛焰苞直立，稀花后微反折 …………………… **假芋 *C. fallax***

10. 斑龙芋属 *Sauromatum*

分 种 检 索 表

1. 中性花序(穗状花序中间区域)光滑或具槽，上部无花，仅在基部具退化雄蕊。
 2. 佛焰苞内面白色，并与叶柄同具深色斑块，基部合生；叶片鸟足状全裂 …………… **斑龙芋 *S. venosum***
 2. 佛焰苞绿色或紫色，基部席卷重合；叶片多变，全缘至鸟足状分裂………… **高原犁头尖 *S. diversifolium***
1. 中性花序全部具退化雄蕊。
 3. 佛焰苞紫红色，基部席卷重合；叶戟形或心形，不裂……………………………………… **独角莲 *S. giganteum***
 3. 佛焰苞内面下部紫红色，檐部粉红色，基部合生；叶片鸟足状全裂……………… **短柄斑龙芋 *S. brevipes***

11. 天南星属 *Arisaema*

分 种 检 索 表

1. 叶片掌状3裂；叶大，中裂片长宽8cm以上；佛焰基部黄绿色，管部青紫色，具白色条纹，先端骤狭渐尖稍下弯；附属器细长，之字形上升或弯转360°后上升或蜿蜒下垂 …………………… **象南星 *A. elephas***
1. 叶片鸟足状、掌状或放射状分裂，裂片常无定数。
 2. 叶片鸟足状或掌状分裂。
  3. 叶片掌状3～6裂；附属器短缩呈柱状；佛焰苞绿色，先端渐尖，下弯 …………… **隐序南星 *A. wardii***
  3. 叶片鸟足状分裂。
   4. 附属器延长呈之字形伸出；佛焰苞绿色，先端骤狭渐尖稍外翻…………………… **曲序南星 *A. tortuosum***
   4. 附属器短缩呈柱状；佛焰苞黄色，檐部遮盖檐口，先端急尖下弯 ………………………………………………………………………………………………… **黄苞南星 *A. flavum* ssp. *tibeticum***

2. 叶片放射状分裂；附属器短缩呈棒槌状；佛焰苞绿或褐色，檐部弧形遮盖檐口，先端长渐尖，下垂。
   5. 雌花序附属器顶部光滑，基部具多数中性花 ………………………………… **一把伞南星 *A. erubescens***
   5. 雌花序附属器顶部具刺毛，基部无中性花 ………………………………… **刺棒南星 *A. echinatum***

十、浮萍科 Lemnaceae

分属检索表

1. 植物体具1条根，基部具2囊 …………………………………………………………………… **浮萍属 *Lemna*** *
1. 植物体无根，基部具1囊(产于察隅)…………………………………………………… **无根萍属(芜萍属)*Wolffia***

1. 浮萍属 *Lemna*

分种检索表

1. 叶状体对称，倒卵形、倒卵状椭圆形；胚珠弯生(产于林芝、工布江达、波密)…………… **浮萍 *L. minor***
1. 叶状体不对称，斜倒形或斜倒卵状长圆形；胚珠直立(产于米林、察隅) ……… **稀脉浮萍 *L. perpusilla***

十一、凤梨科 Bromeliaceae

分属检索表

1. 果实与花序融合，长成一聚花果；花序和果顶冠以叶状的苞片(栽培) …………………… **凤梨属 *Ananas*** *
1. 果实单个，分离；花序和果顶无叶状苞片(栽培) ………………………………………… **水塔花属 *Billbergia*** *

1. 凤梨属 *Ananas*

凤梨(菠萝)*A. comosus*

著名热带水果之一。茎短。叶多数，莲座式排列，剑形，长40～90cm，宽4～7cm，顶端渐尖，全缘或有锐齿，腹面绿色，背面粉绿色，边缘和顶端常带褐红色，生于花序顶部的叶变小，常呈红色。花序于叶丛中抽出，状如松球，结果时增大，顶端具叶状苞片。其可食部分主要由肉质增大之花序轴、螺旋状排列于外周的花组成，花通常不结实，宿存的花被裂片围成一空腔，腔内藏有萎缩的雄蕊和花柱。

2. 水塔花属 *Billbergia*

水塔花 *B. pyramidalis*

形似凤梨，叶莲座状排列，阔披针形，长30～45cm，直立至稍外弯，顶端钝而有小锐尖，基部阔，上面绿色，背粉绿，栽培品种也有心叶红色、黄色。穗状花序直立，红色、黄色、白色均有。西藏东南部温室栽培花卉之一。

十二、鸭跖草科 Commelinaceae

1. 鸭跖草属 *Commelina*

分种检索表

1. 佛焰苞单生叶腋，边缘分离，基部浑圆；花远远伸出佛焰苞(产于墨脱)……… **竹节菜(节节草)*C. diffusa***

1. 佛焰苞多个在茎顶集成头状。
 2. 植株细弱矮小，多铺散；佛焰苞常 2 ~ 3(4)个聚成头状(产于通麦) ………………… **地地藕 *C. maculata***
 2. 植株粗壮直立，高达 1m；佛焰苞常 4 ~ 10(4)个聚成头状(产于墨脱) ………… **大苞鸭跖草 *C. paludosa***

十三、灯心草科 Juncaceae

分属检索表

1. 叶鞘闭合；叶缘多少具缘毛；蒴果 1 室，具 3 枚种子 ………………………………………… **地杨梅属 *Luzula***
1. 叶鞘开放；叶片无毛；蒴果 1 或 3 室，具多数种子 ………………………………………… **灯心草属 *Juncus***

1. 地杨梅属 *Luzula*

分 种 检 索 表

1. 花序疏散，为多回分支聚伞状，花在分支上单生。(微阜亚属)
 2. 花被片长 2mm，色淡；花药稍短于花丝；种阜不明显 ……………………………… **散序地杨梅 *L. effusa***
 2. 花被片长 3mm，暗褐色；花药稍长于花丝；种阜长 1.5 ~ 2mm，弓弯 …………… **羽毛地杨梅 *L. plumosa***
1. 花数朵(或多朵)密集成穗状或头状花簇，再由数个小头状花簇排列成聚伞状。(地杨梅亚属)
 3. 花被片长 3mm；花药长于花丝 2 倍；种阜长为种子的 1/3 ~ 1/2 ……………… **多花地杨梅 *L. multiflora***
 3. 花被片长 2mm；花药短于花丝；种阜极短，淡黄色 ……………………………… **华北地杨梅 *L. oligantha***

2. 灯心草属 *Juncus*

分 种 检 索 表

1. 花序由单花集成圆锥状或聚伞状。
 2. 一年生；叶扁平，基生和茎生；花序顶生，总苞片叶状；外轮花被显著比内轮长 ………………………
 ……………………………………………………………………………………………… **小灯心草 *J. bufonius***
 2. 多年生；仅具鞘状或鳞片状的低出叶；花序假侧生，总苞片似茎的延伸；花被片等长或外轮稍长。
  3. 雄蕊 6 枚；茎内髓部不充满，呈片段状 ……………………………………………… **片髓灯心草 *J. inflexus***
  3. 雄蕊 3 枚；茎内髓部充满。
   4. 茎粗壮，直径 1.5 ~ 4mm；花被裂片线状披针形 ……………………………………… **灯心草 *J. effusus***
   4. 茎细弱，直径 0.8 ~ 1.5mm；花被裂片卵状披针形 …………………………………… **野灯心草 *J. setchuensis***
1. 花序由 2 至数朵花集成头状花簇，头状花簇单独顶生或 2 至数枚组成聚伞状花序。
 5. 花有先出叶；种子无尾状附属物；花序由数个小头状花簇组成。
  6. 雄蕊 3 枚；叶扁圆形，横隔不明显 ……………………………… **笄石菖(江南灯心草) *J. prismatocarpus***
  6. 雄蕊 6 枚；叶圆柱形，横隔显著 …………………………………………………… **小花灯心草 *J. articulatus***
 5. 花无先出叶；种子两端有尾状附属物。
  7. 头状花序单独顶生。
   8. 叶全部基生。
    9. 苞片全部较小，稍短于花，显著开展；雄蕊长于花被片 ……………………… **展苞灯心草 *J. thomsonii***
    9. 苞片叶状，必有 1 枚显著长于花。
     10. 植株高 16 ~ 35cm；叶耳大而钝圆，1 枚叶状苞片长达花的 3 ~ 10 倍 …………… **金灯心草 *J. kingii***
     10. 植株低矮，高 3 ~ 10cm。
      11. 叶片扁平，禾叶状；植株低矮，高 3 ~ 7cm ………………………………………… **矮灯心草 *J. minimus***

11. 叶片圆柱形或稍压扁；1 枚叶状苞片长为花的 1～2 倍 ………………… **长苞灯心草 *J. leucomelas***
8. 叶基生或茎生。
12. 叶片横隔显著，呈节状；叶粗壮管状；头状花簇直径 1～2cm，苞片膜质，非叶状，披针形至宽卵形，褐色……………………………………………………………………… **葱状灯心草 *J. allioides***
12. 叶片不分隔，不呈节状；叶纤细管状；头状花簇直径 1cm 左右；苞片叶状，最长 1 枚达 2～7cm ………………………………………………………………………………… **显苞灯心草 *J. bracteatus***
7. 花序由 2 至数个小头状花序构成聚伞状。
13. 一年生草本；雄蕊伸出花被约 2 倍；叶片扁平或内卷，基生和茎生 ………… **雅灯心草 *J. concinnus***
13. 多年生草本，具根状茎；雄蕊短于花被片。
14. 花序通常仅由 2～3 个小头状花簇组成；花序顶生，叶耳不明显。
15. 叶片内卷呈圆筒形，仅基生；花丝长约为花药的一半……………… **米拉山灯心草 *J. milashanensis***
15. 叶片扁平，基生和茎生；花丝稍短于花药 ……………………………… **走茎灯心草 *J. amplifolius***
14. 花序通常由多数小头状花簇组成；叶基生和茎生，常内卷。
16. 果实与花被近等长；花明显有梗；基生叶无叶耳 ……………………… **枯灯心草 *J. sphacelatus***
16. 果实长于花被；花梗不明显；基生叶明显具叶耳 ……………………… **喜马灯心草 *J. himalensis***

十四、百合科 Liliaceae

分属检索表

1. 植株具长或短的根状茎或根状茎不明显，绝不具鳞茎。
2. 叶 3～15 枚，排成一轮生于茎顶端；花单朵顶生，外轮花被片叶状，绿色；植株貌似两轮叶。
3. 叶 3 枚为一轮；花 3 基数，内轮花被片比外轮花被片稍狭 ………………………… **延龄草属 *Trillium***
3. 叶常 4 至多枚为一轮；花 4 基数或更多；内轮花被片远比外轮被片为狭……………………… **重楼属 *Paris***
2. 叶与花非上述情况。
4. 叶状枝(貌似叶)通常针状、扁圆柱状或近线形，每 2～10 枚成簇生于茎和枝条上；叶退化成鳞片状…
………………………………………………………………………………………… **天门冬属 *Asparagus***
4. 叶较大，或多枚基生，或互生、对生、轮生于茎或枝条上，每个植株只有几枚至几十枚叶。
5. 叶具网状支脉；花单性，花被片离生，雌雄异株，通常排成伞形花序；多为多分支的或攀缘的灌木…
………………………………………………………………………………………… **菝葜属 *Smilax****
5. 叶具平行脉或弧形脉；不具网状支脉；花两性。
6. 茎多少木质化，常能增粗，并有近环状叶痕；叶通常聚生茎的上部或顶端(栽培)。
7. 叶无柄、坚挺，顶端有明显的黑刺尖；花大，长 3～4cm，花被片离生……………… **丝兰属 *Yucca****
7. 叶具柄，顶端常无明显的黑刺尖；花较小，长 2.5cm 以下，花被片不同程度合生。
8. 叶柄长 1～6cm 或不明显；子房每室具 1～2 枚胚珠……………………………… **龙血树属 *Dracaena***
8. 叶柄长 10～30cm 或更长；子房每室具多枚胚珠 ……………………………… **朱蕉属 *Cordyline***
6. 茎草质，叶基生或散生茎上。
9. 果实在未成熟前已作不整齐开裂，露出幼嫩的种子；成熟种子为小核果状，貌似 2～3 个小核果簇生于 1 个花梗上；花被无副花冠。
10. 花斜伸近直立；子房上位；花丝与花药近等长或比花药长(栽培) ……………… **山麦冬属 *Liriope***
10. 花俯垂；子房半下位；花丝不明显，长不及花药的一半…………………… **沿阶草属 *Ophiopogon****
9. 浆果或蒴果成熟前绝不开裂，成熟种子也绝非上述情况。
11. 叶基生或近基生；茎极短，茎生叶不发达。
12. 叶肉质，肥厚，边缘有刺状小齿(栽培) …………………………………………… **芦荟属 *Aloe****
12. 叶硬革质至草质，边缘不具刺状小齿。

13. 叶革质，刚硬、坚挺、粗厚(厚达 2 ~ 5mm)(栽培)。
14. 叶直立，淡绿色而有深绿色横斑纹 ……………………………… 虎尾兰属 *Sansevieria*
14. 叶斜展，不具上述斑纹 ………………………………………………………………… 丝兰属 *Yucca**
13. 叶草质，柔软而薄。
15. 植物有长的根状茎，匍匐于地面或浅土中(栽培) ………………………… 吉祥草属 *Reineckea*
15. 植物不具横走根状茎。
16. 叶柄无或不显著；叶带状或线形，有时为狭的倒披针形，一般宽小于 3cm。
17. 花被片多少贴生于子房，子房半下位；苞片 2 ………………………… 粉条儿菜属 *Aletris**
17. 花被片(或花被管)与子房分离，子房上位，苞片 1(栽培)。
18. 花大，长达 5cm 以上；花被近漏斗状 ………………………………… 萱草属 *Hemerocallis**
18. 花长不到 3cm；花被非漏斗状，花白色 ……………………………… 吊兰属 *Chlorophytum**
16. 叶柄显著；叶椭圆形、卵形至倒披针形，长 3 ~ 5cm 或更宽。
19. 花大，长 4 ~ 13cm；叶柄明显长于叶片；蒴果(栽培) ………………………… 玉簪属 *Hosta*
19. 花长约 1.5cm；叶柄短于叶片；浆果状蒴果 ……………………………… 七筋菇属 *Clintonia*
11. 叶茎生，即植株有明显的近直立的茎，茎具互生、对生或轮生的叶；无基生叶。
20. 叶肉质，肥厚、多汁；边缘有刺状小齿(栽培) ……………………………………… 芦荟属 *Aloe**
20. 叶革质至草质，不为上述情况。
21. 叶基部无柄，抱茎 ……………………………………………………………… 扭柄花属 *Streptopus**
21. 叶基部具柄或近无柄，但绝不抱茎。
22. 花序(或花)生于叶腋；根壮茎肥厚，黄白色 ……………………………… 黄精属 *Polygonatum**
22. 花序顶生于茎或枝末端，或生于茎枝中部与叶相对生的短枝顶端；根状茎若有则细长，极少肥厚，绝不呈黄白色。
23. 总状花序；花被片基部不具囊距；茎不分支 ……………………………… 舞鹤草属 *Maianthemum*
23. 伞形花序；花被片基部具囊或距；茎常分支 ……………………………… 万寿竹属 *Disporum*
1. 植株具鳞茎，鳞茎或膨大呈球形至卵形，或形似葱白的近圆柱状。
24. 植株一般有葱蒜味；花在开放前为非绿色的膜质总苞所包。
25. 伞形花序(野生或栽培) ……………………………………………………………………… 葱属 *Allium**
25. 穗状花序长尾状具极密集的花 ……………………………………………………… 穗花韭属 *Milula*
24. 植物无葱蒜味；通常非伞形花序，有时只具单朵花；花药基着或丁字状着生。
26. 叶心形，具网状脉 ………………………………………………………………… 大百合属 *Cardiocrinum*
26. 叶其他形状，无网状脉。
27. 鳞茎贝壳状，由白粉质鳞片组成；花俯垂，花被片基部有蜜腺窝 ……………… 贝母属 *Fritillaria*
27. 鳞茎由非白粉质鳞片组成；花平展或斜出或昂立，也有俯垂。
28. 花药基着。
29. 鳞茎狭卵形；叶似韭叶状，单花顶生或呈伞房状花序，俯垂或昂立、斜出；花被片内面近基部常有一凹穴 ……………………………………………………………………… 洼瓣花属 *Lloydia*
29. 鳞茎球形；叶宽大非韭叶状，常单朵顶生，仰立(栽培) ……………………… 郁金香属 *Tulipa**
28. 花药丁字状着生。
30. 鳞茎稍膨大，如葱白，近圆柱形或狭卵状圆柱形，外具淡褐色的膜质茎皮；须根上具许多珠状小鳞茎；茎生叶和基生叶同时存在 ……………………………………… 假百合属 *Notholirion**
30. 鳞茎明显膨大，近卵圆形，由多数稍展开的鳞片组成，须根上不具小鳞茎；花期只有茎生叶，内轮花被片近相似(野生或栽培) ……………………………………………………… 百合属 *Lilium**

1. 延龄草属 *Trillium*

分种检索表

1. 茎丛生于粗短的根状茎上；叶宽5～15cm，近无柄；花较大，直径3～5cm，内轮花被片白色，少有淡紫色，卵状披针形，长1.5～2.2cm，宽4～6mm(产于墨脱、波密) ························ **延龄草 *T. tschonoskii***
1. 茎单生于粗短的根状茎上；叶宽2～4cm，有短柄；花小，直径2～2.5cm，花梗长2～3mm，内轮花被片紫红色，披针形，长1.1～1.5cm，宽约1mm(产于定结) ························ **西藏延龄草 *T. govanianum***

2. 重楼属 *Paris*

分种检索表

1. 内轮花被片仅为外轮花被片的1/2左右。
 2. 叶和外轮花被片具白色斑带，叶(4)5～6枚轮生；近无叶柄(产于拉月、东久) ·· **花叶重楼 *P. marmorata***
 2. 叶无斑带，6～9枚轮生；叶柄长1～2cm(产于拉月) ························ **黑籽重楼(短梗重楼) *P. thibetica***
1. 内轮花被片长于外轮花被片。
  3. 叶7～10枚轮生，宽2.5～10.5cm；叶柄长2～6cm ································ **七叶一枝花 *P. polyphylla***
  3. 叶8～13(22)枚轮生，宽通常不到2cm；叶柄很短，一般小于1cm；内轮花远比外轮花被片长(产于墨脱) ·· **狭叶重楼 *P. polyphylla* var. *stenophylla***

3. 天门冬属 *Asparagus*

分种检索表

1. 花两性；叶状枝刚毛状，每10～13枚成簇，排列成云片状(观赏栽培) ····················· **文竹 *A. setaceus***
1. 花单性，雌雄异株。
 2. 叶状枝近扁的圆柱形，略有钝棱，无中脉；枝条柔软下垂(栽培蔬菜)········ **石刁柏(芦笋) *A. officinalis***
 2. 叶状枝扁平，明显具中脉，有时由于中脉龙骨状而使叶状枝多少呈锐三棱形；枝条绝不下垂。
  3. 植株有硬刺，分支上刺长于花梗；花梗长1.5～2.5mm(产于察隅) ········ **多刺天门冬 *A. myriacanthus***
  3. 植株无刺；花梗长1～2cm ·· **羊齿天门冬 *A. filicinus***

4. 菝葜属 *Smilax*

分种检索表

1. 枝条完全无刺；攀缘灌木或藤本；伞形花序单生叶腋(或苞片腋内)。
 2. 叶卵形，长与宽几相等或稍长；花序生于叶尚幼嫩的小枝上 ··············· **防己叶菝葜 *S. menispermoidea***
 2. 叶卵状披针形，长为宽的2倍以上；花序生于叶已完全生长成的枝条上。(产于察隅)
  3. 叶长10cm以下，长达宽的2～3倍；总花梗长1～1.5cm ······························· **无刺菝葜 *S. mairei***
  3. 叶长10cm以上，长达宽的4～5倍；总花梗长2～5cm ····························· **西南菝葜 *S. biumbellata***
1. 枝条多少有刺；伞形花序单生或簇生。
  4. 伞形花序单生叶腋；直立灌木。(产于易贡、墨脱、察隅)
   5. 小枝常四棱形，叶面3(稀5)主脉凸起，枝刺稀疏或无 ························· **乌饭叶菝葜 *S. myrtillus***
   5. 小枝具2或3棱，叶面5(稀3)主脉微下凹；枝刺较密 ······························· **劲直菝葜 *S. munita***

4. 几个伞形花序组成圆锥花簇；枝条多少有较短的刺；攀缘灌木或藤本。(产于墨脱)
6. 枝条有明显的疣状凸起 ………………………………………………………… **疣枝菝葜 *S. aspericaulis***
6. 枝条无疣状凸起。
7. 枝条方形，具4条钝棱；小枝常左右曲折；叶柄鞘窄于叶柄宽 ……………… **方枝菝葜 *S. quadrata***
7. 枝条不为上述情形；叶柄鞘宽于叶柄宽。
8. 叶柄鞘不后延，绝不抱茎；伞形花序2~3个簇生于花序轴上 ……………… **墨脱菝葜 *S. griffithii***
8. 叶柄鞘后延抱茎，形如穿茎状；伞形花序单生于花序轴上 ……………… **抱茎菝葜 *S. ocreata***

5. 丝兰属 *Yucca*

凤尾丝兰 *Y. gloriosa*

茎明显。叶近莲座状簇生，坚硬，直立或平展，近剑形或长条状披针形，长25~60cm，宽2.5~3cm，顶端具一硬刺，叶缘偶有稍弯曲的丝状纤维，全缘。花莛高大而粗壮；花近白色，下垂，排成狭长的圆锥花序，花序轴有凸起状毛；花被片长3~4cm；花丝有疏柔毛；花柱长5~6cm。秋季开花，果下垂。原产北美东南部，西藏东南部常见露地栽培观赏植物。

6. 龙血树属 *Dracaena*

香龙血树(巴西铁) *D. fragrans*

茎干挺拔、粗壮。叶簇生于茎顶，长40~90cm，宽6~10cm，尖稍钝，弯曲成弓形，有亮黄色或乳白色的条纹；叶缘鲜绿色，且具波浪状起伏，有光泽，花小，黄绿色，芳香。西藏东南部城镇常见室内大型盆栽观叶植物，常在一粗壮的茎干顶端上簇生叶丛，俗称“巴西千年木”“发财树”等。

同属植物富贵竹(塔竹) *D. sanderiana* 一般剪切其嫩茎段排列成塔形，水培组合观赏；也见将其茎蟠扎成花篮状的栽培形式。

7. 朱蕉属 *Cordyline*

朱蕉 *C. fruticosa*

乔木状或灌木状植物。茎多少木质，常稍有分支，上部有环状叶痕。叶常聚生于枝的上部或顶端，有柄或无柄，基部抱茎。圆锥花序生于上部叶腋，大型，多分支；花梗短或近于无，关节位于顶端；花被圆筒状或狭钟状；花被片6，下部合生而形成短筒；雄蕊6，着生于花被上；花药背着，内向或侧向开裂；子房3室，每室具4至多数胚珠；花柱丝状，柱头小。浆果具1至几颗种子。西藏东南部常见室内盆栽观叶植物之一，一般为彩叶品种。

8. 山麦冬属 *Liriope*

山麦冬 *L. spicata*

植株常丛生。根稍粗，近末端处常膨大成肉质小块根；根状茎短，木质，具地下走茎。叶长25~60cm，宽4~6(8)mm，先端急尖或钝，基部常包以褐色的叶鞘，上面深绿色，背面粉绿色，具5条脉，中脉比较明显，边缘具细锯齿。花莛通常长于或几等长于叶，少数稍短于叶，长25~65cm；总状花序长6~15(20)cm，具多数花；花直立或斜生，不下垂，通常(2)3~5朵簇生于苞片腋内；花被片矩圆形、矩圆状披针形，长4~5mm，先端钝圆，淡紫色或淡蓝色；子房近球形，花柱长约2cm，稍弯，柱头不明显。种子近球形。花期6~8月，果期9~10月。西藏东南部室内盆栽观叶植物之一，也可露地栽培。

9. 沿阶草属 *Ophiopogon*

分种检索表

1. 植株有明显的茎，有时由于茎匍匐状，貌似根状茎；花较大，花被片长7~10mm。

2. 花丝短，不明显(产于墨脱) …………………………………………………… **墨脱沿阶草 *O. motouenis***
2. 花丝长达花药的1/3～1/4(产于易贡)…………………………………………………… **长丝沿阶草 *O. clarkei***
1. 植株无明显的茎或貌似根状茎的茎；花较小，花被片长5～7mm。
3. 植物不具细长的走茎；植物基部明显膨大(产于米林) ………………………… **间型沿阶草 *O. intermedius***
3. 植物具细长的走茎；植株基部不膨大 …………………………………………………… **沿阶草 *O. bodinieri***

10. 芦荟属 *Aloe*

芦荟 *A. vera*

茎较短。叶近簇生或稍二列(幼小植株)，肥厚多汁，条状披针形，粉绿色，长15～35cm，基部宽4～5cm，顶端有几个小齿，边缘疏生刺状小齿。花莛高60～90cm，不分支或有时稍分支；总状花序具几十朵花；苞片近披针形，先端锐尖；花点垂，稀疏排列，淡黄色而有红斑；花被长约2.5cm，裂片先端稍外弯；雄蕊与花被近等长或略长，花柱明显伸出花被外。西藏东南部城镇常见室内盆栽观叶植物之一。本区域另有叶面具白色条纹、叶缘有尖齿的形似栽培品种，为条纹十二卷 *Haworthia fasciata*。

11. 虎尾兰属 *Sansevieria*

虎尾兰 *S. trifasciata*

有横走根状茎。叶基生，常1～2枚，也有3～6枚成簇的，直立，硬革质，扁平，长条状披针形，长30～70(120)cm，宽3～5(8)cm，有黄、绿色相间的横带斑纹，边缘绿色或黄色，向下部渐狭成长短不等的、有槽的柄。花莛高30～80cm，基部有淡褐色的膜质鞘；花淡绿色或白色，3～8朵簇生，排成总状花序；花梗关节位于中部；花被长1.6～2.8cm，管与裂片长度约相等。花期11～12月。主产非洲，西藏东南部室内盆栽观叶植物之一，其厚硬革质、叶面黄、绿色相间的横带斑纹是识别要点。

12. 吉祥草属 *Reineckea*

吉祥草 *R. carnea*

多年生常绿草本。茎粗2～3mm，蔓延于地面，逐年向前延长或发出新枝，每节上有一残存的叶鞘；顶端的叶簇，由于茎的连续生长，有时似长在茎的中部，两叶簇间可相距达10cm。每簇叶有3～8枚，条形至披针形，长10～38cm，宽0.5～3.5cm，先端渐尖，向下渐狭成柄，深绿色。花莛长5～15cm；穗状花序长2～6.5cm，上部的花有时仅具雄蕊；苞片长5～7mm；花芳香，粉红色；裂片矩圆形，先端钝，稍肉质；雄蕊短于花柱，花药近矩圆形，两端微凹；子房长3mm，花柱丝状。浆果直径6～10mm，熟时鲜红色。西藏东南部室内盆栽观叶植物之一，也露地栽培用作地被。

13. 粉条儿菜属 *Aletris*

分 种 检 索 表

1. 花被浅裂，裂片长约占花被全长的1/4；总状花序长2.5～8cm。
2. 花序具较稀疏的花；有1枚苞片长超过花1～2倍 ………………………… **少花粉条儿菜 *A. pauciflora***
2. 花序有较密的花；苞片与花等长或稍长于花 ………………… **穗花粉条儿菜 *A. pauciflora* var. *khasiana***
1. 花被深裂，裂片长于花被筒；总状花序长2.5～20cm，花疏松排列。
3. 叶硬纸质；花被白色，稀反折；花莛中部花无梗或短于4mm ………………… **疏花粉条儿菜 *A. laxiflora***
3. 叶纸质；花被黄色，反折；花莛中部花梗长4～10mm ………………………… **星花粉条儿菜 *A. gracilis***

14. 萱草属 *Hemerocallis*

萱草 *H. fulva*

根末端呈纺锤状膨大。叶长40~60cm，宽0.8~0.3cm。花莛粗壮，总状花序通常具数朵至10余朵花；苞片1枚卵状披针形，长4~7mm；花缘皱波状，内面一般具深色或褐色红彩斑，外轮裂片明显较狭；雌蕊伸出，上弯；花柱也外伸，上弯。花期6月。林芝、波密有栽培或逸生。

15. 吊兰属 *Chlorophytum*

分种检索表

1. 花莛常变为匍匐枝，近花序末端通常有叶簇或幼小植株；花丝长于花药(栽培) ……… **吊兰 *C. comosum***
1. 花莛直立或稍外弯，花序上不具叶簇或幼小植株；花丝不长于花药(产于吉隆) … **西南吊兰 *C. nepalense***

16. 玉簪属 *Hosta*

玉簪 *H. plantaginea*

根状茎粗厚，粗1.5~3cm。叶卵状心形、卵形或卵圆形，长14~24cm，宽8~16cm，先端近渐尖，基部心形，具6~10对侧脉，侧脉下凹，先端网结；叶柄长20~40cm。花莛高40~80cm，具几朵至十几朵花；花的外苞片卵形或披针形，长2.5~7cm；内苞片很小；花单生或2~3朵簇生，长10~13cm，白色，芬香；花梗长约1cm；雄蕊与花被近等长或略短，基部贴生于花被管上。蒴果圆柱状，有三棱，长约6cm，直径约1cm。花果期8~10月。西藏东南部露地栽培观赏植物之一。

17. 七筋姑属 *Clintonia*

七筋姑 *C. udensis*

根状茎粗约5mm，有撕裂成纤维状的残存叶鞘。叶3~4枚簇生，纸质，椭圆形至倒卵状披针形，长8~25cm，宽3~16cm，基部鞘状抱茎或成柄状。总状花序有花3~12朵，花莛密生白色短柔毛，长10~20cm，在果期再延长1~3倍。花梗长约11cm，后期可延长数倍，有毛，苞片早落；花白色，少有淡蓝色，花被片长圆形，长7~12mm，宽3~4mm，外面有微毛；雄蕊明显比花被片短。果实球圆形，长7~14mm，自顶端至中部沿背缝线作蒴果状开裂。花期5~6月，果期7~9月。产于林芝、波密、米林、察隅等地，生于海拔2900~4200m的林下或灌丛中。

18. 扭柄花属 *Streptopus*

腋花扭柄花 *S. simplex*

植株高20~50cm，根状茎粗1.5~2mm；茎在中部以上分支或不分支。叶卵状披针形至披针形，长2.5~8cm，宽1.5~3cm，先端渐尖，基部圆形或心形，下面灰白色。花单生于叶腋，直径约为1cm左右，下垂，花梗纤细，不具膝关节，长2.5~4.5cm；花被片卵状长圆形，长8~10mm，宽3~4mm，粉红色或白色，常多少有紫色斑点，雄蕊长3~3.5mm，花期8月，果期8~9月。产于林芝、米林和察隅等地，生于海拔2700~3750m的暗针叶林下、灌丛中或水沟旁。

19. 黄精属 *Polygonatum*

分种检索表

1. 叶以对生为主；花长11~15mm，花被淡黄色或白色；根状茎不规则球形结节状 ……………………………………………………………………… **棒丝黄精 *P. cathcartii***

1. 叶轮生或以轮生为主，至少有部分轮生叶；花长 12mm 以下。
 2. 叶先端不卷曲；花被淡黄色或淡紫色；根状茎圆柱形，节间一头粗一头细 …… **轮叶黄精 *P. verticillatum***
 2. 叶先端卷曲或弯曲；花被淡紫色；根状茎圆柱状或不规则球形结节状 ………… **卷叶黄精 *P. cirrhifolium***

20. 舞鹤草属 *Maianthemum*

分 种 检 索 表

1. 花被片合生部分占全长的 3/4；雄蕊生于花被筒喉部；花被淡紫色 …………………… **管花鹿药 *M. henryi***
1. 花被片离生或仅基部稍合生；雄蕊生于花被基部。
 2. 叶柄长 1～3cm；花柱比子房短，柱头分裂不明显；花被红色(产于察隅、墨脱) …… **西南鹿药 *M. fuscum***
 2. 叶柄很短，长不及 1cm；花柱比子房长或近等长，柱头明显 3 裂。
  3. 花紫色或淡紫色；花柱长约 1mm，与子房近等长或稍长于子房 ……………… **紫花鹿药 *M. purpureum***
  3. 花白色；花柱长 2～2.5m，长为子房的 2～3 倍 …………………………………… **长柱鹿药 *M. oleraceum***

21. 万寿竹属 *Disporum*

分 种 检 索 表

1. 伞形花序生于茎与分支顶端；花近黄绿色，花被片基部的距长 1～2mm ……… **长蕊万寿竹 *D. longistylum***
1. 伞形花序着生在与中上部叶对生的短枝顶端，形似腋生；花常紫色，花被片基部的距长 3～5mm。
 2. 叶披针形至矩圆状披针形；花被片基部的距长(2)3mm(产于拉月、通麦) ……… **万寿竹 *D. cantoniense***
 2. 叶卵状椭圆形；花被片基部的距长 4～5mm(产于墨脱) ……………………… **距花万寿竹 *D. calcaratum***

22. 葱属 *Allium*

分 种 检 索 表

1. 子房每室 1 胚珠。
 2. 鳞茎外皮纤维质破裂，呈明显的网状；叶 2 枚，极少 3 枚，宽 0.3～7cm，向基部逐渐收狭成不明显的叶柄，花紫红色至淡红色，稀白色 ……………………………………………… **太白山葱(太白韭)*A. prattii***
 2. 鳞茎外皮膜质，不破裂成网状；叶多于 3 枚，宽 0.5～2.8cm，基部无叶柄；花白色 …… **宽叶韭 *A. hookeri***
1. 子房每室 2 胚珠。
  3. 鳞茎常由多个围合花莛基部的小鳞茎复合组成(也有独个小鳞茎品种)，花莛实心；总苞具长喙，伞形花序有大量珠芽和少量的花；叶实心，扁平线形(栽培) ……………………………………… **蒜 *A. sativum***
  3. 鳞茎圆柱状、圆锥状，或卵状圆柱形，若为扁球状至球状，则叶为粗状的中空圆筒状。
   4. 叶中空，圆柱形或半圆柱形，常镰状弯曲(栽培)。
    5. 鳞茎数枚聚生，狭卵状；鳞茎外皮白色；叶基部粗 1～3mm。
     6. 叶无棱；花莛中生(常不开花) ………………………………………………… **香葱(细香葱)*A. cepiforme***
     6. 叶具 3～5 棱，花莛侧生 ……………………………………………………………… **藠头(荞头)*A. chinense***
    5. 鳞茎单生，圆柱状或球形，稀卵状圆柱形；叶基部粗 5mm 以上。
      7. 鳞茎圆柱形；鳞茎外皮白色，稀淡红褐色；花白色，伞形花序球形 ……………… **葱 *A. fistulosum***
      7. 鳞茎扁球状至近球形；鳞茎外红色，稀黄色；花粉白色，伞形花序球形 …………… **洋葱 *A. cepa***
   4. 叶线形或条形，若为半圆柱形或圆柱形则皆为实心。

8. 根增粗呈条状；鳞茎外皮破裂成纤维状；花白色；花被基部常圆形扩大 …… **粗根韭 *A. fasciculatum***
8. 根绳索状，或增粗，但不为块根状；花非白色，若为白色则小花梗基部具苞片。
 9. 小花梗基部具小苞片(栽培)。
  10. 根状茎短而直伸；鳞茎外皮膜质，不破裂；花白色或淡紫色；具葱味 …………… **韭葱 *A. porrum***
  10. 根状茎横生；鳞茎外皮纤维质，近网状破裂；花白色，具绿色中脉 …………… **韭 *A. tuberosum***
 9. 小花梗基部无小苞片；花不为白色；鳞茎外皮纤维状，或薄革质，片状条裂。
  11. 花天蓝色；花丝比花被片长；叶实心半圆柱形……………………………… **天蓝韭 *A. cyaneum***
  11. 花紫红色；花丝长为花被片的1/2；叶线形 ……………………………… **钟花韭 *A. kingdonii***

23. 穗花韭属 *Milula*

穗花韭 *M. spicata*

植株高5～25(60)cm，外形很像葱韭类植物，也有葱蒜味，但具有狗尾草似的密穗状花序，很容易识别。花莛和叶近等长，叶宽1～4cm。花淡紫色，花被长2.5～3.5mm，钟状，在果期宿存；花被片合生的程度占1/3～2/3，常有变化；雄蕊全长的1/3明显伸出花被之外；外轮雄蕊的齿大小和形状有变化；花柱长2.5～4mm，比子房长，伸出花被外。蒴果直径3～4mm。种子狭卵形，黑色，上面有极小的细点。花果期8～10月。产于米林等地，生于海拔2900～4800m的砂质草地、山坡灌丛或林下。

24. 大百合属 *Cardiocrinum*

大百合 *C. giganteum*

基生叶的叶柄基部膨大形成鳞茎，但在花序长出后随即凋萎。小鳞茎卵形，高3.5～4cm，径1.2～2cm，干时淡褐色。茎中空，直立，高1.5～3m，直径1.6～2.6cm。基生叶大，长圆状心形，茎生叶散生，卵状心形，长12～20cm，宽10～20cm，向上渐小，叶脉网状，纸质；叶柄长7～20cm，向上渐短。总状花序有花10～16朵；花无苞片，狭喇叭形，白色，里面具淡紫色条纹；花被片6，线状倒披针形，长12～15cm，宽1.5～2cm。雄蕊6，长6.5～7.5cm，花丝向下渐扩大；子房圆柱形，长2.5～3cm，宽4～5mm，柱头头状，顶端微3裂。蒴果长圆形，长3.5～4cm，具6棱，3瓣裂。种子扁钝三角形，红棕色，长4～5mm，周围具淡红色的膜质翅。产于察隅、波密、林芝、隆子、樟木等地，生于海拔2300～2900m的山坡下、路边。

25. 贝母属 *Fritillaria*

分 种 检 索 表

1. 茎生叶较紧密地生于植株中上部；叶卵状椭圆形，长2～7cm，宽1～3cm；花浅黄色，具红褐色斑点或小方格；靠近花的下方无苞片 ……………………………………………………… **棱砂贝母 *F. delavayi***
1. 茎生叶较均匀地生于茎的中部至上部，叶线状披针形，长4～12cm，宽3～5mm；花紫色至黄绿色，通常有小方格，少数仅具斑点或条纹；靠近花的下方通常具3枚叶状苞片 ………………… **川贝母 *F. cirrhosa***

26. 洼瓣花属 *Lloydia*

分 种 检 索 表

1. 基生叶1～2枚；花丝无毛；花白色而有紫斑 ……………………………… **平滑洼瓣花 *L. flavonutans***
1. 基生叶3～8枚；花丝具毛或无毛；花黄色或绿黄色 ……………………… **尖果洼瓣花 *L. oxycarpa***

27. 郁金香属 *Tulipa*

郁金香 *T. gesneriana*

鳞茎皮纸质，内面顶端和基部有少数伏毛。叶 3 ~ 5 枚，条状披针形至卵状披针形。花单朵顶生，大型而艳丽；花被片红色或杂有白色和黄色，有时为白色或黄色，长 5 ~ 7cm，宽 2 ~ 4cm；6 枚雄蕊等长，花丝无毛；无花柱，柱头增大呈鸡冠状。花期 4 ~ 5 月。西藏东南部有观赏栽培。

28. 假百合属 *Notholirion*

分 种 检 索 表

1. 株高 18 ~ 30cm；总状花序有花 10 朵以下；花被片先端不为绿色；茎生叶长 6 ~ 15cm，宽 4 ~ 8mm(产于吉隆) ………………………………………………………………………… **大叶假百合 *N. macrophyllum***
1. 株高 60 ~ 150cm；总状花序 10 ~ 24 朵花；花被片先端绿色；茎生叶长 10 ~ 20cm，宽 1 ~ 2.5cm。
 2. 花淡紫色或蓝紫色；花被片长 2.5 ~ 3.8cm ……………………………………………… **假百合 *N. bulbuliferum***
 2. 花红色、暗红色、粉紫色至红紫色；花被片长 3.5 ~ 5cm …………………… **钟花假百合 *N. campanulatum***

29. 百合属 *Lilium*

分 种 检 索 表

1. 叶轮生；花钟形，雄蕊顶部向中心靠拢。
 2. 花被片紫色，狭椭圆形，稀狭卵形，长为 25 ~ 35mm(产于墨脱、通麦) ………… **藏百合 *L. paradoxum***
 2. 花被片黄色，椭圆形，长为 50 ~ 60mm(产于墨脱)…………………………………… **墨脱百合 *L. medogense***
1. 叶对生。
 3. 花被裂片不反卷；花钟形，雄蕊顶部向中心靠拢。
  4. 花被片蜜腺两面有流苏状凸起；内面常具深色斑点。
   5. 花被片黄色，淡黄色或黄绿色，披针形或卵状披针形(产于察隅) ………… **尖被百合 *L. lophophorum***
   5. 花被片淡紫色、紫红色，或黄色，稀白色；椭圆形或卵状椭圆形。
    6. 雄蕊长约 1mm；鳞茎鳞片紫色；花白色稍带紫色(产于察隅) ……………… **短柱小百合 *L. brevistylum***
    6. 雄蕊长 4 ~ 6mm；鳞茎鳞片白色。
     7. 花被片淡紫色或紫红色，稀白色，内面具深紫色斑点 ……………………………… **小百合 *L. nanum***
     7. 花被片黄色，无斑点 ……………………………………………………… **黄斑百合 *L. nanum* var. *flavidum***
  4. 花被片蜜腺两面无流苏状凸起；花紫红色，有或无斑点，但绝无暗紫红色喉斑。
   8. 花被片无斑点，基部无囊；鳞茎鳞片白色，直径 1.5 ~ 1.8cm(产于墨脱)………… **紫花百合 *L. souliei***
   8. 花被片具斑点，基部具囊；鳞茎鳞片淡褐色，直径 2cm 左右(产于米林)……… **囊被百合 *L. saccatum***
 3. 花被裂片先端强烈反卷；花不为钟形，雄蕊上端向外张开。
  9. 花被片蜜腺两面无凸起状和流苏状凸起。
   10. 花被片无斑点但喉部略带紫色，花淡黄色或黄绿色，稀橙黄色；叶面具 5 条明显凹陷的脉(产于吉隆) ……………………………………………………………………… **紫斑百合 *L. nepalense***
   10. 花被片具紫红色斑点，花白色、淡红色至紫红色；叶面具 1 ~ 3 条明显凹陷脉。
    11. 花柱长达子房的 3 倍；叶面具 3 条凹陷脉 ……………………………………………… **卓巴百合 *L. wardii***
    11. 花柱与子房近等长；叶面具 1(3)条凹陷脉 ……………………………………… **大理百合 *L. taliense***
  9. 花被片蜜腺两面具乳头状凸起。
   12. 茎上部的叶腋间有黑色珠芽，具长丝状毛；花橙红色，有紫黑色斑点 ………………… **卷丹 *L. tigrinum***
   12. 茎上无珠芽，无丝状毛；花粉红色，有红色斑点(产于墨脱) ……………… **匍茎百合 *L. lankongense***

十五、石蒜科 Amaryllidaceae

分属检索表

1. 植株具鳞茎或植株基部宿存的叶基围合成圆柱状鳞茎；花茎无叶；花下有佛焰苞状总苞(栽培)。
 2. 副花冠存在；花茎实心……………………………………………………………………… 水仙属 ***Narcissus****
 2. 副花冠不存在。
  3. 茎基部宿存的叶基围合成圆柱状鳞茎；花丝完全分离；花茎实心，扁平………………… 君子兰属 ***Clivia****
  3. 植株具有皮鳞茎。
   4. 花茎实心；每室胚珠少数；花丝间有离生的鳞片 ……………………………………………… 石蒜属 ***Lycoris***
   4. 花茎中空；每室胚珠多数。
    5. 花丝完全分离；花单生莛顶；花小，直立或近平展 ………………………………… 葱莲属 ***Zephyranthes***
    5. 花丝间有离生的鳞片；伞形花序生莛顶，花大，水平开展或下垂 …………… 朱顶红属 ***Hippeastrum***
1. 植株具根状茎或块茎，无鳞茎；花茎有叶，向上渐小呈苞片状；花无佛焰苞状总苞。
 6. 花被管明显存在，但不呈喙状；叶肉质或较厚，叶脉不明显；蒴果(栽培)。
  7. 花辐射对称；花序通常圆锥状；叶肉质 ………………………………………………………… 龙舌兰属 ***Agave***
  7. 花两侧对称；花序穗状或总状；叶较厚 ………………………………………………… 晚香玉属 ***Polianthes***
 6. 花被管无或花被管延伸成长6mm以上的近实心喙；叶具折扇状脉；浆果 ………………… 仙茅属 ***Curculigo***

1. 水仙属 *Narcissus*

分种检索表

1. 叶横断面呈半圆形，深绿色；副花冠短小，长不及花被的一半…………………………… 长寿花 ***N. jonquilla***
1. 叶扁平，粉绿色。
 2. 花被白色，副花冠短小，长不及花被的一半 …………………… 水仙(中国水仙) ***N. tazetta* var. *chinesis***
 2. 花被淡黄色，副花冠略短于花被或两者近相等 …………………… 黄水仙(欧洲水仙) ***N. pseudonarcissus***

2. 君子兰属 *Clivia*

分种检索表

1. 花直立向上，花被宽漏斗形 ……………………………………………………………………… 君子兰 ***C. miniata***
1. 花稍下垂，花被狭漏斗形 ……………………………………………………………………… 垂笑君子兰 ***C. nobilis***

3. 葱莲属 *Zephyranthes*

分种检索表

1. 花白色，几无花被管；叶狭线形，宽2～4mm ………………………………………………… 葱莲 ***Z. candida***
1. 花玫瑰红色或粉红色，花被管长1～2.5cm；叶线形，宽6～8mm ………………………… 韭莲 ***Z. grandiflora***

4. 仙茅属 *Curculigo*

大叶仙茅 *C. capitulata*

粗壮草本，高达 1m。根状茎粗厚，块状，具细长的走茎。叶通常 4 ~ 7 枚，形似大型竹叶，长 40 ~ 90cm，宽 5 ~ 14cm，纸质，全缘，顶端长渐尖，具折扇状脉。花茎通常短于叶，但长达 15 ~ 30cm；总状花序强烈缩短成头状，球形或近卵形，俯垂，长 2.5 ~ 5cm，具多数排列密集的花；花被裂片 6，黄色，花丝很短，长不超过 1mm。浆果近球形，白色，无喙；种子黑色，花期 5 ~ 6 月，果期 8 ~ 9 月。产于墨脱、察隅，生于海拔 850 ~ 2200m 的林缘。

十六、蒟蒻薯科 Taccaceae

1. 蒟蒻薯属 *Tacca*

丝须蒟蒻薯(老虎须)*T. integrifolia*

多年生草本。根状茎粗大，近圆柱形。叶片长圆状披针形，长 50 ~ 56cm，宽 18.5 ~ 21cm，顶端渐尖，有时尾状，基部楔形；叶柄基部有鞘。花莛长约 55cm；总苞片 4 枚，外轮 2 枚无柄，狭三角状卵形，内轮 2 枚有长柄，匙形，连柄长 14 ~ 16.5cm，宽 5 ~ 6cm；小苞片线形；花紫黑色，花被管长 1 ~ 2cm，花被裂片 6，2 轮，内外轮各 3 片；雄蕊 6，花丝短，柱头 3 深裂，每裂片又 2 裂，花柱极短，略隆起。浆果肉质，长椭圆形，具 6 棱，长 4 ~ 5cm，顶端有宿存的花被裂片。花果期 7 ~ 8 月。产于墨脱，生于海拔 800 ~ 850m 的山坡密林中；林芝有迁地栽培。

十七、薯蓣科 Dioscoreaceae

1. 薯蓣属 *Dioscorea*

参薯(淮山药)*D. alata*

缠绕藤本。栽培的块茎形状变化较大，掌状、棒状或圆锥状，表皮棕色或黑色，疏生细长须根。茎基部四棱形，有翅。叶腋内常生有形状大小不一的珠芽。单叶互生，中部以上对生，卵状心形，顶端尾状，两面光滑无毛，有时压干后，叶片边缘向内卷褶，雄花为狭圆锥花序，雌花为穗状花序。蒴果三棱形，每棱翅状，长 2 ~ 2.5cm，宽 1.5 ~ 2cm。种子着生于每室中轴中部，四周围有膜质翅。西藏农牧学院内有栽培。

另：通麦产黑珠芽薯蓣 *D. melanophyma*。其块茎卵圆形或梨形，有多数细长须根；掌状复叶互生，小叶 3 ~ 5(7)；叶腋内常有圆球形珠芽，成熟时黑色，其块茎云南部分地区作“白药子”入药。

十八、鸢尾科 Iridaceae

分属检索表

1. 地下部分为根状茎；叶互相套叠成 2 列。
  2. 内外花被裂片同形，近等大；花柱圆柱形，不为花瓣状；种子球形 ……………… **射干属 *Belamcanda***
  2. 外轮花被裂片比内轮大；花柱分支扁平，花瓣状；种子不规则非球形 ……………………… **鸢尾属 *Iris****
1. 地下部分为有皮球茎(栽培)。
  3. 叶互相套叠成 2 列；花茎较长；花两侧对称，花被管较短 ……………………… **唐菖蒲属 *Gladiolus****
  3. 叶不互相套叠成 2 列状；花茎甚短，不伸出地面；花辐射对称，花被管细长……… **番红花属 *Crocus****

1. 射干属 *Belamcanda*

射干 *B. chinensis*

多年生草本。根茎为不规则块状，匍匐，黄色或黄褐色。茎高达 1.5m，实心。叶互生，剑形，互相套叠成 2 列，基部鞘状抱茎，先端渐尖，无主脉，长 20～60cm，宽 2～4cm。二歧状伞房花序生于茎顶，叉状分支，每分支顶端着生具柄的花数朵；花柄及花序的分支处均包有膜质苞片。花橙红色，散生有紫褐色斑点，直径 4～5cm；花被片 6，两轮，同形；外轮花被片长约 2.5cm，宽约 1cm，倒卵形或长椭圆形，先端钝圆或微凹，基部楔形，内轮者略短而狭；雄蕊 3，长 1.8～2cm，花药线形，外向开裂；花柱 1，上部稍扁，先端 3 裂，裂片边缘略向外卷，具细短毛；子房倒卵形，3 室，中轴胎座，胚珠多数，蒴果先端无喙，常残存有凋萎的花被，成熟时室背开裂，果爿外翻，中央有直立的中轴；种子圆球形，黑紫色，有光泽，直径约 0.5cm，着生于果实的中轴上。花期 6～8 月，花期 7～9 月。产于西藏东南部，生于海拔 200～2000m 一带的林缘或山坡草地上。

2. 鸢尾属 *Iris*

分种检索表

1. 根膨大成纺锤形，肉质；根茎甚短，节不明显；花茎伸出地面，上部分支；花被管长 2.5～3cm，花淡紫色 …………………………………………………………………………………… **尼泊尔鸢尾 *I. decora***
1. 根不膨大，非肉质；根茎伸长，圆柱形或为块状，节明显。
 2. 外花被裂片上无附属物；根茎圆柱状，斜生，植株基部的老叶鞘分裂成纤维状。
  3. 每花茎顶端有 3～5 花，花被管甚短；花蓝紫色或淡蓝色 ………………………………… **白花马蔺 *I. lactea***
  3. 每花茎顶端生有 1～2 花，有明显的花被管。
   4. 花深紫色；花茎高约 50cm，外花被裂片上有金黄色斑纹，内花被裂片向外开展 ………………………………………………………………………………………………… **金脉鸢尾 *I. chrysographes***
   4. 花蓝紫色。
    5. 外花被裂片基部略带黄色，具蓝紫色的斑点及条纹，内花被裂片近于直立…… **西南鸢尾 *I. bulleyana***
    5. 外花被裂片上有半圆环形的白斑，内花被裂片向外开展 ……………………………… **西藏鸢尾 *I. clarkei***
 2. 外花被裂片上有附属物。
  6. 叶片基部包合呈茎状，先端扇形分开；花紫色，直径 7.5～8cm(产于察隅) ………… **扇形鸢尾 *I. wattii***
  6. 叶片不包合呈茎状，叶丛在基部丛生或呈扇形。
   7. 苞片 3，包含 2 朵花；外花被裂片上附属物鸡冠状；内花被顶端不微凹 ………… **宽柱鸢尾 *I. latistyla***
   7. 苞片 2，包含 1 朵花；外花被裂片上附属物须毛状；内花被顶端微凹。
    8. 植株高 10～25cm；叶宽 2～4mm；花直径 3.5～5cm ……………………………… **锐果鸢尾 *I. goniocarpa***
    8. 植株高 30cm 以上；叶宽 4～6cm；花直径 6～7cm ……………………………… **大锐果鸢尾 *I. cuniculiformis***

3. 唐菖蒲属 *Gladiolus*

唐菖蒲 *G. gandavensis*

多年生草本。地下部分为直径 2.5～4.5cm 的球茎，外有薄膜质的包被。叶长 40～60cm，宽 2～4cm，剑形，互相套叠成 2 列状。花茎直立，高 50～80cm，不分支，下部常有数枚茎生叶；花无梗，每朵花基部包有草质或膜质的苞片；花两侧对称，大而美丽，颜色鲜艳，多为红、紫、黄、白、粉红或其他颜色，直径 5～8cm；花被管较短而弯曲，花被裂片 6，2 轮排列，椭圆形或卵圆形，顶端钝或有短尖，上面 3 枚较宽大；雄蕊 3，偏向花的一侧，花丝着生在花被管上；花柱细长，顶端 3 裂，子房下位，3 室，中轴胎座，胚珠多数。蒴果椭圆形或倒卵形，成熟时室背开裂；种子扁平，边缘有翅。花期7~9月，果期8~10月。西藏东南部有露地观赏栽培；其球茎可入药，味苦，性凉，有清热解毒的功效，用于治疗腮腺炎、淋巴腺炎及跌打劳伤等。

4. 番红花属 *Crocus*

番红花 *C. sativus*

多年生草本。球茎扁圆球形，直径约3cm，外有黄褐色的膜质包被。叶基生，9~15枚，条形，灰绿色，长15~20cm，宽2~3mm，边缘反卷；叶丛基部包有4~5片膜质的鞘状叶。花茎甚短，不伸出地面；花1~2朵从基部抽出，淡蓝色、红紫色或白色，有香味，直径2.5~3cm；花被裂片6，2轮排列，内、外轮花被裂片皆为倒卵形，顶端钝，长4~5cm；雄蕊直立，长2.5cm，花药黄色，顶端尖，略弯曲；花柱橙红色，长约4cm，上部3分支，分支弯曲而下垂，柱头略扁，顶端楔形，有浅齿，较雄蕊长，子房狭纺锤形。蒴果椭圆形，长约3cm。原产欧洲南部，西藏山南、拉萨、林芝有栽培，其花柱及柱头供药用，即"藏红花"，有活血、化瘀、生新、镇痛、健胃、通经之效。

十九、芭蕉科 Musaceae

分属检索表

1. 叶和苞片两行排列；花两性，高度两侧对称，并组成蝎尾状聚伞花序，生于一舟状的苞片内，花被片分离；蒴果；雄蕊5枚(鹤望兰亚科，室内观赏栽培) …………………………………… **鹤望兰属 *Strelitzia***
1. 叶和苞片螺旋状排列；花单性或两性；花被片部分连合呈管状，而代表内轮中央的1枚花被片离生；果不裂，为肉质或革质浆果。(芭蕉亚科)
 2. 单茎草本，结一次果；叶鞘稍疏松，假茎基部膨大呈坛状；苞片绿色；合生花被片往往3深裂成线形，中裂片两侧常不具小裂片，离生花被片具3尖头或全缘(产于察隅) ……………………… **象腿蕉属 *Ensete***
 2. 从生型具根茎草本，结多次果；叶鞘紧包，假茎基部不膨大呈坛状；苞片通常非绿色；合生花被片先端具5(3+2)齿，离生花被片全缘或先端具1尖头 ………………………………………… **芭蕉属 *Musa****

1. 芭蕉属 *Musa*

分种检索表

1. 假茎高3m以下；每苞片有花3朵，排成1列；苞片血红色，合生花被片金黄色，离生花被片黄色、透明；花序直立或下垂，果实发育时非倒向；叶背无霜粉(产于墨脱) ………………… **血红蕉 *M. sanguinea***
1. 假茎高3m以上；每苞片有花8~20朵，排成2列；花序下垂，果实发育时倒向；叶背具霜粉。
 2. 花序轴有毛；苞片顶端急尖(栽培品种无种子) ……………………………… **小果野蕉 *M. acuminata***
 2. 花序轴无毛；苞片顶端圆钝。
  3. 花被片略带紫色 …………………………………………………………………… **野蕉 *M. balbisiana***
  3. 花被片花色或略带黄色 ……………………………………………………… **大蕉 *M.* × *paradisiaca***

二十、姜科 Zingiberaceae

分属检索表

1. 叶螺旋排列，叶鞘闭合呈管状；侧生退化雄蕊无或小而呈齿状；子房顶部无蜜腺而代之以陷入子房的隔膜腺；植物体的地上部分无香味(闭鞘姜亚科，产于墨脱，中国植物志英文版单列为闭鞘姜科 Costaceae)……………………………………………………………………………………………… **闭鞘姜属 *Costus***

1. 叶2行排列，叶鞘通常上部张开；侧生退化雄蕊大或小，或不存在；子房顶部有各式各样的蜜腺；植物体有芳香味。(姜亚科)
2. 侧生退化雄蕊大，花瓣状，与唇瓣分离。
3. 子房1室，侧膜胎座；唇瓣基部与花丝连合，位于花冠裂片及侧生退化雄蕊之上一段距离，花丝通常较唇瓣为长(产于樟木)……………………………………………………………… **舞花姜属 *Globba***
3. 子房3室，中轴胎座；唇瓣基部不与花丝连合。
4. 花药基部无距；花丝很长，花药背着，顶端无附属体；花序顶生 ………………… **姜花属 *Hedychium****
4. 花药基部有距。
5. 花序呈球果状，单独由花莛抽出或从顶部叶鞘中抽出；苞片基部边缘互相贴生呈囊状，花在每一苞片内数朵，有小苞片(产于察隅、墨脱)……………………………………………… **姜黄属 *Curcuma***
5. 花组成顶生的穗状花序，在每一苞片内单生，无小苞片。
6. 子房和蒴果伸长，蒴果迟裂；位于后方的一枚花冠裂片较其余的宽数倍，花紫色、天蓝色或白色；花序上的花较少(产于察隅)…………………………………………………………… **象牙参属 *Roscoea***
6. 子房和蒴果短，蒴果很早即开裂为3瓣；位于后方的一枚花冠裂片较其余的略宽，花黄色或橙黄色；花序上的花较多(产于察隅、墨脱) …………………………………………………… **距药姜属 *Cautleya***
2. 侧生退化雄蕊小或不存在(姜属中，则侧生退化雄蕊存在，与唇瓣相连合)。
7. 花序顶生；唇瓣平展或下弯，较阔，花丝通常较花冠或唇瓣为短(产于墨脱)…………… **山姜属 *Alpinia***
7. 花序生于单独由根茎发出的花莛上。
8. 花序呈球果状；侧生退化雄蕊与唇瓣连合，唇瓣具3裂片，药隔顶端具包卷着花柱的钻状附属体(栽培) ……………………………………………………………………………………… **姜属 *Zingiber****
8. 花序紧贴地面，非球果状；侧生退化雄蕊小，齿状或无，药隔顶端附属体各式，但不包卷着花柱，或无药隔附属体。(产于墨脱)
9. 花序生于地面上，头状或卵状，无总苞，小苞片通常管状；花冠管长度中等，顶端不呈直角弯曲……………………………………………………………………………………………… **豆蔻属 *Amomum***
9. 花序部分埋入土中，纺锤形，有总苞，小苞片不呈管状；花冠管十分细长，顶端常呈直角弯曲 ……………………………………………………………………………………… **大豆蔻属 *Hornstedtia***

1. 姜属 *Zingiber*

姜(生姜)*Z. officinale*

株高0.5～1m。根茎肥厚，多分支，有芳香及辛辣味。叶片披针形或线状披针形，长15～30cm，宽2～2.5cm，无毛，无柄；叶舌膜质，长2～4mm。总花梗长达25cm；穗状花序球果状，长4～5cm；苞片卵形，长约2.5cm，淡绿色或边缘淡黄色，顶端有小尖头；花冠黄绿色，管长2～2.5cm，裂片披针形，长不及2cm；唇瓣中央裂片长圆状倒卵形，短于花冠裂片，有紫色条纹及淡黄色斑点，侧裂片卵形，长约6mm；雄蕊暗紫色，药隔附属体钻状，长约7mm。秋季开花。西藏东南部有栽培，地下根茎作蔬菜食用。

2. 姜花属 *Hedychium*

分 种 检 索 表

1. 每枚苞片内有3花；花红色，唇瓣宽不足2cm，深2裂；花冠管长达5cm ………… **红姜花 *H. coccineum***
1. 每枚苞片内有1花；花冠管长不足3cm。
2. 苞片小，长约5mm；唇瓣全缘，顶端具突出的小尖头 ……………………… **小苞姜花 *H. parvibracteatum***

2. 苞片较大，长约 2cm；唇瓣顶端 2 裂。
3. 花冠管长 2.5 ~3.0cm；唇瓣长 1.6cm ……………………………………… **密花姜花 *H. densiflorum***
3. 花冠管长 1.4 ~1.6cm；唇瓣长 7 ~9mm ……………………………………… **小花姜花 *H. sinoaureum***

3. 姜黄属 *Curcuma*

郁金 *C. aromatica*

植株高约 1m。根茎肉质，椭圆形，内部黄色，芳香；根端纺锤状。叶基生，长圆形，长 30 ~60cm，宽 10 ~20cm，先端具细尾尖，基部渐窄，下面被柔毛；叶柄与叶片近等长。花莛单独由根茎抽出，与叶同时发出或先叶而出；穗状花序圆柱形，长约 15cm，有花的苞片淡绿色，卵形，长 4 ~5cm，上部无花的苞片较窄，长花萼被疏柔毛，长 0.8 ~1.5cm，顶端 3 裂；花冠管漏斗形，长 2.3 ~2.5cm，喉部被毛，裂片长圆形，长 1.5cm，白色带粉红，后方的 1 片较大，先端具小尖头，被毛；侧生退化雄蕊淡黄色，倒卵状长圆形，长约 1.5cm；唇瓣黄色，倒卵形，长 2.5cm，先端 2 微裂；子房被长柔毛。花期 4 ~6 月。产于墨脱背崩一带，生于海拔 800 ~1000m 的林缘阴湿处，药用、观赏价值高。

二十一、美人蕉科 Cannaceae

1. 美人蕉属 *Canna*

美人蕉 *C. indica*

植株全部绿色，高可达 1.5m。叶片卵状长圆形，长 10 ~30cm，宽达 10cm。总状花序疏花；略超出于叶片之上；花红色，单生；苞片卵形，绿色，长约 1.2cm；萼片 3，披针形，长约 1cm，绿色而有时染红；花冠管长不及 1cm，花冠裂片披针形，长 3 ~3.5cm，绿色或红色；外轮退化雄蕊 3 ~2 枚，鲜红色，其中 2 枚倒披针形，长 3.5 ~4cm，宽 5 ~7cm，另一枚如存在则特别小，长 1.5cm，宽仅 1mm；唇瓣披针形，长 3cm，弯曲；发育雄蕊长 2.5cm；花柱扁平，长 3cm，一半和发育雄蕊的花丝连合。蒴果绿色，长卵形，有软刺。花果期 3 ~12 月。西藏东南部有观赏栽培。

二十二、竹芋科 Marantaceae

分属检索表

1. 圆锥花序或总状花序，顶生；苞片排列稀疏；子房 1 室；外轮退化雄蕊 2 枚；果不裂(室内观叶栽培)……………………………………………………………………………… **竹芋属 *Maranta***
1. 花序呈头状或球果状，自叶鞘或单独由根茎生出；苞片排列紧密；子房 3 室。
2. 外轮退化雄蕊 1 枚；果 3 瓣裂；叶面常有美丽斑纹或叶背紫色(室内观叶栽培) …… **肖竹芋属 *Calathea***
2. 外轮退化雄蕊 2 枚；果不裂或迟裂；叶全部绿色(产于墨脱) ……………………… **柊叶属 *Phrynium***

1. 柊叶属 *Phrynium*

尖苞柊叶 *P. placentarium*

株高约 1m。叶基生，叶片长圆状披针形或卵状披针形，长 30 ~55cm，宽 20cm，顶端渐尖，基部圆形而中央急尖，薄革质，两面均无毛；叶柄长达 30cm；叶枕长 2 ~3cm。头状花序无总花梗，自叶鞘生出，球形，直径 3 ~5cm，稠密；苞片长圆形，顶端具刺状小尖头，内藏小花 1 对；花白色，长 2cm；外轮退化雄蕊倒卵形，长 5mm；子房无毛或顶端被小柔毛。果长圆形，长 1.2cm；外果皮薄；内有种子 1 枚；种子椭圆形，长 1cm，被红色假种皮。花期 2 ~ 5 月。产于墨脱，生于海拔 800m 一带的常绿阔叶林下阴湿处。

二十三、兰科 Orchidaceae

分属检索表

1. 能育雄蕊 2，唇瓣囊状。（杓兰亚科）
 2. 幼叶为席卷式卷叠；叶茎生，极少为 2 叶铺地而生；果期花被宿存 ……………… 杓兰属 ***Cypripedium****
 2. 幼叶对折式卷叠；叶基生，3 至多枚，2 列；果期花被脱落（栽培） ……………… 兜兰属 ***Paphiopedilum***
1. 能育雄蕊 1，唇瓣不呈囊状。（兰亚科）
 3. 腐生植物，叶退化成鳞片状或鞘状。
  4. 植株具块茎；块茎大型，横生，具环纹；萼片与花瓣合生成筒 ……………………… 天麻属 ***Gastrodia***
  4. 植株无块茎；萼片与花瓣不合生成筒。
   5. 唇瓣在下方；根状茎和茎粗壮，株高 40cm 以上；唇瓣不裂，边缘全缘 ……… 无叶兰属 ***Aphyllorchis***
   5. 唇瓣在上方；根状茎和茎纤细，株高 35cm 以下。
    6. 花极小，萼片长不超过 1.5mm；子房强烈扭曲 ……………………………………… 紫茎兰属 ***Risleya***
    6. 花较大，萼片长 3 ~ 19mm；子房不扭曲。
     7. 根极多，形状似鸟巢；唇瓣不裂或 2 裂，中裂片内面无褶片 ……………………… 鸟巢兰属 ***Neottia***
     7. 根较少，非鸟巢状；唇瓣近基部 3 裂，中裂片内面有 4 条紫红色波状褶片 …… 虎舌兰属 ***Epipactis***
 3. 非腐生植物，具绿色叶；花、叶同时可见。
  8. 植株无假鳞茎或者无明显可见的假鳞茎，但具直立茎，茎或长或短。
   9. 叶形如剑，紧密套叠成 2 列；花序顶生，具多数小花，萼片长不足 1mm ………… 鸢尾兰属 ***Oberonia***
   9. 叶非剑形，不套叠成 2 列；花序顶生或侧生，花较大，萼片长超过 2mm。
    10. 花序明显呈螺旋状扭转；茎基部丛生数条肉质根 …………………………………… 绶草属 ***Spiranthes****
    10. 花序不呈螺旋状扭转。
     11. 茎基部具肉质块茎，块茎圆形、卵形、椭圆形或为指状条形。
      12. 唇瓣位于上方，其基部两侧具 2 个距；花药 2 室分开，远离；柱头高于花药；花苞片大型，常反折 ……………………………………………………………………………… 鸟足兰属 ***Satyrium***
      12. 唇瓣位于下方，其基部无距或具 1 个距；花药 2 室彼此紧靠；柱头低于花药；花苞片不反折。
       13. 柱头 1，位于蕊柱前蕊喙下的穴内；柱头明显不肥厚。
        14. 花粉块黏盘藏于黏囊中，唇瓣 3 裂或不裂，宽大于长或几相等 ……………… 红门兰属 ***Orchis***
        14. 花粉块黏盘裸露，贴生于蕊喙臂上；唇瓣不裂，舌状，长远大于宽 …… 舌唇兰属 ***Platanthera***
       13. 柱头 2，分离；柱头无柄；药隔窄，不呈囊状。
        15. 花粉块黏盘卷成角状；蕊喙短；柱头几为棍棒状 ………………………… 角盘兰属 ***Herminium***
        15. 花粉块黏盘不卷或有时稍卷，但不为角状。
         16. 蕊喙无臂，四方形。
          17. 叶 1 ~ 2 枚；块茎不裂，圆球形或卵形；花序具密集花，偏向一侧…… 兜被兰属 ***Neottianthe***
          17. 叶 3 ~ 6 枚；块茎掌状分裂；花序具密集花，不偏向一侧 …………… 手参属 ***Glyptostrobus****
         16. 蕊喙有臂，不为方形。
          18. 蕊喙很短；药室平行，靠近；花小；退化雄蕊宽阔 ……………………… 阔蕊兰属 ***Peristylus***
          18. 蕊喙较长；药室叉开呈柱头枝；花小或大型 ……………………………… 玉凤花属 ***Habenaria****
     11. 茎基部无块茎，只具稍肉质的纤维根。
      19. 蕊喙非 2 叉状；茎直立；根集生于茎基部。

20. 茎极短；叶近基生 ………………………………………………………… 虾脊兰属 *Calanthe**
20. 茎明显，稍肥厚，草质；叶茎生。
21. 叶2枚，对生，不具褶扇状脉；唇瓣基部狭窄，平坦，不分上、下两部分 ……………………………………………………………………………………… 对叶兰属 *Listera*
21. 叶3至多枚，互生，具褶扇状脉；唇瓣基部凹陷或呈距状，中部缢缩而分成上、下两部分。
22. 花直立，几与花序轴平行；花被片一般不开展 ……………………… 头蕊兰属 *Cephalanthera*
22. 花平展，几与花序轴垂直；花被片开展 …………………………………… 火烧兰属 *Epipogium**
19. 蕊喙直立，2叉状；茎基部匍匐，节间较长；根疏生于茎基部的几节上。
23. 叶片较小，长宽不超过1cm；花序具1~3花，萼片长5~6mm ………… 全唇兰属 *Myrmechis*
23. 叶片较大，长超过1.5cm，宽超过1cm；花序具数朵至20余朵花。
24. 陆生植物；叶上面具黄白色不规则斑纹；根状茎圆柱形，根纤细，圆柱形 ………………………………………………………………………………………… 斑叶兰属 *Goodyera*
24. 附生植物；叶上面无斑块；根长而扁平。
25. 唇瓣基部具爪；基部不下延，无距(栽培) …………………………… 蝴蝶兰属 *Phalaenopsis**
25. 唇瓣基部无爪；基部下延，具末端近锐尖的短距 ………………………… 尖囊兰属 *Kingidium*
8. 通常具明显可见的假鳞茎或假鳞茎伸长呈茎状(如石槲属 *Dendrobium*)，但绝无块茎。
26. 花粉块8个；花莛从假鳞茎的顶端或顶侧抽生；花具萼囊，萼片分离 ……………………… 毛兰属 *Eria*
26. 花粉块2或4个。
27. 假鳞茎伸长呈茎状，具明显的节间；叶在茎上互生；花序从假鳞茎上部节上抽生；花具萼囊；蕊柱具足 …………………………………………………………………………… 石槲属 *Dendrobium**
27. 假鳞茎不伸长呈茎状，无节间，叶生于假鳞茎顶端；或假鳞茎首位相连近茎状，且每假鳞茎顶端具2叶。
28. 叶多于2枚，近基生，长带形或剑形；假鳞茎隐藏于叶丛中，不明显；花粉块2 ……………………………………………………………………………………………… 兰属 *Cymbidium**
28. 叶1~2枚，非长带形或剑形，假鳞茎裸露或藏于鞘内，十分明显。
29. 花莛从假鳞茎基部或侧面抽生。
30. 花莛从假鳞茎基部抽生；花粉块4或假2枚 ……………………………… 石豆兰属 *Bulbophyllum*
30. 花莛从假鳞茎侧面抽生；花粉块4 ………………………………………………… 山兰属 *Oreorchis*
29. 花莛从假鳞茎顶端长出。
31. 总花梗通常有翅，至少在花序轴上有翅。
32. 蕊柱很短；子房不扭曲；唇瓣位于上方；陆生植物 ……………………………… 原沼兰属 *Malaxis*
32. 蕊柱长；子房扭曲；唇瓣位于下方；陆生或附生植物 ………………………… 羊耳蒜属 *Liparis*
31. 总花梗和花序轴均无翅。
33. 花被片下部合生成管状，与子房呈丁字状…………………………………… 筒瓣兰属 *Anthogonium*
33. 花被片下部不合生成管状，与子房不呈丁字状。
34. 唇瓣基部不凹呈囊或距；萼片背面无龙骨状凸起 ………………………… 贝母兰属 *Coelogyne**
34. 唇瓣基部凹呈囊或距；萼片背面龙骨状凸起 ……………………………… 石仙桃属 *Pholidota*

1. 杓兰属 *Cypripedium*

分 种 检 索 表

1. 叶3枚以上，无毛或有毛；花较大，唇瓣长2cm以上。
2. 退化雄蕊小舌状或线状长圆形，明显窄于柱头。

3. 茎高 1m 以上；具叶 9 或 10 枚；总状花序多花；花黄色 ………………………… **暖地杓兰 *C. subtropicum***
3. 茎高 10 ~ 20cm；具叶 2 ~ 3 枚；总状花序 1 ~ 2 花；花白色(产于察隅) …………… **宽口杓兰 *C. wardii***
2. 退化雄蕊椭圆形或卵形，与柱头等宽或宽。
4. 花的 2 枚侧萼片完全分离，栗褐色或淡绿褐色；囊状唇瓣白色具粉红色晕，圆锥形，先端具尖头，口部有短柔毛………………………………………………………………………………………… **离萼杓兰 *C. plectrochilum***
4. 花的 2 枚侧萼片多少合生至全部合生；囊状唇瓣非倒卵形，口部无毛。
5. 花瓣短于背部萼片，近长圆形，先端钝；花黄色，有时具红色斑点 ……………… **黄花杓兰 *C. flavum***
5. 花瓣长于背部萼片，先端急尖或渐尖；花色多样。
6. 子房被短柔毛或无毛，绝无腺毛。
7. 子房密被柔毛或长柔毛；萼片 2.4 ~ 2.7cm；唇瓣边缘具齿；花芳香，近白色或黄绿色，密布紫棕色纵向条纹 ……………………………………………………………………………… **高山杓兰 *C. himalaicum***
7. 子房无毛，疏被毛或仅有缘毛。
8. 唇瓣长 2.2 ~ 3.2cm；花粉红色至紫红色 ………………………………………… **云南杓兰 *C. yunnanense***
8. 唇瓣长 3.5 ~ 6cm；花黑紫色至深红色；唇瓣口具白边 ……………………… **西藏杓兰 *C. tibeticum***
6. 子房具短腺柔毛。
9. 退化雄蕊无柄；花常单生；花瓣与唇瓣近等长，黄绿色，和萼片均无栗色条纹或斑点，背面无毛（产于波密） ………………………………………………………………………… **波密杓兰 *C. ludlowii***
9. 退化雄蕊具柄；花常单生，稀 2 朵；萼片绿色，花瓣长于唇瓣，唇瓣白色(产于亚东) ……………………………………………………………………………………… **白唇杓兰 *C. cordigerum***
1. 叶 1 或 2 枚；仅 1 枚时，苞片叶状；花小，唇瓣不超过 2cm。
10. 叶单生，通常平卧；具地下根茎；萼片无毛，花梗花后伸长，唇瓣金黄色 ……………………………………………………………………………………… **无苞杓兰 *C. bardolphianum***
10. 叶 2 枚，近对生，大小与苞片明显不同，叶不带黑紫色；花梗后花不伸长。
11. 叶互生；根茎细长；花白色而具紫色斑点；花瓣近匙形，先端圆钝；唇瓣边缘不内卷(产于米林)…………………………………………………………………………………… **紫点杓兰 *C. guttatum***
11. 叶近对生；茎丛生；唇瓣绿黄色或白色，具 3 条紫色脉；唇瓣边缘内卷 ………… **雅致杓兰 *C. elegans***

2. 兜兰属 *Paphiopedilum*

秀丽兜兰 *P. venustum*

地生、半附生或附生草本。根状茎不明显，稀细长而横走，具稍肉质而被毛的纤维根。茎短，包藏于二列的叶基内。叶基生，对折；叶片带形至狭椭圆形，两面绿色或上面有深浅绿色方格斑块或不规则斑纹，背面有时有淡红紫色斑点或浓密至完全淡紫红色，基部叶鞘互相套叠。花莛从叶丛中长出，具单花或较少有数花或多花；花大而艳丽，有种种色泽；中萼片一般较大，常直立，脉纹明显，先端集结；2 枚侧萼片通常完全合生成合萼片；花瓣形状变化较大，唇瓣深囊状，囊口常较宽大，口的两侧常有直立而呈耳状并多少有内折的侧裂片，囊内一般有毛；蕊柱短，常下弯，具 2 枚侧生的能育雄蕊，1 枚位于上方的退化雄蕊和 1 个位于下方的柱头；花药 2 室，花粉粉质或带黏性，但不黏合成花粉团块；退化雄蕊扁平；柱头肥厚、下弯，柱头面有凸起并有不明显的 3 裂。蒴果。产于墨脱、定结，生于海拔 1100 ~ 1600m 的林缘或灌丛下腐殖质丰富处。西藏仅有该种记录。

3. 天麻属 *Gastrodia*

天麻 *G. elata*

腐生兰。植株高 30 ~ 150cm。块茎横生，肉质，椭圆形或卵圆形；茎黄褐色或绿色，无绿叶，节上具鞘状鳞片。总状花序长 5 ~ 20cm，花苞片膜质，披针形，长约 1cm，花淡绿黄色或肉黄色，萼片与花瓣合生成斜歪筒，长 1cm，直径 6 ~ 7mm；口偏斜，顶端 5 裂，裂片三角形钝头，唇瓣白色，3 裂，长约 5mm，中裂片舌状，具凸起，边缘不整齐，上部反曲，基部贴生于花被筒内壁上，有一对肉质凸起，侧裂片耳状，合蕊柱长 5 ~ 6mm，顶端是两个小的附属物，子房倒卵形，子房柄扭转。花期 5 ~ 7 月。产于察隅、波密、亚东、定结，生于海拔 2100 ~ 2700m 的山坡阔叶林、松林、灌丛或竹林下。

4. 无叶兰属 *Aphyllorchis*

大花无叶兰 *A. gollanii*

无绿叶腐生草本。植株高 40 ~ 50cm。根状茎近圆柱状，疏生粗厚的肉质根。茎较粗壮，直立，带紫色，中部以下具多枚鞘，上部具少数鳞片状不育苞片；鞘抱茎，膜质。总状花序较粗壮，长 6cm 以上，具 10 余朵花；花苞片较大，近直立，卵形至椭圆状披针形，长 1.5 ~ 2.5cm，宽 6 ~ 8mm，明显长于花梗和子房；花淡紫褐色；萼片卵状披针形，长可达 3cm，宽 6 ~ 7mm，先端渐尖；花瓣稍短于萼片；唇瓣近长圆状倒卵形，与花瓣近等长，在下部或接近基部处稍缢缩而形成不甚明显的上下唇，基部稍凹陷，前部近卵形；蕊柱长约 1cm。花期 6 ~ 7 月。产于林芝东久河对面及樟木一带，生于海拔 2200 ~ 2800m 一带的阔叶林下。

5. 紫茎兰属 *Risleya*

紫茎兰 *R. atropurpurea*

腐生草本，具纤维根。茎无叶，连同花茎高 17 ~ 21cm，暗紫色，基部具 2 枚鞘。总状花序长 5 ~ 7cm，具多数密生的小花，花苞片三角状披针形，顶端长渐尖，短于子房，花小，暗紫色，肉质；萼片近相等，矩圆形，顶端钝，长约 1.3mm，张开；花瓣矩圆状披针形，较萼短而狭，张开；唇瓣在上方，贴生于蕊柱的基部，约与萼片等长，但较宽，阔卵形，凹陷，靠近基部的边缘稍具细锯齿，其余部分则为扭曲。产于波密（古乡），生于海拔 3700m 一带的冷杉林下。

6. 鸟巢兰属 *Neottia*

分 种 检 索 表

1. 花序轴和子房无凸起；花小，唇瓣在上方，较萼片短，边缘无凸起状细睫毛，先端不裂 ………………………………………………………………………… **尖唇鸟巢兰 *N. acuminata***
1. 花序轴和子房密被凸起；花较大，唇瓣在下方，较萼片长，边缘具凸起状细睫毛，先端 2 裂（产于察隅、米林） ………………………………………… **高山鸟巢兰 *N. listeroides***

7. 虎舌兰属 *Epipogium*

裂唇虎舌兰 *E. aphyllum*

腐生兰。浅褐色或是褐色，高 10 ~ 30cm。根状茎稍膨大，并具肉质、粗的分支。叶退化成鳞片。花茎直立，总状花序具 3 ~ 6 朵花；花苞片较具柄的子房短或较长，短圆状椭圆形，膜质；花较大，长约 2cm，黄色或淡红色，萼片和花瓣近等大，离生，狭披针形，长 1.3 ~ 1.9cm，稍钝；唇瓣位于上方，贴生于蕊柱基部，近基部 3 裂，中裂片大，顶端具尖头，反折，中央凹陷，舟状，边缘全缘，内面常具 4 条紫红色的褶片，侧裂片近矩圆形，直立、平行，距大，长约 8mm，端钝；合蕊柱短而粗，花药顶生，花粉块 2 枚；花柄丝状，长 2 ~ 5mm。产于米林、定结，生于海拔 3200 ~ 3600m 的铁杉林、云杉林或高山松桦木林下。

8. 鸢尾兰属 *Oberonia*

狭叶鸢尾兰 *O. caulescens*

陆生兰，高 8 ~ 15cm。茎短，生数枚叶，近肉质（干时革质），狭条形，两侧压扁，排成 2 列，长 2.5 ~ 4mm，顶端急尖，近基部具关节。总状花序顶生，长 4 ~ 8cm，花黄色，近轮生，具小花梗；花瓣近矩圆形，顶端钝，反折，唇瓣在上方，长约 1.5mm，基部具 2 裂；圆耳形的侧裂片或不明显，前端 2 裂，裂近至中部，裂片顶端急尖，常在 2 裂片之间具 1 小齿，边缘全缘，小花梗长于子房。产于林芝、波密、察隅等地，生于海拔 2050 ~ 3710m 的常绿阔叶林下或铁杉林下岩石上。

9. 绶草属 *Spiranthes*

绶草（盘龙参）*S. sinensis*

陆生兰，高 15 ~ 50cm。茎直立，基部簇生数条粗厚，肉质的根，近基部生叶 2 ~ 4 枚。叶条状倒披针形，长 10 ~ 20cm，宽 4 ~ 10mm。近穗状花序长 10 ~ 20cm，顶生，具多数密生的小花，呈螺旋状排列；花白色或淡红色，花苞片卵形，长渐尖；萼片离生，中萼片条形，钝，侧萼片等长但较狭，花瓣和中萼片等长但较薄，顶端极钝；唇瓣近矩圆形，长 4 ~ 5mm，宽 2.5mm，极钝，顶端伸展，基部至中部边缘全缘，中部之上具强烈的皱波状的啮齿，在中部以上的表面皱波状具硬毛，基部稍凹陷，呈浅囊状，囊内具 2 枚凸起。西藏东南部各县市广布，生于海拔 2050 ~ 3550m 的林下、草地、路边。

10. 鸟足兰属 *Satyrium*

缘毛鸟足兰 *S. ciliatum*

陆生兰，高 14 ~ 30cm。块茎矩圆状椭圆形，长 1 ~ 5cm。茎直立，具 1 ~ 2 枚叶及 1 ~ 2 枚鞘状鳞片。叶肥厚，卵状披针形或卵形，下面 1 叶长 6 ~ 15cm，宽 2 ~ 5cm。总状花序长 3 ~ 15cm，具多数密集的花；花粉红色，唇瓣位于上方，边缘稍具皱波状；中萼片线状披针形，具长渐尖；子房无毛。产于林芝、米林、工布江达等地，生于海拔 3300 ~ 4500m 的山坡林缘灌丛中。

11. 红门兰属 *Orchis*

分 种 检 索 表

1. 无块茎；根状茎细长，肉质，条形；唇瓣不裂，距短于子房（中国植物志英文版归为盔花兰属 *Galearis*）。
  2. 唇瓣长圆形至楔状倒卵形，无紫色斑块，边缘非齿蚀状，距长不及子房一半…… **二叶盔花兰 *G. diantha***
  2. 唇瓣圆卵形，有紫色的斑块呈紫黑色，边缘齿蚀状，距稍短于子房 ………………… **斑唇盔花兰 *G. wardii***
1. 具块茎；唇瓣 3 裂或不明显 3 裂，距长于子房。
  3. 块茎掌状分裂；花紫红色或粉红色；唇瓣微 3 裂；距长于或短于子房（中国植物志英文版归为掌裂兰属 *Dactylorhiza*） ……………………………………………………………………… **宽叶红门兰 *D. hatagirea***
  3. 块茎圆形，卵形或椭圆形，不裂为掌状（中国植物志英文版归为小红门兰属 *Ponerorchis*）。
    4. 花黄色；唇瓣卵形，基部两侧各有一个三角形的裂片，或裂片不明显；距长有 15 ~ 25mm，花序仅具 1 朵花 ……………………………………………………………………… **黄花小红门兰 *P. chrysea***
    4. 花淡红色或紫红色；唇瓣楔状肾形或倒卵形，3 裂；距长 5 ~ 10mm，花序通常数花至 10 余朵，花较小，稀单花 ……………………………………………………………… **广布小红门兰 *P. chusua***

12. 舌唇兰属 *Platanthera*

分种检索表

1. 柱头1，位于蕊喙之下穴内，多少凹陷；萼片边缘全缘。
 2. 具块茎；叶2枚，对生或对生于茎基部；花大，直径5mm以上，距长于子房 ……… **二叶舌唇兰 *P. chlorantha***
 2. 无块茎，具肉质指状条形、匍匐的根状茎；叶1~2枚，互生；花小，直径在5mm以下，距短于子房…… **小花舌唇兰 *P. minutiflora***
1. 柱头2，隆起凸出，位于距口的前方、两侧或距口的后缘；萼片边缘多具睫毛状齿。
 3. 无块茎；根状茎匍匐，细，指状，圆柱形；唇瓣基无胼胝体；距长于子房，下垂。
  4. 黏盘条形；叶矩圆形；花瓣为偏斜的三角形 …………………………………… **高原舌唇兰 *P. exelliana***
  4. 黏盘圆形；叶条形或舌状；花瓣三角状披针形 ………………………………… **条叶舌唇兰 *P. leptocaulon***
 3. 具块茎，块茎球形至椭圆形；唇瓣基部具1枚突出的胼胝体；柱头棒状，并伸出于唇瓣基部；距长为子房的1/2以下，稍内曲后上弯 …………………………………………………………… **白鹤参 *P. latilabris***

13. 角盘兰属 *Herminium*

分种检索表

1. 唇瓣不裂；植株具2片叶 ……………………………………………………………… **宽唇角盘兰 *H. josephii***
1. 唇瓣明显3裂，侧裂片线形；植株具2~4片叶。
 2. 唇瓣中裂片1.5~3.2mm，明显长于侧裂片 …………………………………………… **角盘兰 *H. monorchis***
 2. 唇瓣中裂片0.5~1.5mm，明显短于侧裂片。
  3. 花瓣中部以上骤狭呈尾状；唇瓣基部具短的囊状距 ……………………… **裂唇角盘兰 *H. alaschanicum***
  3. 花瓣中部以上不骤狭呈尾状；唇瓣基部无距。
   4. 唇瓣长4~10mm，侧裂片长2~7mm ………………………………………… **叉唇角盘兰 *H. lanceum***
   4. 唇瓣长3.2~4.5mm，侧裂片长1~2mm ……………………………………… **川滇角盘兰 *H. souliei***

14. 兜被兰属 *Neottianthe*

二叶兜被兰 *N. cucullata*

陆生兰，高8~11cm。块茎小，圆球形；茎直立或稍俯垂，基部具2枚鞘状筒。叶常2枚，近基生，卵形或椭圆形，长4~5cm，宽0.6~2.5cm，急尖或钝，有时上部还有1枚披针形小叶。总状花序长2.5~11cm，具4~20朵紫红色的花，常偏向一侧；花苞片披针形，最下面的长于子房；萼片和花瓣靠合成3~4mm的兜；侧萼片斜披针形，长9mm，宽2.5mm，2脉；花瓣条形，长6.5mm，宽1mm，1脉，唇瓣长8mm，3裂，上面及边缘具凸起，中裂片条形，急尖，距长约5mm，较子房短，顶端略向前弯。产于林芝、米林等地，生于海拔2560~4500m的林下、灌丛中或岩石苔藓丛中。

15. 手参属 *Gymnadenia*

分种检索表

1. 距长7~14mm，与子房等长或近等长。
 2. 叶线状披针形，宽0.8~2(2.5)cm；花粉红色，唇瓣中央裂片小于侧裂片 …………… **手参 *G. conopsea***
 2. 叶椭圆形，宽2.5~4.5cm；花紫红色，唇瓣中央裂片大于或等大于侧裂片 ……… **西南手参 *G. orchidis***

1. 距长2~5mm，约为子房的1/2。
3. 株高50~70cm；花黄绿色；距末端浅2裂，呈2个角状凸起 ……………………… **角距手参 *G. bicornis***
3. 株高7~50cm；花粉红色；距末端无角状凸起 ……………………………… **短距手参 *G. crassinervis***

16. 阔蕊兰属 *Peristylus*

分 种 检 索 表

1. 花白色；侧萼片长卵形，较中萼片稍长，唇瓣基部距口前方具明显的隆起 …… **凸孔阔蕊兰 *P. coeloceras***
1. 花黄绿色；侧萼片卵形，与中萼片等长；唇瓣基部距口前方无隆起 …………… **西藏阔蕊兰 *P. elisabethae***

17. 玉凤花属 *Habenaria*

分 种 检 索 表

1. 叶2枚，在茎的近基部对生，圆形或卵形；叶面有5~7条白色叶脉 ……………… **西藏玉凤花 *H. tibetica***
1. 叶散生于茎的中部之下或整个茎上。
2. 叶5~7枚，披针形或长圆形；花白色，各部下具紫色斑点，唇瓣的侧裂片外侧梳状条裂；距细长下垂，长于子房，达6cm ……………………………………………………………… **长距玉凤花 *H. davidii***
2. 叶1枚，椭圆形或长圆形，背面淡紫色，上面绿色具紫色斑点；花淡紫色，各部具紫色斑点，唇瓣侧裂片较中裂片宽而长，先端具锯齿；距粗短，短于子房(中国植物志英文版单独成单种属紫斑兰属 *Hemipilio-psis*) ……………………………………………………… **紫斑兰(紫斑玉凤花)*H. purpureopunctata***

18. 虾脊兰属 *Calanthe*

分 种 检 索 表

1. 唇瓣无距。
2. 花紫红色；花瓣和萼片反折，唇瓣中裂片内侧无褶片，先端锐尖或渐尖，边缘具齿或流苏状 ………………………………………………………………………………… **镰萼虾脊兰 *C. puberula***
2. 花淡绿色；花瓣和萼片不反折，唇瓣中裂片具3~5条鸡冠状褶片，先端凹缺，边缘波状 ………………………………………………………………………………… **三棱虾脊兰 *C. tricarinata***
1. 唇瓣具距。
3. 花小，花被片长不及1cm；暗棕色，唇瓣黄色 ……………………………… **细花虾脊兰 *C. mannii***
3. 花较大，花被片长1.5~2cm。
4. 叶宽0.7~3.5cm；唇盘(侧裂片内侧)具3条褶片，仅中间1条伸到中裂上；花绿紫色 ………………………………………………………………………………… **戟唇虾脊兰 *C. nipponica***
4. 叶宽3~12cm。
5. 唇瓣中裂片上具1条褶片；花瓣绿褐色至黄绿色，唇瓣褐色 ………………… **通麦虾脊兰 *C. griffithii***
5. 唇瓣中裂片上具3条褶片；花瓣黄绿色，唇瓣紫红色 ……………………… **肾唇虾脊兰 *C. breicornu***

19. 对叶兰属 *Listera*

西藏对叶兰 *L. pinetorum*

株高10~35cm。茎直立，纤细，在中部或中部以上具2枚对生叶，叶以上部分被短柔毛。叶宽卵形到卵状心形，急尖，长2~3.5cm，宽2~4cm。总状花序具3~10朵花，长2~

13cm，花苞片卵形或卵状披针形，花淡绿色，花瓣、萼片均先后反折；花瓣线形，唇瓣前伸，长 7 ~ 10mm，近基部不具耳，先端 2 浅裂，边缘具缘毛；蕊柱短；子房条形，扭曲，连花梗长 7 ~ 8cm，花梗无毛。西藏东南部、南部广布种，形态变异较大，生于海拔 2200 ~ 3600m 的山坡密林中或云冷杉林下。

20. 头蕊兰属 *Cephalanthera*

头蕊兰(长叶头蕊兰) *C. longifolia*

陆生兰，高 20 ~ 45cm。根状茎粗短。茎直立，在中部至上部具 4 ~ 7 枚叶。叶互生，披针形或卵状披针形，渐尖或尾状渐尖，常对褶。总状花序具 2 ~ 13 朵花，花序最下面 1 花的苞片叶状，比花长，上面的稍短于子房；花白色，不开放或稍微开放，萼片狭菱状椭圆形，长 11 ~ 16mm，具 5 脉，中萼片较长而狭；花瓣近倒卵形，较萼片短；唇瓣长约 6mm，基部具囊，唇瓣的前部三角状心形，或近心形，长 3 ~ 3. 5mm，宽 5 ~ 6mm，顶端钝或急尖，上面具 3 ~ 4 条纵褶片，近顶端处密生凸起，唇瓣的下部凹陷，内具少数不规则褶片，裂片近卵状三角形，抱合蕊柱，囊短，顶端钝，包藏于侧萼片内。广布于西藏东南部和南部，生于海拔 2000 ~ 3600m 的路旁、林下、河滩草地上。

21. 火烧兰属 *Epipactis*

分 种 检 索 表

1. 唇瓣的后部无侧裂片，杯状，半球状；中部不缢缩，前部三角形至心脏形，通常在近基部处具 2 个平滑或稍皱缩的凸起 …… **小花火烧兰 *E. helleborine***
1. 唇瓣的后部两侧具 1 对甚大的侧裂片，宽可达 10mm 以上，中央凹陷内具 2 ~ 3 条不整齐的鸡冠状纵褶片，从基部直贯顶部；前部卵形，中部稍缢缩而多少呈葫芦状 …… **大叶火烧兰 *E. mairei***

22. 全唇兰属 *Myrmechis*

日本全唇兰(全唇兰) *M. japonica*

陆生兰。茎纤细，长 5 ~ 10cm，上部生几枚叶，下部匍匐。叶互生，长 8mm，具柄，圆形或卵圆形。花莛长 1. 5 ~ 2. 5cm，顶端生 1 ~ 3 朵花；花白色，中萼片和花瓣下部的大半部分靠合成兜状，花瓣和萼片等长，卵形；唇瓣近短圆形；子房散生长柔毛。产于林芝，生于海拔 2900 ~ 3100m 的林下。

23. 斑叶兰属 *Goodyera*

分 种 检 索 表

1. 唇瓣的囊内无毛；叶密集生于茎基部，呈莲座状；中萼片长 4 ~ 5mm …… **波密斑叶兰 *G. bomiensis***
1. 唇瓣的囊内有毛；叶生于茎下部，不呈莲座状；中萼片长 7 ~ 9mm …… **斑叶兰 *G. schlechtendaliana***

24. 蝴蝶兰属 *Phalaenopsis*

蝴蝶兰 *P. aphrodite*

附生草本。根肉质，发达，从茎的基部或下部的节上发出，长而扁。茎短，具少数近基生的叶。叶质地厚，扁平，通常较宽，具关节和抱茎的鞘，花时宿存或花期在旱季时凋落。花序侧生于茎的基部，直立或斜出，分支或不分支，具少数至多数花；花大，十分美丽，花期长，开放；萼片近等大，离生；花瓣通常近似萼片而较宽阔；唇瓣基部具爪，贴生于蕊柱足末端，无关节，3裂；侧裂片直立，与蕊柱平行，基部不下延，中裂片基部不形成距；中裂片较厚，伸展；唇盘在两侧裂片之间或在中裂片基部常有肉突或附属物；蕊柱较长，中部常收窄，通常具翅，基部具蕊柱足；蕊喙狭长，2裂；花粉团蜡质，2个，近球形，每个半裂或劈裂为不等大的2爿；黏盘柄近匙形，上部扩大，向基部变狭；黏盘片状，比黏盘柄的基部宽。西藏东南部花卉市场常见商品，品种众多，花色、花型均有变化。

25. 尖囊兰属 *Kingidium*

小尖囊蝴蝶兰 *Phalaenopsis taenialis*（尖囊兰属已在中国植物志英文版归入蝴蝶兰属）

附生植物。根呈束，扁平，长而弯曲，表面具疣状凸起。茎不明显。叶丛生，基部套叠，花期通常无叶或具1枚叶，叶片椭圆形先端急尖，无柄。总状花序从基部发出，1～3个，斜立或上举，不分支，花序轴多曲折；疏生1～2花；花淡紫色，伸展，花梗扁平；唇瓣垂直贴生于蕊柱足上，朝上弯曲，与蕊柱平行，侧裂片镰状，与中裂片近等长，中裂片匙形，基部具1枚2叉状附属物；蕊柱基部具1个胼胝体。花期5月。产于林芝(东久)、吉隆等地，生于海拔1900～2100m的山坡林中树上。

26. 毛兰属 *Eria*

分种检索表

1. 叶禾叶状，宽通常不及5mm；唇瓣中裂片先端微凹(苹兰属 *Pinalia*) ………………………………………………………………………… **禾颐苹兰(禾叶毛兰)*P. graminifolia***
1. 叶非禾叶状，常对折；唇瓣中裂片先端具短尖。
  2. 唇瓣不裂(产于墨脱) ……………………………… **条纹毛兰 *E. vittata***
  2. 唇瓣3裂。
    3. 假鳞茎卵球形，高不足3cm；花淡绿色，唇瓣龙骨淡褐色(产于墨脱) ……………… **匍茎毛兰 *E. clausa***
    3. 假鳞茎狭筒状，高10～20cm；花白色，唇瓣具紫色条纹(产于墨脱、通麦) …… **足茎毛兰 *E. coronaria***

27. 石斛属 *Dendrobium*

分种检索表

1. 叶基部不下延为抱茎鞘；花序下垂，出自接近茎顶端的叶腋，花黄色或白色带黄色，但绝不带绿色(产于墨脱) ……………………………… **密花石斛 *D. densiflorum***
1. 叶基部下延为抱茎鞘。
  2. 叶和叶鞘被黑褐色粗毛；花除唇盘中央橘黄色外，其余为白色(产于墨脱) … **长距石斛 *D. longicornum***
  2. 叶和叶鞘无毛。
    3. 茎上下一致的圆柱形，表面具光泽，质地坚硬，内含极少的汁液；叶禾叶状；花序轴或花序柄很短，具1～2花；花黄褐色，唇瓣紫色(产于墨脱) ……………… **竹枝石斛 *D. salaccense***
    3. 茎圆柱状，有时上部增粗呈棒状，节间肿胀或不肿胀，具纵条纹或棱，有时完全被偏鼓的叶鞘所包裹，肉质或含较多的汁液；叶非禾叶状。
      4. 植株矮小，禾草状；花序生于茎端叶腋，几乎直立而与茎平行，具多数小花；花白色，萼片宽不超过2mm(产于吉隆) ……………………………… **藏南石斛 *D. monticola***
      4. 植株高大；花序常外伸，但绝不直立，具少数及多数中等较大的花；萼片宽3mm以上。
        5. 萼片和花瓣黄色至金黄色，除唇瓣外绝不带紫色或其他颜色；唇盘具2个深色斑块。
          6. 伞形花序几无花序柄，每2～6朵1束；花质地厚黄色 ……………… **束花石斛 *D. chrysanthum***
          6. 总状花序；花质地薄，金黄色 ……………………… **金耳石斛 *D. hookerianum***

5. 萼片和花瓣白色带紫色，唇瓣先端常染有紫红色；有时全部紫红色。
   7. 茎下部常狭窄，上部变宽呈压扁的圆柱形；叶先端不等侧 2 圆裂；唇盘中央具 1 个紫红色斑块；花瓣边缘无齿 ………………………………………………………………………… **金钗石斛 *D. nobile***
   7. 茎上下一致的圆柱形；叶先端长渐尖，不裂；唇盘两侧各具 1 个黄色斑块；花瓣边缘具细齿 …… ……………………………………………………………………………… **齿瓣石斛 *D. devonianum***

28. 兰属 *Cymbidium*

分 种 检 索 表

1. 花粉团 2 个，有深裂隙。
 2. 唇瓣基部不与蕊柱基部合生；叶坚纸质或纸质，先端不裂，宽 8 ~ 15(20) mm；背面中脉较 2 条侧脉更凸起，尤其在下部；鞘绿色；花莛通常密生花 10 ~ 50 朵；蕊柱长 12 ~ 15mm，为萼片长度的 2/3，基部无耳(兰亚属) ……………………………………………………………… **多花兰 *C. floribundum***
 2. 唇瓣基部与蕊柱基部合生，合生部长 2 ~ 6mm；叶带形，基部略收狭，无明显叶柄。(大花亚属)
  3. 叶宽 8 ~ 10mm；花序下垂；花下垂，近钟形；花被片不展开；花序具花 7 ~ 20 朵；唇瓣上有明显的红色小斑点 ……………………………………………………………… **莎草兰 *C. elegans***
  3. 花序近直立或弯，较少下垂；花平展，非钟形；花被片展开。
   4. 唇瓣之中裂片上具 2 ~ 3 行长毛，长毛从褶片末端延伸至中裂片中部；唇盘上 2 条纵褶片上亦具长毛。
    5. 唇瓣侧裂片仅脉上有毛；唇盘上 2 条褶片之间有 1 行长毛；花瓣镰刀状，多少扭曲；蕊柱长 3.4 ~ 4.4cm ……………………………………………………………… **西藏虎头兰 *C. tracyanum***
    5. 唇瓣侧裂片散生短毛；唇盘上 2 条褶片之间不具 1 行长毛；花瓣狭卵形，不扭曲；蕊柱长 2.5 ~ 2.9cm ……………………………………………………………… **黄蝉兰 *C. iridioides***
   4. 唇瓣之中裂片上不具 2 ~ 3 行长毛，仅散生有短毛；唇盘上 2 条纵褶片上具短毛或凸起，不具长毛。
    6. 叶的关节位于距基部 3 ~ 6.5cm 处；叶宽 7 ~ 15mm；花瓣镰刀状，宽 3.5 ~ 7mm；萼片与花瓣密生许多红褐色纵条纹和斑点；蕊柱长 2.3 ~ 3.2cm ………………………………… **长叶兰 *C. erythraeum***
    6. 叶的关节位于距基部(4)6 ~ 10cm 处，叶宽 14 ~ 23mm；花瓣不为镰刀状，宽 7 ~ 13mm；萼片与花瓣苹果绿或黄绿色，不具红褐色纵条纹，基部有少数深红色斑点或偶有淡红褐色晕；唇瓣白色至奶油黄色，侧裂片与中裂片上有栗色斑点与斑纹，受粉后整个唇瓣变为紫红色；蕊柱长 3.3 ~ 4cm …… ……………………………………………………………… **虎头兰 *C. hookerianum***
1. 花粉块 4 个，成 2 对。(建兰亚属)
 7. 叶倒狭针状长圆形至狭椭圆形 ……………………………………… **兔耳兰 *C. lancifolium***
 7. 叶带形。
  8. 花序中部的花苞片长度不及花梗和子房长度的 1/3，至多不到 1/2。
   9. 叶宽 1 ~ 1.5(5) cm，绿色，关节距基部 2 ~ 4cm；花莛通常短于叶；花序具 3 ~ 9(13) 朵花(栽培或野生) ……………………………………………………………… **建兰 *C. ensifolium***
   9. 叶宽(1.5)2 ~ 3cm，暗绿色，关节距基部 3.5 ~ 7cm；花莛通常长于叶；花序具 10 ~ 20 朵花(栽培或野生) ……………………………………………………………… **墨兰 *C. sinense***
  8. 花序中部的花苞片长度超过花梗和子房长度的 1/2 或至少为 1/3 以上。
   10. 萼片狭长，宽 3.5 ~ 5(7) mm；花苞片狭长，宽 1.5 ~ 2mm；花期 8 ~ 12 月(栽培或野生) ………… ……………………………………………………………… **寒兰 *C. kanran***
   10. 萼片较宽，宽 6 ~ 12mm；花苞片宽 2 ~ 5mm 或更宽。
    11. 花莛略弯曲；花序中部的花苞片短于花梗和子房；叶脉通常透明；假鳞茎不明显(栽培或野生)…… ……………………………………………………………… **蕙兰 *C. faberi***

11. 花莛挺直；花序中部的花苞片明显长于花梗和子房；叶脉不透明；假鳞茎小，但明显存在(栽培) …………………………………………………………………………………… **春兰 *C. goeringii***

29. 石豆兰属 *Bulbophyllum*

分 种 检 索 表

1. 侧萼片通常分离，与中萼片近等长；花淡黄色带紫色条纹 ………………………… **伏生石豆兰 *B. reptans***
1. 侧萼片内侧多少黏合，比中萼片长。(产于察隅、波密)
 2. 花大，棕红色，侧萼片长1cm以上；先端锐尖或稍钝 ……………………… **藓叶卷瓣兰 *B. retusiusculum***
 2. 花小，深红色，侧萼片长1cm以下；先端钝 ………………………………………… **波密卷瓣兰 *B. bomiense***

30. 山兰属 *Oreorchis*

分 种 检 索 表

1. 假鳞茎顶生1叶，长15cm以下；花大，疏生，紫色；唇瓣多少具短距状的囊 ………… **小山兰 *O. foliosa***
1. 假鳞茎顶生2叶，长15cm以上；花较小，密生，白色；唇瓣无囊 ……………… **狭叶山兰 *O. micrantha***

31. 原沼兰属 *Malaxis*

原沼兰 *M. monophyllos*

陆生兰，高9～35cm。假鳞茎卵形或椭圆形。顶生叶1～2枚，宽而薄。总状花序长4～20cm，花黄绿色，直径1.5～3mm；花瓣条形，常外折，唇瓣位于上方，宽卵形，顶端骤尖呈尾状。产于波密、米林、察隅等地，生于海拔2500～4100m的沟谷阴湿草地中。

32. 羊耳蒜属 *Liparis*

分 种 检 索 表

1. 附生植物；球形假鳞茎上仅具1叶，叶基部有关节，叶狭，宽3～13mm ……… **丛生羊耳蒜 *L. caespitosa***
1. 陆生植物；叶基部无关节，球形假鳞茎上仅具2叶。
 2. 花带绿色，常染粉红色或紫色；萼片5～9mm，唇瓣6～7mm；叶长5～16cm …………………………… …………………………………………………………………………………… **羊耳蒜 *L. campylostalix***
 2. 花黄绿色或橙色；萼片长1～1.6cm，唇瓣达1cm；叶长15～35cm ……… **大花羊耳蒜 *L. campylostalix***

33. 筒瓣兰属 *Anthogonium*

筒瓣兰 *A. gracile*

陆生植物。茎纤细直立，高3～22cm，基部稍增粗成假鳞茎，顶生1～5枚叶。叶常纸质，线形或折扇形，长7～37cm，宽达3.5cm，基部收窄为柄。花莛直立，侧生于假鳞茎上端，高出叶外，总状花序顶生，不分支，或有时稍分支，具数朵多少朝下倾的花，萼片下半部合生呈筒状，上半部分离，倒披针形，开展；花瓣长匙形，其下部内藏于萼筒，唇瓣贴生于蕊柱基部，席卷状，合抱蕊柱，基部楔形，先端扩大并且不明显3裂，蕊柱纤长，半圆形，顶端扩大并骤然弯曲，无蕊柱足；花药顶生，向前倾，2室，花粉块4，每室2个，蜡质卵圆形。产于墨脱、林芝(排龙)、波密(通麦)，生于海拔1600～2050m的山坡林缘或林下灌丛草地上。

34. 贝母兰属 *Coelogyne*

卵叶贝母兰 *C. occultata*

附生。根状茎匍匐，密被褐色鳞片状鞘。假鳞茎疏生，菱形至纺锤形，长2～4cm，粗1～1.5cm，肉质，绿黄色，光滑，干时发亮。顶生2叶，叶通常卵形或椭圆形，少数出现变狭窄的。花通常与幼叶出现在同一未成熟的假鳞茎上，顶生(1)2～3朵花，花大，径达3cm，白色，常具紫色脉。产于察隅、墨脱、波密、林芝(排龙)等地，生于海拔1900～2400m的林中树干上或沟谷旁岩石上。

35. 石仙桃属 *Pholidota*

尖叶石仙桃 *P. missionariorum*

附生。根状茎匍匐，常分支，密被鳞片状鞘。近地面处假鳞茎密生，卵形或卵状长圆形，长1～2cm，粗0.8～1cm，顶生2叶，叶披针形，厚革质，顶端急尖或稍钝，叶片长2～7cm，中部宽4～7cm。花莛生于幼嫩假鳞茎顶端，发出时其基部连同幼叶均为鞘所包，长3～6.5cm；总状花序直立或多少弯曲，具3～7朵花，花小，径约1cm，白色。蒴果倒卵状椭圆形，花期6月，果期11月。产于林芝(排龙)、墨脱、察隅，生于海拔1700～2600m的密林中透光处的树上或岩石上。

参考文献

1. 汪劲武．植物的识别[M]．北京：人民教育出版社，2010.
2. 张天麟．园林树木 1200 种[M]．北京：中国建筑工业出版社，2005.
3. 中国科学院青藏高原综合科学考察队．西藏植物志(1～5 卷)[M]．北京：科学出版社，1985.
4. 中国科学院植物研究所．中国高等植物科属检索表[M]．北京：科学出版社，2002.
5. 中国科学院植物研究所．中国高等植物图鉴(1～5 卷，补编 1～2 卷)[M]．北京：科学出版社．
6. 中国科学院植物研究所．中国植物志[M]．北京：科学出版社．
7. Flora of China，《中国植物志》英文修订版，http：//foc. eflora. cn/.
8. FRPS《中国植物志》全文电子版，http：//frps. eflora. cn/.

中文名索引

（按字母顺序排列）

A

阿坝当归 161
阿穆尔莎草 259
阿洼早熟禾 250
阿月浑子 128
哀氏马先蒿 201
矮灯心草 266
矮地榆 104
矮黄堇 73
矮棱子芹 157
矮牵牛 196
矮生伽蓝菜 81
矮探春 173
矮小哀氏马先蒿 201
矮小普氏马先蒿 201
矮小青海马先蒿 201
艾麻 37
鞍叶羊蹄甲 110
暗红小檗 64
暗红栒子 95
暗花金挖耳 240
暗紫脆蒴报春 171
昂天莲 140
凹唇马先蒿 201
凹脉杜茎山 169
凹脉鹅掌柴 151
凹乳芹 159
凹叶雀梅藤 136
凹叶紫菀 228

B

八宝茶 131
八角 69
八角金盘 150
八仙花 89
八月瓜 63
巴东栎 33
巴嘎紫堇 73
巴郎栎 33
巴天酸模 44
巴西铁 270
菝葜叶栝楼 216
白背爬藤榕 36
白背紫菀 228
白菜 77
白草 254
白唇杓兰 284
白刺花 111
白顶早熟禾 250
白鹤参 287
白花草木犀 112
白花刺参 213
白花刺续断 213
白花铃子香 190
白花绿绒蒿 71
白花马蔺 278
白花芍药 55
白花酢浆草 119
白桦 31
白酒草 226
白柯 32
白蜡树 174
白兰 66
白梨 98
白亮独活 160
白柳 28
白毛繁缕 52
白毛花楸 96
白毛茎虎耳草 88
白毛栒子 95
白皮松 3
白睡莲 54
白檀 173
白心球花报春 171
白羊草 256
白叶山莓草 102
百日菊 234
百日青 8
斑唇盔花兰 286
斑唇马先蒿 201
斑龙芋 264
斑茅 255
斑叶唇柱苣苔 203
斑叶兰 289
板栗 31
半枝莲 188
棒丝黄精 272
棒头草 252
包心菜 76
苞谷 254
苞叶雪莲 237
薄荷 192
薄片青冈 33
薄叶冬青 129
薄叶鸡蛋参 219
薄叶栝楼 216
薄叶铁线莲 60
宝盖草 191
宝璐雪莲 237
宝兴老鹳草 120
抱茎菝葜 270
抱茎拳蓼 45
抱茎獐牙菜 180
抱子芥 77
杯药草 177
北京杨 27
北美短叶松 3
北水苦荬 199
贝加尔唐松草 59
背药红景天 82
笔直黄耆 117
碧冬茄 196
蔽果金腰 86
篦齿枫 133
篦齿虎耳草 88
篦叶锦绦花 167
萹蓄 44
鞭打绣球 198
鞭柱唐松草 59
扁刺峨眉蔷薇 103
扁刺蔷薇 103
扁担藤 138
扁豆 114
扁核木 104
扁鞘飘拂草 258
扁穗草 257
变黑蝇子草 53
变色马蓝 205
变色锥 32
变叶海棠 98
变叶绢毛委陵菜 102
变叶木 126
滨菊 232
冰川茶藨子 90
冰川蓼 45
冰岛蓼 44
柄花天胡荽 154
波棱瓜 217
波密百蕊草 39
波密斑叶兰 289
波密风毛菊 237
波密虎耳草 88
波密卷瓣兰 292
波密裂瓜 215
波密杓兰 284
波密杓樟 70
波密溲疏 90

波密小檗 64
波密远志 125
波密早熟禾 250
波密紫堇 73
波斯菊 235
波叶栝楼 215
菠菜 47
菠萝 265
播娘蒿 76
驳骨丹 176
擘蓝 76
不丹松 3

C

菜豆 113
菜苔 76
参三七 152
参薯 277
蚕豆 114
蚕茧蓼 45
苍耳 234
苍山冷杉 4
苍山橐吾 231
沧江海棠 98
沧江新樟 70
糙伏毛点地梅 170
糙毛野丁香 207
糙毛帚枝刺鼠李 136
糙皮桦 31
糙野青茅 252
糙叶秋海棠 143
槽果扁莎 259
草柏枝 201
草地早熟禾 250
草甸马先蒿 200
草马桑 128
草莓 101
草莓凤仙花 135
草莓花杜鹃花 165
草木犀 112
草玉梅 60
侧柏 7
叉苞乌头 57
叉唇角盘兰 287
叉裂毛茛 62
叉舌垂头菊 231
叉枝蓼 46
叉枝神血宁 46
茶 141
茶梅 141
茶叶山矾 173
茶叶卫矛 131
察瓦龙翠雀花 58
察瓦龙唐松草 59
察隅枫 132
察隅花楸 96
察隅黄耆 117
察隅冷杉 4
察隅润楠 71
察隅十大功劳 65
察隅野豌豆 114
察隅獐牙菜 180
柴胡红景天 82
铲瓣景天 82
昌都点地梅 170
菖蒲 263
常春藤 150
常山 89
长瓣瑞香 145
长苞灯心草 267
长苞冷杉 4
长苞紫堇 73
长鞭红景天 82
长柄胡椒 26
长柄山蚂蝗 118
长柄线尾榕 35
长刺茶藨子 90
长根老鹳草 120
长梗翠雀花 58
长梗黑果冬青 129
长梗拳蓼 45
长果婆婆纳 199
长花百蕊草 39
长花党参 219
长花柳 28
长花芒毛苣苔 205
长花铁线莲 60
长喙厚朴 67
长喙木兰 67
长尖莎草 259
长箭叶蓼 45
长茎毛茛 61
长距石斛 290
长距玉凤花 288
长裂乌头 57
长芒草 253
长毛齿缘草 185
长毛赤瓟 215
长毛风毛菊 237
长毛锦绦花 167
长毛楠 70
长毛远志 125
长蕊木兰 66
长蕊万寿竹 273
长舌发草 251
长寿花 81
长寿花 276
长丝沿阶草 271
长穗桦 31
长穗柳 27
长穗三毛草 251
长尾冬青 129
长尾枫 132
长尾毛蕊茶 141
长序缬草 212
长序杨 27
长芽绣线菊 93
长叶川滇杜鹃 166
长叶火绒草 239
长叶兰 291
长叶绿绒蒿 72
长叶女贞 175
长叶头蕊兰 289
长叶瓦莲 83
长叶雪莲 237
长叶云杉 5
长圆叶唇柱苣苔 203
长圆叶梾木 162
长轴唐古特延胡索 73
长柱垂头菊 231
长柱鹿药 273
长柱驴蹄草 56
朝天委陵菜 101
车前 206
车前叶垂头菊 232
沉果胡椒 26
橙子 123
迟花柳 29
齿瓣石斛 291
齿萼悬钩子 100
齿叶安息香 173
齿叶吊石苣苔 204
齿叶虎耳草 87
齿叶荆芥 190
齿叶忍冬 211
赤豆 113
翅柄马蓝 205
翅柄拳蓼 45
翅果蓼 46
翅子树 140
椆树桑寄生 40
臭椿 124
臭党参 219
臭荚蒾 209
臭节草 122
雏菊 227
酢浆草 119
川贝母 274
川藏短腺小米草 201
川藏沙参 220
川藏香茶菜 188
川赤芍 55
川滇变豆菜 155
川滇柴胡 156
川滇风毛菊 237
川滇高山栎 33
川滇花楸 96
川滇角盘兰 287
川滇冷杉 4
川滇柳 28
川滇猫乳 137
川滇蔷薇 104
川滇山嵛菜 78
川滇绣线菊 93
川滇绣线梅 93
川钓樟 70

川鄂滇池海棠 98
川鄂茴芹 158
川梨 98
川泡桐 197
川西合耳菊 229
川西千里光 229
川西蔷薇 103
川西小黄菊 232
川西樱桃 105
川西云杉 5
川续断 213
穿心莛子藨 210
垂果南芥 79
垂柳 28
垂丝海棠 97
垂头雪莲 237
垂笑君子兰 276
垂序商陆 49
垂序卫矛 131
垂枝柏 7
垂子买麻藤 9
春兰 292
匙萼金丝桃 141
匙叶伽蓝菜 81
匙叶甘松 212
刺柏 8
刺棒南星 265
刺参 213
刺萼悬钩子 99
刺飞廉 236
刺果峨参 156
刺果卫矛 131
刺花椒 122
刺黄花 64
刺喙薹草 260
刺榜 32
刺毛白珠 164
刺囊薹草 261
刺鼠李 136
刺续断 213
刺叶高山栎 33
刺叶栎 33
刺芋 263
刺榛 30
刺枝野丁香 207
葱 273
葱莲 276
葱状灯心草 267
丛茎滇紫草 184
丛毛矮柳 29
丛生荽叶委陵菜 101
丛生羊耳蒜 292
粗齿天名精 240
粗刺锦鸡儿 116
粗根韭 274
粗梗稠李 106
粗茎蒿 233
粗茎红景天 82
粗茎棱子芹 157
粗茎鱼藤 117
粗裂宽距翠雀花 58
粗毛点地梅 170
粗筒兔耳草 199
粗枝绣球 89
粗壮秦艽 178
簇生泉卷耳 51
簇生泉卷耳 51
脆弱凤仙花 135
翠菊 227
错那繁缕 53
错那景天 82
错那小檗 65
错枝冬青 130

D

打碗花 183
大白菜 77
大白茅 255
大百合 274
大苞赤飑 215
大苞栝楼 216
大苞鸭跖草 266
大苞越桔 168
大苞长柄山蚂蝗 118
大车前 206
大翅色木枫 132
大豆 112
大萼党参 219
大萼杜鹃花 165
大萼蓝钟花 219
大萼路边青 100
大萼兔耳草 199
大萼珍珠花 167
大果大戟 127
大果褐叶榕 36
大果红杉 6
大果毛冠菊 229
大果山香圆 132
大果圆柏 7
大红柳 28
大花福禄草 52
大花红景天 82
大花花椒 122
大花黄牡丹 55
大花荚蒾 209
大花肋柱花 180
大花蔓龙胆 179
大花芒毛苣苔 204
大花泉卷耳 51
大花瑞香 145
大花水东哥 141
大花嵩草 260
大花卫矛 131
大花无叶兰 285
大花小米草 201
大花绣球藤 60
大花悬钩子 100
大花羊耳蒜 292
大花野茉莉 173
大花醉鱼草 176
大花酢浆草 119
大蕉 279
大理白前 182
大理百合 275
大理鹿蹄草 163
大丽花 235
大麻 35
大麦 249
大薸 263
大锐果鸢尾 278
大铜钱叶神血宁 46
大头菜 77
大头续断 213
大王秋海棠 143
大卫氏马先蒿 200
大蝎子草 38
大序醉鱼草 176
大野牡丹 146
大叶斑鸠菊 235
大叶旱樱 106
大叶黄杨 131
大叶火烧兰 289
大叶假百合 275
大叶榉树 34
大叶冷水花 38
大叶栎 33
大叶牛奶菜 182
大叶石楠 97
大叶水榕 35
大叶碎米荠 75
大叶仙茅 277
大叶异木患 133
大叶醉鱼草 176
大钟花 178
大籽蒿 233
大籽山香圆 132
袋果草 218
袋花忍冬 211
丹巴栒子 95
单瓣远志 125
单刺仙人掌 143
单花遍地金 141
单花金腰 86
单花拉拉藤 207
单花荠 78
单花雪莲 237
单蕊拂子茅 252
单叶绿绒蒿 72
单叶紫堇 73
单子麻黄 9
淡红忍冬 211
淡红素馨 174
淡黄鼠李 136
淡黄香青 239
倒钩蓟 237
倒挂金钟 148

倒提壶 185
倒锥花龙胆 178
道孚景天 83
稻 247
灯笼草 192
灯台树 161
灯心草 266
等叶花葶乌头 57
地地藕 266
地肤 47
地果 35
地榆 104
滇藏点地梅 170
滇藏钝果寄生 40
滇藏枫 133
滇藏海桐花 83
滇藏梨果寄生 40
滇藏柳叶菜 148
滇藏木兰 68
滇藏无心菜 52
滇藏五味子 65
滇藏荨麻 37
滇丁香 206
滇蜡瓣花 84
滇牡丹 55
滇南芋 264
滇芹 158
滇西北小檗 64
滇西绿绒蒿 72
滇岩黄耆 118
垫状山莓草 101
垫状雪灵芝 52
垫状偃卧繁缕 53
垫状迎春 174
吊兰 272
叠裂银莲花 61
丁座草 202
钉柱委陵菜 101
东坝子黄耆 117
东俄洛风毛菊 237
东俄洛紫菀 228
东方茶藨子 90
东京樱花 106
东久橐吾 231
冬瓜 216
冬青卫矛 131
豆瓣菜 75
豆瓣绿 26
豆瓣掌 81
独行菜 75
独花报春 171
独角莲 264
独龙枫 133
独龙十大功劳 65
独龙小檗 65
独一味 191
杜梨 98
短苞小檗 64
短柄斑龙芋 264
短柄半边莲 218
短柄草 249
短唇乌头 57
短刺锥 32
短萼海桐 83
短梗柳叶菜 148
短梗重楼 269
短蒟 26
短距手参 288
短盔罗氏马先蒿 200
短芒拂子茅 252
短片藁本 157
短蕊山莓草 102
短葶飞蓬 227
短尾铁线莲 60
短序黑三棱 242
短叶黄秦艽 180
短叶决明 110
短叶水蜈蚣 259
短颖鹅观草 248
短枝发草 251
短柱侧金盏花 61
短柱鹿蹄草 163
短柱小百合 275
断肠草 145
堆纳翠雀花 58
对轮叶虎耳草 88
钝叶楼梯草 38
钝叶栒子 94
盾基冷水花 38
盾片蛇菰 42
盾叶秋海棠 143
盾叶天竺葵 119
多变丝瓣芹 159
多刺绿绒蒿 72
多刺天门冬 269
多花莱豆 113
多花梣 174
多花地杨梅 266
多花勾儿茶 137
多花红升麻 88
多花兰 291
多花老鹳草 120
多花落新妇 88
多花茜草 207
多花杉叶杜鹃 166
多花芍药 55
多花酸藤子 169
多花亚菊 233
多茎景天 83
多裂委陵菜 102
多裂委陵菜 102
多裂叶水芹 158
多脉冬青 130
多毛四川婆婆纳 199
多蕊金丝桃 141
多色苦荬 225
多舌飞蓬 227
多穗蓼 46
多穗神血宁 46
多叶虎耳草 87
多叶羽扇豆 111

E

峨眉蔷薇 103
鹅掌柴 151
遏蓝菜 79
儿菜 77
二棱大麦 249
二裂委陵菜 101
二乔木兰 68
二球悬铃木 91
二色锦鸡儿 116
二色棱子芹 157
二叶兜被兰 287
二叶盔花兰 286
二叶舌唇兰 287

F

发财树 139
发草 251
发秆薹草 260
法国蔷薇 103
法氏旱熟禾 250
法桐 91
番红花 279
番茄 194
番薯 183
烦果小檗 64
繁缕 52
反瓣老鹳草 120
反苞蒲公英 224
梵茜草 207
方枝蒺藜 270
方枝柏 7
防己叶菝葜 269
飞蛾枫 133
飞蛾树 133
飞龙掌血 122
飞燕草 58
绯色美丽马先蒿 201
粉白越桔 168
粉背楔叶绣线菊 93
粉背崖角藤 263
粉葛 113
粉花绣线菊 93
粉花绣线梅 93
粉花雪灵芝 52
粉苹婆 139
粉枝莓 99
枫香槲寄生 41
枫香树 84
凤梨 265
凤尾丝兰 270
凤仙花 135
凤翔报春 171
佛手 123

佛手瓜　215
伏毛虎耳草　87
伏毛金露梅　101
伏生石豆兰　292
浮萍　265
浮叶眼子菜　243
匐茎百合　276
辐冠党参　219
辐射凤仙花　135
福禄考　183
附地菜　185
阜莱氏马先蒿　200
富贵竹　270
腹毛柳　29
馥郁滇丁香　206

G

盖裂木　67
甘蓝　76
甘青蒿　233
甘青老鹳草　120
甘青青兰　190
甘松　212
甘肃棘豆　116
甘肃荚蒾　209
甘肃嵩草　260
甘肃薹草　261
甘西鼠尾草　189
甘蔗　255
柑橘　123
干香柏　7
刚毛赤瓟　215
刚毛忍冬　211
刚毛小叶葎　208
杠板归　44
高杯喉毛花　180
高丛珍珠梅　94
高大哀氏马先蒿　201
高额马先蒿　200
高秆薹草　260
高秆珍珠茅　259
高葶菜　78
高茎绿绒蒿　71
高茎葶苈　80
高粱　255
高盆樱桃　106
高山八角枫　146
高山柏　7
高山捕虫堇　205
高山大戟　127
高山冬青　130
高山豆　116
高山附地菜　185
高山桦　31
高山寄生　40
高山栎　33
高山露珠草　147
高山鸟巢兰　285
高山杓兰　284
高山松　4
高山松寄生　41
高山嵩草　260
高山唐松草　59
高山葶苈　79
高山委陵菜　102
高山绣线菊　94
高山野丁香　207
高原犁头尖　264
高原毛茛　62
高原舌唇兰　287
高原天名精　240
高原香薷　189
高原早熟禾　250
疙瘩七　152
革叶藤菊　229
格林柯　32
葛缕子　159
工布报春　171
工布乌头　58
工布小檗　64
弓茎悬钩子　98
拱枝绣线菊　93
贡布红杉　5
贡山蓟　236
贡山九子母　129
沟子荠　78
钩柱唐松草　59
钩状嵩草　260
狗筋蔓　53
狗尾草　254
狗牙根　247
枸杞　193
构棘　36
固沙草　248
瓜叶菊　229
刮筋板　126
管萼野丁香　207
管花鹿药　273
管兰香　41
管钟党参　219
管状长花马先蒿　201
冠额美丽马先蒿　201
冠盖绣球　89
光萼稠李　106
光萼唇柱苣苔　203
光萼党参　219
光梗小檗　64
光核桃　105
光蜡树　174
光亮黄耆　117
光亮山矾　173
光蕊杜鹃花　166
光秃绣线菊　94
光叶独花报春　171
光叶蝴蝶草　198
光叶酱头　44
光叶拟单性木兰　67
光叶翼萼　198
光籽柳叶菜　147
广布小红门兰　286
广布野豌豆　114
广椭绣线菊　93
广序臭草　251
龟背竹　263
鬼吹箫　210
鬼箭锦鸡儿　116
桂花　175
桂叶素馨　174
裹喙马先蒿　200
裹盔马先蒿　201

H

海韭菜　243
海南粗榧　8
海桐　83
含羞草　109
寒兰　291
汉荭鱼腥草　120
旱金莲　120
旱茅　256
旱芹　156
旱黍草　254
禾叶点地梅　170
禾叶繁缕　52
禾叶毛兰　290
禾叶丝瓣芹　159
禾颐苹兰　290
合苞唇柱苣苔　203
合柄铁线莲　60
合萼吊石苣苔　204
合欢　109
和尚菜　240
荷包豆　113
荷包山桂花　125
荷花木兰　67
褐背柳　28
黑弹树　34
黑果忍冬　211
黑果小檗　64
黑果茵芋　123
黑核桃　29
黑龙骨　182
黑麦草　249
黑毛冬青　130
黑蕊虎耳草　87
黑三棱　242
黑穗画眉草　248
黑穗箭竹　246
黑枣　172
黑藻　243
黑珠芽薯蓣　277
黑籽重楼　269
红点杜鹃花　166
红萼水东哥　141
红粉白珠　164
红麸杨　128
红花　236

红花矮小忍冬 211
红花檵木 84
红花栝楼 216
红花绿绒蒿 72
红花木莲 67
红花山牵牛 205
红花栒子 95
红花岩生忍冬 211
红花酢浆草 119
红荚蒾 209
红荚蒾 209
红姜花 280
红菌 42
红椋子 162
红落新妇 88
红马蹄草 154
红脉大黄 43
红毛花楸 96
红毛七 64
红楠木 70
红泡刺藤 99
红瑞木 162
红薯 183
红苕 183
红雾水葛 39
红枝小檗 65
红嘴薹草 261
喉斑杜鹃花 165
猴耳环 109
厚萼中印铁线莲 60
厚果崖豆藤 115
厚喙菊 225
厚叶柯 32
狐狸草 227
狐茅状雪灵芝 52
胡黄莲 199
胡萝卜 155
胡桃 30
葫芦 217
湖北枫杨 30
蝴蝶兰 289
虎刺 207
虎头兰 291
虎尾兰 271
互对醉鱼草 176
互叶醉鱼草 176
瓠子 217
花椒 122
花曲柳 174
花生 117
花葶驴蹄草 56
花椰菜 76
花叶重楼 269
花烛 263
华北地杨梅 266
华扁穗草 257
华湖爪草 259
华丽芒毛苣苔 204
华雀麦 251
华山松 3
华西忍冬 211
华西小石积 95
华西悬钩子 99
华中悬钩子 98
桦叶荚蒾 209
淮山药 277
槐 110
还阳参 225
环纹矮柳 29
黄斑百合 275
黄苞南星 264
黄杯杜鹃花 166
黄波罗花 202
黄蝉兰 291
黄刺玫 103
黄豆 112
黄瓜 217
黄果冷杉 4
黄果云杉 5
黄花刺参 213
黄花粗筒苣苔 203
黄花垫柳 27
黄花蒿 233
黄花木 111
黄花秋海棠 143
黄花球兰 182
黄花杓兰 284
黄花瓦松 83
黄花小红门兰 286
黄花烟草 194
黄花岩黄耆 118
黄兰 66
黄连木 128
黄龙尾 104
黄栌叶荚蒾 209
黄毛草莓 100
黄毛翠雀花 58
黄毛茛 62
黄毛榕 36
黄毛铁线莲 60
黄毛兔儿风 238
黄毛雪山杜鹃花 166
黄牡丹 55
黄木香花 103
黄球小檗 64
黄雀儿 111
黄三七 57
黄色悬钩子 99
黄蜀葵 138
黄水仙 276
黄水枝 86
黄腺香青 240
黄杨叶栒子 95
灰苞蒿 233
灰背栎 33
灰果蒲公英 224
灰绿黄堇 74
灰毛风铃草 220
灰毛鸡血藤 115
灰毛蓝钟花 219
灰栒子 94
灰叶附地菜 185
灰叶花楸 95
灰叶香青 240
灰叶小檗 65
辉叶紫菀 228
茴茴蒜 62
茴香 159
喙果卫矛 131
喙毛马先蒿 200
蕙兰 291
火棘 95
火龙果 144
火炭母 45
霍香叶绿绒蒿 72

J

鸡骨柴 189
鸡肉参 202
鸡桑 36
鸡嗉子榕 36
鸡娃草 172
鸡爪枫 132
鸡爪谷 248
积雪草 154
笄石菖 266
吉拉柳 29
吉隆垫柳 27
吉隆桑寄生 40
吉祥草 271
极美古代稀 148
急尖长苞冷杉 4
棘刺卫矛 131
蒺藜 121
蒺藜榜 32
蕺菜 25
戟唇虾脊兰 288
戟叶堇菜 142
戟叶蓼 45
戟叶酸模 44
寄生花 42
稷 254
加拉虎耳草 88
家天竺葵 119
夹竹桃 181
荚蒾叶越桔 168
假百合 275
假薄荷 192
假地蓝 111
假蒟 26
假鳞叶龙胆 179
假楼梯草 38
假人参 152
假升麻 94
假水生龙胆 179
假酸浆 194

假苇拂子茅 252
假西藏柯 32
假斜叶榕 36
假玉桂 34
假芋 264
假醉鱼草 210
架棚 172
尖苞柊叶 281
尖被百合 275
尖齿叶垫柳 27
尖唇鸟巢兰 285
尖果洼瓣花 274
尖基木藜芦 167
尖鳞薹草 261
尖叶桂樱 106
尖叶花椒 122
尖叶茴芹 158
尖叶榕 35
尖叶石仙桃 293
尖叶香青 239
尖叶栒子 94
尖子木 147
坚杆火绒草 239
间型沿阶草 271
碱毛茛 61
建兰 291
江达柳 28
江南灯心草 266
江南早熟禾 250
姜 280
豇豆 114
浆果苋 47
椒叶梣 174
角苞蒲公英 224
角被假楼梯草 38
角距手参 288
角盘兰 287
藠头 273
接骨草 209
节节草 265
节毛飞廉 236
睫毛点地梅 170
睫毛杜鹃花 165
睫毛毛茛 61
睫毛岩须 167
截果柯 32
截叶铁扫帚 118
芥菜 77
芥菜疙瘩 77
金钗石斛 291
金灯藤 183
金灯心草 266
金耳石斛 290
金柑 123
金瓜 217
金琥 144
金花茶 141
金橘 123
金露梅 101
金脉鸢尾 278
金荞 46
金色狗尾草 254
金铁锁 54
金线草 207
金星虎耳草 88
金鱼藻 54
金盏花(金盏菊) 238
金钟花 175
金珠柳 169
筋骨草 188
堇花唐松草 59
堇叶盘果菊 225
锦带花 210
锦葵 139
锦绦花 167
近优越虎耳草 87
劲直菝葜 269
劲直刺桐 113
茎花南蛇藤 131
旌节黄鹌菜 226
景天虎耳草 88
景天树 81
九里香 123
九窝虎耳草 88
九子母 129
韭 274
韭葱 274
韭莲 276
酒药花醉鱼草 176
桔梗 220
菊花 232
菊叶红景天 82
菊叶香藜 47
菊芋 235
巨柏 7
巨伞钟报春 171
具斑芒毛苣苔 204
具刚毛荸荠 258
具毛素方花 174
具爪曲花紫堇 73
距花万寿竹 273
锯叶变豆菜 155
聚合草 184
聚花桂 70
聚花马先蒿 200
卷苞芋 264
卷边花楸 96
卷丹 276
卷丝苣苔 204
卷叶黄精 273
绢毛菊 224
绢毛蓝钟花 219
绢毛蓼 46
绢毛木姜子 70
绢毛蔷薇 103
绢毛神血宁 46
绢毛悬钩子 100
决明 110
蕨麻 102
蕨叶花楸 96
蕨叶薹草 260
君迁子 172
君子兰 276
菌生马先蒿 200

K

咖啡黄葵 138
开心果 128
开展早熟禾 250
康巴栒子 95
康藏花楸 95
康定点地梅 170
康定筋骨草 188
康定柳 28
康定木蓝 115
康定五加 151
榼藤 110
克拉莎 258
克洛氏马先蒿 201
空心菜 183
孔雀草 234
枯灯心草 267
苦菜 77
苦葛 113
苦瓜 216
苦芥 77
苦苣菜 224
苦荞 46
苦树 124
宽苞乌头 58
宽翅碎米荠 75
宽翅弯蕊芥 75
宽唇角盘兰 287
宽萼翠雀花 58
宽果紫金龙 72
宽口杓兰 284
宽裂掌叶报春 170
宽叶红门兰 286
宽叶火炭母 45
宽叶假鹤虱 186
宽叶韭 273
宽叶柳穿鱼 197
宽叶柳兰 148
宽叶兔儿风 238
宽叶香蒲 242
宽叶薰衣草 188
宽叶荨麻 37
宽柱鸢尾 278
款冬 230
昆仑蒿 233

L

拉萨翠雀花 58
拉萨大黄 43
拉萨狗娃花 228
蜡梅 69

辣薄荷草　256
辣椒　195
辣蓼　45
莱菔叶千里光　230
梾木　162
蓝黑果荚蒾　209
蓝花高山豆　116
蓝花荆芥　190
蓝花岩参　225
蓝药蓼　46
蓝玉簪龙胆　178
蓝钟花　219
澜沧翠雀花　58
澜沧黄杉　4
澜沧囊瓣芹　159
澜沧雪灵芝　52
狼毒　145
朗县黄堇　73
朗县黄耆　117
朗县金腰　86
老虎须　277
雷公鹅耳枥　31
类四腺柳　29
类叶升麻　57
棱砂贝母　274
棱子吴萸　122
冷地卫矛　130
冷地早熟禾　250
冷蒿　234
离萼杓兰　284
梨果仙人掌　143
藜　47
藜状珍珠菜　170
李　105
理塘忍冬　211
丽江柴胡　156
丽江大黄　43
丽江风毛菊　237
丽江莨菪　195
丽江木蓝　115
丽江山荆子　97
丽江唐松草　59
丽江紫金龙　73
丽江紫菀　228
栗寄生　41
连翘　175
莲花掌　81
镰萼虾脊兰　288
凉山悬钩子　100
梁　254
两列栒子　95
两裂升麻　57
两头毛　202
量天尺　144
列当　203
裂唇虎舌兰　285
裂唇角盘兰　287
裂萼草莓　101
裂萼蔓龙胆　179
裂毛雪山杜鹃花　166
裂叶蓝钟花　219
裂叶秋海棠　143
裂叶绣线菊　93
裂叶翼首花　214
林地早熟禾　250
林柳　28
林芝报春　171
林芝杜鹃花　165
林芝凤仙花　135
林芝光柱杜鹃花　166
林芝虎耳草　87
林芝龙胆　179
林芝橐吾　231
林芝小檗　64
林芝野青茅　252
林芝蝇子草　53
林芝云杉　5
林猪殃殃　208
鳞茎堇菜　142
鳞皮冷杉　4
鳞片柳叶菜　148
鳞腺杜鹃花　165
檩木　106
铃铛子　195
铃铃香青　239
凌霄　202
菱叶大黄　44
零余虎耳草　87
领春木　54
令箭荷花　144
柳穿鱼　197
柳兰　148
柳树寄生　40
柳条杜鹃花　165
柳叶鬼针草　235
柳叶忍冬　211
六棱大麦　249
六叶红景天　82
六叶葎　208
龙葵　194
龙芽草　104
龙爪槐　111
陇塞忍冬　211
芦荟　271
芦笋　269
芦苇　247
芦竹　247
庐山藨草　257
鲁朗杜鹃花　166
鹿蹄草　163
路边青　100
潞西柯　32
露瓣乌头　58
露草　49
露蕊龙胆　178
露蕊乌头　57
露珠草　147
栾树　134
卵萼花锚　179
卵萼龙胆　179
卵果大黄　44
卵小叶垫柳　27
卵叶贝母兰　293
卵叶繁缕　52
卵叶槲寄生　41
卵叶女贞　175
卵叶蓬莱葛　176
卵叶银莲花　61
轮伞五加　151
轮叶黄精　273
轮叶马先蒿　200
罗氏马先蒿　200
萝卜　77
萝卜秦艽　191
裸茎金腰　86
裸柱头柳　27
络石　181
骆骑　237
落花生　117
落葵　50
落毛杜鹃花　166
落叶沉果胡椒　26
驴蹄草　56
绿豆　113
绿干柏　7
绿花菜　76
绿叶润楠　71

M

麻栎　33
麻叶绣线菊　93
蟆叶海棠　143
马鞭草　186
马齿苋　50
马豆黄耆　116
马干铃栝楼　216
马拉巴栗　139
马蓼　45
马铃薯　194
马尿泡　195
马桑　128
马桑绣球　89
马蹄荷　84
马蹄黄　104
马蹄莲　264
马蹄纹天竺葵　119
麦宾草　249
麦吊云杉　5
麦蓝菜　53
麦瓶草　53
麦仁珠　207
脉花党参　220
曼青冈　33
曼陀罗　195
蔓菁　77
蔓菁甘蓝　76

蔓首乌 44
芒毛苣苔 204
芒种花 141
牻牛儿苗 119
猫儿屎 62
毛瓣藏樱 106
毛瓣棘豆 116
毛瓣绿绒蒿 71
毛背雪莲 237
毛柄蒲公英 224
毛刺花椒 122
毛地黄 198
毛萼獐牙菜 180
毛麸杨 129
毛茛状金莲花 56
毛果草 185
毛果胡卢巴 112
毛果柳 28
毛果婆婆纳 199
毛果柿 172
毛果绣球藤 60
毛裹盔马先蒿 201
毛杭子梢 118
毛花芒毛苣苔 204
毛花忍冬 211
毛茎紫堇 73
毛盔马先蒿 200
毛蓝雪花 172
毛连菜 224
毛脉高山栎 33
毛脉柳兰 148
毛脉柳叶菜 148
毛曼青冈 33
毛囊薹草 261
毛坡柳 28
毛蕊花 197
毛蕊龙胆 179
毛三桠苦 122
毛细钟花 219
毛香火绒草 239
毛小叶垫柳 27
毛杨梅 29
毛叶吊钟花 167
毛叶枫 132
毛叶合欢 109
毛叶黄檀 117
毛叶老牛筋 51
毛叶木瓜 97
毛叶蔷薇 103
毛叶水栒子 94
毛叶天女花 68
毛叶绣球 89
毛叶绣线菊 94
毛叶玉兰 68
毛叶珍珠花 167
毛樱桃 105
毛枝吊石苣苔 204
毛枝鱼藤 117
毛枝榆 34
茅瓜 215
玫瑰 103
玫红野青茅 252
眉柳 28
莓叶悬钩子 100
梅 105
湄公黄杉 4
美国山核桃 30
美花山蚂蝗 118
美丽金丝桃 141
美丽棱子芹 157
美丽马先蒿 201
美丽马醉木 167
美丽毛瓣乌头 57
美丽唐松草 59
美龙胆 178
美人蕉 281
美饰悬钩子 99
美桐 91
美叶藏菊 237
美叶川木香 237
美叶花楸 96
美竹 246
门隅十大功劳 65
蒙古糖芥 79
蒙桑 36
蒙自草胡椒 26
糜子 254
米拉山灯心草 267
米林翠雀花 58
米林繁缕 52
米林凤仙花 135
米林黄耆 116
米林毛茛 62
米林膨果豆 116
米林杨 27
米林紫堇 73
密齿酸藤子 169
密花姜花 281
密花石斛 290
密花香薷 189
密花绣线梅 93
密毛纤细悬钩子 99
密毛纤细悬钩子 99
密生波罗花 202
密生福禄草 52
密穗拳蓼 45
密穗紫堇 73
密香醉鱼草 176
密序溲疏 90
密叶红豆杉 9
蜜蜂花 192
绵毛繁缕 52
绵毛金腰 86
绵毛水东哥 140
棉豆 113
岷江蓝雪花 172
明亮薹草 261
茉莉花 174
墨兰 291
墨绿酸藤子 169
墨脱艾麻 37
墨脱菝葜 270
墨脱百合 275
墨脱唇柱苣苔 203
墨脱吊石苣苔 204
墨脱冬青 130
墨脱花椒 122
墨脱柯 32
墨脱冷杉 4
墨脱芒毛苣苔 204
墨脱青冈 33
墨脱秋海棠 143
墨脱山小橘 123
墨脱铁线莲 60
墨脱乌蔹莓 138
墨脱悬钩子 100
墨脱沿阶草 271
墨脱玉叶金花 206
墨竹柳 28
牡丹 55
牡丹吊兰 49
牡丹叶当归 161
木鳖子 216
木耳菜 230
木根香青 239
木果柯 32
木姜子 70
木槿 138
木兰杜鹃花 165
木梨 98
木藤首乌 44
木犀 175
木香花 103
木帚栒子 95
牧场膨果豆 116

N

奶桑 36
南布拉虎耳草 88
南方六道木 210
南瓜 216
南蓟 237
南酸枣 128
南天竹 63
南亚含笑 66
南洋杉 2
南竹叶环根芹 160
囊被百合 275
囊状嵩草 260
尼泊尔大丁草 238
尼泊尔沟酸浆 198
尼泊尔花楸 96
尼泊尔花楸 96
尼泊尔锦鸡儿 116
尼泊尔老鹳草 120
尼泊尔蓼 45

尼泊尔绿绒蒿 72
尼泊尔芒 255
尼泊尔桤木 31
尼泊尔十大功劳 65
尼泊尔双蝴蝶 179
尼泊尔酸模 44
尼泊尔天名精 240
尼泊尔香青 239
尼泊尔野桐 126
尼泊尔蝇子草 53
尼泊尔鸢尾 278
泥柯 32
拟鼻花马先蒿 200
拟多刺绿绒蒿 72
拟覆盆子 98
拟南芥 79
拟鼠麹草 240
拟秀丽绿绒蒿 72
粘冠草 227
粘毛鼠尾草 189
鸟足毛茛 62
茑萝松 183
聂拉木龙胆 178
宁夏枸杞 193
柠檬 123
牛蒡 236
牛枓吴萸 122
牛筋草 248
牛奶子 145
牛皮消 182
牛膝 48
牛膝菊 234
牛心白 76
扭盔马先蒿 200
扭连钱 189
浓紫龙眼独活 152
怒江红杉 6
怒江天胡荽 154
暖地杓兰 284
女贞 175

O

欧丁香 175
欧洲夹竹桃 181
欧洲李 105
欧洲千里光 230
欧洲水仙 276
欧洲甜樱桃 106
欧洲菟丝子 183
欧洲油菜 76

P

爬地毛茛 62
爬树龙 263
攀缘千里光 229
盘龙参 286
盘状橐吾 231
螃蟹甲 191
泡核桃 30
泡花树 134
蓬子菜 208
披碱草 249
皮刺绿绒蒿 72
枇杷 96
偏翅唐松草 59
片髓灯心草 266
瓢儿菜 77
苤蓝 76
平车前 206
平滑洼瓣花 274
平卧皱叶黄杨 127
苹果 97
苹果榕 35
铺散马先蒿 200
铺散毛茛 62
匍匐风轮菜 192
匍匐堇菜 142
匍匐露珠草 147
匍匐悬钩子 100
匍匐栒子 95
匍茎毛兰 290
匍茎榕 36
匍茎通泉草 198
葡萄 137
葡萄柚 123
蒲公英叶风毛菊 237
普兰獐牙菜 180
普氏马先蒿 201
普通鹿蹄草 164

Q

七筋姑 272
七裂枫
七叶鬼灯檠 88
七叶一枝花 269
漆 129
漆姑草 53
荠菜 76
畦畔飘拂草 258
千花橐吾 231
千里光 230
千针万线草 52
千针苋 47
牵牛 183
签草 260
荨麻叶凤仙花 135
浅裂罗伞 151
茜草 207
墙草 39
乔木茵芋 123
乔松 3
荞麦 46
荞头 273
茄 194
茄参 195
琴叶通泉草 198
青菜 76
青藏垫柳 27
青甘锦鸡儿 116
青冈 33
青海刺参 213
青海马先蒿 201
青蒿 233
青灰叶下珠 125
青稞 249
青绿薹草 261
青皮枫 132
青蛇藤 182
青藤仔 174
青铜钱 89
青羊参 182
清溪杨 26
清香木 128
箐姑草 52
秋华柳 29
秋拟鼠麹草 240
秋英 235
秋子梨 98
俅江青冈 33
俅江鼠刺 90
球果假沙晶兰 164
球花报春 171
球花马蓝 205
球花马先蒿 200
球茎甘蓝 76
球茎虎耳草 86
球穗扁莎 259
球穗香薷 189
球序卷耳 51
曲萼茶藨子 90
曲序南星 264
全唇兰 289
全叶美丽马先蒿 201
全缘火麻树 37
全缘石楠 97
全缘叶绿绒蒿 72
泉沟子荠 78
雀儿舌头 125
雀麦 251

R

髯毛无心菜 52
髯毛紫菀 228
染用卫矛 131
人参果 102
日本落叶松 5
日本女贞 175
日本全唇兰 289
日本晚樱 106
日喀则蒿 233
绒毛杯苋 48
绒毛山胡椒 70
绒毛山梅花 90
绒毛栗色鼠尾草 189
绒叶含笑 66
柔茎蓼 45

柔毛茛　62
柔毛路边青　100
柔毛马先蒿　200
柔毛山黑豆　112
柔毛委陵菜　102
柔毛悬钩子　99
柔软点地梅　170
柔枝野丁香　207
肉果草　197
肉色土圞儿　113
肉质金腰　86
乳突小檗　64
乳突紫背杜鹃花　165
软雀花　155
锐齿枫　133
锐齿凤仙花　135
锐果鸢尾　278
锐叶茴芹　158
瑞香缬草　212
弱序羊茅　250

S

三果大通翠雀花　58
三花杜鹃花　165
三基脉紫菀　228
三角枫　133
三棱虾脊兰　288
三裂毛茛　61
三裂毛茛　62
三裂紫堇　73
三脉梅花草　89
三脉猪殃殃　208
三球悬铃木　91
三色堇　142
三色苋　48
三小叶碎米荠　75
三椏苦　122
三椏乌药　70
三叶地锦　137
三叶金露梅　101
三叶蜜茱萸　122
三叶吴萸　122
散痂虎耳草　87
散鳞杜鹃　165
散序地杨梅　266
桑　36
缫丝花　103
扫帚锦绦花　167
色季拉虎耳草　87
涩芥　78
森林榕　35
沙蒿　234
砂生槐　111
莎草兰　291
山茶　141
山地虎耳草　87
山地香茶菜　188
山鸡椒　70
山芥碎米荠　75
山荆子　97
山莨菪　195
山蓼　43
山柳菊叶糖芥　79
山麦冬　270
山飘风　82
山生福禄草　52
山生柳　28
山柿子果　70
山桃　105
山溪金腰　86
山杏　105
山杨　26
山野豌豆　114
山育杜鹃花　165
山枣　137
山楂叶樱桃　106
山紫锤草　218
山紫茉莉　49
山酢浆草　119
杉叶杜　166
杉叶藻　149
珊瑚樱　194
穇子　248
扇形鸢尾　278
扇叶水毛茛　62
商陆　49
芍药　55
苕叶细辛　41
少齿花楸　96
少对峨眉蔷薇　103
少果枫　133
少花粉条儿菜　271
少花荚蒾　209
少花龙葵　194
少裂西藏白苞芹　158
少脉雀梅藤　136
少脉水东哥　140
少毛花叶海棠　98
少毛西域荚蒾　210
舌岩白菜　86
舌叶垂头菊　231
蛇瓜　215
蛇果黄堇　74
蛇莓　101
射干　278
深红火把花　191
深灰枫　132
深紫吊石苣苔　204
深紫续断　213
肾唇虾脊兰　288
肾叶金腰　86
升麻　56
生菜　224
生姜　280
狮牙草状风毛菊　237
湿生扁蕾　179
十字薹草　260
石刁柏　269
石峰杜鹃花　165
石柑子　262
石柯　32
石莲　81
石榴　146
石南七　41
石楠　97
石生黄耆　117
石枣子　130
石竹　53
矢车菊　236
柿　172
手参　287
首阳变豆菜　155
绶草　286
疏花车前　206
疏花齿缘草　185
疏花粉条儿菜　271
疏花卫矛　131
疏花早熟禾　250
疏毛棱子芹　157
疏叶虎耳草　87
疏叶香根芹　155
蜀杭子梢　118
蜀葵　139
蜀榆　34
鼠耳芥　79
鼠茅　251
鼠掌老鹳草　120
束果茶藨子　90
束花粉报春　171
束花石斛　290
树生越桔　168
栓果芹　160
双参　213
双果冬青　130
双核构骨　130
双花堇菜　142
双脊荠　78
双尖苎麻　38
双药芒　255
双柱柳　29
双子素馨　174
水葱　258
水红木　209
水葫芦苗　61
水晶兰　164
水蓼　45
水麻　39
水马齿　127
水麦冬　243
水毛花　258
水芹　158
水青树　68
水曲柳　174
水杉　6
水塔花　265
水仙　276

水栒子 94
睡莲 54
硕大马先蒿 200
丝瓣芹 159
丝瓜 216
丝毛柳 28
丝须蒟蒻薯 277
丝叶球柱草 258
丝叶紫堇 73
丝柱龙胆 179
四川波罗花 202
四川冬青 129
四川堇菜 142
四川列当 203
四川嵩草 260
四川新木姜子 69
四季豆 113
四季秋海棠 143
四裂红景天 82
四蕊朴 34
四蕊槭 132
四蕊山莓草 102
松柏钝果寄生 41
松林丁香 175
松下兰 164
苏铁 2
素方花 174
素馨花 174
粟 254
粟草 253
粟米草 49
酸橙 123
酸模 44
酸模叶蓼 45
蒜 273
穗花粉条儿菜 271
穗花荆芥 190
穗花韭 274
穗花杉 9
穗序大黄 44
穗序蔓龙胆 179
穗状狐尾藻 149
繸瓣无心菜 52
繸裂石竹 53
繸叶卫矛 130
索白拉虎耳草 88
索骨丹 88

T

塌棵菜 77
塔黄 43
塔竹 270
太白韭 273
太白山葱 273
太白深灰枫 132
昙花 144
檀梨 39
弹裂碎米荠 75
唐菖蒲 278
唐古特忍冬 211
唐古特岩黄耆 118
唐松草党参 219
糖茶藨子 90
螳螂跌打 262
桃 105
桃儿七 63
腾越荚蒾 209
蹄叶橐吾 231
天胡荽 154
天蓝韭 274
天蓝苜蓿 112
天麻 284
天仙子 194
天竺葵 119
田葛缕子 159
田旋花 183
甜橙 123
甜根子草 255
甜瓜 217
条裂垂花报春 171
条裂黄堇 73
条纹毛兰 290
条叶垂头菊 232
条叶芒毛苣苔 204
条叶舌唇兰 287
条叶银莲花 61
贴梗海棠 97
铁马鞭 118
铁仔 169
葶茎天名精 240
葶立钟报春 171
葶苈 80
通麦栎 33
通麦虾脊兰 288
通麦香茅 256
茼蒿 232
铜锤玉带草 218
铜钱叶白珠 164
筒瓣兰 292
筒鞘蛇菰 42
头花杯苋 48
头花独行菜 75
头花蓼 45
头花马蓝 205
头花马先蒿 200
头花婆婆纳 199
头蕊兰 289
头序大黄 44
头状四照花 161
凸孔阔蕊兰 288
突隔梅花草 89
突厥蔷薇 103
土豆 194
兔耳兰 291
菟丝子 183
团花新木姜子 69
团叶越桔 168
脱萼鸦跖花 61
椭圆悬钩子 99

W

歪叶榕 36
弯齿风毛菊 237
蜿蜒杜鹃花 165
豌豆 114
万寿竹 273
网脉柳兰 148
网脉悬钩子 100
网叶木蓝 115
微齿山梗菜 218
微孔草 185
微毛忍冬 211
微毛樱桃 105
微绒绣球 89
微药野青茅 252
围涎树 109
维西花楸 96
维西香茶菜 188
苇叶獐牙菜 180
尾穗嵩草 260
尾叶芒毛苣苔 204
委陵菜 102
萎软紫菀 228
文冠果 134
文竹 269
蕹菜 183
莴笋 224
卧茎唇柱苣苔 203
卧生水柏枝 142
乌饭叶菝葜 269
乌蔹莓五加 151
乌柳 28
乌塌菜 77
无苞杓兰 284
无齿青冈 33
无翅秋海棠 142
无翅山黧豆 114
无翅兔儿风 238
无刺菝葜 269
无花果 35
无患子 133
无茎荠 78
无距凤仙花 135
无距耧斗菜 57
无毛漆姑草 53
无舌狗娃花 228
无舌小黄菊 232
无腺吴萸 122
无心菜 52
芜菁 77
吴茱萸叶五加 151
梧桐 140
五福花 211
五裂蟹甲草 231
五脉绿绒蒿 72
五蕊东爪草 81

五叶草　120
五叶山莓草　102

X

西伯利亚刺柏　8
西伯利亚蓼　46
西伯利亚神血宁　46
西伯利亚远志　125
西川红景天　82
西府海棠　97
西府海棠　98
西瓜　216
西葫芦　216
西康花楸　96
西康蔷薇　103
西康绣线梅　93
西南菝葜　269
西南草莓　100
西南吊兰　272
西南风铃草　220
西南花楸　96
西南琉璃草　185
西南鹿药　273
西南牡蒿　234
西南山梅花　90
西南手参　287
西南水芹　158
西南铁线莲　60
西南委陵菜　102
西南卫矛　131
西南悬钩子　100
西南野古草　254
西南野豌豆　114
西南鸢尾　278
西洋梨　98
西域鬼吹箫　210
西域荚蒾　210
西域旌节花　142
西域蜡瓣花　84
西域青荚叶　161
西藏凹乳芹　159
西藏八角　69
西藏八角莲　63
西藏白皮松　3
西藏白珠　164
西藏柏木　7
西藏遍地金　141
西藏糙苏　191
西藏草莓　101
西藏常春木　150
西藏大黄　43
西藏单球芹　157
西藏地不容　65
西藏吊灯花　182
西藏冬青　130
西藏独花报春　171
西藏对叶兰　288
西藏鹅掌柴　151
西藏风毛菊　237
西藏凤仙花　135
西藏附地菜　185
西藏割舌树　123
西藏还阳参　225
西藏含笑　66
西藏红豆杉　9
西藏虎头兰　291
西藏箭竹　246
西藏姜味草　192
西藏旌节花　142
西藏柯　32
西藏阔蕊兰　288
西藏狼尾草　254
西藏棱子芹　157
西藏冷杉　4
西藏栎　33
西藏裂瓜　215
西藏瘤果芹　157
西藏绿绒蒿　72
西藏马兜铃　41
西藏毛鳞菊　225
西藏木瓜　97
西藏木莲　67
西藏蔷薇　103
西藏秦艽　178
西藏三七草　230
西藏山小橘　123
西藏珊瑚苣苔　204
西藏杓兰　284
西藏鼠耳芥　79
西藏鼠李　136
西藏丝瓣芹　159
西藏素方花　174
西藏铁线莲　60
西藏通脱木　150
西藏卫矛　131
西藏菥蓂　79
西藏香竹　246
西藏小麦　249
西藏新小竹　247
西藏须芒草　256
西藏延龄草　269
西藏野豌豆　114
西藏银莲花　61
西藏玉凤花　288
西藏鸢尾　278
西藏珍珠梅　94
菥蓂　79
稀脉浮萍　265
锡金梣　174
锡金冬青　129
锡金枫　133
锡金冷杉　4
锡金柳　28
锡金柳叶菜　148
锡金龙胆　178
锡金蒲公英　224
锡金秋海棠　143
锡金鼠尾草　189
锡金悬钩子　99
膝曲乌蔹莓　138
喜斑鸠菊　236
喜冬草　164
喜马灯心草　267
喜马拉雅臭樱　104
喜马拉雅大黄　44
喜马拉雅鬼灯檠　88
喜马拉雅红杉　6
喜马拉雅黄耆　117
喜马拉雅柳兰　148
喜马拉雅鼠耳芥　79
喜马拉雅蒿草　260
喜马拉雅崖爬藤　138
喜马拉雅岩梅　162
喜马拉雅云杉　5
喜马拉雅长叶松　3
喜玛红景天　82
喜山葶苈　80
喜阴悬钩子　99
细齿稠李　106
细齿樱桃　106
细梗勾儿茶　137
细果角茴香　72
细花滇紫草　184
细花虾脊兰　288
细花紫堇　73
细茎蓼　46
细茎驴蹄草　56
细裂叶松蒿　201
细青皮　84
细瘦悬钩子　99
细穗高山桦　31
细穗兔儿风　238
细穗支柱拳蓼　45
细香葱　273
细叶苦荬　225
细叶亮蛇床　160
细叶芹　155
细叶小苦荬　225
细枝绣线菊　94
细枝栒子　95
狭瓣虎耳草　87
狭苞香青　239
狭萼茶藨子　90
狭裂马先蒿　200
狭裂中印铁线莲　60
狭室马先蒿　200
狭序唐松草　59
狭叶矮探春　173
狭叶柏那参　151
狭叶梣　174
狭叶垂头菊　232
狭叶红景天　82
狭叶荆芥　190
狭叶罗伞　151
狭叶芒毛苣苔　204
狭叶山兰　292

狭叶委陵菜　102
狭叶五加　151
狭叶鸢尾兰　286
狭叶圆穗拳蓼　45
狭叶重楼　269
夏枯草　190
夏至草　189
仙客来　170
仙人对坐草　126
纤齿构骨　130
纤细草莓　101
纤细柴胡　156
纤细鬼吹箫　210
纤细花楸　96
纤细黄堇　74
纤细千金藤　65
纤细雀梅藤　136
纤枝香青　239
鲜卑花　94
显苞灯心草　267
显苞芒毛苣苔　204
显脉荚蒾　209
显脉猕猴桃　140
显脉松寄生　41
显脉獐牙菜　180
显异薹草　260
藓丛粗筒苣苔　203
藓叶卷瓣兰　292
苋(苋菜)　48
线萼红景天　82
线尾榕　35
线纹香茶菜　188
线叶虎耳草　88
线叶龙胆　178
线叶水芹　158
线叶嵩草　260
腺瓣虎耳草　87
腺萼落新妇　88
腺梗蔷薇　103
腺梗豨莶　234
腺梗小头蓼　45
腺果大叶蔷薇　103
腺毛播娘蒿　76
腺毛耧斗菜　57
腺毛委陵菜　102
腺序点地梅　170
腺叶桂樱　106
腺叶拉拉藤　208
腺叶醉鱼草　176
香柏　7
香橙　123
香椿　124
香葱　273
香花木犀　176
香龙血树　270
香薷　189
香石竹　53
香水月季　103
香豌豆　114
香雪球　80
香橼　123
向日葵　235
象鼻藤　117
象南星　264
橡皮树　35
小鞍叶羊蹄甲　110
小白菜　77
小百合　275
小苞姜花　280
小苞瓦松　83
小扁豆　125
小柴胡　157
小车前　205
小大黄　43
小灯心草　266
小垫柳　27
小果大叶漆　129
小果朴　34
小果绒毛漆　129
小果野蕉　279
小果榆　34
小果紫薇　146
小裹盔马先蒿　201
小红参　208
小花灯心草　266
小花火烧兰　289
小花姜花　281
小花角茴香　72
小花金莲花　56
小花琉璃草　185
小花柳叶菜　148
小花毛果草　185
小花舌唇兰　287
小花水柏枝　142
小花小檗　65
小花缬草　212
小喙唐松草　59
小鸡藤　112
小尖囊蝴蝶兰　290
小蜡　175
小蓝雪花　172
小蓝雪花　172
小丽茅　252
小麦　249
小米　254
小木通　60
小蓬草　227
小婆婆纳　199
小窃衣　155
小雀花　118
小伞虎耳草　88
小山兰　292
小舌紫菀　228
小石花　203
小天蓝绣球　183
小头蓼　45
小卫矛　131
小箱柯　32
小叶梣　174
小叶花楸　96
小叶金露梅　101
小叶蓼　46
小叶轮钟草　218
小叶葎　208
小叶女贞　175
小叶青皮枫　132
小叶唐松草　60
小叶兔儿风　238
小叶香茶菜　189
小叶栒子　95
小颖羊茅　250
小圆叶冬青　130
小子圆柏　7
楔苞楼梯草　38
楔叶葎　208
楔叶山莓草　102
楔叶委陵菜　101
楔叶绣线菊　93
斜茎黄耆　117
斜叶黄檀　117
斜叶榕　36
蟹爪兰　144
心果囊瓣芹　159
心叶大黄　43
心叶荚蒾　209
心叶栝楼　216
心叶日中花　49
新雅紫菀　228
新月茅膏菜　80
星花粉条儿菜　271
星叶草　59
星状雪兔子　237
杏　105
宿根亚麻　121
秀苞败酱　212
秀丽兜兰　284
秀丽水柏枝　141
秀丽薹草　260
绣球　89
绣球藤　60
绣线梅　93
锈毛西南花楸　96
锈毛旋覆花　240
须苞石竹　53
须弥大黄　44
须弥葛　113
须弥红豆杉　9
须弥虎耳草　87
须弥荨麻　37
须弥紫菀　228
续随子　126
萱草　272
旋叶香青　239
雪层杜鹃花　165
雪豆　113
雪里蕻　77

雪山杜鹃花 166
雪松 6
血红蕉 279
血见愁 187
血满草 209
血色卫矛 130
薰衣草 188

Y

鸦片 71
鸦跖花金腰 86
雅灯心草 267
雅谷火绒草 239
雅江报春 171
雅致杓兰 284
雅致雾水葛 39
亚东高山豆 116
亚东杨 27
亚高山冷水花 38
烟草 194
延龄草 269
岩白菜 86
岩梅虎耳草 87
岩坡卫矛 130
岩生草沙蚕 248
岩生剪股颖 252
岩生银莲花 61
岩须 167
沿阶草 271
雁来红 48
燕麦 252
羊齿天门冬 269
羊耳蒜 292
羊茅 250
羊眼豆 114
阳桃 119
阳芋 194
洋葱 273
洋大头菜 76
洋姜 235
腰果小檗 64
姚氏毛茛 62
姚氏樱桃 105
野灯心草 266
野丁香 207
野桂花 175
野蕉 279
野葵 139
野棉花 60
野牡丹 147
野漆 129
野青茅 252
野茼蒿 230
野燕麦 252
野芋 264
叶萼龙胆 178
叶牡丹 76
叶翼首花 213
叶子花 48
夜香牛 236
腋花勾儿茶 137
腋花扭柄花 272
一把伞南星 265
一朵花杜鹃花 165
一年蓬 227
一品红 127
一球悬铃木 91
异果假鹤虱 186
异花木蓝 115
异毛虎耳草 88
异色红景天 82
异色柳 28
异色山黄麻 34
异条叶虎耳草 87
异腺草 120
异型假鹤虱 186
异叶海桐 83
异叶虎耳草 87
异叶冷水花 38
异叶楼梯草 38
异叶千里光 230
异叶兔儿风 238
异叶泽兰 226
异长齿黄耆 117
异株荨麻 37
谊柯 32
翼首花 213
阴地苎麻 38
阴行草 199
阴生小檗 64
银白杨 26
银露梅 101
银杏 2
银叶火绒草 239
银叶委陵菜 102
隐瓣蝇子草 53
隐花马先蒿 200
隐序南星 264
印度榜 32
印度榕 35
印度枣 136
英桐 91
罂粟 71
樱花杜鹃花 165
樱桃 106
鹦哥花 113
迎春花 174
楹树 109
硬粒小麦 249
硬毛杜鹃花 165
硬毛蓼 46
硬毛南芥 79
硬毛神血宁 46
硬毛夏枯草 190
硬叶柳 28
硬叶木蓝 115
优越虎耳草 87
油白菜 77
油茶 141
油麦吊云杉 5
油杉寄生 41
油松 4
油桐 126
疣点卫矛 131
疣枝菝葜 270
游藤卫矛 131
有柄柴胡 156
柚 123
鼬瓣花 191
鱼尾葵 261
鱼腥草 25
鱼眼草 226
俞氏铁线莲 60
萸叶五加 151
榆树 34
羽裂堇菜 142
羽脉清香桂 127
羽脉野扇花 127
羽毛地杨梅 266
羽衣甘蓝 76
羽轴丝瓣芹 159
玉兰 68
玉龙山无心菜 52
玉米 254
玉蜀黍 254
玉树 81
玉簪 272
芋 264
郁金 281
郁金香 275
元宝枫 132
芫荽 156
原拉拉藤 208
原沼兰 292
圆柏 7
圆柏寄生 41
圆齿刺鼠李 136
圆齿垫柳 27
圆齿狗娃花 228
圆根 77
圆舌黏冠草 227
圆穗拳蓼 45
圆叶蓼 46
圆叶枸子 95
圆叶芋 264
圆柱柳叶菜 148
圆锥山蚂蝗 118
圆锥小麦 249
缘毛卷耳 51
缘毛鸟足兰 286
缘毛紫菀 228
月季花 103
月见草 149
越桔叶忍冬 211
云梅花草 89
云南柴胡 156

云南丁香 175
云南冬青 130
云南鹅耳枥 31
云南繁缕 52
云南高山豆 116
云南勾儿茶 137
云南红豆杉 9
云南红景天 82
云南黄果冷杉 4
云南黄连 56
云南黄杞 30
云南金莲花 56
云南锦鸡儿 116
云南蜜蜂花 192
云南拟单性木兰 67
云南青菜 77
云南沙棘 145
云南山梅花 90
云南杓兰 284
云南松 3
云南碎米荠 75
云南铁杉 5
云南土沉香 126
云南土圞儿 113
云南卫矛 131
云南绣线梅 93
云南杨梅 29
云南野古草 254
云南紫菀 228
云生毛茛 61
云雾薹草 260
芸豆 113
芸苔 77
芸香草 256
芸香叶唐松草 60

Z

杂毛蓝钟花 219
杂配藜 47
杂色钟报春 171
杂种补血草 172
藏百合 275
藏北艾 233
藏边大黄 43
藏波罗花 202
藏布江树萝卜 168
藏川杨 27
藏滇还阳参 225
藏东百蕊草 39
藏东薹草 261
藏合欢 109
藏红杉 6
藏蓟 237
藏落芒草 253
藏南杜鹃花 166
藏南枫 133
藏南凤仙花 135
藏南虎耳草 87
藏南黄耆 117
藏南金钱豹 218
藏南卷耳 51
藏南石斛 290
藏南绣线菊 93
藏南悬钩子 99
藏青稞 249
藏橐吾 231
藏杏 105
藏蝇子草 53
藏獐牙菜 180
早熟禾 250
枣 137
皂柳 28
榨菜 77
窄叶火棘 95
窄叶鲜卑花 94
窄叶野豌豆 114
窄竹叶柴胡 157
展苞灯心草 266
展苞飞蓬 228
展喙乌头 57
展毛翠雀花 58
展毛工布乌头 58
展毛银莲花 61
展序芨芨草 253
樟木秋海棠 143
掌裂柏那参 151
掌裂蟹甲草 231
掌叶大黄 43
掌叶石蚕 187
掌叶悬钩子 100
胀萼蓝钟花 219
爪哇唐松草 59
沼生蔊菜 78
沼生橐吾 231
折瓣雪山报春 171
针齿铁仔 169
针刺悬钩子 99
珍珠花 167
振铎岩参 225
栀子 206
蜘蛛香 212
直萼龙胆 178
直梗高山唐松草 59
直角荚蒾 209
直茎蒿 233
直距耧斗菜 57
直立点地梅 170
直立黄耆 117
直立悬钩子 99
直序乌头 58
纸叶越桔 168
指裂梅花草 89
中甸灯台报春 171
中甸茴芹 158
中国梅花草 89
中国茜草 207
中国水仙 276
中华红叶杨 27
中华苦荬 225
中华猕猴桃 140
中华山蓼 43
中华山紫茉莉 49
中麻黄 9
中亚卫矛 131
中亚早熟禾 250
中印铁线莲 60
钟花杜鹃花 166
钟花假百合 275
钟花韭 274
钟花清风藤 134
钟状独花报春 171
重齿藏南枫 132
皱波黄堇 74
皱果胡椒 26
皱果蛇莓 101
皱皮木瓜 97
皱叶变豆菜 155
皱叶丁香 175
皱叶绢毛菊 224
皱叶南蛇藤 131
皱叶酸藤子 169
皱叶醉鱼草 176
骤尖楼梯草 38
帚枝刺鼠李 136
朱蕉 270
朱砂根 169
珠峰飞蓬 228
珠峰龙胆 179
珠峰小檗 65
珠光香青 239
珠芽艾麻 37
珠芽拳蓼 45
珠子参 152
诸葛菜 77
猪毛蒿 233
猪殃殃 208
竹节菜 265
竹节参 152
竹节秋海棠 143
竹灵消 182
竹叶花椒 122
竹叶茅 255
竹枝石斛 290
砖子苗 259
锥花繁缕 52
锥腺樱锥腺樱 105
卓巴百合 275
紫斑百合 275
紫斑杜鹃 166
紫斑兰 288
紫斑玉凤花 288
紫苞香青 239
紫背白珠 164
紫背金盘 188
紫背鹿蹄草 163
紫菜苔 77

紫点杓兰 284
紫丁香 175
紫红悬钩子 99
紫花百合 275
紫花茶藨子 90
紫花虎耳草 87
紫花槐 111
紫花鹿药 273
紫花络石 181
紫花绿绒蒿 72
紫花山莓草 102
紫花溲疏 89
紫花橐吾 231
紫花亚菊 233
紫花野百合 111
紫花野决明 111
紫花醉鱼草 176
紫金龙 72
紫茎兰 285
紫茎酸模 44
紫荆 110
紫罗兰 79
紫脉花鹿藿 112
紫茉莉 49
紫苜蓿 112
紫雀花 111
紫色悬钩子 99
紫苏 192
紫藤 115
紫薇 146
紫羊茅 250
紫叶李 105
紫玉兰 68
紫玉盘杜鹃花 166
紫钟报春 171
紫竹 246
棕背川滇杜鹃花 166
棕榈 262
棕叶狗尾草 254
总梗委陵菜 102
总序黄鹌菜 226
总状凤仙花 135
总状绿绒蒿 72
走茎灯心草 267
足茎毛兰 290
钻裂风铃草 220
钻天杨 27
钻叶风毛菊 237
醉鱼草状六道木 210
左旋柳 28

拉丁名索引

（按字母顺序排列）

A

Abelmoschus esculentus 138
Abelmoschus manihot 138
Abies chayuensis 4
Abies delavayi 4
Abies delavayi var. *motuoensis* 4
Abies densa 4
Abies ernestii 4
Abies ernestii var. *salouenensis* 4
Abies forrestii 4
Abies georgei 4
Abies georgei var. *smithii* 4
Abies spectabilis 4
Abies squamata 4
Acanthocalyx alba 213
Acanthocalyx nepalensis 213
Acer buergerianum 133
Acer caesium 132
Acer campbellii 133
Acer campbellii var. *serratifolium* 132
Acer cappadocicum 132
Acer cappadocicum ssp. *sinicum* 132
Acer caudatum 132
Acer oblongum 133
Acer oligocarpum 133
Acer palmatum 132
Acer pectinatum 133
Acer pectinatum ssp. taronense 133
Acer pictum var. *macropterum* 132
Acer sikkimense 133
Acer stachyophyllum 132
Acer tibetense 132
Acer truncatum 132
Acerwardii 133
Achnatherum brandisii 253
Achyranthes bidentata 48
Aconitum bracteolatum 58
Aconitum brevilimbum 57
Aconitum richardsonianum 58
Aconitum creagromorphum 57
Aconitum gymnandrum 57
Aconitum kongboense 58
Aconitum kongboense var. *villosum* 58
Aconitum longilobum 57
Aconitum novoluridum 57
Aconitum prominens 58
Aconitum pulchellum var. *hisidum* 57
Aconitum scaposum var. *hupehanum* 57
Acorus calamus 263
Acroglochin persicarioides 47
Acronema commutatum 159
Acronema graminifolium 159
Acronema nervosum 159
Acronema tenerum 159
Acronema xizangense 159
Actaea asiatica 57
Actinidia chinensis 140
Actinidia venosa 140
Adenocaulon himalaicum 240
Adenophora liliifolioides 220
Adonis davidii 61
Adoxa moschatellina 211
Aeschynanthus acuminatus 204
Aeschynanthus angustissimus 204
Aeschynanthus bracteatus 204
Aeschynanthus dolichanthus 205
Aeschynanthus lasiocalyx 204
Aeschynanthus linearifolius 204
Aeschynanthus maculatus 204
Aeschynanthus medogensis 204
Aeschynanthus mimetes 204
Aeschynanthus stenosepalus 204
Aeschynanthus superbus 204
Agapetes praeclara 168
Agrimonia pilosa 104
Agrimonia pilosa var. *nepalensis* 104
Agrostis sinorupestris 252
Ailanthus altissima 124
Ainsliaea aptera 238
Ainsliaea foliosa 238
Ainsliaea fulvipes 238
Ainsliaea latifolia 238
Ajania myriantha 233
Ajania purpurea 233
Ajuga campylanthoides 188
Ajuga ciliata 188
Ajuga nipponensis 188
Alangium alpinum 146
Albizia chinensis 109
Albizia julibrissin 109
Albizia mollis 109
Albizia sherriffii 109
Alcea rosea 139
Alcimandra cathcartii 66
Aletris gracilis 271
Aletris laxiflora 271
Aletris pauciflora 271
Aletris pauciflora var. *khasiana* 271
Allium cepa 273
Allium cepiforme 273
Allium chinense 273
Allium cyaneum 274
Allium fasciculatum 274
Allium fistulosum 273
Allium hookeri 273
Allium kingdonii 274
Allium porrum 274
Allium prattii 273
Allium sativum 273
Allium tuberosum 274
Allophylus chartaceus 133

Alnus nepalensis 31
Aloe vera 271
Altingia excelsa 84
Amaranthus tricolor 48
Ambroma augustum 140
Amentotaxus argotaenia 9
Amygdalus davidiana 105
Amygdalus holosericea 105
Amygdalus mira 105
Amygdalus mume 105
Amygdalus persica 105
Amygdalus sibirica 105
Amygdalus vulgaris 105
Ananas comosus 265
Anaphalis acutifolia 239
Anaphalis aureopunctata 240
Anaphalis contorta 239
Anaphalis flavescens 239
Anaphalis gracilis 239
Anaphalis hancockii 239
Anaphalis margaritacea 239
Anaphalis nepalensis 239
Anaphalis porphyrolepis 239
Anaphalis spodiophylla 240
Anaphalis stenocephala 239
Anaphalis xylorhiza 239
Andropogon munroi 256
Androsace adenocephala 170
Androsace bisulca 170
Androsace ciliifolia 170
Androsace erecta 170
Androsace forrestiana 170
Androsace graminifolia 170
Androsace limprichtii 170
Androsace mollis 170
Androsace strigillosa 170
Androsace wardii 170
Anemone begoniifolia 61
Anemone coelestina var. *linearis* 61
Anemone demissa 61
Anemone imbricata 61
Anemone rivularis 60
Anemone rupicola 61
Anemone tibetica 61
Anemone vitifolia 60
Angelica apaensis 161
Angelica paeoniaefolia 161
Anisadenia pubescens 120
Anisodus luridus 195
Anisodus luridus var. *fischerianus* 195
Anisodus tangnticus 195
Anthogonium gracile 292
Anthriscus sylvestris ssp. *nemorosa* 156
Anthurium andraeanum 263
Aphyllorchis gollanii 285
Apios carnea 113
Apios delavayi 113
Apium graveolens 156
Aquilegia ecalcarata 57
Aquilegia moorcroftiana 57
Aquilegia rockii 57
Arabidopsis himalaica 79
Arabidopsis thaliana 79
Arabidopsis tibetica 79
Arabis hirsuta 79
Arabis pendula 79
Arachis hypogaea 117
Aralia atropurpurea 152
Araucaria cunninghamii 2
Arceuthobium chinense 41
Arceuthobium oxycedri 41
Arceuthobium pini 41
Arctium lappa 236
Ardisia crenata 169
Arenaria barbata 52
Arenaria capillaris 51
Arenaria densissima 52
Arenaria festucoides 52
Arenaria fimbriata 52
Arenaria fridericae 52
Arenaria lancangensis 52
Arenaria napuligera 52
Arenaria oreophila 52
Arenaria pulvinata 52
Arenaria serpyllifolia 52
Arenaria shannanensis 52
Arenaria smithiana 52
Arisaema echinatum 265
Arisaema elephas 264
Arisaema erubescens 265
Arisaema flavum ssp. *tibeticum* 264
Arisaema tortuosum 264
Arisaema wardii 264
Aristolochia griffithii 41
Aristolochia saccata 41
Artemisia annua 233
Artemisia edgeworthii 233
Artemisia frigida 234
Artemisia nanschanica 233
Artemisia parviflora 234
Artemisia robusta 233
Artemisia roxburghiana 233
Artemisia scoparia 233
Artemisia sieversiana 233
Artemisia tangutica 233
Artemisia vulgaris var. *xizangensis* 233
Artemisia xigazeensis 233
Aruncus sylvester 94
Arundinella hookeri 254
Arundinella yunnanensis 254
Arundo donax 247
Asarum himalaicum 41
Asparagus filicinus 269
Asparagus myriacanthus 269
Asparagus officinalis 269
Asparagus setaceus 269
Aster albescens 228
Aster barbellatus 228
Aster flaccidus 228
Aster fulgidulus 228
Aster himalaicus 228
Aster hypoleucus 228
Aster likiangensis 228
Aster neoelegans 228
Aster retusus 228
Aster souliei 228
Aster tongolensis 228
Aster trinervius 228
Aster yunnanensis 228
Astilbe rivularis var. *myriantha* 88
Astilbe rubra 88
Astragalus austrotibetanus 117
Astragalus axmannii 117
Astragalus lessertioides 117
Astragalus lucidus 117

Astragalus monbeigii 117
Astragalus nangxianensis 117
Astragalus saxorum 117
Astragalus strictus 117
Astragalus tumbatsica 117
Astragalus zayuensis 117
Avena fatua 252
Avena sativa 252
Averrhoa carambola 119

B

Balanophora involucrata 42
Basella alba 50
Batrachium bungei 62
Bauhinia brachycarpa 110
Bauhinia brachycarpa var. *microphylla* 110
Begonia × *maculata* 143
Begonia acetosella 142
Begonia asperifoli 143
Begonia flaviflora 143
Begonia palmata 143
Begonia peltatifolia 143
Begonia picta 143
Begonia rex 143
Begonia sikkimensis 143
Begonia × *semperflorens* 143
Begoniahatacoa 143
Belamcanda chinensis 278
Bellis perennis 227
Benincasa hispida 216
Berberis agricola 64
Berberis chrysosphaera 64
Berberis erythroclada 65
Berberis everestiana 65
Berberis franchetiana 64
Berberis griffithiana 65
Berberis griffithiana var. *pallida* 65
Berberis gyalaica 64
Berberis ignorata 64
Berberis johannis 64
Berberis kongboensis 64
Berberis minutiflora 65
Berberis papillifera 64
Berberis polyantha 64
Berberis sherriffii 64
Berberis taronensis 65
Berberis temolaica 64
Berberis umbratica 64
Berchemia edgeworthii 137
Berchemia floribunda 137
Berchemia longipedicellata 137
Berchemia yunnanensis 137
Bergenia pacumbis 86
Bergenia purpurascens 86
Betula cylindrostachya 31
Betula delavayi 31
Betula delavayi var. *microstachya* 31
Betula platyphylla 31
Betula utilis 31
Bidens cernua 235
Billbergia pyramidalis 265
Blysmus compressus 257
Blysmus sinocompressus 257
Boehmeria umbrosa 38
Boenninghausenia albiflora 122
Boschniakia himalaica 202
Bothriochloa ischaemum 256
Bothrocaryum controversum 161
Bougainvillea spectabilis 48
Brachypodium sylvaticum 249
Brassaiopsis angustifolia 151
Brassaiopsis hainla 151
Brassica juncea var. *megarrhiza* 77
Brassica chinensis 77
Brassica chinensis var. *oleifera* 77
Brassica integrifolia 77
Brassica juncea 77
Brassica juncea var. *gemmifera* 77
Brassica juncea var. *multiceps* 77
Brassica juncea var. *tumida* 77
Brassica napiformis 77
Brassica napus 76
Brassica napus var. *napobrassica* 76
Brassica narinosa 77
Brassica oleracea var. *acephala* 76
Brassica oleracea var. *botrytis* 76
Brassica oleracea var. *capitata* 76
Brassica oleracea var. *gongylodes* 76
Brassica oleracea var. *italica* 76
Brassica rapa 77
Brassica rapa var. *chinensis* 76
Brassica rapa var. *glabra* 77
Brassica rapa var. *oleifera* 77
Brassica rapa var. *purpuraria* 77
Briggsia aurantiaca 203
Briggsia muscicola 203
Bromus japonicus 251
Bromus sinensis 251
Buddleja alternifolia 176
Buddleja asiatica 176
Buddleja candida 176
Buddleja colvilei 176
Buddleja crispa 176
Buddleja davidii 176
Buddleja delavayi 176
Buddleja fallowiana 176
Buddleja macrostachya 176
Buddleja myriantha 176
Buddleja wardii 176
Bulbophyllum bomiense 292
Bulbophyllum reptans 292
Bulbophyllum retusiusculum 292
Bulbostylis densa 258
Bupleurum candollei 156
Bupleurum gracillimum 156
Bupleurum hamiltonii 157
Bupleurum marginatum var. *stenophyllum* 157
Bupleurum petiolulatum 156
Bupleurum rockii 156
Bupleurum yunnanense 156
Buxus rugulosa var. *prostata* 127

C

Calamagrostis emodensis 252
Calamagrostis hedinii 252
Calamagrostis pseudophragmites 252
Calanthe breicornu 288
Calanthe griffithii 288
Calanthe mannii 288
Calanthe nipponica 288
Calanthe puberula 288
Calanthe tricarinata 288
Calendula officinalis 238
Callerya cinerea 115

Callistephus chinensis 227
Callitriche palustris 127
Caltha palustris 56
Caltha palustris var. *himalaica* 56
Caltha scaposa 56
Caltha sinogracilis 56
Calystegia hederacea 183
Camellia caudata 141
Camellia japonica 141
Camellia oleifera 141
Camellia petelotii 141
Camellia sasanqua 141
Camellia sinensis 141
Campanula aristata 220
Campanula cana 220
Campanula pallida 220
Campanumoea inflata 218
Campsis grandiflora 202
Campylotropis hirtella 118
Campylotropis polyantha 118
Canna indica 281
Cannabis sativa 35
Capsella bursa – pastoris 76
Capsicum annuum 195
Caragana bicolor 116
Caragana crassispina 116
Caragana franchetiana 116
Caragana jubata 116
Caragana sukiensis 116
Caragana tangutica 116
Cardamine franchetiana 75
Cardamine griffithii 75
Cardamine impatiens 75
Cardamine macrophylla 75
Cardamine trifoliolata 75
Cardamine yunnanensis 75
Cardiocrinum giganteum 274
Carduus acanthoides 236
Carex alta 260
Carex atrata ssp. *pullata* 261
Carex breviculmis 261
Carex capillacea 260
Carex cardiolepis 261
Carex cruciata 260
Carex doniana 260
Carex eminens 260
Carex filicina 260
Carex forrestii 260
Carex haematostoma 261
Carex inanis 261
Carex kansuensis 261
Carex laeta 261
Carex munda 260
Carex nubigena 260
Carex obscura var. *brachycarpa* 261
Carpesium lipskyi 240
Carpesium nepalense 240
Carpesium scapiforme 240
Carpesium tracheliifolium 240
Carpesium triste 240
Carpinus monbeigiana 31
Carpinus viminea 31
Carthamus tinctorius 236
Carum buriaticum 159
Carum carvi 159
Carya illinoensis 30
Caryota maxima 261
Cassia leschenaultiana 110
Cassia tora 110
Cassiope fastigiata 167
Cassiope pectinata 167
Cassiope selaginoides 167
Cassiope wardii 167
Castanea mollissima 31
Castanopsis echinocarpa 32
Castanopsis hystrix 32
Castanopsis indica 32
Castanopsis tribuloides 32
Castanopsis wattii 32
Caulophyllum robustum 64
Cayratia geniculata 138
Cayratia medogensis 138
Cedrus deodara 6
Celastrus glaucophyllus var. *rugosus* 131
Celastrus stylosus 131
Celtis bungeana 34
Celtis cerasifera 34
Celtis tetrandra 34
Celtis timorensis 34
Centaurea cyanus 236
Centella asiatica 154
Cephalanthera longifolia 289
Cephalotaxus mannii 8
Cerastium fontanum ssp. *grandiflorum* 51
Cerastium fontanum ssp. *vulgare* 51
Cerastium fontanum ssp. *vulgare* 51
Cerastium furcatum 51
Cerastium glomeratum 51
Cerastium thomsonii 51
Cerasus avium 106
Cerasus cerasoides 106
Cerasus clarofolia 105
Cerasus conadenia 105
Cerasus crataegifolia 106
Cerasus pseudocerasus 106
Cerasus richantha 106
Cerasus serrula 106
Cerasus serrulata var. *lannesiana* 106
Cerasus subhirtella 106
Cerasus tomentosa 105
Cerasus trichostoma 105
Cerasus yaoiana 105
Cerasus yedoensis 106
Ceratophyllum demersum 54
Ceratostigma griffithii 172
Ceratostigma minus 172
Ceratostigma willmottianum 172
Cercis chinensis 110
Ceropegia pubescens 182
Chaenomeles cathayesis 97
Chaenomeles speciosa 97
Chaenomeles thibetica 97
Chaerophyllum villosum 155
Chamaenerion angustifolium 148
Chamaenerion angustifolium ssp. *circumvagum* 148
Chamaenerion conspersum 148
Chamaenerion latifolium 148
Chamaenerion speciosum 148
Chelonopsis albiflora 190
Chenopodium album 47
Chenopodium foetidum 47
Chenopodium hydridum 47
Chimaphila japonica 164
Chimonanthus praecox 69

Chimonocalamus griffithianus 246
Chirita anachoreta 203
Chirita infundibuliformis 203
Chirita lachenensis 203
Chirita oblongifolia 203
Chirita pumila 203
Chlorophytumcomosum 272
Chlorophytumnepalense 272
Choerospondias axillaris 128
Chrysanthemum morifolium 232
Chrysosplenium absconditicapsulum 86
Chrysosplenium carnosum 86
Chrysosplenium griffithii 86
Chrysosplenium lanuginosum 86
Chrysosplenium nepalense 86
Chrysosplenium nudicaule 86
Chrysosplenium oxygraphoides 86
Chrysosplenium uniflorum 86
Cicerbita zhenduoi 225
Cimicifuga foetida 56
Cimicifuga foetida var. *bifida* 57
Cinnamomum contractum 70
Circaea aipina 147
Circaea cordata 147
Circaea repens 147
Circaeaster agrestis 59
Cirsium argyracanthum 237
Cirsium eriophoroides 236
Cirsium handelii 237
Cissampelopsis corifolia 229
Citrullus lanatus 216
Citrus × *aurantium* 123
Citrus × *aurantium* 123
Citrus × *junos* 123
Citrus × *limon* 123
Citrus japonica 123
Citrus maxima 123
Citrus medica 123
Citrus medica 'Fingered' 123
Citrus paradisi 123
Citrus reticulata 123
Cladium jamaicence ssp. *chinense* 258
Clarkia pulchella 148
Clematis armandii 60
Clematis brevicaudata 60
Clematis connata 60
Clematis gracilifolia 60
Clematis grewiiflora 60
Clematis metuoensis 60
Clematis montana 60
Clematis montana var. *glabrescens* 60
Clematis montana var. *longipes* 60
Clematis pseudopogonandra 60
Clematis rehderiana 60
Clematis tibetana 60
Clematis tibetana var. *lineariloba* 60
Clematis tibetana var. *vernayi* 60
Clematis yui 60
Clinopodium polycephalum 192
Clinopodium repens 192
Clintonia udensis 272
Clivia miniata 276
Clivia nobilis 276
Codiaeum variegatum 126
Codonopsis benthamii 219
Codonopsis bulleyana 219
Codonopsis conovolvulacea ssp. *vinciflora* 219
Codonopsis foetens 219
Codonopsis foetens var. *nervosa* 220
Codonopsis levicalyx 219
Codonopsis thalictrifolia 219
Coelogyne occultata 293
Colocasia affinis 264
Colocasia antiquorum 264
Colocasia esculenta 264
Colocasia fallax 264
Colquhounia coccinea 191
Comastoma traillianum 180
Commelina maculata 266
Commelina paludosa 266
Commelinadiffusa 265
Consolida rugulosa 58
Convolvulus arvensis 183
Conyza japonica 226
Coptis teeta 56
Corallodiscus conchifoliius 203
Corallodiscus kingianus 204
Corallodiscus lanuginosus 204
Cordyline fruticosa 270
Cordyline sanderiana 270
Coriandrum sativum 156
Coriaria nepalensis 128
Coriaria terminalis 128
Cortiella hookeri 160
Corydalis adunca 74
Corydalis crispa 74
Corydalis curviflora var. *rosthornii* 73
Corydalis densispica 73
Corydalis filisecta 73
Corydalis gracillima 74
Corydalis linarioides 73
Corydalis longibracteata 73
Corydalis ludlowii 73
Corydalis lupinoides 73
Corydalis napuligera 73
Corydalis ophiocarpa 74
Corydalis pseudoadoxa 73
Corydalis pubicaulis 73
Corydalis pygmaea 73
Corydalis quinquefoliolata 73
Corydalis sherriffii 73
Corydalis tangutica ssp. *bullata* 73
Corydalis trifoliata 73
Corylopsis yunnanensis 84
Corylus ferox 30
Cosmos bipinnatus 235
Cotoneaster acuminatus 94
Cotoneaster acutifolius 94
Cotoneaster adpressus 95
Cotoneaster buxifolius 95
Cotoneaster dielsianus 95
Cotoneaster harrysmithii 95
Cotoneaster hebephyllus 94
Cotoneaster microphyllus 95
Cotoneaster multiflorus 94
Cotoneaster nitidus 95
Cotoneaster obscurus 95
Cotoneaster rotundifolius 95
Cotoneaster rubens 95
Cotoneaster sherriffii 95
Cotoneaster submultiflorus 94
Cotoneaster tenuipes 95

Cotoneaster wardii 95
Cotylanthera paucisquama 177
Crassocephalum crepidioides 230
Crassula arborescens 81
Crawfurdia angustata 179
Crawfurdia crawfurdioides 179
Crawfurdia speciosa 179
Cremanthodium angustifolium 232
Cremanthodium ellisii 232
Cremanthodium lineare 232
Cremanthodium lingulatum 231
Cremanthodium rhodocephalum 231
Cremanthodium thomsonii 231
Crepis elongata 225
Crepis rigescens 225
Crocus sativus 279
Crotalaria ferruginea 111
Crotalaria psoraleoides 111
Crotalaria sessiliflora 111
Cucumis melo 217
Cucumis sativus 217
Cucurbita moschata 216
Cucurbita pepo 216
Cupressus arizonica 7
Cupressus duclouxiana 7
Cupressus gigantea 7
Cupressus torulosa 7
Curculigo capitulata 277
Curcuma aromatica 281
Cuscuta chinensis 183
Cuscuta europaea 183
Cuscuta japonica 183
Cyananthus hookeri 219
Cyananthus incanus 219
Cyananthus inflatus 219
Cyananthus lobatus 219
Cyananthus macrocalyx 219
Cyananthus sericeus 219
Cyananthus sherriffii 219
Cyathula capitata 48
Cyathula tomentosa 48
Cycas revoluta 2
Cyclamen persicum 170
Cyclobalanopsis gambleana 33
Cyclobalanopsis glauca 33
Cyclobalanopsis kiukiangensis 33
Cyclobalanopsis lamellosa 33
Cyclobalanopsis motuoensis 33
Cyclobalanopsis oxyodon 33
Cyclobalanopsis semiserrata 33
Cyclocodon celebicus 218
Cyclorhiza peucedanifolia 160
Cymbidium elegans 291
Cymbidium ensifolium 291
Cymbidium erythraeum 291
Cymbidium faberi 291
Cymbidium floribundum 291
Cymbidium goeringii 292
Cymbidium hookerianum 291
Cymbidium iridioides 291
Cymbidium kanran 291
Cymbidium lancifolium 291
Cymbidium sinense 291
Cymbidium tracyanum 291
Cymbopogon distans 256
Cymbopogon jwarancusa 256
Cymbopogon tungmaiensis 256
Cynanchum auriculatum 182
Cynanchum forrestii 182
Cynanchum inamoenum 182
Cynanchum otophyllum 182
Cynodon dactylon 247
Cynoglossum amabile 185
Cynoglossum lanceolatum 185
Cynoglossum wallichii 185
Cyperus amuricus 259
Cyperus cuspidatus 259
Cyperus cyperoides 259
Cypripedium bardolphianum 284
Cypripedium cordigerum 284
Cypripedium elegans 284
Cypripedium flavum 284
Cypripedium guttatum 284
Cypripedium himalaicum 284
Cypripedium ludlowii 284
Cypripedium plectrochilum 284
Cypripedium subtropicum 284
Cypripedium tibeticum 284
Cypripedium wardii 284
Cypripedium yunnanense 284

D

Dactylicapnos lichiangensis 73
Dactylicapnos roylei 72
Dactylicapnos scandens 72
Dactylorhiza hatagirea 286
Dahlia pinnata 235
Dalbergia mimosoides 117
Dalbergia pinnata 117
Dalbergia sericea 117
Damnacanthus indicus 207
Daphne longilobata 145
Daphne macrantha 145
Datura stramonium 195
Daucus carota var. *sativa* 155
Debregeasia orientalis 39
Decaisnea insignis 62
Deeringia amaranthoides 47
Delphinium beesianum var. *latisectum* 58
Delphinium chrysotrichum 58
Delphinium chrysotrichum var. *tsarongense* 58
Delphinium gyalanum 58
Delphinium kamaonense var. *glabrescens* 58
Delphinium longipedicellatum 58
Delphinium pseudopulcherrimum 58
Delphinium pylzowii var. *trigynum* 58
Delphinium sherriffii 58
Delphinium thibeticum 58
Delphinium wardii 58
Dendrobenthamia capitata 161
Dendrobium chrysanthum 290
Dendrobium densiflorum 290
Dendrobium devonianum 291
Dendrobium hookerianum 290
Dendrobium longicornum 290
Dendrobium monticola 290
Dendrobium nobile 291
Dendrobium salaccense 290
Dendrocnide sinuata 37
Derris scabricaulis 117
Deschampsia cespitosa 251
Deschampsia cespitosa ssp. *ivanovae* 251
Descurainia sophia 76
Descurainia sophioides 76

Desmodium callianthum 118
Desmodium elegans 118
Desmodium podocarpum 118
Desmodium williamsii 118
Deutzia bomiensis 90
Deutzia compacta 90
Deutzia purpurascens 89
Deyeuxia nivicola 252
Deyeuxia nyingchiensis 252
Deyeuxia pulchella 252
Deyeuxia pyramidalis 252
Deyeuxia rosea 252
Deyeuxia scabrescens 252
Dianthus barhatus 53
Dianthus caryophyllus 53
Dianthus chinensis 53
Dianthus orientalis 53
Diapensia himalaica 162
Dichroa febrifuga 89
Dichrocephala auriculata 226
Digitalis purpurea 198
Dioscorea alata 277
Dioscorea melanophyma 277
Diospyros kaki 172
Diospyros lotus 172
Diospyros variegata 172
Diplarche multiflora 166
Dipsacus asper 213
Dipsacus atropurpureus 213
Dipsacus chinensis 213
Disporum calcaratum 273
Disporum cantoniense 273
Disporum longistylum 273
Dobinea vulgaris 129
Dolomiaea calophylla 237
Draba alpine 79
Draba elata 80
Draba nemorosa 80
Draba oreades 80
Dracaena fragrans 270
Dracocephalum tanguticum 190
Drosera peltata var. *lunata* 80
Dubyaea hispida 225
Duchesnea chrysantha 101
Duchesnea indica 101
Dumasia forrestii 112
Dumasia villosa 112
Dysosma tsayuensis 63

E

Echeveria pulidonis 81
Echinocactus grusonii 144
Elaeagnus umbellata 145
Elatostema cuneiforme 38
Elatostema cuspidatum 38
Elatostema monandrum 38
Elatostema obtusum 38
Eleocharis valleculosa var. *setosa* 258
Eleusine coracana 248
Eleusine indica 248
Eleutherococcus cissifolius 151
Eleutherococcus lasiogyne 151
Eleutherococcus verticillatus 151
Eleutherococcus wilsonii 151
Elsholtzia ciliata 189
Elsholtzia densa 189
Elsholtzia feddei 189
Elsholtzia fruticosa 189
Elsholtzia strobilifera 189
Elymus burchan - buddae 248
Elymus dahuricus 249
Elymus tangutorum 249
Embelia floribunda 169
Embelia gamblei 169
Embelia vestita 169
Engelhardia spicata 30
Enkianthus deflexus 167
Entada phaseoloides 110
Ephedra intermedia 9
Ephedra monosperma 9
Epilobium amurense 148
Epilobium cylindricum 148
Epilobium parviflorum 148
Epilobium royleanum 148
Epilobium sikkimense 148
Epilobium tibetanum 147
Epilobium wallichianum 148
Epipactis helleborine 289
Epipactis mairei 289
Epiphyllum oxypetalum 144
Epipogium aphyllum 285
Eragrostis nigra 248
Eria clausa 290
Eria coronaria 290
Eria vittata 290
Erigeron annuus 227
Erigeron breviscapus 227
Erigeron himalajensis 228
Erigeron multiradiatus 227
Erigeron patentisquama 228
Erigeroncanadensis 227
Eriobotrya japonica 96
Eritrichium laxum 185
Eritrichium villosum 185
Erodium stephanianum 119
Erysimum flavum 79
Erysimum hieracifolium 79
Erythrina arborescens 113
Erythrina stricta 113
Euonymus acanthocarpus 131
Euonymus clivicola 130
Euonymus echinatus 131
Euonymus fimbriatus 130
Euonymus frigidus 130
Euonymus grandiflorus 131
Euonymus hamiltonianus 131
Euonymus japonicus 131
Euonymus laxiflorus 131
Euonymus nanoides 131
Euonymus pendulus 131
Euonymus sanguineus 130
Euonymus semenovii 131
Euonymus tibeticus 131
Euonymus vagans 131
Euonymus verrucosoides 131
Euonymus yunnanensis 131
Euonymustheifolius 131
Euonymustingens 131
Eupatorium heterophyllum 226
Euphorbia lathyris 126
Euphorbia pulcherrima 127
Euphorbia stracheyi 127
Euphorbia wallichii 127
Euphrasia jaeschkei 201
Euphrasia regelii ssp. *kangtienensis* 201
Euptelea pleiosperma 54

Eutrema himalaicum 78
Exbucklandia populnea 84
Excoecaria acerifolia 126

F

Fagopyrum dibotrys 46
Fagopyrum esculentum 46
Fagopyrum tataricum 46
Fallopia aubertii 44
Fallopia convolvulus 44
Fallopia cynanchoides var. *glabriuscula* 44
Fargesia macclureana 246
Fargesia melanostachys 246
Fatsia japonica 150
Festuca leptopogon 250
Festuca ovina 250
Festuca parvigluma 250
Festuca rubra 250
Ficus carica 35
Ficus cyrtophylla 36
Ficus elastica 35
Ficus esquiroliana 36
Ficus filicauda 35
Ficus filicauda var. *longipes* 35
Ficus glaberrima 35
Ficus henryi 35
Ficus neriifolia 35
Ficus oligodon 35
Ficus pubigera var. *maliformis* 36
Ficus sarmentosa 36
Ficus sarmentosa var. *nipponica* 36
Ficus semicordata 36
Ficus subulata 36
Ficus tikoua 35
Ficus tinctoria ssp. Gibbosa 36
Fimbristylis complanata 258
Fimbristylis squarrosa 258
Firmiana simplex 140
Foeniculum vulgare 159
Forsythia suspensa 175
Forsythia viridissima 175
Fragaria × *ananassa* 101
Fragaria daltoniana 101
Fragaria gracilis 101
Fragaria moupinensis 100
Fragaria nilgerrensis 100
Fragaria nubicola 101
Fraxinus baroniana 174
Fraxinus bungeana 174
Fraxinus chinensis 174
Fraxinus floribunda 174
Fraxinus griffithii 174
Fraxinus mandschurica 174
Fraxinus rhynchophylla 174
Fraxinus sikkimensis 174
Fraxinus xanthoxyloides 174
Fritillaria cirrhosa 274
Fritillaria delavayi 274
Fuchsia hybrida 148

G

Galearis diantha 286
Galearis wardii 286
Galeopsis bifida 191
Galinsoga parviflora 234
Galium aparine 208
Galium aparine var. *tenerum* 208
Galium asperifolium 208
Galium asperifolium var. *setosum* 208
Galium asperifolium var. *sikkimense* 208
Galium asperuloides var. *hoffmeisteri* 208
Galium elegans 208
Galium exile 207
Galium glandulosum 208
Galium kamtschaticum 208
Galium paradoxum 208
Galium tricornum 207
Galium verum 208
Gamblea ciliata 151
Gardenia jasminoides 206
Gardneria ovata 176
Gastrodia elata 284
Gaultheria hookeri 164
Gaultheria nummularioides 164
Gaultheria purpurea 164
Gaultheria trichophylla 164
Gaultheria wardii 164
Gentiana bryoides 179
Gentiana decorata 178
Gentiana erectosepala 178
Gentiana farreri 178
Gentiana filistyla 179
Gentiana nyalamensis 178
Gentiana nyingchiensis 179
Gentiana obconica 178
Gentiana phyllocalyx 178
Gentiana pseudoaquatica 179
Gentiana pseudosquarrosa 179
Gentiana robusta 178
Gentiana scabrifilamenta 179
Gentiana sikkimensis 178
Gentiana stellata 179
Gentiana tibetica 178
Gentiana veitchiorum 178
Gentiana vernayi 178
Gentianopsis paludosa 179
Geranium donianum 120
Geranium moupinense 120
Geranium nepalense 120
Geranium polyanthes 120
Geranium pylzowianum 120
Geranium refractum 120
Geranium robertianum 120
Geranium sibiricum 120
Geum aleppicum 100
Geum japonicum var. *chinense* 100
Geum macrosepalum 100
Ginkgo biloba 2
Girardinia diversifolia 38
Gladiolus gandavensis 278
Glebionis coronaria 232
Glycine max 112
Glycosmis xizangensis 123
Gnetum pendulum 9
Goodyera bomiensis 289
Goodyera schlechtendaliana 289
Gymnadenia bicornis 288
Gymnadenia conopsea 287
Gymnadenia crassinervis 288
Gymnadenia orchidis 287
Gymnopetalum chinense 217
Gynura cusimbua 230

H

Habenaria davidii 288

Habenaria purpureopunctata 288
Habenaria tibetica 288
Hackelia brachytuba 186
Hackelia difformis 186
Halenia elliptica 179
Halerpestes sarmentosa 61
Halerpestes tricuspis 61
Haplosphaera himalayensis 157
Hedera nepalensis var. *sinensis* 150
Hedychium coccineum 280
Hedychium densiflorum 281
Hedychium parvibracteatum 280
Hedychium sinoaureum 281
Hedysarum citrinum 118
Hedysarum limitaneum 118
Hedysarum tanguticum 118
Helianthus annuus 235
Helianthus tuberosus 235
Helwingia himalaica 161
Hemerocallis fulva 272
Hemiphragma heterophyllum 198
Heracleum candicans 160
Herminium alaschanicum 287
Herminium josephii 287
Herminium lanceum 287
Herminium monorchis 287
Herminium souliei 287
Herpetospermum pedunculosum 217
Heteropappus crenatifolius 228
Heteropappus eligulatus 228
Heteropappus gouldii 228
Hibiscus syriacus 138
Hippophae rhamnoides ssp. *Yunnanensis* 145
Hippuris vulgaris 149
Holboellia latifolia 63
Hordeum agriocrithon 249
Hordeum distichon 249
Hordeum vulgare 249
Hordeum vulgare var. *trifurcatum* 249
Hordeumvulgare var. *coleste* 249
Hosta plantaginea 272
Houpoea rostrata 67
Houttuynia cordata 25
Hoya fusca 182
Hydrangea anomala 89
Hydrangea aspera 89
Hydrangea heteromalla 89
Hydrangea macrophylla 89
Hydrangea robusta 89
Hydrilla vericillata 243
Hydroeotyle himalaica 154
Hydroeotyle nepalensis 154
Hydroeotyle sibthorpioides 154
Hydroeotylesalwinica 154
Hylocereus undatus 144
Hyoscyamus niger 194
Hypecoum leptocarpum 72
Hypecoum parviflorum 72
Hypericum bellum 141
Hypericum choisyanum 141
Hypericum himalaicum 141
Hypericum monanthemum 141
Hypericum uralum 141

I

Ilex atrata var. *wangii* 129
Ilex ciliospinosa 130
Ilex dicarpa 130
Ilex dipyrena 130
Ilex fragilis 129
Ilex intricata 130
Ilex longecaudata 129
Ilex medogensis 130
Ilex melanotricha 130
Ilex nothofagifolia 130
Ilex polyneura 130
Ilex rockii 130
Ilex sikkimensis 129
Ilex szechwanensis 129
Ilex xizangensis 130
Ilex yunnanensis 130
Illicium griffithii 69
Illicium verum 69
Impatiens arguta 135
Impatiens balsamina 135
Impatiens cristata 135
Impatiens fragicolor 135
Impatiens infirma 135
Impatiens lingzhiensis 135
Impatiens margaritifera 135
Impatiens nyimana 135
Impatiens racemosa 135
Impatiens radiata 135
Impatiens serrata 135
Impatiens urticifolia 135
Imperata cylindrica var. *major* 255
Incarvillea arguta 202
Incarvillea beresowskii 202
Incarvillea compacta 202
Incarvillea lutea 202
Incarvillea mairei 202
Incarvillea younghusbandii 202
Indigofera balfouriana 115
Indigofera heterantha 115
Indigofera reticulata 115
Indigofera rigioclada 115
Indigofera souliei 115
Inula hookeri 240
Ipomoea aquatica 183
Ipomoea batatas 183
Ipomoea nil 183
Ipomoea quamoclit 183
Iris bulleyana 278
Iris chrysographes 278
Iris clarkei 278
Iris cuniculiformis 278
Iris decora 278
Iris goniocarpa 278
Iris lactea 278
Iris latistyla 278
Iris wattii 278
Isodon lophanthoides 188
Isodon oresbius 188
Isodon parvifolius 189
Isodon pharicus 188
Isodon weisiensis 188
Itea kiukiangensis 90
Ixeridium gracilie 225
Ixeris chinensis 225
Ixeris chinensis ssp. *versicolor* 225

J

Jasminum × *stephanense* 174
Jasminum dispermum 174
Jasminum grandiflorum 174
Jasminum humile 173

Jasminum humile var. *microphyllum* 173
Jasminum laurifolium var. *brachylobum* 174
Jasminum nervosum 174
Jasminum nudiflorum 174
Jasminum nudiflorum var. *pulvinatum* 174
Jasminum offcinale 174
Jasminum offcinale var. *piliferum* 174
Jasminum offcinale var. *tibeticum* 174
Jasminum sambac 174
Juglans nigra 29
Juglans nigra 30
Juglans sigillata 30
Juncus allioides 267
Juncus amplifolius 267
Juncus articulatus 266
Juncus bracteatus 267
Juncus bufonius 266
Juncus concinnus 267
Juncus effusus 266
Juncus himalensis 267
Juncus inflexus 266
Juncus kingii 266
Juncus leucomelas 267
Juncus milashanensis 267
Juncus minimus 266
Juncus prismatocarpus 266
Juncus setchuensis 266
Juncus sphacelatus 267
Juncus thomsonii 266
Juniperus formosana 8
Juniperus sibirica 8

K

Kalanchoe blossfeldiana 81
Kalanchoe integra 81
Kobresia capillifolia 260
Kobresia cercostachys 260
Kobresia fragilis 260
Kobresia kansuensis 260
Kobresia macrantha 260
Kobresia pygmaea 260
Kobresia royleana 260
Kobresia setschwanensis 260
Kobresia uncinioides 260
Kochia scoparia 47
Koelreuteria paniculata 134
Koenigia islandica 44
Korthalsella japonica 41
Kyllinga brevifolia 259

L

Lablab purpureus 114
Lactuca sativa 224
Lactuca sativa var. *ramosa* 224
Lagenaria siceraria 217
Lagenaria siceraria var. *hispida* 217
Lagerstroemia indica 146
Lagerstroemia minuticarpa 146
Lagopsis supina 189
Lagotis clarkei 199
Lagotis kongboensis 199
Lamiophlomis rotata 191
Lamium amplexicaule 191
Lancea tibetica 197
Laportea bulbifera 37
Laportea cuspidata 37
Laportea medogensis 37
Larix griffithii 6
Larix himalaica 6
Larix kaempferi 5
Larix kongboensis 5
Larix potaninii var. *australis* 6
Larix speciosa 6
Lasia spinosa 263
Lasiocaryum densiflorum 185
Lasiocaryum munroi 185
Lathyrus odoratus 114
Lathyrus palustris ssp. *exalatus* 114
Laurocerasus phaeosticta 106
Laurocerasus undulata 106
Lavandula angustifolia 188
Lavandula latifolia 188
Lecanthus peduncularis 38
Lecanthus petelotii var. *corniculata* 38
Leibnitzia kunzeana 238
Lemna minor 265
Lemna perpusilla 265
Leontopodium franchetii 239
Leontopodium jacotianum 239
Leontopodium junpeianum 239
Leontopodium souliei 239
Leontopodium stracheyi 239
Lepidium apetalum 75
Lepidium capitatum 75
Leptocodon hirsutus 219
Leptodermis forrestii 207
Leptodermis gracilis 207
Leptodermis ludlowii 207
Leptodermis pilosa var. *acanthoclada* 207
Leptodermis potaninii 207
Leptopus chinensis 125
Lespedeza cuneata 118
Lespedeza pilosa 118
Leucanthemum vulgare 232
Leucothoe griffithiana 167
Leycesteria formosa 210
Leycesteria glaucophylla 210
Leycesteria gracilis 210
Ligularia discoidea 231
Ligularia dux 231
Ligularia fischeri 231
Ligularia lamarum 231
Ligularia myriocephala 231
Ligularia nyingchiensis 231
Ligularia rumicifolia 231
Ligularia tongkyukensis 231
Ligularia tsangchanensis 231
Ligusticum brachylobum 157
Ligustrum compactum 175
Ligustrum japonicum 175
Ligustrum lucidum 175
Ligustrum ovalifolium 175
Ligustrum quihoui 175
Ligustrum sinense 175
Lilium brevistylum 275
Lilium lophophorum 275
Lilium medogense 275
Lilium nanum 275
Lilium nanum var. *flavidum* 275
Lilium nepalense 275
Lilium paradoxum 275

Lilium saccatum 275
Lilium souliei 275
Lilium taliense 275
Lilium tigrinum 276
Lilium tigrinum 276
Lilium wardii 275
Limonium hybrida 172
Linaria thibetica 197
Linaria vulgaris 197
Lindera fruticosa var. *pomiensis* 70
Lindera longipedunculata 70
Lindera nacusua 70
Lindera obtusiloba 70
Lindera pulcherrima var. *hemsleyana* 70
Linum perenne 121
Liparis caespitosa 292
Liparis campylostalix 292
Liparis distans 292
Lipocarpha chinensis 259
Liquidambar formosana 84
Liriope spicata 270
Listera pinetorum 288
Lithocarpus arcaulus 32
Lithocarpus collettii 32
Lithocarpus dealbatus 32
Lithocarpus fenestratus 32
Lithocarpus listeri 32
Lithocarpus obscurus 32
Lithocarpus pachyphyllus 32
Lithocarpus pasania 32
Lithocarpus pseudoxizangensis 32
Lithocarpus thomsonii 32
Lithocarpus truncatus 32
Lithocarpus xizangensis 32
Lithocarpus xylocarpus 32
Litsea cubeba 70
Litsea pungens 70
Litsea sericea 70
Lloydia flavonutans 274
Lloydia oxycarpa 274
Lobelia alsinoides 218
Lobelia doniana 218
Lobelia nummularia 218
Lobeliamontana 218
Lobularia maritima 80
Lolium perenne 249
Lomatogonium macranthum 180
Lonicera acuminate 211
Lonicera angustifolia var. *myrtillus* 211
Lonicera cyanocarpa 211
Lonicera hispida 211
Lonicera lanceolata 211
Lonicera litangensis 211
Lonicera rupicola var. *syringantha* 211
Lonicera saccata 211
Lonicera setifera 211
Lonicera tangutica 211
Lonicera trichosantha 211
Lonicera webbiana 211
Loranthus delavayi 40
Loranthus lambertianus 40
Loropetalum chinense var. *rubrum* 84
Luculia gratissima 206
Luculia pinceana 206
Luffa aegyptiaca 216
Lupinus perenius 111
Luzula effusa 266
Luzula multiflora 266
Luzula oligantha 266
Luzula plumosa 266
Lycium barbarum 193
Lycium chinense 193
Lycopersicon esculentum 194
Lyonia macrocalyx 167
Lyonia ovalifolia 167
Lyonia villosa 167
Lysimachia chenopodioides 170
Lysionotus atropurpureus 204
Lysionotus gamosepalus 204
Lysionotus metuoensis 204
Lysionotus pubescens 204
Lysionotus serratus 204

M

Machilus chayuensis 71
Machilus viridis 71
Maclura cochinchinensis 36
Maddenia himalaica 104
Maesa cavinervis 169
Maesa montana 169
Magnolia grandiflora 67
Mahonia monyulensis 65
Mahonia napaulensis 65
Mahonia taronensis 65
Mahonia veitchiorum 65
Maianthemum fuscum 273
Maianthemum henryi 273
Maianthemum oleraceum 273
Maianthemum purpureum 273
Malaxis monophyllos 292
Malcolmia africana 78
Mallotus nepalensis 126
Malus × *micromalus* 97
Malus × *micromalus* 98
Malus baccata 97
Malus halliana 97
Malus ombrophila 98
Malus pumlia 97
Malus rockii 97
Malus toringoides 98
Malus transitoria var. *glabrescens* 98
Malus yunnanensis var. *veitchii* 98
Malva cathayensis 139
Malva verticillata 139
Mandragora caulescens 195
Manglietia insignis 67
Manglietia microtricha 67
Marmoritis complanatum 189
Marsdenia koi 182
Matthiola incana 79
Mazus celsioides 198
Mazus miquelii 198
Meconopsis aculeata 72
Meconopsis argemonantha 71
Meconopsis betonicifolia 72
Meconopsis florindae 72
Meconopsis horridula 72
Meconopsis impedita 72
Meconopsis integrifolia 72
Meconopsis lancifolia 72
Meconopsis pseudohorridula 72
Meconopsis pseudovenusta 72
Meconopsis punicea 72

Meconopsis quintuplinervia 72
Meconopsis racemosa 72
Meconopsis simplicifolia 72
Meconopsis superba 71
Meconopsis torquata 71
Meconopsis violacea 72
Meconopsis wilsonii 72
Medicago lupulina 112
Medicago sativa 112
Meeboldia yunnanensis 158
Megacodon stylophorus 178
Melanoseris violifolia 225
Melastoma imbricatum 146
Melastoma malabathricum 147
Melica onoei 251
Melicope pteleifolia 122
Melicope triphylla 122
Melilotus albus 112
Melilotus officinalis 112
Meliosma cuneifolia 134
Melissa axillaris 192
Melissa yunnanensis 192
Mentha asiatica 192
Mentha canadensis 192
Merrilliopanax alpinus 150
Mesembryanthemum cordifolium 49
Metasequoia glyptostroboides 6
Michelia alba 66
Michelia champaca 66
Michelia doltsopa 66
Michelia kisopa 66
Michelia velutina 66
Micromeria wardii 192
Microstegium nudum 255
Microula sikkimensis 185
Milium effusum 253
Millettia pachycarpa 115
Milula spicata 274
Mimosa pudica 109
Mimulus tenellus var. *nepalensis* 198
Mirabilis jalapa 49
Miscanthus nepalensis 255
Miscanthus nudipes 255
Mollugo stricta 49
Momordica charantia 216
Momordica cochinchinensis 216
Monotropa hypopitys 164
Monotropa uniflora 164
Monotropastrum humile 164
Monstera deliciosa 263
Morina chinensis 213
Morina coulteriana 213
Morina kokonorica 213
Morus alba 36
Morus morus mongolica 36
Morus australis 36
Morus macroura 36
Murraya exotica 123
Musa acuminata 279
Musa × paradisiaca 279
Musa balbisiana 279
Musa sanguinea 279
Mussaenda decipiens 206
Myriactis nepalensis 227
Myriactis wallichii 227
Myriactis wightii 227
Myrica esculenta 29
Myrica nana 29
Myricaria elegans 141
Myricaria rosea 142
Myricaria wardii 142
Myriophyllum spicatum 149
Myrmechis japonica 289
Myrsine africana 169
Myrsine semiserrata 169

N

Nandina domestica 63
Nannoglottis macrocarpa 229
Narcissus jonquilla 276
Narcissus pseudonarcissus 276
Narcissus tazetta var. *chinesis* 276
Nardostachys jatamansi 212
Nasturtium officinale 75
Neillia affinis 93
Neillia densiflora 93
Neillia rubiflora 93
Neillia serratisepala 93
Neillia thibetica 93
Neillia thyrsiflora 93
Neocinnamomum mekongense 70
Neolitsea homilantha 69
Neolitsea sutchuanensis 69
Neomicrocalamus microphyllus 247
Neottia acuminata 285
Neottia listeroides 285
Neottianthe cucullata 287
Nepeta coerulescens 190
Nepeta dentate 190
Nepeta laevigata 190
Nepeta souliei 190
Nerium oleander 181
Nicandra physalodes 194
Nicotiana rustica 194
Nicotiana tabacum 194
Nopalxochia ackermannii 144
Notholirion bulbuliferum 275
Notholirion campanulatum 275
Notholirion macrophyllum 275
Nothosmyrnium xizangense var. *simpliciorum* 158
Nymphaea alba 54
Nymphaea tetragona 54

O

Oberonia caulescens 286
Oenanthe javanica 158
Oenanthe linearis 158
Oenanthe thomsonii 158
Oenothera biennis 149
Omphalogramma brachysiphon 171
Omphalogramma elwesianum 171
Omphalogramma tibeticum 171
Omphalogramma vinciflorum 171
Onosma hookeri 184
Onosma waddellii 184
Ophiopogon bodinieri 271
Ophiopogon clarkei 271
Ophiopogon intermedius 271
Ophiopogon motouenis 271
Opuntia ficus – indica 143
Opuntia monacantha 143
Oreorchis foliosa 292
Oreorchis micrantha 292
Orinus thoroldii 248
Orobanche coerulescens 203
Orobanche sinensis 203

Orostachys spinosa 83
Orostachys thyrsiflora 83
Orychophragmus violaceus 77
Oryza sativa 247
Osmanthus fragrans 175
Osmanthus suavis 176
Osmanthus yunnanensis 175
Osmorhiza aristata var. *laxa* 155
Osteomeles schwerinae 95
Oxalis acetosella 119
Oxalis bowiei 119
Oxalis corniculata 119
Oxalis corymbosa 119
Oxalis griffithii 119
Oxybaphus himalaicus 49
Oxybaphus himalaicus var. *chinensis* 49
Oxygraphis delavayi 61
Oxyria digyna 43
Oxyria sinensis 43
Oxyspora paniculata 147
Oxytropis kansuensis 116
Oxytropis sericopetala 116
Oyama globosa 68

P

Pachira aquatica 139
Padus buergeriana 106
Padus cornuta 106
Padus napaulensis 106
Padus obtusata 106
Paeonia anomala var. *veitchii* 55
Paeonia delavayi 55
Paeonia delavayi var. *lutea* 55
Paeonia emodi 55
Paeonia lactiflora 55
Paeonia ludlowii 55
Paeonia sterniana 55
Paeonia suffruticosa 55
Panax japonicus 152
Panax japonicus var. *bipinnatifidus* 152
Panax japonicus var. *major* 152
Panax pseudoginseng 152
Panicum elegantissimum 254
Panicum miliaceum 254
Papaver somniferum 71
Paphiopedilum venustum 284
Parakmeria nitida 67
Parakmeria yunnanensis 67
Parapteropyrum tibeticum 46
Parasenecio palmatisectus 231
Parasenecio quinquelobus 231
Paris marmorata 269
Paris polyphylla 269
Paris polyphylla var. *stenophylla* 269
Paris thibetica 269
Parnassia chinensis 89
Parnassia cooperi 89
Parnassia delavayi 89
Parnassia nubicola 89
Parnassia tenella 89
Parnassia trinervis 89
Parochetus communis 111
Parthenocissus semicordata 137
Patrinia speciosa 212
Paulownia fargesii 197
Pedicularis altifrontalis 200
Pedicularis angustiloba 200
Pedicularis bella 201
Pedicularis bella f. *cristifrons* 201
Pedicularis bella f. *holophylla* 201
Pedicularis bella f. *rosa* 201
Pedicularis cephalantha 200
Pedicularis confertiflora 200
Pedicularis croizatiana 201
Pedicularis cryptantha 200
Pedicularis davidii 200
Pedicularis diffusa 200
Pedicularis elwesii 201
Pedicularis elwesii ssp. *major* 201
Pedicularis elwesii ssp. *minor* 201
Pedicularis fletcheri 200
Pedicularis globifera 200
Pedicularis ingens 200
Pedicularis longiflora var. *tubiformis* 201
Pedicularis mollis 200
Pedicularis mychophila 200
Pedicularis przewalskii 201
Pedicularis przewalskii ssp. microphyon 201
Pedicularis rhinanthoides 200
Pedicularis rhynchotricha 200
Pedicularis roylei 200
Pedicularis roylei var. *brevigaleata* 200
Pedicularis stenotheca 200
Pedicularis trichoglossa 200
Pedicularis verticillata 200
Pegaeophyton scapiflorum 78
Pelargonium domesticum 119
Pelargonium hortorum 119
Pelargonium peltatum 119
Pelargonium zonale 119
Pennisetum flaccidum 254
Pennisetum lanatum 254
Peperomia heyneana 26
Peperomia tetraphylla 26
Peracarpa carnosa 218
Pericallis hybrida 229
Perilla frutescens 192
Periploca calophylla 182
Periploca forrestii 182
Peristylus coeloceras 288
Peristylus elisabethae 288
Petunia hybrida 196
Phalaenopsis aphrodite 289
Phalaenopsis taenialis 290
Phaseolus coccineus 113
Phaseolus lunatus 113
Phaseolus vulgaris 113
Philadelphus delavayi 90
Philadelphus tomentosus 90
Phlomis medicinalis 191
Phlomis tibetica 191
Phlomis younghusbandii 191
Phlox drummondii 183
Phoede forrestii 70
Pholidota missionariorum 293
Photinia integrifolia 97
Photinia megaphylla 97
Photinia serrulata 97
Phragmites australis 247
Phrynium placentarium 281
Phtheirospermum tenuisectum 201
Phyllanthus glaucus 125

Phyllolobium milingense 116
Phyllolobium pastorium 116
Phyllostachys mannii 246
Phyllostachys nigra 246
Phytolacca acinosa 49
Phytolacca americana 49
Picea brachytyla 5
Picea brachytyla var. *complanata* 5
Picea likiangensis var. *hirtella* 5
Picea likiangensis var. *linzhiensis* 5
Picea smithiana 5
Picea spinulosa 5
Picealikiangensis var. *rubescens* 5
Picrasma quassioides 124
Picris hieracioides 224
Picrorhiza scrophulariiflora 199
Pieris formosa 167
Pilea anisophylla 38
Pilea insolens 38
Pilea martini 38
Pilea racemosa 38
Pimpinella acuminata 158
Pimpinella arguta 158
Pimpinella chungdienensis 158
Pimpinella henryi 158
Pinalia graminifolia 290
Pinguicula alpina 205
Pinus armandi 3
Pinus banksiana 3
Pinus bhutanica 3
Pinus bungeana 3
Pinus densata 4
Pinus gerardiana 3
Pinus roxburghii 3
Pinus tabuliformis 4
Pinus wallichiana 3
Pinus yunnanensis 3
Piper macropodum 26
Piper macropodum var. *nudum* 26
Piper mullesua 26
Piper rhytidocarpum 26
Piper sarmentosum 26
Piper sylvaticum 26
Piptanthus nepalensis 111
Piptatherum tibeticum 253
Pistacia chinensis 128
Pistacia vera 128
Pistacia weinmanniifolia 128
Pistia stratiotes 263
Pisum sativum 114
Pithecellobium clypearia 109
Pittosporum brevicalyx 83
Pittosporum heterophyllum 83
Pittosporum napaulense 83
Pittosporum tobira 83
Plantago asiatica 206
Plantago asiatica ssp. erosa 206
Plantago depressa 206
Plantago major 206
Plantago minuta 205
Platanthera chlorantha 287
Platanthera exelliana 287
Platanthera latilabris 287
Platanthera leptocaulon 287
Platanthera minutiflora 287
Platanus × *acerifolia* 91
Platanus occidentalis 91
Platanus orientalis 91
Platycladus orientalis 7
Platycodon grandiflorus 220
Pleurospermum amabile 157
Pleurospermum bicolor 157
Pleurospermum hookeri var. *thomsonii* 157
Pleurospermum nanum 157
Pleurospermum pilosum 157
Pleurospermum wilsonii 157
Plumbagella micrantha 172
Poa acroleuca 250
Poa annus 250
Poa araratica 250
Poa bomiensis 250
Poa faberi 250
Poa lipskyi 250
Poa litwtinowiana 250
Poa nemoralis 250
Poa polycolea 250
Poa pratensis 250
Poa pratensis ssp. alpigena 250
Podocarpus neriifolius 8
Polygala arillata 125
Polygala bomiensis 125
Polygala monpetala 125
Polygala sibirica 125
Polygala tatarinowii 125
Polygala wattersii 125
Polygonatum cathcartii 272
Polygonatum cirrhifolium 273
Polygonatum verticillatum 273
Polygonum affine 45
Polygonum amplexicaule 45
Polygonum aviculare 44
Polygonum capitatum 45
Polygonum chinense 45
Polygonum chinense var. *ovalifolium* 45
Polygonum cyanandrum 46
Polygonum delicatulum 46
Polygonum filicaule 46
Polygonum forrestii 46
Polygonum glaciale 45
Polygonum griffithii 45
Polygonum hastatosagittatum 45
Polygonum hookeri 46
Polygonum hydropiper 45
Polygonum japonicum 45
Polygonum kawagoeanum 45
Polygonum lapathifolium 45
Polygonum macrophyllum 45
Polygonum macrophyllum var. *stenophyllum* 45
Polygonum microcephalum 45
Polygonum microcephalum var. *sphaerocephalum* 45
Polygonum molle 46
Polygonum nepalense 45
Polygonum perfoliatum 44
Polygonum polystachyum 46
Polygonum sibiricum 46
Polygonum sinomontanum 45
Polygonum suffultum var. *pergracile* 45
Polygonum thunbergii 45
Polygonum tortuosum 46
Polygonum viviparum 45
Polypogon fugax 252
Ponerorchis chrysea 286
Ponerorchis chusua 286

Populus alba 26
Populus davidiana 26
Populus deltoids 'Zhonghua hongye' 27
Populus mainlingensis 27
Populus nigra var. *italica* 27
Populus pseudoglauca 27
Populus rotundifolia var. *duclouxiana* 26
Populus szechuanica var. *tibetica* 27
Populus yatungensis 27
Populus × *beijingensis* 27
Portulaca oleracea 50
Potamogeton natans 243
Potentilla anserina 102
Potentilla bifurca 101
Potentilla chinensis 102
Potentilla coriandrifolia var. *dumosa* 101
Potentilla cuneata 101
Potentilla fruticosa 101
Potentilla fruticosa var. *arbuscula* 101
Potentilla fruticosa var. *tangutisa* 101
Potentilla glabra 101
Potentilla griffithii 102
Potentilla leuconota 102
Potentilla lineata 102
Potentilla longifolia 102
Potentilla multifida 102
Potentilla parvifolia 101
Potentilla peduncularis 102
Potentilla polyphylla 102
Potentilla saundersiana 101
Potentilla sericea var. *polyschista* 102
Potentilla stenophylla 102
Potentilla supina 101
Pothos chinensis 262
Pothos scandens 262
Pouzolzia micrantha 39
Pouzolzia sanguinea 39
Pouzolzia sanguinea var. *elegans* 39
Primula advena 171
Primula alpicola 171
Primula atrodentata 171
Primula calderiana 171
Primula cawdoriana 171
Primula chungensis 171
Primula denticulate 171
Primula fasciculata 171
Primula firmipes 171
Primula florindae 171
Primula involucrata ssp. *yargongensis* 171
Primula kongboensis 171
Primula latisecta 170
Primula ninguida 171
Primula sinoplantaginea var. *fengxiangiana* 171
Primula waltonii 171
Prinsepia utilis 104
Prunella hispida 190
Prunella vulgaris 190
Prunus cerasifera f. *atropurpurea* 105
Prunus domestica 105
Prunus salicina 105
Przewalskia tangutica 195
Psammosilene tunicoides 54
Pseudognaphalium affine 240
Pseudognaphalium hypoleucum 240
Pseudotsuga forrestii 4
Pternopetalum cardiocarpum 159
Pternopetalum delavayi 159
Pterocarya hupehensis 30
Pterocephalus bretschmeideri 214
Pterocephalus hookeri 213
Pterospermum acerifolium 140
Pueraria montana var. *thomsonii* 113
Pueraria peduncularis 113
Pueraria wallichii 113
Punica granatum 146
Pycreus flavidus 259
Pycreus sulcinux 259
Pyracantha angustifolia 95
Pyracantha fortuneana 95
Pyrola atropurpurea 163
Pyrola calliantha 163
Pyrola decorata 164
Pyrola forrestiana 163
Pyrola minor 163
pyrularia edulis 39
Pyrus betulifolia 98
Pyrus bretschneideri 98
Pyrus communis 98
Pyrus pashia 98
Pyrus ussuriensis 98
Pyrus xerophila 98

Q

Quercus acutissima 33
Quercus aquifolioides 33
Quercus engleriana 33
Quercus griffithii 33
Quercus lanata 33
Quercus lodicosa 33
Quercus rehderiana 33
Quercus semecarpifolia 33
Quercus senescens 33
Quercus spinosa 33

R

Ranunculus brotherusii 62
Ranunculus chinensis 62
Ranunculus densiciliatus 61
Ranunculus diffusus 62
Ranunculus distans 62
Ranunculus furcatifidus 62
Ranunculus hirtellus var. *orientalis* 62
Ranunculus mainlingensis 62
Ranunculus membranaceus var. *pubescens* 62
Ranunculus nephelogenes 61
Ranunculus nephelogenes var. *longicaulis* 61
Ranunculus pegaeus 62
Ranunculus tanguticus 62
Ranunculus yaoanus 62
Raphanus sativus 77
Reineckea carnea 271
Rhamnella forrestii 137
Rhamnus dumetorum 136
Rhamnus dumetorum var. *crenoserrata* 136

Rhamnus flavescens 136
Rhamnus virgata 136
Rhamnus virgata var. *hirsuta* 136
Rhamnus xizangensis 136
Rhaphidophora decursiva 263
Rhaphidophora gluca 263
Rheum acuminatum 43
Rheum australe 43
Rheum globulosum 44
Rheum inopinatum 43
Rheum lhasaense 43
Rheum likiangense 43
Rheum moorcroftianum 44
Rheum nobile 43
Rheum palmatum 43
Rheum pumilum 43
Rheum rhomboideum 44
Rheum spiciforme 44
Rheum tibeticum 43
Rheum webbianum 44
Rhodiola alsia 82
Rhodiola bupleuroides 82
Rhodiola chrysanthemifolia 82
Rhodiola crenulata 82
Rhodiola discolor 82
Rhodiola fastigiata 82
Rhodiola himalensis 82
Rhodiola hobsonii 82
Rhodiola kirilowii 82
Rhodiola ovatisepala var. *chingii* 82
Rhodiola quadrifida 82
Rhodiola sexifolia 82
Rhodiola wallichiana 82
Rhodiola yunnanensis 82
Rhododendron aganniphum 166
Rhododendron aganniphum var. *flavorufum* 166
Rhododendron aganniphum var. *schizopeplum* 166
Rhododendron bulu 165
Rhododendron campanulatum 166
Rhododendron cerasinum 165
Rhododendron ciliatum 165
Rhododendron coryanum 166
Rhododendron detonsum 166
Rhododendron faucium 165
Rhododendron forrestii ssp. *papillatum* 165
Rhododendron fragariflorum 165
Rhododendron hirtips 165
Rhododendron huidongense 166
Rhododendron lepidotum 165
Rhododendron lulangense 166
Rhododendron megacalyx 165
Rhododendron monanthum 165
Rhododendron nivale 165
Rhododendron nuttallii 165
Rhododendron nyingchiense 165
Rhododendron oreotrephes 165
Rhododendron principis 166
Rhododendron scopulorum 165
Rhododendron tanastylum var. *lingzhiense* 166
Rhododendron traillianum var. *dictyotum* 166
Rhododendron triflorum 165
Rhododendron uvariifolium 166
Rhododendron virgatum 165
Rhododendron wardii 166
Rhopalocnemis phalloides 42
Rhus punjabensis var. *pilosa* 129
Rhus punjabensis var. *sinica* 128
Rhynchosia himalensis var. *craibiana* 112
Ribes alpestre 90
Ribes glaciale 90
Ribes griffithii 90
Ribes himalense 90
Ribes laciniatum 90
Ribes luridum 90
Ribes orientale 90
Ribes takare var. *desmocarpum* 90
Risleya atropurpurea 285
Rodgersia aesculifolia 88
Rodgersia nepalensis 88
Roegneria breviglumis 248
Rorippa elata 78
Rorippa palustris 78
Rosa banksiae 103
Rosa banksiae var. *lutea* 103
Rosa chinensis 103
Rosa damascena 103
Rosa filipes 103
Rosa gallica 103
Rosa macrophylla var. *glandulifera* 103
Rosa mairei 103
Rosa odorata 103
Rosa omeiensis 103
Rosa omeiensis f. *paucijuga* 103
Rosa omeiensis f. *pteracantha* 103
Rosa roxburghii 103
Rosa rugosa 103
Rosa sericea 103
Rosa sikangensis 103
Rosa soulieana 104
Rosa sweginzowii 103
Rosa tibetica 103
Rosa xanthina 103
Rosularia alpestris 83
Rubia chinensis 207
Rubia cordifolia 207
Rubia manjith 207
Rubia membranacea 207
Rubia wallichiana 207
Rubiteucris palmata 187
Rubus alexeterius 99
Rubus assamensis 100
Rubus austrotibetanus 99
Rubus biflorus 99
Rubus calycinus 100
Rubus cockburnianus 98
Rubus ellipticus 99
Rubus flosculosus 98
Rubus fockeanus 100
Rubus fragarioides 100
Rubus gyamdaensis 99
Rubus idaeopsis 98
Rubus irritans 99
Rubus lineatus 100
Rubus lutescens 99
Rubus macilentus 99
Rubus mesogaeus 99
Rubus metoensis 100
Rubus niveus 99
Rubus pectinarioides 100
Rubus pedunculosus 99
Rubus pedunculosus 99

Rubus pentagonus 100
Rubus pungens 99
Rubus reticulatus 100
Rubus sikkimensis 99
Rubus stans 99
Rubus stimulans 99
Rubus subinopertus 99
Rubus subornatus 99
Rubus wardii 100
Rumex acetosa 44
Rumex angulatus 44
Rumex hastatus 44
Rumex nepalensis 44
Rumex patientia 44

S

Sabia campanulata 134
Sabina tibetica 7
Sabina chinensis 7
Sabina convallium var. *microsperma* 7
Sabina pingii var. *wilsonii* 7
Sabina recurva 7
Sabina saltuaria 7
Sabina squamata 7
Saccharum arundinaceum 255
Saccharum officinarum 255
Saccharum spontaneum 255
Sageretia gracilis 136
Sageretia horrida 136
Sageretia paucicostata 136
Sagina japonica 53
Sagina saginoides 53
Salix alba 28
Salix annulifera 29
Salix anticecrenata 27
Salix babylonica 28
Salix bistyla 29
Salix brachista 27
Salix cheilophila 28
Salix cheilophila var. *microstachyoides* 28
Salix daltoniana 28
Salix delavayana 29
Salix dibapha 28
Salix driophila 28
Salix floccosa 29
Salix gilashanica 29
Salix gyamdaensis 28
Salix gyirongensis 27
Salix lindleyana 27
Salix longiflora 28
Salix luctuosa 28
Salix maizhokunggarensis 28
Salix obscura 28
Salix opsimantha 29
Salix opsimantha 29
Salix oreophila 27
Salix oritrepha 28
Salix ovatomicrophylla 27
Salix paraplesia 28
Salix paraplesia var. *subintegra* 28
Salix paratetradenia 29
Salix pilosomicrophylla 27
Salix psilostigma 27
Salix radinostachya 27
Salix rehderiana 28
Salix sclerophylla 28
Salix sikkimensis 28
Salix souliei 27
Salix trichocarpa 28
Salix wallichiana 28
Salix wangiana 28
Salvia castanea f. *tomentosa* 189
Salvia przewalskii 189
Salvia roborowskii 189
Salvia sikkimensis 189
Sambucus adnata 209
Sambucus javanica 209
Sanguisorba officinalis 104
Sanicula astrantiifolia 155
Sanicula elata 155
Sanicula giraldii 155
Sanicula rugulosa 155
Sanicula serrata 155
Sansevieria trifasciata 271
Sapindus saponaria 133
Sapria himalayana 42
Sarcococca hookeriana 127
Satyrium ciliatum 286
Saurauia griffithii 140
Saurauia polyneura var. *paucinervis* 140
Saurauia punduana 141
Saurauia rubricalyx 141
Sauromatum brevipes 264
Sauromatum diversifolium 264
Sauromatum giganteum 264
Sauromatum venosum 264
Saussurea hieracioides 237
Saussurea leontodontoides 237
Saussurea likiangensis 237
Saussurea longifolia 237
Saussurea luae 237
Saussurea obvallata 237
Saussurea pachyneura 237
Saussurea pubifoia 237
Saussurea stella 237
Saussurea subulata 237
Saussurea taraxacifolia 237
Saussurea tibetica 237
Saussurea uniflora 237
Saussurea wardii 237
Saussurea wettsteiniana 237
Saxifraga bergenioides 87
Saxifraga brunonis 87
Saxifraga cernua 87
Saxifraga diapensia 87
Saxifraga diffusicallosa 87
Saxifraga diversifolia 87
Saxifraga egregia 87
Saxifraga elliotii 88
Saxifraga engleriana 87
Saxifraga gyalana 88
Saxifraga heterotricha 88
Saxifraga heterotricha var. *anadena* 88
Saxifraga hispidula 87
Saxifraga hookeri 87
Saxifraga isophylla 87
Saxifraga kongboensis 88
Saxifraga lepidostolonosa 87
Saxifraga melanocentra 87
Saxifraga miralana 88
Saxifraga montana 87
Saxifraga nambulana 88
Saxifraga pallida 87
Saxifraga pseudohirculus 87

Saxifraga sediformis 88
Saxifraga sheqilaensis 87
Saxifraga sibirica 86
Saxifraga stella – aurea 88
Saxifraga strigosa 87
Saxifraga substrigosa 87
Saxifraga subternata 88
Saxifraga taraktophylla 88
Saxifraga umbellulata 88
Saxifraga umbellulata var. *pectinata* 88
Saxifraga wardii 87
Schefflera impressa 151
Schefflera octophylla 151
Schefflera wardii 151
Schisandra neglecta 65
Schizachyrium delavayi 256
Schizopepon xizangensis 215
Schoenoplectus mucronatus ssp. *robustus* 258
Schoenoplectus tabernaemontani 258
Scirpus lushanensis 257
Scleria terrestris 259
Scurrula buddleioides 40
Scurrula elata 40
Scutellaria barbata 188
Sechium edule 215
Sedum glaebosum 83
Sedum majus 82
Sedum multicaule 83
Sedum obtrullatum 82
Sedum tsonanum 82
Selinum wallichianum 160
Senecio raphanifolius 230
Senecio scandens 230
Senecio vulgaris 230
Setaria italica 254
Setaria palmifolia 254
Setaria pumila 254
Setaria viridis 254
Sibbaldia cuneata 102
Sibbaldia micropetala 102
Sibbaldia pentaphylla 102
Sibbaldia perpusilloides 102
Sibbaldia purpurea 102
Sibbaldia tetrandra 102
Sibiraea angustata 94
Sigesbeckia pubescens 234
Silene baccifer 53
Silene conoidea 53
Silene gonosperma 53
Silene nepalensis 53
Silene nigrescens 53
Silene subcretacea 53
Silene wardii 53
Sinocrassula indica 81
Sinopodophyllum hexandrum 63
Siphonostegia chinensis 199
Skimmia arborescens 123
Skimmia melanocarpa 123
Smilax aspericaulis 270
Smilax biumbellata 269
Smilax griffithii 270
Smilax mairei 269
Smilax menispermoidea 269
Smilax munita 269
Smilax myrtillus 269
Smilax ocreata 270
Smilax quadrata 270
Solanum americanum 194
Solanum melongena 194
Solanum nigrum 194
Solanum pseudocapsicum 194
Solanum tuberosum 194
Solena heterophylla 215
Sonchus oleraceus 224
Sophora davidii 111
Sophora japonica 110
Sophora japonica f. *pendula* 111
Sophora japonica var. *violacea* 111
Sophora moocroftiana 111
Sorbaris arborea 94
Sorbaris tomentosa 94
Sorbus albopilosa 96
Sorbus filipes 96
Sorbus foliolosa 96
Sorbus foliolosa 96
Sorbus insignis 96
Sorbus micorphylla 96
Sorbus monbeigii 96
Sorbus oligodonta 96
Sorbus pallescens 95
Sorbus prattii 96
Sorbus pteridophylla 96
Sorbus rehderiana 96
Sorbus rehderiana var. *cupreonitens* 96
Sorbus rufopilosa 96
Sorbus thibetica 95
Sorbus ursina 96
Sorbus vilmorinii 96
Sorbus zayuensis 96
Sorghum bicolor 255
Soroseris glomerata 224
Soroseris hookeriana 224
Soulies vaginata 57
Sparganium glomeratum 242
Sparganium stoloniferum 242
Spenceria ramalana 104
Spinacia oleracea 47
Spiraea alpina 94
Spiraea arcuata 93
Spiraea bella 93
Spiraea canescens 93
Spiraea canescens var. *glaucophylla* 93
Spiraea cantoniensis 93
Spiraea japonica 93
Spiraea laevigata 94
Spiraea lobulata 93
Spiraea longigemmis 93
Spiraea mollifolia 94
Spiraea mollifolia var. *glabrata* 94
Spiraea myrtilloides 94
Spiraea ovalis 93
Spiraea schneideriana 93
Spiranthes sinensis 286
Stachyurus himalaicus 142
Stellaria decumbens var. *arenarioides* 53
Stellaria decumbens var. *pulvinata* 53
Stellaria graminea 52
Stellaria lanata 52
Stellaria mainlingensis 52
Stellaria media 52
Stellaria monosperma var. *paniculata* 52

Stellaria ovatifolia 52
Stellaria patens 52
Stellaria vestita 52
Stellaria yunnanensis 52
Stellera chamaejasme 145
Stephania glabra 65
Stephania gracilenta 65
Sterculia euosma 139
Stipa bungeana 253
Streptopus simplex 272
Strobilanthes atropurpurea 205
Strobilanthes capitata 205
Strobilanthes dimorphotricha 205
Strobilanthes versicolor 205
Styrax grandiflorus 173
Styrax serrulatus 173
Swertia ciliata 180
Swertia franchetiana 180
Swertia hispidicalyx 180
Swertia nervosa 180
Swertia racemosa 180
Swertia wardii 180
Swertia zayueensis 180
Swida alba 162
Swida hemsleyi 162
Swida macrophylla 162
Swida oblonga 162
Symphytum officinale 184
Symplocos lucida 173
Symplocos paniculata 173
Synotis solidaginea 229
Syringa mairei 175
Syringa oblata 175
Syringa pinetorum 175
Syringa vulgaris 175
Syringa yunnanensis 175

T

Tacca integrifolia 277
Tagetes patula 234
Talauma hodgsoni 67
Tanacetum tatsienense 232
Tanacetum tatsienense var. *tanacetopsis* 232
Taphrospermum altaicum 78
Taphrospermum fontanum 78
Taraxacum eriopodum 224
Taraxacum grypodon 224
Taraxacum maurocarpum 224
Taraxacum sikkimense 224
Taraxacum stenoceras 224
Taxillus caloreas 41
Taxillus caloreas var. *fargesii* 41
Taxillus delavayi 40
Taxillus thibetensis 40
Taxus fuana 9
Taxus wallichiana 9
Tetracentron sinense 68
Tetradium fraxinifolium 122
Tetradium trichotomum 122
Tetrapanax tibetanus 150
Tetrastigma planicaule 138
Tetrastigma rumicispermum 138
Teucrium viscidum 187
Thalictrum alpinum 59
Thalictrum alpinum var. *elatum* 59
Thalictrum atriplex 59
Thalictrum baicalense 59
Thalictrum delavayi 59
Thalictrum diffusiflorum 59
Thalictrum elegans 60
Thalictrum javanicum 59
Thalictrum reniforme 59
Thalictrum rostellatum 59
Thalictrum rutifolium 60
Thalictrum smithii 59
Thalictrum tsawarungense 59
Thalictrum uncatum 59
Thalictrum wangii 59
Thermopsis barbata 111
Thesium bomiense 39
Thesium longiflorum 39
Thesium tongolicum 39
Thladiantha cordifolia 215
Thladiantha setispina 215
Thladiantha villosula 215
Thlaspi andersonii 79
Thlaspi arvense 79
Thunbergia coccinea 205
Tiarella polyphylla 86
Tibetia himalaica 116
Tibetia yadongensis 116
Tibetia yunnanensis 116
Tibetia yunnanensis var. *coelestis* 116
Tillaea schimperi 81
Toddalia asiatica 122
Toona sinensis 124
Torenia glabra 198
Torilis japonica 155
Toxicodendron hookeri 129
Toxicodendron succedaneum 129
Toxicodendron vernicifluum 129
Toxicodendron wallichii var. *microcarpum* 129
Trachelospermum axillare 181
Trachelospermum jasminoides 181
Trachycarpus fortunei 262
Trachydium tibetanicum 157
Trema orientalis 34
Tribulus terrestris 121
Trichosanthes anguina 215
Trichosanthes cordata 216
Trichosanthes cucumeroides var. *dicoelosperma* 215
Trichosanthes lepiniana 216
Trichosanthes rubriflos 216
Trichosanthes smilacifolia 216
Trichosanthes wallichiana 216
Triglochin maritima 243
Triglochin palustris 243
Trigonella pubescens 112
Trigonotis cinereifolia 185
Trigonotis peduncularis 185
Trigonotis rockii 185
Trigonotis tibetica 185
Trillium govanianum 269
Trillium tschonoskii 269
Triosteum himalayanum 210
Triplostegia glandulifera 213
Tripogon rupestris 248
Tripterospermum volubile 179
Trisetum clarkei 251
Triticum aestivum 249
Triticum aestivum ssp. *tibeticum* 249
Triticum turgidum var. *durum* 249
Triticumturgidum 249
Trolius micranthus 56

Trolius ranunculoides 56
Trolius yunnanensis 56
Tropaeolum majus 120
Tsuga dumosa 5
Tulipa gesneriana 275
Turpinia macrosperma 132
Turpinia pomifera 132
Tussilago farfara 230
Typha latifolia 242

U

Ulmus androssowii var. *subhirsuta* 34
Ulmus bergmanniana var. *lasiophylla* 34
Ulmus microcarpa 34
Ulmus pumila 34
Urtica dioica 37
Urtica laetevirens 37
Urticaardens 37
Urticamairei 37

V

Vaccaria hispanica 53
Vaccinium chaetothrix 168
Vaccinium dendrocharis 168
Vaccinium glaucoalbum 168
Vaccinium kingdon – wardii 168
Vaccinium modestum 168
Vaccinium sikkimense 168
Valeriana daphniflora 212
Valeriana hardwickii 212
Valeriana jatamansi 212
Valeriana minutiflora 212
Veratrilla burkilliana 180
Verbascum thapsus 197
Verbena officinalis 186
Vernicia fordii 126
Vernonia blanda 236
Vernonia cinerea 236
Vernonia volkameriaefolia 235
Veronica anagallis – aquatica 199
Veronica capitata 199
Veronica ciliata 199
Veronica eriogyne 199
Veronica serpyllifolia 199
Veronica szechuanica ssp. *sikkimensis* 199
Viburnum atrocyaneum 209
Viburnum betulifolium 209
Viburnum cotinifolium 209
Viburnum cylindricum 209
Viburnum erubescens 209
Viburnum erubescens 209
Viburnum foetidum 209
Viburnum foetidum var. *rectangulatum* 209
Viburnum grandiflorum 209
Viburnum kansuense 209
Viburnum mullaha 210
Viburnum mullaha var. *glabrescens* 210
Viburnum nervosum 209
Viburnum oliganthum 209
Viburnum tengyuehense 209
Vicatia coniifolia 159
Vicatia thibetica 159
Vicia amoena 114
Vicia bakeri 114
Vicia cracca 114
Vicia faba 114
Vicia nummularia 114
Vicia sativa ssp. *nigra* 114
Vicia tibetica 114
Vigna angularis 113
Vigna radiata 113
Vigna unguiculata 114
Viola betonicifolia 142
Viola biflora 142
Viola bulbosa 142
Viola forrestiana 142
Viola pilosa 142
Viola szetschwanensis 142
Viola tricolor 142
Viscum album ssp. *meridianum* 41
Viscum articulatum 41
Vitis vinifera 137
Vulpia myuros 251

W

Weigela florida 210
Wisteria sinensis 115

X

Xanthium sibiricum 234
Xanthoceras sorbifolium 134

Y

Youngia racemifera 226
Yucca gloriosa 270
Yulania × soulangeana 68
Yulania campbellii 68
Yulania denudata 68
Yulania liliflora 68

Z

Zabelia buddleioides 210
Zabelia dielsii 210
Zantedeschia aethiopica 264
Zanthoxylum acanthopodium 122
Zanthoxylum acanthopodium var. *timbor* 122
Zanthoxylum armatum 122
Zanthoxylum bungeanum 122
Zanthoxylum macranthum 122
Zanthoxylum motuoense 122
Zanthoxylum oxyphyllum 122
Zea mays 254
Zelkova schneideriana 34
Zephyranthes candida 276
Zephyranthes grandiflora 276
Zingiber officinale 280
Zinnia elegans 234
Ziziphus incurva 136
Ziziphus jujuba 137
Ziziphus montana 137
Zygocactus truncatus 144

后　　记

青藏高原素称“地球第三极”，是全球气候调节器、亚洲水塔、物种基因库，是重要的国家生态安全屏障。中国政府对青藏高原的生态环境保护格外重视，始终强调“保护好青藏高原生态就是对中华民族生存和发展的最大贡献”，要“守护好世界上最后一方净土”。

西藏是青藏高原的主体。保护好西藏生态环境，是推动青藏高原可持续发展、推进国家生态文明建设、促进全球生态环境保护的需要。因此，保护好西藏生态环境是每一位西藏地方工作者的终极目标，也是西藏人民筑牢西藏生态安全屏障、建设美丽西藏的根本遵循，更是西藏农牧学院开办各类专业、进行科学研究的根本出发点。

西藏农牧学院建校逾40年来，形成了立足高原、面向西藏、服务“三农”的鲜明办学特色。学院围绕高原生态、高原农业两条主线，紧扣西藏生态安全屏障和美丽西藏建设需要，针对青藏高原农田、矿区、草地、河谷、湿地等特殊脆弱的生态环境，研发了青藏高原高寒草地退化恢复、土地沙化治理、矿区植被建设、干旱河谷造林、农田复壮措施等技术与模式。系列成果的涌现离不开大家对西藏植物资源的深入认识，也对西藏植物资源的研究提出了越来越高的要求。加之，西藏地域辽阔，地理位置特殊，复杂的自然生态环境形成了区系成分复杂、特有种类极高、植被类型多样的植物类群。以区域为单位系统化整理这些植物资源，是西藏地方高等教育和开展高原生态、高原农业研究的必备基础。因此，《西藏东南部主要种子植物检索表》的编撰是诉求，是必然。

2015年，编者着手《西藏东南部主要种子植物检索表》公开出版物的编撰。起初认为：书稿已有40年的积累，是水到渠成的事。3年来，编者以有限的专业知识，怀揣敬畏之心，核查标本，翻阅各类文献，重新编制各属检索表；但随着研究的深入，发现需要解决的问题越来越多，工作量之大远远超出原来的想象。为此，也促进了自身对新知识的不断汲取：为满足西藏农业类专业的不同要求，编者咨询了相关专业教师，将各专业涉及的主要植物物种进行了增补；为满足西藏农业类行业工作人员的需要，编者结合西藏自治区区内人才需求调研，对行业人员建议的植物物种进行了增补；为进一步完善检索表的科学性，编者通过参加学术年会、专业论坛、外来专家讲堂等途径，进行了多方求索；等等。不断地学习，持之以恒地开展研究，使编者进一步丰富了植物分类学知识，充实了自己，也进一步开阔了西藏生态环境保护的思路。

《西藏东南部主要种子植物检索表》一书的出版不仅仅是编者的辛勤耕耘，更有各方面的大力支持。项目建设过程中，西藏农牧学院教务处张涪平处长、孟霞副教授鼎力相助，才为本书的细致编撰、修订争取了充足的时间。书文成稿后，中国林业出版社编辑为本书提出了一系列宝贵的意见，使文稿得以进一步完善；同时，也获得了“国家林业和草原局生态文明教材及林业高校教材建设项目”的支持。在此一并表示感谢！

书稿付梓，心灵在途：编者都是那个年代怀揣梦想赴藏工作的自愿者，是对西藏的执著和祈愿鼓励着大家在广袤的西藏孜孜不倦。既得失昭然，无法尘封，问何藏地情节？惟皓首苍颜时，笑对人生！

最后，鉴于编者学术水平和能力有限，错误之处敬请各位读者提出宝贵意见和建议，以便在以后的修订中加以改进和修正，更好地开展西藏教育和研究。

联系信箱：xztibetan@ 163. com。

编 者

2018 年 6 月

西藏 · 林芝